现代数学基础丛书 164

半导体偏微分方程引论

张凯军 胡海丰 著

科学出版社

北京

内 容 简 介

从研究生培养的研究式教育模式视角，本书对半导体偏微分方程领域的一些相关内容，特别是半导体宏观模型的推导、半导体超晶格载流子量子传输的 SHE 模型建立、半导体流体动力学 HD 模型和量子流体动力学 QHD 模型的数学分析，以及半导体模型的渐近极限等内容进行了较为系统的介绍.

本书可供数学及应用数学专业的高年级本科生、研究生、青年教师和广大的应用数学爱好者阅读参考.

图书在版编目(CIP)数据

半导体偏微分方程引论/张凯军，胡海丰著. —北京：科学出版社，2016.4
（现代数学基础丛书；164）

ISBN 978-7-03-048035-4

Ⅰ. ①半… Ⅱ. ①张… ②胡… Ⅲ. ①半导体-偏微分方程
Ⅳ. ①O47②O175.2

中国版本图书馆 CIP 数据核字（2016）第 072888 号

责任编辑：李 欣／责任校对：彭 涛
责任印制：赵 博／封面设计：陈 敬

科学出版社 出版
北京东黄城根北街 16 号
邮政编码：100717
http://www.sciencep.com

北京华宇信诺印刷有限公司印刷
科学出版社发行 各地新华书店经销
*
2016 年 4 月第 一 版 开本：720 × 1000 1/16
2025 年 9 月第二次印刷 印张：21 1/2
字数：416 000

定价：148.00 元

《现代数学基础丛书》序

对于数学研究与培养青年数学人才而言，书籍与期刊起着特殊重要的作用．许多成就卓越的数学家在青年时代都曾钻研或参考过一些优秀书籍，从中汲取营养，获得教益．

20 世纪 70 年代后期，我国的数学研究与数学书刊的出版由于文化大革命的浩劫已经破坏与中断了 10 余年，而在这期间国际上数学研究却在迅猛地发展着．1978 年以后，我国青年学子重新获得了学习、钻研与深造的机会．当时他们的参考书籍大多还是 50 年代甚至更早期的著述．据此，科学出版社陆续推出了多套数学丛书，其中《纯粹数学与应用数学专著》丛书与《现代数学基础丛书》更为突出，前者出版约 40 卷，后者则逾 80 卷．它们质量甚高，影响颇大，对我国数学研究、交流与人才培养发挥了显著效用．

《现代数学基础丛书》的宗旨是面向大学数学专业的高年级学生、研究生以及青年学者，针对一些重要的数学领域与研究方向，作较系统的介绍．既注意该领域的基础知识，又反映其新发展，力求深入浅出，简明扼要，注重创新．

近年来，数学在各门科学、高新技术、经济、管理等方面取得了更加广泛与深入的应用，还形成了一些交叉学科．我们希望这套丛书的内容由基础数学拓展到应用数学、计算数学以及数学交叉学科的各个领域．

这套丛书得到了许多数学家长期的大力支持，编辑人员也为其付出了艰辛的劳动．它获得了广大读者的喜爱．我们诚挚地希望大家更加关心与支持它的发展，使它越办越好，为我国数学研究与教育水平的进一步提高做出贡献．

杨　乐

2003 年 8 月

前　　言

目前国际上关于半导体模型方程的数学名著主要有以下三部:

(1) Markowich P A, Ringhofer C A, Schmeiser C. *Semiconductor Equations.* Vienna: Springer-Verlag, 1990.

(2) Jüngel A. *Quasi-hydrodynamic semiconductor equations. Progress in Nonlinear Differential Equations and their Applications*, 41. Basel: Birkhäuser-Verlag, 2001.

(3) Jüngel A. *Transport Equations for Semiconductors. Lecture Notes in Physics*, 773. Berlin: Springer-Verlag, 2009.

上述著作只对模型建立和相关物理描述进行主要阐述, 基本上不涉及半导体模型方程的数学理论分析内容. 撰写一部有关半导体模型的数学分析方面的著作成为了我们写书的初衷之一. 此外, 应用数学的内涵问题和研究生培养的研究式教育模式问题也是我们成书的力量之源.

固体是由大量原子所结合成的固态物质. 原子排列呈现周期性的固体称为晶体, 不是周期性排列的称为非晶体, 而介于前两者之间的具有准周期结构的就是准晶体. 晶体结构数学上可以抽象为在周期排列的格点空间集合所成晶格上的原子分布. 晶体结构的周期性是德国物理学家 Laue 的 1914 年晶体 X 射线衍射现象的诺贝尔奖工作.

原子是由电子与原子核组成的事实导致了晶体是一个含有大量电子和原子核的多粒子系统. 在粒子间的相互作用下, 这个复杂系统的 Hamilton 量不好写出, 更无法求解. 在原子结合成晶体之后, 稳定的内层电子与原子核常被视为离子实, 于是晶体又可以看成是由大量的外层价电子和离子实组成的复杂系统. 复杂系统的近似技术是现代物理学的重要理论工具之一, 也是应用数学的数学模型观念的有效体现形式. 作为半导体理论基础之一的绝热近似 (也称 Born-Oppenheimer 近似) 就是一个著名的物理学近似技术. 把电子的运动与离子实的运动分开来处理的想法是 1927 年 Born 和 Oppenheimer 提出的, 进而产生了著名的 Born-Oppenheimer 近似. 这样一来, 固体物理中的电子在晶格中的运动规律研究就形成了固体电子论的研究领域.

晶体之所以可以分为导体、半导体和绝缘体在于晶格中电子与离子实以及电子之间的相互作用. 通过绝热近似技术, 可以把晶体复杂系统视为一个离子实静止在晶格平衡位置上, 而电子则在离子实所产生的具有晶格周期性的电位场作用下运动, 并且电子之间拥有相互作用的复杂系统. 再把这个多电子系统的 Hamilton 量简化为若干个独立单电子 Hamilton 量之和, 那么就是把多电子问题简化为单电子问题的单电子近似方法了. 通过单电子的薛定谔方程, 半导体的载流子在外部电场作用下的漂移运动就会体现半导体导电性的传输本质了.

半导体是一种通过掺杂杂质的现代工艺技术可调控导电性的固体材料. 直到 20 世纪 30 年代能带理论出现之后, 半导体的许多特殊物理性质才得到合理解释. 1948 年晶体管的发明 (1956 年的诺贝尔奖工作) 极大地推进了现代工业的发展步伐, 以至于半导体材料依然是今天现代工业技术的基石之一.

半导体偏微分方程的理论研究主要始于 20 世纪 90 年代. 半导体与超晶格的数学模型理论或称偏微分方程方法是现代半导体工业界和国际应用数学界的重要研究课题之一, 其重要的理论价值和应用背景深刻地影响着半导体微电子学、等离子体物理、光电子学、超流体、超导电性和红外辐射探测技术等诸多高新技术领域研究水平的最新发展.

半导体模型的理论与数值研究有着量子力学、统计力学、偏微分方程、泛函分析、随机分析、几何测度论和各种现代数值技术等各数学物理分支学科相互渗透的鲜明特色. 同时, 在半导体工业 (计算机芯片等) 微型化的潮流和纳米技术突飞猛进的新时代, 它也是一个极富挑战性的国际应用数学主流研究方向. SHE 模型 (Spherical Harmonic Expansions Model) 和 QHD 模型 (Quantum Hydrodynamic Model) 就是这一领域的杰出代表. SHE 模型是一类带有碰撞算子和传输项的扩散方程, 其首次被建立于标准半导体材料松弛碰撞算子的一些特殊情形, 后来在所有弹性碰撞算子情形也被导出. Degond 和张凯军在超晶格框架下建立了 SHE 模型.

超晶格是一种具有材料周期增长排列构成关系的新型半导体材料. 自 1970 年 Esaki 和 Tsu 首次建议人工合成超晶格以来, 半导体超晶格量子结构物理学领域取得了诸如 Wannier-Stark 寻向和 Bloch 振荡的成功实现及超晶格微能量带传输等一些著名问题的重要进展. 半导体材料的电性质主要来自电子能量带的存在这一量子力学事实. Bloch 能量带理论是纯粹产生于固体晶格中原子正规排列所生成的周期电位的一种量子力学效应, 它为超晶格能量带始源于超晶格周期电位的 Bloch 带理论提供了理论保障. Esaki 和 Tsu 认识到了传输过程中的电子碰撞现象不可避免, 并且电子将从一个 Bloch 轨道向另一个跃迁这些事实, 而建立了超晶格电子传输的第一个数量模型. 随着这一开创性工作的出现, 超晶格电子传输本质的数学模型理论已成为国际学术界的前沿研究领域.

在过去三十多年中, 半导体宏观数学模型的研究工作取得了一系列进展. DD 模型 (Drift Diffusion Model) 是形式最简单和使用最广泛的早期半导体宏观模型, 其数学视角属于抛物型方程范畴. 后来由于亚微型半导体超限速度和弹道效应等一些 DD 模型所不能解释的新现象之出现, 人们又考虑建立更有效的 HD 模

型 (Hydrodynamic Model). HD 模型是一种非线性 Euler-Poisson 方程组, 其数学属性是双曲占优的, 因而相应的数学研究工作难度较大. 随着半导体器件微型化趋势的日益发展, 半导体电子传输现象中的量子力学效应势在必行. HD 模型的一种量子扰动模型, 即所谓的 QHD 模型由此应运而生. QHD 模型是一种 Madelung 型方程, 它由含有 Bohm 位势项的 Euler 方程和静电位的 Poisson 方程耦合而成, 其数学研究给人们带来了新的挑战.

量子宏观半导体模型的历史可追溯到 1927 年 Madelung 首次提出 Schrödinger 方程电子波函数流体动力描述的 Madelung 方程. 20 世纪 90 年代, 人们分别从微观量子模型 Wigner-Boltzmann 方程和混合态 Schrödinger-Poisson 方程组出发, 对量子半导体器件 (如 Resonant Tunneling Diodes) 建立了 QHD 模型. QHD 模型在量子阱设计、超流体和超导电性等许多领域都有重要的应用价值. QHD 模型的主要困难在于其比 HD 模型又增添了非线性三阶导数项的处理和电子密度函数的正下界估计等新问题.

QHD 模型的第一个数学分析结果属于 Zhang Bo 和 Jerome, 他们在不规则的物理边条件下, 通过获得电子密度函数的正下界先验估计, 并结合 Leray-Schauder 不动点定理而得到了一维 QHD 模型平衡解的存在性. 随后在规则物理边条件下 Gyi 和 Jüngel 又建立了一维 QHD 模型平衡解的存在性. 高维 QHD 模型的无旋位势流平衡方程可化为一个带有梯度二次增长项的非线性退化椭圆型方程组, Jüngel 运用 Stampacchia 截断技术和 Leray-Schauder 不动点原理证明了该方程组解的存在性. Jüngel 等通过将 QHD 模型化为非线性 Schrödinger-Poisson 方程组并结合算子半群理论证明了有界区域上高维 QHD 模型暂态弱解的局部存在性. 经过十余年的研究, 目前半导体 QHD 模型的数学分析工作已经取得了丰硕的成果.

值得一提的是宏观模型较微观模型有着计算量小、造价便宜和半导体器件的有界区域上合理的物理边条件容易确定等诸多优点. 因而半导体宏观数学模型的理论与计算研究在国际学术界所密切关注的热点课题中显得十分重要.

本书共 5 章: 第 1 章介绍半导体宏观数学模型的建模研究工作, 主要是 Pierre Degond 等的著名工作. 1.1 节是引言部分; 1.2 节介绍半导体 Boltzmann 方程; 1.3 节介绍弹性散射占优假设下的半导体 Boltzmann 方程到 SHE 模型的扩散极限; 1.4 节介绍电子–电子散射占优假设下的 SHE 模型到 ET 模型的扩散逼近; 1.5 节介绍光学声子散射占优假设下的 SHE 模型到 PSHE 模型的扩散逼近. 第 2 章对半导体超晶格载流子量子传输问题, 介绍 Degond 与本书第一作者的合作工作. 2.1 节主要介绍超晶格一维波矢框架下的量子散射矩阵模型到 SHE 模型的大量细胞极限; 2.2 节主要介绍超晶格高维波矢框架下的量子散射矩阵模型到 SHE 模型的大量细胞极限; 2.3 节关于 SHE 模型提出若干有待研究的数学问题. 第 3 章 ~ 第 5 章主要用来介绍半导体偏微分方程数学理论分析方面的工作. 第 3 章主要针对 HD 模型进行介绍, 我们首先给出一般形式的 HD 模型方程组并介绍相关的研究历史及现状. 3.1 节详细介绍单极 HD 模型弱解存在性的补偿列紧方法和光滑解适定性的能量估计方法等涉及的一些相关研究结果；3.2 节详细介绍双极 FHD 模型的初边值问题和初值问题光滑解的适定性与大时间行为；3.3 节关于 HD 模型提出若干有待研究的数学问题. 第 4 章主要针对 QHD 模型介绍由能量估计方法所得到的一些数学分析结果. 我们首先给出一般形式的 QHD 模型方程组并介绍相关的研究历史及现状. 4.1 节详细介绍一维单极 (双极) QHD 模型在各种不同边值条件下光滑解的适定性和大时间行为；4.2 节详细介绍高维双极 QHD 模型初值问题整体光滑解的适定性和大时间行为；4.3 节关于 QHD 模型提出若干有待研究的数学问题. 第 5 章对半导体宏观数学模型之间的渐近极限问题进行介绍, 特别是 HD 模型的零松弛极限、拟中性极限, 以及 QHD 模型的半经典极限等一些相关内容. 最后, 5.4 节提出若干有待研究的渐近极限问题.

本书包含第一作者和一些相关合作者的部分研究工作, 以及第二作者的博士学位论文的部分工作. 半导体偏微分方程的研究工作已经非常丰富, 许多著名的相关研究工作, 特别是一些中国数学家的相关重要工作可能没有纳入本书. 撰写本书的宗旨主要是强调半导体偏微分方程研究领域的重要性, 并能够更好地为培养相关领域的研究生服务. 通过一些具体的研究论文的呈现方式, 推动研究生培养的研究式教育模式, 是作者的高等教育改革梦想.

衷心感谢中国科学院数学研究所肖玲研究员对本书的写作的支持与建议, 也非常感谢加拿大麦吉尔大学梅茗教授、法国克莱蒙大学彭跃军教授、首都师范大学李海梁教授和北京工业大学王术教授的多方面关心与帮助. 本书得到国家自然科学基金项目 (No.11371082) 的资助.

限于作者水平, 本书可能存在不足之处, 敬请读者批评指正.

作　者

2015 年 12 月于长春

目　　录

第 1 章　半导体宏观数学模型

在本章中将介绍半导体中电子传输的各种模型，主要参考 Ben Abdallah 和 Degond 在文献 [3] 中的工作来展开介绍. 在已有文献中, 这些模型通过扩散逼近的方法彼此建立联系. 在弹性散射占优的假设下, Ben Abdallah 和 Degond 首先给出半导体 Boltzmann 方程到所谓的球谐展开 (Spherical Harmonics Expansion, SHE) 模型的扩散极限. 同时, 该模型还可以分别通过电子–电子散射或声子散射占优的扩散逼近与能量传输 (Energy Transport, ET) 模型或周期球谐展开 (Periodic Spherical Harmonics Expansion, PSHE) 模型建立联系, Ben Abdallah 和 Degond 还提供各种扩散极限所诱导的 Hilbert 展开的数学严格化验证.

1.1 引　　言

首先, 从 Boltzmann 方程出发推导半导体球谐展开模型. 其次, 考察该模型与已有的宏观模型之间的联系. 例如, ET 模型、漂移扩散 (Drift Diffusion, DD) 模型和 PSHE 模型. 实际上, 给出半导体中热电子的一个可靠且计算成本又低的刻画是工业上的重要课题. 本章就将解释清楚目前已有的各种半经典电子传输模型间的关系.

在本章中, 结合宏观极限来列出各种模型间的层级. 每个宏观极限都是由特殊的空间和时间尺度的选取所诱导, 不同的尺度表示不同的碰撞机制占优, 见图 1.1.

在文献 [106] 中最先研究了漂移扩散极限(箭头 1), 接着许多学者做出进一步的研究 [27, 94, 105, 119]. 在模型碰撞算子框架下, 文献 [46],[102] 给出相应的数学理论, 其中假定散射矩阵是光滑的.

在文献 [90],[92],[93] 中提出基于附加由常值能量的光学声子占优散射的 Boltzmann 方程的扩散逼近的新模型 (箭头 2). 该新模型也被称为“周期球谐展开模型”(PSHE) 因为它类似于 (非周期) 球谐展开模型. 数学上严格的逼近定理由文献 [92] 和 [93] 给出, 分析的一部分依赖于文献 [84]–[86] 中证明的光学声子碰撞算子的性质.

能量传输 (ET) 模型由电子密度和温度的扩散方程组成. 该推广的漂移扩散模型可视作忽略掉动量传输方程中的惯性项的流体动力学模型 [5, 10, 111](特别地, 对半导体流体动力学模型的相关介绍可参考文献 [12],[13],[18]). ET 模型最早出现在文献 [115],[116] 中, 后续被广泛地用于数值计算 [10, 50, 107, 111], 大部分是针对带现象学传输系数的情形. 文献 [21],[60] 介绍了如何从 Boltzmann 方程推导出 ET 模型. 该模型所需的占优散射是电子-电子和弹性碰撞 (箭头 3), 见文献 [5]. 该极限数学上的严格收敛结果可见文献 [41].

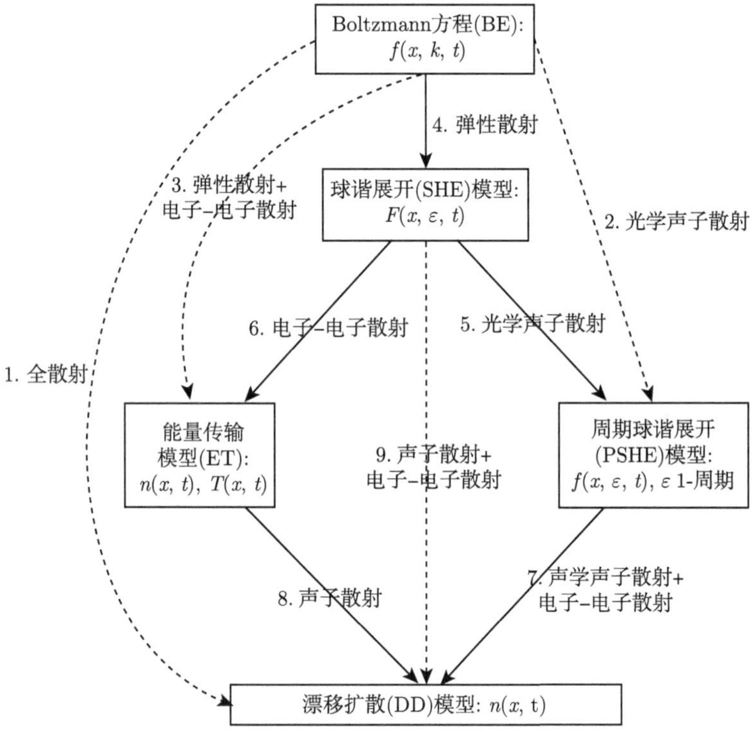

图 1.1　模型之间的层级关系

文献 [90](处理 PSHE 模型) 和文献 [5](处理 ET 模型) 中的方法有若干缺点. 这两种情况都没有假设现实热电子传输过程中的占优散射. 实际上, 文献 [90] 中的基本假设是 (常值) 光学声子能量的数量级是 1. 然而, 在室温下对热电子而言该能量应该认为是很小的并且杂质散射和声子散射都应视为是弹性的. 同样地, 在文献 [5] 中假设电子-电子碰撞算子与弹性算子具有相同的数量级, 这种假设是存疑的. 因此, 在本章中研究的是服从弹性散射占优的 Boltzmann 方程的扩散逼近, 进而得到 SHE 模型 (箭头 4).

文献 [37] 最先研究了上述问题. 文献 [5],[90] 中的另一个不足之处在于该理论提供的扩散常数不是显式的. 我们将会看到 PSHE 模型和 ET 模型都可以通过 SHE 模型的松弛极限来得到 (箭头 5 和 6), 并且这些极限给出相应扩散系数的更显式的表达式 (在最简单情形甚至是解析的).

Stratton[113–116] 最先研究了 SHE 模型. 该模型在文献 [42]–[45], [81],[108],[121]

中作为数值方法被引入. 文献 [37] 最先从 Boltzmann 方程的扩散逼近推导出 SHE 模型, 本章中将沿用其方法. 然而, 文献 [37] 的限制是各向同性散射, 而文献 [121] 又限制在球对称能带图. 本章中将在一般的散射下推导该模型并且证明在适当假设下, 即其就是文献 [37] 和 [121] 中的相应模型. 这个更一般的方法可应用到声子碰撞是高度各向异性且能带图非对称的半导体材料上去. 本章中也会提供必要的数学框架来保证这些分析更严格.

在本章中, 将细致研究 SHE 模型到 PSHE 模型 (箭头 5) 和 ET 模型 (箭头 6) 的松弛极限. 在文献 [120] 中, 通过矩量展开法研究了箭头 6 的松弛极限, 但需要现象学封闭关系. 此处的 ET 模型的扩散系数与文献 [115] 相同. 不同的是箭头 5 的研究是新的并且可通过矫顽力估计加以证明 (与文献 [90],[93] 相反, 那里需要重新求解一个递归系统).

为了完整性, 还将列出 PSHE 模型和 ET 模型到 DD 模型的松弛极限 (箭头 7 和 8). 处理箭头 7 是既要考虑声学声子散射也要考虑电子–电子散射. 不同之处在于文献 [90] 中采用的是带有关于第一光学声子能量而言无旋声子能量的第二极性光学声子散射来处理该极限. 值得一提的是, 三个极限 (箭头 7–9) 得到 DD 模型中相同的扩散系数且其表达式与从 Boltzmann 方程中得到的直接极限 (箭头 1) 中的表达式是不同的.

本章的构成如下: 在 1.2 节中介绍 Boltzmann 方程和适当的尺度化. 在 1.3 节中考察 Boltzmann 方程到 SHE 模型的扩散极限 (箭头 4). 在 1.4 节中处理 SHE 模型到 ET 模型的松弛极限 (箭头 6) 并概述 ET 模型到 DD 模型的松弛极限 (箭头 8). 在 1.5 节中, 通过一系列的松弛极限 (箭头 5 和 7) 来执行从 SHE 模型到 PSHE 模型然后再到 DD 模型的类似手续.

1.2 Boltzmann 方程

讨论的起点是半导体导带中电子所满足的 Boltzmann 方程. 令 $f(x,k,t)$ 是依赖于空间坐标 $x \in \mathbb{R}^3$, 波矢 $k \in B$ 和时间 $t \geqslant 0$ 的分布函数. 布里渊 (Brillouin) 区 B 是倒格子 L^* 的初等晶胞, 等同于环 $\mathbb{R}^3/L^*$. 因此, 任何 k 的函数都将被认为是 L^* 周期的.

根据文献 [60], Boltzmann 方程写作

$$f_t + \frac{1}{\hbar}\nabla_k \varepsilon(k) \cdot \nabla_x f + \frac{q}{\hbar}\nabla_x \phi(x,t) \cdot \nabla_k f = Q_{\mathrm{ld}}(f) + Q_{\mathrm{e}}(f), \tag{1.1}$$

其中 $\varepsilon : k \in B \mapsto \varepsilon(k) \in \mathbb{R}$ 是给定的能带图, $\phi : (x,t) \in \mathbb{R}^3 \times [0,\infty) \mapsto \mathbb{R}$ 是静电位势, q 是初等电荷, $\hbar$ 是约化 Planck(普朗克) 常数, $Q_{\mathrm{ld}}(f)$ 是由晶格缺陷导致的碰撞

算子, 以及 $Q_{\mathrm{e}}(f)$ 是由于电子–电子碰撞产生的碰撞算子. 在接下来的分析中不必考虑将 ϕ 耦合到 f 的 Poisson 方程, 因此 $\phi(x,t)$ 将视作一个给定的函数.

杂质、声学波和光学波是三种主要的晶格缺陷:

$$Q_{\mathrm{ld}}(f) = Q_{\mathrm{imp}}(f) + Q_{\mathrm{ac}}(f) + Q_{\mathrm{op}}(f), \tag{1.2}$$

因为杂质散射的弹性特征, 泡利排斥项在获得和损失项中彼此抵消, 所以有

$$Q_{\mathrm{imp}}(f) = \int_B \Phi_{\mathrm{imp}}(x,k,k')\delta(\varepsilon' - \varepsilon)(f' - f)dk', \tag{1.3}$$

其中 $\varepsilon = \varepsilon(k), \varepsilon' = \varepsilon(k'), f = f(k), f' = f(k')$, δ 是 Dirac(狄拉克) 测度, 以及 $\Phi_{\mathrm{imp}}(x,k,k') = \Phi_{\mathrm{imp}}(x,k',k)$ 是杂质散射矩阵元素. 对光学波, 有

$$\begin{aligned}Q_{\mathrm{op}}(f)(k) = \int_B \Phi_{\mathrm{op}}(x,k,k')\{&[(N_{\mathrm{op}}+1)\delta(\varepsilon-\varepsilon'+\varepsilon_{\mathrm{op}}) + N_{\mathrm{op}}\delta(\varepsilon-\varepsilon'-\varepsilon_{\mathrm{op}})]f'(1-f)\\ &- [(N_{\mathrm{op}}+1)\delta(\varepsilon'-\varepsilon+\varepsilon_{\mathrm{op}}) + N_{\mathrm{op}}\delta(\varepsilon'-\varepsilon-\varepsilon_{\mathrm{op}})]f(1-f')\}dk',\end{aligned} \tag{1.4}$$

其中 $\Phi_{\mathrm{op}}(x,k,k') = \Phi_{\mathrm{op}}(x,k',k)$ 是矩阵元素, $\varepsilon_{\mathrm{op}}$ 是光学波的常数能量, N_{op} 是光学声子数:

$$N_{\mathrm{op}} = (\mathrm{e}^{\varepsilon_{\mathrm{op}}/k_{\mathrm{B}}T_{\mathrm{L}}} - 1)^{-1},$$

其中 k_{B} 是 Boltzmann 常数, T_{L} 是晶格温度. 声学波碰撞算子的表达式可类似 (1.4) 给出, 只需将下标 "op" 替换为 "ac". 声学波散射和光学波散射仅有的区别在于声学波的能量 $\varepsilon_{\mathrm{ac}} = \varepsilon_{\mathrm{ac}}(k-k')$ 不再是 $k-k'$ 的常值函数.

根据文献 [5],[104], 电子–电子碰撞算子由下式给出

$$\begin{aligned}Q_{\mathrm{e}}(f)(k) = \int_{B^3} &\Phi_{\mathrm{e}}(k,k_1,k',k_1')\delta(\varepsilon'+\varepsilon_1'-\varepsilon-\varepsilon_1)\delta_{\mathrm{p}}(k'+k_1'-k-k_1)\\ &\times[f'f_1'(1-f)(1-f_1) - ff_1(1-f')(1-f_1')]dk_1dk'dk_1',\end{aligned} \tag{1.5}$$

其中

$$\delta_{\mathrm{p}}(k'+k_1'-k-k_1) = \sum_{g\in L^*}\delta(k'+k_1'-k-k_1+g). \tag{1.6}$$

在 (1.6) 中, $g \neq 0$ 的项解释了倒逆过程且对于保持关于 k 的周期结构是必要的. 注意到定义 Q_{e} 的积分是在 B^3 上取的, 所以只需要考虑 (1.6) 中的有限多个项. 矩阵元素 Φ_{e} 满足 $\Phi_{\mathrm{e}}(k,k_1,k',k_1') = \Phi_{\mathrm{e}}(k_1,k,k',k_1') = \Phi_{\mathrm{e}}(k',k_1',k,k_1)$. 在上述所有的碰撞算子中, 来自动量状态密度的规范化因子 $1/4\pi^3$ 被转移到 ϕ_{S} 中, 且会在本章的余下部分的论述中略去.

通过引入具有典型代表性的电子密度和电子动能, 可尺度化 Boltzmann 方程 (1.6): n_0 是注入到结构中的典型密度 (如果高注入效应出现, 其可以大于掺杂密

度), ε_0 是电子在结构中能获得的典型动能 ($\varepsilon_0 \approx q\phi_{\rm A}$, $\phi_{\rm A}$ 是应用偏压), k_0 是满足 $\varepsilon(k)=\varepsilon_0$ 的波矢 k 的典型范数. 无量纲参数

$$\eta = \frac{4\pi^3 n_0}{k_0^3}$$

是自然的分布函数尺度并且可用来衡量电子气的简并程度. 速度尺度取为 $v_0 = \varepsilon_0/\hbar k_0$, 时空尺度由 $x_0 = v_0 t_0$ 保持关联. 最后, 位势尺度 ϕ_0 与 ε_0 有关, 即 $q\phi_0 = \varepsilon_0$(其中 $\phi_0 \approx \phi_{\rm A}$).

衡量碰撞算子的相对强度的无量纲参数 $\nu_{\rm imp}, \nu_{\rm op}, \nu_{\rm ac}, \nu_{\rm e}$ 由下式给出

$$\nu_{\rm imp} = \frac{\varPhi_{\rm imp,0} k_0^3}{\varepsilon_0} t_0, \quad \nu_{\rm e} = \frac{\varPhi_{\rm e,0} 4\pi^3 n_0 k_0^3}{\varepsilon_0} t_0,$$

其中 $\varPhi_{\rm imp,0}$ 和 $\varPhi_{\rm e,0}$ 是 $\varPhi_{\rm imp}$ 和 $\varPhi_{\rm e}$ 的 "典型值", 进一步 $\nu_{\rm op}$ 和 $\nu_{\rm ac}$ 可由 "典型值" $\varPhi_{\rm op,0}$ 和 $\varPhi_{\rm ac,0}$ 经类似于 $\nu_{\rm imp}$ 的表达式给出. 这里 $\varPhi_{\rm imp,0}$ 用来在无量纲形式中尺度化矩阵元素 $\varPhi_{\rm imp}$, 其他散射机制类似.

最后, 令 $\varepsilon_{\rm ac,0}$ 是声学波能量的数量级, 引入无量纲参数

$$\alpha^2 = \frac{\varepsilon_{\rm op}}{\varepsilon_0}, \quad \beta^2 = \frac{\varepsilon_{\rm ac,0}}{\varepsilon_0}, \quad \gamma^2 = \frac{k_{\rm B} T_{\rm L}}{\varepsilon_0},$$

$\alpha^2(\beta^2)$ 衡量在一个光学 (声学) 声子碰撞过程中典型能量的获得或损失, 而 γ^2 量化电子气的 "热度"($\gamma^2 \ll 1$ 蕴涵热电子效应).

用上述单位尺度化之后, 方程写为

$$f_t + \nabla_k \varepsilon(k) \cdot \nabla_x f + \nabla_x \phi \cdot \nabla_k f = \nu_{\rm imp} Q_{\rm imp}(f) + \nu_{\rm ac} Q_{\rm ac}^{\beta}(f) + \nu_{\rm op} Q_{\rm op}^{\alpha}(f) + \nu_{\rm e} Q_{\rm e}(f), \tag{1.7}$$

其中 $Q_{\rm imp}$ 是将 (1.3) 应用于无量纲量. $Q_{\rm op}^{\alpha}$ 由 (1.4) 经同样的方法得到, 只需用 α^2 替换 $\varepsilon_{\rm op}$, $(1-\eta f)$ 替换 $(1-f)$, $(1-\eta f')$ 替换 $(1-f')$. 为得到 $Q_{\rm ac}^{\beta}$, 在 (1.4) 中, 用 $\varPhi_{\rm ac}$ 的无量纲形式替换 $\varPhi_{\rm op}$, $N_{\rm ac}$ 替换 $N_{\rm op}$, $\beta^2 \varepsilon_{\rm ac}$ 替换 $\varepsilon_{\rm op}$, $(1-\eta f)$ 替换 $(1-f)$. 最后面的代入足以得到 $Q_{\rm e}(f)$ 的无量纲形式.

方程在伸缩的布里渊区 B/k_0 中提出. 回顾

$$N_{\rm op} = (e^{\alpha^2/\gamma^2} - 1)^{-1}, \quad N_{\rm ac} = (e^{\beta^2 \varepsilon_{\rm ac}/\gamma^2} - 1)^{-1}.$$

接下来, 将以各种各样的时间、长度和能量尺度来分析 (1.7) 的行为. 首先, 感兴趣的是高能尺度 (即, 较大的应用偏压), 在该尺度上电子在一个声子碰撞过程中获得或损失的相对能量是很小的. 因此, 与文献 [5],[37] 一样, 令

$$\alpha^2 \ll 1, \quad \beta^2 \ll 1. \tag{1.8}$$

结合 (1.8), 假设

$$\frac{\alpha^2}{\gamma^2} \approx \frac{\beta^2}{\gamma^2} = O(1), \tag{1.9}$$

这意味着在高能尺度上, 声学波的能量 $\varepsilon_{\mathrm{ac},0}$、光学波的能量 $\varepsilon_{\mathrm{op},0}$, 还有晶格热能 $k_{\mathrm{B}}T_{\mathrm{L}}$ 被认为都在相同的数量级上, 并且与电子能量 ε_0 相比要小得多. 从文献 [104] 中可知, 物理上有 $\varepsilon_{\mathrm{ac},0} < k_{\mathrm{B}}T_{\mathrm{L}} < \varepsilon_{\mathrm{op},0}$, 但是这些能量的数量级的差别只在较长的时间尺度上才能够被探测到. 这一点将在 1.4 节和 1.5 节中阐明.

通过将 $Q_{\mathrm{op}}^{\alpha}(f)$ 和 $Q_{\mathrm{ac}}^{\beta}(f)$ 展开成 α^2 和 β^2 的幂次, 再使用 (1.8), 能够写出总的晶格缺陷碰撞算子 (也可见于文献 [5],[37]):

$$Q_{\mathrm{ld}}(f) = (\nu_{\mathrm{imp}} + \nu_{\mathrm{ac}} + \nu_{\mathrm{op}})Q_0(f) + \beta^2\nu_{\mathrm{ac}}Q_{\mathrm{ac},1}^{\beta}(f) + \alpha^2\nu_{\mathrm{op}}Q_{\mathrm{op},1}^{\alpha}(f),$$

其中 $Q_0(f)$ 是弹性碰撞算子定义为

$$Q_0(f) = \int \varPhi_0(x,k,k')\delta(\varepsilon' - \varepsilon)(f - f')dk', \tag{1.10}$$

$$\varPhi_0 = \varPhi_{\mathrm{imp}} + (2N_{\mathrm{op}} + 1)\varPhi_{\mathrm{op}} + (2N_{\mathrm{ac}} + 1)\varPhi_{\mathrm{ac}},$$

且 $Q_{\mathrm{ac},1}^{\beta}(Q_{\mathrm{op},1}^{\alpha}) = O(1)$, 当 $\beta(\alpha)$ 趋于零时. 现在, 选择时间尺度满足 $(\nu_{\mathrm{imp}} + \nu_{\mathrm{ac}} + \nu_{\mathrm{op}}) = 1$. 由 (1.9), 令 $\alpha^2 = \beta^2$ 并假设

$$\nu_{\mathrm{e}} = O(\alpha^2). \tag{1.11}$$

定义

$$Q_1^{\alpha}(f) = \nu_{\mathrm{ac}}Q_{\mathrm{ac},1}^{\alpha}(f) + \nu_{\mathrm{op}}Q_{\mathrm{op},1}^{\alpha}(f) + \nu_{\mathrm{e}}Q_{\mathrm{e}}(f) = O(1), \quad 当\ \alpha \to 0. \tag{1.12}$$

尺度化 Boltzmann 方程(1.7) 的最终形式为

$$f_t + \nabla_k\varepsilon(k)\cdot\nabla_x f + \nabla_x\phi(x,t)\cdot\nabla_k f = Q_0(f) + \alpha^2 Q_1^{\alpha}(f). \tag{1.13}$$

1.3　第一宏观尺度: “球” 谐展开模型

1.3.1　尺度化

在本节中, 感兴趣的是方程 (1.13) 的扩散尺度. 根据文献 [5],[37], 令

$$x' = \alpha x, \quad t' = \alpha^2 t.$$

这给出了 (1.13) 如下的尺度化版本:

$$f_t^{\alpha} + \frac{1}{\alpha}(\nabla_k\varepsilon(k)\cdot\nabla_x f^{\alpha} + \nabla_x\phi\cdot\nabla_k f^{\alpha}) = \frac{1}{\alpha^2}Q_0(f^{\alpha}) + Q_1^{\alpha}(f^{\alpha}). \tag{1.14}$$

将 f^α 的 Hilbert 展开

$$f^\alpha = f_0 + \alpha f_1 + \alpha^2 f_2 + \cdots$$

代入 (1.14), 发现

$$Q_0(f_0) = 0, \tag{1.15}$$

$$Q_0(f_1) = \nabla_k \varepsilon \cdot \nabla_x f_0 + \nabla_x \phi \cdot \nabla_k f_0, \tag{1.16}$$

$$Q_0(f_2) = f_{0t} + \nabla_k \varepsilon \cdot \nabla_x f_1 + \nabla_x \phi \cdot \nabla_k f_1 - Q_1^\alpha(f_0). \tag{1.17}$$

为了求解这些方程, 需要进一步研究弹性碰撞算子 Q_0 的性质.

1.3.2 Q_0 的性质

首先回顾协面积公式[39]: 对任意 C^1 函数 $\varepsilon : B \to \mathbb{R}$, 任意试验函数 $\psi \in C^0(B)$, 有

$$\int_B \psi(k)dk = \int_{-\infty}^{+\infty} \left(\int_{\varepsilon^{-1}(e)} \psi(k) \frac{dS_\mathrm{e}(k)}{|\nabla \varepsilon(k)|} \right) de, \tag{1.18}$$

其中 $dS_\mathrm{e}(k)$ 表示流形 $\varepsilon^{-1}(e)$ 上的欧氏面积微元. 令 $dN_\mathrm{e}(k) = dS_\mathrm{e}(k)/|\nabla\varepsilon(k)|$, (1.18) 形式上可进一步写为

$$\int_B \psi(k)dk = \int_{-\infty}^{+\infty} \left(\int_\varepsilon \psi(k) dN_\varepsilon(k) \right) d\varepsilon. \tag{1.19}$$

令 $N(e)$ 表示能量 e 的状态密度:

$$N(e) = \int_{\varepsilon^{-1}(e)} dN_\mathrm{e}(k). \tag{1.20}$$

由对偶性, 对任意 $\psi \in C^0(B)$, 有

$$\int_B \psi(k) \delta(\varepsilon(k) - \varepsilon) dk = \int_\varepsilon \psi(k) dN_\varepsilon(k). \tag{1.21}$$

现在回顾

$$Q_0(f) = \int_B \phi_0(x, k, k') \delta(\varepsilon' - \varepsilon)(f' - f) dk',$$

注意到

$$Q_0(\psi(\varepsilon) f) = \psi(\varepsilon) Q_0(f), \quad \forall \psi = \psi(\varepsilon), \quad \forall f. \tag{1.22}$$

引入算子

$$Lf = Q_0\left(\frac{f}{N(\varepsilon(k))} \right) = \frac{1}{N(\varepsilon(k))} Q_0(f), \tag{1.23}$$

并定义加权空间

$$L_N^2 = \left\{ f(k) \middle| \int_B f^2(k) N(\varepsilon(k)) dk < +\infty \right\}.$$

假设对几乎处处的 $k \in B$ 有 $N(\varepsilon(k)) \neq 0$ 使得 L_N^2 是一个可分的 Hilbert 空间, 相应的内积和范数为

$$(f, g)_N = \int_B f(k) g(k) N(\varepsilon(k)) dk, \quad \|f\|_N^2 = (f, f)_N.$$

引理 1.1　设存在 $C_1, C_2 > 0$ 使得 $C_1 \leqslant \Phi_0 \leqslant C_2$, 则

(i) $-L$ 是 L_N^2 上的一个自伴有界非负算子,

(ii) $\mathrm{Ker}(L) = \{f \in L_N^2 \mid \exists f \in L^2(\mathbb{R}), f(k) = g(\varepsilon(k))/N(\varepsilon(k))\}$,

(iii) $(\mathrm{Ker}(L))^\perp = \left\{ f \in L_N^2 \middle| \int_\varepsilon f(k) dN_\varepsilon(k) = 0, \text{a.e.}\varepsilon \right\}$,

(iv) $\exists \mu > 0$ 使得 $(-Lf, f)_N \geqslant \mu \|f - Pf\|_N^2$, 其中 Pf 是到 $\mathrm{Ker}(L)$ 上的正交投影,

(v) $Pf(k) = 1/N(\varepsilon) \int_\varepsilon f dN_\varepsilon(k)$, 并且对 $\forall \psi(\varepsilon)$, $P(\psi(\varepsilon) f) = \psi(\varepsilon) Pf$,

(vi) $R(L) = (\mathrm{Ker}(L))^\perp$.

这里 $\mathrm{Ker}(L)$ 和 $R(L)$ 表示算子 L 的核空间与值域空间.

证明　用 Φ_0 的有界性和如下公式

$$\int \Phi_0(f) g dk = (Lf, g) = -\frac{1}{2} \iint\limits_{B\times B} \Phi_0(x, k, k') \delta(\varepsilon' - \varepsilon)(f' - f)(g' - g) dk dk'. \quad (1.24)$$

易证 (i).

再由协面积公式, (ii) 和 (iii) 是显然的. 为证明 (iv), 需证明

$$(-Lf, f)_N \geqslant \mu \|f\|_N^2, \quad \forall f \in (\mathrm{Ker}(L))^\perp.$$

由 (1.24), 有

$$\begin{aligned}(-Lf, f)_N &= \frac{1}{2} \iint_{B\times B} \Phi_0(x, k, k') \delta(\varepsilon' - \varepsilon) |f' - f|^2 dk dk' \\ &\geqslant C \int_{-\infty}^{+\infty} \int_{\varepsilon(k')=\varepsilon} \int_{\varepsilon(k)=\varepsilon} \left[|f(k)|^2 + |f(k')|^2 - 2f(k) f(k') \right] dN_\varepsilon(k) dN_\varepsilon(k') d\varepsilon.\end{aligned}$$

然而, 因为 $f \in (\mathrm{Ker}(L))^\perp$,

$$\int_{\varepsilon(k')=\varepsilon} \int_{\varepsilon(k)=\varepsilon} f(k') f(k) dN_\varepsilon(k) dN_\varepsilon(k') = 0,$$

所以

$$(-Lf,f)_N \geqslant C\int_0^{+\infty}\int_{\varepsilon(k')=\varepsilon}\int_{\varepsilon(k)=\varepsilon}\Big[|f(k)|^2+|f(k')|^2\Big]dN_\varepsilon(k)dN_\varepsilon(k')d\varepsilon \geqslant 2C\|f\|_N^2.$$

直接计算可证明 (v), 而 (vi) 是 (iv) 的一个直接推论. □

1.3.3　Hilbert 展开 (1.15)–(1.17) 的重新求解

由方程 (1.15) 和引理 1.1 (ii), 存在函数 $F(x,\varepsilon,t)$ 使得

$$f_0(x,k,t)=F(x,\varepsilon(k),t). \tag{1.25}$$

于是, 方程 (1.16) 可等价地写为

$$Lf_1=\frac{1}{N(\varepsilon(k))}\nabla_k\varepsilon(k)\Big[\nabla_xF+\nabla_x\phi\frac{\partial F}{\partial\varepsilon}\Big]. \tag{1.26}$$

因为 $\nabla_xF+\nabla_x\phi\dfrac{\partial F}{\partial\varepsilon}$ 仅通过 $\varepsilon(k)$ 依赖 k, 显然 (1.26) 的右端属于 $(\mathrm{Ker}(L))^\perp=R(L)$. 因此, 方程 (1.26) 关于 f_1 可解. 更进一步, 由 (1.22), 可有如下显然的引理.

引理 1.2　设 $\lambda(x,k)$ 是方程

$$-L(\lambda)=\frac{1}{N(\varepsilon(k))}\nabla_k\varepsilon \tag{1.27}$$

在 $(\mathrm{Ker}(L))^\perp$ 中的唯一解, 则方程 (1.26) 在 $(\mathrm{Ker}(L))^\perp$ 中的唯一解可表示为

$$f_1=-\lambda(x,k)\cdot\Big(\nabla_xF+\nabla_x\phi\frac{\partial F}{\partial\varepsilon}\Big). \tag{1.28}$$

注解 1.1　λ 通过 L 依赖于 x, 因为 Φ_0 可能依赖于 x(特别地, 杂质散射矩阵元素依赖于掺杂密度). 此处 λ 是向量值函数, 而方程 (1.27) 必须按分量来理解. 对 f_1 加上一个核空间 $\mathrm{Ker}(L)$ 中的元素不会影响接下来的分析.

方程 (1.27) 可写为

$$Lf_2=\frac{1}{N(\varepsilon)}\Big[F_t+\nabla_k\varepsilon\cdot\nabla_xf_1+\nabla_x\phi\cdot\nabla_kf_1-Q_1^\alpha(F)\Big]. \tag{1.29}$$

由引理 1.1 (vi) 和 (iii), 方程 (1.29) 的可解性条件为

$$\int_\varepsilon\Big[F_t+\nabla_k\varepsilon\cdot\nabla_xf_1+\nabla_x\phi\cdot\nabla_kf_1-Q_1^\alpha(F)\Big]dN(\varepsilon)=0,\quad 几乎处处\ \varepsilon. \tag{1.30}$$

令

$$S^\alpha(F)=\int_\varepsilon Q_1^\alpha(F)dN_\varepsilon(k), \tag{1.31}$$

$$J(x,\varepsilon,t)=\int_\varepsilon\nabla_k\varepsilon f_1(x,k,t)dN_\varepsilon(k), \tag{1.32}$$

有如下定理.

定理 1.3 设 f_0 和 f_1 分别由 (1.25) 和 (1.28) 给出, 则方程 (1.17) 的解 f_2 存在当且仅当 $F(x,\varepsilon,t)$ 满足

$$N(\varepsilon)\frac{\partial F}{\partial t}+\nabla_x\cdot J+\nabla_x\phi\cdot\frac{\partial J}{\partial\varepsilon}-S^\alpha(F)=0, \tag{1.33}$$

$$J(x,\varepsilon,t)=-D(x,\varepsilon)\Big(\nabla_x F+\nabla_x\phi\frac{\partial F}{\partial\varepsilon}\Big), \tag{1.34}$$

其中

$$D(x,\varepsilon)=\int_\varepsilon\nabla_k\varepsilon\otimes\lambda(x,k)dN_\varepsilon(k). \tag{1.35}$$

证明 由 (1.32) 和 (1.28) 即得 (1.34) 和 (1.35). 方程 (1.33) 中的第一项、第二项和第四项由 (1.30) 中相应的项而得. 对于第三项, 采用文献 [90] 的方法处理. 对任意的 $\psi=\psi(\varepsilon)$,

$$\begin{aligned}\int_B\nabla_k f_1\psi(\varepsilon)dk&=-\int_B f_1\nabla_k\psi(\varepsilon)dk\\&=-\int_B f_1\nabla_k\varepsilon\psi'(\varepsilon)dk\\&=-\int_{\mathbb{R}}\psi'(\varepsilon)\left(\int_\varepsilon f_1\nabla_k\varepsilon dN_\varepsilon(k)\right)d\varepsilon\\&=-\int_{\mathbb{R}}\psi'(\varepsilon)J(\varepsilon)d\varepsilon\\&=\int_{\mathbb{R}}\psi(\varepsilon)J'(\varepsilon)d\varepsilon.\end{aligned}$$

于是,

$$\int_\varepsilon\nabla_k f_1 dN_\varepsilon(k)=\frac{\partial J}{\partial\varepsilon}.$$

□

注解 1.2 除扩散矩阵的表达式以外, 方程组 (1.33) 和 (1.34) 的形式与文献 [37] 一致. 由未知量变换

$$F(x,\varepsilon,t)=G(x,\varepsilon-\phi(x,t),t),\quad J(x,\varepsilon,t)=I(x,\varepsilon-\phi(x,t),t),$$

方程组 (1.33) 和 (1.34) 等价于

$$N(u+\phi(x,t))\Big(\frac{\partial G}{\partial t}-\frac{\partial\phi}{\partial t}\frac{\partial G}{\partial u}\Big)+\nabla_x\cdot I=S^\alpha(G), \tag{1.36}$$

$$I(x,t,u)=-D(x,u+\phi(x,t))\nabla_x G, \tag{1.37}$$

其中 u 代表新变量 $\varepsilon-\phi(x,t)$. 除扩散矩阵的表达式以外, 方程组 (1.36) 和 (1.37) 的

形式又与文献 [121] 一致. 方程组 (1.36) 和 (1.37) 是由扩散方程与传输项 $N\dfrac{\partial\phi}{\partial t}\dfrac{\partial G}{\partial u}$ 和碰撞算子 S^α 耦合而成的. 在文献 [121] 中, 该方程组被称为是 “球” 谐展开模型, 这里双引号的含义是对一般的能带图, 展开不再是在 “球面” 上进行而是在等能面上进行.

1.3.4 扩散矩阵的性质

引理 1.4 $D(x,\varepsilon)$ 是对称非负 3×3 矩阵. 更进一步, 存在 $C>0$ 满足

$$D(x,\varepsilon)\geqslant \frac{C}{N(\varepsilon)}\int_\varepsilon \nabla_k\varepsilon\otimes\nabla_k\varepsilon dN_\varepsilon(k). \tag{1.38}$$

注解 1.3 (1.38) 的右端是一个对称非负 3×3 矩阵, 其在 ε 的临界点处退化. 稍后将例证说明估计 (1.38) 是最优的.

证明 令 $\psi(\varepsilon)\in C^0(\mathbb{R})$, 由定义 (1.35), 有

$$\int_{\mathbb{R}} D_{ij}(\varepsilon)\psi(\varepsilon)d\varepsilon=\int_{\mathbb{R}}\left(\partial_{k_i}\varepsilon\lambda_j dN_\varepsilon(k)\right)\psi(\varepsilon)d\varepsilon.$$

由协面积公式和 λ 的定义 (1.27), 有

$$\int_{\mathbb{R}} D_{ij}(\varepsilon)\psi(\varepsilon)d\varepsilon=-\int_B L(\lambda_i N(\varepsilon))\lambda_j\psi(\varepsilon)dk.$$

现在, 由 L 的自伴性和性质 (1.22) 得

$$\begin{aligned}\int_{\mathbb{R}} D_{ij}(\varepsilon)\psi(\varepsilon)d\varepsilon&=-\int \lambda_i N(\varepsilon)L(\lambda_j\psi(\varepsilon))dk\\&=-\int \lambda_i\psi(\varepsilon)L(\lambda_j N(\varepsilon))dk\\&=\int \lambda_i\psi(\varepsilon)\partial_{k_j}\varepsilon dk\\&=\int_{\mathbb{R}}\psi(\varepsilon)\left(\int_\varepsilon \lambda_i\partial_{k_j}\varepsilon dN_\varepsilon(k)\right)d\varepsilon\\&=\int_{\mathbb{R}}\psi(\varepsilon)D_{ij}(\varepsilon)d\varepsilon,\end{aligned}$$

其中 $D_{ij}(\varepsilon)=D_{ji}(\varepsilon)$.

现在, 选取 $\psi\in C^0(\mathbb{R}),\psi\geqslant 0$, 令 $\xi=(\xi_1,\xi_2,\xi_3)\in\mathbb{R}^3$. 采用爱因斯坦求和约定, 有

$$\begin{aligned}\int_{\mathbb{R}}\psi(\varepsilon)D_{ij}(\varepsilon)\xi_i\xi_j d\varepsilon&=\int_{\mathbb{R}}\psi(\varepsilon)\left(\int_\varepsilon \partial_{k_i}\varepsilon\xi_i\lambda_j\xi_j dN_\varepsilon(k)\right)d\varepsilon\\&=-\int_B L(\lambda_i\xi_i\sqrt{\psi(\varepsilon)})(\lambda_j\xi_j\sqrt{\psi(\varepsilon)})N(\varepsilon)dk.\end{aligned}$$

因为 $\lambda_i \xi_i \sqrt{\psi(\varepsilon)} \in (\mathrm{Ker}(L))^\perp$, 由引理 1.1 (iv) 得

$$\int_{\mathbb{R}} \psi(\varepsilon) D_{ij}(\varepsilon) \xi_i \xi_j d\varepsilon \geqslant \mu \|\lambda_i \xi_i \sqrt{\psi(\varepsilon)}\|_N^2. \tag{1.39}$$

由 L 的连续性, 可推得

$$\|\lambda_i \xi_i \sqrt{\psi(\varepsilon)}\|_N^2 \geqslant C \int_{\mathbb{R}} \frac{\psi(\varepsilon)}{N(\varepsilon)} \left(|\nabla_k \varepsilon \cdot \xi|^2 dN_\varepsilon(k) \right) d\varepsilon. \tag{1.40}$$

将 (1.39) 代入 (1.40) 得

$$\int_{\mathbb{R}} \psi(\varepsilon)(D_{ij}(\varepsilon)\xi_i \xi_j) d\varepsilon \geqslant C' \int_{\mathbb{R}} \psi(\varepsilon) \left(\frac{1}{N(\varepsilon)} \int_\varepsilon (\nabla_k \varepsilon \otimes \nabla_k \varepsilon) dN_\varepsilon(k) \right)_{ij} \xi_i \xi_j d\varepsilon$$

对所有的 $\psi \in C^0(\mathbb{R}), \psi \geqslant 0$, 这蕴涵 (1.38). □

为了能够给出 $D(x,\varepsilon)$ 的更显式表达式, 现在研究简化假设. 首先, 假设 $\varPhi_0(x,k,k') = \varPhi_0(x,\varepsilon(k))$. 于是, $Q_0(f)$ 可以等价地写为松弛算子的形式:

$$Q_0(f) = -\frac{1}{\tau(x,\varepsilon)}(f - Pf), \tag{1.41}$$

其中 $\tau(x,\varepsilon) = (\varPhi_0(x,\varepsilon)N(\varepsilon))^{-1}$ 且 P 是引理 1.1 (v) 中的投影算子. 于是, (1.23) 的解可写为

$$\lambda(x,k) = \tau(x,\varepsilon)\nabla_k \varepsilon, \tag{1.42}$$

并被称为 "波矢 k 的粒子的平均自由程". 因此, 有

$$D(x,\varepsilon) = \tau(x,\varepsilon) \int_\varepsilon \nabla_k \varepsilon \otimes \nabla_k \varepsilon dN_\varepsilon(k). \tag{1.43}$$

此即文献 [37] 中的显式处理的情形. 该情形说明估计 (1.38) 是最优的, 因为在这一情形下不等式变为等式.

另一种简化情形是考虑一个球对称能带图 (因此 $B = \mathbb{R}^3$), 同时 $\varPhi_0(x,k,k') = \varPhi_0(x,\varepsilon,(k/|k|)\cdot(k'/|k'|))$. 在这种情形下, 弹性碰撞算子是旋转不变的. 松弛时间可定义为

$$\frac{1}{\tau(x,\varepsilon)} = \frac{1}{4\pi} \left(\int_{S^2} \varPhi_0(x,\varepsilon,\omega)(1-\omega_z) d\omega \right) N(\varepsilon), \tag{1.44}$$

$$N(\varepsilon) = 4\pi \sum_{\varepsilon(|k|)=\varepsilon} \frac{|k|^2}{|\varepsilon'(|k|)|},$$

其中 S^2 是 $\mathbb{R}^3$ 中的单位球面, 并且假设对任意 $\varepsilon \in \mathbb{R}$ 集合 $\{|k|, \varepsilon(|k|) = \varepsilon\}$ 是离散的. 直接计算得

$$\lambda(x,k) = \tau(x,\varepsilon)\varepsilon'(|k|)k/|k|, \tag{1.45}$$

$$D(x,\varepsilon)=\frac{4\pi}{3}\tau(x,\varepsilon)\left(\sum_{\varepsilon(|k|)=\varepsilon}|\varepsilon'(|k|)||k|^2\right)Id. \tag{1.46}$$

如果进一步假设 ε 是 $|k|$ 的严格单调函数 (例如, 严格递增), 则表达式 (1.46) 可以进一步被简化. 此时, $\varepsilon(|k|)$ 关系是可逆的. 根据文献 [121], 定义函数如下

$$\gamma(\varepsilon)=|k|^2.$$

于是, 所有 $|k|$ 的函数都可以表达为 ε 的函数, 有

$$\varepsilon'(\varepsilon)=2\frac{\sqrt{\gamma(\varepsilon)}}{\gamma'(\varepsilon)},\quad N(\varepsilon)=2\pi\sqrt{\gamma(\varepsilon)}\gamma'(\varepsilon), \tag{1.47}$$

$$\lambda(x,k)=\Lambda(x,\varepsilon)k/|k|,\quad \Lambda(x,\varepsilon)=\tau(x,\varepsilon)\varepsilon'(\varepsilon), \tag{1.48}$$

$$D(x,\varepsilon)=\left(\frac{8\pi}{3}\tau(x,\varepsilon)\frac{\gamma(\varepsilon)^{3/2}}{\gamma'(\varepsilon)}\right)Id=\frac{1}{3}(N(\varepsilon)\Lambda(x,\varepsilon)\varepsilon'(\varepsilon))Id. \tag{1.49}$$

更具体地, 对声学和无极性光学声子假设 $\Phi_0=\Phi_0(x)$ 与 k,k' 无关. 再假设采用的是抛物能带 $\gamma(\varepsilon)=2m_*\varepsilon$, 其中 m_* 是有效电子质量. 于是, 由 (1.49) 得

$$D(x,\varepsilon)=\frac{2\varepsilon}{3\Phi_0(x)m_*}Id. \tag{1.50}$$

1.4 电子–电子碰撞驱动的第二宏观尺度: 能量传输模型

1.4.1 尺度化

在本节中的起始模型是 “球” 谐展开模型 (1.33) 和 (1.34). 回溯到 (1.12), 碰撞算子 S^α 写为

$$S^\alpha(F)=\frac{\nu_{\mathrm{ac}}}{\alpha^2}S^\alpha_{\mathrm{ac}}(F)+\frac{\nu_{\mathrm{op}}}{\alpha^2}S^\alpha_{\mathrm{op}}(F)+\nu_{\mathrm{e}}S_{\mathrm{e}}(F), \tag{1.51}$$

因为弹性部分 Q^0_{ac} 和 Q^0_{op} 在 $F(\varepsilon)$ 处消失, 有

$$S^\alpha_{\mathrm{ac}}(F)(\varepsilon)=\int_\varepsilon Q^\alpha_{\mathrm{ac}}(F)dN_\varepsilon(k),\quad S^\alpha_{\mathrm{op}}(F)(\varepsilon)=\int_\varepsilon Q^\alpha_{\mathrm{op}}(F)dN_\varepsilon(k), \tag{1.52}$$

$$S_{\mathrm{e}}(F)(\varepsilon)=\int_\varepsilon Q_{\mathrm{e}}(F)dN_\varepsilon(k). \tag{1.53}$$

现在假设两种声子碰撞算子 $\nu_{\mathrm{ac}}/\alpha^2S^\alpha_{\mathrm{ac}}(F)$ 和 $\nu_{\mathrm{op}}/\alpha^2S^\alpha_{\mathrm{op}}(F)$ 具有相同的数量级, 并适当选取时间单位使得 $\nu_{\mathrm{ac}}/\alpha^2\approx\nu_{\mathrm{op}}/\alpha^2\approx 1$. 再进一步假设电子–电子碰撞算子 $\nu_{\mathrm{e}}S_{\mathrm{e}}(F)$ 占优且令 $\nu_{\mathrm{e}}=1/\beta,\beta\ll 1$. 这相当于对在能量曲面上为常值的分布函数假设由声子碰撞导致的能量损失会在比电子–电子碰撞导致的热化效应更长的

尺度上发生. 该假设对具有大量高能尾巴的热电子分布函数是合理的. 相反地, 对“冷” 分布函数而言, 上述假设还有待考证.

因此, 热电子能量分布函数 $F^\beta(x,\varepsilon,t)$ 演化的控制方程如下

$$N(\varepsilon)\frac{\partial F^\beta}{\partial t}+\nabla_x\cdot J^\beta+\nabla_x\phi\cdot\frac{\partial J^\beta}{\partial\varepsilon}=\frac{1}{\beta}S_{\mathrm{e}}(F^\beta)+S_1(F^\beta), \tag{1.54}$$

$$J^\beta(x,\varepsilon,t)=-D(x,\varepsilon)\left(\nabla_x F^\beta+\nabla_x\phi\cdot\frac{\partial F^\beta}{\partial\varepsilon}\right), \tag{1.55}$$

其中 $S_1(F^\beta)=S_{\mathrm{ac}}(F^\beta)+S_{\mathrm{op}}(F^\beta)$. 接下来, 感兴趣的是研究 $\beta\to 0$ 的极限. 再次使用 Hilbert 展开:

$$F^\beta=F_0+\beta F_1+\cdots,\quad J^\beta=J_0+\beta J_1+\cdots.$$

整理合并 β 的等幂项, 得

$$S_{\mathrm{e}}(F_0)=0, \tag{1.56}$$

$$N(\varepsilon)\frac{\partial F_0}{\partial t}+\nabla_x\cdot J_0+\nabla_x\phi\frac{\partial J_0}{\partial\varepsilon}-S_1(F_0)=D_{F_0}S_{\mathrm{e}}(F_1), \tag{1.57}$$

其中 $D_{F_0}S_{\mathrm{e}}(F_1)$ 表示 S_{e} 在 F_0 处的导数作用到 F_1 上. 为求解 (1.56) 和 (1.57), 先得研究 S_{e} 和 $D_{F_0}S_{\mathrm{e}}(F_1)$ 的性质. 值得一提的是 “球” 谐展开模型的尺度化方程 (1.54) 是属于流体动力学类型的而非扩散类型的. 原因在于方程左端的传输部分已经是一个扩散模型.

1.4.2 S_{e} 和 $D_{F_0}S_{\mathrm{e}}$ 的性质

本节内容主要根据文献 [5] 的第 4 节.

引理 1.5 (i) 熵不等式:

$$\int_{\mathbb{R}} S_{\mathrm{e}}(F)\ln\left(\frac{F}{1-\eta F}\right)d\varepsilon\leqslant 0.$$

(ii)

$$\int_{\mathbb{R}} S_{\mathrm{e}}(F)\begin{pmatrix}1\\ \varepsilon\end{pmatrix}d\varepsilon=0.$$

(iii) $S_{\mathrm{e}}(F)=0\Longleftrightarrow\exists\mu,\varepsilon\in\mathbb{R},T>0$ 使得

$$F=\mathcal{F}_{\mu,T}(\varepsilon)=\frac{1}{\eta+\mathrm{e}^{(\varepsilon-\mu)/T}}. \tag{1.58}$$

证明 注意到, 对任意的 $F(\varepsilon), G(\varepsilon)$, 有

$$\begin{aligned}\int_{\mathbb{R}} S_{\mathrm{e}}(F)G(\varepsilon)d\varepsilon &= \int_B Q_{\mathrm{e}}(f(\varepsilon(k)))G(\varepsilon(k))dk \\ &= -\frac{1}{4}\int_{B^4} \Phi_{\mathrm{e}}\delta_\varepsilon\delta_k(G'+G_1'-G-G_1) \\ &\quad \times (F'F_1'(1-\eta F)(1-\eta F_1)-FF_1(1-\eta F')(1-\eta F_1'))d^4k,\end{aligned}$$

其中 δ_ε 表示 $\delta(\varepsilon'+\varepsilon_1'-\varepsilon-\varepsilon_1)$, δ_k 表示 $\delta_p(k'+k_1'-k-k_1)$, 以及 $d^4k = dkdk_1dk'dk_1'$. 直接由文献 [5] 即可完成本引理的证明. □

现在定义

$$\Sigma_{\mathcal{F}}(f) = N(\varepsilon)^{-1}D_{\mathcal{F}}S_{\mathrm{e}}(f) \tag{1.59}$$

和 Hilbert 空间

$$H_{\mathcal{F}} = \left\{ f(\varepsilon) \;\middle|\; \int_{\mathbb{R}} |f(\varepsilon)|^2 \frac{N(\varepsilon)}{\mathcal{F}(1-\eta\mathcal{F})} d\varepsilon < +\infty \right\},$$

配以通常加权意义下的内积 $(,)_{\mathcal{F}}$ 和范数 $|\cdot|_{\mathcal{F}}$.

引理 1.6 (i) $-\Sigma_{\mathcal{F}}$ 是 $H_{\mathcal{F}}$ 上的一个有界非负自伴算子.

(ii) $\mathrm{Ker}(\Sigma_{\mathcal{F}}) = \mathrm{span}\{\mathcal{F}(1-\eta\mathcal{F}), \mathcal{F}(1-\eta\mathcal{F})\varepsilon\}$.

(iii) $(-\Sigma_{\mathcal{F}}(f), f)_{\mathcal{F}} \geqslant \mu|f-Pf|_{\mathcal{F}}^2$, 其中 P 是关于内积 $(,)_{\mathcal{F}}$ 投影到核空间 $\mathrm{Ker}(\Sigma_{\mathcal{F}})$ 上的正交投影算子.

(iv) $R(\Sigma_{\mathcal{F}}) = (\mathrm{Ker}(\Sigma_{\mathcal{F}}))^{\perp} = \left\{ f \in H_{\mathcal{F}} \;\middle|\; \int f(1,\varepsilon)^{\mathrm{T}} N(\varepsilon)d\varepsilon = 0 \right\}$.

证明 引理证明仍是文献 [5] 的直接应用. 事实上,

$$(-\Sigma_{\mathcal{F}}(f), g)_{\mathcal{F}} = -\int_{\mathbb{R}} \Sigma_{\mathcal{F}}(f)(\varepsilon)g(\varepsilon)\frac{N(\varepsilon)d\varepsilon}{\mathcal{F}(1-\eta\mathcal{F})}.$$

然而, 关于 $\mathcal{F}$ 微分 (1.53) 得

$$N(\varepsilon)\Sigma_{\mathcal{F}}(f)(\varepsilon) = \int_{\varepsilon} D_{\mathcal{F}}Q_{\mathrm{e}}(f)(k)dN_\varepsilon(k).$$

因此,

$$(-\Sigma_{\mathcal{F}}(f), g)_{\mathcal{F}} = -\int_B D_{\mathcal{F}}Q_{\mathrm{e}}(f)(k)g(\varepsilon(k))\frac{dk}{\mathcal{F}(\varepsilon(k))(1-\eta\mathcal{F}(\varepsilon(k)))}. \tag{1.60}$$

令

$$\mathcal{H}_{\mathcal{F}} = \left\{ \psi(k) \;\middle|\; \int_B |\psi(k)|^2 \frac{dk}{\mathcal{F}(\varepsilon(k))(1-\eta\mathcal{F}(\varepsilon(k)))} < +\infty \right\},$$

配以通常意义下的加权内积 $((,))_{\mathcal{F}}$ 和范数 $\|\cdot\|_{\mathcal{F}}$ 而构成 Hilbert 空间. 在文献 [5] 中已证明算子

$$-\mathcal{L}_{\mathcal{F}} = -D_{\mathcal{F}}Q_{\rm e} - Q_0 \tag{1.61}$$

是 $\mathcal{H}_{\mathcal{F}}$ 上的有界非负自伴算子, 其中 Q_0 由 (1.10) 给出. 然而, 因为 f 只依赖于 ε, 有 $Q_0(f)=0$, 所以 (1.60) 可写为

$$(-\Sigma_{\mathcal{F}}(f), g)_{\mathcal{F}} = -((\mathcal{L}_{\mathcal{F}}f, g))_{\mathcal{F}}.$$

于是, $-\Sigma_{\mathcal{F}}$ 遗传了 $-\mathcal{L}_{\mathcal{F}}$ 的所有性质. 由文献 [5] 中的推论 4.6、引理 4.7 和命题 4.8 可以证明本引理成立. □

1.4.3　Hilbert 展开(1.56)–(1.57)的重新求解

由引理 1.5 (iii) 易得 (1.56) 的解:

$$F_0(x,\varepsilon,t) = \mathcal{F}_{\mu(x,t),T(x,t)}(\varepsilon). \tag{1.62}$$

于是, 由 (1.55) 中取 $\beta=0$ 得

$$J_0(x,\varepsilon,t) = -D(x,\varepsilon)\mathcal{F}(1-\eta\mathcal{F})\left\{\left(\nabla_x\left(\frac{\mu}{T}\right) - \frac{\nabla_x\phi}{T}\right) - \varepsilon\nabla_x\left(\frac{1}{T}\right)\right\}. \tag{1.63}$$

寻找 (1.57) 的解导出如下定理.

定理 1.7　*设 F_0 由 (1.62) 给出, 则方程 (1.57) 的解存在当且仅当 $\mu(x,t)$ 和 $T(x,t)$ 满足如下扩散方程组:*

$$\frac{\partial}{\partial t}n(\mu,T) - \nabla\cdot\left[\mathcal{D}_{11}\left(\nabla_x\left(\frac{\mu}{T}\right) - \frac{\nabla_x\phi}{T}\right) + \mathcal{D}_{12}\frac{\nabla_x T}{T^2}\right] = 0, \tag{1.64}$$

$$\begin{aligned}&\frac{\partial}{\partial t}n\mathcal{E}(\mu,T) - \nabla\cdot\left[\mathcal{D}_{21}\left(\nabla_x\left(\frac{\mu}{T}\right) - \frac{\nabla_x\phi}{T}\right) + \mathcal{D}_{22}\frac{\nabla_x T}{T^2}\right]\\ &+\nabla_x\phi\cdot\left[\mathcal{D}_{11}\left(\nabla_x\left(\frac{\mu}{T}\right) - \frac{\nabla_x\phi}{T}\right) + \mathcal{D}_{12}\frac{\nabla_x T}{T^2}\right] = W(\mu,T,T_{\rm L}),\end{aligned} \tag{1.65}$$

其中

$$\begin{pmatrix} n(\mu,T) \\ n\mathcal{E}(\mu,T)\end{pmatrix} = \int_{\mathbb{R}}\mathcal{F}_{\mu,T}(\varepsilon)\begin{pmatrix}1\\ \varepsilon\end{pmatrix}N(\varepsilon)d\varepsilon, \tag{1.66}$$

$$\mathcal{D}_{ij} = \mathcal{D}_{ij}(x,\mu,T) = \int_{\mathbb{R}} D(x,\varepsilon)\mathcal{F}(1-\eta\mathcal{F})\chi_i\chi_j d\varepsilon,\quad i,j=1,2, \tag{1.67}$$

$$\chi_1(\varepsilon)=1,\quad \chi_2(\varepsilon)=\varepsilon,$$

以及

$$W(\mu,T,T_{\rm L}) = \int_{\mathbb{R}} S_1(\mathcal{F}_{\mu,T})\varepsilon d\varepsilon,\quad T_{\rm L}\ \text{是晶格温度}. \tag{1.68}$$

证明 由引理 1.6 (iv), 方程 (1.57) 关于 F_1 可解的条件是

$$\int \left[N(\varepsilon)\frac{\partial F_0}{\partial t} + \nabla_x J_0 + \nabla_x \phi \frac{\partial J_0}{\partial \varepsilon} - S_1(F_0)\right]\begin{pmatrix}1\\ \varepsilon\end{pmatrix} d\varepsilon = 0.$$

再由 J_0 的表达式 (1.63) 立即得 (1.64) 和 (1.65). □

注解 1.4 方程组 (1.64) 和 (1.65) 属于一类能量传输模型. 在文献 [5] 中, 类似的模型可经由 Boltzmann 方程 (1.13) 的扩散逼近直接推导而得, 其中首阶碰撞算子是 $Q_0(f)+Q_{\mathrm{e}}(f)$, 但文献 [5] 中的扩散矩阵 D_{ij} 要比 (1.66) 更加复杂且用不同的表达式给出, 即

$$\mathcal{D}_{ij} = \int_B (\chi_i \nabla_k \varepsilon) \otimes \psi_j dk, \tag{1.69}$$

其中 ψ_i 是

$$\mathcal{L}_{\mathcal{F}}(\psi_i) = -(\chi_i \nabla_k \varepsilon)\mathcal{F}(1-\eta\mathcal{F})$$

在 $(\mathrm{Ker}(\mathcal{L}_{\mathcal{F}}))^{\perp}$ 中的唯一解. 表达式 (1.67) 可能更好, 因为在弹性近似情况下半导体中的电子–电子碰撞没有声子碰撞那么强. 因此松弛到 Fermi-Dirac 分布函数是一个多尺度现象 (正如本章中所刻画) 而非文献 [5] 所蕴涵的单尺度过程.

1.4.4 扩散矩阵 D 和能量松弛项 $W(\mu, T, T_{\mathrm{L}})$ 的性质

由 [5] 中的引理 4.11, 可立即推得如下引理, 其证明了 W 是电子温度 T 到晶格温度 T_{L} 的一个松弛项.

引理 1.8 $W(\mu, T, T_{\mathrm{L}})(T - T_{\mathrm{L}}) \leqslant 0$.

令 $\mathcal{D}$ 是 6×6 分块矩阵

$$\mathcal{D} = \begin{pmatrix} \mathcal{D}_{11} & \mathcal{D}_{12} \\ \mathcal{D}_{21} & \mathcal{D}_{22}\end{pmatrix} = \mathcal{D}(x, \mu, T),$$

有如下引理.

引理 1.9 (i) $\mathcal{D}_{ij}^{\mathrm{T}} = \mathcal{D}_{ij}, \forall i, j \in \{1, 2\}$.

(ii) $\mathcal{D}_{12} = \mathcal{D}_{21}$.

(iii) 假设函数 $\partial_{k_1}\varepsilon, \partial_{k_2}\varepsilon, \partial_{k_3}\varepsilon, \varepsilon\partial_{k_1}\varepsilon, \varepsilon\partial_{k_2}\varepsilon, \varepsilon\partial_{k_3}\varepsilon$ 是线性无关的, 则对任意的 $\mu \in (-\infty, +\infty)$ 和 $T > 0$ 矩阵 $\mathcal{D}(x, \mu, T)$ 是对称正定的.

证明 (i) 由 $D(x, \varepsilon)$ 的对称性保证, (ii) 由 $\chi_1\chi_2 = \chi_2\chi_1$ 保证. 对于 (iii), 令 $\xi_1, \xi_2 \in \mathbb{R}^3$ 满足 $|\xi_1|^2 + |\xi_2|^2 = 1, \xi_i(\xi_{ip})_{p=1,2,3}$. 采用爱因斯坦求和约定, 有

$$\begin{aligned}(\mathcal{D}_{ij}\xi_i, \xi_j) &\geqslant \frac{C}{N(\varepsilon)}\int_{\mathbb{R}}\left(\int_{\varepsilon}(\chi_i \partial_{k_p}\varepsilon)\xi_{ip}(\chi_j\partial_{k_q}\varepsilon)\xi_{jq} dN_{\varepsilon}(k)\right)\mathcal{F}(1-\eta\mathcal{F})d\varepsilon \\ &\geqslant \frac{C}{N(\varepsilon)}\int_B \left|\begin{pmatrix}\nabla_k \varepsilon \\ \varepsilon\nabla_k\varepsilon\end{pmatrix}\cdot\begin{pmatrix}\xi_1\\ \xi_2\end{pmatrix}\right|^2 \mathcal{F}(1-\eta\mathcal{F})dk. \end{aligned} \tag{1.70}$$

式 (1.70) 右端的最小值非零, 否则会导致矛盾. □

在 1.3.4 节中的简化假设下, 扩散矩阵 $\mathcal{D}$ 可以被显式地计算出来: 如果 Φ_0 与 k, k' 无关, 并考虑抛物能带图和非简并统计 (即, $\mathcal{F}(1-\eta\mathcal{F}) \to \exp(-(\varepsilon-\mu)/T)$ 当 $\eta \to 0$) 的情况, 由 (1.67) 和 (1.50) 给出的扩散矩阵 $\mathcal{D}(x,\mu,T)$ 为

$$\mathcal{D}(x,\mu,T) = \frac{2T^2 \mathrm{e}^{\mu/T}}{3\Phi_0(x)m_*}\begin{pmatrix} Id & 2TId \\ 2TId & 6T^2 Id \end{pmatrix}.$$

注解 1.5 (i) $(1/T)\mathcal{D}_{11}^{-1} - \frac{5}{2}Id = -\frac{1}{2}Id \neq 0$ 意味着在半导体流体动力学模型中可以预期非消失交叉效应, 例如, 热源的摩擦力 (Soret 效应) 或摩擦源的热流 (Peltier 效应), 可参见文献 [5] 中的第 5 和 6 节.

(ii) 文献 [5],[60] 中给出了热导率 κ 和电导率 σ

$$\kappa = \frac{1}{T^2}(\mathcal{D}_{22} - \mathcal{D}_{21}\mathcal{D}_{11}^{-1}\mathcal{D}_{12}), \quad \sigma = \frac{1}{T}\mathcal{D}_{11}.$$

所以 Landau 系数 $\Lambda = \kappa/\sigma T = 2$. 特别地, 常数 Λ 是 Wiedemann-Franz 定律中的常数.

1.4.5 第三宏观尺度: 漂移扩散模型

如果考虑更长的时间尺度, 由声子碰撞导致的能量损失就变得重要, 并且注意到电子温度和晶格温度相等这样一个渐近机制. 为了研究这一机制, 时间和空间必须被重新尺度化, 方程组 (1.64) 和 (1.65) 要写为如下形式:

$$\frac{\partial}{\partial t}n(\mu^\delta, T^\delta) + \nabla \cdot I^\delta = 0, \tag{1.71}$$

$$\frac{\partial}{\partial t}n\mathcal{E}(\mu^\delta, T^\delta) + \nabla \cdot I_w^\delta - \nabla_x\phi \cdot I^\delta = \frac{1}{\delta}W(\mu^\delta, T^\delta, T_{\mathrm{L}}), \tag{1.72}$$

其中 $\delta \ll 1$ 是一个小参数, 电流 I^δ 和能量电流 I_w^δ 由如下本构关系给出

$$I^\delta = -\left[\mathcal{D}_{11}\left(\nabla_x\left(\frac{\mu^\delta}{T^\delta}\right) - \frac{\nabla_x\phi}{T^\delta}\right) + \mathcal{D}_{12}\frac{\nabla_x T^\delta}{(T^\delta)^2}\right], \tag{1.73}$$

$$I_w^\delta = -\left[\mathcal{D}_{21}\left(\nabla_x\left(\frac{\mu^\delta}{T^\delta}\right) - \frac{\nabla_x\phi}{T^\delta}\right) + \mathcal{D}_{22}\frac{\nabla_x T^\delta}{(T^\delta)^2}\right]. \tag{1.74}$$

现在感兴趣的是当 $\delta \to 0$ 时方程组 (1.71) 和 (1.72) 的行为. 再次使用 Hilbert 展开

$$\mu^\delta = \mu_0 + \delta\mu_1 + \cdots, \quad T^\delta = T_0 + \delta T_1 + \cdots, \quad I^\delta = I_0 + \delta I_1 + \cdots. \tag{1.75}$$

于是, δ^{-1} 和 δ^0 阶的方程可写为

$$W(\mu_0, T_0, T_{\mathrm{L}}) = 0, \tag{1.76}$$

$$\frac{\partial}{\partial t}n(\mu_0,T_0)+\nabla\cdot I_0=0,\tag{1.77}$$

其中 I_0 是在 (1.73) 中用 μ_0,T_0 替换 μ^δ,T^δ 而得的. 由文献 [5] 中的引理 4.11 易得如下定理.

定理 1.10 方程组 (1.76) 和 (1.77) 的解 μ_0,T_0 是 $T_0=T_{\rm L}$ 且 μ_0 由传统的漂移扩散模型给出:

$$\frac{\partial}{\partial t}n(\mu_0,T_{\rm L})+\nabla\cdot I_0=0,\tag{1.78}$$

$$I_0=-\left[\mathcal{D}_{11}(x,\mu_0,T_{\rm L})\left(\nabla_x\left(\frac{\mu_0}{T_{\rm L}}\right)-\frac{\nabla_x\phi}{T_{\rm L}}\right)+\mathcal{D}_{12}(x,\mu_0,T_{\rm L})\frac{\nabla_x T_{\rm L}}{(T_{\rm L})^2}\right].\tag{1.79}$$

注解 1.6 特别地, 当 $T_{\rm L}$ 与 x 无关时, 即得更常见的形式

$$I_0=-\mathcal{D}_{11}(x,\mu_0,T_{\rm L})\frac{\nabla_x(\mu_0-\phi)}{T_{\rm L}},\tag{1.80}$$

其中 $\mathcal{D}_{11}(x,\mu_0,T_{\rm L})$ 由公式 (1.67) 给出.

1.5 光学声子碰撞驱动的第二宏观尺度:“周期球” 谐展开模型

1.5.1 尺度化

现在回到 “球” 谐展开模型 (1.33) 和 (1.34) 并替换 1.4 节中的电子-电子碰撞占优的假设为光学声子碰撞算子起主导作用, 进而在新的假设下做进一步研究. 回顾可知, 当典型的电子能量处在声子能量的数量级上时, 光学声子碰撞占优的情况更可能发生. 因此, 这就等于假设能量分布函数没有 “高能尾巴”.

沿用 1.4 节中的记号, 并假设 $\nu_{\rm ac}/\alpha^2\approx\nu_{\rm e}\approx O(1)$ 而 $\nu_{\rm op}\alpha^2=1/\beta,\beta\ll 1$. 此时, 能量分布函数 $F^\beta(x,\varepsilon,t)$ 演化的控制方程为

$$N(\varepsilon)\frac{\partial F^\beta}{\partial t}+\nabla_x\cdot J^\beta+\nabla_x\phi\cdot\frac{\partial J^\beta}{\partial\varepsilon}=\frac{1}{\beta}S_{\rm op}(F^\beta)+S_1(F^\beta),\tag{1.81}$$

$$J^\beta(x,\varepsilon,t)=-D(x,\varepsilon)\left(\nabla_x F^\beta+\nabla_x\phi\frac{\partial F^\beta}{\partial\varepsilon}\right),\tag{1.82}$$

其中 $S_{\rm op}(F^\beta)$ 由 (1.52) 给出, $S_1(F^\beta)=S_{\rm ac}(F^\beta)+S_{\rm e}(F^\beta)$ 且 $S_{\rm ac}(F^\beta)$ 和 $S_{\rm e}(F^\beta)$ 分别由 (1.52) 和 (1.53) 给出. 感兴趣的仍是极限 $\beta\to 0$ 并再次使用 Hilbert 展开

$$F^\beta=F_0+\beta F_1+\cdots,\quad J^\beta=J_0+\beta J_1+\cdots.$$

于是,

$$S_{\rm op}(F_0)=0,\tag{1.83}$$

$$N(\varepsilon)\frac{\partial F_0}{\partial t}+\nabla_x\cdot J_0+\nabla_x\phi\cdot\frac{\partial J_0}{\partial\varepsilon}-S_1(F_0)=D_{F_0}S_{\mathrm{op}}(F_1), \tag{1.84}$$

其中 $D_{F_0}S_{\mathrm{op}}(F_1)$ 表示 S_{op} 在 F_0 处的导数作用 F_1. 照例, 首先研究 S_{op} 和 $D_{F_0}S_{\mathrm{op}}$ 的性质.

1.5.2　S_{op} 和 $D_{F_0}S_{\mathrm{op}}$ 的性质

经直接计算可得

$$S_{\mathrm{op}}(F)=N(\varepsilon)\int_{\mathbb{R}}A(x,\varepsilon,\varepsilon')\sigma(\varepsilon,\varepsilon')(a^{-\varepsilon}F'(1-\eta F)-a^{-\varepsilon'}F(1-\eta F'))N(\varepsilon')d\varepsilon', \tag{1.85}$$

其中 $a=\exp(1/T_{\mathrm{L}})$,

$$\sigma(\varepsilon,\varepsilon')=a^{\varepsilon}\delta(\varepsilon'-\varepsilon+1)+a^{\varepsilon'}\delta(\varepsilon'-\varepsilon-1)=\sigma(\varepsilon',\varepsilon), \tag{1.86}$$

$$\begin{aligned}A(x,\varepsilon,\varepsilon')&=\frac{1}{N(\varepsilon)N(\varepsilon')}\int_{\varepsilon}\int_{\varepsilon}'\tilde{\Phi}_{\mathrm{op}}(x,k,k')dN_{\varepsilon}(k)dN_{\varepsilon'}(k')\\&=A(x,\varepsilon',\varepsilon),\end{aligned} \tag{1.87}$$

以及 $\tilde{\Phi}_{\mathrm{op}}=\Phi_{\mathrm{op}}/(a-1)$. 在 (1.85) 中已重新尺度化能量使得光学声子能量等于 1. (1.85) 在形式上类似于 (1.4). 根据文献 [85] 或 [90], 有如下引理.

引理 1.11　(i) 熵不等式: 设 χ 是 $\mathbb{R}_+$ 上的不减函数, $H(\varepsilon)$ 由 $F(1-\eta F)^{-1}=Ha^{-\varepsilon}$ 定义, 则

$$\begin{aligned}\int_{\mathbb{R}}S_{\mathrm{op}}(F)\chi(H)d\varepsilon=&-\frac{1}{2}\int_{\mathbb{R}}A(x,\varepsilon,\varepsilon')\sigma(\varepsilon,\varepsilon')(1-\eta F)(1-\eta F')a^{-\varepsilon-\varepsilon'}(H-H')\\&\times(\chi(H)-\chi(H'))N(\varepsilon)N(\varepsilon')d\varepsilon d\varepsilon'\leqslant 0.\end{aligned}$$

(ii) 记号 "a.e.$(N(\varepsilon)d\varepsilon)$" 表示 "关于测度 $N(\varepsilon)d\varepsilon$ 几乎处处". 对任意的 a.e. $(N(\varepsilon)d\varepsilon)$ 一维周期的 ε 的函数 $q(\varepsilon)$, 有

$$\int_{\mathbb{R}}S_{\mathrm{op}}(F)q(\varepsilon)d\varepsilon=0.$$

(iii) $S_{\mathrm{op}}\Longleftrightarrow\exists\mu(\varepsilon)$, a.e.$(N(\varepsilon)d\varepsilon)$ 1-周期的 ε 的函数使得

$$F(\varepsilon)=\mathcal{F}_{\mu(\varepsilon),T_{\mathrm{L}}}(\varepsilon)=:\mathcal{F}(\varepsilon,\mu(\varepsilon)),$$

其中 $\mathcal{F}_{\mu,T}(\varepsilon)$ 是 Fermi-Dirac 分布函数 (1.58).

现在, 引入关于 $\mathcal{F}(\varepsilon,\mu(\varepsilon))$ 的线性化算子:

$$L_{\mathcal{F}}(f)=\frac{1}{N(\varepsilon)}D_{\mathcal{F}}S_{\mathrm{op}}(f). \tag{1.88}$$

根据文献 [90], 线性算子可写为

$$L_{\mathcal{F}}(f)=\int_{\mathbb{R}} A(x,\varepsilon,\varepsilon')\sigma(\varepsilon,\varepsilon')\sigma_{\mathcal{F}}(\varepsilon,\varepsilon')\left(\frac{f'}{\mathcal{G}'}-\frac{f}{\mathcal{G}}\right)N(\varepsilon')d\varepsilon', \tag{1.89}$$

其中 $\mathcal{G}=\mathcal{F}(1-\eta\mathcal{F})$,

$$\sigma_{\mathcal{F}}(\varepsilon,\varepsilon')=\sigma_{\mathcal{F}}(\varepsilon',\varepsilon)=a^{-\mu(\varepsilon)}\mathcal{F}\mathcal{F}', \tag{1.90}$$

其中 (1.90) 仅对 $\varepsilon'=\varepsilon\pm 1$ 且在 $N(\varepsilon)N(\varepsilon')$ 的支集上才有意义. 现在假设

$$\text{Supp}N(\varepsilon)=[0,b],\quad \{N=0\}=(-\infty,0]\cup[b,+\infty), \tag{1.91}$$

并引入 Hilbert 空间

$$K_{\mathcal{G}}=\left\{F(\varepsilon)\ \middle|\ F=0\ \text{a.e.}\{N=0\},\int_{\mathbb{R}}|F(\varepsilon)|^2\frac{N(\varepsilon)d\varepsilon}{\mathcal{G}(\varepsilon)}<+\infty\right\}, \tag{1.92}$$

并配备以通常意义下的内积 $(,)_{\mathcal{G}}$ 和范数 $|\cdot|_{\mathcal{G}}$.

引理 1.12 (i) $-L_{\mathcal{F}}$ 是 $K_{\mathcal{G}}$ 上的有界非负自伴算子.

(ii) $\text{Ker}(L_{\mathcal{F}})=\{p(\varepsilon)\mathcal{G}(\varepsilon)\in K_{\mathcal{G}}, p(\varepsilon)\ 是\ 1\text{-周期的}\}$.

(iii) $(-L_{\mathcal{F}}f,f)\geqslant\mu|f-Pf|_{\mathcal{G}}^2$, 其中 P 是 $\text{Ker}(L_{\mathcal{F}})$ 上关于内积 $(,)_{\mathcal{G}}$ 的正交投影.

(iv)

$$Pf(\varepsilon)=\frac{\sum_{i\in\mathbb{Z}}N(\varepsilon+i)f(\varepsilon+i)}{\sum_{i\in\mathbb{Z}}N(\varepsilon+i)\mathcal{G}(\varepsilon+i)}\mathcal{G}(\varepsilon).$$

(v) $R(L_{\mathcal{F}})=(\text{Ker}(L_{\mathcal{F}}))^{\perp}=\left\{f\in K_{\mathcal{G}}\ \middle|\ \sum_{i\in\mathbb{Z}}f(\varepsilon+i)N(\varepsilon+i)=0\right\}.$

证明 经直接计算, 得

$$\begin{aligned}-\int L_{\mathcal{F}}f(\varepsilon)g(\varepsilon)\frac{N(\varepsilon)d\varepsilon}{\mathcal{G}(\varepsilon)}&=(-L_{\mathcal{F}}f,g)_{\mathcal{G}}\\&=\frac{1}{2}\int_{\mathbb{R}}\int_{\mathbb{R}}A(x,\varepsilon,\varepsilon')\sigma(\varepsilon,\varepsilon')\sigma_{\mathcal{F}}(\varepsilon,\varepsilon')\\&\quad\times\left(\frac{f'}{\mathcal{G}'}-\frac{f}{\mathcal{G}}\right)\left(\frac{g'}{\mathcal{G}'}-\frac{g}{\mathcal{G}}\right)N(\varepsilon)N(\varepsilon')d\varepsilon d\varepsilon',\end{aligned} \tag{1.93}$$

(i) 和 (ii) 可直接由 (1.93) 得证: $p(\varepsilon)$ 首先是一个 a.e.$(N(\varepsilon)d\varepsilon)$ 的 1-周期函数且可以经 $K_{\mathcal{F}}$ 的定义 (1.92) 被延拓到 $\mathbb{R}$ 上的 1-周期函数. 对 (iv), 只需证明

$$(\text{Ker}(L_{\mathcal{F}}))^{\perp}=\left\{f\in K_{\mathcal{G}}\ \middle|\ \sum_{i\in\mathbb{Z}}f(\varepsilon+i)N(\varepsilon+i)=0\right\}. \tag{1.94}$$

事实上, 对 $f \in (\mathrm{Ker}(L_{\mathcal{F}}))^{\perp}$ 和任意的 $p(\varepsilon)\mathcal{G}(\varepsilon) \in \mathrm{Ker}(L_{\mathcal{F}})$, $p(\varepsilon)$ 是 1- 周期的, 有

$$0 = \int_{\mathbb{R}} f(\varepsilon)(p(\varepsilon)\mathcal{G}(\varepsilon))\frac{N(\varepsilon)d\varepsilon}{\mathcal{G}(\varepsilon)} = \int_0^1 \left(\sum_{i\in\mathbb{Z}} f(\varepsilon+i)N(\varepsilon+i)\right)p(\varepsilon)d\varepsilon,$$

所以 (1.94) 成立. 直接由 (iii) 和 (1.94) 可证得 (v). 最后, 还需证明 (iii). 为此, 注意到

$$\begin{aligned}&(-L_{\mathcal{F}}f, f)_{\mathcal{G}}\\&= \int_{\mathbb{R}} A(\varepsilon,\varepsilon+1)\mathcal{F}(\varepsilon)\mathcal{F}(\varepsilon+1)a^{\varepsilon-\mu(\varepsilon)+1}\left|\frac{f(\varepsilon+1)}{\mathcal{G}(\varepsilon+1)} - \frac{f(\varepsilon)}{\mathcal{G}(\varepsilon)}\right|^2 N(\varepsilon)N(\varepsilon+1)d\varepsilon.\end{aligned} \tag{1.95}$$

因此

$$(-L_{\mathcal{F}}f, f)_{\mathcal{G}} \geqslant C\int_{\mathbb{R}}\left|\frac{f(\varepsilon+1)}{\mathcal{G}(\varepsilon+1)} - \frac{f(\varepsilon)}{\mathcal{G}(\varepsilon)}\right|^2 N(\varepsilon)N(\varepsilon+1)d\varepsilon.$$

令 $n = [b]+1$, 其中 b 由 (1.91) 定义且 $[b]$ 是实数 b 的整数部分. 于是

$$(-L_{\mathcal{F}}f, f)_{\mathcal{G}} \geqslant C\sum_{i=0}^{n-1}\int_0^1\left|\frac{f(\varepsilon+i+1)}{\mathcal{G}(\varepsilon+i+1)} - \frac{f(\varepsilon+i)}{\mathcal{G}(\varepsilon+i)}\right|^2 N(\varepsilon+i)N(\varepsilon+i+1)d\varepsilon. \tag{1.96}$$

现在令 $f \in (\mathrm{Ker}(L_{\mathcal{F}}))^{\perp}$, 由公式

$$\frac{f(\varepsilon+k)}{\mathcal{G}(\varepsilon+k)} - \frac{f(\varepsilon+l)}{\mathcal{G}(\varepsilon+l)} = \begin{cases}\displaystyle\sum_{j=l}^{k-1}\frac{f(\varepsilon+j+1)}{\mathcal{G}(\varepsilon+j+1)} - \frac{f(\varepsilon+j)}{\mathcal{G}(\varepsilon+j)}, & k>l,\\ \displaystyle-\sum_{j=k}^{l-1}\frac{f(\varepsilon+j+1)}{\mathcal{G}(\varepsilon+j+1)} - \frac{f(\varepsilon+j)}{\mathcal{G}(\varepsilon+j)}, & k<l,\end{cases}$$

可得

$$\begin{aligned}h(\varepsilon)f(\varepsilon+k) =& \sum_{l=-\infty}^{k-1} N(\varepsilon+l)\mathcal{G}(\varepsilon+l)\left(\sum_{j=l}^{k-1}\frac{f(\varepsilon+j+1)}{\mathcal{G}(\varepsilon+j+1)} - \frac{f(\varepsilon+j)}{\mathcal{G}(\varepsilon+j)}\right)\\&-\sum_{l=k+1}^{+\infty} N(\varepsilon+l)\mathcal{G}(\varepsilon+l)\left(\sum_{j=k}^{l-1}\frac{f(\varepsilon+j+1)}{\mathcal{G}(\varepsilon+j+1)} - \frac{f(\varepsilon+j)}{\mathcal{G}(\varepsilon+j)}\right),\end{aligned}$$

其中

$$h(\varepsilon) = \sum_{i\in\mathbb{Z}} N(\varepsilon+i)\mathcal{G}(\varepsilon+i).$$

在上式中颠倒指标 l 和 j 的位置并对所得结果取平方, 有

$$h^2(\varepsilon)|f(\varepsilon+k)|^2 \leqslant 2\left|\sum_{j=-\infty}^{k-1}\left(\frac{f(\varepsilon+j+1)}{\mathcal{G}(\varepsilon+j+1)}-\frac{f(\varepsilon+j)}{\mathcal{G}(\varepsilon+j)}\right)\sum_{l=-\infty}^{j}N(\varepsilon+l)\mathcal{G}(\varepsilon+l)\right|^2$$
$$+2\left|\sum_{j=k}^{+\infty}\left(\frac{f(\varepsilon+j+1)}{\mathcal{G}(\varepsilon+j+1)}-\frac{f(\varepsilon+j)}{\mathcal{G}(\varepsilon+j)}\right)\sum_{l=j+1}^{+\infty}N(\varepsilon+l)\mathcal{G}(\varepsilon+l)\right|^2.$$

现在令 $\varepsilon \in [0,1]$ 并估计

$$\sum_{k\in\mathbb{Z}}|f(\varepsilon+k)|^2N(\varepsilon+k)=\sum_{k=0}^{n-1}|f(\varepsilon+k)|^2N(\varepsilon+k).$$

由 $h(\varepsilon)\geqslant C>0$ 及和式是有限项做和, 使用 Cauchy-Schwarz 不等式可推得

$$\sum_{k=0}^{n-1}N(\varepsilon+k)|f(\varepsilon+k)|^2$$
$$\leqslant C\sum_{k=0}^{n-1}N(\varepsilon+k)\sum_{j=0}^{k-1}\left|\frac{f(\varepsilon+j+1)}{\mathcal{G}(\varepsilon+j+1)}-\frac{f(\varepsilon+j)}{\mathcal{G}(\varepsilon+j)}\right|^2\left|\sum_{l=0}^{j}N(\varepsilon+l)\mathcal{G}(\varepsilon+l)\right|^2$$
$$+C\sum_{k=0}^{n-1}N(\varepsilon+k)\sum_{j=k}^{n-2}\left|\frac{f(\varepsilon+j+1)}{\mathcal{G}(\varepsilon+j+1)}-\frac{f(\varepsilon+j)}{\mathcal{G}(\varepsilon+j)}\right|^2\left|\sum_{l=j+1}^{n-1}N(\varepsilon+l)\mathcal{G}(\varepsilon+l)\right|^2.$$

按照相同的指标 j 将

$$\left|\frac{f(\varepsilon+j+1)}{\mathcal{G}(\varepsilon+j+1)}-\frac{f(\varepsilon+j)}{\mathcal{G}(\varepsilon+j)}\right|^2$$

分组, 特别关心指标 $j=0$ 和 $j=n-2$ 的项, 有

$$\sum_{k=0}^{n-1}N(\varepsilon+k)|f(\varepsilon+k)|^2\leqslant CN(\varepsilon)\left|\frac{f(\varepsilon+1)}{\mathcal{G}(\varepsilon+1)}-\frac{f(\varepsilon)}{\mathcal{G}(\varepsilon)}\right|^2$$
$$+CN(\varepsilon+n-1)\left|\frac{f(\varepsilon+n-1)}{\mathcal{G}(\varepsilon+n-1)}-\frac{f(\varepsilon+n-2)}{\mathcal{G}(\varepsilon+n-2)}\right|^2$$
$$+C\sum_{i=1}^{n-3}\left|\frac{f(\varepsilon+i+1)}{\mathcal{G}(\varepsilon+i+1)}-\frac{f(\varepsilon+i)}{\mathcal{G}(\varepsilon+i)}\right|^2.$$

为了得到上面的估计, 已广泛使用性质 $N\leqslant C$.

在 $[1,n-2]$ 上使用 $N(\varepsilon)\geqslant C$, 最终得

$$\sum_k N(\varepsilon+k)|f(\varepsilon+k)|^2$$
$$\leqslant C\sum_k N(\varepsilon+k)N(\varepsilon+k+1)\left|\frac{f}{\mathcal{G}}(\varepsilon+k+1)-\frac{f}{\mathcal{G}}(\varepsilon+k)\right|^2,\quad \forall\varepsilon\in[0,1]. \tag{1.97}$$

由 (1.96) 可推得

$$\begin{aligned}(-L_{\mathcal{F}}f,f)_{\mathcal{G}}&\geqslant C\sum_k\int_0^1 N(\varepsilon+k)|f(\varepsilon+k)|^2d\varepsilon\\&\geqslant C\int_{\mathbb{R}}N(\varepsilon)\left|\frac{f(\varepsilon)}{\mathcal{G}(\varepsilon)}\right|^2d\varepsilon,\quad \forall f\in(\mathrm{Ker}(L_{\mathcal{F}}))^{\perp}.\end{aligned}$$
□

1.5.3　Hilbert 展开 (1.83) 和 (1.84) 的重新求解

由引理 1.11 (iii) 和方程 (1.83), 存在关于 ε 是 a.e.$(N(\varepsilon)d\varepsilon)$ 1-周期的函数 $\mu(x,\varepsilon,t)$ 使得

$$F_0(x,\varepsilon,t)=\mathcal{F}(\varepsilon,\mu(x,\varepsilon,t)),\quad \text{a.e.}(N(\varepsilon)d\varepsilon). \tag{1.98}$$

在 (1.82) 中令 $\beta=0$ 给出

$$\begin{aligned}J_0(x,\varepsilon,t)=&-D(x,\varepsilon)\mathcal{F}(1-\eta\mathcal{F})\\&\cdot\left\{\left(\nabla_x\left(\frac{\mu}{T_{\mathrm{L}}}\right)-\frac{\nabla_x\phi}{T_{\mathrm{L}}}+\frac{\nabla_x\phi}{T_{\mathrm{L}}}\frac{\partial\mu}{\partial\varepsilon}\right)-\varepsilon\nabla_x\left(\frac{1}{T_{\mathrm{L}}}\right)\right\}.\end{aligned} \tag{1.99}$$

重解 (1.84) 得如下定理.

定理 1.13　设 F_0 由 (1.98) 给出, 则方程 (1.84) 的解存在当且仅当 $\mu(x,\varepsilon,t)$ 满足如下方程组 (在 $\varepsilon\in[0,1]$ 上具有周期边界条件):

$$\frac{\partial}{\partial t}\nu(\varepsilon,\mu(x,\varepsilon,t))+\nabla_x\cdot j+\nabla_x\phi\cdot\frac{\partial j}{\partial\varepsilon}=T_1(\mu), \tag{1.100}$$

$$\begin{aligned}j(x,\varepsilon,t)=-&\left\{\Delta_1(x,\varepsilon,\mu(x,\varepsilon,t))\left[\nabla_x\left(\frac{\mu}{T_{\mathrm{L}}}\right)-\frac{\nabla_x\phi}{T_{\mathrm{L}}}+\frac{\nabla_x\phi}{T_{\mathrm{L}}}\frac{\partial\mu}{\partial\varepsilon}\right]\right.\\&\left.+\Delta_2(x,\varepsilon,\mu(x,\varepsilon,t))\frac{\nabla_xT_{\mathrm{L}}}{T_{\mathrm{L}}^2}\right\}\end{aligned} \tag{1.101}$$

其中 $\varepsilon\in[0,1]$, $\mu\in\mathbb{R}$,

$$\nu(\varepsilon,\mu)=\sum_{i\in\mathbb{Z}}N(\varepsilon+i)\mathcal{F}(\varepsilon+i,\mu), \tag{1.102}$$

$$\Delta_1(x,\varepsilon,\mu)=\sum_{i\in\mathbb{Z}}D(x,\varepsilon+i)\mathcal{F}(\varepsilon+i,\mu)(1+\eta\mathcal{F}(\varepsilon+i,\mu)),$$

$$\Delta_2(x,\varepsilon,\mu)=\sum_{i\in\mathbb{Z}}D(x,\varepsilon+i)(\varepsilon+i)\mathcal{F}(\varepsilon+i,\mu)(1+\eta\mathcal{F}(\varepsilon+i,\mu)),\tag{1.103}$$

并且对一个 1-周期函数 $\mu(\varepsilon)$,

$$T_1(\mu)(\varepsilon)=\sum_{i\in\mathbb{Z}}S_1(\mathcal{F}(\varepsilon,\mu(\varepsilon)))(\varepsilon+i).\tag{1.104}$$

证明 由引理 1.12 (v), 方程 (1.84) 关于 F_1 的可解性条件为

$$\begin{aligned}&\sum_{i\in\mathbb{Z}}\left\{N(\varepsilon+i)\frac{\partial}{\partial t}\mathcal{F}(\varepsilon+i,\mu(x,\varepsilon,t))+\nabla_x\cdot J_0(x,\varepsilon+i,t)+\nabla_x\phi\frac{\partial J_0}{\partial\varepsilon}(x,\varepsilon+i,t)\right\}\\=&\sum_{i\in\mathbb{Z}}S_1(\mathcal{F}(\cdot,\mu(x,\cdot,t)))(\varepsilon+i),\end{aligned}$$

由此易得 (1.100) 和 (1.101). □

在 (1.101) 中, 只 Δ_1 担当扩散系数. 由引理 1.4 可得如下引理.

引理 1.14 $\Delta_1(x,\varepsilon,\mu)$ 是一个对称非负 3×3 矩阵. 更进一步, 存在 $C>0$ 使得

$$\Delta_1(x,\varepsilon,\mu)\geqslant C\sum_{i\in\mathbb{Z}}\frac{1}{N(\varepsilon+i)}\left(\int_{\varepsilon+i}(\nabla_k\varepsilon\otimes\nabla_k\varepsilon)dN_{\varepsilon+i}(k)\right)\mathcal{F}(\varepsilon+i,\mu)(1-\eta\mathcal{F}(\varepsilon+i,\mu)).\tag{1.105}$$

特别地, 如果 Q_0 由松弛时间算子 (1.41) 给出, 则由 (1.43) 可得 Δ_1 的表达式如下

$$\Delta_1(x,\varepsilon,\mu)=\sum_{i\in\mathbb{Z}}\tau(x,\varepsilon+i)\left(\int_{\varepsilon+i}(\nabla_k\varepsilon\otimes\nabla_k\varepsilon)dN_{\varepsilon+i}(k)\right)\mathcal{F}(\varepsilon+i,\mu)(1-\eta\mathcal{F}(\varepsilon+i,\mu)).\tag{1.106}$$

当 $\Phi_0=\Phi_0(x)$ 与 k,k' 无关, 对抛物能带图 $|k|^2=2m_*\varepsilon$ 和非简并统计 $\mathcal{F}(1-\eta\mathcal{F})\to\exp(-(\varepsilon-\mu)/T_{\mathrm{L}})$, 由 (1.50) 可发现

$$\begin{aligned}\Delta_1(x,\varepsilon,\mu)&=\frac{2}{3\Phi_0(x)m_*}\sum_{i\in\mathbb{N}}(\varepsilon+i)\exp\left(-\frac{(\varepsilon+i)-\mu}{T_{\mathrm{L}}}\right)\\&=\frac{2}{3\Phi_0(x)m_*}\frac{\varepsilon+\mathrm{e}^{-1/T_{\mathrm{L}}}(1-\varepsilon)}{(1+\mathrm{e}^{-1/T_{\mathrm{L}}})^2}\exp\left(-\frac{\varepsilon-\mu}{T_{\mathrm{L}}}\right).\end{aligned}\tag{1.107}$$

1.5.4 第三宏观尺度: 漂移扩散模型

考虑更长的时间尺度, 声学声子碰撞和电子–电子碰撞这两种效应都会将周期函数 $\mu(x,\varepsilon,t)$ 松弛为一个常数. 在这一机制下, 可以期望传统的漂移扩散模型是有效的. 尺度化之后, 方程组 (1.100) 和 (1.101) 可写为

$$\frac{\partial}{\partial t}\nu(\varepsilon,\mu^\delta(x,\varepsilon,t))+\nabla_x\cdot j^\delta+\nabla_x\phi\cdot\frac{\partial j^\delta}{\partial\varepsilon}=\frac{1}{\delta}T_1(\mu^\delta), \tag{1.108}$$

$$\begin{aligned}j^\delta(x,\varepsilon,t)=-\Bigg\{&\Delta_1(x,\varepsilon,\mu^\delta(x,\varepsilon,t))\left[\nabla_x\left(\frac{\mu^\delta}{T_{\mathrm{L}}}\right)-\frac{\nabla_x\phi}{T_{\mathrm{L}}}+\frac{\nabla_x\phi}{T_{\mathrm{L}}}\frac{\partial\mu^\delta}{\partial\varepsilon}\right]\\&+\Delta_2(x,\varepsilon,\mu^\delta(x,\varepsilon,t))\frac{\nabla_xT_{\mathrm{L}}}{T_{\mathrm{L}}^2}\Bigg\},\end{aligned} \tag{1.109}$$

其中 $T_1(\mu^\delta)=T_{\mathrm{e}}(\mu^\delta)+T_{\mathrm{ac}}(\mu^\delta)$,

$$T_{\mathrm{e}}(\mu)(\varepsilon)=\sum_{i\in\mathbb{Z}}S_{\mathrm{e}}(\mathcal{F}(\varepsilon,\mu(\varepsilon)))(\varepsilon+i),$$

$$T_{\mathrm{ac}}(\mu)(\varepsilon)=\sum_{i\in\mathbb{Z}}S_{\mathrm{ac}}(\mathcal{F}(\varepsilon,\mu(\varepsilon)))(\varepsilon+i),$$

这里 S_{e} 和 S_{ac} 分别由 (1.52) 和 (1.53) 给出.

对任意 1-周期函数 $\psi(\varepsilon)$, 经直接计算有

$$\begin{aligned}\int_0^1T_{\mathrm{e}}(\mu)(\varepsilon)\psi(\varepsilon)d\varepsilon=&-\frac{1}{4}\int_{B^4}\varPhi_{\mathrm{e}}\delta_\varepsilon\delta_k\pi(1-\eta\mathcal{F})a^{-(\varepsilon+\varepsilon_1)}(\psi'+\psi_1'-\psi-\psi_1)\\&\times(a^{\mu(\varepsilon')+\mu(\varepsilon_1')}-a^{\mu(\varepsilon)+\mu(\varepsilon_1)})d^4k,\end{aligned} \tag{1.110}$$

其中

$$a=\mathrm{e}^{1/T_{\mathrm{L}}},\quad \pi(1-\eta\mathcal{F})=(1-\eta\mathcal{F})(1-\eta\mathcal{F}_1)(1-\eta\mathcal{F}')(1-\eta\mathcal{F}_1'),$$

$$\begin{aligned}\int_0^1T_{\mathrm{ac}}(\mu)(\varepsilon)\psi(\varepsilon)d\varepsilon=&-\frac{1}{2}\int_{B^2}\frac{\varPhi_{\mathrm{ac}}(x,k,k')}{a^{\varepsilon_{\mathrm{ac}}(k-k')}-1}\sigma_{\mathrm{ac}}(\varepsilon,\varepsilon')(1-\eta\mathcal{F})(1-\eta\mathcal{F}')\\&\times a^{-(\varepsilon+\varepsilon')}(\psi'-\psi)(a^{\mu(\varepsilon')}-a^{\mu(\varepsilon)})dkdk',\end{aligned} \tag{1.111}$$

其中

$$\sigma_{\mathrm{ac}}(\varepsilon,\varepsilon')a^\varepsilon\delta(\varepsilon'-\varepsilon+\varepsilon_{\mathrm{ac}}(k-k'))+a^{\varepsilon'}\delta(\varepsilon'-\varepsilon-\varepsilon_{\mathrm{ac}}(k-k'))=\sigma_{\mathrm{ac}}(\varepsilon',\varepsilon).$$

于是, 可推得如下引理.

引理 1.15 (i) 熵不等式:

$$\int_0^1 T_{\mathrm{e}}(\mu)(\varepsilon)\mu(\varepsilon)d\varepsilon \leqslant 0, \quad \int_0^1 T_{\mathrm{ac}}(\mu)(\varepsilon)\mu(\varepsilon)d\varepsilon \leqslant 0.$$

(ii) $\int_0^1 T_{\mathrm{e}}(\mu)(\varepsilon)d\varepsilon = 0, \int_0^1 T_{\mathrm{ac}}(\mu)(\varepsilon)d\varepsilon = 0.$

(iii) $T_{\mathrm{e}}(\mu) + T_{\mathrm{ac}}(\mu) = 0 \Longrightarrow \mu$ 是常数.

证明 只需证明 (iii). 由 (i) 得 $T_{\mathrm{e}}(\mu) = 0$ 进而 $\mu(\varepsilon)$ 是一个仿射函数 (根据文献 [5] 的命题 4.4 的证明). 然而, 还需要其是 ε 的 1-周期函数, 这蕴涵 $\mu(\varepsilon)$ 是常数. □

现在, 设 $\mu \in \mathbb{R}$ 是一个常数并定义 $\mathcal{T}_1 = \mathcal{T}_{\mathrm{ac}} + \mathcal{T}_{\mathrm{e}}$, 其中 $\mathcal{T}_{\mathrm{ac}} = D_\mu T_{\mathrm{ac}}, \mathcal{T}_{\mathrm{e}} = D_\mu T_{\mathrm{e}}$ 是 T_{ac} 和 T_{e} 关于常值函数 μ 的导数. 微分 (1.110) 和 (1.111), 对任意 $\mu, \psi \in L^2(0,1)$, 有

$$\int_0^1 (\mathcal{T}_{\mathrm{e}}\nu)(\varepsilon)\psi(\varepsilon)d\varepsilon = -\frac{1}{4}\int_{B^4} \Phi_{\mathrm{e}}\delta_\varepsilon\delta_{\mathrm{ac}}\pi(1-\eta\mathcal{F})a^{-(\varepsilon+\varepsilon_1)}a^{2\mu}\ln a(\psi' + \psi_1' - \psi - \psi_1) \times(\nu' + \nu_1 - \nu - \nu_1)d^4k, \tag{1.112}$$

$$\int_0^1 (\mathcal{T}_{\mathrm{ac}}\nu)(\varepsilon)\psi(\varepsilon)d\varepsilon = -\frac{1}{2}\int_{B^2} \tilde{\Phi}_{\mathrm{ac}}\sigma_{\mathrm{ac}}(1-\eta\mathcal{F})(1-\eta\mathcal{F}')a^{-(\varepsilon+\varepsilon')}a^{\mu}\ln a(\psi' - \psi) \times(\nu' - \nu)dkdk'. \tag{1.113}$$

作为 (1.112) 和 (1.113) 的直接推论, 有如下引理.

引理 1.16 (i) $\mathcal{T}_1$ 是 $L^2(0,1)$ 上的有界非负自伴算子.

(ii) $\mathrm{Ker}(\mathcal{T}_1)$ 由 $[0,1]$ 上的常值函数张成.

(iii) $-(\mathcal{T}_1\nu, \nu)_{L^2(0,1)} \geqslant C|\nu - \langle\nu\rangle|^2$, 其中 $\langle\nu\rangle$ 表示积分均值.

(iv) $R(\mathcal{T}_1) = (\mathrm{Ker}(\mathcal{T}_1))^\perp = \{\nu \in L^2(0,1) \mid \langle\nu\rangle = 0\}$.

证明 只需证明 (iii), 其是引理 1.6 (iii) 的直接应用. □

由 μ^δ 的 Hilbert 展开得

$$\mu^\delta = \mu_0 + \delta\mu_1 + \cdots, \quad j^\delta = j_0 + \delta j_1 + \cdots,$$

整理 δ 的等幂项得

$$T_1(\mu_0) = 0, \tag{1.114}$$

$$\frac{\partial}{\partial t}\nu(\varepsilon, \mu_0(x,\varepsilon,t)) + \nabla_x \cdot j_0 + \nabla_x\phi \cdot \frac{\partial j_0}{\partial \varepsilon} = D_{\mu_0}T_1(\mu_1). \tag{1.115}$$

由引理 1.15 (iii) 和 (1.114) 得 $\mu_0 = \mu_0(x,t)$ 与 ε 无关. 再由 (1.109) 可推得

$$j_0(x,\varepsilon,t) = -\left\{\Delta_1(x,\varepsilon,\mu_0(x,t))\left[\nabla_x\left(\frac{\mu_0}{T_{\mathrm{L}}}\right) - \frac{\nabla_x\phi}{T_{\mathrm{L}}}\right]\right.$$
$$\left. +\Delta_2(x,\varepsilon,\mu_0(x,t))\frac{\nabla_x T_{\mathrm{L}}}{T_{\mathrm{L}}^2}\right\}. \tag{1.116}$$

引理 1.16 提供了方程 (1.115) 关于 μ_1 的可解性条件并得到如下定理.

定理 1.17 设 $\mu_0(x,t)$ 与 ε 无关, 则方程 (1.115) 的解 μ_1 存在当且仅当 μ_0 满足

$$\frac{\partial}{\partial t}n(\mu_0, T_{\mathrm{L}}) + \nabla_x \cdot I_0 = 0, \tag{1.117}$$

$$I_0 = -\left[\mathcal{D}_{11}(x,\mu_0,T_{\mathrm{L}})\left(\nabla_x\left(\frac{\mu_0}{T_{\mathrm{L}}}\right) - \frac{\nabla_x\phi}{T_{\mathrm{L}}}\right) + \mathcal{D}_{12}(x,\mu_0,T_{\mathrm{L}})\frac{\nabla_x T_{\mathrm{L}}}{T_{\mathrm{L}}^2}\right], \tag{1.118}$$

其中 $n(\mu,T)$ 由 (1.66) 定义并且系数 $\mathcal{D}_{1j}(x,\mu,T)$ 由 (1.67) 给出.

证明　由引理 1.16 (iv), 方程 (1.115) 的解 μ_1 存在当且仅当

$$\int_0^1 \left[\left(\frac{\partial}{\partial t}\nu(\varepsilon,\mu_0)(x,t)\right) + \nabla_x \cdot j_0 + \nabla_x\phi \cdot \frac{\partial j_0}{\partial \varepsilon}\right] d\varepsilon = 0.$$

接下来, 还需要在公式 (1.102) 和 (1.104) 中结合使用在 $[0,1]$ 上关于 ε 积分和关于 $i \in \mathbb{Z}$ 求和来回到 (1.66) 和 (1.67), 并得到本定理中的结果. □

注解 1.7　从"球"谐展开模型出发, 要么通过能量传输模型, 要么通过"周期球"谐展开模型, 两者均可回到通常的漂移扩散模型且是等价的过程: 扩散系数的表达式是相同的 (可比较定理 1.17 与定理 1.10).

第 2 章　半导体超晶格的数学模型

2.1　微观散射模型与宏观 SHE 模型: 一维波矢

本节将介绍我们在文献 [35] 中的工作. 在文献 [35] 中, 我们推导一个超晶格电子传输的扩散方程. 起始模型是量子散射矩阵模型, 其将每个超晶格细胞的相空间密度与邻近细胞的相空间密度关联起来. 然后, 在大量细胞的极限中, 得到了在位置–能量空间中的粒子数密度所满足的一个扩散方程, 其是 “SHE”(球谐展开) 型的. 扩散常数保留着超晶格基本细胞的量子散射特性的记忆 (如传输共振). 考察了一个例子, 其中扩散常数被分析计算.

2.1.1　引言

半导体超晶格是由两种不同的半导体材料, 如 GaAs 和 GaAlAs 的生长周期层加工而成的[48, 123]. 两种材料的电子性质导致沿增长轴方向建立一个周期静电位势, 其在两种材料的界面处是间断的. 超晶格拥有许多有趣的物理性质, 特别是在光电应用方面[48, 123]. 在文献 [117] 中给出了一个红外辐射探测的应用.

固体的电子特性由能带的存在性来刻画[11]: 电子动能不能取为任意的正值, 如在真空中, 但可以只属于一个特定的区间, 称为能带. 该能带由禁能隙分离. 能带的 Bloch 理论为这一观察提供了理论框架: 这是一个纯粹的量子力学效应, 其源自于由晶体内部的原子定期排列而产生的周期位势. 在超晶格中, 两种材料的周期交替人为地创造了一个类似的周期性 (尽管是在一个更大的尺度下). 因此, 人们很自然地认为沿周期方向的电子传输将会表现出同样的 “能隙”. 在这种情况下, 能带被称为 “超晶格微能量带”, 因为能带的宽度与晶格周期成反比 (见文献 [48], [123]). 最近, 对能带数学理论的解释, 见文献 [89].

作为一种量子力学现象, 能带的存在性与相位一致性概念紧密相关: 能带 (或能隙) 是由相邻位势周期之间的电子波函数的构造性 (或破坏性) 干扰模式造成的. 通过 Bloch 震荡测量可以直接观察到超晶格中微能量带的存在 [48]: 电子在一个定常电场的作用下, 在零均值空间中进行一个周期运动. 这是因为每次通过电场作用电子到达能带的边界时, 都会在位置空间中反向并倒退. 因此, 从理论上讲, 在超晶格中沿电场方向不允许传输.

在实践中, 由于碰撞 (或散射), 情况并不理想. 在运动中, 电子碰撞电离杂质、声子等 [105]. 散射的另一个原因是界面粗糙, 在大部分半导体中它是微不足道的,但在超晶格中却变得极其重要 [26, 48]. 事实上, 在每个材料界面处 (每个超晶格细胞中至少有两个界面), 原子的完美周期性排列被破坏: 两种材料很少有相同的晶体常数, 这导致了界面处的晶体缺陷. 即使晶格不匹配 (两种材料的晶体常数不同) 可以忽略不计, 但生长过程高度依赖于加工条件且仍可能无法生产出完全干净的界面. 在工业加工中尤其如此, 成本约束可能导致简陋的工艺条件.

碰撞的一个结果就是允许在电场方向的传输, 因为碰撞允许电子从一个 Bloch 周期轨道跳跃到另一个. 为了解释这一效应, Esaki 和 Tsu[38] 基于将量子微能量带理论应用到碰撞间的电子轨道的假设发展出了超晶格的参考模型.

然而, 这种碰撞的第二个结果就是电子波函数的相位相干, 这在 Esaki 和 Tsu 的模型中没有得到完全的解释. 几次碰撞之后, 建设性或破坏性的干扰模式再也不能产生, 因为邻近细胞间的波函数具有关于彼此的随机相位. 因此, 传输在大于若干平均自由程(一个粒子在两次碰撞间所走的距离) 的尺度下丢失了量子本性并变得完全经典. 在较短的距离范围内, 量子微能量带理论仍然有效. 量子干扰可能发生的更大距离称为相位相干长度. 如果相干长度具有超晶格周期或若干超晶格周期的阶, 则 Bloch 理论不再能被直接应用. 在这种情况下, 为了解释即使在两次碰撞之间电子传输并不完全是量子的且并不精确地遵循微能量带理论这一事实, Esaki 和 Tsu 的模型必须加以修正. 相反地, 在大于相位相干长度下, 传输变得经典. 本节的目的是对于这个情况推导一个合适的传输模型.

2.1.2　工作概要

令 l 表示超晶格周期. 为简单起见, 首先假设相位相干长度等于 l. 从一个微观模型出发, 该模型在距离小于 l 的范围内属于量子力学且在更大的距离范围内属于经典力学. 为此, 在以 l 为周期的分离点 $x_{n+\frac{1}{2}}$ 的一个排列上定义电子分布函数 $f_{n+\frac{1}{2}}(k,t)$. $f_{n+\frac{1}{2}}(k,t)$ 是一个完全经典的概念且表示在点 $x_{n+\frac{1}{2}}$ 和时间 t 处具有波矢 k 的粒子密度. 回顾电子动力学的半经典图景, 波矢 k 和动量 p 满足关系 $p=\hbar k$, 其中 $\hbar$ 是约化 Planck 常数. 在点 $x_{n+\frac{1}{2}}$ 之间, 动力学属于量子力学范畴且必须由基本细胞中的量子波函数、稳态 Schrödinger 方程的解来刻画 (稍后评论稳态性假设). 在可能的解中, 关注散射状态, 其与自由运动粒子是量子力学等效的. 散射状态的知识使得我们可以使用两个重要的数据集: 散射概率, 即, 进入基本细胞中的粒子要么是反射的, 要么是透射的; 量子时间延迟, 即, 反射或透射过程的持续. 散射概率反映出了对波矢 k 的某些具体的值, 通过位势结构的量子隧穿被增强, 称为传输共振. 事实上, 对 k 的这些取值, 透射概率接近为 1.

微观模型通过散射系数将 $f_{n+\frac{1}{2}}(k,t)$ 与其在前一时刻的临近值 $f_{n+\frac{1}{2}\pm 1}(k,t-\tau)$ 联系起来. 由此产生的模型在文献中被称为 "散射矩阵模型"[112]. 通过散射数据的使用, 该模型在距离小于等于相位相干长度的范围内 (即, 一个或若干个超晶格周期) 保持传输的量子本性. 然而, 通过经典分布函数的使用, 在更大的距离范围内该模型约化为一个经典模型.

如果超晶格周期 l 严格小于相干长度, 假设后者是前者的一个整数倍 Nl, 并将 Nl 考虑为一个基本周期而非 l. 因此, 对由 N 个基本超晶格细胞的一个排列组成的位势结构, 可求解 Schrödinger 方程. 随着 N 的递增, 该解越来越靠近完全周期问题的解. 当 N 超过 1, 散射数据的震荡增加: 由于共振隧穿的增多而导致的透射峰 (即, 使得透射概率接近 1 的 k 的取值). 因此, 即使在 N 的适度取值处, 该模型能够捕获实验所观测到的超晶格的高度振荡本性.

由 $f_{n+\frac{1}{2}}$ 的知识, 可得电子密度、电荷密度 (倘若正离子密度是已知的), 因此, 由 Poisson 方程的重解可得自洽的电位势. 进而, 该自洽的电位势包含在决定散射数据的 Schrödinger 方程中. 通过这种方式, 问题是完全耦合的.

散射矩阵模型是 Boltzmann 方程的一种时空离散版本 [91]. 同理, 连续 Boltzmann 方程可被视为随机粒子系统的 Liouville 方程, 当前模型也可被视为一个随机漫步过程的确定性版本. 稍后我们将回到这一点.

本节的目的是研究当超晶格结构中细胞总数量变大时, 散射矩阵模型的极限. 事实上, 在实践中, 超晶格具有大量 (但可能不是非常大) 的细胞, 至少对快速计算而言, 求解大量细胞极限模型是有用的. 经空间和时间的尺度变换后, 散射矩阵问题表现为一个扰动问题, 该扰动问题与分子动力学理论中的扩散逼近问题或随机漫步过程的扩散逼近有很强的相似性.

将会证明极限方程是位置–能量空间中电子数密度的扩散方程 (或能量分布函数). 该方程属于球谐函数展开 (SHE) 模型, 且在标准的半导体模型的背景中该方程已证明是极其有用的. 据我们所知, 本节中将首次在超晶格框架下建立 SHE 模型. 我们的推导提供了超晶格结构的量子传输特性与 SHE 模型的系数之间的一个直接联系. 该模型提供了在超晶格中电子传输的快速数值模拟的方法. 相关的方法是基于一个连续 (而非离散) 模型, 该模型在 [7] 中给出.

在 [19],[48] 中对超晶格也提出了替代的宏观模型. 它们是基于仅在位置空间中纯粹漂移–扩散的空间离散版本, 但当前模型却是在一个组合的位置–能量空间中来处理扩散. 因此, 我们的模型在更微观的层面上给出物理刻画并且有望更精确地刻画出超晶格的高度振荡本性. 更进一步, 在 [19] 中的扩散常数是现象学的, 而我们将采用明确的方法从微观数据 (散射概率和时间延迟) 中推导出这些扩散常数. 例如, 在 [19] 中, 反射概率被忽略; 另外, 电流方程中包含了一个位移电流项. 根据数值, 这一项似乎是小的, 因此在我们的模型中将会被忽略. 整体来看, 当前的模型似乎给出了一个更好的物理刻画, 但它也更加复杂, 因为它包含了额外的变量 (粒子能量).

此处我们给出一些文献评论. 扩散逼近是一套理论工具, 可用来将数量或能量密度等这样的宏观量的演化与分子动力学方程所刻画的微观粒子动力学联系起来. 扩散逼近方法可追溯到 Hilbert, Chapman 和 Enskog 的工作 (见 [22], 可作为对这一主题的一个介绍). 在 [27] 和 [105] 中以物理的观点综述了扩散逼近在块状半导体上的应用. 在 [14] 和 [16] 中对中子传输建立了现代数学理论 ([16] 采用传输的一个随机刻画, [14] 采用纯粹的确定性模型), [46] 和 [102] 给出了其在半导体方面的应用. 在这些工作中, 得到的宏观模型是漂移扩散模型, 其是半导体模型中的基本工具 [91, 110] 并且处理了在位置空间中的电子数密度.

通过分析各种碰撞尺度, 最近已经可以推导在位置–能量空间中的粒子数密度满足的一个扩散模型[3, 31, 37]. 该模型在文献中经常被称为 SHE 模型 (球谐函数展开这个术语源于早期物理学家对其的推导[121]). 该模型在半导体器件模型化中已被证明是非常有效的[43, 44] 并且在等离子物理和气体放电物理中也被使用 (例如, [30]). 在 [20] 中提出了一个源于个体粒子传输的随机刻画的代替的推导.

2.1.3 超晶格散射矩阵模型

现在总结之前的讨论并建立起始微观模型. 考虑一个在 x 方向周期排列的由多层材料组成并且在该方向上生成一个周期 l 的永久周期位势的半导体超晶格. 因为超晶格周期通常很小 (10 到 100 纳米), 必须用量子力学来刻画在这样一个结构中的电子运动. 然而, 假设散射的各种来源 (例如, 在各种交界面处的晶体紊乱产生的粗糙界面散射[26, 48]) 在与超晶格周期相容的距离范围内产生电子波函数的一个相位消相干. 此时, 量子效应被限制在一个超晶格周期内.

令 $C_n=\left[\left(n-\dfrac{1}{2}\right)l,\left(n+\dfrac{1}{2}\right)l\right]$ 表示第 n 个超晶格模式所占据的区间. 假设电子气状态在每个模式边界 $x_{n+\frac{1}{2}}=\left(n+\dfrac{1}{2}\right)l$ 处可被一个经典的分布函数 $f_{n+\frac{1}{2}}(k,t)$ 所刻画, 该分布函数表示在该点处 t 时刻具有波矢 $k\in\mathbb{R}$ 的电子数量. 于是, 发现一个电子穿过基本超晶格模式 C_n 的运动就转化为一个标准的量子力学散射问题. 这样的问题由反射–透射系数和时间延迟来刻画[97].

具体而言, 首先介绍一些额外的定义[11]. 为简单起见, 分析将限制在一维几何情形并假设在每种材料中的能量-波矢关系是抛物的, 即形如

$$\varepsilon(k)=\frac{\hbar^2k^2}{2m},$$

其中 ε 是一个电子在具有波矢 k 的晶体中运动时的动能, $\hbar$ 是约化 Planck 常数, 以及 m 是电子有效质量. 将点 $x_{n+\frac{1}{2}}$ 放在最大层的中间并用 A 表示相应的材料. 除非另作说明, m 就表示该材料中的电子有效质量, 而 $m^*(x)$ 将表示在超晶格的

任意点 x 处的位置依赖有效质量. (当然, 在材料 A 中有 $m^*(x)=m$) 电子速度为

$$v(k)=\frac{1}{\hbar}\frac{d\varepsilon}{dk}=\frac{\hbar k}{m}.$$

设电位势 ϕ 是两部分的和 $\phi=\phi_{\mathrm{SL}}+\phi_{\mathrm{SC}}$. 贡献 ϕ_{SL} 针对超晶格结构且产生于材料的间断性. 它是分片常数的且在材料交界面处具有跳跃间断, 当然, 具有超晶格结构的周期性. 为了唯一确定它, 最好假定其在点 $x_{n+\frac{1}{2}}$ 处为零.

贡献 ϕ_{SC} 是由电荷和应用偏压产生的自洽位势. ϕ_{SC} 是 Poisson 方程的一个解

$$-\frac{d}{dx}\Big(\varepsilon\frac{d\phi_{\mathrm{SC}}}{dx}\Big)=\rho(x,t), \tag{2.1}$$

其中 $\rho(x,t)$ 是电荷浓度, 由正离子浓度 $\rho^+(x)$ (假设已知且给定) 和电子浓度 $\rho^-(x,t)$ (其表达式稍后给出) 按照下面的方式给出

$$\rho(x,t)=\varepsilon(\rho^+(x)-\rho^-(x,t)),$$

其中 ε 是 (正的) 元电荷. Poisson 方程 (2.1) 附加上边值条件

$$\phi_{\mathrm{SC}}(a,t)=0,\quad \phi_{\mathrm{SC}}(b,t)=\phi_{\mathrm{bias}}, \tag{2.2}$$

其中 a 和 b 是超晶格的左右边界, 且 ϕ_{bias} 是应用偏压. 介电常数 ε 是一个 x 的 l-周期函数, 其在材料交界面处也可能有跳跃间断. ϕ_{SC} 一般是非周期的且是时间依赖的, 因为 ρ 一般是这样的.

现在, 转而考虑由第 n 个模式 C_n 诱导的 Schrödinger 方程的解. 因为假设相关长度是 l 阶的且从属于第 n 个模式 C_n 的电子波函数在超出 C_n 的边界之外不能与位势相互作用. 考虑到这一事实, 将在 C_n 中电子经受的位势在 C_n 之外修正为一个常值位势 $\bar{\phi}^n(x)$:

$$\bar{\phi}^n(x)=\begin{cases}\phi(x,t), & \forall x\in[x_{n-\frac{1}{2}},x_{n+\frac{1}{2}}],\\ \phi(x_{n-\frac{1}{2}}), & \forall x\leqslant x_{n-\frac{1}{2}},\\ \phi(x_{n+\frac{1}{2}}), & \forall x\geqslant x_{n+\frac{1}{2}}.\end{cases} \tag{2.3}$$

现在将 t 考虑为凝固时间变量, 对给定的 $k\in\mathbb{R}$ 在 $\mathbb{R}$ 上关于波函数 $\psi_k(x)$ 求解 Schrödinger 方程:

$$-\frac{\hbar^2}{2}\frac{d}{dx}\Big(\frac{1}{m^*(x)}\frac{d\psi_k}{dx}\Big)-e\bar{\phi}^n\psi_k=\Big(\frac{\hbar^2k^2}{2m}-e\Phi_k^n\Big)\psi_k, \tag{2.4}$$

其中

$$\Phi_k^n=\begin{cases}\phi(x_{n-\frac{1}{2}}), & k\geqslant 0,\\ \phi(x_{n+\frac{1}{2}}), & k\leqslant 0.\end{cases}$$

当前讨论均是经典的, 例如, 可参见 [97]. 为方便读者, 将其总结如下. 为了唯一确定 (2.4) 的解, 附加如下额外条件: 对 $k>0$,

$$\psi_k=\begin{cases} \mathrm{e}^{\mathrm{i}k(x-x_{n-1/2})}+A(k)\mathrm{e}^{-\mathrm{i}k(x-x_{n-1/2})}, & x<x_{n-\frac{1}{2}}, \\ B(k)\mathrm{e}^{\mathrm{i}k_+(x-x_{n+1/2})}, & x>x_{n+\frac{1}{2}}, \end{cases}$$

类似地, 对 $k<0$,

$$\psi_k=\begin{cases} \mathrm{e}^{-\mathrm{i}k(x-x_{n+1/2})}+A(k)\mathrm{e}^{\mathrm{i}k(x-x_{n+1/2})}, & x>x_{n+\frac{1}{2}}, \\ B(k)\mathrm{e}^{-\mathrm{i}k_-(x-x_{n-1/2})}, & x<x_{n-\frac{1}{2}}. \end{cases}$$

已令

$$k_\pm=\sqrt{k^2\pm\frac{2me}{\hbar^2}\delta\phi^n(t)}, \quad \delta\phi^n(t)=\phi(x_{n+\frac{1}{2}},t)-\phi(x_{n-\frac{1}{2}},t). \tag{2.5}$$

如果平方根中的量是负的, 则解与纯虚根的选择无关.

这些解称为散射状态并刻画了来自无穷远且进入到第 n 个超晶格模式 C_n 的自由移动粒子. 复数 A 和 B 是散射振幅, 由此可计算反射和透射概率 $R(k)$ 和 $T(k)$, 具体如下

$$R(k)=|A(k)|^2, \quad T(k)=\begin{cases} \dfrac{k_+}{k}|B(k)|^2, & k>0, k_+\in\mathbb{R}, \\ \dfrac{k_-}{|k|}|B(k)|^2, & k<0, k_-\in\mathbb{R}, \\ 0, & \text{其他}. \end{cases}$$

散射概率满足如下关系:

$$R+T=1, \quad \begin{cases} R,T(k)=R,T(-k_+), & k>0, k_+\in\mathbb{R}, \\ R,T(k)=R,T(k_-), & k<0, k_-\in\mathbb{R}. \end{cases} \tag{2.6}$$

引入复数 A 和 B 的相位

$$A(k)=|A(k)|\mathrm{e}^{\mathrm{i}S_R(k)}, \quad B(k)=|B(k)|\mathrm{e}^{\mathrm{i}S_T(k)},$$

定义半经典反射和透射时间延迟 $\tau_R(k)$ 和 $\tau_T(k)$ 如下

$$\tau_R(k)=\frac{1}{v(k)}\frac{dS_R}{dk}, \quad \tau_T(k)=\frac{1}{v(k)}\frac{dS_T}{dk}.$$

还有 (见 [97])

$$\begin{cases} \tau_R,\tau_T(k)=\tau_R,\tau_T(-k_+), & k>0, k_+\in\mathbb{R}, \\ \tau_R,\tau_T(k)=\tau_R,\tau_T(k_-), & k<0, k_-\in\mathbb{R}. \end{cases} \tag{2.7}$$

当然, 所有散射数据依赖于指标 n, 该指标在之前的讨论中已经被省略.

现在建立离散分布函数 $f_{n+\frac{1}{2}}(k,t)$ 所满足的动力学. 首先, 对 $k>0$ 考虑 $f_{n+\frac{1}{2}}(k,t)$, 其对应于在点 $x_{n+\frac{1}{2}}$ 处向右移动的粒子; 回溯这些粒子到以前的时刻. 它们中的一些通过第 n 个模式被传输并且来自于点 $x_{n-\frac{1}{2}}$ 具有一个相应于能量平移 $-e\delta\phi^n$ 的动量 $k_-^n>0$. 第 n 个模式的穿越时间是 $\tau_T^n(k_-^n)$, 这些数量是 $T^n(k_-^n)f_{n-\frac{1}{2}}(k_-^n,t-\tau_T^n(k_-^n))$. $f_{n+\frac{1}{2}}(k,t)$ 的余下贡献由第 n 个模式所反射的粒子组成且来自于点 $x_{n+\frac{1}{2}}$ 具有动量 $-k$. 这些数量是 $R^n(-k)f_{n+\frac{1}{2}}(-k,t-\tau_R^n(-k))$. 因此, 对上述两个贡献求和得总数量 $f_{n+\frac{1}{2}}(k,t)$. 对 $k>0$, 有

$$\begin{aligned}f_{n+\frac{1}{2}}(k,t)=&T^n(k_-^n)f_{n-\frac{1}{2}}(k_-^n,t-\tau_T^n(k_-^n))\\&+R^n(-k)f_{n+\frac{1}{2}}(-k,t-\tau_R^n(-k)),\end{aligned}\tag{2.8}$$

对 $k<0$, 有

$$\begin{aligned}f_{n-\frac{1}{2}}(k,t)=&T^n(-k_+^n)f_{n+\frac{1}{2}}(-k_+^n,t-\tau_T^n(-k_+^n))\\&+R^n(-k)f_{n-\frac{1}{2}}(-k,t-\tau_R^n(-k)).\end{aligned}\tag{2.9}$$

系统 (2.8)–(2.9) 属于散射矩阵模型, 在文献 [112] 中时有使用. 这些条件首先是由 Ben Abdallah[2] 作为经典和量子模型的耦合条件被提出的 (也见于 [6]).

为保持因果关系, 要求系统 (2.8)–(2.9) 关于时间是倒向差分系统, 并随之假设时间延迟是正的. 系统 (2.8)–(2.9) 刻画了 $t>0$ 时的系统演变, 该演变在 $t\leqslant 0$ 时起始于已知状态, 并且对负时间预先给定分布函数:

$$f_{n-\frac{1}{2}}(k,t)=(f_I)_{n-\frac{1}{2}}(k,t),\quad \forall t\leqslant 0,\forall n\in\mathbb{Z},\forall k\in\mathbb{R},\tag{2.10}$$

其中 $(f_I)_{n-\frac{1}{2}}$ 给定.

对一个有界结构, 必须规定在边界处的传入分布函数. 令 $a=x_{n_a-\frac{1}{2}}$ 和 $a=x_{n_b+\frac{1}{2}}$ 表示结构的左右边界. 于是, 规定

$$f_{n_a-\frac{1}{2}}(k,t)=f_a(k,t),\quad f_{n_b+\frac{1}{2}}(-k,t)=f_b(-k,t),\quad \forall t,\forall k>0,$$

其中 $f_a(k,t)$ 和 $f_b(-k,t)$ 是 $k>0$ 的给定函数. 一般地, $f_{a,b}$ 被选取为热力学平衡分布函数.

为了完成该模型, 必须说明如何计算电子浓度. 由 [2], 假设在第 n 个模式中的电子浓度是以细胞 C_n 的 "左入口" 处的分布函数为权, 即, $f_{n-\frac{1}{2}}(k)$, 右行散射状态 ($k>0$) 的加权浓度, 与左行状态 ($k<0$) 的加权 $f_{n+\frac{1}{2}}(k)$ 浓度之和. 换句话说, 对 $x\in[x_{n-\frac{1}{2}},x_{n+\frac{1}{2}})$,

$$\rho^-(x,t) = \int_{k>0} f_{n-\frac{1}{2}}(k,t)|\psi_k^n(x,t)|^2 \frac{dk}{\pi} + \int_{k<0} f_{n+\frac{1}{2}}(k,t)|\psi_k^n(x,t)|^2 \frac{dk}{\pi}. \tag{2.11}$$

因子 π^{-1} 表示状态的一维动量密度 (见 [11]).

现在评论一下在量子问题的解中凝固时间的假设. 该假设仅在位势的时间变化比粒子通过模式 C_n 的穿越时间要慢的时候才成立. 否则, 当粒子穿过模式时, 位势改变显著, 且一个时间依赖 Schrödinger 方程的重解变得必要. 此时, 不但增加计算成本, 而且半经典分布函数的耦合也会变得更加复杂 (见 [4]). 然而, 在实践中凝固时间假设是可接受的, 因为自洽电场是高度平均进而是演化缓慢的量. 此处, 我们关注的即是这种情况. 因此, 在公式 (2.8)–(2.9) 中的散射数据必须被理解为是对应于时间 t 的.

我们指出公式 (2.11) 也依赖于凝固时间假设: 分布函数在比时间延迟更慢的时间尺度上演化, 因此在整个模式 C_n 中的粒子的统计可以由同一时间其边界上的分布函数来逼近. 这一逼近与量子问题的求解中所做的相一致且与 (2.8)–(2.9) 不矛盾, 其中时间延迟出现. 事实上, 时间延迟是小的, 进而并不阻止分布函数在更大的时间尺度上演化, 我们稍后在宏观模型的推导中将会见到. 去掉这一假设也是可以的, 例如 [4], 但是需要一个更加复杂的模型, 其超出此处关注的范畴.

显然, 可以给出动力系统 (2.8)–(2.9) 的一个随机诠释. 在一个给定的时间 t, 处于点 $x_{n-\frac{1}{2}}$ 且具有动量 $k>0$ 的一个粒子能以概率 T^n 跃迁到点 $x_{n+\frac{1}{2}}$ 或以概率 R^n 反转动量. 在一个确定的时间延迟 $\tau_{R,T}$ 之后, 粒子能够执行它的下一次跃迁. 因此, 该模型是一种随机漫步的一个动力系统版本. 随机粒子过程与分子动力学方程之间的联系是一个非常活跃的领域, 详细说明这一关系不是我们此处的目的. 反之, 我们简要提及随机粒子过程导致求解分子动力学方程的有效的数值算法 (简称 Monte Carlo 方法). 该论题的介绍性专著是 [74].

针对这一随机诠释, 我们讨论为什么时间延迟被赋予确定性的值而非随机性的值. 基于高频极限[97] 的半经典散射理论仅给出很少的方法来探索时间延迟的可能的随机特征. 如果去掉高频假设, 则随机时间延迟有可能出现. 然而, 在这种情况下仅有很少的关于时间延迟的概率分布的物理信息. 对于这种信息上的缺失, 最简单的选择似乎就是确定性的半经典值. 然而, 考虑随机时间延迟不会对当前的工作产生重大改变. 对时间延迟的分布函数的一个积分将会出现在 (2.8)–(2.9) 和扩散模型的状态密度 M 的表达式 (2.33) 中.

最后, 注意到我们排除了在一个给定的超晶格细胞中导致捕获粒子的束缚态. 如果考虑束缚态, 在 (2.11) 中将不得不出现包括这些状态总体的额外的项. 这需要一个非弹性碰撞的模型, 因为只有这样的碰撞才能满足这些状态. 这样的碰撞作为束缚态在当前的工作中被舍弃.

2.1.4 尺度化

将离散量插入到位置变量 x 的分段连续函数中是很方便的. 定义

$$f(x,k,t)=f_{n+\frac{1}{2}}(k,t),\quad f_I(x,k,t)=(f_I)_{n+\frac{1}{2}}(k,t),\quad x\in[nl,(n+1)l) \tag{2.12}$$

和

$$(R,T,\tau_R,\tau_T)(x,k)=(R^n,T^n,\tau_R^n,\tau_T^n)(k),\quad x\in[x_{n-\frac{1}{2}},x_{n+\frac{1}{2}}). \tag{2.13}$$

类似地,

$$\delta\phi(x)=\delta\phi^n,\quad k_\pm(x,k)=k_\pm^n(k),\quad x\in[x_{n-\frac{1}{2}},x_{n+\frac{1}{2}}). \tag{2.14}$$

结合这些定义, 系统 (2.8)–(2.10) 等价于如下系统: 对 $k>0$,

$$\begin{aligned}f\Big(x+\frac{l}{2},k,t\Big)=&T(x,k_-(x,k))f\Big(x-\frac{l}{2},k_-(x,k),t-\tau_T(x,k_-(x,k))\Big)\\&+R(x,-k)f\Big(x+\frac{l}{2},-k,t-\tau_R(x,-k)\Big),\end{aligned} \tag{2.15}$$

对 $k<0$,

$$\begin{aligned}f\Big(x-\frac{l}{2},k,t\Big)=&T(x,-k_+(x,k))f\Big(x+\frac{l}{2},-k_+(x,k),t-\tau_T(x,-k_+(x,k))\Big)\\&+R(x,-k)f\Big(x-\frac{l}{2},-k,t-\tau_R(x,-k)\Big),\end{aligned} \tag{2.16}$$

满足初始条件

$$f(x,k,t)=f_I(x,k,t),\quad \forall t\leqslant 0,\forall(x,k)\in\mathbb{R}^2. \tag{2.17}$$

电子浓度的形式为

$$\rho^-(x,t)=\int_{k>0}f(x,k,t)|\psi_k^n(x,t)|^2\frac{dk}{\pi}+\int_{k<0}f(x+l,k,t)|\psi_k^n(x,t)|^2\frac{dk}{\pi},\quad \forall x\in[x_{n-\frac{1}{2}},x_n), \tag{2.18}$$

$$\rho^-(x,t)=\int_{k>0}f(x-l,k,t)|\psi_k^n(x,t)|^2\frac{dk}{\pi}+\int_{k<0}f(x,k,t)|\psi_k^n(x,t)|^2\frac{dk}{\pi},\quad \forall x\in[x_n,x_{n+\frac{1}{2}}). \tag{2.19}$$

现在引入宏观位置和时间坐标如下

$$\tilde{x}=\alpha x,\quad \tilde{t}=\alpha^2 t, \tag{2.20}$$

其中 $\alpha \ll 1$ 是刻画超晶格细胞与器件大小之间比例的一个小参数. 时间尺度变换刻画扩散现象.

现在做如下假设, 在同质化文献 [15] 中是经典的. 我们设自洽位势能够写成宏观变量 $(\tilde{x},\tilde{t})$ 和微观变量 x 的一个函数, 且关于后者是周期的:

$$\phi_{\mathrm{SC}}(x,t)=\tilde{\phi}_{\mathrm{SC}}(\tilde{x},x,\tilde{t}), \tag{2.21}$$

其中 $\tilde{\phi}_{\mathrm{SC}}$ 关于其第二变元是周期的. 事实上, 自洽位势与亚细胞变化 (例如, 涉及电子和离子浓度或介电常数的变化) 一样可能具有大尺度变化特征 (扩展到整个结构宽度, 例如, 外位势). 通过假设小尺度变化是周期性的, 背离周期性只能发生在大尺度或等价地, 相对周期具有小梯度. 这是允许进行宏观机制的推导的关键假设.

介电常数 ε 与超晶格位势 ϕ_{SL} 均是周期函数且仅依赖与周期变量 x. 我们也可以考虑这些量的大尺度变化, 但为了清晰此处舍弃.

现在研究如何将该假设转述到 Schrödinger 散射问题上去. 由 ϕ_{SL} 是周期的且在基本细胞的边界处消失, 以及 ϕ_{SC} 关于其第二变元是周期的, 包含在 Schrödinger 方程 (2.4) 中的位势 (2.3) 现在为

$$\bar{\phi}^n(x)=\begin{cases}\phi_{\mathrm{SL}}(x)+\tilde{\phi}_{\mathrm{SC}}(\alpha x,x,\alpha^2 t), & \forall x\in[x_{n-\frac12},x_{n+\frac12}],\\ \tilde{\phi}_{\mathrm{SC}}(\alpha x_{n-\frac12},x_{-\frac12},\alpha^2 t), & \forall x\leqslant x_{n-\frac12},\\ \tilde{\phi}_{\mathrm{SC}}(\alpha x_{n+\frac12},x_{-\frac12},\alpha^2 t), & \forall x\geqslant x_{n+\frac12}.\end{cases} \tag{2.22}$$

我们如是考虑该位势: 对给定的 $\tilde{x}$, 找细胞 C_n 使得 $\alpha\tilde{x}\in C_n$, 即, $n(\tilde{x})=[(\tilde{x}/\alpha l)+1/2]$, 其中 $[\cdot]$ 表示整数部分. 于是, 在 $\mathbb{R}$ 上求解具有位势 (2.22) 的 Schrödinger 方程 (2.4), 其中 x 此时是一个与 $\tilde{x}$ 无关的变量, 后者仅出现在 $n(\tilde{x})$ 中. 因此, $\tilde{x}$ 和 $\tilde{t}$ 是 Schrödinger 问题中的凝固变量.

因此, 波函数为 $\psi_k=\psi_k(\tilde{x},x,\tilde{t})$ (但 ψ_k 关于 x 不是周期的), 且散射数据满足

$$(R,T)=(\tilde{R},\tilde{T})(\tilde{x},k),\quad (\tau_R,\tau_T)=\alpha^2(\tilde{\tau}_R,\tilde{\tau}_T)(\tilde{x},k),$$
$$\delta\phi=\widetilde{\delta\phi}(\tilde{x},\tilde{t}),\quad k_\pm=\tilde{k}_\pm(\tilde{x},k,\tilde{t}).$$

在时间延迟前面的因子 α^2 遵循时间的尺度化 (见 2.1.3 小节的最后注记).

由 (2.12), 分布函数在周期宽度上是常数且不依赖于快变量 x. 然而, 因为按照 (2.11) 电子浓度依赖于波函数, 所以其可能依赖于 x. 类似地, 离子浓度在一个周期内也可能有变化, 且也依赖于 x. 分布函数和浓度均假设为很小, 具有 α^2 阶. 该假设要求与 (2.21) 相容: 如果电荷浓度不小, 强位势梯度在小尺度上产生, 这是我们想要避免的. 因此, 假设如下

$$f(x,k,t)=\alpha^2\tilde{f}^\alpha(\tilde{x},k,\tilde{t}),$$
$$(\rho^-,\rho^+,\rho)(x,t)=\alpha^2(\tilde{\rho}^{-\alpha},\tilde{\rho}^{+\alpha},\tilde{\rho}^\alpha)(\tilde{x},x,\tilde{t}).$$

现在我们将重命名变量来处理更好的符号: 周期变量 x 将表示为 y, 而重尺度化位置和时间变量 $\tilde{x}$ 和 $\tilde{t}$ 将简化为 x 和 t. 上标 $\sim$ 被舍弃, 关于尺度化参数 α 只在必要时提及. 按照该尺度化, 问题 (2.1), (2.11), (2.15), (2.16) 变为: 对 $k>0$,

$$\begin{aligned}&f\Big(x+\alpha\frac{l}{2},k,t\Big)\\&=R(x,-k)f\Big(x+\alpha\frac{l}{2},-k,t-\alpha^2\tau_R(x,-k)\Big)\\&\quad+T(x,k_-(x,k))f\Big(x-\alpha\frac{l}{2},k_-(x,k),t-\alpha^2\tau_T(x,k_-(x,k))\Big),\end{aligned}\tag{2.23}$$

且对 $k<0$,

$$\begin{aligned}&f\Big(x-\alpha\frac{l}{2},k,t\Big)\\&=R(x,-k)f\Big(x-\alpha\frac{l}{2},-k,t-\alpha^2\tau_R(x,-k)\Big)\\&\quad+T(x,-k_+(x,k))f\Big(x+\alpha\frac{l}{2},-k_+(x,k),t-\alpha^2\tau_T(x,-k_+(x,k))\Big),\end{aligned}\tag{2.24}$$

满足初始条件

$$f(x,k,t)=f_I(x,k,t),\quad \forall t\leqslant 0,\forall (x,k)\in\mathbb{R}^2.\tag{2.25}$$

Poisson 方程读作

$$\left\{\begin{aligned}&\Big(\alpha\frac{\partial}{\partial x}+\frac{\partial}{\partial y}\Big)\Big(\varepsilon(y)\Big(\alpha\frac{\partial}{\partial x}+\frac{\partial}{\partial y}\Big)\phi_{\mathrm{SC}}\Big)=\alpha^2\rho(x,y,t), &(2.26)\\&\rho(x,y,t)=\mathrm{e}(\rho^+(x,y)-\rho^-(x,y,t)). &(2.27)\end{aligned}\right.$$

电子浓度为

$$\rho^-(x,y,t)=\int_{k>0}f(x,k,t)|\psi_k(x,y,t)|^2\frac{dk}{\pi}+\int_{k<0}f(x+\alpha l,k,t)|\psi_k(x,y,t)|^2\frac{dk}{\pi},\quad \forall y\in[x_{-\frac{1}{2}},0),\tag{2.28}$$

$$\rho^-(x,y,t)=\int_{k>0}f(x-\alpha l,k,t)|\psi_k(x,y,t)|^2\frac{dk}{\pi}+\int_{k<0}f(x,k,t)|\psi_k(x,y,t)|^2\frac{dk}{\pi},\quad \forall y\in[0,x_{\frac{1}{2}}).\tag{2.29}$$

此处目的是当 α 趋向于零时找到模型 (2.23)–(2.29) 的形式极限. 我们指出, 在该问题中, 所有的量均依赖于 α. 当想要强调这种依赖关系时将使用上标 α. 在 2.1.5 小节, 我们陈述主要定理.

2.1.5　扩散极限

本节目标是证明如下定理.

定理 2.1(形式上的)　设由位势 ϕ_{SL} 诱导的反射系数 R 是几乎处处非零的, 则在极限 $\alpha \to 0$ 中, 解 $f^\alpha, \phi_{SC}^\alpha, \rho^{-,\alpha}$ 至少形式上地收敛到 f, ϕ_{SC}, ρ^- 使得

(i) 存在 $F(x,\varepsilon(k),t)$, F 仅通过能量 $\varepsilon(k)$ 而依赖于 k, 即 $f(x,k,t)=F(x,\varepsilon(k),t)$. 更进一步, F 满足如下扩散方程 (SHE 模型):

$$M(\varepsilon)\frac{\partial F}{\partial t}+\Big(\frac{\partial}{\partial x}-eE\frac{\partial}{\partial \varepsilon}\Big)J=0, \tag{2.30}$$

$$J(x,\varepsilon,t)=-D(\varepsilon)+\Big(\frac{\partial}{\partial x}-eE\frac{\partial}{\partial \varepsilon}\Big)F, \tag{2.31}$$

$$F(x,\varepsilon,t=0)=F_I(x,\varepsilon), \tag{2.32}$$

其中 $E=-\partial\phi_{SC}/\partial x$ 是自洽电场. $M(\varepsilon)$ 和 $D(\varepsilon)$ 定义为

$$M(\varepsilon)=\frac{1}{l}[T(k)\tau_T(k)+R(k)\tau_R(k)], \tag{2.33}$$

$$D(\varepsilon)=\frac{l}{2}\frac{T(k)}{R(k)}, \tag{2.34}$$

其中 $k=\sqrt{2m\varepsilon}/\hbar$ 且 T, R, τ_T, τ_R 仅表示在细胞 C_0 上具有位势 $\phi=\phi_{SL}$ 的 Schrödinger 问题的散射数据.

(ii) $\phi_{SC}=\phi_{SC}(x,t)$ 不依赖于快变量 y 且是如下 Poisson 方程的一个解

$$-\frac{d}{dx}\Big(\bar{\varepsilon}\frac{d\phi_{SC}}{dx}\Big)=\rho(x,t), \tag{2.35}$$

其中电荷浓度 $\rho(x,t)$ 为

$$\rho(x,t)=e(\rho^+(x)-\rho^-(x,t)),$$

$$\rho^+(x)=\int_{-l/2}^{l/2}\rho^+(x,y)\frac{dy}{l},\quad \rho^-(x,t)=\int_{-l/2}^{l/2}\rho^-(x,y,t)\frac{dy}{l},$$

平均介电常数 $\bar{\varepsilon}$ 为

$$\bar{\varepsilon}^{-1}=\int_{-l/2}^{l/2}\frac{1}{\varepsilon(y)}\frac{dy}{l}.$$

(iii) 正离子浓度 $\rho^+(x,y)$ 是一个已知数据; 电子浓度为

$$\rho^-(x,y,t)=\int_{k\in\mathbb{R}}F(x,\varepsilon(k),t)|\psi_k(x,y,t)|^2\frac{dk}{\pi}. \tag{2.36}$$

系数 M 和 D 分别称为 “态密度” 和 “扩散系数”.

下面讨论边界条件. 边界条件 (2.2) 也可结合 Poisson 方程 (2.35) 被使用. 然而, 为了解释均质化过程中的边界层, 可以采用更准确的 Robin (或 Fourier) 型边界条件, 即

$$(\phi_{\mathrm{SC}}-\alpha\lambda_a\phi'_{\mathrm{SC}})(a,t)=0,\quad (\phi_{\mathrm{SC}}+\alpha\lambda_b\phi'_{\mathrm{SC}})(b,t)=\phi_{\mathrm{bias}}, \tag{2.37}$$

其中 λ_a,λ_b 是正的外推长度 (λ_a,λ_b 的表达式可参见 [15]), α 是尺度化参数 (2.20). 类似地, 对动态层的考虑导致对 F 的如下边界条件:

$$(F+\alpha\Lambda_a J)(a,\varepsilon,t)=F_a(\varepsilon,t),\quad (F-\alpha\Lambda_b J)(b,\varepsilon,t)=F_b(\varepsilon,t), \tag{2.38}$$

其中 $F_a(\varepsilon,t)=f_a(k,t),F_b(\varepsilon,t)=f_b(-k,t)$ 且 $\Lambda_{a,b}>0$. 对 SHE 模型框架下的边界层理论和 $\Lambda_{a,b}$ 的计算可参见 [34]. 此处对其不再详加讨论.

分三步证明定理 2.1. 第一步包括证明 f^α 形式地收敛到 $(x,\varepsilon(k),t)$ 的一个函数. 第二步和第三步对应连续性方程和电流方程 (2.30),(2.31) 的推导. 为此, 有两种方法可被使用: Hilbert 展开法[14, 31] 以及矩量法 [46]. 我们将采用后者因为该方法包含更直接的计算. 证明细节将被推迟到附录中. 我们认为原始离散模型 (2.23)–(2.29) 的解的存在性和 $f^\alpha,\phi^\alpha_{\mathrm{SC}},\rho^{-,\alpha}$ 的收敛性是理所当然的, 并且我们仅关注极限模型的建立. 事实上, 证明收敛性是一个非常困难的数学问题, 其远超出我们当前所考虑的范围. 在 2.1.6 节中, 进一步置评所得到的模型并处理一些实际的例子.

2.1.6　扩散模型(2.30)–(2.31)的评论

关于 SHE 模型 (2.30)–(2.31) 的参考文献可参考引言. 该模型对半导体器件模拟是非常实用的, 因为它以比 Boltzmann 方程的 Monte Carlo 模拟[43, 44] 低得多的成本提供了电子能量分布函数的信息. 据我们所知, 当扩散是由量子位势结构本身的散射性质所引起的时, 本节首次在超晶格框架下提供了该模型的推导.

该模型另一个有趣的性质是它给出了动量模型的一个层级关系[3, 31], 包括通常的漂移扩散模型[91, 110] 和所谓的能量传输模型, 其是带有额外能量平衡方程的漂移扩散模型的一个推广 (参见 [5] 及其中的参考文献). 这些模型的推导可参考 [3],[31]. 这里, 首先要讨论在位置空间中数量和能量密度 $n(x,t)$ 和 $\mathcal{E}(x,t)$, 它们显然是重要的宏观量, 与能量分布函数之间的关系. 这一关系形如

$$\begin{pmatrix} n \\ \mathcal{E} \end{pmatrix}=\int_{\mathcal{R}}F(x,\varepsilon,t)\begin{pmatrix} 1 \\ \varepsilon \end{pmatrix}M(x,\varepsilon)d\varepsilon, \tag{2.39}$$

其中, 在漂移扩散或能量传输模型中, F 由 Fermi-Dirac 分布(即, 电子的量子热力学平衡分布函数; 参见 [17]) $F_{\mu,T}(\varepsilon)=(\exp((\varepsilon-\mu)/k_{\mathrm{B}}T)+1)^{-1}$ 来逼近. 热力学参数 $\mu=\mu(x,t)$ 和 $k_{\mathrm{B}}T=k_{\mathrm{B}}T(x,t)$ 是化学势和热能, 用以刻画电子气的状态. (2.39) 提供了 $(n,\mathcal{E})$ 和 (μ,T) 之间的一个局部关系.

这里, 态密度 M 的特殊形式使得这一关系与在块状半导体材料中相比变得相当不同. M 可被视作关于超晶格基本周期的一个 “平均态密度”. 它归结为通常的一维态密度 (相差一个常数因子) $M = v(k)^{-1}$ 如果位势 $\phi_{\rm SL}$ 在基本细胞中是常数 (因为在这种情况下 $T = 1, R = 0$, 以及 τ_T 等于经典的通过时间 $l/v(k)$). 但是, 如果 $\phi_{\rm SL}$ 不是常数 (见 2.1.7 小节), 则 M 可能与这个值有显著不同.

由于 M 的这种特殊形式, $(n, \mathcal{E})$ 和 (μ, T) 在超晶格中的关系可能与在块状材料中时的关系有显著的偏离. 特别地, 对共振能级 (参见下面平方位势的例子) 时间延迟要明显长于经典的时间延迟. 对称地, 对远离共振的能量, 时间延迟可能会比较短. 因此, 在 (2.39) 中, 权 M 使共振能级变得更强且使非共振能级变得没那么强. 关系 $(\mu, T) \to (n, \mathcal{E})$ 反映了这些效应.

接下来, 讨论在超晶格中电子迁移率的值, 由 [3],[31] 给出:

$$\mu_{\rm SL} = \frac{\rm e}{nk_{\rm B}T}\int_{\mathcal{R}} D(x, \varepsilon)F_{\mu,T}(1 - F_{\mu,T})d\varepsilon. \tag{2.40}$$

迁移率是欧姆 (Ohm) 定律 $j_n = \mu_{\rm SL}nE$ 的系数, 其是在空间中当化学位势 μ 和温度 T 是常数时漂移扩散定律的表达式. 迁移率是半导体中最重要的传输参数之一, 因为它方便测量并且刻画了电子应对外部电场的能力. 在当前的情况下, 电子的迁移率完全是由它们被超晶格位势模式的散射所诱导的. 迁移率的一个真实表达式也必须包括 “块状相互作用”, 如声子或杂质相互作用的影响. 正如已经指出的那样, 在目前的工作中这还没有完全严格地完成, 但可以得到总迁移率的一个粗略的估计

$$\frac{1}{\mu_{\rm tot}} = \frac{1}{\mu_{\rm bulk}} + \frac{1}{\mu_{\rm SL}}, \tag{2.41}$$

其中 $\mu_{\rm bulk}$ 是仅在块状碰撞的影响下的迁移率 (见 [27],[105]). 公式 (2.41) 可被理解为一个电路模拟, 其中块状电阻和超晶格电阻 (电阻与迁移率的倒数成正比) 以串联方式叠加. 这首次回答了在超晶格中确定电子迁移率的问题. 这个问题曾被遗留为公开问题, 例如在 [117] 中, 其中在默认情况下, 假设超晶格迁移率等于块状迁移率.

作为一个推论, 扩散模型 (2.30)–(2.31) 可按两种途径使用: 要么用以直接模拟, 要么作为访问宏观模型 (漂移扩散或能量–传输) 的参数分析值的一个方法. 在后一种情况下, 容易从 M 和 D 的分析值中给出漂移扩散迁移率的计算值或者密度和化学势关系 (见 2.2 节中的例子). 通过具体的值, (2.33), (2.34), 漂移扩散模型的获得参数以一个严格的方式保留了关于在超晶格基细胞中传输的量子本性的信息.

2.1.7 例子: 方井或壁垒

在本节中, 我们分析一个简单情形, 其中 $\phi_{\rm SL}$ 等于一个简单的方井或壁垒. 更

确切地说, 假设第二种材料 (称为 B) 的出现在 A-B 交界面处导致位势和有效质量跳跃. 记 m_A 和 m_B 表示在材料 A 和 B 中的有效质量. 令 V 表示在材料 B 中的位势 ϕ_{SL}, 满足 $V>0$ 如果 B 产生一个 (能量) 势井, $V<0$ 如果其产生一个势垒. 假设 B 层具有宽度 a. 因此,

$$\phi_{\mathrm{SL}}(x)=\begin{cases}V, & x\in\left(-\dfrac{a}{2},\dfrac{a}{2}\right),\\ 0, & x\notin\left(-\dfrac{a}{2},\dfrac{a}{2}\right),\end{cases}\qquad m(x)=\begin{cases}m_B, & x\in\left(-\dfrac{a}{2},\dfrac{a}{2}\right),\\ m_A, & x\notin\left(-\dfrac{a}{2},\dfrac{a}{2}\right).\end{cases}\tag{2.42}$$

注意到

$$\varepsilon(k)=\frac{\hbar^2k^2}{2m_A},\quad \kappa=\left(\frac{m_B}{m_A}(k^2+k_V^2)\right)^{1/2},\quad k_V^2=\frac{2em_A}{\hbar^2}V.\tag{2.43}$$

注意到在单势井情形 $k_V^2>0$ 且 $\kappa^2>k^2$, 在单势垒情形 $k_V^2<0$ 且 $\kappa^2<k^2$. 在势垒情形, κ^2 可以是负的, 此时 κ 是一个纯虚数 $\kappa=\mathrm{i}\tilde{\kappa}$.

在这种情形下对散射状态解 (2.4) 是一个基本的量子力学问题, 其解可在任何教科书中找到 (例如, 见 [97]). 此处我们仅指出, 为了解释有效质量间断, 必须在交界面 $x=\pm\dfrac{a}{2}$ 处强加 ψ 和 $m^{-1}\psi'$ 的连续性.

结合 (2.42), 我们发现对一个势井 ($k_V^2>0$) 和 $k>0$ 的任意值, 或对一个势垒 ($k_V^2<0$) 和超过能障 $k^2+k_V^2>0$ 的入射能, 有

$$T=\frac{1}{1+\chi_0\sin^2(\kappa a)},\quad \chi_0=\frac{((m_B-m_A)k^2-m_Ak_V^2)^2}{4m_Am_Bk^2(k^2+k_V^2)}\tag{2.44}$$

和

$$\tau_T=\tau_R:=\tau_{\mathrm{sq}}=\frac{1}{v(k)}(l-a+d_{\mathrm{sq}}),\tag{2.45}$$

其中

$$d_{\mathrm{sq}}=\frac{a\chi_1(1+\cot^2(\kappa a))-\kappa^{-1}\chi_2\cot(\kappa a)}{\chi_3+\cot^2(\kappa a)},\qquad \chi_1=\frac{(m_A+m_B)k^2+m_Ak_V^2}{2m_A(k^2+k_V^2)},$$
$$\chi_2=\frac{((m_A-m_B)k^2+m_Ak_V^2)k_V^2}{2m_A(k^2+k_V^2)k^2},\qquad \chi_3=\frac{((m_A+m_B)k^2+m_Ak_V^2)^2}{4m_Am_Bk^2(k^2+k_V^2)}.$$

d_{sq} 的值必须与经典迁移的相应值 d_{cl} 相比较:

$$d_{\mathrm{cl}}=\frac{k}{m_A}\frac{m_B}{(k^2+k_V^2)^{1/2}}a.$$

在共振能级 (即, 当 $\sin(\kappa a)=0$), $\tau_{\mathrm{sq}}>\tau_{\mathrm{cl}}$, 而在非共振能级 (即, 当 $\cos(\kappa a)=0$) 反向不等式成立; 见 [97].

在单势垒 ($k_V^2<0$) 和入射能低于能障 $k^2+K_V^2<0$ 的情形, 我们发现

$$T=\frac{1}{1+\chi_0\sinh^2(\tilde{\kappa}a)},\quad d_{\mathrm{sq}}=\frac{a\chi_1(\coth^2(\tilde{\kappa}a)-1)+\tilde{\kappa}^{-1}\chi_2\coth(\tilde{\kappa}a)}{\chi_3+\coth^2(\tilde{\kappa}a)},$$

其中 χ_0, χ_1 和 χ_3 是将前面公式的分母中的 $k^2 + k_V^2$ 改为 $|k^2 + k_V^2|$ 且 χ_2 保持不变.

结合 (2.44) 和 (2.45), 方程 (2.33),(2.34) 给出在方井或壁垒情形下的态密度和扩散系数的表达式:

$$D = \frac{l}{\hbar\pi}\frac{1}{\chi_0 \sin^2(\kappa a)}, \quad \kappa^2 > 0, \tag{2.46}$$

$$D = \frac{l}{\hbar\pi}\frac{1}{\chi_0 \sinh^2(\tilde{\kappa} a)}, \quad \kappa^2 = -\tilde{\kappa}^2 < 0, \tag{2.47}$$

$$M = \frac{2\tau_{sq}}{\hbar\pi l}. \tag{2.48}$$

正如前面已经指出的那样, 在共振能级 $(\sin(\kappa a) = 0)$ 扩散系数有无穷多峰值. 这些峰值归因于共振隧穿并且令人想到在一个无限超晶格中的导电微带.

如果在一个周期内存在超过一个势井或一个势垒 (即, 当相干长度大于周期), 散射数据变得越来越复杂 (但仍可计算数值) 且更相似于无限超晶格的能带结构.

这个例子表明扩散模型的系数 M 和 D 易于从单个细胞中的 Schrödinger 方程的重解中被计算出来. 量子传输的最重要特征 (如传输共振的存在性) 转化为这些常数的具体行为 (如在共振能级的奇性).

2.1.8 结论

在本节中, 我们已经提出了一个用以描述电子相位相干长度的阶为超晶格周期时半导体超晶格中电子传输的散射矩阵模型. 于是, 我们研究了大量超晶格细胞的极限. 我们证明了, 以扩散时间尺度、散射矩阵模型形式地收敛到位置–能量空间中的一个扩散模型, 所谓的 SHE 模型, 并且解释了如何使用该模型来模拟超晶格中的电子传输. 特别地, 该模型通过电荷浓度的一个量子模型考虑了电位势自洽性. 一个分析的例子说明如何从基细胞的散射数据显示地计算出扩散常数.

这个模型的科学价值只能以数值模拟和与其他实验或数值模型的比较的观点来进行评估. 在本节中, 我们已关注了扩散模型的推导并将其数值验证留作后续研究. 然而, 我们认为当前模型具有广阔的前景. 该模型在数值上将会易于求解, 同时要比传统的漂移扩散模型获得更好的物理细节. 特别地, 我们已经证明了扩散常数如何保留超晶格基细胞中量子传输的一些基本特性. 超出它们在 SHE 模型中的使用, 当应用到超晶格时这些扩散常数进而提高了关于漂移扩散型传统模型的扩散常数的知识.

附录 定理 2.1 的证明

下面我们仅给出形式演算, 假定在一个适当的函数空间中所有的未知函数均有极限. 这一点的证明是非常困难的 (鉴于问题的非线性和其高度振荡特征) 且这里不予处理.

A.1 位势与 Schrödinger 方程

由均匀化理论 [15] 中的经典事实,

$$\phi_{\mathrm{SC}}^{\alpha}(x,y,t)=\phi_{\mathrm{SC}}(x,t)+O(\alpha),\quad 当\quad \alpha\to 0,$$

其中 $\phi_{\mathrm{SC}}(x,t)$ 不依赖于 y 且满足均匀化的 Poisson 方程 (2.35).

于是, 对 Schrödinger 方程应用标准的扰动理论 (见 [103]), 至少在形式上, 有

$$\psi_k^{\alpha}(x,y,t)\to\psi_k(x,y,t),\quad R^{\alpha},T^{\alpha},\tau_R^{\alpha},\tau_T^{\alpha}\to R,T,\tau_R,\tau_T,$$

其中 ψ_k,R,T,τ_R,τ_T 是由位势 $\phi=\phi_{\mathrm{SC}}(x,t)+\phi_{\mathrm{SL}}(y)$ 诱导的波函数和散射数据. 然而, 因为 ϕ_{SC} 不依赖于 y, 波函数是从带有位势 $\phi_{\mathrm{SL}}(y)$ 的 Schrödinger 方程的解乘以一个常数 (关于 y) 相因子 (Gauge 变换) 推导而得且散射数据不变. 此外, 一个简单的坐标平移可使得我们再次在基细胞 C_0 中考虑问题而无须改变散射数据. 因此, R,T,τ_R,τ_T 不依赖于 x. 从现在起, ψ_k 将表示由细胞 C_0 诱导的波函数, 其也不依赖于 x.

现在我们估计穿过一个细胞的位势变化 $\delta\phi^{\alpha}$. 由 2.1.4 节, 我们考虑点 x 并令 $n=n^{\alpha}(x)=[(x/\alpha l)+1/2]$, 其中 $[\cdot]$ 是整数部分. 根据 (2.22), 穿过由点 x 诱导的细胞 $C_{n^{\alpha}(x)}$, $\delta\phi^{\alpha}$ 等于

$$\delta\phi^{\alpha}=\phi_{\mathrm{SC}}^{\alpha}(\alpha x_{n+\frac{1}{2}},x_{-\frac{1}{2}},t)-\phi_{\mathrm{SC}}^{\alpha}(\alpha x_{n-\frac{1}{2}},x_{-\frac{1}{2}},t).$$

我们能够定义 δ_- 和 δ_+ 使得

$$\alpha x_{n-\frac{1}{2}}=\alpha\left(n-\frac{1}{2}\right)l=x+\alpha\delta_-,\quad \alpha x_{n+\frac{1}{2}}=\alpha\left(n+\frac{1}{2}\right)l=x+\alpha\delta_+.$$

我们显然有 $-l\leqslant\delta_-\leqslant 0$, $0\leqslant\delta_+\leqslant l$, $\delta_+-\delta_-=l$. 因此,

$$\delta\phi^{\alpha}=\phi_{\mathrm{SC}}^{\alpha}(x+\alpha\delta_+,x_{-\frac{1}{2}},t)-\phi_{\mathrm{SC}}^{\alpha}(x+\alpha\delta_-,x_{-\frac{1}{2}},t)=\alpha l\frac{\partial\phi_{\mathrm{SC}}^{\alpha}}{\partial x}+O(\alpha^2).\tag{2.49}$$

特别地, $\delta\phi^{\alpha}\to\delta\phi=0$. 由此, 我们注意到

$$k_{\pm}^{\alpha}(x,k)=|k|\pm\alpha\frac{eml}{\hbar^2}\frac{1}{|k|}\frac{\partial\phi_{\mathrm{SC}}^{\alpha}}{\partial x}+O(\alpha^2).\tag{2.50}$$

最终, 在 (2.28) 和 (2.29) 中取极限 $\alpha\to 0$ 得 (2.36), 倘若 f 仅是 $\varepsilon(k)$ 的一个函数. 这一点将在 A.2 中证明.

A.2 f 只依赖于能量

我们考虑问题 (2.23) 和 (2.24) 并形式地令 $\alpha \to 0$. 利用 (2.50), 得

$$f(x,k,t) = R(-k)f(x,-k,t) + T(k)f(x,k,t), \quad k > 0. \tag{2.51}$$

现在, 考虑由极限位势诱导的散射数据 R 和 T, 其中极限位势没有位势变化 ($\delta\phi = 0$), 公式 (2.6) 导致

$$R + T = 1, \quad R, T(k) = R, T(-k), \quad \tau_R, \tau_T(k) = \tau_R, \tau_T(-k), \quad \forall k \in \mathbb{R}. \tag{2.52}$$

利用这些关系, (2.51) 导致

$$R(k)(f(x,k,t) - f(x,-k,t)) = 0, \quad k > 0. \tag{2.53}$$

结合假设 $R > 0$ 几乎处处, 推导出 f 关于 k 是偶函数或, 等价地, f 是 $\varepsilon(k)$ 的一个函数. 因此, 有 $f(x,k,t) = F(x,\varepsilon(k),t)$.

A.3 电流方程(2.31)

我们引入电流

$$J^\alpha(x,\varepsilon,t) = \frac{1}{2\alpha}(f^\alpha(x,k,t) - f^\alpha(x,-k,t)), \quad k = \frac{\sqrt{2\varepsilon m}}{\hbar}. \tag{2.54}$$

证明 $J^\alpha \to J$, 其中 J 由 (2.31) 给出.

对 $k > 0$, 将位置变量平移半个周期后重写 (2.23):

$$\begin{aligned} f^\alpha(x,k,t) = {} & R^\alpha\left(x - \alpha\frac{l}{2}, -k\right) f^\alpha(x,-k,t-\alpha^2\tau_R^\alpha) \\ & + T^\alpha\left(x - \alpha\frac{l}{2}, k_-^\alpha\right) f^\alpha(x - \alpha l, k_-^\alpha, t - \alpha^2\tau_T^\alpha), \end{aligned} \tag{2.55}$$

其中没有重复写出 k_-^α 和 $\tau_{R,T}^\alpha$ 的自变量. 我们重写 (2.55) 如下

$$\begin{aligned} f^\alpha(x,k,t) = {} & R^\alpha\left(x - \alpha\frac{l}{2}, -k\right) f^\alpha(x,-k,t) + T^\alpha\left(x - \alpha\frac{l}{2}, k_-^\alpha\right) f^\alpha(x,k_-^\alpha,t) \\ & + T^\alpha\left(x - \alpha\frac{l}{2}, k_-^\alpha\right)\left(-\alpha l\frac{\partial f^\alpha}{\partial x}(x,k,t) + (k_-^\alpha - k)\frac{\partial f^\alpha}{\partial k}(x,k,t)\right) \\ & + O(\alpha^2). \end{aligned} \tag{2.56}$$

我们注意到, 由 (2.6), $T^\alpha\left(x-\alpha\frac{l}{2},k_-^\alpha\right)=T^\alpha\left(x-\alpha\frac{l}{2},-k\right)$. 现在, 利用 (2.50), 从 (2.56) 推导出

$$\begin{aligned}&R^\alpha\left(x-\alpha\frac{l}{2},-k\right)(f^\alpha(x,k,t)-f^\alpha(x,-k,t))\\&=-\alpha lT^\alpha\left(x-\alpha\frac{l}{2},k_-^\alpha\right)\left(\frac{\partial f^\alpha}{\partial x}(x,k,t)+\frac{em}{\hbar^2}\frac{1}{k}\frac{\partial\phi_{\mathrm{SC}}^\alpha}{\partial x}\frac{\partial f^\alpha}{\partial k}(x,k,t)\right)+O(\alpha^2),\end{aligned}$$

或者, 除以 R^α,

$$J^\alpha(x,\varepsilon(k),t)=-\frac{l}{2}\frac{T^\alpha\left(x-\alpha\frac{l}{2},k_-^\alpha\right)}{R^\alpha\left(x-\alpha\frac{l}{2},k_-^\alpha\right)}\left(\frac{\partial f^\alpha}{\partial x}(x,k,t)+\frac{em}{\hbar^2}\frac{1}{k}\frac{\partial\phi_{\mathrm{SC}}^\alpha}{\partial x}\frac{\partial f^\alpha}{\partial k}(x,k,t)\right)+O(\alpha).$$

现在, 取极限 $\alpha\to 0$ 并注意到

$$\frac{\partial f}{\partial k}=\frac{\partial F}{\partial\varepsilon}\frac{\hbar^2k}{m},\quad k>0,$$

容易得到 (2.31).

A.4 连续性方程(2.30)

为了证明连续性方程 (2.30), 我们估计

$$I^\alpha=\frac{1}{\alpha l}\left(J^\alpha\left(x+\alpha\frac{l}{2},\varepsilon,t\right)-J^\alpha\left(x-\alpha\frac{l}{2},\varepsilon-e\delta\phi^\alpha,t\right)\right).$$

首先, 利用 (2.49) 结合 Taylor 展开式, 容易看到

$$I^\alpha=\left(\frac{\partial J^\alpha}{\partial x}+e\frac{\partial\phi_{\mathrm{SC}}^\alpha}{\partial x}\frac{\partial J^\alpha}{\partial\varepsilon}\right)(x,\varepsilon,t)+O(\alpha).$$

现在, 利用 (2.23), (2.24), 计算

$$\begin{aligned}2\alpha^2lI^\alpha=&T(x,k_-^\alpha)f\left(x-\alpha\frac{l}{2},k_-^\alpha,t-\alpha^2\tau_T^\alpha(x,k_-^\alpha)\right)\\&+R(x,-k)f\left(x+\alpha\frac{l}{2},-k,t-\alpha^2\tau_R^\alpha(x,-k)\right)-f\left(x+\alpha\frac{l}{2},-k,t\right)\\&+T(x,-k)f\left(x+\alpha\frac{l}{2},-k,t-\alpha^2\tau_T^\alpha(x,-k)\right)\\&+R(x,k_-^\alpha)f\left(x-\alpha\frac{l}{2},k_-^\alpha,t-\alpha^2\tau_R^\alpha(x,k_-^\alpha)\right)-f\left(x-\alpha\frac{l}{2},k_-^\alpha,t\right).\end{aligned}$$

由关于 t 的 Taylor 展开并利用 (2.6), 最终得到

$$2\alpha^2 lI^\alpha = -\alpha^2\big(T(x,k_-^\alpha)\tau_T^\alpha(x,k_-^\alpha) + R(x,-k)\tau_R^\alpha(x,-k) \\ +T(x,-k)\tau_T^\alpha(x,-k) + R(x,k_-^\alpha)\tau_R^\alpha(x,k_-^\alpha)\big)\frac{\partial f^\alpha}{\partial t}(x,k,t) + O(\alpha^3).$$

取极限 $\alpha \to 0$ 并利用 (2.52) 则易得 (2.30).

这就完成了定理 2.1 的证明. □

2.2 微观散射模型与宏观 SHE 模型: 高维波矢

本节将介绍我们在文献 [36] 中的工作. 在文献 [36] 中, 首先在高维波矢空间中建立了一个量子微观散射矩阵模型, 其将每个超晶格细胞的相空间密度与邻近细胞的相空间密度关联起来. 然后, 在大量细胞的极限中, 得到了在位置–能量空间中的粒子数密度所满足的一个扩散方程, 即 SHE 模型. 证明了扩散常数对超晶格基细胞量子散射特性的记忆保持. 处理了两个例子, 其中扩散常数被分析计算.

2.2.1 引言

近来, 在应用数学世界半导体超晶格的数学建模已吸引了许多关注. 新的相关工作已经在文献 [7],[35] 中给出. 事实上, 所谓的半导体超晶格是由两种不同的半导体材料, 如 GaAs 和 GaAlAs 的生长周期层加工而成的 (见文献 [48],[123]). 两种材料的电子性质导致沿增长轴方向建立一个周期静电位势, 其在两种材料的界面处是间断的. 当结构被外加电场施以偏压时, 周期位势总是与一个非周期位势叠加. 超晶格在光电学和其他相关问题方面有许多有趣应用, 尤其是在 [117] 中描述的红外辐射探测器的例子上的应用.

理想地, Bloch 能带论应用于超晶格周期位势导致了超晶格能带的建立. Bloch 能带论是一个完全的量子力学理论, 其依赖于不同位势周期之间的电子波函数的理想相位相干. 于是, 电子在沿生长轴方向的一个常值电场的作用下经历周期运动的过程称为 "Bloch 振荡"[48]. 传输发生时, 碰撞是必要的, 因为碰撞使得电子能够从一个 Bloch 轨道跃迁到另一个 Bloch 轨道. 在此基础上, Esaki 和 Tsu[38] 建立了第一个在超晶格中传输的定量模型.

但是碰撞也具有打破邻近超晶格细胞的电子波函数的相位相干进而破坏传输的量子本性的效应. 超过一定距离相位相干就会被打破的典型距离称为相干长度. 如果相干长度与超晶格周期是同阶的, 则由于距离过短电子波函数失去其相关性且无法应用 Bloch 理论. 特别地, 交界面的粗糙所导致的散射 (见 [26] 或在 [48] 中 Sibille 的贡献) 是最重要的碰撞机制之一: 由于在生长加工过程中的瑕疵, 两种不

同材料间的交界面不是完美的平面, 相反地展现出一个随机的阶梯型结构. 穿过交界面的粒子可能会被随之导致的随机位势所强烈地散射.

本节的目的是提出并推导一个传输模型来刻画这个情况. 我们假设电子波函数在一个与超晶格周期 (或者, 周期的倍数) 可比较的距离范围内失去其相位相干. 因此, 在第 n 个和第 $(n+1)$ 个超晶格周期之间的交界面处讲经典的相空间密度 $f_{n+\frac{1}{2}}(k,t)$ 是合理的. 该密度通过超晶格位势的量子散射矩阵与临近细胞的相空间密度关联起来. 这给出一个关于空间和时间的离散差分系统, 在相关文献中被称为"散射矩阵模型"[112]. 在与相位相干长度同阶的距离范围内该散射矩阵模型完全保留了传输的量子本性, 然而在更大的距离范围内该散射矩阵模型处理了一个半经典量的演化.

在本节中, 我们研究大量细胞的极限. 在空间和时间尺度改变之后, 随之而得的扰动问题类似于分子动力学理论中的一个扩散逼近问题并给出位置–能量空间中电子数密度 (或能量分布函数) 所满足的一个扩散方程. 所得方程是一类球谐展开 (SHE) 方程, 其在标准的半导体建模领域中是极其有用的. 据我们所知, 除了文献 [35] 外, 本节是仅有的一个在超晶格框架下建立 SHE 模型的文献. 通过模型的推导提供了超晶格结构的量子传输特性 (散射系数和时间延迟) 与 SHE 模型的系数 (态密度, 其给出了具有给定能量的可能状态的数量, 以及扩散率) 之间的一个直接联系. 该模型能够提供获得超晶格中电子传输的快速且可靠数值模拟的方法.

在文献 [7] 中可以找到相关的方法, 其中超晶格被处理为一个平坦交界面的周期排列. 如果一种材料层要比另一种材料层薄很多并且可以被一个零宽度的交界面逼近, 则该方法是有效的. 在那种情况下, 可以使用更为传统的分子动力学模型且可以给出大量细胞极限的完整的数学理论. 本节中所提出的模型是与物理更加相关的, 因为关于两种材料层的相对尺寸的要求更温和. 但由于散射模型的时间和空间离散性, 其数学理论仅建立在形式层面上.

我们应当指出的是文献 [35] 关于 k 是一维的, 其中散射算子相当简单 (不含有任何 k-积分). 然而, 在文献 [35] 中很好地发展了与基本周期中的 Schrödinger 方程的联系 (第 3 节), 细致推导了对散射系数的尺度的作用 (第 4 节). 考虑了与 Poisson 方程的耦合 (第 4 和 5 节). 给出了极限 SHE 模型的边界条件 (第 5 节). 在本文中, 我们关注的是高维 k-空间并不给出与 Schrödinger 方程或 Poisson 方程的联系, 散射系数的尺度, 或者边界条件的过多细节. 此外, 与文献 [35] 相比, 高维 k-空间要求引入更多的泛函分析和算子分析的内容. 同时, 最终 SHE 模型的推导也是非常复杂的.

可替换的超晶格宏观模型、漂移扩散型, 也被提及. 对这些现象学方法读者可参考文献, 如 [19],[48].

就 Hilbert, Chapman 和 Enskog 的扩散逼近方法及其在块状半导体上的应用以及其现代数学观而言, 我们可以参考 [14], [22],[27], [46], [102],[105]. 此外, 关于半导体建模的更多细节可以参考 [91],[110]. 总之, 扩散逼近是联系像数量或能量密度这样的宏观量的演化与由分子动力学方程所刻画的微观粒子的动力学的一个理论工具. 特别地, 扩散逼近提供了包含在宏观模型中的扩散常数依据粒子与周围介质相互作用的一个直接表达式.

近来, 位置–能量空间中的粒子数密度所满足的足够有用的扩散模型 -SHE 模型 (球谐展开模型[121]) 已经根据分析各种碰撞尺度而推导出来[3, 31, 37]. 该模型在半导体器件、等离子物理以及气体放电物理中的应用可以参考 [30],[42]–[44]. 从对单个粒子传输的仔细观察中建立的上述模型的一个可替换推导可参考 [20](其中该模型被称为 "Fokker-Planck 方程").

在 2.2.2 节中研究微观散射矩阵模型. 结构的量子散射系数和时间延迟的性质在 2.2.3 节中总结. 扩散极限在 2.2.4 节中陈述. 例子与本节的结论在 2.2.5 节中给出. 最后, 扩散模型的推导细节在附录 A 和附录 B 中给出.

2.2.2　超晶格微观散射矩阵模型

在本节中, 考虑了一个由两种材料分别标记为 A 和 B 组成的半导体超晶格, 其是沿 x 方向周期排列的并且在此方向上生成一个定常的以 l 为周期的周期位势. 一般地, 电子以非常小的周期 (10 纳米到 100 纳米) 通过超晶格结构的电子运动必须根据量子力学来刻画. 然而, 我们假设各种散射源 (例如, 由在异质结构 A/B 和 B/A 处的水晶障碍导致的界面粗糙散射) 导致电子波函数在与超晶格周期可比较的距离范围内的一个相位消相干. 在这种情况下, 量子效应被限制在一个超晶格周期 $\frac{1}{2}A/B/\frac{1}{2}A$ 内, 其中 $\frac{1}{2}A$ 表示半个 A-层, 这个层将假定为远大于 B-层.

令 $\left[\left(n-\frac{1}{2}\right)l,\left(n+\frac{1}{2}\right)l\right]$ 表示第 n 个超晶格斑图所占据的区间, 其中点 $\left(n+\frac{1}{2}\right)l$, $n\in\mathbb{Z}$ 是 A-层的中点. 我们的假设是在给定 A-层中的电子气的状态可以由 $f_{n+\frac{1}{2}}(k,t)$ 来刻画, 其中 $f_{n+\frac{1}{2}}(k,t)$ 表示在 t 时刻和第 $\left(n+\frac{1}{2}\right)$ A-层(连接第 n 和第 $(n+1)$ 斑图的 A-层) 的中点处具有动量 k 的电子的数量. 于是, 寻找一个电子通过基本斑图 $\frac{1}{2}A/B/\frac{1}{2}A$ 的运动就转化为一个标准的量子力学散射问题. 这样一个问题由反射–透射系数 $\sigma^n(k',k)$ 和时间延迟 $\tau^n(k',k)$ 所刻画 (见 [97],[109]).

为方便读者, 首先引入一些额外的定义. 这里, 尽管我们限定在沿周期轴 x 的一维空间几何框架下, 但却允许落在 A-层材料的布里渊区内的所有方向的动量. 所谓布里渊区即是环面 $\mathbb{R}^3/L^*$ 的一个基本区域, 其中 L^* 是材料 A 的倒格子. 所有 k

的函数都考虑为 L^* 周期的. 材料 A 中的电子动能 $\varepsilon(k)$ 是一个给定的 k 的 L^* 周期的光滑函数 (称为 "带图表"), 由动量 k 诱导的电子速度为

$$v(k) = \frac{1}{\hbar}\nabla_k\varepsilon(k), \quad k \in \mathcal{B},$$

其中 $\hbar$ 是约化的 Planck 常数, $v_x(k)$ 是 v 的 x-分量.

对动量 k', k 使得相应的速度满足 $v_x(k') > 0$ 和 $v_x(k) < 0$(分别地 $v_x(k') < 0$ 和 $v_x(k) > 0$), 散射系数 $\sigma^n(k', k)$ 是粒子从第 n 个斑图的左侧 (分别地从右侧) 以动量 k' 进入然后以动量 k 反射回左侧 (分别地反射回右侧). 另外, 对动量 k', k 使得相应的速度满足 $v_x(k') > 0$ 和 $v_x(k) > 0$(分别地 $v_x(k') < 0$ 和 $v_x(k) < 0$), $\sigma^n(k', k)$ 是粒子从左侧 (分别地从右侧) 以动量 k' 进入, 从结构中透射并在右侧 (分别在左侧) 以动量 k 透射出去. 指标 n 表示基本斑图特性的大规模变化能够被附加到周期性上.

时间延迟 $\tau^n(k', k)$ 表示粒子实现反射或透射所需要的时间. 例如, 对 k', k 使得 $v_x(k') > 0$ 和 $v_x(k) < 0$, $\tau^n(k', k)$ 是一个粒子以点 $\left(n - \frac{1}{2}\right)l$ 为和速度 $v_x(k') > 0$ 为起点被反射回同一个点且速度变为 $v_x(k) < 0$ 所用的时间. 半经典时间延迟可由反射或透射振幅的相位关于能量的导数而得 (其中反射和透射系数是同一振幅的平方模, 见 [97] 或 2.2.5 节). 稍后我们会看到散射系数和时间延迟满足一些关系. 在当前的工作中, 我们将把散射系数或时间延迟视为已知.

首先, 在缺失外加电场的情况下建立离散分布函数 $f_{n+\frac{1}{2}}(k, t)$ 服从的动力学. 对 $v_x(k) > 0$ 考虑 $f_{n+\frac{1}{2}}(k, t)$, 其对应于在点 $\left(n + \frac{1}{2}\right)l$ 处向右运动的粒子, 让我们在过去的时间里追踪这些粒子. 它们中的一些是来自点 $\left(n - \frac{1}{2}\right)l$ 以动量 k' 使得 $v_x(k') > 0$ 从第 n 个斑图中透射过来. 这些粒子的数量为 $\sigma^n(k', k)f_{n-\frac{1}{2}}(k', t - \tau^n(k', k))\delta(\varepsilon(k') - \varepsilon(k))$, 其中 δ 函数提醒我们由时间无关位势导致的散射是一个能量守恒过程. 另外贡献 $f_{n+\frac{1}{2}}(k, t)$ 的粒子是来自点 $\left(n + \frac{1}{2}\right)l$ 以动量 k' 使得 $v_x(k') < 0$ 经第 n 个斑图反射回来的粒子. 它们的数量为 $\sigma^n(k', k)f_{n+\frac{1}{2}}(k', t - \tau^n(k', k))\delta(\varepsilon(k') - \varepsilon(k))$. 为了得到总数量 $f_{n+\frac{1}{2}}(k, t)$, 我们必须关于所有可能的原始动量 k' 对上述两种贡献积分. 对 $v_x(k) > 0$, 这导致

$$\begin{aligned} f_{n+\frac{1}{2}}(k, t) = & \int_{v_x(k')>0} \sigma^n(k', k)f_{n-\frac{1}{2}}(k', t - \tau^n(k', k))\delta(\varepsilon(k') - \varepsilon(k))|v_x(k')|dk' \\ & + \int_{v_x(k')<0} \sigma^n(k', k)f_{n+\frac{1}{2}}(k', t - \tau^n(k', k))\delta(\varepsilon(k') \\ & - \varepsilon(k))|v_x(k')|dk'. \end{aligned} \tag{2.57}$$

对称地, 对 $v_x(k)<0$ 考虑 $f_{n-\frac{1}{2}}(k,t)$ 并发现

$$\begin{aligned}f_{n-\frac{1}{2}}(k,t)=&\int_{v_x(k')<0}\sigma^n(k',k)f_{n+\frac{1}{2}}(k',t-\tau^n(k',k))\delta(\varepsilon(k')-\varepsilon(k))|v_x(k')|dk'\\&+\int_{v_x(k')>0}\sigma^n(k',k)f_{n-\frac{1}{2}}(k',t-\tau^n(k',k))\delta(\varepsilon(k')\\&-\varepsilon(k))|v_x(k')|dk'.\end{aligned} \tag{2.58}$$

这里和下面, 符号 dk 将表示 $dk=(4\pi^3)^{-1}d\tilde{k}$, 其中 $d\tilde{k}$ 表示通常的动量空间中的体积元. 在文献中因子 $(4\pi^3)^{-1}$ 被称为是动量态密度 [17]. 现在, 根据传输概率我们能够给出反射–透射系数的一个物理解释: $\sigma^n(k',k)\delta(\varepsilon(k')-\varepsilon(k))|v_x(k)|dk$ 是一个以动量 k' 入射并被反射或透射到关于动量空间中 k 的一个体积元中的入神粒子的概率. 值得注意的是在文献 [35] 中没有 k 积分且散射算子更简单.

在实际应用中, 超晶格结构是被偏压的, 即, 与外部电路有关. 偏压附加了一个非周期位势到超晶格产生的周期位势上. 令 $E(x)$ 表示由 ϕ 诱导的电场: $E=-\dfrac{d\phi}{dx}$. 将 E 分解成其在第 n 个基细胞中的平均:

$$E^n=\frac{1}{l}\int_{(n-\frac{1}{2})l}^{(n+\frac{1}{2})l}E(x)dx \tag{2.59}$$

和其他零平均. 因为

$$E^nl=\phi\left(\left(n-\frac{1}{2}\right)l\right)-\phi\left(\left(n+\frac{1}{2}\right)l\right),$$

零平均贡献只计入超晶格斑图的大规模形变并且在散射系数和时间延迟对斑图指标 n 的依赖性中已经被计入. 此外, 常值贡献 E^n 导致了粒子穿过一个细胞时动能的改变. 现在, 用 $\sigma^n(E^n,k',k),\tau^n(E^n,k',k)$ 表示第 n 个细胞被常值电场 E^n (或者等价地被一个在区间 $\left[\left(n-\dfrac{1}{2}\right)l,\left(n+\dfrac{1}{2}\right)l\right]$ 上的线性位势) 施以偏压时的散射肖像. 对 $E^n=0$, 这些量与之前定义的量一致.

考虑到由电场的出现导致的能量的改变, 发展动力学现在由下式给出: $v_x(k)>0$, 有

$$\begin{aligned}f_{n+\frac{1}{2}}(k,t)=&\int_{v_x(k')>0}\sigma^n(E^n,k',k)f_{n-\frac{1}{2}}(k',t-\tau^n)\delta(\varepsilon(k')-(\varepsilon(k)+leE^n))|v_x(k')|dk'\\&+\int_{v_x(k')<0}\sigma^n(E^n,k',k)f_{n+\frac{1}{2}}(k',t-\tau^n)\delta(\varepsilon(k')-\varepsilon(k))|v_x(k')|dk',\end{aligned} \tag{2.60}$$

$v_x(k)<0$, 有

$$\begin{aligned}f_{n-\frac{1}{2}}(k,t)=&\int_{v_x(k')<0}\sigma^n(E^n,k',k)f_{n+\frac{1}{2}}(k',t-\tau^n)\delta(\varepsilon(k')-(\varepsilon(k)-leE^n))|v_x(k')|dk'\\&+\int_{v_x(k')>0}\sigma^n(E^n,k',k)f_{n-\frac{1}{2}}(k',t-\tau^n)\\&\cdot\delta(\varepsilon(k')-\varepsilon(k))|v_x(k')|dk',\end{aligned}\tag{2.61}$$

其中 e 表示初等正电荷, 为简单起见时间延迟对电场和动量的依赖被省略. 系统 (2.60) 和 (2.61) 即是散射矩阵模型, 该类模型有时在文献 [112] 中被使用. 这里, 散射矩阵就是位势结构的量子散射矩阵.

外加电场应该是时间无关的与由 (2.60), (2.61) 中的 δ 函数所表达的能量守恒关系有关. 如果电场在比时间延迟更大的时间尺度范围内变化或者, 换句话说, 如果电场绝热地演化, 则可以考虑时间依赖电场. 在当前的工作中, 为了避免由时间延迟对某些能量 (相应于位势的最大值) 可能是无穷大的事实导致的技术性困难, 我们将在时间无关电场的限制下讨论问题.

为保持因果关系, 我们要求系统 (2.60), (2.61) 关于时间是一个倒向差分系统. 因此, 我们假设时间延迟都是正的. 这可被视作对位势的一个正则假设, 因为对某些奇异位势 (比如 δ 函数位势 [109]) 而言负的时间延迟可能会发生. 我们假定系统 (2.60), (2.61) 描述了 $t>0$ 时的系统演化, 且对所有 $t\leqslant 0$ 系统起始于已知状态. 典型情况是系统处在平衡状态, 然后系统被某些外加作用 (例如, 边界条件的改变或应用位势的改变) 突然驱进一个非平衡状态. 因此, 对所有负时间我们事先给定分布函数:

$$f_{n-\frac{1}{2}}(k,t)=(f_I)_{n-\frac{1}{2}}(k,t)=\text{给定},\quad \forall t\leqslant 0,\quad \forall n\in\mathbb{Z},\quad \forall k\in\mathcal{B},\tag{2.62}$$

并且我们额外假定 f_I 在 $t=0$ 时刻是连续的.

我们注意到 l 无须与超晶格周期一致, 但可以是该周期的一个整数倍. 事实上, 如果粒子的相位相干长度大于超晶格周期, 令 l 等于比相干长度大的超晶格周期的最小整数倍是必要的.

为了给出上述公式中涉及 δ 函数的积分的精确含义, 我们回顾几何测度论中的协面积公式. S_ε 表示 k-空间中的流形 $S_\varepsilon=\{k\in\mathcal{B},\varepsilon(k)=\varepsilon\}$. 令 dS_ε 是 S_ε 上的欧氏面积元 (除以 $(4\pi)^3$ 且 $\mathcal{R}$ 是 $\varepsilon(k)$ 的值域的闭包. 还令 $dN_\varepsilon(k)$ 表示协面积以及 $N(\varepsilon)$ 表示能态密度 (或简称为 "态密度"[17]):

$$dN_\varepsilon(k)=\frac{dS_\varepsilon(k)}{|\nabla_k\varepsilon(k)|},\quad N(\varepsilon)=\int_{S_\varepsilon}dN_\varepsilon(k).\tag{2.63}$$

由 Sard 定理和隐函数定理, 这些对象对所有的 $\varepsilon\in\mathcal{R}\backslash\mathcal{R}_0$ 有定义, 其中 $\mathcal{R}_0$ 是一个零测集. 我们还假设 $N(\varepsilon)\in L^\infty(\mathcal{R})$. 结合这个假设, 可以应用协面积公式[39]: 对任

意定义在 $\mathcal{B}$ 上的连续函数 $\psi(k)$, 有

$$\int_{\mathcal{B}} \psi(k)dk = \int_{\mathcal{R}} \int_{S_\varepsilon} \psi(k) \frac{dS_\varepsilon(k)}{|\nabla_k \varepsilon(k)|}. \tag{2.64}$$

由协面积公式 (2.64), 上面所写积分的含义可由对偶性定义:

$$\int_{\mathcal{B}} f(k)\delta(\varepsilon(k)-\varepsilon)dk = \int_{S_\varepsilon} f(k)dN_\varepsilon(k). \tag{2.65}$$

因此, 公式 (2.60), (2.61) 也被写为: 对 $v_x(k) > 0$,

$$\begin{aligned} f_{n+\frac{1}{2}}(k,t) = & \int_{S^+_{\varepsilon(k)+leE^n}} \sigma^n(E^n,k',k) f_{n-\frac{1}{2}}(k',t-\tau^n)|v_x(k')|dN_{\varepsilon(k)+leE^n}(k') \\ & + \int_{S^-_{\varepsilon(k)}} \sigma^n(E^n,k',k) f_{n+\frac{1}{2}}(k',t-\tau^n)|v_x(k')|dN_{\varepsilon(k)}(k'), \end{aligned} \tag{2.66}$$

对 $v_x(k) < 0$,

$$\begin{aligned} f_{n-\frac{1}{2}}(k,t) = & \int_{S^-_{\varepsilon(k)-leE^n}} \sigma^n(E^n,k',k) f_{n+\frac{1}{2}}(k',t-\tau^n)|v_x(k')|dN_{\varepsilon(k)-leE^n}(k') \\ & + \int_{S^+_{\varepsilon(k)}} \sigma^n(E^n,k',k) f_{n-\frac{1}{2}}(k',t-\tau^n) \\ & \delta(\varepsilon(k')-\varepsilon(k))|v_x(k')|dN_{\varepsilon(k)}(k'), \end{aligned} \tag{2.67}$$

其中 $S^\pm_\varepsilon = \{k \in S_\varepsilon, \pm v_x(k) > 0\}$. 从现在起, 当不发生混淆时, 将 $dN_{\varepsilon(k)}(k')$, $dN_{\varepsilon(k)+leE^n}(k')$ 等简记为 $dN(k')$, 并用 v_x, v'_x 代替 $v_x(k)$, $v_x(k')$.

将离散量解释为位置变量 x 的分片光滑函数是有帮助的. 我们定义

$$\begin{gathered} f(x,k,t) = f_{n+\frac{1}{2}}(k,t), \quad f_I(x,k,t) = (f_I)_{n+\frac{1}{2}}(k,t), \quad x \in [nl,(n+1)l), \\ \bar{E}(x) = E^n, \quad \sigma(x,E,k',k) = \sigma^n(E,k',k), \quad \tau(x,E,k',k) = \tau^n(E,k',k), \\ x \in \left[\left(n-\frac{1}{2}\right)l, \left(n+\frac{1}{2}\right)l\right). \end{gathered}$$

由这些定义, 系统 (2.62),(2.66),(2.67) 变成如下等价系统: 对 $v_x > 0$,

$$\begin{aligned} f\left(x+\frac{l}{2},k,t\right) = & \int_{S^+_{\varepsilon(k)+le\bar{E}(x)}} \sigma(x,\bar{E}(x),k',k) f\left(x-\frac{l}{2},k',t-\tau\right)|v'_x|dN(k') \\ & + \int_{S^-_{\varepsilon(k)}} \sigma(x,\bar{E}(x),k',k) f\left(x+\frac{l}{2},k',t-\tau\right)|v'_x|dN(k'), \end{aligned} \tag{2.68}$$

对 $v_x < 0$,

$$\begin{aligned} f\left(x-\frac{l}{2},k,t\right) = & \int_{S^-_{\varepsilon(k)-le\bar{E}(x)}} \sigma(x,\bar{E}(x),k',k) f\left(x+\frac{l}{2},k',t-\tau\right)|v'_x|dN(k') \\ & + \int_{S^+_{\varepsilon(k)}} \sigma(x,\bar{E}(x),k',k) f\left(x-\frac{l}{2},k',t-\tau\right)|v'_x|dN(k'), \end{aligned} \tag{2.69}$$

满足初始条件

$$f(x,k,t)=f_I(x,k,t),\quad \forall t\leqslant 0,\quad \forall (x,k)\in\mathbb{R}\times\mathcal{B}. \tag{2.70}$$

现在引入新的位置和时间坐标如下

$$\tilde{x}=\alpha x,\quad \tilde{t}=\alpha^2 t, \tag{2.71}$$

其中 $\alpha\ll 1$ 是一个小参数. $\tilde{x}$ 和 $\tilde{t}$ 是宏观位置和时间坐标. 事实上, 如果沿 x- 轴移动一段距离使得 $\tilde{x}$ 变化阶 1 的量, 大量 (阶 α^{-1}) 超晶格细胞 (α 大小) 被穿过. 类似地, 时间坐标 $\tilde{t}$ 的使用是用来关注系统的长时间动力学行为, 属于扩散型.

现在, 我们希望散射参数 σ,τ 只依赖于宏观位置变量. 然而, 由定义, 这不能完全正确因为它们在每个超晶格周期内必须是常值. 但是, 我们可以假设, 除了这不可避免的差异, 它们只是宏观变量的函数. 这一假设可通过坐标变换 (2.71) 表达如下:

$$\sigma(x,E,k',k)=\tilde{\sigma}^\alpha(\tilde{x},E,k',k),\quad \tau(x,E,k',k)=\tilde{\tau}^\alpha(\tilde{x},E,k',k), \tag{2.72}$$

其中 $\tilde{\sigma}^\alpha,\tilde{\tau}^\alpha$ 由与 α 无关的函数 $\tilde{\sigma},\tilde{\tau}$ 定义如下

$$\tilde{\sigma}^\alpha,\quad \tilde{\tau}^\alpha(\tilde{x},E,k',k)=\tilde{\sigma},\quad \tilde{\tau}\Big(\alpha l\Big[\frac{\tilde{x}}{\alpha l}+\frac{1}{2}\Big],E,k',k\Big), \tag{2.73}$$

其中 $[y]$ 表示实数 y 的整数部分, 即不超过 y 的最大整数.

类似地, 假设外位势 ϕ 只依赖宏观变量, 即存在与 α 无关的函数 $\tilde{\phi}$ 使得 $\phi(x)=\tilde{\phi}(\tilde{x})$. 由 $\tilde{E}=-\dfrac{d\tilde{\phi}}{d\tilde{x}}(\tilde{x})$ 定义宏观电场 $E(x)=\alpha\tilde{E}(\tilde{x})$, 有

$$\bar{E}(x)=\alpha\tilde{E}^\alpha(\tilde{x}),$$

其中 $\tilde{E}^\alpha$ 定义为

$$\tilde{E}^\alpha(\tilde{x})=\frac{1}{\alpha l}\int_{(n-\frac{1}{2})\alpha l}^{(n+\frac{1}{2})\alpha l}\tilde{E}^\alpha(\tilde{y})d\tilde{y},\quad \tilde{x}\in\Big[\Big(n-\frac{1}{2}\Big)\alpha l,\Big(n+\frac{1}{2}\Big)\alpha l\Big), \tag{2.74}$$

即 $\tilde{E}^\alpha$ 是宏观电场关于一个超晶格周期的平均值.

对电场和散射系数的尺度的验证可参考文献 [35].

最后, 对 f_I 做类似的假设:

$$f_I(x,k,t)=\tilde{f}_I^\alpha(\tilde{x},k,\tilde{t}),\quad \tilde{f}_I^\alpha(\tilde{x},k,\tilde{t})=\tilde{f}_I\Big(\alpha l\Big[\frac{\tilde{x}}{\alpha l}\Big],k,\tilde{t}\Big). \tag{2.75}$$

此外, 处理极限 $\alpha\to 0$ 时为避免出现初始层, 假设 $\tilde{f}_I$ 仅是能量的函数:

$$\tilde{f}_I^\alpha(\tilde{x},k,\tilde{t})=\tilde{F}_I^\alpha(\tilde{x},\varepsilon(k),\tilde{t}). \tag{2.76}$$

这样的假设是很自然的, 因为初值条件通常是平衡态, 而平衡态又是总能量 (动能与势能之和) 的函数.

当外位势的变化很小且超晶格周期与超晶格理想周期的差异也很小时, 这些关于超晶格周期的尺度假设是有效的. 在实践中, 只要在偏压接触之间超晶格周期的数量很大, 这些假设即可被满足. 在这种情况下, 应用偏压几乎等量地分配给每一个超晶格周期, 且穿过一个周期的位势跃迁与外电场产生的超晶格位势形变一样小.

为进一步使用, 我们指出关系式 (2.73),(2.75) 和 (2.74) 也可写为

$$\tilde{\sigma}^\alpha, \quad \tilde{\tau}^\alpha(\tilde{x}, E, k', k) = \tilde{\sigma}, \quad \tilde{\tau}(\tilde{x} + \alpha l \Delta(\alpha, l, \tilde{x}), E, k', k), \tag{2.77}$$

$$\tilde{f}_I^\alpha(\tilde{x}, k, \tilde{t}) = \tilde{F}_I(\tilde{x} + \alpha l \delta(\alpha, l, \tilde{x}), \varepsilon(k), \tilde{t}) := \tilde{F}_I^\alpha(\tilde{x}, \varepsilon(k), \tilde{t}), \tag{2.78}$$

$$\tilde{E}^\alpha(\tilde{x}) = \frac{1}{\alpha l} \int_{\tilde{x}+\alpha l(\Delta(\alpha,l,\tilde{x})-\frac{1}{2})}^{\tilde{x}+\alpha l(\Delta(\alpha,l,\tilde{x})+\frac{1}{2})} \tilde{E}(\tilde{y}) d\tilde{y}, \tag{2.79}$$

其中

$$\Delta(\alpha, l, \tilde{x}) = \frac{1}{2} - \left\{\frac{\tilde{x}}{\alpha l} + \frac{1}{2}\right\}, \quad \delta(\alpha, l, \tilde{x}) = \frac{1}{2} - \left\{\frac{\tilde{x}}{\alpha l}\right\}, \tag{2.80}$$

以及 $\{y\} = y - [y]$ 表示实数 y 的分数部分. 特别地, 因为 $|\Delta|, |\delta| \leqslant 1$, 有

$$\tilde{\sigma}^\alpha, \tilde{\tau}^\alpha = \tilde{\sigma}, \tilde{\tau} + O(\alpha), \quad \tilde{F}_I^\alpha = \tilde{F}_I + O(\alpha), \quad \tilde{E}^\alpha = \tilde{E} + O(\alpha). \tag{2.81}$$

现在, 引入尺度化分布函数 f^α

$$\tilde{f}^\alpha(\tilde{x}, k, \tilde{t}) = f(x, k, t),$$

在方程 (2.68)–(2.70) 中使用尺度变换 (2.71) 得 (为简单, 略去上标 ~): 对 $v_x > 0$,

$$\begin{aligned} & f^\alpha\left(x + \frac{\alpha l}{2}, k, t\right) \\ = & \int_{S^+_{\varepsilon(k)+\alpha l \varepsilon E^\alpha(x)}} \sigma^\alpha(x, \alpha E^\alpha(x), k', k) f^\alpha\left(x - \frac{\alpha l}{2}, k', t - \alpha^2 \tau^\alpha\right) |v'_x| dN(k') \\ & + \int_{S^-_{\varepsilon(k)}} \sigma^\alpha(x, \alpha E^\alpha(x), k', k) f^\alpha\left(x + \frac{\alpha l}{2}, k', t - \alpha^2 \tau^\alpha\right) |v'_x| dN(k'), \end{aligned} \tag{2.82}$$

以及对 $v_x < 0$,

$$
\begin{aligned}
&f^\alpha\left(x-\frac{\alpha l}{2},k,t\right)\\
&=\int_{S^-_{\varepsilon(k)-\alpha l\varepsilon E^\alpha(x)}}\sigma^\alpha(x,\alpha E^\alpha(x),k',k)f^\alpha\left(x+\frac{\alpha l}{2},k',t-\alpha^2\tau^\alpha\right)|v_x'|dN(k')\\
&\quad+\int_{S^+_{\varepsilon(k)}}\sigma^\alpha(x,\alpha E^\alpha(x),k',k)f^\alpha\left(x-\frac{\alpha l}{2},k',t-\alpha^2\tau^\alpha\right)|v_x'|dN(k'), \qquad (2.83)
\end{aligned}
$$

并满足初值条件

$$
f^\alpha(x,k,t)=F_I^\alpha(x,\varepsilon(k),t),\quad \forall t<0,\quad (x,k)\in\mathbb{R}\times\mathcal{B}. \qquad (2.84)
$$

我们想要发现的是当 $\alpha\to 0$ 时模型 (2.82)–(2.84) 的形式极限. 为此, 我们将在 2.2.3 节中陈述反射–透射系数的主要性质.

2.2.3 反射–透射系数

首先, 假设穿过基本超晶格结构的给定能量 ε 的粒子流是守恒的. 这读作

$$
\begin{aligned}
1=&\int_{S^+_{\varepsilon(k')-\alpha l eE}}\sigma^\alpha(x,E,k',k)|v_x|dN(k)+\int_{S^-_{\varepsilon(k')}}\sigma^\alpha(x,E,k',k)|v_x|dN(k),\\
&\forall k'\in\mathcal{B}, v_x(k')>0,\quad \forall x\in\mathbb{R},\quad \forall E\in\mathbb{R}, \qquad (2.85)
\end{aligned}
$$

$$
\begin{aligned}
1=&\int_{S^-_{\varepsilon(k')+\alpha l eE}}\sigma^\alpha(x,E,k',k)|v_x|dN(k)+\int_{S^+_{\varepsilon(k')}}\sigma^\alpha(x,E,k',k)|v_x|dN(k),\\
&\forall k'\in\mathcal{B}, v_x(k')<0,\quad \forall x\in\mathbb{R},\quad \forall E\in\mathbb{R}, \qquad (2.86)
\end{aligned}
$$

该假设说明电子的重组–增生可忽略不计且通过超晶格基本斑图的反射或透射是弹性的. 特别地, 必须忽略与声子或光子的相互作用. 虽然这些相互作用在实际应用中非常重要 (例如, 参见 [117]), 但会给当前研究增加不必要的复杂性, 为此留待以后再进一步研究.

其次, 我们假设反射–透射系数与时间延迟满足如下相互关系, 其是量子动力学的时间可逆性的翻版:

$$
\sigma^\alpha(x,E,k',k)=\sigma^\alpha(x,E,-k,-k'), \qquad (2.87)
$$

$$
\tau^\alpha(x,E,k',k)=\sigma^\alpha(x,E,-k,-k'), \qquad (2.88)
$$

对所有 (x,E,k',k) 的允许值成立. 我们指出反射–透射系数和时间延迟仅在 $\mathcal{B}\times\mathcal{B}$ 的适当子流形上有定义. 例如, 对 $v_x(k')>0$ 和 $v_x(k)>0$, $\sigma^\alpha(x,E,k',k)$ 定义在

$\{(k',k) \in \mathcal{B} \times \mathcal{B}, \varepsilon(k') = \varepsilon(k) + \alpha leE\}$. 我们假设这些系数在它们的定义流形上是严格正的:

$$\sigma^\alpha, \quad \tau^\alpha > 0. \tag{2.89}$$

作为粒子流守恒和相互关系 (2.85)–(2.86) 的直接推论, 我们得到如下的 "规范化" 恒等式

$$1 = \int_{S^+_{\varepsilon(k)+\alpha leE}} \sigma^\alpha(x,E,k',k)|v'_x|dN(k') + \int_{S^-_{\varepsilon(k)}} \sigma^\alpha(x,E,k',k)|v'_x|dN(k'),$$
$$\forall k \in \mathcal{B}, v_x(k) > 0, \quad \forall x \in \mathbb{R}, \quad \forall E \in \mathbb{R}, \tag{2.90}$$

$$1 = \int_{S^-_{\varepsilon(k)-\alpha leE}} \sigma^\alpha(x,E,k',k)|v'_x|dN(k') + \int_{S^+_{\varepsilon(k)}} \sigma^\alpha(x,E,k',k)|v'_x|dN(k'),$$
$$\forall k \in \mathcal{B}, v_x(k) < 0, \quad \forall x \in \mathbb{R}, \quad \forall E \in \mathbb{R}. \tag{2.91}$$

现在引入在接下来的理论占据核心位置的算子, 对 $\varphi : k \in S_\varepsilon \to \varphi(k) \in \mathbb{R}$, 定义算子 $K(x,\varepsilon)$ 如下

$$(K(x,\varepsilon)\varphi)(k) = \int_{S_\varepsilon} \sigma(x,k',k)\varphi(k')|v'_x|dN_\varepsilon(k'), \tag{2.92}$$

其中 $\sigma(x,k',k) \equiv \sigma(x,E=0,k',k)$. $K(x,\varepsilon)$ 依赖位置与能量变量作为参数. 用 $L^2(S_\varepsilon)$ 表示 S_ε 上关于测度 $|v_x(k)|dN_\varepsilon(k)$ 的平方可积函数空间, 用 $(f,g)_\varepsilon$ 和 $|f|_\varepsilon$ 表示相关的内积和范数. 从现在起, 我们假设如下.

假设 2.1　对任意的 $(x,\varepsilon) \in \mathbb{R} \times \mathcal{R}$, $K(x,\varepsilon)$ 是 $L^2(S_\varepsilon)$ 中的紧算子.

该假设可以看作是散射矩阵 $\sigma(x,k',k)$ 的一个正则性假设, 在实践中总是被满足. $K(x,\varepsilon)$ 的形式伴随算子由下式给出:

$$(K^*(x,\varepsilon)\varphi)(k') = \int_{S_\varepsilon} \sigma(x,k',k)\varphi(k)|v_x|dN_\varepsilon(k), \tag{2.93}$$

并且也是一个紧算子. 首先, 我们注意到关系式 (2.85)–(2.91) 转述为

$$1 = \int_{S_{\varepsilon(k')}} \sigma(x,k',k)|v_x|dN(k), \quad \forall k' \in \mathcal{B}, \quad x \in \mathbb{R}, \tag{2.94}$$

$$1 = \int_{S_{\varepsilon(k)}} \sigma(x,k',k)|v'_x|dN(k'), \quad \forall k \in \mathcal{B}, \quad x \in \mathbb{R}, \tag{2.95}$$

$$\sigma(x,k',k) = \sigma(x,-k,-k'), \quad \forall k,k' \in \mathcal{B}, \quad \forall x \in \mathbb{R}, \tag{2.96}$$

$$\sigma(x,k',k) > 0, \quad \forall k,k' \in S_\varepsilon, \quad \forall \varepsilon \in \mathcal{R}, \quad \forall x \in \mathbb{R}. \tag{2.97}$$

等价地, (2.94),(2.95) 和 (2.97) 可被分别改述为

$$K(x,\varepsilon)1=1,\quad K^*(x,\varepsilon)1=1,\quad \forall(x,\varepsilon)\in\mathbb{R}\times\mathcal{R}, \tag{2.98}$$

$$\varphi\geqslant 0\Longrightarrow K(x,\varepsilon)\varphi>0,\quad K^*(x,\varepsilon)\varphi>0. \tag{2.99}$$

如下引理是紧性假设, (2.98)–(2.99), Krein-Rutman 定理和 Fredholm 理论. 证明从略.

引理 2.2 (i) 零空间 $N(I-K(x,\varepsilon))$ 和 $N(I-K^*(x,\varepsilon))$ 由 $L^2(S_\varepsilon)$ 中的常值函数展开.

(ii) $K(x,\varepsilon)$ 的算子范数是 1, 即 $|K(x,\varepsilon)\varphi|_\varepsilon\leqslant|\varphi|_\varepsilon,\forall\varphi\in L^2(S_\varepsilon)$. 更进一步, 存在常数 $0\leqslant C(x,\varepsilon)<1$ 使得对 $\forall\varphi\in(N(I-K(x,\varepsilon)))^\perp$, 有 $|K(x,\varepsilon)\varphi|_\varepsilon\leqslant C(x,\varepsilon)|\varphi|_\varepsilon$. 类似的性质对 $K^*(x,\varepsilon)$ 也成立.

(iii) 值域空间 $R(I-K(x,\varepsilon))$ 和 $R(I-K^*(x,\varepsilon))$ 满足

$$R(I-K(x,\varepsilon))=(N(I-K^*(x,\varepsilon)))^\perp,\quad R(I-K^*(x,\varepsilon))=(N(I-K(x,\varepsilon)))^\perp. \tag{2.100}$$

特别地, 对任意给定的 $\psi\in L^2(S_\varepsilon)$, 方程

$$(I-K^*(x,\varepsilon))\varphi=\psi \tag{2.101}$$

存在一个解 $\varphi\in L^2(S_\varepsilon)$ 当且仅当 ψ 满足

$$\int_{S_\varepsilon}\psi(k)|v_x|dN_\varepsilon(k)=0. \tag{2.102}$$

更进一步, φ 在满足 (2.102) 的函数中是唯一的.

令 $\mathrm{sgn}(v_x)$ 表示 $v_x(k)$ 的符号. 作为引理 2.2 的一个应用, 问题

$$-(I-K^*(x,\varepsilon))\lambda=\mathrm{sgn}(v_x) \tag{2.103}$$

存在唯一解 $\lambda(x,k)\in L^2(S_\varepsilon)$ 满足正交条件 (2.102).

2.2.4 扩散模型

我们的研究目标是证明当 $\alpha\to 0$ 时, 分布函数 $f^\alpha(x,k,t)$ (至少形式上) 收敛到一个函数 $F(x,\varepsilon(k),t)$, 该极限函数仅通过能量 $\varepsilon(k)$ 依赖 k 并且函数 $F(x,\varepsilon,t)$ 满足如下扩散方程 (SHE 模型):

$$M(x,\varepsilon)\frac{\partial F}{\partial t}+\left(\frac{\partial}{\partial x}-eE\frac{\partial}{\partial\varepsilon}\right)J=0, \tag{2.104}$$

$$J(x,\varepsilon,t)=-D(x,\varepsilon)\left(\frac{\partial}{\partial x}-eE\frac{\partial}{\partial\varepsilon}\right)F, \tag{2.105}$$

$$F(x,\varepsilon,t=0)=F_I(x,\varepsilon,0), \tag{2.106}$$

其中 $M(x,\varepsilon)$ 和 $D(x,\varepsilon)$ 的定义如下

$$M(x,\varepsilon)=\frac{1}{l}\iint_{k,k'\in S_\varepsilon}\sigma(x,k',k)\tau(x,k',k)|v_x(k)||v_x(k')|dN_\varepsilon(k)dN_\varepsilon(k'), \tag{2.107}$$

$$D(x,\varepsilon)=\frac{1}{l}\left(\iint_{k,k'\in S_\varepsilon^+}+\iint_{k,k'\in S_\varepsilon^-}\right)\sigma(x,k',k)\lambda(k)|v_x(k)||v_x(k')|dN_\varepsilon(k)dN_\varepsilon(k'), \tag{2.108}$$

其中 λ 是 (2.93) 的满足 (2.102) 的唯一解. M 和 D 分别表示 “态密度” 和 “扩散系数”. 注意到 M 既不是 A 也不是 B 的态密度. 在文献 [35] 中建立的 SHE 模型具有相同的形式, 但由于散射算子的简单形式, 文献 [35] 中 M 和 D 的表达式是完全显式的. 特别地, 在文献 [35] 中, 易见 D 是正的, 然而此处却需要证明 (引理 2.3).

接下来给出极限 $\alpha\to 0$ 的一个 (形式) 验证, 并证明扩散模型 (2.104),(2.105) 是适定的, 即扩散系数是正的.

极限 $\alpha\to 0$ 的研究由三步组成. 第一步是证明 f^α 收敛到一个仅是 $(x,\varepsilon(k),t)$ 的函数. 第二步和第三步对应于连续性方程 (2.104) 和电流方程 (2.105) 的推导. 为此, 可以采用两种方法: Hilbert 展开法 [14, 31] 和矩量法 [46]. 我们采用后一种方法, 因为其涉及的计算更直接. 由于散射模型 (2.82),(2.83) 的时间离散性, 在当前的情况下, 连续性方程的建立比在一般情况 [46] 下更困难. 电流方程的推导是最微妙的. 我们用 “辅助函数” λ (即 (2.103) 的解) 乘 (2.82),(2.83), 并将所得结果关于 k 积分 (因此验证了 “矩量法” 的术语), 还需要处理一些冗长的代数运算. 初略地说, λ 给予宏观变量的梯度以微观系统的反应.

在本节中, 仅证明 f^α 形式地收敛到 $F(x,\varepsilon(k),t)$. 连续性方程和电流方程的证明推迟到附录 A 和附录 B. 在下面中, 我们认为原始离散模型 (2.82),(2.83) 的解的存在性以及在适当函数空间中 f^α 收敛到某个函数 f 是理所当然的. 我们仅集中精力建立极限模型. 我们强调该模型的推导在某种意义下是 “精确的”, 因为推导中没有使用任何逼近.

$\lim f^\alpha$ 仅是能量的函数这一事实是引理 2.2 的一个简单推论. 实际上, 假设当 $\alpha\to 0$ 时问题 (2.82),(2.83) 的解序列 $f^\alpha(x,k,t),\alpha>0$ 以充分光滑的方式收敛到函数 $f(x,k,t)$. 于是, 形式上地可得

$$f(x,k,t)=\int_{S_\varepsilon(k)}\sigma(x,k',k)f(x,k',t)|v_x'|dN(k'),\quad k\in\mathcal{B},\quad \forall t\geqslant 0. \tag{2.109}$$

这不再是 f 的动力学方程, 但是其状态方程并且可以写为

$$(I-K(x,\varepsilon))f(x,\cdot,t)=0,\quad \forall(x,\varepsilon)\in\mathbb{R}\times\mathcal{R}, \tag{2.110}$$

其中 I 表示恒等映射并且 K 是 (2.92) 中定义的算子. 现在, 由 (2.110) 和引理 2.2(i) 可知, f 在每个能量曲面 S_ε 上是常值函数. 因此, 其仅是能量的函数. 我们有

$$f^\alpha(x,k,t) \to f(x,k,t) = F(x,\varepsilon(k),t), \quad \text{当 } \alpha \to 0. \tag{2.111}$$

模型 (2.104),(2.105) 的适定性取决于系数 M 和 D 的正性. M 的正性由散射系数和时间延迟的正性假设来保证. 下面的引理将 D 的正性与散射算子 $K(x,\varepsilon)$ 的耗散性关联起来.

引理 2.3 由 (2.108) 给出的扩散系数 $D(x,\varepsilon)$ 对 $\forall(x,\varepsilon)$ 均是正的:

$$D(x,\varepsilon) > 0. \tag{2.112}$$

证明 先记 $K = K(x,\varepsilon), K^* = K^*(x,\varepsilon)$ 以及 $d\nu = |v_x||v_x'|dN(k)dN(k')$, 先来计算:

$$\begin{aligned}
&(\operatorname{sgn}(v_x), K^*\lambda)_\varepsilon = \iint_{k,k'\in S_\varepsilon} \operatorname{sgn}(v_x')\sigma(k',k)\lambda(k)d\nu \\
&= \left(\int_{k\in S_\varepsilon^+}\int_{k'\in S_\varepsilon^+} - \int_{k\in S_\varepsilon^-}\int_{k'\in S_\varepsilon^-} + \int_{k\in S_\varepsilon^-}\int_{k'\in S_\varepsilon^+} - \int_{k\in S_\varepsilon^+}\int_{k'\in S_\varepsilon^-}\right)\sigma(k',k)\lambda(k)d\nu.
\end{aligned} \tag{2.113}$$

用 (2.90),(2.91) 变换式 (2.113) 后两项得

$$\begin{aligned}
&\left(\int_{k\in S_\varepsilon^-}\int_{k'\in S_\varepsilon^+} - \int_{k\in S_\varepsilon^+}\int_{k'\in S_\varepsilon^-}\right)\sigma(k',k)\lambda(k)d\nu \\
&= \left(\int_{k\in S_\varepsilon^-} - \int_{k\in S_\varepsilon^+}\right)\lambda(k)|v_x|dN(k) - \left(\int_{k\in S_\varepsilon^-}\int_{k'\in S_\varepsilon^-} - \int_{k\in S_\varepsilon^+}\int_{k'\in S_\varepsilon^+}\right)\sigma(k',k)\lambda(k)d\nu.
\end{aligned} \tag{2.114}$$

将 (2.114) 代入 (2.113) 并使用 D 的定义式 (2.108), 得

$$(\operatorname{sgn}(v_x), K^*\lambda)_\varepsilon = -2l^{-1}D - (\operatorname{sgn}(v_x), \lambda)_\varepsilon.$$

因此, 由定义 (2.103), 可得

$$\begin{aligned}
l^{-1}D &= -\frac{1}{2}(\operatorname{sgn}(v_x), (1+K^*)\lambda)_\varepsilon = \frac{1}{2}((1-K^*)\lambda, K^*\lambda)_\varepsilon \\
&= \frac{1}{2}[|\lambda|_\varepsilon^2 - |K^*\lambda|_\varepsilon^2] \geqslant (1 - C(x,\varepsilon)^2)|\lambda|_\varepsilon^2 > 0.
\end{aligned} \tag{2.115}$$

在最后一个不等式中用到了引理 2.2(ii) 和 λ 满足正交条件 (2.102).

据我们所知, 在超晶格框架下推导 SHE 模型在半导体器件建模领域是非常新的课题. 如果将粒子与掺杂或声子的碰撞考虑进来, 连续性方程 (2.104) 将具有如下形式

$$M(x,\varepsilon)\frac{\partial F}{\partial t}+\Big(\frac{\partial}{\partial x}-eE\frac{\partial}{\partial \varepsilon}\Big)J=Q(F), \tag{2.116}$$

其中算子 $Q(F)$ 表示由碰撞效应引起的 F 的变化率. 碰撞算子 $Q(F)$ 的表达式将留待后续研究.

SHE 模型另一个有趣的性质就是可以给出矩量模型[3, 31] 的层级关系, 包括通常的漂移扩散模型[91, 110] 和所谓的能量传输模型, 后者是漂移扩散模型附加以额外的能量平衡方程的推广 (可参考 [5] 及其他参考文献). 在当前的情况下, 态密度 M 的非平凡形式使得细致地研究上述模型间的层级关系变得有趣. 关于能量 ε 积分 (2.116), 得到粒子密度和能量密度的守恒方程:

$$\frac{\partial n}{\partial t}+\frac{\partial j_n}{\partial x}=q_n,\quad \frac{\partial \mathcal{E}}{\partial t}+\frac{\partial j_{\mathcal{E}}}{\partial x}+eEj_n=q_{\mathcal{E}}, \tag{2.117}$$

其中粒子密度 $n(x,t)$、能量密度 $\mathcal{E}(x,t)$、粒子流 $j_n(x,t)$ 和能量流 $j_{\mathcal{E}}(x,t)$ 定义为

$$\begin{pmatrix} n \\ \mathcal{E} \end{pmatrix}=\int_{\mathcal{R}}F(x,\varepsilon,t)\begin{pmatrix} 1 \\ \varepsilon \end{pmatrix}M(x,\varepsilon)d\varepsilon, \tag{2.118}$$

$$\begin{pmatrix} j_n \\ j_{\mathcal{E}} \end{pmatrix}=\int_{\mathcal{R}}J(x,\varepsilon,t)\begin{pmatrix} 1 \\ \varepsilon \end{pmatrix}d\varepsilon, \tag{2.119}$$

而 $q_n, q_{\mathcal{E}}$ 是由碰撞引起的粒子和能量增生率:

$$\begin{pmatrix} q_n \\ q_{\mathcal{E}} \end{pmatrix}=\int_{\mathcal{R}}Q(F)(x,\varepsilon,t)\begin{pmatrix} 1 \\ \varepsilon \end{pmatrix}d\varepsilon. \tag{2.120}$$

为了封闭系统 (2.117), 假设超晶格结构近似于热平衡状态 (只要应用偏压不太大这种假设即是合理的), 进而 F 可以由 Fermi-Dirac 分布 (即是电子的量子热平衡分布函数) 来近似:

$$F_{\mu,T}(\varepsilon)=\frac{1}{\exp\Big(\dfrac{\varepsilon-\mu}{k_{\mathrm{B}}T}\Big)+1}, \tag{2.121}$$

其中 $\mu=\mu(x,t)$ 和 $T=T(x,t)$ 表示化学位置和温度, 且 k_{B} 是 Boltzmann 常数. 结合 (2.121), 通过特殊的超晶格态密度 M 方程 (2.118) 给出对 $(n,\mathcal{E})$ 和 (μ,T) 之间的局部关系. 类似地, (2.120) 给出作为 (μ,T) 的函数 $(q_n,q_{\mathcal{E}})$ 的变化率. 相反地, 将 (2.121) 代入 (2.119) 并使用 (2.105), 得到了作为电场同 (μ,T) 的梯度的组合的粒子–能量流 (见 [3],[31]):

$$\begin{pmatrix} j_n \\ j_{\mathcal{E}} \end{pmatrix}=-\mathcal{D}\begin{pmatrix} \dfrac{\partial}{\partial x}\Big(\dfrac{\mu}{k_{\mathrm{B}}T}\Big)+\dfrac{eE}{k_{\mathrm{B}}T} \\ \dfrac{\partial}{\partial x}\Big(\dfrac{-1}{k_{\mathrm{B}}T}\Big) \end{pmatrix}, \tag{2.122}$$

其中 $\mathcal{D}=(\mathcal{D}_{ij})_{i,j=1,2}$ 是扩散矩阵定义为

$$\mathcal{D}(x,\mu,T)=\begin{pmatrix}\mathcal{D}_{11} & \mathcal{D}_{12}\\ \mathcal{D}_{21} & \mathcal{D}_{22}\end{pmatrix}=\int_{\mathcal{R}}D(x,\varepsilon)F_{\mu,T}(1-F_{\mu,T})\begin{pmatrix}1 & \varepsilon\\ \varepsilon & \varepsilon^2\end{pmatrix}d\varepsilon. \tag{2.123}$$

模型 (2.117) 结合本构方程 (2.122) 即是能量传输模型[5]. 如果仅保留方程 (2.117) 和 (2.122) 中的第一行且 T 等于常数, 模型转化为所谓的漂移扩散模型 [91]. 在半导体工程 [110] 中漂移扩散模型已被使用几十年, 但其趋向于被能量传输模型所替代, 能量传输模型只用了较少的额外复杂性就提供了物理精确性方面的重要改进. 我们指出 $\mathcal{D}$ 是对称正定矩阵. 对称性表明了 Onsager 倒易关系 [29]. 正定性使得能量传输模型与熵要求相一致 [31].

现在, 我们讨论态密度 M 的特殊形式, 这使得粒子和能量密度的定义 (2.118) 与块状半导体材料中的定义稍有不同. M 可被视作在超晶格基本周期上的"平均态密度". 为此, 首先证明: 如果位势在基细胞中是常数, 则 M 转化为通常的态密度 $N(\varepsilon)$(2.63). 事实上, 此时, 根本没有散射且散射系数表明逃出基本周期的粒子的逃逸波矢等于相应的进入波矢:

$$\sigma(k',k)\delta(\varepsilon(k')-\varepsilon(k))|v_x'|=\delta(k'-k). \tag{2.124}$$

类似地, 时间延迟为

$$\tau(k',k)=\frac{l}{|v_x|}. \tag{2.125}$$

因此, 将 (2.124),(2.125) 代入 (2.107) 我们发现

$$M(\varepsilon)=\frac{1}{l}\iint_{k,k'\in\mathcal{B}}\delta(k'-k)\frac{l}{|v_x|}\delta(\varepsilon(k)-\varepsilon)|v_x|dkdk'=\int_{\mathcal{B}}\delta(\varepsilon(k)-\varepsilon)dk=N(\varepsilon).$$

超晶格态密度 M 与时间延迟 τ 同散射概率 σ 以及周期长度 l 的倒数的乘积成正比. 理解如下: 密度是粒子流除以速度. 这里速度可以由周期长度 l 除以时间延迟 τ 来估计. 现在, 流与散射概率 σ 成正比. 该结果显然与因子 $\tau\sigma/l$ 成正比. 对给定的能量, 这个量必须对所有可能的进入和逃逸波矢进行积分, 因此得到 (2.107).

因为 M 的特殊形式, 在超晶格中 $(n,\mathcal{E})$ 和 (μ,T) 之间的关系与在块状材料中有着显著的不同. 特别地, 以共振能量 (见稍后方势垒的例子) 为例, 时间延迟远比经典力学中的要长. 对称地, 以能量远离共振态为例, 时间延迟要更短. 因此, 在 (2.118) 中, M 使得共振能量变得更强同时使得非共振能量变得更弱. 关系 $(n,\mathcal{E})\to(\mu,T)$ 记录了这些效应.

接下来讨论在超晶格中电子迁移率的值, 定义为

$$\mu_{\rm SL}=\frac{{\rm e}\mathcal{D}_{11}}{nk_{\rm B}T}. \tag{2.126}$$

回顾迁移率是欧姆定律

$$j_n = \mu_{\rm SL} nE$$

的系数, 其是当化学位势 μ 和温度 T 关于空间是常数时的 (2.122) 中的第一行表达式. 迁移率是半导体中最重要的传输参数因为它容易被测量并且刻画了电子对外加电场的反应能力. 此处, 根据 (2.123), 仅由超晶格位势斑图散射诱导的电子迁移率可表示为

$$\mu_{\rm SL} = \frac{\rm e}{nk_{\rm B}T}\int_{\mathcal{R}} D(x,\varepsilon)F_{\mu,T}(1-F_{\mu,T})d\varepsilon. \tag{2.127}$$

在低电子密度处, 即 $(\varepsilon-\mu)/k_{\rm B}T$ 较大时, Fermi-Dirac 分布函数可由 Maxwellian

$$F_{\mu,T}(\varepsilon) \approx M_{\mu,T}(\varepsilon) = \exp\Big(-\frac{\varepsilon-\mu}{T}\Big) \tag{2.128}$$

逼近. (2.129) 变为

$$\mu_{\rm SL} = \frac{\rm e}{nk_{\rm B}T}{\rm e}^{\mu/T}\int_{\mathcal{R}} D(x,\varepsilon){\rm e}^{-\varepsilon/T}d\varepsilon. \tag{2.129}$$

这个非常简单的表达式提供了一个方法去估值超晶格斑图对全部电子迁移率的影响. 迁移率的一个真实表达式必须包括像声子或掺杂交互这样的 “块状交互” 的影响. 正如已经指出的那样, 在当前的工作中还没有完全严格地完成, 但是总迁移率的一个粗糙估计可由下式给出

$$\frac{1}{\mu_{\rm tot}} = \frac{1}{\mu_{\rm bulk}} + \frac{1}{\mu_{\rm SL}}, \tag{2.130}$$

其中 $\mu_{\rm bulk}$ 是仅由块状碰撞影响的迁移率.

2.2.5　例子与结论

本节首先处理两个极限情形: 极其粗糙交界面和非常干净的交界面. 前者保持动量平行于交界面, 而对于后者散射矩阵是各向同性的. 在这两种情况下, 在界面横向方向的位势轮廓仍是任意的. 于是我们给出本节结果的简要总结. 因为 SHE 模型的系数 M 和 D 只依赖零电场处的散射矩阵, 我们只指定它们在这种情况下.

2.2.5.1　粗糙界面

一维散射矩阵模型实际上是关于平行于界面方向的平均描述. 如果界面粗糙, 根据在材料交界面处的撞击点不同, 一个给定动量的粒子会被向着非常不同的方向散射. 因此, 认为 “平均” 散射矩阵关于逃逸波矢是各向同性的是合理的. 于是, 使用倒易关系和守恒关系 (2.94)–(2.96), 我们容易推知散射矩阵必然具有如下形式 (为简单, 省略 x- 依赖):

$$\sigma(k',k)=\frac{1}{\mathcal{V}(\varepsilon)}\begin{cases} T(\varepsilon), & v_x(k')\geqslant 0, v_x(k)\geqslant 0 \text{ 或 } v_x(k')\leqslant 0, v_x(k)\leqslant 0,\\ 1-T(\varepsilon), & v_x(k')\geqslant 0, v_x(k)\leqslant 0 \text{ 或 } v_x(k')\leqslant 0, v_x(k)\geqslant 0,\end{cases} \tag{2.131}$$

其中 $T(\varepsilon) \in [0,1]$ 是具有能量 ε 的粒子通过位势结构的透射概率, $1-T(\varepsilon)$ 是反射概率以及 $\mathcal{V}(\varepsilon)$ 是规范化因子:

$$\mathcal{V}(\varepsilon) = \int_{S_\varepsilon^+} |v_x| dN = \int_{S_\varepsilon^-} |v_x| dN.$$

我们已经隐含地假设能量函数 $\varepsilon(k)$ 是 k 的偶函数. 此时, 算子 K 是自伴的且易算得

$$\lambda = -\frac{1}{2(1-T(\varepsilon))}\text{sgn}(v_x), \quad D(\varepsilon) = l\mathcal{V}(\varepsilon)\frac{T(\varepsilon)}{1-T(\varepsilon)}. \tag{2.132}$$

我们注意到当透射 T 消失时扩散 D 消失, 这是符合物理实际的, 因为粒子在两个相邻的位势斑图间被不确定地捕获. 当反射 $1-T$ 消失, 扩散趋于无穷大因为位势结构不足以使粒子减速. 我们指出位势斑图的扩散常数与散射性质之间有着密切联系. 特别地, 作为粒子能量的函数的位势斑图的透射线型可直接转述为扩散常数的相应线型. 在某能量附近发生共振隧穿, 将导致扩散常数的尖峰. 因此宏观模型足以捕获一定数量的超晶格共振特性.

然而, 我们指出时间延迟以及 "修正的" 态密度 M 是不容易得到的.

2.2.5.2 干净界面

该情况与上一个情况相反. 我们假设材料界面是非常干净的以至于平行于界面方向的动量被保持. 这是最有趣的物理机制, 其中超晶格的过滤功能是最有效率的. 此时, 只考虑动量的一维 x- 分量. 我们假设能够定义 x- 方向的能量 $\varepsilon_x(k_x)$. 在抛物带结构 (即能量是动量的抛物函数时) 下这是可能的, 但这只是一般情形的一种近似. 此时, 速度的 x-分量写为

$$v_x = \frac{1}{\hbar}\frac{\partial \varepsilon_x}{\partial k_x}(k_x).$$

我们还假设 ε_x 是 $k_x \in \mathcal{B}_x$ 的严格单调的偶函数, 其中区间 $\mathcal{B}_x = [-K_x, K_x]$ 是布里渊区在 k_x 轴上的截断. 单调性假设简化了下面的计算但也可被放宽. 定义了流形 S_ε 的方程 $\varepsilon(k_x) = \varepsilon$ 只有两个解 $\pm k_x(\varepsilon)$, 其中 $k_x(\varepsilon)$ 是正解. 协面积测度和态密度为

$$\int_{S_\varepsilon} \varphi(k_x)|v_x|dN_\varepsilon(k_x) = \frac{1}{\hbar\pi}(\varphi(k_x(\varepsilon)) + \varphi(-k_x(\varepsilon))), \quad \forall \varphi(k_x), \tag{2.133}$$

$$N(\varepsilon) = \frac{2}{\hbar\pi|v_x|}, \tag{2.134}$$

其中因子 π^{-1} 来自一维动量态密度.

使用倒易关系和守恒关系 (2.94)–(2.96), 推得散射矩阵模型给出一个算子

$$K\varphi(k_x) = T(\varepsilon_x(k_x))\varphi(k_x) + (1-T(\varepsilon_x(k_x)))\varphi(-k_x), \tag{2.135}$$

其中 $T(\varepsilon_x)$ 和 $1-T(\varepsilon_x)$ 是通过位势结构 x- 方向能量 ε_x 粒子的透射和反射概率.

利用 (2.133) 经过一些简单计算, 我们发现

$$\lambda(k_x) = -\frac{1}{2(1-T(\varepsilon_x(k_x)))}\mathrm{sgn}(v_x),$$

$$D(\varepsilon) = \frac{l}{\hbar\pi}\frac{T(\varepsilon)}{1-T(\varepsilon)}, \quad M(\varepsilon) = \frac{1}{\hbar\pi l}[2T\tau_t + (1-T)(\tau_r+\tau_l)], \tag{2.136}$$

其中 $\tau_t = \tau_t(\varepsilon)$ 是能量 ε 粒子的透射时间延迟, 而 τ_r 和 τ_l 分别是在结构右边和左边反射的粒子的反射时间延迟. 如果结构不具有反射对称性, 则左右反射时间延迟可能不相等. 和在各向同性情况一样, 关于散射系数和扩散系数的值之间的关系可以做相同的说明. 最后, 在文献 [35] 中, 该例子被进一步限制在一维波矢和方井或壁垒的情形. 可以得到 M, D 的显示表达式. D 的奇性与共振隧穿之间的关系变得更加显然.

2.2.5.3　结论

我们已经介绍了当电子相位相干长度以超晶格周期为量阶时刻画电子在半导体超晶格中传输的散射矩阵模型. 接着, 研究了大量超晶格细胞的极限. 我们以扩散时间尺度证明了散射矩阵模型形式地收敛到位置–能量空间中的一个扩散模型, 即所谓的 "SHE 模型", 并且解释了该模型是如何改进我们对电子在超晶格中传输的认识, 给出了一些分析例子来支持该理论.

附录 A　连续性方程

给定能量 ε, 引入粒子流:

$$J^\alpha(x,\varepsilon,t) = \frac{1}{\alpha}\int_{S_\varepsilon} f^\alpha(x,k,t)v_x(k)dN_\varepsilon(k). \tag{2.137}$$

由 (2.111), J^α 是两个趋向于零的量的比值. 在 2.2 节将会看到 (至少是形式上地) 极限 $J^\alpha \to J$ 存在且有限. 本附录中, 假设

$$J^\alpha(x,\varepsilon,t) = J(x,\varepsilon,t) + o(1), \quad 当\ \alpha \to 0, \tag{2.138}$$

我们证明连续性方程 (2.104).

我们考虑差分

$$I^\alpha = \frac{1}{\alpha l}\left[J^\alpha\left(x+\frac{\alpha l}{2},\varepsilon,t\right) - J^\alpha\left(x-\frac{\alpha l}{2},\varepsilon+\alpha l eE^\alpha(x),t\right)\right]. \tag{2.139}$$

形式上, 由 (2.138) 和 $E^\alpha = E + o(1), \alpha \to 0$ 的事实 (见 (2.79)), 有

$$I^\alpha = \frac{\partial J}{\partial x} - eE\frac{\partial J}{\partial \varepsilon} + o(1), \quad \alpha \to 0. \tag{2.140}$$

另外, 由 (2.137),(2.82) 和 (2.83), 有

$$
\begin{aligned}
I^{\alpha}=\frac{1}{\alpha^{2}l}\Bigg\{&\int_{k\in S_{\varepsilon}^{+}}\int_{k'\in S_{\varepsilon}^{-}}\sigma^{\alpha}(x,\alpha E^{\alpha}(x),k',k)f^{\alpha}\Big(x+\frac{\alpha l}{2},k',t-\alpha^{2}\tau^{\alpha}\Big)d\nu\\
&+\int_{k\in S_{\varepsilon}^{+}}\int_{k'\in S_{\varepsilon+\alpha leE^{\alpha}(x)}^{+}}\sigma^{\alpha}(x,\alpha E^{\alpha}(x),k',k)f^{\alpha}\Big(x-\frac{\alpha l}{2},k',t-\alpha^{2}\tau^{\alpha}\Big)d\nu\\
&-\int_{k\in S_{\varepsilon}^{-}}f^{\alpha}\Big(x+\frac{\alpha l}{2},k,t\Big)|v_x|dN(k)\\
&+\int_{k\in S_{\varepsilon+\alpha leE^{\alpha}(x)}^{-}}\int_{k'\in S_{\varepsilon+\alpha leE^{\alpha}(x)}^{+}}\sigma^{\alpha}(x,\alpha E^{\alpha}(x),k',k)f^{\alpha}\Big(x-\frac{\alpha l}{2},k',t-\alpha^{2}\tau^{\alpha}\Big)d\nu\\
&+\int_{k\in S_{\varepsilon+\alpha leE^{\alpha}(x)}^{-}}\int_{k'\in S_{\varepsilon}^{-}}\sigma^{\alpha}(x,\alpha E^{\alpha}(x),k',k)f^{\alpha}\Big(x+\frac{\alpha l}{2},k',t-\alpha^{2}\tau^{\alpha}\Big)d\nu\\
&-\int_{k\in S_{\varepsilon+\alpha leE^{\alpha}(x)}^{+}}f^{\alpha}\Big(x-\frac{\alpha l}{2},k,t\Big)|v_x|dN(k)\Bigg\}.
\end{aligned}
\tag{2.141}
$$

代入 Taylor 展开式

$$
f^{\alpha}\Big(x\pm\frac{\alpha l}{2},k',t-\alpha^{2}\tau\Big)=f^{\alpha}\Big(x\pm\frac{\alpha l}{2},k',t\Big)-\alpha^{2}\tau\frac{\partial f^{\alpha}}{\partial t}(x,k',t)+o(\alpha^{2}),
$$

可将 I^{α} 写为

$$
I^{\alpha}=I_{1}^{\alpha}+I_{2}^{\alpha}+o(1),\quad \alpha\to 0,
\tag{2.142}
$$

其中

$$
\begin{aligned}
I_{1}^{\alpha}=\frac{1}{\alpha^{2}l}\Bigg\{&\int_{k\in S_{\varepsilon}^{+}}\int_{k'\subset S_{\varepsilon}^{-}}\sigma^{\alpha}(x,\alpha E^{\alpha}(x),k',k)f^{\alpha}\Big(x+\frac{\alpha l}{2},k',t\Big)d\nu\\
&+\int_{k\in S_{\varepsilon}^{+}}\int_{k'\in S_{\varepsilon+\alpha leE^{\alpha}(x)}^{+}}\sigma^{\alpha}(x,\alpha E^{\alpha}(x),k',k)f^{\alpha}\Big(x-\frac{\alpha l}{2},k',t\Big)d\nu\\
&-\int_{k\in S_{\varepsilon}^{-}}f^{\alpha}\Big(x+\frac{\alpha l}{2},k,t\Big)|v_x|dN(k)\\
&+\int_{k\in S_{\varepsilon+\alpha leE^{\alpha}(x)}^{-}}\int_{k'\in S_{\varepsilon+\alpha leE^{\alpha}(x)}^{+}}\sigma^{\alpha}(x,\alpha E^{\alpha}(x),k',k)f^{\alpha}\Big(x-\frac{\alpha l}{2},k',t\Big)d\nu\\
&+\int_{k\in S_{\varepsilon+\alpha leE^{\alpha}(x)}^{-}}\int_{k'\in S_{\varepsilon}^{-}}\sigma^{\alpha}(x,\alpha E^{\alpha}(x),k',k)f^{\alpha}\Big(x+\frac{\alpha l}{2},k',t\Big)d\nu\\
&-\int_{k\in S_{\varepsilon+\alpha leE^{\alpha}(x)}^{+}}f^{\alpha}\Big(x-\frac{\alpha l}{2},k,t\Big)|v_x|dN(k)\Bigg\},
\end{aligned}
\tag{2.143}
$$

$$
-I_{2}^{\alpha}=\frac{1}{l}\int_{k\in S_{\varepsilon}}\int_{k'\in S_{\varepsilon}}\sigma(x,k',k)\tau(x,k',k)\frac{\partial f^{\alpha}}{\partial t}(x,k',t)d\nu.
\tag{2.144}
$$

现在, 流量守恒关系 (2.85),(2.86) 蕴涵

$$I_1^\alpha = 0. \tag{2.145}$$

由 (2.111), 得

$$I_2^\alpha \to -M(x,\varepsilon)\frac{\partial F}{\partial t}, \quad \alpha \to 0, \tag{2.146}$$

其中 M 由 (2.107) 给出. 最后, 综合 (2.140),(2.142),(2.145),(2.146), 我们推知由 (2.107) 给出的 M 满足连续性方程 (2.104).

附录 B 电流方程

本附录的目标是给出方程 (2.105) 的形式推导. 首先, 重写 (2.82),(2.83) 为如下形式

$$\begin{aligned} f^\alpha(x,k,t) = &\int_{S^-_{\varepsilon(k)}} \sigma^\alpha\left(x-\frac{\alpha l}{2}, \alpha E^\alpha\left(x-\frac{\alpha l}{2}\right), k', k\right) f^\alpha\left(x,k',t-\alpha^2\tau^\alpha\right)|v_x'|dN(k') \\ &+ \int_{S^+_{\varepsilon(k)+\alpha leE^\alpha(x-\alpha l/2)}} \sigma^\alpha\left(x-\frac{\alpha l}{2}, \alpha E^\alpha\left(x-\frac{\alpha l}{2}\right), k', k\right) \\ &\times f^\alpha\left(x-\alpha l, k', t-\alpha^2\tau^\alpha\right)|v_x'|dN(k'), \quad v_x > 0 \end{aligned} \tag{2.147}$$

和

$$\begin{aligned} f^\alpha(x,k,t) = &\int_{S^+_{\varepsilon(k)}} \sigma^\alpha\left(x+\frac{\alpha l}{2}, \alpha E^\alpha\left(x-\frac{\alpha l}{2}\right), k', k\right) f^\alpha\left(x,k',t-\alpha^2\tau^\alpha\right)|v_x'|dN(k') \\ &+ \int_{S^-_{\varepsilon(k)-\alpha leE^\alpha(x+\alpha l/2)}} \sigma^\alpha\left(x, \alpha E^\alpha\left(x+\frac{\alpha l}{2}\right), k', k\right) \\ &\times f^\alpha\left(x+\alpha l, k', t-\alpha^2\tau^\alpha\right)|v_x'|dN(k'), \quad v_x < 0. \end{aligned} \tag{2.148}$$

方程 (2.147) 和 (2.148) 可写为

$$\frac{1}{\alpha}(I - K(x,\varepsilon))f^\alpha(\cdot,\cdot,t) = g^\alpha, \tag{2.149}$$

其中

$$\begin{aligned} g^\alpha(x,k,t) = \frac{1}{\alpha}\Bigg\{ \Bigg[&\int_{S^-_{\varepsilon(k)}} \sigma^\alpha\left(x-\frac{\alpha l}{2}, \alpha E^\alpha\left(x-\frac{\alpha l}{2}\right), k', k\right) f^\alpha(x,k',t)|v_x'|dN(k') \\ &- \int_{S^-_{\varepsilon(k)}} \sigma(x,k',k) f^\alpha(x,k',t)|v_x'|dN(k') \Bigg] \end{aligned}$$

$$
\begin{aligned}
&+\Bigg[\int_{S^+_{\varepsilon(k)+\alpha l e E^\alpha(x-\alpha l/2)}} \sigma^\alpha\Big(x-\frac{\alpha l}{2},\alpha E^\alpha\Big(x-\frac{\alpha l}{2}\Big),k',k\Big)\\
&\times f^\alpha(x-\alpha l,k',t)|v'_x|dN(k')\\
&-\int_{S^+_{\varepsilon(k)}}\sigma(x,k',k)f^\alpha(x,k',t)|v'_x|dN(k')\Bigg]\Bigg\}+o(1),\quad v_x>0,
\end{aligned}
\tag{2.150}
$$

$$
\begin{aligned}
g^\alpha(x,k,t)=&\frac{1}{\alpha}\Bigg\{\Bigg[\int_{S^+_{\varepsilon(k)}}\sigma^\alpha\Big(x+\frac{\alpha l}{2},\alpha E^\alpha\Big(x+\frac{\alpha l}{2}\Big),k',k\Big)f^\alpha(x,k',t)|v'_x|dN(k')\\
&-\int_{S^+_{\varepsilon(k)}}\sigma(x,k',k)f^\alpha(x,k',t)|v'_x|dN(k')\Bigg]\\
&+\Bigg[\int_{S^-_{\varepsilon(k)-\alpha l e E^\alpha(x-\alpha l/2)}}\sigma^\alpha\Big(x+\frac{\alpha l}{2},\alpha E^\alpha\Big(x+\frac{\alpha l}{2}\Big),k',k\Big)\\
&\times f^\alpha(x+\alpha l,k',t)|v'_x|dN(k')\\
&-\int_{S^-_{\varepsilon(k)}}\sigma(x,k',k)f^\alpha(x,k',t)|v'_x|dN(k')\Bigg]\Bigg\}+o(1),\quad v_x<0.
\end{aligned}
\tag{2.151}
$$

现在, 用 λ 在 $L^2(S_\varepsilon)$ 中对 (2.149) 取内积:

$$
\frac{1}{\alpha}((I-K(x,\varepsilon))f^\alpha,\lambda)_\varepsilon=(g^\alpha,\lambda)_\varepsilon. \tag{2.152}
$$

但是

$$
\begin{aligned}
&\frac{1}{\alpha}((I-K(x,\varepsilon))f^\alpha,\lambda)_\varepsilon\\
=&\frac{1}{\alpha}(f^\alpha,(I-K^*(x,\varepsilon))\lambda)_\varepsilon\\
=&-\frac{1}{\alpha}(f^\alpha,\mathrm{sgn}(v_x))_\varepsilon=-\frac{1}{\alpha}\int_{S_\varepsilon}f^\alpha v_x(k)dN_\varepsilon(k)=-J^\alpha(x,\varepsilon,t).
\end{aligned}
\tag{2.153}
$$

现在, 计算 (2.152) 的右端. 由 (2.151),(2.150), 得

$$
-J^\alpha(x,\varepsilon,t)=I^1_\alpha+I^2_\alpha+I^3_\alpha+I^4_\alpha+o(1),\quad \alpha\to 0, \tag{2.154}
$$

其中

$$
\begin{aligned}
\alpha I^1_\alpha=&\int_{k\in S^+_\varepsilon}\int_{k'\in S^-_\varepsilon}\sigma^\alpha\Big(x-\frac{\alpha l}{2},\alpha E^\alpha\Big(x-\frac{\alpha l}{2}\Big),k',k\Big)\lambda(k)f^\alpha(x,k',t)d\nu\\
&-\int_{k\in S^+_\varepsilon}\int_{k'\in S^-_\varepsilon}\sigma(x,k',k)\lambda(k)f^\alpha(x,k',t)d\nu,
\end{aligned}
\tag{2.155}
$$

$$
\begin{aligned}
\alpha I^2_\alpha=&\int_{k\in S^+_\varepsilon}\int_{k'\in S^+_\varepsilon}\sigma^\alpha\Big(x-\frac{\alpha l}{2},\alpha E^\alpha\Big(x-\frac{\alpha l}{2}\Big),k',k\Big)\lambda(k)f^\alpha(x-\alpha l,k',t)d\nu\\
&-\int_{k\in S^+_\varepsilon}\int_{k'\in S^+_\varepsilon}\sigma(x,k',k)\lambda(k)f^\alpha(x,k',t)d\nu,
\end{aligned}
\tag{2.156}
$$

$$\alpha I_\alpha^3 = \int_{k\in S_\varepsilon^-}\int_{k'\in S_\varepsilon^+}\sigma^\alpha\Big(x+\frac{\alpha l}{2},\alpha E^\alpha\Big(x+\frac{\alpha l}{2}\Big),k',k\Big)\lambda(k)f^\alpha(x,k',t)d\nu$$
$$-\int_{k\in S_\varepsilon^-}\int_{k'\in S_\varepsilon^+}\sigma(x,k',k)\lambda(k)f^\alpha(x,k',t)d\nu, \tag{2.157}$$
$$\alpha I_\alpha^4 = \int_{k\in S_\varepsilon^-}\int_{k'\in S_\varepsilon^-}\sigma^\alpha\Big(x+\frac{\alpha l}{2},\alpha E^\alpha\Big(x+\frac{\alpha l}{2}\Big),k',k\Big)\lambda(k)f^\alpha(x+\alpha l,k',t)d\nu$$
$$-\int_{k\in S_\varepsilon^-}\int_{k'\in S_\varepsilon^-}\sigma(x,k',k)\lambda(k)f^\alpha(x,k',t)d\nu. \tag{2.158}$$

现在, 由 (2.73), 写

$$\sigma^\alpha\Big(x-\frac{\alpha l}{2},E,k',k\Big)=\sigma\Big(\alpha l\Big[\frac{x}{\alpha l}\Big],E,k',k\Big)=\sigma(x-\alpha X^\alpha(x),E,k',k), \tag{2.159}$$

$$\sigma^\alpha\Big(x+\frac{\alpha l}{2},E,k',k\Big)=\sigma\Big(\alpha l\Big(\Big[\frac{x}{\alpha l}\Big]+1\Big),E,k',k\Big)=\sigma(x+\alpha(l-X^\alpha(x)),E,k',k), \tag{2.160}$$

其中 $X^\alpha(x)=l\left\{\dfrac{x}{\alpha l}\right\}$. 我们注意到 $X^\alpha(x)=O(1)$.

由 (2.111), 得

$$I_\alpha^1 = -X^\alpha(x)F(x,\varepsilon,t)\int_{k\in S_\varepsilon^+}\int_{k'\in S_\varepsilon^-}\frac{\partial\sigma}{\partial x}(x,k',k)\lambda(k)d\nu$$
$$+E(x)F(x,\varepsilon,t)\frac{\partial}{\partial E}\left(\int_{k\in S_\varepsilon^+}\int_{k'\in S_\varepsilon^-}\sigma(x,E,k',k)\lambda(k)d\nu\right)_{E=0}+o(1), \tag{2.161}$$

类似地

$$I_\alpha^3 = (l-X^\alpha(x))F(x,\varepsilon,t)\int_{k\in S_\varepsilon^-}\int_{k'\in S_\varepsilon^+}\frac{\partial\sigma}{\partial x}(x,k',k)\lambda(k)d\nu$$
$$+E(x)F(x,\varepsilon,t)\frac{\partial}{\partial E}\left(\int_{k\in S_\varepsilon^-}\int_{k'\in S_\varepsilon^+}\sigma(x,E,k',k)\lambda(k)d\nu\right)_{E=0}+o(1). \tag{2.162}$$

用类似的方法得

$$I_\alpha^2 = -X^\alpha(x)F(x,\varepsilon,t)\int_{k\in S_\varepsilon^+}\int_{k'\in S_\varepsilon^+}\frac{\partial\sigma}{\partial x}(x,k',k)\lambda(k)d\nu$$
$$+E(x)\frac{\partial}{\partial E}\left(F(x,\varepsilon+leE,t)\int_{k\in S_\varepsilon^+}\int_{k'\in S_{\varepsilon+leE}^+}\sigma(x,E,k',k)\lambda(k)d\nu\right)_{E=0}$$
$$-l\frac{\partial F}{\partial x}(x,\varepsilon,t)\int_{k\in S_\varepsilon^+}\int_{k'\in S_\varepsilon^+}\sigma(x,k',k)\lambda(k)d\nu+o(1), \tag{2.163}$$

$$\begin{aligned}I_\alpha^4 =& (l - X^\alpha(x))F(x,\varepsilon,t)\int_{k\in S_\varepsilon^-}\int_{k'\in S_\varepsilon^-}\frac{\partial\sigma}{\partial x}(x,k',k)\lambda(k)d\nu\\&+E(x)\frac{\partial}{\partial E}\left(F(x,\varepsilon-leE,t)\int_{k\in S_\varepsilon^-}\int_{k'\in S_{\varepsilon-leE}^+}\sigma(x,E,k',k)\lambda(k)d\nu\right)_{E=0}\\&+l\frac{\partial F}{\partial x}(x,\varepsilon,t)\int_{k\in S_\varepsilon^-}\int_{k'\in S_\varepsilon^-}\sigma(x,k',k)\lambda(k)d\nu+o(1).\end{aligned}\tag{2.164}$$

现在, 对 $E=0$ 关于 x 微分恒等式 (2.90),(2.91), 得

$$0=\Big(\int_{k\in S_\varepsilon^+}\int_{k'\in S_\varepsilon^-}+\int_{k\in S_\varepsilon^+}\int_{k'\in S_\varepsilon^+}\Big)\frac{\partial\sigma}{\partial x}(x,k',k)\lambda(k)d\nu,\tag{2.165}$$

$$0=\Big(\int_{k\in S_\varepsilon^-}\int_{k'\in S_\varepsilon^+}+\int_{k\in S_\varepsilon^-}\int_{k'\in S_\varepsilon^-}\Big)\frac{\partial\sigma}{\partial x}(x,k',k)\lambda(k)d\nu.\tag{2.166}$$

类似地, 关于 E 微分恒等式 (2.90),(2.91) 并求和得

$$\begin{aligned}&\frac{\partial}{\partial E}\Big(\int_{k\in S_\varepsilon^+}\int_{k'\in S_\varepsilon^-}+\int_{k\in S_\varepsilon^+}\int_{k'\in S_{\varepsilon+leE}^+}\\&+\int_{k\in S_\varepsilon^-}\int_{k'\in S_\varepsilon^+}+\int_{k\in S_\varepsilon^-}\int_{k'\in S_{\varepsilon-leE}^-}\sigma(x,E,k',k)\lambda(k)d\nu\Big)\\=&\frac{\partial}{\partial E}\Big(\int_{k\in S_\varepsilon^+}+\int_{k\in S_\varepsilon^-}\lambda(k)|v_x|dN(k)\Big)\\=&\frac{\partial}{\partial E}\Big(\int_{k\in S_\varepsilon}\lambda(k)|v_x(k)|dN_\varepsilon(k)\Big)=0,\end{aligned}\tag{2.167}$$

因为 λ 满足规范化条件 (2.102). 因此, 将 (2.161)–(2.164) 代入 (2.154) 并且使用 (2.165), (2.166), 得

$$J^\alpha(x,\varepsilon,t)=J(x,\varepsilon,t)+o(1),\quad \alpha\to 0,\tag{2.168}$$

其中 J 由 (2.105) 给出.

2.3 一些问题

在本章中, 首次在半导体超晶格框架下从微观散射模型出发推导出位置–能量相空间中的漂移扩散模型—— 球谐展开 (SHE) 模型. 一维波矢情形见模型 (2.30)–(2.32), 高维波矢情形见模型 (2.104)–(2.106).

此外, 回顾 (1.33) 和 (1.34) 可知半导体 SHE 模型还可以通过适当的扩散逼近从半导体 Boltzmann 方程出发推导而得, 亦可参见文献 [63] 及其参考文献. 这里,

为了叙述问题的方便重写一般形式的 SHE 模型如下. 我们考虑的是三维位置空间、三维波矢空间以及载流子的各种散射机制, 于是未知分布函数 $F(x,\varepsilon,t)$ 满足

$$M(x,\varepsilon)\frac{\partial F}{\partial t}+\tilde{\nabla}\cdot J=Q(F), \tag{2.169}$$

$$J=-D(x,\varepsilon)\tilde{\nabla}F, \tag{2.170}$$

$$\Delta\phi=n-C(x),\quad x\in\mathbb{R}^3,\varepsilon\in\mathbb{R},t>0, \tag{2.171}$$

其中 $M(x,\varepsilon)$ 是态密度, $D(x,\varepsilon)$ 是扩散矩阵, $J(x,\varepsilon,t)$ 是载流子电流密度, $n(x,t):=\int_{\mathbb{R}}F(x,\varepsilon,t)M(x,\varepsilon)d\varepsilon$ 是载流子的密度, $Q(F)(x,\varepsilon,t)$ 是平均碰撞算子, $\phi(x,t)$ 是自洽静电位势. 电场 $E=-\nabla\phi$, 于是微分算符 $\tilde{\nabla}$ 定义为

$$\tilde{\nabla}:=\nabla_x-E\frac{\partial}{\partial\varepsilon}=\nabla_x+\nabla_x\phi\frac{\partial}{\partial\varepsilon}.$$

给定函数 $C(x)$ 表示掺杂分布.

从数学结构的观点来看, 半导体 SHE 模型是带有退化性质的抛物型方程与椭圆型方程耦合的非局部方程组. 下面具体解释退化抛物的含义: 将 (2.170) 代入 (2.169) 得

$$M(x,\varepsilon)\frac{\partial F}{\partial t}-\tilde{\nabla}\cdot\big(D(x,\varepsilon)\tilde{\nabla}F\big)=Q(F). \tag{2.172}$$

首先, 基于研究各种半导体材料的需要, 人们可能采用不同的声子和散射假设以及不同的能带近似 $\varepsilon(k)$, 这将导致 $M(x,\varepsilon)$ 和 $D(x,\varepsilon)$ 在位置–能量相空间的某些点 (x,ε) 处取零值. 例如, 第 1 章中的无极性光学声子假设和抛物能带近似假设下的态密度 M 和扩散矩阵 D 的显示表达式 (1.47) 和 (1.50). 其次, 在静电位势的临界点处 (即 $\nabla_x\phi(x,t)=0$), 我们无法获得 F 关于能量 ε 的导数的任何信息. 因此, 在 $d+1$ 维位置–能量相空间 $(x,\varepsilon)\in\mathbb{R}^d\times\mathbb{R}$ 中, 仅在位置空间的 d 个方向上有扩散. 根据这两点原因, 方程 (2.172) 不是严格抛物型的.

接下来, 我们解释非局部的含义: 首先, Poisson 方程 (2.171) 右端含有 F 关于能量 ε 的积分项 $n(x,t)=\int_{\mathbb{R}}F(x,\varepsilon,t)M(x,\varepsilon)d\varepsilon$. 此外, 平均碰撞算子 $Q(F)$ 一般以 F 关于波矢 k 的积分表达式给出.

最后, 为了揭示半导体中载流子传输过程中的散射机制, 还需要考虑平均碰撞算子 $Q(F)$ 的精确结构, 其依赖于半导体 Boltzmann 方程中对相应碰撞积分的假设, 不同的假设导致不同结构的碰撞算子 $Q(F)$. 这里, 我们给出碰撞算子的一个简化表达式, 即 Fokker-Planck 近似

$$Q(F)=\frac{\partial}{\partial\varepsilon}\left(M(\varepsilon)^2\left(F+\frac{\partial F}{\partial\varepsilon}\right)\right). \tag{2.173}$$

从上述分析可知 SHE 模型的数学结构具有退化性, 非局部性和强耦合性. 这些复杂的数学结构使得求解该模型变得异常困难, 关于 SHE 模型的数学理论的建立还处于起步阶段, 据我们所知相应的数学结果还非常少. 下面, 我们介绍一些有待研究的问题.

问题 1 在空间周期区域上, SHE 模型初边值问题弱解的唯一性.

问题 2 在空间有界区间上, 满足 Dirichlet 边值条件的 SHE 模型初边值问题弱解的存在唯一性.

问题 3 在空间有界区间上, 满足 Dirichlet 边值条件的稳态 SHE 模型边值问题弱解的存在性, 问题 2 中的整体弱解 (如果存在) 长时间是否在适当拓扑下收敛到该稳态弱解.

对问题 1— 问题 3 的研究动机和难点分析如下: Haskovec 等在文献 [51] 中研究半导体晶体导带中的电子传输, 他们首先通过各向同性假设的方式忽略了晶体结构, 该假设可将扩散矩阵 D 简化为只依赖于能量 ε 的标量函数. 同时, 他们用抛物能带 $\varepsilon(k) = (2\pi)^{2/3}|k|^2$ 来近似精确能带. 由上述限制性条件, 相应的态密度 M 和扩散系数 D 可分别具有如下显示表达式:

$$M(\varepsilon) = \sqrt{\varepsilon}, \quad D(\varepsilon) = \varepsilon^{\alpha}, \quad \alpha > 0. \tag{2.174}$$

事实上, Haskovec 等研究的是如下不带碰撞算子且由 (2.174) 简化后的 SHE 模型:

$$\sqrt{\varepsilon}F_t - \tilde{\nabla} \cdot \left(\varepsilon^{\alpha}\tilde{\nabla}F\right) = 0, \tag{2.175}$$

$$\Delta\phi = n - C, \quad x \in \Omega, \varepsilon \in [0, \infty), t > 0, \tag{2.176}$$

其中掺杂分布 C 假定为非负常数. 为求解该模型, 考虑初值条件

$$F(x, \varepsilon, 0) = F_0(x, \varepsilon), \tag{2.177}$$

和两类边值条件: (1) 周期边值条件, 即 $\Omega = \mathbb{T}^d$, $d = 1, 2, 3$, 此时需要假定掺杂分布常数 $C > 0$;

(2) Dirichlet 边值条件, $\Omega \subset \mathbb{R}$ 是有界区间,

$$\phi(x, t) = \phi_b(x), \quad F(x, \varepsilon, t) = \Psi(\varepsilon - \phi_b(x)), \quad x \in \partial\Omega, t \geqslant 0,$$

其中 $\Psi : \mathbb{R} \to (0, \infty)$ 是适当取定的光滑且严格递减的函数 (例如, 典型的 Ψ 可取为 Maxwellian $\Psi(z) = \mathrm{e}^{-z}$). 此时, 需要假定掺杂分布常数 $C = 0$.

Haskovec 等对周期边值条件 (1) 建立了上述初边值问题弱解的存在性定理, 为了克服 SHE 模型的退化性困难, 引入一族正则化问题, 并采用 Schauder 不动点定理来求解相应的正则化问题, 并对相应正则化问题的弱解建立一致估计, 最后利用

解空间的紧性抽子列并取极限来去正则化, 相应的极限函数即为所求的弱解. 由于 Schauder 不动点定理的应用并不能提供弱解的唯一性, 而从半导体物理的角度希望解的唯一性是成立的, 但由于 Haskovec 等建立的弱解的正则性过低从而不足以用常规方法建立相应的唯一性. 于是, 验证该弱解是否唯一就成为一个困难的问题, 这也就是我们所提出的问题 1.

对 Dirichlet 边值条件 (2), Haskovec 等利用边值条件构造一个特殊的与时间无关的平衡轮廓 (F_∞, ϕ_∞):

$$
\begin{aligned}
&F_\infty(x,\varepsilon) := \Psi(\varepsilon - \phi_\infty(x)), \quad \varepsilon > 0, x \in \Omega,\\
&\Delta\phi_\infty = n_\infty := \int_0^\infty \Psi(\varepsilon - \phi_\infty)\sqrt{\varepsilon}d\varepsilon, \quad x \in \Omega,\\
&\phi_\infty(x) = \phi_b(x), \quad x \in \partial\Omega.
\end{aligned}
$$

并在假设一个满足极值原理估计和质量守恒性质的足够正则的弱解 (F, ϕ) 存在的前提下, 利用熵–熵耗散方法证明了该弱解在 L^2 意义下强收敛到所构造的平衡轮廓 (F_∞, ϕ_∞) 当时间 $t \to +\infty$. 注意到, 由于能量守恒的缺失, 周期区域上建立弱解存在性的方法并不适用于有界区间上的带 Dirichlet 边值条件的初边值问题, 这就导致研究问题 2的必要性. 同时又注意到, Haskovec 等构造的平衡轮廓 (F_∞, ϕ_∞) 虽然满足 Dirichlet 边值条件, 但却不是相应 SHE 模型的稳态弱解, 因此在问题 2 取得进展的前提下继续深入探索问题 3是更具有数学挑战性和物理价值的.

问题 4　由于模型的复杂性, 上述三个问题均是在文献 [51] 的简化框架下进行求解. 对于一般形式的 SHE 模型 (2.169)–(2.171), 仍可以考虑上述三个问题. 例如, 考察带碰撞算子 (2.173) 的情形, 或带有非常数掺杂分布的情形等.

问题 5　在适当假设下, 在整个位置–能量相空间 $(x, \varepsilon) \in \mathbb{R}^d \times \mathbb{R}$, $d = 1, 2, 3$ 上考虑一般形式的 SHE 模型的 Cauchy 问题整体弱解的适定性和解的长时间行为.

问题 6　在空间一维情形下对 SHE 模型的数值模拟.

第 3 章　半导体 HD 模型的数学理论

回顾第 1 章, 我们已经介绍了若干半导体宏观模型. 例如, SHE 模型、ET 模型、PSHE 模型和 DD 模型. 在过去三十多年中, 半导体宏观数学模型的研究工作取得了一系列进展. DD 模型是形式最简单和使用最广泛的早期半导体宏观模型. 后来由于亚微型半导体超限速度和弹道效应等一些 DD 模型所不能解释的新现象之出现, 人们又考虑建立更有效的流体动力学 (Hydrodynamic, HD) 模型. 众所周知, 半导体中包含两种载流子: 电子和空穴. 在建立半导体宏观模型的数学理论时, 为了简单起见往往先只研究电子这单一载流子在半导体中的运动规律, 此时的相应模型统称为单极模型(Unipolar Model). 此外, 将同时考虑电子和空穴这两种载流子在半导体中的运动规律的相应模型统称为双极模型(Bipolar Model). 注意到载流子在半导体中传输时会产生热交换, 因此将热交换效应也考虑进来, 人们建立了完整的流体动力学 (Full Hydrodynamic, FHD) 模型, 有时它也被称作非等熵的 HD 模型.

本章将主要介绍单极 (双极) HD 模型 (FHD 模型) 的数学理论. 为此, 我们先给出最一般形式的半导体流体动力学模型: 高维双极 FHD 模型. 具体地, 模型方程组写为

$$
\begin{cases}
n_{it} + \operatorname{div}(n_i u_i) = 0, & (3.1\text{a})\\
(n_i u_i)_t + \operatorname{div}(n_i u_i \otimes u_i) + \nabla p_i = (-1)^{i-1} n_i \nabla\phi - \dfrac{n_i u_i}{\tau_{im}}, & (3.1\text{b})\\
\quad n_i\theta_{it} + n_i u_i \nabla\theta_i + \dfrac{2}{3} n_i\theta_i \operatorname{div} u_i - \dfrac{2}{3}\kappa_i \Delta\theta_i & \\
= \dfrac{2\tau_{\mathrm{ie}} - \tau_{\mathrm{im}}}{3\tau_{\mathrm{ie}}\tau_{\mathrm{im}}} n_i |u_i|^2 - \dfrac{n_i(\theta_i - \bar\theta)}{\tau_{\mathrm{ie}}}, & (3.1\text{c})\\
\lambda^2 \Delta\phi = n_1 - n_2 - D(x), \quad i = 1, 2, \quad \forall t > 0, x \in \Omega, & (3.1\text{d})
\end{cases}
$$

其中空间区域 Ω 可以是全空间 $\mathbb{R}^d$、半空间 $\mathbb{R}^d_+$、全空间中的有界光滑区域, 或环面 $\mathbb{T}^d, d \geqslant 1$. 未知函数 $\big(n_1, u_1, \theta_1, n_2, u_2, \theta_2, \phi\big)(t, x)$ 分别表示两种载流子 ($i = 1$ 代表电子和 $i = 2$ 代表空穴) 的密度、速度和温度, 以及自洽的静电位势. 方程组中的无量纲参数 $\tau_{\mathrm{im}}, \tau_{\mathrm{ie}}, \kappa_i, \bar\theta, \lambda > 0$ 分别表示动量松弛时间、能量松弛时间、热传导系数、环境温度和 Debye 长度. 压力 p_i 由状态方程 $p_i = p(n_i, \theta_i) = n_i\theta_i$ 给出. 在 Poisson 方程(3.1d) 右端给定的函数 $D(x)$ 称作掺杂分布(Doping Profile).

鉴于掺杂分布 D 是半导体模型方程组 (无论是微观模型还是宏观模型) 中的一个重要参数, 对它的物理意义我们有必要做一定的解释, 从而对我们建立半导体

偏微分方程的数学理论具有指导作用. 半导体材料是一种介于导体和绝缘体之间的具有双重性质的物质. 粗略地说, 它可以是一种导体也可以是一种绝缘体. 它到底是导体还是绝缘体取决于半导体工业如何控制和利用它的导电性. 因为半导体的性质对于杂质非常敏感, 因此我们可以人为地向半导体中掺入施主杂质和受主杂质来控制和改变半导体性能, 进而生产出具有不同功能的半导体器件. 在半导体工业领域, 上述人为向半导体中掺入杂质的工艺称为半导体掺杂. 半导体中的杂质为什么会起着这么重要的作用? 根据半导体能带理论的分析认为, 由于杂质的存在会使严格按周期排列的原子所产生的周期性势场受到破坏, 有可能在禁带中引入允许电子所具有的能量状态(也就是能级). 正是由于杂质能够在禁带中引入能级, 才使它们对半导体的性质产生决定性的影响. 不掺杂的半导体称为本征半导体, 它的载流子是靠本征激发产生的, 数量很少, 导电能力很弱, 且导电性易受温度的影响, 极不稳定. 掺杂后的半导体, 靠杂质电离出载流子, 导电能力增强, 且不易受温度的影响, 相对稳定. 半导体掺杂工艺还分高掺杂和低掺杂等, 这里不再详细介绍.

半导体掺杂在数学模型上的体现就是给定的掺杂分布函数 D. 显然, 为了所建立的数学理论具有更大的实用价值, 最重要的一点就是对出现在模型中的掺杂分布函数 D 的限制要尽可能弱. 我们的研究经验是由于双极模型中包括了两种载流子之间的耦合作用, 为了做到这一点双极模型要比单极模型困难得多.

简化的单极 FHD 模型读作

$$
\begin{cases}
n_t + \operatorname{div}(nu) = 0, & (3.2\text{a})\\
(nu)_t + \operatorname{div}(nu\otimes u) + \nabla p = n\nabla\phi - \dfrac{nu}{\tau_{\mathrm{m}}}, & (3.2\text{b})\\
n\theta_t + nu\nabla\theta + \dfrac{2}{3}n\theta\operatorname{div}u - \dfrac{2}{3}\kappa\Delta\theta = \dfrac{2\tau_{\mathrm{e}}-\tau_{\mathrm{m}}}{3\tau_{\mathrm{e}}\tau_{\mathrm{m}}}n|u|^2 - \dfrac{n(\theta-\bar{\theta})}{\tau_{\mathrm{e}}}, & (3.2\text{c})\\
\lambda^2\Delta\phi = n - D(x), \quad \forall t>0, x\in\Omega. & (3.2\text{d})
\end{cases}
$$

鉴于 FHD 模型的复杂性, 有时人们也常用压力密度函数 $p_i = p_i(n_i)$ 来代替能量方程进而得到相应的简化模型: 等熵流体动力学模型. 习惯上, 等熵流体动力学模型就记作 HD 模型. 双极 HD 模型的具体形式如下

$$
\begin{cases}
n_{it} + \operatorname{div}(n_iu_i) = 0, & (3.3\text{a})\\
(n_iu_i)_t + \operatorname{div}(n_iu_i\otimes u_i) + \nabla p_i(n_i) = (-1)^{i-1}n_i\nabla\phi - \dfrac{n_iu_i}{\tau_{i\mathrm{m}}}, & (3.3\text{b})\\
\lambda^2\Delta\phi = n_1 - n_2 - D(x), \quad i=1,2, \quad \forall t>0, x\in\Omega, & (3.3\text{c})
\end{cases}
$$

类似地, 单极 HD 模型读作

$$
\begin{cases}
n_t + \operatorname{div}(nu) = 0, & (3.4\text{a})\\
(nu)_t + \operatorname{div}(nu\otimes u) + \nabla p(n) = n\nabla\phi - \dfrac{nu}{\tau_{\mathrm{m}}}, & (3.4\text{b})\\
\lambda^2\Delta\phi = n - D(x), \quad \forall t>0, x\in\Omega. & (3.4\text{c})
\end{cases}
$$

接下来, 为方便进一步介绍 HD 模型 (FHD 模型) 的数学理论, 引入电场 $E=\nabla\phi$ 和两种载流子的电流密度 $j_i=n_iu_i$ 的记号, 同时列出上述流体动力学模型宏观半导体方程的一维形式. 具体如下.

一维双极 FHD 模型读作

$$\begin{cases} n_{it}+j_{ix}=0, & \text{(3.5a)}\\ j_{it}+\left(\dfrac{j_i^2}{n_i}+n_i\theta_i\right)_x=(-1)^{i-1}n_i\phi_x-j_i, & \text{(3.5b)}\\ n_i\theta_{it}+j_i\theta_{ix}+\dfrac{2}{3}\left(\dfrac{j_i}{n_i}\right)_x n_i\theta_i-\dfrac{2}{3}\theta_{ixx}=\dfrac{1}{3}\dfrac{j_i^2}{n_i}-n_i(\theta_i-\bar{\theta}), & \text{(3.5c)}\\ \phi_{xx}=n_1-n_2-D(x), \qquad i=1,2, \qquad \forall(t,x)\in\mathbb{R}_+\times\Omega, & \text{(3.5d)} \end{cases}$$

一维双极 HD 模型读作

$$\begin{cases} n_{it}+j_{ix}=0, & \text{(3.6a)}\\ j_{it}+\left(\dfrac{j_i^2}{n_i}+p_i(n_i)\right)_x=(-1)^{i-1}n_i\phi_x-j_i, & \text{(3.6b)}\\ \phi_{xx}=n_1-n_2-D(x), \quad i=1,2, \quad \forall(t,x)\in\mathbb{R}_+\times\Omega. & \text{(3.6c)} \end{cases}$$

在一维模型中, 区域 Ω 一般取为有界区间 $(0,1)$ 或整个实直线 $\mathbb{R}$, 对后者常常引入电场 $E=\phi_x$ 的记号.

无论何时, 半导体中总存在着载流子增生和重组两个相反的过程, 本书中仅考虑电子-空穴对的直接重组-增生现象(Recombination-Generation Phenomenon). 具体来说, 就是半导体中的自由电子和空穴在运动中会有一定概率直接相遇而重组, 从而使一对电子和空穴同时消失. 从能带角度讲, 就是导带中的电子直接落入价带与空穴重组. 同时, 还存在着上述过程的逆过程. 即由于热激发等原因, 价带中的电子也有一定概率跃迁到导带中去, 产生一对电子和空穴. 这种由电子在导带与价带间直接跃迁而引起非平衡载流子的重组-增生过程就是直接重组-增生. 通常把单位时间内和单位体积内所产生的电子-空穴对数称为增生率, 而把单位时间和单位体积内重组掉的电子-空穴对数称为重组率.

设 n_1 和 n_2 分别表示电子密度和空穴密度. 在单位体积内, 每一个电子在单位时间内都有一定的概率和空穴相遇而重组, 这个概率显然和空穴密度成正比, 可以用 Qn_2 表示, 那么重组率 r 就有如下形式

$$r=Qn_1n_2,$$

其中比例系数 $Q>0$ 称为电子-空穴重组概率. 因为不同的电子和空穴具有不同的热运动速度, 一般地说它们的重组概率与它们的运动速度有关. 这里的 Q 代表不同热运动速度的电子和空穴重组概率的平均值. 在非简并半导体中, Q 具有完全确

定的值且与 n_1 和 n_2 无关. 本书中将假定 Q 为正常数, 在本书余下部分的讨论都限于非简并的情况.

在一定的温度下, 价带中的每个电子都有一定的概率被激发到导带, 从而形成一对电子和空穴. 如果价带中本来就缺少一些电子, 即存在一些空穴, 当然增生率就会相应地减少一些. 同样地, 如果导带中本来就有一些电子, 也会使增生率减少一些. 因为根据泡利原理, 价带中的电子不能激发到导带中已被电子占据的状态上去. 但是, 在非简并情况下, 价带中的空穴数相对于价带中的总状态数是极其微小的, 导带中的电子数相对于导带中的总状态数也是极其微小的. 这样, 可以认为价带基本上是满的, 而导带基本上是空的, 激发概率不受载流子密度 n_1 和 n_2 的影响. 因而增生率在所有非简并情况下基本上是相同的可以写为

$$g = C,$$

其中常数 $C > 0$ 与载流子密度 n_1 和 n_2 无关. 在热平衡时, 增生率 g 必须等于重组率 r, 这就得到了常数 $C > 0$ 和 $Q > 0$ 的关系

$$C = Q\bar{n}^2,$$

其中常数 $\bar{n} > 0$ 代表半导体中载流子的本征密度.

重组率减去增生率就得到非平衡载流子的净重组率 R 如下

$$R = R(n_1, n_2) := Q(n_1 n_2 - \bar{n}^2), \tag{3.7}$$

从数学上看, 它是载流子密度 n_1 和 n_2 的非线性函数.

当上述半导体载流子间的重组-增生现象被考虑进来后, 载流子密度所满足的原始质量守恒方程

$$n_{it} + \mathrm{div}(n_i u_i) = 0, \quad i = 1, 2$$

就必须修正如下

$$n_{it} + \mathrm{div}(n_i u_i) = -R(n_1, n_2), \quad i = 1, 2. \tag{3.8}$$

有时, 方程 (3.8) 中的净重组率 R 也被称为重组-增生率或 Shockely-Read-Hall 项.

在过去三十多年中, 半导体宏观模型的数学理论已取得较为丰富的成果. 相比较而言, 一维模型比高维模型, 单极模型比双极模型研究得更加清楚. 在本章中我们主要以稳态解的适定性和稳定性为主线, 先简要介绍单极 (双极) HD 模型 (FHD 模型) 的研究历史及现状. 然后, 挑选作者本人和一些相关合作者有代表性的工作展开详细介绍. 最后, 在本章结束时列举一些有挑战性的前沿热点问题.

一维单极 HD 和 FHD 模型的研究历史及现状. Degond 与 Markowich[32] 最先在有界区间 $\Omega := (0,1)$ 上研究了带欧姆接触边值条件

$$n(t,0) = n_l > 0, \quad n(t,1) = n_r > 0,$$
$$\phi(t,0) = 0, \quad \phi(t,1) = \phi_r > 0$$

的 HD 模型的亚音速稳态解的存在唯一性. 事先给定足够小的常值电流密度 $\tilde{j}$, 于是应用偏压 ϕ_r 可由电流 - 电压关系和 $\tilde{j}$ 唯一确定. 借助极值原理, Leray-Schauder 不动点论证可以给出相应的存在性结果. 值得一提的是掺杂分布 $D(x) > 0$ 且 $D \in \mathcal{B}(\overline{\Omega})$. 我们称这种不要求 $|D'(x)| \ll 1$ 的掺杂分布是非平坦的.

Li, Markowich 和 Mei[77] 重新考虑了上述 Degond-Markowich 的问题, 并发现在相同的亚音速区域 $|\tilde{j}| \leqslant J_0 \ll 1$, 其中常数 $J_0 > 0$ 由掺杂分布 $D(x) > 0$ 决定, 存在一个依赖于 $J_0 > 0$ 的常数 $\Phi_0 > 0$ 使得对任意的 $0 < \varphi_r < \Phi_0$, 当 $|n_l - n_r| \ll 1$ 时, 未知电流密度 $\tilde{j}$ 可由未知密度 $\tilde{n}$ 唯一隐式地确定, 倘若 $0 < D_- \leqslant \tilde{n}(x) \leqslant D_+$, 其中 $D_- := \inf D(x)$ 且 $D_+ := \sup D(x)$. 于是, 对任意给定的 $0 < \phi_r < \Phi_0$ 而非给定的 $\tilde{j}$, Leray-Schauder 不动点论证在掺杂分布的平坦假定下仍可给出亚音速稳态解的存在性. 同时, 他们首次建立了亚音速稳态解的指数渐近稳定性.

Nishibata 和 Suzuki[98] 对非平坦的掺杂分布 $0 < D \in \mathcal{B}(\overline{\Omega})$ 推广了上述 Li-Markowich-Mei 的结果. 对边界数据 $n_l, n_r, \phi_r > 0$, 引入强度参数 $\delta := |n_l - n_r| + |\phi_r|$. 如果 $\delta \ll 1$, 则亚音速条件蕴涵稳态电流密度的显式公式 $\tilde{j} := J[\tilde{n}]$, 可由电流 - 电压关系推得. 于是, Leray-Schauder 不动点论证给出亚音速稳态解的存在性. 最后, 他们也得到了亚音速稳态解的指数渐近稳定性. 值得一提的是非平坦的掺杂分布蕴涵非平坦的稳态解, 与平坦的情形相比, 这将使得稳定性分析变得更加困难.

Nishibata 和 Suzuki[100] 将其上述 HD 模型的结果推广到了 FHD 模型. 仍采用欧姆接触边值条件, 并推导出非等熵情形下的电流 - 电压关系. 类似地, 稳态电流密度 $\tilde{j}$ 仍具有显式表达式 $\tilde{j} := J[\tilde{n}, \tilde{\theta}]$. Leray-Schauder 不动点论证此时依然有效. 因此, 对非平坦的掺杂分布 $D(x) > 0$ 且 $D \in \mathcal{B}(\overline{\Omega})$ 仍可建立亚音速稳态解的存在性和指数渐近稳定性.

Luo, Natalini 和 Xin[82] 首次在整个实直线 $\mathbb{R}$ 上研究了 HD 模型的 Cauchy 问题, 证明了热平衡态的存在性和指数渐近稳定性. 上述结果是在 switch-off 和平坦掺杂分布的假定下得到的.

Huang, Mei, Wang 和 Yu[58, 59] 将上述 Luo-Natalini-Xin 的结果改进到 switch-on 且非零 $\tilde{j}$ 的情形, 得到的稳态解是亚音速的, 采用的掺杂分布是平坦的. 证明的要点在于分析出时变解和稳态解在远场 $x = \pm\infty$ 的 L^2-gaps 并技术性地构造了新的校正函数来克服这个困难. 他们还进一步研究了 3-D 平面稳态解 (通过 1-D 稳态解来构造) 的指数渐近稳定性.

Zhu 和 Hattori[130] 在整个实直线 $\mathbb{R}$ 上考虑了 FHD 模型的 Cauchy 问题. 在 switch-off 和平坦掺杂分布的假定下, 证明了亚音速稳态解的存在性和渐近稳定性. 然而, 没能得到衰减率.

Mei 和 Wang[96] 在 switch-on 情形下重新考虑了上述 Zhu-Hattori 的问题. 经技术性地引入校正函数, 证明了 Zhu-Hattori 的稳态解实则是指数渐近稳定的. 更进一步, 在 3-D 情形下还证明了平面稳态解的指数渐近稳定性. 上述所有结果都是在平坦掺杂分布的假定下得到的.

三维单极 HD 和 FHD 模型的研究历史及现状. Li 和 Qian[75] 在 3-D 有界光滑区域 Ω 上考虑了带绝缘边值条件

$$u\cdot\nu|_{\partial\Omega}=0,\quad \left.\frac{\partial\phi}{\partial\nu}\right|_{\partial\Omega}=0$$

的 HD 模型的初边值问题, 对非平坦掺杂分布建立了局部光滑解的存在性理论.

Guo 和 Strauss[49] 重新考虑了上述 Li-Qian 的绝缘初边值问题, 采用变分法和 Hopf 极值原理证明了热平衡态的存在唯一性. 同时, 利用对称化子和反对称阵技术建立了该热平衡态的指数渐近稳定性. 上述结果都是在非平坦的掺杂分布的假定下得到的.

Hsiao, Jiang 和 Zhang[53] 考虑了 FHD 模型的初边值问题, 其中边值条件为

$$u\cdot\nu|_{\partial\Omega}=0,\quad \left.\frac{\partial\phi}{\partial\nu}\right|_{\partial\Omega}=0,\quad \left.\frac{\partial\theta}{\partial\nu}\right|_{\partial\Omega}=0.$$

当掺杂分布取为正常数时证明了相应常值热平衡态的指数渐近稳定性.

一维双极 HD 模型的研究历史及现状. Tsuge[118] 在有界区间 $\Omega:=(0,1)$ 上考虑了稳态等温 HD 模型, 对较特殊的欧姆接触边值条件

$$\tilde{n}_1(0)=\tilde{n}_1(1)=\bar{n}_1>0,\quad \tilde{n}_2(0)=\tilde{n}_2(1)=\bar{n}_2>0,$$
$$\tilde{\phi}(0)=0,\quad \tilde{\phi}(1)=\phi_r>0,$$

在非平坦掺杂分布的假定下, 建立了亚音速稳态解的存在唯一性. 要点在于经过适当的未知函数的变换使得极值原理可用, 进而 Leray-Schauder 不动点论证可给出相应结果. 然而, 未能分析出该稳态解的渐近稳定性.

Li[79] 对零掺杂分布以及另一个较特殊的欧姆接触边值条件

$$n_1(t,0)=n_2(t,0)=n_l>0,\quad n_1(t,1)=n_2(t,1)=n_r>0,$$
$$\phi(t,0)=0,\quad \phi(t,1)=\phi_r>0,$$

考虑了 HD 模型的初边值问题. 在小性假设 $|n_l-n_r|+\phi_r\ll 1$ 之下, 建立了亚音速稳态解的存在唯一性和指数渐近稳定性. 稳态解的存在性理论仍由 Leray-Schauder 不动点论证给出, 稳定性分析由能量方法给出.

Zhu 和 Hattori[131] 在整个实直线 $\mathbb{R}$ 上考虑了带重组-增生率的 HD 模型的 Cauchy 问题. 对平坦的掺杂分布建立了亚音速稳态解的存在唯一性和渐近稳定性. 然而, 未能分析出相应的衰减速率.

三维双极 HD 模型的研究历史及现状. Ju[61] 推广了前述 Guo-Strauss 的单极模型的结果到双极模型. 为了克服强耦合双极效应产生的困难, 采用的是零掺杂分布假定. 证明了常值热平衡态 $(d,0,d,0,0)$ 的指数渐近稳定性.

3.1 单 极 模 型

3.1.1 HD 模型的 IBVP: 整体弱解

本节我们详细介绍 Zhang 在文献 [124] 中的工作. Zhang 采用补偿列紧方法建立了一维半导体 HD 模型的初边值问题 (Initial Boundary Value Problem, IBVP) 的 Godunov 格式逼近解的收敛性, 并证明了整体弱解的存在性定理.

3.1.1.1 引言与主要结果

考虑一维半导体 HD 模型

$$\begin{cases} n_t + j_x = 0, & (3.9)\\ j_t + \left(\dfrac{j^2}{n} + p(n)\right)_x = n\phi_x - \dfrac{j}{\tau}, & (3.10)\\ \phi_{xx} = n - D(x). & (3.11)\end{cases}$$

压力密度函数 $p=p(n)$ 满足 $n^2p'(n)$ 在 $[0,\infty)$ 上严格单调递增. 常用假定为

$$p(n) = kn^\gamma, \quad \gamma > 1, k > 0. \tag{3.12}$$

为简单, 取 $k = \dfrac{1}{\gamma}$. 假定动量松弛时间 $\tau = \tau(n, nu)$ 满足

$$\tau(n, nu) \geqslant \tau_0 > 0, \quad \forall (n, nu) \in [0, \infty) \times \mathbb{R}. \tag{3.13}$$

器件区域为 x-区间 $\Omega \equiv (0,1)$. 掺杂分布 $D = D(x)$ 假设为

$$D \in L^\infty(0,1). \tag{3.14}$$

方程组 (3.9)–(3.11) 补充上如下初边值条件:

$$(n,j)|_{t=0} = (n_0(x), j_0(x)), \quad 0 < x < 1, \tag{3.15}$$

$$j|_{x=0} = j_1(t), \quad j|_{x=1} = j_2(t), \quad t \geqslant 0, \tag{3.16}$$

$$\phi|_{x=0} = \phi_1(t), \quad \phi|_{x=1} = \phi_2(t), \tag{3.17}$$

其中 $\phi_i, i=1,2$ 表示应用偏压. 从数学角度, 以下考虑边值条件的特殊情形 ($j_1(t)=j_2(t)=0$).

Poisson 方程(3.11) 和边值条件 (3.17) 的解可被唯一确定为

$$\phi=\int_0^1 G(x,\xi)(n(\xi,t)-D(\xi))d\xi+\phi_1+x(\phi_2-\phi_1), \tag{3.18}$$

其中 $G(x,\xi)$ 是 Green 函数且定义为

$$G(x,\xi)=\begin{cases} x(\xi-1), & x<\xi, \\ \xi(x-1), & x>\xi. \end{cases} \tag{3.19}$$

由 (3.18), 得

$$\phi_x=\int_0^1 G_x(x,\xi)(n-D(\xi))d\xi+\phi_2-\phi_1. \tag{3.20}$$

方程组 (3.9)–(3.11) 转化为如下方程组:

$$\begin{cases} n_t+j_x=0, & (3.21) \\ j_t+\left(\dfrac{j^2}{n}+p(n)\right)_x=n\left(\displaystyle\int_0^1 G_x(x,\xi)(n-D(\xi))d\xi+\phi_2-\phi_1\right)-\dfrac{j}{\tau}. & (3.22) \end{cases}$$

方程组 (3.21)–(3.22) 是一组带有两个源项的非守恒形式的 Euler 方程组; 即, 一个电场力和一个碰撞项. 注意到第一个源项, 由电场 ϕ_x 产生, 是一个涉及 (3.21)–(3.22) 的解的全局性质的非局部项. 不失一般性, 在下面的论证中令 $\phi_1=\phi_2$.

一般地, 求解一个如同 (3.21)–(3.22) 的非线性问题, 策略如下: 在引入一个适当的逼近解序列之后, 需要建立足够的先验估计以保证存在一个子序列收敛到一个解. 对于问题 (3.21)–(3.22), 考虑满足 Helly 框架的逼近解是自然的; 即, 逼近解同时有 L^∞ 和全变差范数的一致控制.

定义 3.1 对任意的 $T>0$, 我们称一对有界可测函数 $v(x,t)=(n(x,t),j(x,t))$ 为 (3.21)–(3.22) 的一个弱解如果对所有的 $\psi\in C_0^\infty(\Omega_T)$ 满足 $\psi(x,T)=0, 0\leqslant x\leqslant 1$ 和 $\psi(0,t)=\psi(1,t)=0, t\geqslant 0$, 其中 $\Omega_T=(0,1)\times(0,T)$, 成立如下两个积分恒等式:

$$\int_0^T\int_0^1(n\psi_t+j\psi_x)dxdt+\int_{t=0}n_0\psi dx=0, \tag{3.23}$$

$$\begin{aligned}&\int_0^T\int_0^1\left(j\psi_t+\left(\frac{j^2}{n}+p(n)\right)\psi_x\right)dxdt\\&+\int_0^T\int_0^1\left(n\int_0^1 G_x(n-D)d\xi-\frac{j}{\tau}\right)\psi dxdt+\int_{t=0}j_0\psi dx=0.\end{aligned} \tag{3.24}$$

如下定理是本节的主要结果.

定理 3.1 设初值 (n_0, j_0), 给定函数 $D(x)$ 和 τ 满足条件

$$
\begin{gathered}
0 \leqslant n_0(x) \leqslant M_1, \quad n_0(x) \not\equiv 0, \quad |j_0| \leqslant M_2 n_0(x), \\
|D(x)| \leqslant M_3, \quad 0 < \tau_0 \leqslant \tau.
\end{gathered}
$$

对某些正常数 $M_i (i=1,2,3)$ 和 τ_0; τ 还满足一致 Lipschitz 条件, 则对 $1<\gamma\leqslant\dfrac{5}{3}$, 初边值问题 (3.21)–(3.22) 有一个整体弱解 $(n(x,t), j(x,t))$ 满足如下估计和熵条件:

$$
0 \leqslant n \leqslant C, \quad |j| \leqslant Cn \quad \text{a.e.} \tag{3.25}
$$

$$
\begin{aligned}
&\int_0^T \int_0^1 (\eta(n,j)\tilde{\psi}_t + q(n,j)\tilde{\psi}_x) dxdt \\
&+ \int_0^T \int_0^1 \eta_j(n,j) \left(n \int_0^1 G_x(n-D) d\xi - \frac{j}{\tau} \right) \tilde{\psi} dxdt \geqslant 0,
\end{aligned} \tag{3.26}
$$

对 (3.21)–(3.22) 的所有的弱凸熵对 (η, q) 和所有的非负函数 $\tilde{\psi} \in C_0^\infty(\Omega_T)$. 更进一步, 位势 ϕ 由 (3.18) 给出.

3.1.1.2 预备知识

在本节中, 介绍相应于方程组 (3.21)–(3.22) 的齐次方程组的一些基本事实. 相应的齐次方程组如下:

$$
\begin{cases}
n_t + j_x = 0, & (3.27) \\
j_t + \left(\dfrac{j^2}{n} + p(n) \right)_x = 0. & (3.28)
\end{cases}
$$

对一个光滑解, (3.27)–(3.28) 可重写为

$$
v_t + \nabla f(v) v_x = 0,
$$

其中 $v = (n,j)^{\mathrm{T}}, f(v) = (j, j^2/n + n^\gamma/\gamma)^{\mathrm{T}}$ 以及

$$
\nabla f = \begin{pmatrix} 0 & 1 \\ -\dfrac{j^2}{n^2} + n^{\gamma-1} & \dfrac{2j}{n} \end{pmatrix}. \tag{3.29}
$$

(3.29) 的特征值为

$$
\lambda_1 = \frac{j}{n} - n^\theta, \quad \lambda_2 = \frac{j}{n} + n^\theta, \tag{3.30}
$$

Riemann 不变量为

$$
w = \frac{j}{n} + \frac{n^\theta}{\theta}, \quad z = \frac{j}{n} - \frac{n^\theta}{\theta}, \tag{3.31}
$$

其中 $\theta = \dfrac{\gamma - 1}{2}$.

对 Riemann 问题

$$\begin{cases} (3.27)\text{–}(3.28), & t > 0, \quad x \in \mathbb{R}, \\ (n, j)|_{t=0} = \begin{cases} (n_l, j_l), & x < 0, \\ (n_r, j_r), & x > 0, \end{cases} \end{cases} \tag{3.32}$$

其中 n_l, n_r, j_l, j_r 是常数且满足 $0 \leqslant n_l, n_r, |j_l/n_l|, |j_r/n_r| < \infty$, 存在两个不同类型的稀疏波和激波, 称为初等波, 分别记作 1-稀疏波或 2-稀疏波和 1-激波或 2-激波.

引理 3.2 (3.32) 存在一个分片光滑的整体弱解且满足

$$\begin{gathered} w(x, t) \equiv w(n(x, t), j(x, t)) \leqslant \max\{w(n_l, j_l), w(n_r, j_r)\}, \\ z(x, t) \equiv z(n(x, t), j(x, t)) \geqslant \min\{z(n_l, j_l), z(n_r, j_r)\}, \\ w(x, t) - z(x, t) \geqslant 0. \end{gathered}$$

因此, 区域 $\Lambda = \{(n, j) : w \leqslant w_0, z \geqslant z_0, w - z \geqslant 0\}$ 是 Riemann 问题 (3.32) 的一个不变区域. 即, 如果 Riemann 初值属于 Λ, 则 (3.32) 的解也属于 Λ.

引理 3.3 如果 $\{(n, j) : a \leqslant x \leqslant b\} \subset \Lambda$, 则

$$\left(\frac{1}{b-a}\int_a^b n dx, \frac{1}{b-a}\int_a^b j dx\right) \in \Lambda. \tag{3.33}$$

引理 3.4 对混合问题

$$\begin{cases} (3.27) - (3.28), & t > 0, \quad x > 0, \\ (n, j)|_{t=0} = (n_0, j_0), & x > 0, \\ j|_{x=0} = j_1, & t \geqslant 0, \end{cases} \tag{3.34}$$

其中 (n_0, j_0) 和 j_1 是常数, 在区域 $\{(x, t) : x \geqslant 0, t \geqslant 0\}$ 中存在一个弱解满足如下估计

$$\begin{gathered} w(x, t) \leqslant \max\left\{w(n_0, j_0), \frac{2j_1}{n_1} - z(n_0, j_0)\right\}, \\ z(x, t) \geqslant z(n_0, j_0), \quad w(x, t) - z(x, t) \geqslant 0. \end{gathered}$$

由于激波在边界 $x = 0$ 处经过反射或走出形成了混合问题的一个新的项 $\dfrac{2j_1}{n_1} - z(n_0, j_0)$. 同 (3.34) 一样, 可以在区域 $\{(x, t) : x \leqslant 1, t \geqslant 0\}$ 中求解混合问题:

$$\begin{cases} (3.27) - (3.28), & t > 0, \quad x < 1, \\ (n, j)|_{t=0} = (n_0, j_0), & x < 1, \\ j|_{x=0} = j_2, & t \geqslant 0. \end{cases} \tag{3.35}$$

(3.35) 的弱解满足如下估计:

$$z(x,t) \geqslant \min\left\{z(n_0,j_0), \frac{2j_2}{n_2} - w(n_0,j_0)\right\},$$
$$w(x,t) \leqslant w(n_0,j_0), \qquad w(x,t) - z(x,t) \geqslant 0.$$

引理 3.5 设 $(n(x,t),j(x,t))$ 是 (3.32) 或 (3.34) 的一个解, 则 $j(x,t)$ 穿过一个初等波的跃度可被 $n(x,t)$ 穿过同一个初等波的跃度控制住, 即

$$\text{穿过一个激波:} \quad |j_r - j_l| \leqslant C|n_r - n_l|,$$
$$\text{穿过一个稀疏波:} \quad |j - j_l| \leqslant C|n - n_l| \leqslant C|n_r - n_l|,$$

其中 C 只依赖于 n 和 $|j|$ 的界.

引理 3.6 对任意的 $\varepsilon > 0$, 存在常数 $h > 0$ 和 $k > 0$ 使得在区域 $\{(x,t) : |x| < h, 0 \leqslant t < k\}$ 中 (3.32) 的解满足

$$\int_{-h}^{h} |n(x,t) - n(x,0)| dx \leqslant Ch\varepsilon, \quad 0 \leqslant t \leqslant k, \tag{3.36}$$

其中 C 只依赖于 n 和 $|j|$ 的界, 且网距 h 和 k 满足 $\max_{i=1,2} \sup |\lambda_i(n,j)| < \dfrac{h}{2k}$.

定义 3.2 一对映射 $\eta : \mathbb{R}^2 \to \mathbb{R}$ 和 $q : \mathbb{R}^2 \to \mathbb{R}$ 称为一个熵-熵流量如果其满足方程

$$\nabla q = \nabla \eta \nabla f. \tag{3.37}$$

$\tilde{\eta}(n, j/n) = \eta(n,j)$, 如果 $\tilde{\eta}(0, j/n) = 0$, 则 η 称为一个弱熵.

在所有的熵中, 最自然的熵是机械能

$$\eta_*(n,j) = \frac{1}{2}\frac{j^2}{n} + \frac{1}{\gamma(\gamma-1)} n^\gamma, \tag{3.38}$$

其在熵耗散测度的估计中起重要作用. 易于验证 η_* 是一个弱的严格凸熵.

已知的紧性框架如下.

定理 3.7 假设 Cauchy 问题 (3.27)–(3.28) 的逼近解 $v_h(x,t) = (n_h(x,t), j_h(x,t))$ 满足如下框架:

(1) $0 \leqslant n_h \leqslant C, |j_h| \leqslant Cn_h$a.e.

(2) 熵耗散测度序列 $\eta(v_h)_t + q(v_h)_x$ 对任意的弱熵对 (η, q) 和有界开集 $\Omega \subset \mathbb{R}_+^2$ 在 $H_{\text{loc}}^{-1}(\Omega)$ 中是紧的.

则对 $1 < \gamma \leqslant \dfrac{5}{3}$, 存在一个收敛的子序列, 仍记作 v_h, 使得

$$(n_h(x,t), j_h(x,t)) \to (n(x,t), j(x,t)) \quad \text{a.e.}$$

3.1.1.3　Godunov 格式

选定空间网距 $h=\dfrac{1}{N}$, 其中 N 是正整数. 时间网距 $k=k(h)$ 待定且对给定的 $T>0$ 满足 Courant-Friedrich-Levy 条件

$$\max_{i=1,2}\sup|\lambda_i(v)|<\frac{h}{2k}. \tag{3.39}$$

将区间 $[0,1]$ 分割成均等的单元格, 第 m 个单元格的中心在 $x_m=mh, m=1,\cdots,N-1$. 现在采用 Godunov 格式构造一个 (3.21)–(3.22) 的逼近解序列. 即, 在区域 $R_m^1\equiv\{(x,t):x_{m-\frac{1}{2}}\leqslant x<x_{m+\frac{1}{2}},0\leqslant t<k\}$:

$$\begin{cases}\dfrac{\partial}{\partial t}\underline{v}_h+\dfrac{\partial}{\partial x}f(\underline{v}_h)=0,\\ \underline{v}_h|_{t=0}=\begin{cases}(n_m^0,j_m^0), & x<x_m,\\ (n_{m+1}^0,j_{m+1}^0), & x>x_m,\quad m=1,\cdots,N-1,\end{cases}\end{cases}$$

其中

$$n_m^0=\frac{1}{h}\int_{x_{m-1}}^{x_m}n_0(x)dx,\quad j_m^0=\frac{1}{h}\int_{x_{m-1}}^{x_m}j_0(x)dx,\quad m=1,\cdots,N.$$

还需分别在区域 $R_0^1\equiv\{(x,t):0\leqslant x<x_{\frac{1}{2}},0\leqslant t<k\}$ 和 $R_N^1\equiv\{(x,t):x_{N-\frac{1}{2}}\leqslant x<1,0\leqslant t<k\}$ 中求解对应的混合问题 (3.34), $(n_1^0,j_1^0),j_1=0$ 和 (3.35), $(n_N^0,j_N^0),j_2=0$. 令

$$v_h(x,t)=\underline{v}_h(x,t)+V(\underline{v}_h(x,t))t,\quad 0\leqslant x\leqslant 1,\quad 0\leqslant t<k, \tag{3.40}$$

其中 $V(v)=(V_1(v),V_2(v))\equiv\left(0,n\displaystyle\int_0^1 G_x(n-D)d\xi-\frac{j}{\tau}\right)$,

$$v_m^1=\frac{1}{h}\int_{x_{m-1}}^{x_m}v_h(x,t_1-0)dx,\quad m=1,\cdots,N. \tag{3.41}$$

假定已经对 $0\leqslant t<t_i$ 定义了逼近解 $v_h(x,t)$, 递推地可以进一步定义

$$v_h(x,t)=\underline{v}_h(x,t)+V(\underline{v}_h(x,t))(t-t_i),\quad t_i\leqslant t<t_{i+1}, \tag{3.42}$$

其中 $\underline{v}_h(x,t)$ 是在区域 $R_m^{i+1}=\{(x,t):x_{m-\frac{1}{2}}\leqslant x<x_{m+\frac{1}{2}},t_i\leqslant t<t_{i+1}\}$ 中的 Riemann 问题

$$\begin{cases}(3.27)-(3.28),\\ \underline{v}_h|_{t=t_i}=\begin{cases}v_m^i, & x<x_m,\\ v_{m+1}^i, & x>x_m,\quad m=1,\cdots,N-1\end{cases}\end{cases} \tag{3.43}$$

的分片光滑解, 以及在区域 R_0^i 和 R_N^i 中对应的混合问题的分片光滑解:

(a)
$$R_0^i = \{(x,t): 0 \leqslant x < x_{\frac{1}{2}}, t_i \leqslant t < t_{i+1}\},$$

$$\begin{cases} (3.27)\text{–}(3.28), & x > 0, t > t_i, \\ \underline{v}_h|_{t=t_i} = v_1^i, & x > 0, \\ \underline{j}_h|_{x=0} = 0. \end{cases}$$

(b)
$$R_N^i = \{(x,t): x_{N-\frac{1}{2}} \leqslant x < 1, t_i \leqslant t < t_{i+1}\},$$

$$\begin{cases} (3.27)\text{–}(3.28), & x < 1, t > t_i, \\ \underline{v}_h|_{t=t_i} = v_N^i, & x < 1, \\ \underline{j}_h|_{x=1} = 0. \end{cases}$$

同样地, 定义 Godunov 格式

$$v_m^{i+1} = \frac{1}{h}\int_{x_{m-1}}^{x_m} v_h(x, t_{i+1}-0)dx, \quad m = 1, \cdots, N. \tag{3.44}$$

逼近解 $v_h = (n_h, j_h) \equiv (\underline{n}_h, j_h)$ 的定义是合理的, 因为 $\underline{n}_h \geqslant 0$. 将上述过程总结如下

$$v^{i+1} = A_h \circ R \circ E_k(\cdot, v^i), \tag{3.45}$$

其中 A_h 是单元格-平均算子 (3.44), $E_k(x, v^i)$ 是精确的发展算子 (3.43), R 是再造步骤 (3.42).

对 $t_i \leqslant t < t_{i+1}$, 令

$$w_h(x,t) = \underline{w}_h(x,t) + \left\{\int_0^1 G_x\left[\left(\frac{\theta(\underline{w}_h - \underline{z}_h)}{2}\right)^{\frac{1}{\theta}} - D\right]d\xi - \frac{\underline{w}_h + \underline{z}_h}{\tau}\right\}(t - t_i), \tag{3.46}$$

$$z_h(x,t) = \underline{z}_h(x,t) + \left\{\int_0^1 G_x\left[\left(\frac{\theta(\underline{w}_h - \underline{z}_h)}{2}\right)^{\frac{1}{\theta}} - D\right]d\xi - \frac{\underline{w}_h + \underline{z}_h}{\tau}\right\}(t - t_i), \tag{3.47}$$

其中 $\underline{w}_h$ 和 $\underline{z}_h$ 是相应于 Riemann 解 $\underline{v}_h$ 的 Riemann 不变量.

3.1.1.4 逼近解的一致估计

为建立逼近解的一致估计, 需估计 (3.46) 和 (3.47) 中定义的 $w_h(x,t)$ 和 $z_h(x,t)$. 注意到 (3.46)–(3.47) 涉及形如 $\int_0^1 G_x \underline{n}_h d\xi$ 的非局部项. 如果积分 (3.21) 并使用初边值条件, 可得如下的粒子数守恒:

$$\int_0^1 n(x,t)dx = \int_0^1 n_0(x)dx, \quad t \geqslant 0. \tag{3.48}$$

正如 (3.48), 逼近解 $n_h(x,t) = \underline{n}_h(x,t)$ 也满足该守恒原理.

引理 3.8 设 $v_h = (\underline{n}_h, j_h)$ 是上述定义的逼近解, 则

$$\int_0^1 \underline{n}_h(x, t_{i+1})dx = \int_0^1 n_0(x)dx, \quad 0 \leqslant i \leqslant l-1, \tag{3.49}$$

其中正整数 l 待定.

证明 在区域 $R_i \equiv \{(x,t) : 0 \leqslant x \leqslant 1, t_i \leqslant t < t_{i+1}\}$ 中, Riemann 解由分片光滑函数构成. 由 Green 公式, 有

$$\int_0^1 \underline{n}_h(x, t_{i+1}-0)dx + \int_{t_i}^{t_{i+1}} \sum\{\sigma[\underline{n}_h] - [\underline{j}_h]\}dt = \int_0^1 \underline{n}_h(x, t_i+0)dx, \tag{3.50}$$

其中 $\sum$ 表示在 t_i 和 t_{i+1} 之间的一个固定时刻 t 处关于 $(\underline{n}_h, \underline{j}_h)$ 中的所有激波求和; σ 表示激波的传播速度; $[\underline{n}_h]$ 和 $[\underline{j}_h]$ 分别表示 $\underline{n}_h$ 和 $\underline{j}_h$ 从左往右穿过激波时的跃度. 即, 如果 $S = (x(t), t)$ 表示 $(\underline{n}_h, \underline{j}_h)$ 中的一个激波, 则

$$[\underline{n}_h] = \underline{n}_h(x(t)+0, t) - \underline{n}_h(x(t)-0, t),$$

$$[\underline{j}_h] = \underline{j}_h(x(t)+0, t) - \underline{j}_h(x(t)-0, t).$$

由 Rankine-Hugoniot 条件, 有

$$\int_{t_i}^{t_{i+1}} \sum\{\sigma[\underline{n}_h] - [\underline{j}_h]\}dt = 0.$$

由 (3.50) 和 $\underline{n}_h$ 的定义, 得

$$\int_0^1 \underline{n}_h(x, t_{i+1})dx = \int_0^1 \underline{n}_h(x, t_i)dx,$$

且 (3.49) 成立. □

定理 3.9 设初值 (n_0, j_0) 和给定函数 $D(x)$ 满足条件:

$$0 \leqslant n_0(x) \leqslant M_1, \quad n_0(x) \not\equiv 0, \quad |j_0| \leqslant M_2 n_0(x), \quad |D(x)| \leqslant M_3. \tag{3.51}$$

则由 Godunov 格式构造的逼近解 (n_h, j_h) 在区域 $\overline{\Omega}_T \equiv \{(x,t) : 0 \leqslant x \leqslant 1, 0 \leqslant t \leqslant T\}$ 中一致有界; 即, 存在一个常数 $C(T) > 0$ 使得

$$0 \leqslant n_h(x,t) \leqslant C, \quad |j_h(x,t)| \leqslant C n_h(x,t). \tag{3.52}$$

证明 设 $0 < k < 2\tau_0$. 对 $t_i \leqslant t < t_{i+1}$ ($i \geqslant 0$ 是整数), Riemann 不变量性质和引理 3.8 蕴涵

$$\begin{aligned} w_h(x,t) &= \underline{w}_h(x,t)\Big(1 - \frac{t-t_i}{2\tau}\Big) + \Big[\int_0^1 G_x(\underline{n}_h - D)d\xi - \frac{\underline{z}_h(x,t)}{2\tau}\Big](t-t_i) \\ &\leqslant \sup_x \underline{w}_h(x, t_i+0)\Big(1 - \frac{t-t_i}{2\tau}\Big) - \inf_x \underline{z}_h(x, t_i+0)\frac{t-t_i}{2\tau} + \tilde{M}k, \end{aligned}$$

$$z_h(x,t)=\underline{z}_h(x,t)\Big(1-\frac{t-t_i}{2\tau}\Big)+\left[\int_0^1 G_x(\underline{n}_h-D)d\xi-\frac{\underline{w}_h(x,t)}{2\tau}\right](t-t_i)$$
$$\geqslant \inf_x \underline{z}_h(x,t_i+0)\Big(1-\frac{t-t_i}{2\tau}\Big)-\sup_x \underline{w}_h(x,t_i+0)\frac{t-t_i}{2\tau}-\tilde{M}k.$$

令 $\alpha_i=\max\{\sup_x \underline{w}_h(x,t_i+0),-\inf_x \underline{z}_h(x,t_i+0)\}$, 则

$$\max\Big\{\sup_x \underline{w}_h(x,t_{i+1}-0),-\inf_x \underline{z}_h(x,t_{i+1}-0)\Big\}\leqslant \alpha_i+\tilde{M}k.$$

由此得

$$\alpha_{i+1}\leqslant \alpha_i+\tilde{M}k, \tag{3.53}$$
$$\alpha_i\leqslant \alpha_0+\tilde{M}T, \tag{3.54}$$

其中 $\alpha_0=\max\{\sup_x w_0(x),-\inf_x z_0(x)\}$. 于是,

$$w_h(x,t)\leqslant \alpha_0+\tilde{M}T,\quad z_h(x,t)\geqslant -\alpha_0-\tilde{M}T,\quad w_h(x,t)-z_h(x,t)\geqslant 0.$$

故存在不依赖于 h 和 k 的一个常数 $C(T)>0$ 使得

$$0\leqslant n_h(x,t)\leqslant C,\quad |j_h(x,t)|\leqslant Cn_h(x,t).$$ □

现在, 可以选定时间网距 $k=k(h)$. 令

$$\lambda=\max_{i=1,2}\left\{\sup_{0\leqslant n\leqslant C,|j|\leqslant Cn}|\lambda_i(n,j)|\right\},$$

则取定

$$k=\frac{T}{l},\quad l=\max\left\{\left[\frac{4\lambda T}{h}\right]+1,\left[\frac{T}{2\tau_0}\right]+1\right\}. \tag{3.55}$$

上述 k 满足 CFL 条件和 $0<k<2\tau_0$.

3.1.1.5 熵耗散测度的紧性

在本节中, 将估计由弱熵对 (η,q) 和 Godunov 格式逼近解诱导的熵耗散测度 $\eta(v_h)_t+q(v_h)_x$ 的 $H^{-1}_{\rm loc}$-紧性.

首先, 估计控制着所有其他弱熵对的力学熵对. 其次, 代替 $H^{-1}_{\rm loc}$ 紧性, 由对偶性和 Sobolev 插值不等式, 对 $1<p\leqslant 2<r<\infty$ 证明熵耗散测度的 $W^{-1,p}$ 紧性和 $W^{-1,r}$ 有界性. 为了记号上的方便, 在如下论证中将省略逼近解 v_h 和 Riemann 解 $\underline{v}_h$ 的下标 h.

引理 3.10 设 v 是上节中定义的逼近解, 则存在不依赖于 h 的一个常数 C 使得

$$\sum_{i,m}\int_{x_{m-1}}^{x_m}|v(x,t_i-0)-v_m^i|^2dx\leqslant C. \tag{3.56}$$

证明 考虑力学熵对

$$\eta_*=\frac{1}{2}\frac{j^2}{n}+\frac{n^\gamma}{\gamma(\gamma-1)},\quad q_*=\frac{1}{2}\frac{j^3}{n^2}+\frac{1}{\gamma-1}n^{\gamma-1}j.$$

对 $t_i\leqslant t<t_{i+1}$, 由 Green 公式得

$$\sum_{m=1}^N\int_{x_{m-1}}^{x_m}(\eta_*(\underline{v}^{i+1})-\eta_*(v_m^i))dx+\int_{t_i}^{t_{i+1}}\sum\{\sigma[\eta_*]-[q_*]\}dt=0, \tag{3.57}$$

其中 $\underline{v}^{i+1}=\underline{v}(x,t_{i+1}-0)$, $\sum$ 的含义同引理 3.8, 以及

$$\begin{aligned}
&[\eta_*]=\eta_*(\underline{v}(x(t)+0,t))-\eta_*(\underline{v}(x(t)-0,t)),\\
&[q_*]=q_*(\underline{v}(x(t)+0,t))-q_*(\underline{v}(x(t)-0,t)),\quad t_i\leqslant t<t_{i+1}.
\end{aligned}$$

在 (3.57) 中关于 i 求和得

$$\begin{aligned}
&\sum_{1\leqslant i\leqslant l-1,1\leqslant m\leqslant N}\int(\eta_*(\underline{v}^i)-\eta_*(v_m^i))dx+\int_0^T\sum\{\sigma[\eta_*]-[q_*]\}dt\\
=&\int_0^1(\eta_*(\underline{v}_0(x))-\eta_*(\underline{v}(x,T-0)))dx,
\end{aligned} \tag{3.58}$$

其中 $\int=\int_{x_{m-1}}^{x_m}$. 由 $\underline{v}$ 的一致有界性, (3.58) 的右端可以被一个与 h 无关的常数 $C>0$ 控制住; 即,

$$\sum_{i,m}\int(\eta_*(\underline{v}^i)-\eta_*(v_m^i))dx+\int_0^T\sum\{\sigma[\eta_*]-[q_*]\}dt\leqslant C. \tag{3.59}$$

在单元格 (x_{m-1},x_m) 上, 将 (3.59) 中的第一项分解为两部分:

$$\begin{aligned}
&\int_{x_{m-1}}^{x_m}(\eta_*(\underline{v}^i)-\eta_*(v_m^i))dx\\
=&\int_{x_{m-1}}^{x_m}(\eta_*(v^i)-\eta_*(v_m^i))dx+\int_{x_{m-1}}^{x_m}(\eta_*(\underline{v}^i)-\eta_*(v^i))dx\\
=&A_m^i+R_m^i,
\end{aligned}$$

其中 $v^i = v(x,t_i-0)$. 注意到 A_m^i 和 R_m^i 分别由单元格-平均算子和再造步骤产生.

对 A_m^i, 取 $\eta_*(v^i)$ 的 Taylor 展开式得

$$\eta_*(v^i)=\eta_*(v_m^i)+\nabla\eta_*(v_m^i)(v^i-v_m^i)+\frac{1}{2}(v^i-v_m^i)^{\mathrm{T}}\nabla^2\eta_*(\xi_m^i)(v^i-v_m^i),\qquad(3.60)$$

其中 ξ_m^i 是一个中值. 在单元格上积分 (3.60) 并利用 v_m^i 是 v^i 在对应单元格上的均值这一事实, 可得

$$A_m^i=\frac{1}{2}\int_{x_{m-1}}^{x_m}(v^i-v_m^i)^{\mathrm{T}}\nabla^2\eta_*(\xi_m^i)(v^i-v_m^i)dx.\qquad(3.61)$$

对 R_m^i, 有

$$\begin{aligned}R_m^i&=\int_{x_{m-1}}^{x_m}\left[\int_0^1\nabla\eta_*(v^i+\theta(\underline{v}^i-v^i))d\theta(\underline{v}^i-v^i)\right]dx\\&=-k\int_{x_{m-1}}^{x_m}\left[\int_0^1\nabla\eta_*(v^i+\theta(\underline{v}^i-v^i))d\theta V(\underline{v}^i)\right]dx.\end{aligned}$$

由逼近解的一致有界性, 得

$$|R_m^i|\leqslant Chk.\qquad(3.62)$$

关于所有的单元格求和, 再由 (3.59), (3.61) 和 (3.62), 有

$$\sum_{i,m}\int(v^i-v_m^i)^{\mathrm{T}}\nabla^2\eta_*(\xi_m^i)(v^i-v_m^i)dx+2\int_0^T\sum\{\sigma[\eta_*]-[q_*]\}dt\leqslant C.\qquad(3.63)$$

因为 (η_*,q_*) 是一个凸熵对, 点熵 $\sigma[\eta_*]-[q_*]\geqslant 0$ 在穿过激波时成立. 由 (3.63), 得

$$\int_0^T\sum\{\sigma[\eta_*]-[q_*]\}dt\leqslant C,\qquad(3.64)$$

$$\sum_{i,m}\int(v^i-v_m^i)^{\mathrm{T}}\nabla^2\eta_*(\xi_m^i)(v^i-v_m^i)dx\leqslant C.\qquad(3.65)$$

特别地, η_* 是严格凸的; 即, 存在一个常数 $\alpha>0$ 使得 $v^{\mathrm{T}}\nabla^2\eta_* v\geqslant\alpha|v|^2$. 再由 (3.65) 可知 (3.56) 成立. □

下面介绍三个已知引理.

引理 3.11 设 $0\leqslant n\leqslant C,|j|\leqslant Cn$, 则存在常数 $\bar{C}>0$ 使得对任意的弱熵对 (η,q), 有

$$|\nabla\eta|\leqslant\bar{C},\quad|\nabla q|\leqslant\bar{C},\qquad(3.66)$$

$$|v^{\mathrm{T}}\nabla^2\eta v|\leqslant\bar{C}v^{\mathrm{T}}\nabla^2\eta_* v.\qquad(3.67)$$

引理 3.12　对任意的弱熵对 (η, q), 存在常数 $C>0$ 使得

$$|\sigma[\eta]-[q]| \leqslant C\{\sigma[\eta_*]-[q_*]\}. \tag{3.68}$$

引理 3.13　设 $\Omega \subset \mathbb{R}^d$ 是一个有界开集, 则 ($W^{-1,p}(\Omega)$ 中的紧集) $\bigcap$ ($W^{-1,r}(\Omega)$ 中的有界集) $\subset$ ($H_{\mathrm{loc}}^{-1}(\Omega)$ 中的紧集), 对 $1<p \leqslant 2<r<\infty$ 成立.

现在, 可以证明熵耗散测度序列 $\eta(v)_t+q(v)_x$ 在 H_{loc}^{-1} 中是紧的.

定理 3.14　假设定理 3.9 中的条件成立, 则

$$\text{测度的集合}\{\eta(v)_t+q(v)_x\}\text{在}H_{\mathrm{loc}}^{-1}(Q)\text{中是紧的}, \tag{3.69}$$

对任意的弱熵对 (η, q) 和任意开子集 $Q \subset \overline{\Omega}_T$ 成立.

证明　对任意的 $\psi \in C_0^{\infty}(Q)$, 考察

$$\int_0^T \int_0^1(\eta(v) \psi_t+q(v) \psi_x) d x d t=A(\psi)+R(\psi)+B(\psi)+\Sigma(\psi)+S(\psi), \tag{3.70}$$

其中

$$A(\psi)=\sum_{i, m} \int(\eta(v^i)-\eta(v_m^i)) \psi(x, t_i) d x, \tag{3.71}$$

$$R(\psi)=\sum_{i, m} \int(\eta(\underline{v}^i)-\eta(v^i)) \psi(x, t_i) d x, \tag{3.72}$$

$$B(\psi)=\int_0^1[\eta(\underline{v}(x, T)) \psi(x, T)-\eta(\underline{v}(x, 0)) \psi(x, 0)] d x, \tag{3.73}$$

$$\Sigma(\psi)=\int_0^T \sum\{\sigma[\eta]-[q]\} \psi(x(t), t) d t, \tag{3.74}$$

$$S(\psi)=\int_0^T \int_0^1[(\eta(v)-\eta(\underline{v})) \psi_t+(q(v)-q(\underline{v})) \psi_x] d x d t. \tag{3.75}$$

注意到在区域 $\Omega \times (t_i, t_{i+1}), 0 \leqslant i \leqslant l-1$ 中熵耗散测度 $\eta(v)_t+q(v)_x$ 主要被支撑在 Riemann 解 $\underline{v}$ 的激波以及交界线 $\Omega \times \{t_i\}, 0 \leqslant i \leqslant l-1$ 上. 项 $\Sigma(\psi)$ 由 $\underline{v}$ 中的激波产生, $S(\psi)$ 由再造步骤产生; $A(\psi)$ 和 $R(\psi)$ 分别由在所有的离散时间阶段 t_i 处的单元格-平均算子和再造步骤产生. 下面, 将逐一估计它们.

(a) 分拆 $A(\psi)$ 为两部分

$$\begin{aligned} A(\psi)= & \sum_{i, m} \psi_m^i \int(\eta(v^i)-\eta(v_m^i)) d x \\ & +\sum_{i, m} \int(\eta(v^i)-\eta(v_m^i))(\psi^i-\psi_m^i) d x \\ \equiv & A_1(\psi)+A_2(\psi), \end{aligned} \tag{3.76}$$

其中 $\psi_m^i = \psi(x_m, t_i)$ 和 $\psi^i = \psi(x, t_i)$.

对 $A_1(\psi)$, 由 (3.60)–(3.61), (3.65) 和 (3.67), 得

$$\begin{aligned}|A_1(\psi)| &= \frac{1}{2}\Big|\sum_{i,m}\psi_m^i\int(v^i - v_m^i)^{\mathrm{T}}\nabla^2\eta(\xi_m^i)(v^i - v_m^i)dx\Big| \\ &\leqslant C\|\psi\|_\infty\sum_{i,m}\int(v^i - v_m^i)^{\mathrm{T}}\nabla^2\eta_*(\xi_m^i)(v^i - v_m^i)dx \\ &\leqslant C\|\psi\|_\infty. \end{aligned} \tag{3.77}$$

对 $A_2(\psi)$, 由 Hölder 不等式, 式 (3.56) 和 (3.66), 有

$$\begin{aligned}|A_2(\psi)| &= \left(\sum_{i,m}\int(\psi^i - \psi_m^i)^2dx\right)^{\frac{1}{2}}\left(\sum_{i,m}\int(\eta(v^i) - \eta(v_m^i))^2dx\right)^{\frac{1}{2}} \\ &\leqslant \left(\frac{h}{2}\right)^{\alpha-\frac{1}{2}}\|\psi\|_{C_0^\alpha}\left(\sum_{i,m}\int|x - x_m|dx\right)^{\frac{1}{2}}\left(\sum_{i,m}\int|\nabla\eta(v^i - v_m^i)|^2dx\right)^{\frac{1}{2}} \\ &\leqslant Ch^{\alpha-\frac{1}{2}}\|\nabla\eta\|_\infty\|\psi\|_{C_0^\alpha}\left(\sum_{i,m}\int(v^i - v_m^i)^2dx\right)^{\frac{1}{2}} \\ &\leqslant Ch^{\alpha-\frac{1}{2}}\|\psi\|_{C_0^\alpha}, \end{aligned} \tag{3.78}$$

其中 $\frac{1}{2} < \alpha < 1$.

(b) 估计项 $R(\psi)$, 由 (3.66) 和 v 的一致有界性, 得

$$\begin{aligned}|R(\psi)| &\leqslant \sum_{i,m}\int|\nabla\eta(\xi_m^i)(\underline{v}^i - v^i)\psi^i|dx \\ &\leqslant k\|\nabla\eta\|_\infty\|\psi\|_\infty\sum_{i,m}\int|V(\underline{v}^i)|dx \\ &\leqslant C\|V(\underline{v})\|_\infty\|\psi\|_\infty\sum_{i,m}hk \leqslant C\|\psi\|_\infty. \end{aligned} \tag{3.79}$$

(c) 易得

$$|B(\psi)| \leqslant \|\psi\|_\infty\int_0^1(|\eta(\underline{v}(x,T))| + |\eta(\underline{v}(x,0))|)dx \leqslant C\|\psi\|_\infty. \tag{3.80}$$

(d) 由 (3.64) 和 (3.68)

$$\begin{aligned}|\varSigma(\psi)| &\leqslant \|\psi\|_\infty\int_0^T\sum|\sigma[\eta] - [q]|dt \\ &\leqslant C\|\psi\|_\infty\int_0^T\sum|\sigma[\eta_*] - [q_*]|dt \leqslant C\|\psi\|_\infty. \end{aligned} \tag{3.81}$$

(e) 由 (3.66), 得

$$
\begin{aligned}
|S(\psi)| &\leqslant \int_0^T \int_0^1 (|\nabla\eta(\xi_1)||\psi_t| + |\nabla q(\xi_2)||\psi_x|)|v-\underline{v}|dxdt \\
&\leqslant k\|V_2(\underline{v})\|_\infty(\|\nabla\eta\|_\infty + \|\nabla q\|_\infty)\int_0^T\int_0^1(|\psi_t|+|\psi_x|)dxdt \\
&\leqslant Ch\|\psi\|_{H_0^1(Q)}.
\end{aligned} \tag{3.82}
$$

因为 $C_0^\infty(Q)$ 在 $H_0^1(Q)$ 中稠密, 所以

$$
\|S\|_{H_{\mathrm{loc}}^{-1}(Q)} \leqslant Ch \to 0, \quad 当\ h\to 0.
$$

从而,

$$
S在H_{\mathrm{loc}}^{-1}(Q)中是紧的. \tag{3.83}
$$

利用上述估计, 应用引理 3.13 可得在 $H_{\mathrm{loc}}^{-1}(Q)$ 中的紧性. 首先, 由 (3.77) 和 (3.79)–(3.81), 有

$$
\|A_1+R+B+\varSigma\|_{(C_0)^*} \leqslant C.
$$

由嵌入定理, $(C_0(Q))^* \hookrightarrow W^{-1,p_0}(Q)$ 是紧的, $1<p_0<2$. 因此,

$$
A_1+R+B+\varSigma\ 在\ W^{-1,p_0}(Q)中是紧的. \tag{3.84}
$$

由 Sobolev 嵌入定理, $W_0^{1,p_1}(Q)\subset C_0^\beta(Q)$, $0<\beta<1-\dfrac{2}{p_1}$, 以及估计 (3.78), 有

$$
|A_2(\psi)| \leqslant Ch^{\alpha-\frac12}\|\psi\|_{W_0^{1,p_1}(Q)}, \quad p_1 > \frac{2}{1-\alpha}.
$$

由对偶性得

$$
\|A_2\|_{W^{-1,p_2}(Q)} \leqslant Ch^{\alpha-\frac12} \to 0, \quad 当\ h\to 0, \quad 1<p_2<\frac{2}{1+\alpha}.
$$

于是,

$$
A_2在W^{-1,p_2}(Q)中是紧的. \tag{3.85}
$$

综合 (3.84)–(3.85), 可得

$$
A+R+B+\varSigma = A_1+A_2+R+B+\varSigma\ 在\ W^{-1,p}(Q)中是紧的, \tag{3.86}
$$

其中 $1<p<\min\{p_0,p_2\}$.

接下来, 由 v 的一致有界性, 可得如下事实:

$$
\eta(v)_t + q(v)_x - S在W^{-1,\infty}(Q)中是有界的.
$$

因为 Q 是有界的, 上述陈述蕴涵

$$\eta(v)_t+q(v)_x-S\text{在}W^{-1,r}(Q)\text{中是有界的},\quad r>1.$$

即,

$$A+R+B+\Sigma\text{在}W^{-1,r}(Q)\text{中是有界的},\quad r>1. \tag{3.87}$$

由 (3.86)–(3.87) 和引理 3.13 可得

$$A+R+B+\Sigma\text{在}H^{-1}_{\mathrm{loc}}(Q)\text{中是紧的}. \tag{3.88}$$

即,

$$\eta(v)_t+q(v)_x-S\text{在}H^{-1}_{\mathrm{loc}}(Q)\text{中是紧的}. \tag{3.89}$$

由 (3.83) 和 (3.89), 有 (3.69). □

综合定理 3.9 和定理 3.14, 已得逼近解 v_h 的如下框架.

定理 3.15 设初值 (n_0,j_0), 给定函数 $D(x)$ 和 τ 满足条件

$$0\leqslant n_0(x)\leqslant M_1,\quad n_0(x)\not\equiv 0,\quad |j_0|\leqslant M_2n_0(x), \tag{3.90}$$

$$|D(x)|\leqslant M_3,\quad 0<\tau_0\leqslant\tau. \tag{3.91}$$

则逼近解 v_h 满足:

(1) 存在常数 $C(T)>0$ 使得

$$0\leqslant n_h(x,t)\leqslant C,\quad |j_h(x,t)|\leqslant Cn_h(x,t),\quad (x,t)\in\overline{\Omega}_T. \tag{3.92}$$

(2) 对任意的区域 $Q\subset\overline{\Omega}_T$ 和任意的弱熵对 (η,q), 熵耗散测度序列 $\eta(v_h)_t+q(v_h)_x$ 在 $H^{-1}_{\mathrm{loc}}(Q)$ 中是紧的.

3.1.1.6 收敛性与存在性定理

在本节中, 建立 Godunov 格式逼近解序列 v_h 的收敛性并证明一维 HD 模型 (3.9)–(3.11) 的一个物理弱解的存在性.

对给定的函数 $\tau=\tau(n,j)$, 假设 τ 满足一致 Lipschitz 条件, 即,

$$|\tau(n_2,j_2)-\tau(n_1,j_1)|\leqslant L(|n_2-n_1|+|j_2-j_1|), \tag{3.93}$$

其中常数 $L>0$ 与 (n,j) 无关. 主要定理陈述并证明如下.

定理 3.16 假设定理 3.15 中的条件成立, 则

(1) 对 $1<\gamma\leqslant\dfrac{5}{3}$, 逼近解序列 $v_h=(n_h,j_h)$ 有一个收敛子序列, 仍记作 v_h, 使得

$$(n_h(x,t),j_h(x,t))\to(n(x,t),j(x,t))\quad \text{a.e.}, \tag{3.94}$$

且存在一个常数 $C(T)>0$ 使得

$$0\leqslant n(x,t)\leqslant C,\quad |j(x,t)|\leqslant Cn(x,t)\quad \text{a.e.} \tag{3.95}$$

(2) 对满足 (3.93) 的 τ, 有界可测函数对 $(n(x,t),j(x,t))$ 是 (3.21)–(3.22) 的一个物理弱解; 即, (n,j) 满足 (3.23)–(3.24) 和 (3.26).

证明　(1) 由定理 3.15 和上述已知引理, 可得一个收敛子序列, 仍记作 v_h, 使得

$$(n_h(x,t),j_h(x,t))\to(n(x,t),j(x,t))\quad \text{a.e.,}$$

且易见, $0\leqslant n(x,t)\leqslant C, |j(x,t)|\leqslant Cn(x,t)$ a.e.

(2) (a) 对任意的 $\psi\in C_0^\infty(\Omega_T)$ 满足 $\psi(x,T)=0,\psi(0,t)=\psi(1,t)=0$, 考察如下积分恒等式:

$$\int_0^T\int_0^1(n_h\psi_t+j_h\psi_x)dxdt+\int_{t=0}n_h\psi dx=A(\psi)+R(\psi), \tag{3.96}$$

其中

$$A(\psi)=\sum_{i,m}\int(n_h^i-n_m^i)\psi^i dx, \tag{3.97}$$

$$R(\psi)=\sum_{i,m}\int_{t_i}^{t_{i+1}}\int(j_h-\underline{j}_h)\psi_x dxdt. \tag{3.98}$$

可以断言 $A(\psi),R(\psi)\to 0$, 当 $h\to 0$. 事实上, 利用 Hölder 不等式, (3.56), 以及 n_m^i 是 n_h 在单元格 (x_{m-1},x_m) 上的平均值, 有

$$\begin{aligned}|A(\psi)|=&\Big|\sum_{i,m}\int(n_h^i-n_m^i)(\psi^i-\psi_m^i)dx\Big|\\ \leqslant&\Big(\sum_{i,m}\int|\psi^i-\psi_m^i|^2dx\Big)^{\frac12}\Big(\sum_{i,m}\int|n_h^i-n_m^i|^2dx\Big)^{\frac12}\\ \leqslant&\Big(\frac h2\Big)^{\frac12}\|\psi\|_{C^1}\Big(\sum_{i,m}\int|x-x_m|dx\Big)^{\frac12}\Big(\sum_{i,m}\int|n_h^i-n_m^i|^2dx\Big)^{\frac12}\\ \leqslant&Ch^{\frac12}\|\psi\|_{C^1}\to 0,\quad \text{当 } h\to 0.\end{aligned} \tag{3.99}$$

由 v_h 的一致有界性, 得

$$\begin{aligned}|R(\psi)|=&\Big|\sum_{i,m}\int_{t_i}^{t_{i+1}}\int V_2(\underline{v}_h)\psi_x(t-t_i)dxdt\Big|\\ \leqslant&k\|V_2(\underline{v}_h)\|_\infty\int_0^T\int_0^1|\psi_x|dxdt\\ \leqslant&Ch\|\psi\|_{C^1}\to 0,\quad \text{当 } h\to 0.\end{aligned} \tag{3.100}$$

于是, 由 (3.99)–(3.100) 可得

$$\lim_{h\to 0}\left(\int_0^T\int_0^1 (n_h\psi_t + j_h\psi_x)dxdt + \int_{t=0} n_h\psi dx\right) = 0. \tag{3.101}$$

应用控制收敛定理于 (3.101), 有

$$\int_0^T\int_0^1 (n\psi_t + j\psi_x)dxdt + \int_{t=0} n_0(x)\psi dx = 0. \tag{3.102}$$

(b) 对任意的 $\psi \in C_0^1(\Omega_T)$ 满足 $\psi(0,t) = \psi(1,t) = 0, t \geqslant 0$ 和 $\psi(x,T) = 0, 0 \leqslant x \leqslant 1$, 考察如下积分恒等式:

$$\int_0^T\int_0^1 (j_h\psi_t + f_2(v_h)\psi_x + V_2(v_h)\psi)dxdt + \int_{t=0} j_h\psi dx = A(\psi) + R(\psi), \tag{3.103}$$

其中 $f_2(v) = \dfrac{j^2}{n} + \dfrac{n^\gamma}{\gamma}$,

$$A(\psi) = \sum_{i,m}\int (\underline{j}_h^i - j_m^i)\psi^i dx + \sum_{i,m}\int\int V_2(\underline{v}_h)\psi dxdt \tag{3.104}$$

和

$$\begin{aligned} R(\psi) = &\sum_{i,m}\int\int [(j_h - \underline{j}_h)\psi_t + (f_2(v_h) - f_2(\underline{v}_h))\psi_x \\ &+ (V_2(v_h) - V_2(\underline{v}_h))\psi]dxdt, \end{aligned} \tag{3.105}$$

其中 $\int\int = \int_{t_i}^{t_{i+1}}\int_{x_{m-1}}^{x_m}$.

首先估计 $R(\psi)$. 由 (3.93), v_h 的一致有界性, 以及不等式 $|j_h - \underline{j}_h| \leqslant |V_2(\underline{v}_h)|k$, 有

$$\begin{aligned} |R(\psi)| \leqslant & k\sum_{i,m}\int\int \left[|\psi_t| + |\psi_x| + |f_2(\xi_m^i)| + |\psi|\left(\frac{1}{\tau_0} + \frac{L|\underline{j}_h|}{\tau_0^2}\right)\right]|V_2(\underline{v}_h)|dxdt \\ \leqslant & Ch\|\psi\|_{C^1} \to 0, \quad 当\ h \to 0, \end{aligned} \tag{3.106}$$

其中 ξ_m^i 是 v_h 在区域 $(x_{m-1}, x_m) \times (t_i, t_{i+1})$ 上的平均值.

为估计 $A(\psi)$, 将 $A(\psi)$ 分拆成三个部分:

$$A(\psi) = \left\{\sum_{i,m}\int (\underline{j}_h^i - j_m^i)(\psi^i - \psi_m^i)dx\right\}$$

$$
\begin{aligned}
&+\left\{\sum_{i,m}\int\int V_2(\underline{v}_h)(\psi-\psi_m^i)dxdt\right\}\\
&+\left\{\sum_{i,m}\int\int(V_2(\underline{v}_h)-V_2(\underline{v}_h^i))\psi_m^i dxdt\right\}\\
\equiv\, &A_1(\psi)+A_2(\psi)+A_3(\psi).
\end{aligned}\tag{3.107}
$$

对 $A_1(\psi)$ 和 $A_2(\psi)$, 有

$$
\begin{aligned}
|A_1(\psi)|=&\left|\sum_{i,m}\int(kV_2(\underline{v}_h^i)+\underline{j}_h^i-j_m^i)(\psi^i-\psi_m^i)dx\right|\\
\leqslant&\left(\sum_{i,m}\int(\psi-\psi_m^i)^2dx\right)^{\frac{1}{2}}\left[k\left(\sum_{i,m}\int V_2^2(\underline{v}_h^i)\right)^{\frac{1}{2}}\right.\\
&\left.+\left(\sum_{i,m}\int(\underline{j}_h^i-j_m^i)^2\right)^{\frac{1}{2}}\right]\quad(\text{由引理 } 3.10)\\
\leqslant&\left(\frac{h}{2}\right)^{\frac{1}{2}}\|\psi\|_{C^1}\left(l\sum_m\int|x-x_m|dx\right)^{\frac{1}{2}}(T\|V_2^2(\underline{v}_h)\|_\infty+C)\\
\leqslant&\, Ch^{\frac{1}{2}}\|\psi\|_{C^1}\to 0,\quad h\to 0
\end{aligned}\tag{3.108}
$$

和

$$
\begin{aligned}
|A_2(\psi)|\leqslant&\sum_{i,m}\int\int|V_2(\underline{v}_h)|\left(\frac{|\psi^i-\psi_m^i|}{|x-x_m|}h+\frac{|\psi(x,t)-\psi^i|}{|t-t_i|}\right)dxdt\\
\leqslant&\, Ch\|\psi\|_{C^1}\to 0,\quad h\to 0.
\end{aligned}\tag{3.109}
$$

由 (3.93)、引理 3.5 和引理 3.6, 有

$$
\begin{aligned}
|A_3(\psi)|=&\left|\sum_{i,m}\int\int\psi_m^i(V_2(\underline{v}_h)-V_2(\underline{v}_h^i))dxdt\right|\\
\leqslant&\, C\|\psi\|_\infty\sum_{i,m}\int\int(|\underline{n}_h-\underline{n}_h^i|+|\underline{j}_h-\underline{j}_h^i|)dxdt\\
\leqslant&\, C\|\psi\|_\infty\sum_{i,m}\int\int|\underline{n}_h-\underline{n}_h^i|dxdt\quad(\text{由引理 } 3.5)\\
\leqslant&\, C\|\psi\|_\infty\sum_{i,m}\int\varepsilon hdt\quad(\text{由引理 } 3.6)\\
\leqslant&\, C\varepsilon\|\psi\|_\infty,
\end{aligned}\tag{3.110}
$$

其中 $\varepsilon > 0$ 是一个任意小的常数.

由 (3.106)–(3.110) 得

$$\lim_{h\to 0}\left(\int_0^T\int_0^1 (j_h\psi_t + f_2(v_h)\psi_x + V_2(v_h)\psi)dxdt + \int_{t=0} j_h\psi dx\right) = 0. \tag{3.111}$$

由控制收敛定理, 有

$$\begin{aligned}&\int_0^T\int_0^1 \left(j\psi_t + \left(\frac{j^2}{n}+\frac{n^\gamma}{\gamma}\right)\psi_x\right)dxdt\\ &+\int_0^T\int_0^1\left(n\int_0^1 G_x(n-D)d\xi - \frac{j}{\tau}\right)\psi dxdt + \int_{t=0} j_0\psi dx = 0.\end{aligned} \tag{3.112}$$

(c) 对任意的弱凸熵对 (η, q) 和任意的非负函数 $\varphi \in C_0^\infty(\Omega_T)$, 考察如下积分恒等式:

$$\int_0^T\int_0^1 (\eta(v_h)\varphi_t + q(v_h)\varphi_x)dxdt = A(\varphi) + R(\varphi) + \Sigma(\varphi) + S(\varphi), \tag{3.113}$$

其中 $A(\varphi), R(\varphi), \Sigma(\varphi)$ 和 $S(\varphi)$ 与 (3.70) 类似.

因为 (η, q) 是一个凸熵对且 $\varphi \geqslant 0$, 有

$$\Sigma(\varphi) \geqslant 0, \tag{3.114}$$

$$\begin{aligned}A(\varphi) =& \sum_{i,m}\varphi_m^i\int (v_h^i - v_m^i)^{\mathrm{T}}\nabla^2\eta(\xi_m^i)(v_h^i - v_m^i)dx\\ &+\sum_{i,m}\int(\eta(v_h^i) - \eta(v_m^i))(\varphi^i - \varphi_m^i)dx\\ \geqslant& \sum_{i,m}\int(\eta(v_h^i) - \eta(v_m^i))(\varphi^i - \varphi_m^i)dx\\ \geqslant& -Ch^{\alpha-\frac{1}{2}}\|\varphi\|_{C_0^\alpha}, \quad \frac{1}{2} < \alpha < 1.\end{aligned} \tag{3.115}$$

同 (3.82), 有

$$\Sigma(\varphi) \geqslant -Ch\|\varphi\|_{H_0^1}. \tag{3.116}$$

由 $n_h(x,t) = \underline{n}(x,t)$ 以及

$$j_h(x,t) = \underline{j}_h(x,t) + V_2(\underline{v}_h(x,t))(t_i - t_{i-1}),$$

对 $t_{i-1} \leqslant t < t_i$, 得

$$|V_2(v_h^i) - V_2(\underline{v}_h^i)| \leqslant Ch.$$

于是,

$$
\begin{aligned}
R(\varphi) =& -k\sum_{i,m}\int\left(\int_0^1 \eta_j(v_h^i+\theta(\underline{v}_h^i-v_h^i))d\theta\right)V_2(\underline{v}_h^i)\varphi^i dx\\
=& -k\sum_{i,m}\int\left(\int_0^1 \eta_j(v_h^i+\theta(\underline{v}_h^i-v_h^i))d\theta\right)(V_2(\underline{v}_h^i)-V_2(v_h^i))\varphi^i dx\\
& -k\sum_{i,m}\int\left(\int_0^1 \eta_j(v_h^i+\theta(\underline{v}_h^i-v_h^i))d\theta\right)V_2(v_h^i)\varphi^i dx\\
\geqslant& -Ch-\sum_i k\int_0^1\left(\int_0^1 \eta_j(v_h^i+\theta(\underline{v}_h^i-v_h^i))d\theta\right)V_2(v_h^i)\varphi^i dx. \qquad (3.117)
\end{aligned}
$$

由 (3.113)–(3.117) 得

$$
\begin{aligned}
& \int_0^T\int_0^1(\eta(v_h)\varphi_t+q(v_h)\varphi_x)dxdt\\
& +\sum_{i=1}^{l} k\int_0^1\left(\int_0^1 \eta_j(v_h^i+\theta(\underline{v}_h^i-v_h^i))d\theta\right)V_2(v_h^i)\varphi^i dx\\
\geqslant& -C(\|\varphi\|_{C_0^\alpha}+h^{\frac{3}{2}-\alpha}(1+\|\varphi\|_{H_0^1}))h^{\alpha-\frac{1}{2}}, \quad \frac{1}{2}<\alpha<1. \qquad (3.118)
\end{aligned}
$$

在 (3.118) 中令 $h\to 0$ 并利用 $v_h\to v$ a.e., 可得如下熵条件:

$$
\int_0^T\int_0^1(\eta(v)\varphi_t+q(v)\varphi_x)dxdt+\int_0^T\int_0^1\eta_j(v)V_2(v)\varphi dxdt\geqslant 0. \qquad (3.119)
$$

这就完成了主要结果的证明. □

注解 3.1 因为 $0\leqslant n_h(x,t)\leqslant C, |j_h(x,t)|\leqslant Cn_h(x,t)$, 以及 $(n_h(x,t),j_h(x,t))\to(n(x,t),j(x,t))$ a.e., 可定义 $u(x,t)\equiv\dfrac{j(x,t)}{n(x,t)}$ a.e. (如果 $n(x,t)=0$, 则 $u(x,t)=0$). 于是, (n,u) 满足限制条件 $0\leqslant n(x,t)\leqslant C, |u(x,t)|\leqslant C$ a.e. 以及如下两个积分恒等式和熵条件:

$$
\int_0^T\int_0^1(n\psi_t+nu\psi_x)dxdt+\int_{t=0}n_0\psi dx=0, \qquad (3.120)
$$

$$
\begin{aligned}
& \int_0^T\int_0^1(nu\psi_t+(nu^2+p(n))\psi_x)dxdt\\
& +\int_0^T\int_0^1\left(\int_0^1 G_x(n-D)d\xi-\frac{u}{\tau}\right)n\psi dxdt+\int_{t=0}n_0u_0\psi dx=0, \qquad (3.121)
\end{aligned}
$$

$$
\begin{aligned}
& \int_0^T\int_0^1(\eta(n,nu)\varphi_t+q(n,nu)\varphi_x)dxdt\\
& +\int_0^T\int_0^1\eta_{nu}(n,nu)\left(\int_0^1 G_x(n-D)d\xi-\frac{u}{\tau}\right)n\varphi dxdt\geqslant 0, \qquad (3.122)
\end{aligned}
$$

其中 ψ 和 φ 分别为定义 3.1 和定理 3.1 中的试验函数.

3.1.2 HD 模型的 IBVP: 局部光滑解

Zhang 在文献 [125] 中考虑了一维单极 HD 模型的初边值问题. 在 Lagrangian 质量坐标系下将 Euler-Poisson 方程组转化为一个拟线性波方程. 于是, 通过拟线性波方程的已知结果得到了 Euler-Poisson 方程组的光滑解的局部存在性.

Zhang 在文献 [125] 中考虑的实则是 HD 模型的一个等价变体 (仍记作 HD 模型):

$$\begin{cases} n_t + (nu)_x = 0, & (3.123\text{a}) \\ u_t + uu_x + \dfrac{1}{n}(p(n))_x = \phi_x - \dfrac{u}{\tau}, & (3.123\text{b}) \\ \phi_{xx} = n - D, & (3.123\text{c}) \end{cases}$$

其中压力-密度函数 $p(n) = kn^\gamma, \gamma \geqslant 1, k > 0$. 正函数 $\tau = \tau(n, u)$ 是动量松弛时间. 器件区域为 x- 区间 $\Omega \equiv (0, 1)$. 对方程 (3.123) 配以如下的初边值条件:

$$(n, u)|_{t=0} = (n_0(x), u_0(x)), \quad 0 \leqslant x \leqslant 1, \tag{3.124a}$$

$$u(0, t) = 0, \quad u(1, t) = 0, \quad t \geqslant 0, \tag{3.124b}$$

$$\phi(0, t) = \phi_1(t), \quad \phi(1, t) = \phi_2(t), \quad t \geqslant 0, \tag{3.124c}$$

由于激波的形成, 无论初边值条件和给定函数多光滑, 初边值问题 (3.123)–(3.124) 一般没有整体光滑解. 因此, 最好在最大时间区间上建立局部光滑解的存在性. 为了得到具有期望正则性的解, 需要如下假设.

(A1) 给定函数的正则性: $\tau(n, u) \in C^3(\mathbb{R}_+ \times \mathbb{R})$, $0 < \tau_0 \leqslant \tau(r, u) \leqslant M$, 以及 $D(x) \in C^3[0, 1]$.

(A2) 初边值条件的正则性: $\phi_i(t) \in C^3[0, T], i = 1, 2$, 对常数 $T > 0$; $n_0 \geqslant m > 0$, $v_0 := 1/n_0, u_0 \in H^3$.

(A3) 相容性条件: 令

$$\begin{aligned} w_0(x) =& \int_0^x v_0 dx - x\int_0^1 v_0 dx, \\ w_1(x) =& u_0 x(x), \\ w_2(x) =& \frac{k\gamma}{v_0^{\gamma+1}} v_0' - \frac{w_1}{\tau(v_0^{-1}, w_1)} + b, \\ w_3 =& \frac{k\gamma}{v_0^{\gamma+1}} u_0'' - \frac{k\gamma(\gamma+1)}{v_0^{\gamma+2}} u_0' v_0' - \frac{w_2}{\tau} \\ & + \frac{w_1}{\tau^2}\left(w_2 \tau_2' - \frac{u_0'}{v_0^2}\tau_1'\right) - \int_0^1 D u_0' dx + c, \end{aligned}$$

其中

$$b = \frac{\phi_2(0) - \phi_1(0) - \int_0^1 \left(\int_0^x v_0 dx \right) (1 - Dv_0) dx}{\int_0^1 v_0 dx},$$

$$c = \frac{\phi_2'(0) - \phi_1'(0) - \int_0^1 u_0(1 - Dv_0) dx - \int_0^1 u_0' \left(\int_0^x u_0 dy \right) dx}{\int_0^1 v_0 dx},$$

假设 $w_k \in H^{4-k} \cap H_0^1, k = 1, 2, 3.$

定理 3.17(局部存在性) 假设条件 (A1), (A2) 和 (A3) 成立, 则对充分小的时间 $T \in (0, \infty)$, 初边值问题 (3.123)–(3.124) 有一个解 (n, u, ϕ) 使得 $n > 0$, $n \in \bigcap_{m=0}^3 C^m([0,T]; H^{3-m})$, $u \in \bigcap_{m=0}^3 C^m([0,T]; H^{4-m})$, 以及 $\phi \in \bigcap_{m=0}^3 C^m([0,T]; H^{5-m})$.

用 Lagrangian 质量坐标, 可将方程组 (3.123) 重置为一个等价的拟线性波方程. 直接使用 Dafermos 和 Hrusa[28] 的结果, 可得该拟线性波方程的局部光滑解的存在唯一性.

Poisson 方程 (3.123c) 满足边值条件 (3.124c) 的解可唯一地由如下公式给出:

$$\phi = \int_0^x G(x, z)(n - D) dz + \phi_1 + x(\phi_2 - \phi_1), \tag{3.125}$$

其中 $G(x, z)$ 是 Green 函数定义为

$$G(x, z) = \begin{cases} x(z - 1), & x < z, \\ z(x - 1), & x > z. \end{cases}$$

将 ϕ_x 代入 (3.123b), 得

$$n_t + (nu)_x = 0, \tag{3.126a}$$

$$u_t + uu_x + \frac{1}{n}(p(n))_x = \int_0^1 G_x(x, z)(n - D) dz - \frac{u}{\tau} + \phi_2 - \phi_1. \tag{3.126b}$$

设 (n, u) 是方程组 (3.126) 的解满足

$$n \in \bigcap_{m=0}^{3} C^m([0,T]; H^{3-m}), \quad u \in \bigcap_{m=0}^{3} C^m([0,T]; H^{4-m}).$$

Euler 坐标 (x, t) 与 Lagrangian 质量坐标 (y, t) 的关系为

$$y = \int_{x(t)}^x n(z, t) dz, \tag{3.127}$$

其中粒子路径 $x(t)$ 满足如下 ODE:

$$
\begin{aligned}
x'(t) &= u(x(t),t),\\
x(0) &= 0
\end{aligned}
$$

变换 $(x,t)\mapsto(y(x,t),t)$ 满足如下方程:

$$
\begin{aligned}
y_x &= n(x,t),\\
y_t &= -n(x,t)u(x,t).
\end{aligned}
$$

由该变换, 方程组 (3.123) 可被方便地重置为

$$v_t - u_y = 0, \tag{3.128a}$$

$$u_t + p\left(\frac{1}{v}\right)_y = \frac{\phi_y}{v} - \frac{u}{\tau}, \tag{3.128b}$$

$$\left(\frac{\phi_y}{v}\right)_y = 1 - Dv, \tag{3.128c}$$

其中 $v = 1/n$. 初边值条件 (3.124) 转化为

$$(v,u)|_{t=0} = (v_0(y), u_0(y)), \quad 0 \leqslant y \leqslant 1, \tag{3.129a}$$

$$u(0,t) = 0, \quad u(1,t) = 0, \quad t \geqslant 0, \tag{3.129b}$$

$$\phi(0,t) = \phi_1(t), \quad \phi(1,t) = \phi_2(t), \quad t \geqslant 0, \tag{3.129c}$$

这里已假设 $\displaystyle\int_0^1 n_0 dx = 1$. 接下来, 研究初边值问题 (3.128)–(3.129). 从 (3.128c) 和 (3.129c) 中求解 $\dfrac{\phi_y}{v}$, 得

$$\frac{\phi_y}{v} = \int_0^y (1 - Dv)dy + f, \tag{3.130}$$

其中

$$f = \left(\phi_2 - \phi_1 - \int_0^1 v\left(\int_0^y (1 - Dv)dy'\right)dy\right)\left(\int_0^1 v_0 dy\right)^{-1}.$$

于是, (3.128) 转化为

$$v_t - u_y = 0, \tag{3.131a}$$

$$u_t + p\left(\frac{1}{v}\right)_y = \int_0^y (1 - Dv)dy - \frac{u}{\tau} + f. \tag{3.131b}$$

因为区域 $\Omega_T := \Omega \times (0,T)$ 是单连通的, 所以存在一个函数 w 满足

$$v = w_y, \quad u = w_t. \tag{3.132}$$

方程 (3.131b) 变为

$$w_{tt} - \frac{k\gamma}{w_y^{\gamma+1}} w_{yy} = \tilde{f} - \frac{w_t}{\tau}, \tag{3.133}$$

其中

$$\tilde{f} = \int_0^y (1 - Dw_y)dy + \left(\phi_2 - \phi_1 + \int_0^1 w_y \left(\int_0^y (1 - Dw_y)dy'\right) dy\right)\left(\int_0^1 v_0 dy\right)^{-1}.$$

初边值条件 (3.129a) 和 (3.129b) 变为

$$\begin{cases} w|_{t=0} = \displaystyle\int_0^y v_0(y)dy + C_1, \quad w_t|_{t=0} = u_0(y), \quad 0 \leqslant y \leqslant 1, \\ w(0,t) = C_2, \quad w(1,t) = C_3, \quad t > 0, \end{cases} \tag{3.134}$$

其中 $C_k, k = 1,2,3$ 是常数满足 $C_2 = C_1$, $C_3 = \int_0^1 v_0(y)dy + C_1$. 不失一般性, 假设 $C_1 = 0$.

引理 3.18　设 $w \in \bigcap_{m=0}^4 C^m([0,T]; H^{4-m})$ 和 $w_y(0,t) = 1/n(0,t) > 0, \forall 0 \leqslant t \leqslant T$, 则 $w_y(y,t)$ 是正的且存在常数 $C > 0$ 使得

$$\int_0^1 w_t^2 dy \leqslant C,$$

$$\int_0^1 \frac{1}{w_y^{\gamma-1}} dy \leqslant C, \quad \text{如果}\gamma > 1,$$

或

$$\int_0^1 \ln w_y dy \leqslant C, \quad \text{如果}\gamma = 1.$$

证明　令 $\alpha(y) = w_y$. 于是, (3.133) 可写为 ODE:

$$\frac{1}{\alpha(y)} \frac{d}{dy} \alpha(y) = \frac{1}{k\gamma} \alpha^\gamma(y) \Big(w_{tt} - \tilde{f} + \frac{w_t}{\tau}\Big).$$

从而

$$\alpha(y) = \frac{1}{n(0,t)} \exp\left\{\frac{1}{k\gamma} \int_0^y \alpha^\gamma \Big(w_{tt} - \tilde{f} + \frac{w_t}{\tau}\Big)\right\}.$$

于是

$$w_y(y,t) \geqslant \frac{1}{\sup_{0\leqslant t\leqslant T} n(0,t)} \exp\left\{\frac{-1}{k\gamma} \sup_{(y,t)\in\overline{\Omega}_T} v^\gamma \left(|u_t| + |\tilde{f}| + \frac{|u|}{\tau_0}\right)\right\} > 0.$$

由 (3.128a) 和 (3.129b), 得

$$\int_0^1 w_y dy = \int_0^1 v dy = \int_0^1 v_0 dy =: \bar{v}_0.$$

于是

$$|\tilde{f}| \leqslant 2\left(1 + \sup_{0\leqslant y\leqslant 1} |D|\bar{v}_0\right) + \sup_{0\leqslant t\leqslant T} (|\phi_1(t)| + |\phi_2(t)|)\bar{v}_0 =: \tilde{M}.$$

由 $\int_0^1 (3.133) w_t dy$, 得

$$\frac{d}{dt}\left(\frac{1}{2}\int_0^1 w_t^2 dy + \frac{k}{\gamma-1}\int_0^1 \frac{1}{w_y^{\gamma-1}} dy\right) + \int_0^1 \frac{w_t^2}{\tau} dy = \int_0^1 \tilde{f} w_t dy, \quad 如果\gamma > 1,$$

或

$$\frac{d}{dt}\left(\frac{1}{2}\int_0^1 w_t^2 dy + k\int_0^1 \ln w_y dy\right) + \int_0^1 \frac{w_t^2}{\tau} dy = \int_0^1 \tilde{f} w_t dy, \quad 如果\gamma = 1.$$

于是

$$\frac{1}{2}\int_0^1 w_t^2 dy + \frac{k}{\gamma-1}\int_0^1 \frac{1}{w_y^{\gamma-1}} dy + \frac{1}{2}\int_0^t\int_0^1 \frac{w_t^2}{\tau} dydt \leqslant \tilde{M}\int_0^t\int_0^1 \tau dydt, \quad 如果\gamma > 1,$$

或

$$\frac{1}{2}\int_0^1 w_t^2 dy + k\int_0^1 \ln w_y dy + \frac{1}{2}\int_0^t\int_0^1 \frac{w_t^2}{\tau} dydt \leqslant \tilde{M}\int_0^t\int_0^1 \tau dydt, \quad 如果\gamma = 1.$$

这就证明了引理. □

由引理 3.18, (3.133) 是拟线性波方程, 其波速 $\sqrt{-p'}$ 依赖于 $n = 1/w_y$. 下面, 将非齐次边值条件转变为齐次边值条件. 为此,

$$\bar{w} = w - y\bar{v}_0.$$

于是, 初边值问题 (3.133)–(3.134) 变为

$$\begin{cases} \bar{w}_{tt} - \dfrac{k\gamma}{(\bar{w}_y + \bar{v}_0)^{\gamma+1}} \bar{w}_{yy} = \tilde{f} - \dfrac{w_t}{\tau}, & (y,t) \in \Omega_T, \\ \bar{w}|_{t=0} = \displaystyle\int_0^y v_0 dy - \bar{v}_0 y, & 0 \leqslant y \leqslant 1, \\ \bar{w}_t|_{t=0} = u_0(y), & 0 \leqslant y \leqslant 1, \\ \bar{w}(0,t) = \bar{w}(1,t) = 0, & 0 \leqslant t \leqslant T. \end{cases} \tag{3.135}$$

引理 3.19　假设条件 (A1), (A2) 和 (A3) 成立, 则对充分小的时间 $T \in (0,\infty)$, 初边值问题 (3.135) 有唯一解

$$\bar{w} \in \bigcap_{m=0}^{4} C^m([0,T]; H^{4-m}). \tag{3.136}$$

证明　由假设条件 (A1), (A2) 和 (A3), 以及引理 3.18, 文献 [28] 中的定理 5.1 的所有条件均满足. 直接使用该定理即可证明本引理. □

定理 3.17 的证明　由引理 3.19, (3.135) 的唯一解 $\bar{w}$ 满足 (3.136). 由 Sobolev 嵌入定理, $\bar{w} \in C^2(\overline{\Omega}_T)$. 由 (3.132), 有 $n = \dfrac{1}{\bar{w}_y + \bar{v}_0}$, $u = \bar{w}_t$, 以及 ϕ 由 (3.125) 给出. 初边值问题 (3.123)–(3.124) 的光滑解的存在性等价于 (3.135). 因此, 结论成立. □

3.1.3　带黏性 FHD 模型的 IBVP: 整体光滑解

B. Zhang 继续在文献 [126] 中研究了一维带黏性 FHD 模型的初边值问题. 在适当假设下, 可将原始问题等价转化为一个非标准的积分-微分方程组的初边值问题, 并建立了光滑解的整体存在性和渐近行为.

文献 [126] 中考虑的带黏性 FHD 模型方程组为

$$\begin{cases} n_t + un_x = -u_x n, & \text{(3.137a)} \\ u_t + uu_x + \dfrac{1}{n}(n\theta)_x - \dfrac{\mu}{n}u_{xx} = \phi_x - \dfrac{u}{\tau_{\rm m}}, & \text{(3.137b)} \\ \theta_t + u\theta_x + \dfrac{2}{3}\theta u_x - \dfrac{2}{3n}(\kappa\theta_x)_x = \dfrac{u^2(2\tau_{\rm e} - \tau_{\rm m})}{3\tau_{\rm m}\tau_{\rm e}} - \dfrac{\theta - \bar{\theta}}{\tau_{\rm e}}, & \text{(3.137c)} \\ \phi_{xx} = n - D(x,t), & \text{(3.137d)} \end{cases}$$

其中 μ 是正参数刻画 "黏性". 方程组 (3.137) 可被视作一维 FHD 模型 (3.1) 的一个奇异摄动. 热传导系数 κ 是 $\mathbb{R}_+$ 上的给定光滑函数 $\kappa = \kappa(n)$. 动量松弛时间和能量松弛时间 $\tau_{\rm m} = \tau_{\rm m}(n,u,\theta)$ 和 $\tau_{\rm e} = \tau_{\rm e}(n,u,\theta)$ 是 $\mathbb{R}_+ \times \mathbb{R} \times \mathbb{R}_+$ 上的给定函数. 掺杂分布 $D(x,t)$ 给定.

从数学观点, 考虑如下绝缘初边值条件:

$$(n,u,\theta)|_{t=0} = (n_0,u_0,\theta_0)(x), \quad x \in [0,1], \tag{3.138a}$$

$$u(0,t) = u(1,t) = 0, \quad \theta_x(0,t) = \theta_x(1,t) = 0, \quad t \geqslant 0, \tag{3.138b}$$

$$\phi_x(0,t) = 0, \quad \phi(1,t) = \phi_r, \quad t \geqslant 0, \tag{3.138c}$$

其中 ϕ_r 是应用偏压.

给出主要结果之前, 先引入适当记号. 给定时间 $T \in (0,\infty)$, 令 $Q=(0,1)\times(0,T]$,

$$C^{m+\alpha,1+\alpha/2}(\bar{Q}) := \left\{ f(x,t) : \|f\|_{m+\alpha,\bar{Q}} = \sum_{i+mj}^{m} |\partial_x^i \partial_t^j f|_{\alpha,\bar{Q}} \right\}, \quad m=1,2,3,$$

其中

$$|f|_{\alpha,\bar{Q}} = \sup_{\bar{Q}} |f| + \sup_{(x,t),(x',t')\in\bar{Q}} \frac{|f(x,t)-f(x',t')|}{|x-x'|^\alpha + |t-t'|^{\alpha/2}}, \quad 0<\alpha<1.$$

令

$$H_\alpha(\bar{Q}) := \left\{ f(x,t) : f, f_x \in C^{\alpha,\alpha/2(\bar{Q})} \right\}, \quad \|f\|_{H_\alpha(\bar{Q})} = |f|_{\alpha,\bar{Q}} + |f_x|_{\alpha,\bar{Q}}.$$

为了得到 (3.137) 的期望正则性解, 需要如下假设:

(A1) 动量和能量松弛时间满足 Lipschitz 条件, $0 < c_0 \leqslant \tau_m, \tau_e \leqslant L$, $0 \leqslant 2\tau_e - \tau_m$; $\kappa \in C^2(\mathbb{R}_+)$, $c_0 \leqslant \kappa(n) \leqslant L$. 更进一步, $D(x,t) \in C^0(\bar{Q})$.

(A2) $n_0(x) \in C^{1+\alpha}[0,1]$, $u_0(x) \in C^{2+\alpha}[0,1]$, $\theta_0(x) \in C^{2+\alpha}[0,1]$, $0 < c_0 \leqslant n_0(x), \theta_0(x) \leqslant L$. 初边值条件满足相容性条件:

$$u_0(k) = \theta_0'(k), \quad k=0,1,$$

其中 $(\cdot)' = \dfrac{d}{dx}(\cdot)$.

定理 3.20 假设条件 (A1) 和 (A2) 成立, 则对任意的时间 $T \in (0,\infty)$, 初边值问题 (3.137)–(3.138) 存在唯一解满足

$$\begin{aligned}
&n \in C^{1+\alpha,1+\alpha/2}(\bar{Q}), \quad u \in C^{2+\alpha,1+\alpha/2}(\bar{Q}),\\
&\theta \in C^{2+\alpha,1+\alpha/2}(\bar{Q}), \quad \phi \in C^{3+\alpha,1+\alpha/2}(\bar{Q})\\
&n(x,t) > 0, \quad \theta(x,t) > 0, \quad (x,t) \in \bar{Q}.
\end{aligned}$$

定理 3.21 假设定理 3.20 中条件成立并且 $n_0(x) = D(x), \forall x \in [0,1]$, 则初边值问题 (3.137)–(3.138) 的解 (n,u,θ,ϕ) 按如下意义是渐近稳定的:

$$\|n(t)\|_{L^1(0,1)} = \|n_0\|_{L^1(0,1)}, \quad t \geqslant 0, \tag{3.139}$$

$$u^2(x,t) \to 0, x \in [0,1], \quad t \to \infty, \tag{3.140}$$

$$\theta(x,t) \to \bar{\theta}, x \in [0,1], \quad t \to \infty, \tag{3.141}$$

$$\|\phi_x(t)\|_{L^2(0,1)}^2 = f(t), \quad t \geqslant 0, \tag{3.142}$$

其中 $f(t) = \displaystyle\int_0^1 \left(\int_0^t nudt \right)^2 dx$ 满足 $f(\infty) < \infty$.

为了证明上述两个定理, 首先, 使用特征线法将方程组 (3.137) 转化为积分-微分方程组 (3.154a)–(3.154b). 其次, 应用能量方法建立先验估计并采用 Leray-Schauder 不动点定理证明整体光滑解的存在性. 最后, 证明 (3.137) 的解当时间 $t \to \infty$ 时收敛到一个稳态解.

3.1.3.1　特征线法

将方程 (3.137a) 视作 n 的线性方程, 则 (3.137a) 的特征方程为

$$\begin{cases} \dfrac{d}{d\sigma}\bar{y}(\sigma : x,t) = u(\bar{y}(\sigma : x,t),\sigma), & 0 \leqslant \sigma \leqslant t \leqslant T, \\ \bar{y}(t : x,t) = x. \end{cases} \tag{3.143}$$

引入坐标变换:

$$y = y(x,t) =: \bar{y}(0;x,t), \quad s = s(x,t) =: t. \tag{3.144}$$

该变换 $(x,t) \to (y,s)$ 是从 $\bar{Q}$ 到其自身的一一映射且保持相同的边界 $\{0\} \times [0,T] \cup \{1\} \times [0,T]$, 这是因为 $u(0,t) = u(1,t) = 0$. 将 (y,s) 作为特征坐标使用, (x,t) 可反表示为

$$x = x(y,s) =: \bar{y}(s;y,0), \quad s = s(x,t) =: t. \tag{3.145}$$

对于函数 $u(x,t)$, 引入记号 $\hat{u}(y,s) := u(x(y,s),s)$, 则

$$\begin{cases} \dfrac{d}{ds}x(y,s) = \hat{u}(y,s), \\ x(y,0) = y. \end{cases} \tag{3.146}$$

从而

$$x(y,s) = y + \int_0^s \hat{u}(y,\sigma)d\sigma.$$

于是,

$$\frac{\partial x}{\partial y} = 1 + \int_0^s \hat{u}_y(y,\sigma)d\sigma. \tag{3.147}$$

为简单, 记

$$\xi = \xi(\hat{u}) := \int_0^s \hat{u}_y(y,\sigma)d\sigma.$$

关于 x 对 (3.143) 求微分, 得

$$\begin{cases} \dfrac{d}{d\sigma}\bar{y}_x(\sigma;x,t) = u_x(\bar{y}(\sigma;x,t),\sigma)\bar{y}_x(\sigma;x,t), \\ \bar{y}_x(t;x,t) = 1. \end{cases}$$

于是,

$$\bar{y}_x(0;x,t) = \mathrm{e}^{-\int_0^t u_x(\bar{y}(\sigma;x,t),\sigma)d\sigma}.$$

由 (3.144) 和 (3.147), 得

$$\frac{\partial y}{\partial x} = \frac{1}{1+\xi} = \mathrm{e}^{-\int_0^t u_x(\bar{y}(\sigma;x,t),\sigma)d\sigma} > 0. \tag{3.148}$$

令 $(x,t) = (x(y,s),s)$. 由链式法则, 方程组 (3.137) 变为

$$\begin{cases} \hat{n}_s = -\dfrac{\hat{u}_y}{1+\xi}\hat{n}, & (3.149\text{a}) \\ \hat{u}_s + \dfrac{1}{\hat{n}(1+\xi)}(\hat{n}\hat{\theta})_y - \dfrac{\mu}{\hat{n}(1+\xi)}\left(\dfrac{\hat{u}_y}{1+\xi}\right)_y = \dfrac{\hat{\phi}_y}{1+\xi} - \dfrac{\hat{u}}{\tau_{\mathrm{m}}}, & (3.149\text{b}) \\ \hat{\theta}_s + \dfrac{2}{3(1+\xi)}\hat{u}_y\hat{\theta} - \dfrac{2}{3\hat{n}(1+\xi)}\left(\kappa\dfrac{\hat{\theta}_y}{1+\xi}\right)_y = \dfrac{\hat{u}^2(2\tau_{\mathrm{e}}-\tau_{\mathrm{m}})}{3\tau_{\mathrm{m}}\tau_{\mathrm{e}}} - \dfrac{\hat{\theta}-\bar{\theta}}{\tau_{\mathrm{e}}}, & (3.149\text{c}) \\ \dfrac{1}{1+\xi}\left(\dfrac{\hat{\phi}_y}{1+\xi}\right)_y = \hat{n} - \hat{D}. & (3.149\text{d}) \end{cases}$$

初边值条件 (3.138) 变为

$$(\hat{n},\hat{u},\hat{\theta})|_{s=0} = (n_0,u_0,\theta_0)(y), \quad y \in [0,1], \tag{3.150a}$$

$$\hat{u}(0,t) = \hat{u}(1,t) = 0, \quad \hat{\theta}_y(0,s) = \hat{\theta}_y(1,s) = 0, \quad s \geqslant 0, \tag{3.150b}$$

$$\hat{\phi}_y(0,s) = 0, \quad \hat{\phi}(1,s) = \phi_r, \quad s \geqslant 0. \tag{3.150c}$$

(3.149a) 和 (3.150a) 存在唯一解:

$$\hat{n}(y,s) = \frac{1}{1+\xi}n_0(y). \tag{3.151}$$

将 (3.151) 代入 (3.149d) 并求解 (3.149d) 和 (3.150c), 得

$$\frac{\hat{\phi}_y}{1+\xi} = \bar{n}_0 - \bar{D}, \tag{3.152}$$

其中 $\bar{n}_0 = \int_0^y n_0(y)dy$ 且 $\bar{D} = \int_0^y \hat{D}(y,s)dy$.

最后, 将 (3.151) 和 (3.152) 代入方程 (3.149b)–(3.149c), 得

$$\begin{cases} \hat{u}_s + \dfrac{1}{n_0}\left(\dfrac{n_0}{1+\xi}\hat{\theta}\right)_y - \dfrac{\mu}{n_0}\left(\dfrac{\hat{u}_y}{1+\xi}\right)_y = (\bar{n}_0 - \bar{D}) - \dfrac{\hat{u}}{\tau_{\mathrm{m}}}, & (3.153\text{a}) \\ \hat{\theta}_s + \dfrac{2\hat{u}_y\hat{\theta}}{3(1+\xi)} - \dfrac{2}{3n_0}\left(\dfrac{\kappa\hat{\theta}_y}{1+\xi}\right)_y = \dfrac{\hat{u}^2(2\tau_{\mathrm{e}}-\tau_{\mathrm{m}})}{3\tau_{\mathrm{m}}\tau_{\mathrm{e}}} - \dfrac{\hat{\theta}-\bar{\theta}}{\tau_{\mathrm{e}}}, & (3.153\text{b}) \end{cases}$$

因此, 方程组 (3.137) 转化为一个非线性积分-微分方程组 (3.153). 因为 $1/(1+\xi) > 0$, 可以将积分-微分方程组 (3.153) 视作一个抛物型方程组. 为简单, 下面的讨论中去掉 "$\hat{\ }$".

3.1.3.2　先验估计

在 $Q=(0,1)\times(0,T]$ 上考虑如下初边值问题:

$$
\begin{cases}
u_s+\dfrac{1}{n_0}\left(\dfrac{n_0}{1+\xi}\theta\right)_y-\dfrac{\mu}{n_0}\left(\dfrac{u_y}{1+\xi}\right)_y=(\bar{n}_0-\bar{D})-\dfrac{u}{\tau_{\mathrm{m}}}, & (3.154\mathrm{a})\\
\theta_s+\dfrac{2u_y\theta}{3(1+\xi)}-\dfrac{2}{3n_0}\left(\dfrac{\kappa\theta_y}{1+\xi}\right)_y=\dfrac{u^2(2\tau_{\mathrm{e}}-\tau_{\mathrm{m}})}{3\tau_{\mathrm{m}}\tau_{\mathrm{e}}}-\dfrac{\theta-\bar{\theta}}{\tau_{\mathrm{e}}}, & (3.154\mathrm{b})\\
u(y,0)=u_0(y),\quad \theta(y,0)=\theta_0(y), & (3.154\mathrm{c})\\
u(0,s)=u(1,s)=0,\quad \theta_y(0,s)=\theta_y(1,s)=0. & (3.154\mathrm{d})
\end{cases}
$$

令 (u,θ) 是 (3.154) 的解. 由能量方法, 可得如下估计.

引理 3.22　*存在只依赖于初值的正常数 M_1, 使得*

$$\int_0^1 n_0u^2dy+3\int_0^1 n_0\theta dy\leqslant M_1, \tag{3.155}$$

$$\mu\int_0^s\int_0^1\frac{u_y^2}{1+\xi}dyds\leqslant M_1. \tag{3.156}$$

证明　由 $\int_0^s\int_0^1(3.154\mathrm{a})n_0udyds+\int_0^s\int_0^1(3.154\mathrm{b})\frac{3}{2}n_0dyds$, 得

$$
\begin{aligned}
&\frac{1}{2}\int_0^1 n_0(u^2+3\theta)dy+\int_0^s\int_0^1\left(\frac{\mu u_y^2}{1+\xi}+\frac{n_0u^2}{2\tau_{\mathrm{e}}}+\frac{3n_0\theta}{2\tau_{\mathrm{e}}}\right)dyds\\
=&\frac{1}{2}\int_0^1 n_0(u_0^2+3\theta_0)dy+\frac{3\bar{\theta}}{2}\int_0^s\int_0^1\frac{dyds}{\tau_{\mathrm{e}}}\\
&+\int_0^s\int_0^1 n_0(\bar{n}_0-\bar{D})udyds.
\end{aligned}\tag{3.157}
$$

由 (3.157), 进一步可得如下不等式:

$$
\begin{aligned}
&\frac{1}{2}\int_0^1 n_0(u^2+3\theta)dy+\int_0^s\int_0^1\frac{\mu u_y^2}{1+\xi}dyds\\
&+\frac{1}{4}\int_0^s\int_0^1 n_0\left(\frac{n_0u^2}{\tau_{\mathrm{e}}}+\frac{6n_0\theta}{\tau_{\mathrm{e}}}\right)dyds\\
\leqslant&\frac{1}{2}\int_0^1 n_0(u_0^2+3\theta_0)dy+\frac{3\bar{\theta}}{2}\int_0^s\int_0^1\frac{dyds}{\tau_{\mathrm{e}}}\\
&+\int_0^s\int_0^1 n_0(\bar{n}_0-\bar{D})^2\tau_{\mathrm{e}}dyds=:M_1.
\end{aligned}\tag{3.158}
$$

因此, (3.155) 和 (3.156) 成立.　□

引理 3.23 存在一个与 μ 无关的正常数, 使得

$$\int_0^1 n_0[(1+\xi)-1-\ln(1+\xi)]dy+\int_0^1 n_0(\theta-1-\ln\theta)dy$$
$$+\int_0^s\int_0^1 \frac{\kappa\theta_y^2}{(1+\xi)\theta^2}dyds\leqslant M_2. \tag{3.159}$$

证明 由 (3.158) $-\int_0^s\int_0^1$ (3.154b)$\frac{3n_0}{2\theta}dyds$, 得

$$\begin{aligned}
&\frac{3}{2}\int_0^1 n_0(\theta-1-\ln\theta)dy+\int_0^1 n_0[(1+\xi)-1-\ln(1+\xi)]dy\\
&\cdot\frac{1}{2}\int_0^1 n_0u^2dy+\int_0^s\int_0^1\left(\frac{\mu u_y^2}{1+\xi}+\frac{\kappa\theta_y^2}{(1+\xi)\theta^2}\right)dyds\\
&+\int_0^s\int_0^1\left(\frac{n_0u^2}{4\tau_{\rm e}}+\frac{3n_0\theta}{2\tau_{\rm e}}+\frac{n_0u^2(2\tau_{\rm e}-\tau_{\rm m})}{2\tau_{\rm m}\tau_{\rm e}\theta}+\frac{3n_0\bar\theta}{2\tau_{\rm e}\theta}\right)dyds\\
\leqslant{}& M_1+\frac{3}{2}\int_0^s\int_0^1\frac{n_0}{\tau_{\rm e}}dyds+2\int_0^s\int_0^1\frac{(n_0')^2\tau_{\rm e}}{n_0}dyds\\
&-\frac{3}{2}\int_0^1 n_0\ln\theta_0dy+\frac{1}{8}\int_0^s\int_0^1\frac{n_0u^2}{\tau_{\rm e}}dyds\\
=:{}& M_2++\frac{1}{8}\int_0^s\int_0^1\frac{n_0u^2}{\tau_{\rm e}}dyds.
\end{aligned}\tag{3.160}$$

注意到函数 $h(z)=z-1-\ln z$ 在 $\mathbb{R}_+$ 上是非负的, (3.160) 蕴涵 (3.159) 成立. □

引理 3.24 存在一个依赖于 μ 的正常数使得

$$\frac{1}{M_3}\leqslant 1+\xi\leqslant M_3. \tag{3.161}$$

证明 定义

$$F(y,s):=\frac{1}{\mu}\int_0^y n_0(u_0-u)dy+\int_0^s\left.\left(\frac{n_0\theta}{\mu(1+\xi)}-\frac{u_y}{1+\xi}\right)\right|_{y=0}ds.$$

于是,

$$F_s=-\frac{u_y}{1+\xi}\frac{1}{\mu}\frac{n_0\theta}{1+\xi}+g, \tag{3.162}$$

其中

$$g=\frac{1}{\mu}\int_0^y n_0\left(\frac{u}{\tau_m}-(\bar n_0-\bar D)\right)dy.$$

由 $u_y=(1+\xi)_s$ 和 (3.162), 得 ODE:

$$\begin{cases} \dfrac{d}{ds}(1+\xi)+(F_s-g)(1+\xi)=\dfrac{1}{\mu}n_0\theta, \\ (1+\xi)|_{s=0}=1. \end{cases} \tag{3.163}$$

于是

$$1+\xi=\mathrm{e}^{-F+\int_0^s gds}\left(1+\frac{n_0}{\mu}\int_0^s \theta\mathrm{e}^{F-\int_0^s gds}\right). \tag{3.164}$$

由引理 3.22, 得

$$\sup\left|\int_0^s gds\right|\leqslant C(\mu),$$

$$|F(y,s)-F(1,s)|=\frac{1}{\mu}\left|\int_y^1 n_0(u_0-u)dy\right|\leqslant C(\mu),$$

$$|F(1,s)|\leqslant C(\mu),\quad 0\leqslant s\leqslant T.$$

因此,

$$\sup_{\bar{Q}}|F(y,s)|\leqslant C(\mu). \tag{3.165}$$

由 (3.164) 和 (3.165), 得

$$1+\xi\geqslant \mathrm{e}^{-C(\mu)}.$$

类似地, 可建立 $1+\xi$ 的上界. 由引理 3.23, 对任意的 $s\in[0,T]$, 存在 $y(s)\in[0,1]$ 使得

$$R_1\leqslant\theta(y(s),s)\leqslant R_2,$$

其中 R_1 和 R_2 是方程 $z-1-\ln z=M_2/c_0$ 的两个根. 于是, 由引理 3.22,

$$\begin{aligned}\sqrt{\theta(y,s)}&=\sqrt{\theta(y(s),s)}+\frac{1}{2}\int_{y(s)}^y\frac{\theta_t}{\sqrt{\theta}}dy\\&\leqslant\sqrt{R_2}+\frac{1}{2}\left(\frac{M_1}{c_0}U(s)\max_{0\leqslant y\leqslant 1}(1+\xi)\right)^{1/2},\end{aligned} \tag{3.166}$$

其中

$$U(s)=\int_0^1\frac{\kappa\theta_y^2}{(1+\xi)\theta^2}dy.$$

由 (3.164) 和 (3.166), 存在依赖于 μ 两个正常数 N_1,N_2 使得

$$\max_{0\leqslant y\leqslant 1}(1+\xi)\leqslant N_1+N_2\int_0^s U(s)\max_{0\leqslant y\leqslant 1}(1+\xi)ds.$$

由 Gronwall 不等式和引理 3.23, 得

$$\max_{0\leqslant y\leqslant 1}(1+\xi)\leqslant N_1\mathrm{e}^{N_2\int_0^T U(s)ds}\leqslant N_1\mathrm{e}^{N_2M_2}.$$

令 $M_3:=\max\{N_1\mathrm{e}^{N_2M_2},\mathrm{e}^{C(\mu)}\}$, 则 (3.161) 成立. □

引理 3.25 存在依赖于 μ 的正常数 M_4 使得

$$\int_0^1(u^4+\theta^2)dy+\int_0^s\int_0^1(u^2u_y^2+\theta_y^2)dyds\leqslant M_4. \tag{3.167}$$

证明 由 $\int_0^s\int_0^1\left((3.154\mathrm{a})\times n_0u+(3.154\mathrm{b})\times\frac{3n_0}{2}\right)\times\left(\frac{1}{2}n_0u^2+\frac{3}{2}n_0\theta\right)dyds$, 使用分部积分, n_0 和 $1+\xi$ 的上下界以及引理 3.22, 经冗长的计算, 得

$$\begin{aligned}&\int_0^1(u^4+\theta^2)dy+\int_0^s\int_0^1(u^2u_y^2+\theta_y^2+\theta u_y^2)dyds\\&\leqslant N_1+N_2\int_0^s\int_0^1[u^2u_y^2+u^4+(1+|u|)^2\theta^2]dyds,\end{aligned} \tag{3.168}$$

再由 $\int_0^s\int_0^1(3.154\mathrm{a})\times n_0u^3dyds$, 经过类似的计算, 存在依赖于 μ 和初值的正常数 N_3,N_4 使得

$$\int_0^1u^4dy+\int_0^s\int_0^1u^2u_y^2dyds\leqslant N_3+N_4\int_0^s\int_0^1(u^4+u^2\theta^2)dyds. \tag{3.169}$$

由 (3.168) 和 (3.169), 得

$$\begin{aligned}&\int_0^1(u^4+\theta^2)dy+\int_0^s\int_0^1(u^2u_y^2+\theta_y^2+\theta u_y^2)dyds\\&\leqslant N_5+N_6\int_0^s\int_0^1\left(u^4+(1+u^2)\theta^2\right)dyds.\end{aligned} \tag{3.170}$$

由插值不等式

$$\theta^2\leqslant\beta\int_0^1\theta_y^2dy+C_\beta\int_0^1\theta^2dy,$$

(3.170) 和引理 3.22, 得

$$\int_0^1(u^4+\theta^2)dy+\int_0^s\int_0^1(u^2u_y^2+\theta_y^2+\theta u_y^2)dyds\leqslant N_7+N_8\int_0^s\int_0^1\left(u^4+\theta^2\right)dyds.$$

由 Gronwall 不等式可知 (3.167) 成立. □

引理 3.26　存在依赖于 μ 的正常数 M_5 使得

$$\begin{aligned}\int_0^s\int_0^1 u_y^2 dyds \leqslant & M_5,\\ \int_0^1 \xi_y^2 dy \leqslant & M_5.\end{aligned} \tag{3.171}$$

证明　由 $\int_0^s\int_0^1 (3.154\text{a})\times n_0 u dyds$, 经分部积分, 应用引理 3.25, 得

$$\begin{aligned}\int_0^1 u^2dy+\int_0^s\int_0^1(\mu u_y^2+u^2)dyds \leqslant & N_1+N_2\int_0^s\int_0^1\theta^2dyds\\ \leqslant & N_1+N_2M_4.\end{aligned}$$

重写 (3.154a) 如下

$$\frac{\mu}{n_0}\left(\frac{\xi_y}{1+\xi}\right)_s+\frac{\theta}{1+\xi}\left(\frac{\xi_y}{1+\xi}\right)=u_s+\frac{(n_0\theta)_y}{n_0(1+\xi)}-(\bar{n}_0-\bar{D})+\frac{u}{\tau_m}. \tag{3.172}$$

由 $\int_0^s\int_0^1 (3.172)\times\left(\frac{\xi_y}{1+\xi}\right)dyds$, 得

$$\begin{aligned}&\frac{\mu}{2}\int_0^1\frac{1}{n_0}\left(\frac{\xi_y}{1+\xi}\right)^2dy+\int_0^s\int_0^1\frac{\theta\xi_y^2}{(1+\xi)^3}dyds\\ =&\int_0^s\int_0^1\left[\frac{(n_0\theta)_y}{n_0(1+\xi)}-(\bar{n}_0-\bar{D})+\frac{u}{\tau_m}\right]\frac{\xi_y}{1+\xi}dyds+\int_0^1 u\frac{\xi_y}{1+\xi}dy\\ &+\int_0^s\int_0^1\frac{u_y^2}{1+\xi}dyds\\ \leqslant&\int_0^s\int_0^1\left[\frac{(n_0\theta)_y}{n_0(1+\xi)}-(\bar{n}_0-\bar{D})+\frac{u}{\tau_m}\right]\frac{\xi_y}{1+\xi}dyds\\ &+\int_0^s\int_0^1\frac{u_y^2}{1+\xi}dyds+\frac{\mu}{2}\int_0^1\frac{1}{n_0}\left(\frac{\xi_y}{1+\xi}\right)^2dy+C(\mu)\int_0^1 n_0u^2dy.\end{aligned} \tag{3.173}$$

由 (3.173)、引理 3.22、引理 3.24 和引理 3.25, 存在两个依赖于 μ 的正常数 N_3, N_4 使得

$$\int_0^1\xi_y^2dy\leqslant N_3+N_4\int_0^s\int_0^1\xi_y^2dyds.$$

最后, Gronwall 不等式完成引理的证明. □

引理 3.27 存在依赖于 μ 的正常数 M_6, M_7 使得

$$\begin{aligned}\int_0^1 u_y^2 dy + \int_0^s \int_0^1 u_{yy}^2 dyds \leqslant & M_6, \\ \int_0^1 \theta_y^2 dy + \int_0^s \int_0^1 \theta_{yy}^2 dyds \leqslant & M_7.\end{aligned}$$

证明 由 $\int_0^s \int_0^1 (3.154\text{a}) \times u_{yy} dyds$, 经分部积分, 应用插值不等式和引理 3.24, 得

$$\begin{aligned}&\int_0^1 u_y^2 dy + \int_0^s \int_0^1 u_{yy}^2 dyds \\ \leqslant & N_1 + N_2 \int_0^s \int_0^1 (u_y^2 + \theta^2) \xi_y^2 dyds \\ \leqslant & N_1 + N_2 \int_0^s \int_0^1 \left[\beta \int_0^1 u_{yy}^2 dy + C_\beta \int_0^1 u_y^2 dy \right. \\ & \left. + 2 \int_0^1 \theta_y^2 dy + 2 \left(\int_0^1 \theta dy \right)^2 \right] \xi_y^2 dyds.\end{aligned}$$

再由引理 3.25 和引理 3.26, 得

$$\begin{aligned}\int_0^1 u_y^2 dy + \int_0^s \int_0^1 u_{yy}^2 dyds \leqslant & 2N_1 + 2N_2 (C_\beta M_5 + 2M_4 + 2M_1^2) M_5 \\ := & M_6.\end{aligned}$$

类似地, 由 $\int_0^s \int_0^1 (3.154\text{b}) \times \theta_{yy} dyds$, 即可完成引理的证明. □

引理 3.28 速度 u 和温度 θ 是有界的, 即

$$|u| \leqslant M_6^{1/2}, \quad 0 < \theta \leqslant M_1 + M_7^{1/2}.$$

证明 由引理 3.27, 得

$$\begin{aligned}u^2 = \left(\int_0^y u_y dy \right)^2 \leqslant \int_0^1 u_y^2 dy \leqslant M_6, \\ \left(\theta - \int_0^1 \theta dy \right)^2 \leqslant \left(\int_0^1 |\theta_y| dy \right)^2 \leqslant M_7.\end{aligned}$$

再由引理 3.22, 得

$$\int_0^1 \theta dy \leqslant M_1.$$

□

由上述先验估计和二阶抛物型方程的标准理论, 可得如下的 Schauder 估计. 证明略.

引理 3.29 存在依赖于 μ 的正常数 M_8 使得

$$\|u\|_{H_\alpha(Q)} + \|\theta\|_{H_\alpha(Q)} \leqslant M_8, \quad 0 < \alpha < 1.$$

引理 3.30 存在正常数 M_9 使得

$$\theta(y,s) \geqslant M_9 > 0, \quad (y,s) \in Q.$$

证明 令 $w = \theta^{-1}$ 并由 (3.154b) $\times (-w^2)$, 得

$$w_s \leqslant \frac{2}{3n_0}\left(\frac{\kappa w_y}{1+\xi}\right)_y + \left(\frac{1}{\tau_{\mathrm{e}}} + \frac{2u_y}{3(1+\xi)}\right)w. \tag{3.174}$$

对 $l = 1, 2, 3, \cdots$, 由 (3.174) $\times 2lw^{2l-1}$, 得

$$(w^{2l})_s \leqslant 2l\left(\frac{1}{\tau_{\mathrm{e}}} + \frac{2u_y}{3(1+\xi)}\right)w^{2l} + \frac{2}{3n_0}\left(\frac{\kappa(w^{2l})_y}{1+\xi}\right)_y. \tag{3.175}$$

再由 $\int_0^1$ (3.175) $\times n_0 dy$, 得

$$\frac{d}{ds}\|n_0^{1/(2l)}w(s)\|_{L^{2l}} \leqslant (c_0^{-1} + M_8 M_3)\|n_0^{1/(2l)}w(s)\|_{L^{2l}}.$$

由 Gronwall 不等式, 可得

$$\|n_0^{1/(2l)}w(s)\|_{L^{2l}} \leqslant \|n_0^{1/(2l)}w_0\|_{L^{2l}}\mathrm{e}^{(c_0^{-1}+M_8M_3)T}.$$

令 $l \to \infty$, 得

$$\frac{1}{\min\theta(y,s)} \leqslant \frac{1}{c_0}\mathrm{e}^{(c_0^{-1}+M_8M_3)T}.$$

因此,

$$\min\theta(y,s) \geqslant c_0\mathrm{e}^{-(c_0^{-1}+M_8M_3)T} =: M_9 > 0. \qquad \square$$

3.1.3.3 存在唯一性

本节应用 Leray-Schauder 不动点定理来求解积分 - 微分方程组 (3.154). 首先, 定义集合

$$\boldsymbol{F} = \left\{(\tilde{u},\tilde{\theta}) : \frac{1}{M_3} \leqslant 1+\tilde{\xi} \leqslant M_3,\ |\tilde{u}| \leqslant M_6,\ 0 \leqslant \tilde{\theta} \leqslant M_1 + M_7^{1/2},\right.$$
$$\left.\|\tilde{u},\tilde{\theta}\|_{H_\alpha(Q)} \leqslant M_8,\ \tilde{u}(y,0) = u_0(y),\ \tilde{\theta}(y,0) = \theta_0(y)\right\}, \tag{3.176}$$

其中

$$\tilde{\xi} = \int_0^s \tilde{u}_y ds.$$

易见 $\boldsymbol{F}$ 是 Banach 空间 $H_\alpha(\bar{Q})$ 中的一个闭子集.

通过求解如下线性积分-微分方程组的初边值问题:

$$\begin{cases} u_s - \dfrac{\mu}{n_0(1+\tilde{\xi})} u_{yy} + \dfrac{u}{\tilde{\tau}_m} = \dfrac{\lambda(n_0\tilde{\theta} - \mu)}{n_0(1+\tilde{\xi})^2}\xi(u_y) + \lambda\left[(\tilde{u}n_0 - D) - \dfrac{(n_0\tilde{\theta})_y}{n_0(1+\tilde{\xi})}\right], \\ \theta_s - \dfrac{2\tilde{\kappa}}{3n_0(1+\tilde{\xi})}\theta_{yy} + \dfrac{\theta - \lambda\bar{\theta}}{\tilde{\tau}_{\mathrm{e}}} = -\dfrac{2\lambda\tilde{\theta}_y(n_0\tilde{\kappa}' + \tilde{\kappa}(1+\tilde{\xi}))}{3n_0(1+\tilde{\xi})^3}\xi(u_y) \\ \qquad\qquad + \lambda\left[\dfrac{2n_0'\tilde{\theta}_y\tilde{\kappa}'}{3n_0(1+\tilde{\xi})^2} - \dfrac{2\tilde{\theta}\tilde{u}_y}{3(1+\tilde{\xi})} + \dfrac{\tilde{u}^2(2\tilde{\tau}_{\mathrm{e}} - \tilde{\tau}_{\mathrm{m}})}{3\tilde{\tau}_{\mathrm{m}}\tilde{\tau}_{\mathrm{e}}}\right], \\ u(y,0) = \lambda u_0(y), \quad \theta(y,0) = \lambda\theta_0(y), \\ u(0,s) = u(1,s) = 0, \quad \theta_y(0,s) = \theta_y(1,s) = 0 \end{cases} \tag{3.177}$$

来定义解算子

$$\Sigma : (\tilde{u}, \tilde{\theta}, \lambda) \mapsto (u, \theta),$$

其中 $(\tilde{u}, \tilde{\theta}, \lambda) \in \boldsymbol{F} \times [0,1]$, $\tilde{\kappa} = \kappa(n_0/(1+\tilde{\xi}))$, $\tilde{\tau}_{\mathrm{m,e}} = \tau_{\mathrm{m,e}}(n_0/(1+\tilde{\xi}), \tilde{u}, \tilde{\theta})$.

采用标准的连续性方法, 可以证明 (3.177) 在空间 $C^{2+\alpha,1+\alpha/2}(\bar{Q})$ 中的适定性. 证明略.

定理 3.31 设 (A1) 和 (A2) 成立, 则对任意的时间 $T \in (0,\infty)$, 积分-微分方程组的初边值问题 (3.177) 存在唯一的解 $(u,\theta) \in C^{2+\alpha,1+\alpha/2}(\bar{Q})$ 满足估计

$$\|u\|_{2+\alpha,\bar{Q}} + \|\theta\|_{2+\alpha,\bar{Q}} \leqslant \overline{M}(\|u_0\|_{2+\alpha} + \|\theta_0\|_{2+\alpha} + \|\tilde{u}\|_{2+\alpha,\bar{Q}} + \|\tilde{\theta}\|_{2+\alpha,\bar{Q}}), \tag{3.178}$$

其中 $\overline{M}$ 与解 (u,θ) 无关.

定理 3.20 的证明 对集合 $\boldsymbol{F}$ 和映射 Σ, 通过标准论证易于验证 Leray-Schauder 不动点定理的条件 (细节略). 因此, 在 $\boldsymbol{F}$ 中映射 $\Sigma(\cdot,\cdot,1)$ 至少存在一个不动点 (u,θ). 再由线性抛物型方程解的正则性, 可得 $(u,\theta) \in C^{2+\alpha,1+\alpha/2}(\bar{Q})$. 由问题的等价性, 存在 (3.137)–(3.138) 的一个解 (n,u,θ,ϕ), 其中 n 和 ϕ 分别由 (3.150c) 和 (3.151) 给出.

现在证明唯一性. 设有两个解

$$(n_i, u_i, \theta_i, \phi_i), \quad i = 1,2.$$

令

$$(n,u,\theta,\phi) = (n_2 - n_1, u_2 - u_1, \theta_2 - \theta_1, \phi_1 - \phi_2).$$

于是, 误差变量满足如下初边值问题:

$$
\begin{cases}
n_t + (u_2 n + n_1 u)_x = 0, & (3.179\text{a}) \\
n_2 u_t - \mu u_{xx} + \dfrac{1}{2} n_2((u_2 + u_1)u)_x + (n_2\theta + \theta_1 n)_x + \left(u_{1t} + \dfrac{1}{2}(u_1^2)_x\right) n & \\
= (n_2\phi_x + \phi_1 n) - \dfrac{(u_2 n - n_1 u)\tau_{\mathrm{m}}^{(1)} - n_1 u_1(\tau_{\mathrm{m}}^{(2)} - \tau_{\mathrm{m}}^{(1)})}{\tau_{\mathrm{m}}^{(1)}\tau_{\mathrm{m}}^{(2)}}, & (3.179\text{b}) \\
n_2\theta_t - \dfrac{2}{3}(\kappa_2\theta_x)_x - \dfrac{2}{3}((\kappa_2 - \kappa_1)\theta_{1x})_x + \theta_{1t} n + (n_2 u_2)\theta_x + (n_2\theta_{1x})u + (u_1\theta_{1x})n & \\
+\dfrac{2}{3}((n_2\theta_2)u_x + (n_2 u_{1x})\theta + (\theta_1 u_{1x})n) = \dfrac{u_2^2 + 3(\theta_1 + \bar{\theta})}{3\tau_{\mathrm{e}}^{(1)}\tau_{\mathrm{e}}^{(2)}}(\tau_{\mathrm{e}}^{(2)} - \tau_2^{(1)}) & \\
\qquad + \dfrac{2u_1^2}{\tau_{\mathrm{m}}^{(1)}\tau_{\mathrm{m}}^{(2)}}(\tau_{\mathrm{m}}^{(2)} - \tau_{\mathrm{m}}^{(1)}) + \dfrac{(u_1 + u_2)(2\tau_{\mathrm{e}}^{(1)} - \tau_{\mathrm{m}}^{(1)})}{3\tau_{\mathrm{m}}^{(2)}\tau_{\mathrm{e}}^{(1)}} u - \dfrac{\theta}{\tau_{\mathrm{e}}^{(2)}}, & (3.179\text{c}) \\
\phi_{xx} = n, & (3.179\text{d}) \\
n(x,0) = u(x,0) = \theta(x,0) = 0, \quad x \in [0,1], & (3.179\text{e}) \\
u(0,t) = u(1,t) = \theta_x(0,t) = \theta_x(1,t) = \phi_x(0,t) = \phi(1,t) = 0, \quad t \geqslant 0, & (3.179\text{f})
\end{cases}
$$

其中 $\kappa_i = \kappa(n_i)$, $\tau_{\mathrm{m,e}}^{(i)} = \tau_{\mathrm{m,e}}(n_i, u_i, \theta_i), i = 1, 2.$

由 $\displaystyle\int_0^1 \left[(3.179\text{a}) \times n + (3.179\text{b}) \times u + (3.179\text{c}) \times \theta\right] dx$, 得

$$
\begin{aligned}
&\frac{d}{dt}\int_0^1 \left[n^2 + n_2(u^2 + \theta^2)\right] dx + \int_0^1 \left(\mu u_x^2 + \frac{2\kappa_2}{3}\theta_x^2\right) dx \\
\leqslant & N \int_0^1 \left[n^2 + n_2(u^2 + \theta^2)\right] dx.
\end{aligned}
$$

再由 Gronwall 不等式和 (3.179e), 得

$$
n = u = \theta \equiv 0.
$$

从而, 由 (3.179d) 和 (3.179f) 得 $\phi \equiv 0$. □

3.1.3.4　渐近稳定性

本节在特殊情况 $n_0(x) = D(x), x \in [0,1]$ 之下研究初边值问题 (3.137)–(3.138) 的解的渐近行为. 首先, 考虑如下带小黏性的稳态 HD 模型的边值问题:

$$\begin{cases}(nu)'=0, & (3.180a)\\ \mu u''=nuu'+(n\theta)'-n\phi'+\dfrac{nu}{\tau_{\mathrm{m}}}, & (3.180b)\\ (\kappa\theta')'=\dfrac{3}{2}nu\theta'+n\theta u'-\dfrac{nu^2(2\tau_{\mathrm{e}}-\tau_{\mathrm{m}})}{2\tau_{\mathrm{m}}\tau_{\mathrm{e}}}+\dfrac{3n(\theta-\bar\theta)}{2\tau_{\mathrm{e}}}, & (3.180c)\\ \phi''=n-D(x), & (3.180d)\\ u(0)=u(1)=0,\quad \theta'(0)=\theta'(1)=0, & (3.180e)\\ \phi'(0)=0,\quad \phi(1)=\phi_r, & (3.180f)\end{cases}$$

其中 $(\cdot)'=\dfrac{d}{dx}(\cdot)$. 假设 $\int_0^1 n(x)dx=\int_0^1 D(x)dx$.

定理 3.32 边值问题 (3.180) 存在一个解

$$(n,u,\theta,\phi)=\left(\frac{\int_0^1 D(x)dx}{\int_0^1 \exp\left(\frac{\phi(x)-\phi_r}{\bar\theta}\right)dx}\exp\left(\frac{\phi(x)-\phi_r}{\bar\theta}\right),0,\bar\theta,\phi(x)\right), \tag{3.181}$$

其中 $\phi(x)$ 是边值问题 (3.185) 的一个解.

证明 由 (3.180a) 和 (3.180e), 得

$$(nu)(x)\equiv 0,\quad x\in[0,1].$$

假设 $n(x)>0, \forall x\in[0,1]$, 则

$$u(x)\equiv 0,\quad x\in[0,1].$$

方程 (3.180c) 可写为

$$(\kappa\theta')'=\frac{3n(\theta-\bar\theta)}{2\tau_{\mathrm{e}}}. \tag{3.182}$$

由 $\int_0^1 (3.182)\times(\theta-\bar\theta)dx$, 得

$$\int_0^1 \kappa(\theta')^2dx+\int_0^1\frac{3n(\theta-\bar\theta)^2}{2\tau_{\mathrm{e}}}dx=0.$$

于是

$$\theta\equiv\bar\theta,\quad x\in[0,1].$$

方程 (3.180b) 可写为

$$n'=\frac{n\phi'}{\bar\theta}. \tag{3.183}$$

由 $\int_x^1 (3.183)dx$, 得

$$n(x) = n(1)\exp\left(\frac{\phi(x)-\phi_r}{\bar{\theta}}\right). \tag{3.184}$$

由 (3.180d) 和 (3.180f), 注意到对 $n(x)$ 的假设, 得

$$\phi'(1) = \phi'(0) + \left(\int_0^1 n(x)dx - \int_0^1 D(x)dx\right) = 0.$$

将 (3.184) 代入 (3.180d), 再对所得结果关于 x 在 $[0,1]$ 上积分, 得

$$n(1)\int_0^1 \exp\left(\frac{\phi(x)-\phi_r}{\bar{\theta}}\right)dx - \int_0^1 D(x)dx = \phi'(1) - \phi'(0) = 0.$$

因此,

$$n(1) = \frac{\displaystyle\int_0^1 D(x)dx}{\displaystyle\int_0^1 \exp\left(\frac{\phi(x)-\phi_r}{\bar{\theta}}\right)dx} > 0.$$

于是, 只需求解如下边值问题

$$\begin{cases} \phi'' = \dfrac{\displaystyle\int_0^1 D(x)dx}{\displaystyle\int_0^1 \exp\left(\frac{\phi(x)-\phi_r}{\bar{\theta}}\right)dx}\exp\left(\dfrac{\phi(x)-\phi_r}{\bar{\theta}}\right) - D(x), \\ \phi'(0) = 0, \quad \phi(1) = \phi_r, \end{cases} \tag{3.185}$$

由边值条件, 得

$$\begin{aligned} |\phi'(x)| &= \left|\frac{\displaystyle\int_0^x \exp\left(\frac{\phi(x)-\phi_r}{\bar{\theta}}\right)}{\displaystyle\int_0^1 \exp\left(\frac{\phi(x)-\phi_r}{\bar{\theta}}\right)}\int_0^1 D(x)dx - \int_0^x D(x)dx\right| \\ &\leqslant 2\int_0^1 D(x)dx =: C_1, \end{aligned} \tag{3.186}$$

$$|\phi(x)| = \left|\int_1^x \phi'(x)dx + \phi_r\right| \leqslant C_1 + |\phi_r| =: C_2. \tag{3.187}$$

定义 $C^0[0,1]$ 中有界闭凸子集:

$$X := \{\psi(x) : |\psi'| \leqslant C_1, |\psi| \leqslant C_2, \psi'(0) = 0, \psi(1) = \phi_r\}.$$

通过求解 (3.185) 的线性化问题:

$$\begin{cases} \phi''(x) = \dfrac{\displaystyle\int_0^1 D(x)dx}{\displaystyle\int_0^1 \exp\left(\dfrac{\psi(x)-\phi_r}{\bar{\theta}}\right)dx} \exp\left(\dfrac{\psi(x)-\phi_r}{\bar{\theta}}\right) - D(x), \\ \phi'(0)=0, \quad \phi(1)=\phi_r, \end{cases} \tag{3.188}$$

定义解算子 $\Sigma : \psi \mapsto \phi$. 线性方程 (3.188) 是一致椭圆的. 因此, 对掺杂分布 $D(x)$ 的光滑性假设保证了在 $C^2[0,1]$ 空间中唯一解 $\phi = \Sigma(\psi)$ 的存在性. 容易验证解 $\phi = \Sigma(\psi)$ 也满足估计 (3.186) 和 (3.187), 即 $\phi = \Sigma(\psi) \in X$. 从而, 由 Arzela-Ascoli 定理知 $\{\Sigma(\psi)\}$ 是 $C^0[0,1]$ 中的紧集. 通过标准的连续性论证, Schauder 不动点定理保证映射 Σ 存在一个不动点. □

定理 3.21 的证明 由 $\displaystyle\int_0^t\int_0^1 (3.137\text{b}) \times (nu)dxdt$, 得

$$\int_0^1 nu^2dx + 2\int_0^t\int_0^1 \left(\mu u_x^2 + \frac{nu^2}{\tau_{\rm m}}\right)dxdt + 2(I_1 - I_2) = \int_0^1 n_0u_0^2dx, \tag{3.189}$$

其中

$$I_1 = \int_0^t\int_0^1 u(n\theta)_x dxdt,$$
$$I_2 = \int_0^t\int_0^1 nu\phi_x dxdt.$$

由 (3.137a) 和 (3.137c), 得

$$\begin{aligned} I_1 =& \frac{1}{3}I_1 + \int_0^1\int_0^1 \left(\frac{n(\theta-\bar{\theta})}{\tau_{\rm e}} - \frac{nu^2(2\tau_{\rm e}-\tau_{\rm m})}{3\tau_{\rm m}\tau_{\rm e}}\right)dxdt \\ &+ \int_0^1 (n\theta - n_0\theta_0)dx. \end{aligned}$$

于是,

$$\begin{aligned} 2I_1 =& \int_0^t\int_0^1 \left(\frac{3n(\theta-\bar{\theta})}{\tau_{\rm e}} + \frac{nu^2}{\tau_{\rm e}}\right)dxdt \\ & -2\int_0^t\int_0^1 \frac{nu^2}{\tau_{\rm m}}dxdt + 3\int_0^1 (n\theta - n_0\theta_0)dx. \end{aligned} \tag{3.190}$$

对 I_2, 由 $\displaystyle\int_0^t\int_0^x (3.137\text{a})dxdt$, 得

$$\int_0^x ndx = \int_0^x n_0dx - \int_0^t nudt.$$

再由 $\int_0^x$ (3.137d)dx 以及 $n_0(x)=D(x)$, 得

$$\phi_x=\int_0^x (n-D)dx=-\int_0^t nudt. \tag{3.191}$$

从而,

$$\begin{aligned} I_2 &= -\int_0^t\int_0^1 nu\left(\int_0^t nudt\right)dxdt \\ &= -\int_0^1\left(\int_0^t nudt\right)^2 dx =: -f(t). \end{aligned} \tag{3.192}$$

将 (3.190) 和 (3.192) 代入 (3.189), 得

$$\begin{aligned} &\int_0^1 (3n\theta+nu^2)dx+2f(t)+\int_0^t\int_0^1\left(2\mu u_x^2+\frac{nu^2+3n(\theta-\bar{\theta})}{\tau_{\mathrm{e}}}\right)dxdt \\ =&\int_0^1 n_0(3\theta_0+u_0^2)dx. \end{aligned} \tag{3.193}$$

由 (3.193) 知

$$\begin{aligned} &\int_0^1 nu^2dx\in L^\infty(0,\infty)\cap L^1(0,\infty), \\ &\int_0^1 u_x^2dx\in L^1(0,\infty), \\ &f(t)\in L^\infty(0,\infty). \end{aligned} \tag{3.194}$$

由 $\int_0^t\int_0^1$ (3.137c) $\times\frac{n}{\theta}dxdt$ 以及 (3.137a), 经分部积分, 得

$$\begin{aligned} &\int_0^1 n\ln\theta dx+\int_0^t\int_0^1\left[\frac{n(\theta-\bar{\theta})}{\theta\tau_{\mathrm{e}}}-\frac{nu^2(2\tau_{\mathrm{e}}-\tau_{\mathrm{m}})}{3\theta\tau_{\mathrm{m}}\tau_{\mathrm{e}}}-\frac{2\kappa}{3}\left(\frac{\theta_x}{\theta}\right)^2\right]dxdt \\ =&\int_0^1 n_0\ln\theta_0dx-\frac{2}{3}\int_0^t\int_0^1 nu_xdx. \end{aligned} \tag{3.195}$$

此外, 由 $\int_0^t\int_0^1$ (3.137c) $\times\frac{1}{\theta}dxdt$, (3.137b) 和 (3.137a), 经分部积分, 得

$$\frac{2}{5}\int_0^1 n(\ln n+\ln\theta)dx-\frac{4}{15}\int_0^t\int_0^1\left[\kappa\left(\frac{\theta_x}{\theta}+\frac{nu^2}{\theta\tau_{\mathrm{m}}}\right)^2\right]dxdt$$

$$
\begin{aligned}
&= \frac{2}{5}\int_0^1 n_0(\ln n_0 + \ln\theta_0)dx - \frac{2}{15}\int_0^t\int_0^1 \frac{3n(\theta-\bar{\theta}) + nu^2}{\theta\tau_{\rm e}}dxdt \\
&\quad -\frac{2}{3}\int_0^t\int_0^1 nu_x dxdt. \qquad (3.196)
\end{aligned}
$$

由 (3.193) − ((3.195) − (3.196)), 经冗长但直接的计算, 得

$$
\int_0^1 \left(\frac{\theta_x}{\theta}\right)^2 dx \in L^1(0,\infty). \qquad (3.197)
$$

由边值条件, 得

$$
\begin{aligned}
\frac{d}{dt}\int_0^1 u_x^2 dx &= -2\int_0^1 u_{xx}u_t dx, \\
\frac{d}{dt}\int_0^1 ((\ln\theta)_x)^2 &= -2\int_0^1 \left(\frac{\theta_{xx}}{\theta^2} - \frac{\theta_x^2}{\theta^3}\right)\theta_t dx.
\end{aligned}
$$

于是, 由引理 3.27, 得

$$
\int_0^\infty \left(\left|\frac{d}{dt}\|u_x(t)\|_{L^2(0,1)}^2\right| + \left|\frac{d}{dt}\|(\ln\theta)_x(t)\|_{L^2(0,1)}^2\right|\right)dt \leqslant C.
$$

因此, $\|u_x(t)\|_{L^2}^2$ 和 $\|(\ln\theta)_x(t)\|_{L^2}^2$ 在 $[0,\infty)$ 上一致连续. (3.194) 和 (3.197) 蕴涵

$$
\begin{aligned}
\|u_x(t)\|_{L^2(0,1)}^2 &\to 0, \quad t\to\infty, \\
\|(\ln\theta)_x(t)\|_{L^2(0,1)}^2 &\to 0, \quad t\to\infty,
\end{aligned}
$$

从而,

$$
\begin{aligned}
u^2(x,t) = \left(\int_0^x u_x dx\right)^2 &\leqslant \|u_x(t)\|_{L^2(0,1)}^2 \to 0, \quad t\to\infty, \\
\left(\ln\frac{\theta}{\theta(0)}\right)^2(x,t) = \left(\int_0^x (\ln\theta)_x dx\right)^2 &\leqslant \|(\ln\theta)_x(t)\|_{L^2(0,1)}^2 \to 0, \quad t\to\infty,
\end{aligned}
$$

最后, 分别对方程 (3.137a) 和 (3.191) 取适当的积分, 易得 (3.139) 和 (3.142).□

3.2 双极模型

在 3.1 节中, 已详细介绍了 Zhang 关于单极 HD 模型和 FHD 模型的早期经典结果. 现在, 本节将详细介绍本书作者最近在文献 [54] 和文献 [55] 中关于双极 FHD 模型得到的一些新结果.

3.2.1 FHD 模型的 IBVP: 欧姆接触型边界

本节我们[54] 在一维有界区间上来研究半导体双极 FHD 模型 (3.5) 的初边值问题, 其中初值条件为

$$(n_i, j_i, \theta_i)(0, x) = (n_{i0}, j_{i0}, \theta_{i0})(x), \tag{3.198}$$

边值条件为

$$n_i(t, 0) = n_{il} > 0, \quad n_i(t, 1) = n_{ir} > 0, \tag{3.199a}$$

$$\theta_i(t, 0) = \theta_{il} > 0, \quad \theta_i(t, 1) = \theta_{ir} > 0, \tag{3.199b}$$

$$\phi(t, 0) = 0, \quad \phi(t, 1) = \phi_r > 0. \tag{3.199c}$$

其中 $n_{il}, n_{ir}, \theta_{il}, \theta_{ir}$ 和 ϕ_r 是给定的正常数. 在半导体物理中, 边值条件 (3.199) 称为欧姆接触边值条件. 由于我们寻找的是古典解, 所以上述初边值还要进一步满足如下的相容性条件:

$$n_{i0}(0) = n_{il},\ n_{i0}(1) = n_{ir},\ \theta_{i0}(0) = \theta_{il},\ \theta_{i0}(1) = \theta_{ir},\ j_{i0x}(0) = j_{i0x}(1) = 0. \tag{3.200}$$

我们感兴趣的是该模型在如下物理状态空间中的可解性, 即所寻找的解应满足条件

$$\inf_{x \in \Omega} S[n_i, j_i, \theta_i] > 0, \quad S[n_i, j_i, \theta_i] := \theta_i - \frac{j_i^2}{n_i^2}, \tag{3.201a}$$

$$\inf_{x \in \Omega} n_i > 0, \quad \inf_{x \in \Omega} \theta_i > 0, \tag{3.201b}$$

其中条件 (3.201a) 称为亚音速条件. 从数学结构上看, 模型 (3.5) 是一个拟线性双曲-抛物-椭圆耦合型方程组.

刻画边值强度和掺杂分布在常值附近的扰动强度的强度参数:

$$\delta := \sum_{i=1}^{2} \left(|n_{ir} - n_{il}| + |\theta_{il} - \bar{\theta}| + |\theta_{ir} - \bar{\theta}| \right) + |\phi_r| + \|D - \bar{d}\|_1, \tag{3.202}$$

这里常值 $\bar{d} := n_{1l} - n_{2l}$.

3.2.1.1 稳态解的存在唯一性

相应于初边值问题 (3.5),(3.198) 和 (3.199) 的稳态问题:

$$\begin{cases} \tilde{j}_{ix} = 0, & (3.203\text{a}) \\ \left(\dfrac{\tilde{j}_i^2}{\tilde{n}_i} + \tilde{n}_i \tilde{\theta}_i \right)_x = (-1)^{i-1} \tilde{n}_i \tilde{\phi}_x - \tilde{j}_i, & (3.203\text{b}) \\ \tilde{j}_i \tilde{\theta}_{ix} + \dfrac{2}{3} \left(\dfrac{\tilde{j}_i}{\tilde{n}_i} \right)_x \tilde{n}_i \tilde{\theta}_i - \dfrac{2}{3} \tilde{\theta}_{ixx} = \dfrac{1}{3} \dfrac{\tilde{j}_i^2}{\tilde{n}_i} - \tilde{n}_i (\tilde{\theta}_i - \bar{\theta}), & (3.203\text{c}) \\ \tilde{\phi}_{xx} = \tilde{n}_1 - \tilde{n}_2 - D(x), \qquad i = 1, 2, \qquad \forall x \in \Omega, & (3.203\text{d}) \end{cases}$$

边值条件与 (3.199) 相同:

$$\tilde{n}_i(0) = n_{il} > 0, \quad \tilde{n}_i(1) = n_{ir} > 0, \tag{3.204a}$$

$$\tilde{\theta}_i(0) = \theta_{il} > 0, \quad \tilde{\theta}_i(1) = \theta_{ir} > 0, \tag{3.204b}$$

$$\tilde{\phi}(0) = 0, \quad \tilde{\phi}(1) = \phi_r > 0. \tag{3.204c}$$

定理 3.33 (稳态解的存在唯一性) 设 $D \in H^1(\Omega)$, 对任意给定的常数 $n_{1l} > 0$, $n_{2l} > 0$ 和 $\bar{\theta} > 0$, 存在 $\delta_1 > 0$ 如果 $\delta \leqslant \delta_1$, 则稳态问题 (3.203)–(3.204) 存在唯一的古典解 $(\tilde{n}_1, \tilde{j}_1, \tilde{\theta}_1, \tilde{n}_2, \tilde{j}_2, \tilde{\theta}_2, \tilde{\phi}) \in \left[\mathcal{B}^2(\overline{\Omega})\right]^7$, 并满足条件 (3.201) 和如下的估计

$$\frac{1}{2}n_{il} \leqslant \tilde{n}_i(x) \leqslant 2n_{il}, \quad \frac{1}{2}\bar{\theta} \leqslant \tilde{\theta}_i(x) \leqslant 2\bar{\theta}, \quad \forall x \in \overline{\Omega}, \quad i = 1, 2, \tag{3.205a}$$

$$\sum_{i=1}^{2}\left(|\tilde{j}_i| + |\tilde{n}_i - n_{il}|_2 + |\tilde{\theta}_i - \bar{\theta}|_2\right) + |\tilde{\phi}|_2 \leqslant C\delta, \tag{3.205b}$$

其中 $C = C(n_{1l}, n_{2l}, \bar{\theta}) > 0$ 是一个只依赖于 $n_{1l}, n_{2l}, \bar{\theta}$ 的常数.

在证明定理 3.33 之前, 首先观察到当 $\delta = 0$ 时, 稳态问题 (3.203)–(3.204) 为边值问题

$$\begin{cases} \tilde{j}_{ix} = 0, & (3.206a)\\ \left(\dfrac{\tilde{j}_i^2}{\tilde{n}_i} + \tilde{n}_i\tilde{\theta}_i\right)_x = (-1)^{i-1}\tilde{n}_i\tilde{\phi}_x - \tilde{j}_i, & (3.206b)\\ \tilde{j}_i\tilde{\theta}_{ix} + \dfrac{2}{3}\left(\dfrac{\tilde{j}_i}{\tilde{n}_i}\right)_x \tilde{n}_i\tilde{\theta}_i - \dfrac{2}{3}\tilde{\theta}_{ixx} = \dfrac{1}{3}\dfrac{\tilde{j}_i^2}{\tilde{n}_i} - \tilde{n}_i(\tilde{\theta}_i - \bar{\theta}), & (3.206c)\\ \tilde{\phi}_{xx} = \tilde{n}_1 - \tilde{n}_2 - \bar{d}, & (3.206d) \end{cases}$$

边值条件

$$\tilde{n}_i(0) = \tilde{n}_i(1) = n_{il} > 0, \quad \tilde{\theta}_i(0) = \tilde{\theta}_i(1) = \bar{\theta} > 0, \tag{3.207a}$$

$$\tilde{\phi}(0) = \tilde{\phi}(1) = 0. \tag{3.207b}$$

容易验证, 边值问题 (3.206)–(3.207) 存在唯一的常值亚音速解 $(n_{1l}, 0, \bar{\theta}, n_{2l}, 0, \bar{\theta}, 0)$. 基于正则扰动的思想, 可以将 $0 < \delta \ll 1$ 时所对应的一般情形的稳态问题 (3.203)–(3.204) 视为边值问题 (3.206)–(3.207) 的一个正则扰动. 为此, 引入如下的扰动变量

$$\begin{aligned} n_i^\delta(x) &:= \tilde{n}_i(x) - n_{il}, \quad \theta_i^\delta(x) := \tilde{\theta}_i(x) - \bar{\theta}, \\ j_i^\delta &:= \tilde{j}_i - 0 = \tilde{j}_i, \quad \phi^\delta(x) := \tilde{\phi}(x) - 0 = \tilde{\phi}(x). \end{aligned} \tag{3.208}$$

特别地, 有 $(n_1^0, j_1^0, \theta_1^0, n_2^0, j_2^0, \theta_2^0, \phi^0) = (0,0,0,0,0,0,0)$.

从方程 (3.203d) 和边值条件 (3.204c), 可以直接求解出稳态静电位势的显式公式:

$$
\begin{aligned}
\tilde{\phi}(x) &= \varPhi[\tilde{n}_1, \tilde{n}_2](x) \\
&:= \int_0^x \int_0^y (\tilde{n}_1 - \tilde{n}_2 - D)(z) dz dy \\
&\quad + \left(\phi_r - \int_0^1 \int_0^y (\tilde{n}_1 - \tilde{n}_2 - D)(z) dz dy\right) x.
\end{aligned} \tag{3.209}
$$

此外, 从方程 (3.203b) 和边值条件 (3.204c), 容易推导出电流-电压关系

$$
(-1)^{i-1}\phi_r = F[n_{ir}, \tilde{j}_i, \theta_{ir}] - F[n_{il}, \tilde{j}_i, \theta_{il}] - \int_0^1 \tilde{\theta}_{ix} \ln \tilde{n}_i dx + \tilde{j}_i \int_0^1 \tilde{n}_i^{-1} dx, \tag{3.210}
$$

其中 $F[a,b,c] := \dfrac{b^2}{2a^2} + c + c\ln a$.

最后, 根据亚音速条件 (3.201a), 在 δ 充分小的假设下, 能够从电流-电压关系 (3.210) 中唯一地求解出稳态电流密度 $\tilde{j}_i$ 的显示公式:

$$
\tilde{j}_i = J_i[\tilde{n}_i, \tilde{\theta}_i] := 2\left(B_{ib} + \int_0^1 \tilde{\theta}_{ix} \ln \tilde{n}_i dx\right) K_i[\tilde{n}_i, \tilde{\theta}_i]^{-1}, \tag{3.211}
$$

$$
\begin{aligned}
K_i[\tilde{n}_i, \tilde{\theta}_i] &:= \int_0^1 \tilde{n}_i^{-1} dx \\
&\quad + \sqrt{\left(\int_0^1 \tilde{n}_i^{-1} dx\right)^2 + 2\left(B_{ib} + \int_0^1 \tilde{\theta}_{ix} \ln \tilde{n}_i dx\right)\left(n_{ir}^{-2} - n_{il}^{-2}\right)}, \\
B_{ib} &:= (-1)^{i-1}\phi_r - \theta_{ir} + \theta_{il} - \theta_{ir} \ln n_{ir} + \theta_{il} \ln n_{il}.
\end{aligned}
$$

从公式 (3.209) 和 (3.211) 可知, 一旦求解出稳态密度 $\tilde{n}_i$ 和稳态温度 $\tilde{\theta}_i$, 则稳态静电位势和稳态电流密度则可由公式 (3.209) 和 (3.211) 分别唯一确定. 因此, 对方程 (3.203b) 两边同时除以 $\tilde{n}_i$, 再对所得结果关于空间变量 x 求一阶导数, 我们可将边值问题 (3.203)–(3.204) 等价地转化为边值问题

$$
\begin{cases}
\left(\dfrac{1}{\tilde{n}_i} S[\tilde{n}_i, \tilde{j}_i, \tilde{\theta}_i] \tilde{n}_{ix}\right)_x + \tilde{\theta}_{ixx} + (-1)^i (\tilde{n}_1 - \tilde{n}_2 - D(x)) = 0, & \text{(3.212a)} \\
\tilde{j}_i \tilde{\theta}_{ix} + \dfrac{2}{3}\left(\dfrac{\tilde{j}_i}{\tilde{n}_i}\right)_x \tilde{n}_i \tilde{\theta}_i - \dfrac{2}{3}\tilde{\theta}_{ixx} = \dfrac{1}{3}\dfrac{\tilde{j}_i^2}{\tilde{n}_i} - \tilde{n}_i(\tilde{\theta}_i - \bar{\theta}), & \text{(3.212b)}
\end{cases}
$$

边值条件

$$
\tilde{n}_i(0) = n_{il} > 0, \quad \tilde{n}_i(1) = n_{ir} > 0, \quad \tilde{\theta}_i(0) = \theta_{il} > 0, \quad \tilde{\theta}_i(1) = \theta_{ir} > 0, \tag{3.213}
$$

其中方程 (3.212b) 中的常值 $\tilde{j}_i = J_i[\tilde{n}_i, \tilde{\theta}_i]$ 由公式 (3.211) 给出, 且是好估计的非局部项. 鉴于问题的等价性, 接下来我们考察边值问题 (3.212)–(3.213) 的适定性.

引理 3.34 在定理 3.33 的假设下, 边值问题 (3.212)–(3.213) 存在唯一的解 $\tilde{n}_i, \tilde{\theta}_i \in \mathcal{B}^2(\overline{\Omega})$ 满足条件 (3.201) 和如下的估计

$$\frac{1}{2}n_{il} \leqslant \tilde{n}_i(x) \leqslant 2n_{il}, \quad \frac{1}{2}\bar{\theta} \leqslant \tilde{\theta}_i(x) \leqslant 2\bar{\theta}, \quad \forall x \in \overline{\Omega}, \quad i=1,2, \tag{3.214a}$$

$$\sum_{i=1}^{2}\left(|\tilde{n}_i - n_{il}|_2 + |\tilde{\theta}_i - \bar{\theta}|_2\right) \leqslant C\delta, \tag{3.214b}$$

其中 $C = C(n_{1l}, n_{2l}, \bar{\theta}) > 0$ 是一个只依赖于 $n_{1l}, n_{2l}, \bar{\theta}$ 的常数.

证明 第一步: 正则扰动 + 线性化. 将正则扰动变量 (3.208) 代入到边值问题 (3.212)–(3.213) 中, 对所得结果在常值平衡态 $(n_{1l}, 0, \bar{\theta}, n_{2l}, 0, \bar{\theta}, 0)$ 附近线性化, 并用矩阵语言重写相应结果, 得到扰动变量所满足的等价边值问题

$$\begin{cases} -AU_{xx} + BU = f(U) + g(x), \quad x \in \Omega, & (3.215\text{a}) \\ U|_{\partial\Omega} = h(x), & (3.215\text{b}) \end{cases}$$

其中未知向量

$$U(x) := \left(n_1^\delta, \theta_1^\delta, n_2^\delta, \theta_2^\delta\right)^{\mathrm{T}}(x), \tag{3.216}$$

系数矩阵

$$A := \begin{pmatrix} \bar{\theta}/n_{1l} & 0 & 0 & 0 \\ 0 & 2/3 & 0 & 0 \\ 0 & 0 & \bar{\theta}/n_{2l} & 0 \\ 0 & 0 & 0 & 2/3 \end{pmatrix}, \quad B := \begin{pmatrix} 1 & -3n_{1l}/2 & -1 & 0 \\ 0 & n_{1l} & 0 & 0 \\ -1 & 0 & 1 & -3n_{2l}/2 \\ 0 & 0 & 0 & n_{2l} \end{pmatrix}, \tag{3.217}$$

平方非线性项

$$f(U) := (f_1, f_2, f_3, f_4)^{\mathrm{T}}(U), \tag{3.218}$$

具体地,

$$\begin{aligned} f_{2i-1}(U) :=& -\frac{1}{(n_{il}+n_i^\delta)^2}S[n_{il}+n_i^\delta, \tilde{j}_i, \bar{\theta}+\theta_i^\delta](n_{ix}^\delta)^2 \\ &+\frac{1}{n_{il}+n_i^\delta}\left(\theta_{ix}^\delta n_{ix}^\delta + \frac{2\tilde{j}_i^2}{(n_{il}+n_i^\delta)^3}(n_{ix}^\delta)^2\right) + \frac{1}{n_{il}}\left(\theta_i^\delta n_{ixx}^\delta\right. \\ &\left.-\frac{\tilde{j}_i^2}{(n_{il}+n_i^\delta)^2}n_{ixx}^\delta\right) + \left(\frac{1}{n_{il}+n_i^\delta} - \frac{1}{n_{il}}\right)S[n_{il}+n_i^\delta, \tilde{j}_i, \bar{\theta}+\theta_i^\delta]n_{ixx}^\delta \\ &+\frac{3}{2}\tilde{j}_i\theta_{ix}^\delta - \frac{\bar{\theta}+\theta_i^\delta}{2(n_{il}+n_i^\delta)}\tilde{j}_i n_{ix}^\delta - \frac{\tilde{j}_i^2}{2(n_{il}+n_i^\delta)} + \frac{3}{2}n_i^\delta\theta_i^\delta, \end{aligned} \tag{3.219a}$$

$$f_{2i}(U) := -\tilde{j}_i\theta_{ix}^\delta + \frac{\bar{\theta}+\theta_i^\delta}{3(n_{il}+n_i^\delta)}\tilde{j}_i n_{ix}^\delta + \frac{\tilde{j}_i^2}{3(n_{il}+n_i^\delta)} - n_i^\delta\theta_i^\delta, \quad i=1,2, \tag{3.219b}$$

其中 $\tilde{j}_i = J_i[n_{il} + n_i^\delta, \bar{\theta} + \theta_i^\delta]$.

右端非齐次项

$$g(x) := \big(D(x) - \bar{d}, 0, -(D(x) - \bar{d}), 0\big)^{\mathrm{T}}, \tag{3.220}$$

边值的 $H^3(\Omega)$-延拓

$$h(x) := (h_1, h_2, h_3, h_4)^{\mathrm{T}}(x), \tag{3.221a}$$

$$h_{2i-1}(x) := (n_{ir} - n_{il})x, \tag{3.221b}$$

$$h_{2i}(x) := (\theta_{ir} - \theta_{il})x + \theta_{il} - \bar{\theta}. \tag{3.221c}$$

令

$$\lambda := \min\left\{\frac{\bar{\theta}}{n_{1l}}, \frac{\bar{\theta}}{n_{2l}}, \frac{2}{3}\right\} > 0, \tag{3.222}$$

有

$$A\xi \cdot \xi \geqslant \lambda|\xi|^2, \quad \forall \xi \in \mathbb{R}^4. \tag{3.223}$$

线性微分算子

$$LU := -AU_{xx} + BU \tag{3.224}$$

是一个二阶强椭圆算子.

第二步: 定义不动点映射. 我们拟采用压缩映射论证来求解半线性二阶强椭圆组的 Dirichlet 边值问题 (3.215). 为此, 首先要利用相应的线性非齐次问题的唯一可解性来定义想要的不动点映射. 事实上, 相应于边值问题 (3.215) 的线性非齐次问题为

$$\begin{cases} LU(x) = f(x), & x \in \Omega, \quad (3.225\text{a}) \\ U(x) = h(x), & x \in \partial\Omega. \quad (3.225\text{b}) \end{cases}$$

注意到, 算子 L 是一个线性二阶强椭圆算子. 所以, 由强椭圆组 Dirichlet 边值问题的标准理论: Fredholm 二择一性, 可知唯一性蕴涵存在性. 更进一步, 由能量方法可直接验证边值问题 (3.225) 的解是唯一的. 从而, 对任意的 $f \in H^1(\Omega)$ 和 $h \in H^3(\Omega)$, 边值问题 (3.225) 存在唯一的强解 $U \in H^3(\Omega)$ 且满足椭圆估计

$$\|U\|_3 \leqslant C\big(\|f\|_1 + \|h\|_3\big), \tag{3.226}$$

其中常数 $C > 0$ 只依赖于算子 L 的系数. 基于上述线性可解性和对非线性项 $f(U)$ 的观察, 可以引入如下的不动点映射

$$\begin{aligned} S_1 : \mathbb{W}[N] &\to H^3(\Omega), \\ U &\mapsto V, \end{aligned} \tag{3.227}$$

其中空间 $\mathbb{W}[N]$ 定义为

$$\mathbb{W}[N] := \left\{ W \in H^3(\Omega) \middle| \|W\|_3 \leqslant N\delta, W|_{\partial\Omega} = h \right\}, \tag{3.228}$$

其中常数 $N > 0$ 待定. 更具体地, 对任意的 $U \in \mathbb{W}[N]$, 像 $V = S_1 U$ 是线性化问题

$$\begin{cases} -AV_{xx}(x) + BV(x) = f(U(x)) + g(x), & x \in \Omega, \quad (3.229\text{a}) \\ V(x) = h(x), & x \in \partial\Omega \quad (3.229\text{b}) \end{cases}$$

的唯一强解, 其中 $f(U)$, $g(x)$ 和 $h(x)$ 分别由 (3.216), (3.220) 和 (3.221) 给出.

第三步: 压缩映射论证. 为了对不动点映射 S_1 应用 Banach 不动点定理, 需要往证如下事实:

(1) 空间 $\mathbb{W}[N]$ 是一个完备的度量空间;

(2) S_1 将空间 $\mathbb{W}[N]$ 映射到自身;

(3) S_1 按照空间 $\mathbb{W}[N]$ 中的度量是压缩的.

具体如下: (1) 对任意取定的常数 $N > 0$ 和 $\delta \geqslant 0$, 由迹定理, 容易验证 $\mathbb{W}[N]$ 按照范数 $\|\cdot\|_3$ 诱导的度量是 Hilbert 空间 $H^3(\Omega)$ 的一个闭子集. 于是, 空间 $\mathbb{W}[N]$ 作为空间 $H^3(\Omega)$ 的继承子空间, 是一个完备的度量空间.

(2) 存在适当的只依赖于 $n_{1l}, n_{2l}, \bar{\theta}$ 的常数 $N > 0$, 使得当 δ 足够小时, 映射 S_1 将 $\mathbb{W}[N]$ 映射到自身. 事实上, 由映射 S_1 的定义 (3.227) 和椭圆估计 (3.226) 可知, 对任意的 $U \in \mathbb{W}[N]$, 有

$$\|S_1 U\|_3 \leqslant C_1(n_{1l}, n_{2l}, \bar{\theta})\big(\|f(U) + g\|_1 + \|h\|_3\big). \tag{3.230}$$

由 (3.202), (3.220) 和 (3.221), 易得

$$\|g\|_1 + \|h\|_3 \leqslant C_2\delta. \tag{3.231}$$

此外, 对任意取定的 $N > 0$, 通过显式表达式 (3.211), 可以直接估计稳态电流密度如下

$$|\tilde{j}_i| \leqslant C(n_{il}, N)\delta. \tag{3.232}$$

将 (3.219), (3.231) 和 (3.232) 代入到估计 (3.230) 中, 通过冗长但直接的计算, 得到如下估计

$$\|f(U)\|_1 \leqslant C_3(n_{1l}, n_{2l}, \bar{\theta}, N)\delta^2 \tag{3.233}$$

和

$$\|S_1 U\|_3 \leqslant C_4(n_{1l}, n_{2l}, \bar{\theta}, N)\delta^2 + C_5(n_{1l}, n_{2l}, \bar{\theta})\delta, \tag{3.234}$$

此处已经使用了 Sobolev 嵌入定理.

令

$$C_4(n_{1l}, n_{2l}, \bar{\theta}, N)\delta + C_5(n_{1l}, n_{2l}, \bar{\theta}) \leqslant N. \tag{3.235}$$

定义

$$N := 2C_5(n_{1l}, n_{2l}, \bar{\theta}) > 0. \tag{3.236}$$

易见, 只要 $0 \leqslant \delta \leqslant C_5/C_4(n_{1l}, n_{2l}, \bar{\theta}, 2C_5)$, 则条件 (3.235) 成立. 于是, 对 (3.236) 中定义的常数 $N > 0$, 估计 (3.234) 蕴涵

$$S_1 U \in \mathbb{W}[N], \quad \forall U \in \mathbb{W}[N]. \tag{3.237}$$

(3) 对 (3.236) 中给定的常数 $N > 0$, 我们断言: 对足够小的 δ, 映射 S_1 是压缩的. 事实上, 对任意的 $U_1, U_2 \in \mathbb{W}[N]$, 由叠加原理和椭圆估计, 可得

$$\begin{aligned}\|S_1U_1 - S_1U_2\|_3 &\leqslant C_1(n_{1l}, n_{2l}, \bar{\theta})\big(\|f(U_1) - f(U_2)\|_1 + \|0\|_3\big)\\ &= C_1(n_{1l}, n_{2l}, \bar{\theta})\|f(U_1) - f(U_2)\|_1,\end{aligned} \tag{3.238}$$

其中

$$U_1 = \left(n_{11}^\delta, \theta_{11}^\delta, n_{21}^\delta, \theta_{21}^\delta\right)^{\mathrm{T}}, \quad U_2 = \left(n_{12}^\delta, \theta_{12}^\delta, n_{22}^\delta, \theta_{22}^\delta\right)^{\mathrm{T}} \in \mathbb{W}[N], \tag{3.239}$$

并且对 $i = 1, 2$, 非线性项有如下具体的表达式

$$\begin{aligned}f_{2i-1}(U_1) - f_{2i-1}(U_2) = &-\Bigg(\frac{1}{(n_{il}+n_{i1}^\delta)^2} S[n_{il}+n_{i1}^\delta, \tilde{j}_{i1}, \bar{\theta}+\theta_{i1}^\delta](n_{i1x}^\delta)^2\\
&-\frac{1}{(n_{il}+n_{i2}^\delta)^2} S[n_{il}+n_{i2}^\delta, \tilde{j}_{i2}, \bar{\theta}+\theta_{i2}^\delta](n_{i2x}^\delta)^2\Bigg)\\
&+\Bigg(\frac{1}{n_{il}+n_{i1}^\delta}\left(\theta_{i1x}^\delta n_{i1x}^\delta + \frac{2\tilde{j}_{i1}^2}{(n_{il}+n_{i1}^\delta)^3}(n_{i1x}^\delta)^2\right)\\
&-\frac{1}{n_{il}+n_{i2}^\delta}\left(\theta_{i2x}^\delta n_{i2x}^\delta + \frac{2\tilde{j}_{i2}^2}{(n_{il}+n_{i2}^\delta)^3}(n_{i2x}^\delta)^2\right)\Bigg)\\
&+\Bigg(\frac{1}{n_{il}}\left(\theta_{i1}^\delta n_{i1xx}^\delta - \frac{\tilde{j}_{i1}^2}{(n_{il}+n_{i1}^\delta)^2} n_{i1xx}^\delta\right)\\
&-\frac{1}{n_{il}}\left(\theta_{i2}^\delta n_{i2xx}^\delta - \frac{\tilde{j}_{i2}^2}{(n_{il}+n_{i2}^\delta)^2} n_{i2xx}^\delta\right)\Bigg)\\
&+\Bigg(\left(\frac{1}{n_{il}+n_{i1}^\delta} - \frac{1}{n_{il}}\right) S[n_{il}+n_{i1}^\delta, \tilde{j}_{i1}, \bar{\theta}+\theta_{i1}^\delta] n_{i1xx}^\delta\end{aligned}$$

$$
\begin{aligned}
&-\left(\frac{1}{n_{il}+n_{i2}^{\delta}}-\frac{1}{n_{il}}\right) S[n_{il}+n_{i2}^{\delta},\tilde{j}_{i2},\bar{\theta}+\theta_{i2}^{\delta}]n_{i2xx}^{\delta}\Bigg)\\
&+\left(\frac{3}{2}\tilde{j}_{i1}\theta_{i1x}^{\delta}-\frac{3}{2}\tilde{j}_{i2}\theta_{i2x}^{\delta}\right)\\
&-\left(\frac{\bar{\theta}+\theta_{i1}^{\delta}}{2(n_{il}+n_{i1}^{\delta})}\tilde{j}_{i1}n_{i1x}^{\delta}-\frac{\bar{\theta}+\theta_{i2}^{\delta}}{2(n_{il}+n_{i2}^{\delta})}\tilde{j}_{i2}n_{i2x}^{\delta}\right)\\
&-\left(\frac{\tilde{j}_{i1}^{2}}{2(n_{il}+n_{i1}^{\delta})}-\frac{\tilde{j}_{i2}^{2}}{2(n_{il}+n_{i2}^{\delta})}\right)\\
&+\left(\frac{3}{2}n_{i1}^{\delta}\theta_{i1}^{\delta}-\frac{3}{2}n_{i2}^{\delta}\theta_{i2}^{\delta}\right),
\end{aligned}
\tag{3.240a}
$$

$$
\begin{aligned}
f_{2i}(U_1)-f_{2i}(U_2)=&-\left(\tilde{j}_{i1}\theta_{i1x}^{\delta}-\tilde{j}_{i2}\theta_{i2x}^{\delta}\right)\\
&+\left(\frac{\bar{\theta}+\theta_{i1}^{\delta}}{3(n_{il}+n_{i1}^{\delta})}\tilde{j}_{i1}n_{i1x}^{\delta}-\frac{\bar{\theta}+\theta_{i2}^{\delta}}{3(n_{il}+n_{i2}^{\delta})}\tilde{j}_{i2}n_{i2x}^{\delta}\right)\\
&+\left(\frac{\tilde{j}_{i1}^{2}}{3(n_{il}+n_{i1}^{\delta})}-\frac{\tilde{j}_{i2}^{2}}{3(n_{il}+n_{i2}^{\delta})}\right)-\left(n_{i1}^{\delta}\theta_{i1}^{\delta}-n_{i2}^{\delta}\theta_{i2}^{\delta}\right).
\end{aligned}
\tag{3.240b}
$$

类似于 (3.232) 的估计, 我们容易建立如下估计

$$
|\tilde{j}_{i1}-\tilde{j}_{i2}|\leqslant C(n_{il})\left(\|n_{i1}^{\delta}-n_{i2}^{\delta}\|_1+\|(\theta_{i1}^{\delta}-\theta_{i2}^{\delta})_x\|\right). \tag{3.241}
$$

为了完成证明, 我们只需进一步估计 $\|f(U_1)-f(U_2)\|_1$. 由于估计的复杂性, 只举列论证计算中的所有技术细节, 其余各项只需类似处理即可. 为此, 考察

$$
\begin{aligned}
&S[n_{il}+n_{i1}^{\delta},\tilde{j}_{i1},\bar{\theta}+\theta_{i1}^{\delta}]-S[n_{il}+n_{i2}^{\delta},\tilde{j}_{i2},\bar{\theta}+\theta_{i2}^{\delta}]\\
=&\left((\bar{\theta}+\theta_{i1}^{\delta})-\frac{\tilde{j}_{i1}^{2}}{(n_{il}+n_{i1}^{\delta})^2}\right)-\left((\bar{\theta}+\theta_{i2}^{\delta})-\frac{\tilde{j}_{i2}^{2}}{(n_{il}+n_{i2}^{\delta})^2}\right)\\
=&\theta_{i1}^{\delta}-\theta_{i2}^{\delta}-\left(\frac{1}{(n_{il}+n_{i1}^{\delta})^2}-\frac{1}{(n_{il}+n_{i2}^{\delta})^2}\right)\tilde{j}_{i1}^{2}-\frac{1}{(n_{il}+n_{i2}^{\delta})^2}(\tilde{j}_{i1}^{2}-\tilde{j}_{i2}^{2})\\
=&\theta_{i1}^{\delta}-\theta_{i2}^{\delta}+\frac{2\tilde{j}_{i1}^{2}}{((n_{il}+n_{i2}^{\delta})+\alpha(n_{i1}^{\delta}-n_{i2}^{\delta}))^3}(n_{i1}^{\delta}-n_{i2}^{\delta})\\
&-\frac{1}{(n_{il}+n_{i2}^{\delta})^2}(\tilde{j}_{i1}+\tilde{j}_{i2})(\tilde{j}_{i1}-\tilde{j}_{i2}),
\end{aligned}
\tag{3.242}
$$

其中 $0<\alpha<1$ 是由于使用了微分中值定理而产生的有界量. 再由 Sobolev 嵌入定理, 当 δ 足够小时, 有

$$
\begin{aligned}
&\frac{1}{2}n_{il}\leqslant n_{il}+n_{ik}^{\delta}\leqslant 2n_{il},\quad \frac{1}{2}\bar{\theta}\leqslant\bar{\theta}+\theta_{ik}^{\delta}\leqslant 2\bar{\theta},\\
&\frac{1}{2}\bar{\theta}\leqslant S[n_{il}+n_{ik}^{\delta},\tilde{j}_{ik},\bar{\theta}+\theta_{ik}^{\delta}]\leqslant 2\bar{\theta},\quad i,k=1,2.
\end{aligned}
\tag{3.243}
$$

利用得到 (3.242) 时所使用的技术逐一处理 (3.240) 中右端的各个项, 并对处理之后的结果直接取 L^2-范数, 同时注意到估计 (3.232), (3.241) 和 (3.243), 便得到如下估计

$$\|f_{2i-1}(U_1) - f_{2i-1}(U_2)\| \leqslant C(n_{il}, \bar{\theta}, N)\delta\big(\|n_{i1}^\delta - n_{i2}^\delta\|_2 + \|\theta_{i1}^\delta - \theta_{i2}^\delta\|_1\big), \quad (3.244\text{a})$$

$$\|f_{2i}(U_1) - f_{2i}(U_2)\| \leqslant C(n_{il}, \bar{\theta}, N)\delta\big(\|n_{i1}^\delta - n_{i2}^\delta\|_1 + \|\theta_{i1}^\delta - \theta_{i2}^\delta\|_1\big). \quad (3.244\text{b})$$

接下来, 分别对 (3.240a) 和 (3.240b) 关于 x 微分一次, 对所得结果取 L^2- 范数, 由与 (3.244) 相同的技术, 通过冗长但直接的计算, 可以建立如下估计

$$\|\partial_x(f_{2i-1}(U_1) - f_{2i-1}(U_2))\| \leqslant C(n_{il}, \bar{\theta}, N)\delta\big(\|n_{i1}^\delta - n_{i2}^\delta\|_3 + \|\theta_{i1}^\delta - \theta_{i2}^\delta\|_2\big), \quad (3.245\text{a})$$

$$\|\partial_x(f_{2i}(U_1) - f_{2i}(U_2))\| \leqslant C(n_{il}, \bar{\theta}, N)\delta\big(\|n_{i1}^\delta - n_{i2}^\delta\|_2 + \|\theta_{i1}^\delta - \theta_{i2}^\delta\|_2\big). \quad (3.245\text{b})$$

综合 (3.244) 和 (3.245), 有

$$\|f(U_1) - f(U_2)\|_1 \leqslant C(n_{1l}, n_{2l}, \bar{\theta}, N)\delta\|U_1 - U_2\|_3. \quad (3.246)$$

将 (3.236) 和 (3.246) 代入到 (3.238) 中, 得

$$\|S_1U_1 - S_1U_2\|_3 \leqslant C_6(n_{1l}, n_{2l}, \bar{\theta})\delta\|U_1 - U_2\|_3, \quad \forall U_1, U_2 \in \mathbb{W}[N]. \quad (3.247)$$

从 (3.247) 容易看出, 只要 $0 \leqslant \delta < C_6^{-1}$, 则映射 S_1 就是压缩的.

综上, 我们已经证明了, 对 (3.236) 中给定的常数 $N > 0$, 当 δ 足够小时, 映射 S_1 是完备度量空间 $\mathbb{W}[N]$ 中的一个压缩映射. 于是, 对 S_1 直接使用 Banach 不动点定理可知, 映射 S_1 在空间 $\mathbb{W}[N]$ 中有唯一的一个不动点 U. 回顾映射 S_1 的定义可知, 该不动点 U 即是扰动边值问题 (3.215) 的唯一强解, 且自动满足估计

$$\|U\|_3 \leqslant N\delta. \quad (3.248)$$

此外, 由 (3.243), (3.248) 及 Sobolev 嵌入定理, 可得估计 (3.214). □

定理 3.33 的证明 基于引理 3.34 的结果, 可以利用边值问题 (3.212)–(3.213) 的唯一解 $(\tilde{n}_1, \tilde{\theta}_1, \tilde{n}_2, \tilde{\theta}_2) \in \mathcal{B}^2(\overline{\Omega})$ 来构造原始边值问题 (3.203)–(3.204) 的唯一解 $(\tilde{n}_1, \tilde{j}_1, \tilde{\theta}_1, \tilde{n}_2, \tilde{j}_2, \tilde{\theta}_2, \tilde{\phi}) \in [\mathcal{B}^2(\overline{\Omega})]^7$. 事实上, 我们只需分别利用显式公式 (3.211) 和 (3.209) 唯一地定义亚音速稳态电流密度 $\tilde{j}_i := J_i[\tilde{n}_i, \tilde{\theta}_i], i = 1, 2$ 和稳态静电位势 $\tilde{\phi} := \Phi[\tilde{n}_1, \tilde{n}_2]$. 更进一步, 估计 (3.232) 和 Poisson 方程的椭圆估计蕴涵了 (3.205b) 中关于稳态电流密度和稳态静电位势的估计, 而估计 (3.205) 中的余下部分由引理 3.34 中的估计 (3.214) 直接给出. □

3.2.1.2 问题的重置与局部存在性

接下来研究初边值问题 (3.5)–(3.199) 的强解的局部存在性. 同时, 为了稍后研究整体解的存在性和稳态解的渐近稳定性, 我们还需将原始问题等价重置为相应的扰动形式, 并给出重置后的扰动初边值问题的局部存在性结果.

首先, 将方程组 (3.5) 等价地写为

$$
\begin{cases}
n_{it}+j_{ix}=0, & (3.249\text{a})\\
j_{it}+\left(\theta_i-\dfrac{j_i^2}{n_i^2}\right)n_{ix}+2\dfrac{j_i}{n_i}j_{ix}+n_i\theta_{ix}=(-1)^{i-1}n_i\phi_x-j_i, & (3.249\text{b})\\
n_i\theta_{it}+j_i\theta_{ix}+\dfrac{2}{3}\left(\dfrac{j_i}{n_i}\right)_x n_i\theta_i-\dfrac{2}{3}\theta_{ixx}=\dfrac{1}{3}\dfrac{j_i^2}{n_i}-n_i(\theta_i-\bar\theta), & (3.249\text{c})\\
\phi_{xx}=n_1-n_2-D(x), \qquad \forall(t,x)\in\mathbb{R}_+\times\Omega. & (3.249\text{d})
\end{cases}
$$

类似于 (3.209), 对带时间的静电位势 $\phi(t,x)$ 有如下的显式公式

$$
\begin{aligned}
\phi(t,x)&=\varPhi[n_1,n_2](t,x)\\
&:=\int_0^x\int_0^y n_1(t,z)-n_2(t,z)-D(z)dzdy\\
&\quad+\left(\phi_r-\int_0^1\int_0^y n_1(t,z)-n_2(t,z)-D(z)dzdy\right)x. \qquad (3.250)
\end{aligned}
$$

对任意的时间 $0<T<+\infty$, 在时间区间 $[0,T]$ 上考察如下的线性化问题

$$
\begin{cases}
\hat n_{it}+\hat j_{ix}=0, & (3.251\text{a})\\
\hat j_{it}+\left(\theta_i-\dfrac{j_i^2}{n_i^2}\right)\hat n_{ix}+2\dfrac{j_i}{n_i}\hat j_{ix}+n_i\hat\theta_{ix}=(-1)^{i-1}n_i\phi_x-j_i, & (3.251\text{b})\\
n_i\hat\theta_{it}+j_i\hat\theta_{ix}+\dfrac{2}{3}\left(\dfrac{j_i}{n_i}\right)_x n_i\hat\theta_i-\dfrac{2}{3}\hat\theta_{ixx}=\dfrac{1}{3}\dfrac{j_i^2}{n_i}-n_i(\hat\theta_i-\bar\theta), & (3.251\text{c})\\
\phi=\varPhi[n_1,n_2], \qquad \forall(t,x)\in Q_T:=[0,T]\times\Omega, & (3.251\text{d})
\end{cases}
$$

满足初值条件

$$
(n_i,j_i,\theta_i)(0,x)=(n_{i0},j_{i0},\theta_{i0})(x) \qquad (3.251\text{e})
$$

和边值条件

$$
n_i(t,0)=n_{il}>0,\quad n_i(t,1)=n_{ir}>0, \qquad (3.251\text{f})
$$

$$
\theta_i(t,0)=\theta_{il}>0,\quad \theta_i(t,1)=\theta_{ir}>0, \qquad (3.251\text{g})
$$

其中 $(\hat n_1,\hat j_1,\hat\theta_1,\hat n_2,\hat j_2,\hat\theta_2)(t,x)$ 为未知变量, $(n_1,j_1,\theta_1,n_2,j_2,\theta_2)(t,x)$ 为事先给定的系数函数. 为了求解线性化问题 (3.251), 引入适当的解空间

$$
\begin{aligned}
X(T;m,M):=\Big\{&(n_1,j_1,\theta_1,n_2,j_2,\theta_2)(t,x)\,\Big|\,(n_i,j_i,\theta_i)(0,x)=(n_{i0},j_{i0},\theta_{i0})(x),\\
&(n_i,j_i,\theta_i)\in\mathfrak{S}[Q_T],\quad n_i(t,x),\theta_i(t,x),\\
&S[n_i,j_i,\theta_i](t,x)\geqslant m,\forall(t,x)\in\overline{Q_T},\\
&i=1,2,\quad \sum_{i=1}^{2}\|(n_i,j_i,\theta_i)\|_{\mathfrak{S}[Q_T]}\leqslant M\Big\},
\end{aligned}\tag{3.252}
$$

其中 $\mathfrak{S}[Q_T]$ 是一个 Banach 空间, 定义如下

$$
\begin{aligned}
\mathfrak{S}[Q_T]:=&\mathfrak{X}_2([0,T])\times[\mathfrak{X}_1^1([0,T])\cap H^2(0,T;L^2(\Omega))]\\
&\times[\mathfrak{Y}([0,T])\cap H^1(0,T;H^1(\Omega))],
\end{aligned}\tag{3.253}
$$

赋以范数

$$
\begin{aligned}
\|(n,j,\theta)\|_{\mathfrak{S}[Q_T]}:=&\sup_{t\in[0,T]}(\|(n,j,\theta)(t)\|_2+\|(n_t,j_t)(t)\|_1+\|(n_{tt},\theta_t)(t)\|)\\
&+\|(\theta_{xt},j_{tt})\|_{L^2(Q_T)}.
\end{aligned}\tag{3.254}
$$

容易看出, 对任意给定的常数 $0<T<\infty$, $m>0$ 和 $M>0$, 集合 $X(T;m,M)$ 是空间 $[\mathfrak{S}[Q_T]]^2$ 的一个闭子集. 此外, 对任意给定的满足条件 (3.201) 的初值 $(n_{10},j_{10},\theta_{10},\,n_{20},j_{20},\theta_{20})\in H^2(\Omega)$, 定义

$$
\bar{m}_0:=\min_{i=1,2}\inf_{x\in\Omega}\{n_{i0}(x),\theta_{i0}(x),S[n_{i0},j_{i0},\theta_{i0}](x)\}>0,\tag{3.255a}
$$

$$
\overline{M}_0:=\sum_{i=1}^{2}\|(n_{i0},j_{i0},\theta_{i0})\|_2>0,\tag{3.255b}
$$

则 $X(T;m,M)\neq\varnothing$ 只要 $0<m\leqslant\overline{m}_0$ 且 $M\geqslant\overline{M}_0$.

接下来, 可以直接使用与单极情形相同的方法[100] 来求解我们的线性化问题 (3.251) 和原始非线性问题 (3.5)–(3.199).

具体地, 由 Galerkin 方法和对称双曲组的理论, 对线性化问题 (3.251) 建立了如下的存在性引理.

引理 3.35　假设初值 $n_{i0},j_{i0},\theta_{i0}\in H^2(\Omega)$ 满足亚音速和正性条件 (3.201), 并且与边值条件相容 (3.200), $i=1,2$. 令 $T>0$, $0<m\leqslant\bar{m}_0$ 和 $M\geqslant\overline{M}_0$ 是任意给定的常数, 并且 $D\in\mathcal{B}^0(\overline{\Omega})$. 如果系数函数 $(n_1,j_1,\theta_1,n_2,j_2,\theta_2)\in X(T;m,M)$, 则线性化问题 (3.251) 存在唯一的解 $(\hat{n}_1,\hat{j}_1,\hat{\theta}_1,\hat{n}_2,\hat{j}_2,\hat{\theta}_2)\in[\mathfrak{S}[Q_T]]^2$. 更进一步, 如果记相应的解算子为 $S_2:(n_1,j_1,\theta_1,n_2,j_2,\theta_2)\mapsto(\hat{n}_1,\hat{j}_1,\hat{\theta}_1,\hat{n}_2,\hat{j}_2,\hat{\theta}_2)$, 则存在依赖于初值的正常数 T_0, $m_0(\leqslant\bar{m}_0)$ 和 $M_0(\geqslant\overline{M}_0)$ 使得闭集 $X(T_0;m_0,M_0)$ 是算子 S_2 的一个不变闭子空间.

基于引理 3.35, 由标准的迭代论证和能量方法[100], 得到了原始初边值问题 (3.5),(3.198) 和 (3.199) 的局部存在性引理.

引理 3.36 *在引理 3.35 的假设下, 存在一个依赖于初值的常数 $T_1 > 0$ 使得初边值问题 (3.5),(3.198) 和 (3.199) 有唯一解 $(n_1, j_1, \theta_1, n_2, j_2, \theta_2, \phi) \in [\mathfrak{S}[Q_{T_1}]]^2 \times \mathfrak{X}_2^2([0, T_1])$ 且满足亚音速和正性条件 (3.201).*

最后, 为了研究整体解的存在性和稳态解的渐近稳定性, 引入时间依赖扰动变量如下

$$\psi_i(t,x) := n_i(t,x) - \tilde{n}_i(x), \quad \eta_i(t,x) := j_i(t,x) - \tilde{j}_i,$$
$$\chi_i(t,x) := \theta_i(t,x) - \tilde{\theta}_i(x), \quad \sigma(t,x) := \phi(t,x) - \tilde{\phi}(x),$$

其中, $(\tilde{n}_1, \tilde{j}_1, \tilde{\theta}_1, \tilde{n}_2, \tilde{j}_2, \tilde{\theta}_2, \tilde{\phi}) \in \left[\mathcal{B}^2(\overline{\Omega})\right]^7$ 是定理 3.33 中的稳态解. 同时, 还需要将原始初边值问题 (3.5)–(3.199) 等价重置为相应的扰动形式. 为此, 由 (3.5b)/n_i 和方程 (3.5a), 可以推得

$$\left(\frac{j_i}{n_i}\right)_t + \frac{1}{2}\left(\frac{j_i^2}{n_i^2}\right)_x + \theta_i(\ln n_i)_x + \theta_{ix} = (-1)^{i-1}\phi_x - \frac{j_i}{n_i}. \tag{3.256}$$

类似地, 有方程 (3.256) 的稳态版本如下

$$\frac{1}{2}\left(\frac{\tilde{j}_i^2}{\tilde{n}_i^2}\right)_x + \tilde{\theta}_i(\ln \tilde{n}_i)_x + \tilde{\theta}_{ix} = (-1)^{i-1}\tilde{\phi}_x - \frac{\tilde{j}_i}{\tilde{n}_i}. \tag{3.257}$$

再由 (3.5a) – (3.203a), (3.256) – (3.257), (3.5c) – (3.203c) 和 (3.5d) – (3.203d), 可以推导出扰动变量 $(\psi_1, \eta_1, \chi_1, \psi_2, \eta_2, \chi_2, \sigma)$ 满足的方程组

$$\begin{cases} \psi_{it} + \eta_{ix} = 0, & (3.258\text{a}) \\ \left(\dfrac{\tilde{j}_i + \eta_i}{\tilde{n}_i + \psi_i}\right)_t + \dfrac{1}{2}\left(\dfrac{(\tilde{j}_i + \eta_i)^2}{(\tilde{n}_i + \psi_i)^2} - \dfrac{\tilde{j}_i^2}{\tilde{n}_i^2}\right)_x + \tilde{\theta}_i(\ln(\tilde{n}_i + \psi_i) - \ln \tilde{n}_i)_x & \\ \quad + \dfrac{(\tilde{n}_i + \psi_i)_x}{\tilde{n}_i + \psi_i}\chi_i + \chi_{ix} + (-1)^i\sigma_x + \dfrac{\tilde{j}_i + \eta_i}{\tilde{n}_i + \psi_i} - \dfrac{\tilde{j}_i}{\tilde{n}_i} = 0, & (3.258\text{b}) \\ (\tilde{n}_i + \psi_i)\chi_{it} + \dfrac{2}{3}(\tilde{\theta}_i + \chi_i)\eta_{ix} - \dfrac{2}{3}(\tilde{j}_i + \eta_i)\dfrac{\tilde{\theta}_i + \chi_i}{\tilde{n}_i + \psi_i}\psi_{ix} - \dfrac{2}{3}\chi_{ixx} = G_i, & (3.258\text{c}) \\ \sigma_{xx} = \psi_1 - \psi_2, & (3.258\text{d}) \end{cases}$$

其中

$$\begin{aligned} G_i := & -j_i\chi_{ix} - \tilde{\theta}_{ix}\eta_i + \frac{2\tilde{n}_{ix}\theta_i}{3n_i}\eta_i + \frac{2\tilde{j}_i\tilde{n}_{ix}}{3n_i}\chi_i - \frac{2\tilde{j}_i\tilde{\theta}_i\tilde{n}_{ix}}{3\tilde{n}_i n_i}\psi_i \\ & + \frac{2\tilde{j}_i + \eta_i}{3n_i}\eta_i - \frac{\tilde{j}_i^2\psi_i}{3n_i\tilde{n}_i} - (\tilde{\theta}_i - \bar{\theta})\psi_i - n_i\chi_i. \end{aligned} \tag{3.259}$$

同时, 扰动变量的初边值为

$$\psi_i(0,x)=\psi_{i0}(x):=n_{i0}(x)-\tilde{n}_i(x), \tag{3.260a}$$

$$\eta_i(0,x)=\eta_{i0}(x):=j_{i0}(x)-\tilde{j}_i, \tag{3.260b}$$

$$\chi_i(0,x)=\chi_{i0}(x):=\theta_{i0}(x)-\tilde{\theta}_i(x) \tag{3.260c}$$

和

$$\psi_i(t,0)=\psi_i(t,1)=0, \tag{3.261a}$$

$$\chi_i(t,0)=\chi_i(t,1)=0, \tag{3.261b}$$

$$\sigma(t,0)=\sigma(t,1)=0. \tag{3.261c}$$

至此, 我们完成了问题的重置. 接下来, 考察上述扰动初边值问题 (3.258), (3.260) 和 (3.261).

最后, 由稳态解的正则性和引理 3.36, 对扰动初边值问题我们可以直接建立如下的局部存在性结果.

推论 3.37 (局部存在性) 假设扰动初值 $(\psi_{10},\eta_{10},\chi_{10},\psi_{20},\eta_{20},\chi_{20})\in H^2(\Omega)$ 且 $(\tilde{n}_1+\psi_{10},\tilde{j}_1+\eta_{10},\tilde{\theta}_1+\chi_{10},\tilde{n}_2+\psi_{20},\tilde{j}_2+\eta_{20},\tilde{\theta}_2+\chi_{20})$ 满足引理 3.36 中的初值条件, 则存在一个常数 $T_2>0$ 使得扰动初边值问题 (3.258), (3.260) 和 (3.261) 有唯一解 $(\psi_1,\eta_1,\chi_1,\psi_2,\eta_2,\chi_2,\sigma)\in[\mathfrak{S}[Q_{T_2}]]^2\times\mathfrak{X}_2^2([0,T_2])$ 且满足亚音速和正性条件 (3.201).

3.2.1.3　整体存在性与稳态解的渐近稳定性

在本节中, 考察整体解的存在性和稳态解的渐近稳定性. 下面, 给出我们的主要结果.

定理 3.38　假设初值 $n_{i0},j_{i0},\theta_{i0}\in H^2(\Omega)$ 满足亚音速和正性条件 (3.201), 并且与边值条件相容 (3.200), $i=1,2$, 令 $(\tilde{n}_1,\tilde{j}_1,\tilde{\theta}_1,\tilde{n}_2,\tilde{j}_2,\tilde{\theta}_2,\tilde{\phi})$ 是定理 3.33 中的稳态解, 则存在 $\varepsilon>0$ 使得如果 $\delta+\sum_{i=1}^{2}\|(n_{i0}-\tilde{n}_i,j_{i0}-\tilde{j}_i,\theta_{i0}-\tilde{\theta}_i)\|_2\leqslant\varepsilon$, 那么初边值问题 (3.5), (3.198) 和 (3.199) 有唯一的整体解 $(n_1,j_1,\theta_1,n_2,j_2,\theta_2,\phi)$ 满足 $n_i\in\mathfrak{X}_2([0,\infty)),j_i\in\mathfrak{X}_1^1([0,\infty)),\theta_i\in\mathfrak{Y}([0,\infty))\cap H^1_{\rm loc}(0,\infty;H^1(\Omega)),i=1,2$ 和 $\phi\in\mathfrak{Z}([0,\infty))$. 更进一步, 整体解还满足额外的正则性 $j_{itt}\in L^2_{\rm loc}(0,\infty;L^2(\Omega))$ 和 $\phi-\tilde{\phi}\in\mathfrak{X}_2^2([0,\infty))$, 以及衰减估计

$$\begin{aligned}&\sum_{i=1}^{2}\|(n_i-\tilde{n}_i,j_i-\tilde{j}_i,\theta_i-\tilde{\theta}_i)(t)\|_2+\|(\phi-\tilde{\phi})(t)\|_4\\ \leqslant&C\sum_{i=1}^{2}\|(n_{i0}-\tilde{n}_i,j_{i0}-\tilde{j}_i,\theta_{i0}-\tilde{\theta}_i)\|_2{\rm e}^{-\gamma t},\end{aligned} \tag{3.262}$$

其中 C 和 γ 是与时间 t 无关的正常数.

定理 3.38 的证明是在小初值框架下应用标准的连续性论证来得到的. 回顾 3.2.1.2 节, 从问题的重置过程和相应的局部存在性结果, 可知定理 3.38 的证明的关键在于建立一致先验估计. 为了方便陈述和证明所需要的一致估计, 引入记号

$$N(T) := \sup_{t\in[0,T]} \sum_{i=1}^{2} \|(\psi_i, \eta_i, \chi_i)(t)\|_2. \tag{3.263}$$

关于一致估计, 有

定理 3.39 (一致先验估计) 设 $(\psi_1, \eta_1, \chi_1, \psi_2, \eta_2, \chi_2, \sigma) \in [\mathfrak{S}[Q_T]]^2 \times \mathfrak{X}_2^2([0,T])$ 是扰动初边值问题 (3.258), (3.260) 和 (3.261) 在有限时间区间 $[0,T]$ 上的一个局部解, 则存在正常数 ε_0, C 和 γ 使得如果 $N(T)+\delta \leqslant \varepsilon_0$, 那么成立如下估计

$$\sum_{i=1}^{2} \|(\psi_i, \eta_i, \chi_i)(t)\|_2^2 + \|\sigma(t)\|_4^2 \leqslant C \sum_{i=1}^{2} \|(\psi_i, \eta_i, \chi_i)(0)\|_2^2 \,\mathrm{e}^{-\gamma t}, \quad \forall t \in [0,T], \tag{3.264}$$

其中常数 C 和 γ 与时间 $T>0$ 无关.

为了更清晰地给出证明, 将定理 3.39 的证明分成若干个引理, 并在下面的三个小节中逐一来完成. 建立指数衰减估计(3.264) 的主要工具是能量方法.

基本估计 本节我们推导基本估计, 为此先引入能量型 $\mathcal{E}$ 如下

$$\mathcal{E}(t,x) := \frac{1}{2}\sigma_x^2 + \sum_{i=1}^{2} \left(\frac{\eta_i^2}{2n_i} + n_i \tilde{\theta}_i \Psi\left(\frac{\tilde{n}_i}{n_i}\right) + \frac{3}{2} n_i \tilde{\theta}_i \Psi\left(\frac{\theta_i}{\tilde{\theta}_i}\right)\right), \tag{3.265}$$

其中

$$\Psi(s) := s - 1 - \ln s, \quad \forall s > 0. \tag{3.266}$$

易见, 在任意子区间 $[s_0, \infty) \subset (0, \infty)$ 上 $\Psi(s)$ 与 $|s-1|^2$ 等价.

在给出基本估计之前, 先给出包括扰动电位势的椭圆估计在内的一些辅助估计.

引理 3.40 假设定理 3.39 中的条件成立, 则对 $\forall t \in [0,T]$ 有如下估计

$$\|\partial_t^k \sigma(t)\|_2 \leqslant C \|(\partial_t^k \psi_1, \partial_t^k \psi_2)(t)\|, \quad k = 0,1,2, \tag{3.267}$$

$$\|\sigma_{xt}(t)\| \leqslant C \|(\eta_1, \eta_2)(t)\|, \tag{3.268}$$

$$\sum_{i=1}^{2} |(\psi_{it}, \eta_{it})(t)|_0 \leqslant C N(T), \tag{3.269}$$

其中 C 是与时间 T 无关的正常数.

证明　由扰动方程 (3.258d) 和齐次边值条件 (3.261c), 有

$$\sigma(t,x)=\int_0^x\int_0^y(\psi_1-\psi_2)(t,z)dzdy-x\int_0^1\int_0^y(\psi_1-\psi_2)(t,z)dzdy. \tag{3.270}$$

利用公式 (3.270) 和扰动方程 (3.258a), 易得估计 (3.267) 和 (3.268). 再分别从扰动方程 (3.258a) 和 (3.258b) 中求解出 ψ_{it} 和 η_{it}, 应用 Sobolev 嵌入定理于 (3.263), 同时使用估计 (3.267) 和 (3.205), 可得估计 (3.269). □

接下来, 给出基本估计.

引理 3.41 (基本估计) 假设定理 3.39 中的条件成立, 则对 $\forall t\in[0,T]$ 成立如下的微分等式

$$\frac{d}{dt}\int_0^1\mathcal{E}(t,x)dx+\int_0^1\sum_{i=1}^2\left(\frac{\eta_i^2}{\tilde{n}_i}+\frac{3n_i}{2\theta_i}\chi_i^2+\frac{\chi_{ix}^2}{\theta_i}\right)dx=\int_0^1(R_2+R_4)dx, \tag{3.271}$$

其中 R_2 和 R_4 的定义式分别由 (3.281) 和 (3.284) 给出. 更进一步, 如果 $0<N(T)+\delta\ll 1$, 则有如下估计

$$\left|\int_0^1(R_2+R_4)dx\right|\leqslant C(N(T)+\delta)\sum_{i=1}^2\|(\psi_i,\eta_i,\chi_i)(t)\|_1^2, \tag{3.272}$$

$$C_7\sum_{i=1}^2\|(\psi_i,\eta_i,\chi_i)(t)\|^2\leqslant\int_0^1\mathcal{E}(t,x)dx\leqslant C_8\sum_{i=1}^2\|(\psi_i,\eta_i,\chi_i)(t)\|^2, \tag{3.273}$$

其中 C, C_7 和 C_8 是与 T 无关的正常数.

证明　扰动方程 (3.258b) 两边同乘 η_i 得

$$\begin{aligned}&\left(\frac{j_i}{n_i}\right)_t\eta_i+\frac{1}{2}\left(\frac{j_i^2}{n_i^2}-\frac{\tilde{j}_i^2}{\tilde{n}_i^2}\right)_x\eta_i+\tilde{\theta}_i(\ln n_i-\ln\tilde{n}_i)_x\eta_i\\&+\frac{n_{ix}}{n_i}\chi_i\eta_i+\chi_{ix}\eta_i+(-1)^i\sigma_x\eta_i+\left(\frac{j_i}{n_i}-\frac{\tilde{j}_i}{\tilde{n}_i}\right)\eta_i=0.\end{aligned} \tag{3.274}$$

在双极情形中, 我们必须额外处理 (3.274) 的左端第六项如下

$$(-1)^i\sigma_x\eta_i=(-1)^i((\sigma\eta_i)_x-\sigma\eta_{ix})=(-1)^i(\sigma\eta_i)_x+(-1)^{i+1}\sigma\eta_{ix}, \tag{3.275}$$

其余各项可以使用类似于单极情形[100] 的方法来处理. 从而可以将 (3.274) 重写为

$$\begin{aligned}&\left(\frac{\eta_i^2}{2n_i}\right)_t+\frac{\eta_i+2\tilde{j}_i}{2n_i^2}\eta_{ix}\eta_i+\frac{1}{2}\left(\frac{j_i^2}{n_i^2}-\frac{\tilde{j}_i^2}{\tilde{n}_i^2}\right)_x\eta_i+\left(n_i\tilde{\theta}_i\varPsi\left(\frac{\tilde{n}_i}{n_i}\right)\right)_t\\&+\left(\tilde{\theta}_i(\ln n_i-\ln\tilde{n}_i)\eta_i\right)_x-\tilde{\theta}_{ix}(\ln n_i-\ln\tilde{n}_i)\eta_i+\frac{\tilde{n}_{ix}}{n_i}\chi_i\eta_i+\frac{\psi_{ix}}{n_i}\chi_i\eta_i+\chi_{ix}\eta_i\end{aligned}$$

$$+(-1)^i(\sigma\eta_i)_x+(-1)^{i+1}\sigma\eta_{ix}+j_i\Big(\frac{1}{n_i}-\frac{1}{\tilde{n}_i}\Big)\eta_i+\frac{1}{\tilde{n}_i}\eta_i^2=0,\quad i=1,2. \tag{3.276}$$

对等式 (3.276) 关于 $i=1,2$ 求和, 得

$$\begin{aligned}&-(\sigma\eta_1)_x+\sigma\eta_{1x}+(\sigma\eta_2)_x-\sigma\eta_{2x}\\&+\sum_{i=1}^{2}\Bigg\{\Big(\frac{\eta_i^2}{2n_i}+n_i\tilde{\theta}_i\Psi\Big(\frac{\tilde{n}_i}{n_i}\Big)\Big)_t+\frac{1}{\tilde{n}_i}\eta_i^2+\frac{\tilde{n}_{ix}}{n_i}\chi_i\eta_i+\chi_{ix}\eta_i\\&+\Big(\tilde{\theta}_i(\ln n_i-\ln\tilde{n}_i)\eta_i\Big)_x+\frac{\eta_i+2\tilde{j}_i}{2n_i^2}\eta_{ix}\eta_i+\frac{1}{2}\Big(\frac{j_i^2}{n_i^2}-\frac{\tilde{j}_i^2}{\tilde{n}_i^2}\Big)_x\eta_i\\&+j_i\Big(\frac{1}{n_i}-\frac{1}{\tilde{n}_i}\Big)\eta_i-\tilde{\theta}_{ix}(\ln n_i-\ln\tilde{n}_i)\eta_i+\frac{\psi_{ix}}{n_i}\chi_i\eta_i\Bigg\}=0.\end{aligned} \tag{3.277}$$

我们进一步整理等式 (3.277) 左端中的前四项如下

$$\begin{aligned}-(\sigma\eta_1)_x+\sigma\eta_{1x}+(\sigma\eta_2)_x-\sigma\eta_{2x}&=-(\sigma(\eta_1-\eta_2))_x+\sigma(\eta_{1x}-\eta_{2x})\\&=-(\sigma(\eta_1-\eta_2))_x-\sigma(\psi_1-\psi_2)_t\\&=-(\sigma(\eta_1-\eta_2))_x-\sigma\sigma_{xxt}\\&=-(\sigma(\eta_1-\eta_2))_x-((\sigma\sigma_{xt})_x-\sigma_x\sigma_{xt})\\&=-(\sigma(\eta_1-\eta_2))_x-(\sigma\sigma_{xt})_x+\Big(\frac{1}{2}\sigma_x^2\Big)_t\\&=-(\sigma\sigma_{xt}+\sigma(\eta_1-\eta_2))_x+\left(\frac{1}{2}\sigma_x^2\right)_t.\end{aligned} \tag{3.278}$$

将 (3.278) 代入到 (3.277) 中, 有

$$\left\{\frac{1}{2}\sigma_x^2+\sum_{i=1}^{2}\left(\frac{\eta_i^2}{2n_i}+n_i\tilde{\theta}_i\Psi\left(\frac{\tilde{n}_i}{n_i}\right)\right)\right\}_t+\sum_{i=1}^{2}\left(\frac{1}{\tilde{n}_i}\eta_i^2+\frac{\tilde{n}_{ix}}{n_i}\chi_i\eta_i+\chi_{ix}\eta_i\right)=R_{1x}+R_2, \tag{3.279}$$

其中

$$R_1:=\sigma\sigma_{xt}+\sigma(\eta_1-\eta_2)-\sum_{i=1}^{2}\tilde{\theta}_i(\ln n_i-\ln\tilde{n}_i)\eta_i, \tag{3.280}$$

$$\begin{aligned}R_2:=-\sum_{i=1}^{2}\Bigg\{&\frac{\eta_i+2\tilde{j}_i}{2n_i^2}\eta_{ix}\eta_i+\frac{1}{2}\left(\frac{j_i^2}{n_i^2}-\frac{\tilde{j}_i^2}{\tilde{n}_i^2}\right)_x\eta_i\\&+j_i\left(\frac{1}{n_i}-\frac{1}{\tilde{n}_i}\right)\eta_i-\tilde{\theta}_{ix}(\ln n_i-\ln\tilde{n}_i)\eta_i+\frac{\psi_{ix}}{n_i}\chi_i\eta_i\Bigg\}.\end{aligned} \tag{3.281}$$

由 $\sum_{i=1}^{2}(3.258\text{c})\times(3\chi_i/2\theta_i)$, 得

$$\left(\sum_{i=1}^{2}\frac{3}{2}n_i\tilde{\theta}_i\Psi\left(\frac{\theta_i}{\tilde{\theta}_i}\right)\right)_t+\sum_{i=1}^{2}\left(\frac{3n_i}{2\theta_i}\chi_i^2+\frac{\chi_{ix}^2}{\theta_i}-\frac{\tilde{n}_{ix}}{n_i}\chi_i\eta_i-\chi_{ix}\eta_i\right)=R_{3x}+R_4, \quad (3.282)$$

其中

$$R_3:=\sum_{i=1}^{2}\left(-\eta_i\chi_i+\frac{\chi_i\chi_{ix}}{\theta_i}\right), \quad (3.283)$$

$$\begin{aligned}R_4:=\sum_{i=1}^{2}\Bigg\{&-\frac{3}{2}\tilde{\theta}_i\eta_{ix}\Psi\left(\frac{\theta_i}{\tilde{\theta}_i}\right)\\&-\frac{3}{2}\left(j_i\chi_{ix}+\tilde{\theta}_{ix}\eta_i-\frac{2\tilde{j}_i+\eta_i}{3n_i}\eta_i+\frac{\tilde{j}_i^2\psi_i}{3n_i\tilde{n}_i}+(\tilde{\theta}_i-\bar{\theta})\psi_i\right)\frac{\chi_i}{\theta_i}\\&+\left(j_i\frac{\theta_i}{n_i}\psi_{ix}+\frac{\tilde{j}_i\tilde{n}_{ix}}{n_i}\chi_i-\frac{\tilde{j}_i\tilde{\theta}_i\tilde{n}_{ix}}{\tilde{n}_in_i}\psi_i+\frac{\theta_{ix}}{\theta_i}\chi_{ix}\right)\frac{\chi_i}{\theta_i}\Bigg\}.\end{aligned} \quad (3.284)$$

由 (3.279) + (3.282), 有

$$\mathcal{E}_t+\sum_{i=1}^{2}\left(\frac{\eta_i^2}{\tilde{n}_i}+\frac{3n_i}{2\theta_i}\chi_i^2+\frac{\chi_{ix}^2}{\theta_i}\right)=(R_1+R_3)_x+R_2+R_4, \quad (3.285)$$

其中项 $\frac{\tilde{n}_{ix}}{n_i}\chi_i\eta_i+\chi_{ix}\eta_i$ 在 (3.279) 和 (3.282) 中均有出现, 并且对应项在求和过程中彼此抵消. 在 Ω 上积分 (3.285) 立刻得 (3.271), 其中已经使用了如下事实

$$\int_0^1(R_1+R_3)_xdx=0, \quad (3.286)$$

由齐次边值条件 (3.261) 知 (3.286) 显然成立. 最后, 由 (3.205), Sobolev 嵌入定理和 Cauchy-Schwarz 不等式, 可得估计 (3.272). 如果 $0<N(T)+\delta\ll 1$, 则函数 $\Psi(s)$ 的等价关系蕴涵估计 (3.273). □

注解 3.2　与单极情形相比, 在双极情形的基本估计 (3.271) 中, 我们损失了扰动密度的零阶耗散率 $\int_0^1 O^+(1)(\psi_1^2+\psi_2^2)dx$, 其中记号 $O^+(1)$ 表示正的有界量. 损失该耗散率的原因在于 $\sum_{i=1}^2\int_0^1(3.258\text{b})\times(-1)^i\sigma_xdx$ (即, 对扰动电场 σ_x 的估计) 将会产生形如 $\int_0^1 O^+(1)(\psi_1-\psi_2)^2dx$ 的积分项而非所需的零阶耗散率, 从而对双极情形而言这一估计过程是无用的, 故不得不将之弃用. 因此, 这将在双极强耦

合情形下建立一致估计 (3.264) 的过程中产生新的困难. 这个困难是我们的双极情形与单极情形[100] 的本质区别. 然而, 通过对双极强耦合结构的细致观察, 我们幸运地发现, 在基本估计中损失的零阶耗散率可以通过高阶估计中的扰动密度的耗散率借助 Poincaré 不等式和稳态解的小性估计 (3.205b) 来补全, 进而封闭一致估计. 具体细节, 见下面中的 (3.331).

高阶估计 接下来, 我们建立高阶估计. 一方面, 注意到齐次扰动边值条件 (3.261), 在用能量方法建立高阶估计的过程中, 我们只能选择适当的时间导数 $\partial_t^k\psi_i$, $\partial_t^k\psi_{it}$ 和 χ_{it} 作为乘子. 这导致我们只能得到扰动变量的高阶时间导数和部分时空混合导数的估计. 另一方面, 借助扰动方程组经过细致的分析后发现所得时空导数估计可以控制住高阶空间导数, 具体细节可见等价关系 (3.300).

此外, 在建立高阶估计的过程中我们实则事先假定解是足够光滑的, 这是因为强解 $(\psi_1,\eta_1,\chi_1,\psi_2,\eta_2,\chi_2)$ 关于时间变量 t 的正则性是不够的. 然而, 关于时间变量 t 使用标准的光滑化论证, 容易验证高阶估计对我们的强解是严格成立的. 具体细节可参见 [100], 此处省略.

为方便起见, 引入如下记号

$$A_{-1}^2(t) := \sum_{i=1}^{2}\|(\psi_i,\eta_i,\chi_i,\chi_{ix})(t)\|^2, \tag{3.287a}$$

$$A_k^2(t) := A_{-1}^2(t) + \sum_{l=0}^{k}\sum_{i=1}^{2}\|(\partial_t^l\psi_{it},\partial_t^l\psi_{ix})(t)\|^2, \quad k=0,1. \tag{3.287b}$$

接下来, 推导高阶估计的工作方程. 由 $-\partial_t^k\{\partial_x(3.5\text{b})/n_i - \partial_x(3.203\text{b})/\tilde{n}_i\}, k=0,1,$ 得

$$\begin{aligned}
&n_i^{-1}\partial_t^k\psi_{itt} - ((\theta_i n_i^{-1} - j_i^2 n_i^{-3})\partial_t^k\psi_{ix})_x + (-1)^{i+1}\partial_t^k(\psi_1-\psi_2)\\
&\qquad + n_i^{-1}\partial_t^k\psi_{it} - \partial_t^k\chi_{ixx} = -2j_i n_i^{-2}\partial_t^k\psi_{ixt} + \partial_t^k F_i + K_{ik},
\end{aligned} \tag{3.288}$$

其中

$$\begin{aligned}
F_i :=& 2\psi_{it}^2 n_i^{-2} + 4j_i n_i^{-3} n_{ix}\psi_{it} + 2j_i^2 n_i^{-4}(2\tilde{n}_{ix}+\psi_{ix})\psi_{ix}\\
&+2\tilde{\theta}_{ix}n_i^{-1}\psi_{ix} + (j_i^2 n_i^{-3})_x\psi_{ix} - \theta_{ix}n_i^{-1}\psi_{ix} + \theta_i n_i^{-2}n_{ix}\psi_{ix} + 2\tilde{j}_i^2\tilde{n}_{ix}^2(n_i^{-4}-\tilde{n}_i^{-4})\\
&+2(2\tilde{j}_i+\eta_i)n_i^{-4}\tilde{n}_{ix}^2\eta_i - \tilde{j}_i^2\tilde{n}_{ixx}(n_i^{-3}-\tilde{n}_i^{-3}) - (2\tilde{j}_i+\eta_i)n_i^{-3}\tilde{n}_{ixx}\eta_i\\
&-2\tilde{n}_{ix}\tilde{\theta}_{ix}(n_i\tilde{n}_i)^{-1}\psi_i - \tilde{\theta}_i\tilde{n}_{ixx}(\tilde{n}_i n_i)^{-1}\psi_i + \tilde{n}_{ixx}n_i^{-1}\chi_i + 2n_{ix}n_i^{-1}\chi_{ix}\\
&+(-1)^{i+1}\Big(\tilde{\phi}_x\tilde{n}_{ix}(n_i\tilde{n}_i)^{-1}\psi_i - \tilde{n}_{ix}n_i^{-1}\sigma_x - \phi_x n_i^{-1}\psi_{ix}\Big),
\end{aligned} \tag{3.289}$$

$$K_{i0} := 0,$$

$$K_{i1} := n_i^{-2}\psi_{it}\psi_{itt} + ((\theta_i n_i^{-1} - j_i^2 n_i^{-3})_t \psi_{ix})_x$$
$$+ n_i^{-2}\psi_{it}^2 - 2(j_i n_i^{-2})_t \psi_{ixt}. \tag{3.290}$$

再由 $\partial_t^k(3.258c), k=0,1$, 得另一个工作方程

$$n_i \partial_t^k \chi_{it} + \frac{2}{3}\theta_i \partial_t^k \eta_{ix} - \frac{2}{3} j_i \theta_i n_i^{-1} \partial_t^k \psi_{ix} - \frac{2}{3}\partial_t^k \chi_{ixx} = \partial_t^k G_i + L_{ik}, \tag{3.291}$$

其中

$$L_{i0} := 0, \quad L_{i1} := -\psi_{it}\chi_{it} - \frac{2}{3}\eta_{ix}\chi_{it} + \frac{2}{3}(j_i\theta_i n_i^{-1})_t \psi_{ix}. \tag{3.292}$$

由 (3.205),(3.289), (3.290), (3.263) 和 Sobolev 嵌入定理, 可得估计

$$\|F_i\| \leqslant C(N(T)+\delta)\|(\psi_{it}, \psi_{ix}, \eta_i, \chi_i, \chi_{ix}, \psi_1, \psi_2)\|, \tag{3.293}$$

$$\|K_{i1}\| + \|F_{it}\| \leqslant C(N(T)+\delta)\|(\psi_{itt}, \psi_{ixt}, \eta_{it}, \eta_{ixt}, \chi_{it}, \chi_{ixt}, \psi_{1t}, \psi_{2t})\|. \tag{3.294}$$

类似地, 由 (3.259) 和 (3.292), 可得估计

$$\|G_i\| \leqslant C(N(T)+\delta)\|(\psi_i, \eta_i, \chi_{ix})\| + C\|\chi_i\|, \tag{3.295}$$

$$\|L_{i1}\| + \|G_{it}\| \leqslant C(N(T)+\delta)\|(\psi_{it}, \eta_{it}, \chi_{ixt})\| + C\|\chi_{it}\|. \tag{3.296}$$

更进一步, 估计

$$\|\partial_t^k \eta_{ix}(t)\| = \|\partial_t^k \psi_{it}(t)\|, \quad \|\eta_{ixx}(t)\| = \|\psi_{ixt}(t)\|, \tag{3.297}$$

$$\|\sigma(t)\|_4 \leqslant C\|(\psi_1, \psi_2)(t)\|_2, \tag{3.298}$$

$$\|\partial_t^k \eta_{it}(t)\| \leqslant C(A_k(t) + k\|(\chi_{it}, \chi_{ixt})(t)\|), \tag{3.299}$$

$$C_9 \sum_{i=1}^{2} \|(\psi_i, \eta_i, \chi_i)(t)\|_2 \leqslant A_1(t) + \|(\chi_{1t}, \chi_{2t})(t)\| \leqslant C_{10} \sum_{i=1}^{2} \|(\psi_i, \eta_i, \chi_i)(t)\|_2, \tag{3.300}$$

可由 (3.258) 立刻推得. 基于以上估计, 现在可以利用工作方程 (3.288) 和 (3.291) 来建立高阶估计.

引理 3.42　假设定理 3.39 中的条件成立, 则对 $\forall t \in [0,T]$ 和 $k=0,1$ 成立如下的微分等式

$$\frac{d}{dt}I_1^{(k)}(t) + \int_0^1 \left\{ \sum_{i=1}^{2} \left(\theta_i n_i^{-1} (\partial_t^k \psi_{ix})^2 - n_i^{-1} (\partial_t^k \psi_{it})^2 \right) \right.$$
$$\left. + (\partial_t^k \psi_1 - \partial_t^k \psi_2)^2 \right\} dx = J_1^{(k)}(t), \tag{3.301}$$

其中 $I_1^{(k)}(t)$ 和 $J_1^{(k)}(t)$ 的表达式见 (3.308). 更进一步, 如果 $0 < N(T)+\delta \ll 1$, 则有如下估计

$$|I_1^{(k)}(t)| \leqslant CA_k^2(t), \tag{3.302}$$

$$|J_1^{(k)}(t)|\leqslant \mu\sum_{i=1}^{2}\|\partial_t^k\psi_i(t)\|_1^2+C_\mu(N(T)+\delta)\left(A_k^2(t)+k\sum_{i=1}^{2}\|\chi_{it}(t)\|^2\right)$$
$$+C_\mu\sum_{i=1}^{2}\|\partial_t^k\chi_{ix}(t)\|^2, \tag{3.303}$$

其中 C,μ 和 C_μ 是与 T 无关的正常数, 且 μ 待定.

证明 由 (3.261), 得

$$\partial_t^k\psi_i(t,0)=\partial_t^k\psi_i(t,1)=0,\quad \forall t\in[0,T],\quad i=1,2,\quad k=0,1. \tag{3.304}$$

再由 $\int_0^1 (3.288)\times\partial_t^k\psi_i dx$, 可得

$$\frac{d}{dt}I_{i1}^{(k)}(t)+\int_0^1\Big(\theta_i n_i^{-1}(\partial_t^k\psi_{ix})^2$$
$$+(-1)^{i+1}(\partial_t^k\psi_1-\partial_t^k\psi_2)\partial_t^k\psi_i-n_i^{-1}(\partial_t^k\psi_{it})^2\Big)dx=J_{i1}^{(k)}(t), \tag{3.305}$$

其中

$$I_{i1}^{(k)}(t):=\int_0^1\Big(n_i^{-1}\partial_t^k\psi_{it}\partial_t^k\psi_i+(2n_i)^{-1}(\partial_t^k\psi_i)^2\Big)dx, \tag{3.306}$$

$$J_{i1}^{(k)}(t):=\int_0^1\Big((n_i^{-1})_t\partial_t^k\psi_i\partial_t^k\psi_{it}+(2j_in_i^{-2}\partial_t^k\psi_i)_x\partial_t^k\psi_{it}+j_i^2n_i^{-3}(\partial_t^k\psi_{ix})^2$$
$$-\partial_t^k\chi_{ix}\partial_t^k\psi_{ix}+((2n_i)^{-1})_t(\partial_t^k\psi_i)^2+(\partial_t^kF_i+K_{ik})\partial_t^k\psi_i\Big)dx. \tag{3.307}$$

对 (3.305) 关于 $i=1,2$ 求和, 并定义

$$I_1^{(k)}(t):=\sum_{i=1}^{2}I_{i1}^{(k)}(t),\quad J_1^{(k)}(t):=\sum_{i=1}^{2}J_{i1}^{(k)}(t), \tag{3.308}$$

即得 (3.301). 此处, 我们已经使用如下事实

$$\int_0^1\sum_{i=1}^{2}(-1)^{i+1}(\partial_t^k\psi_1-\partial_t^k\psi_2)\partial_t^k\psi_i dx=\int_0^1(\partial_t^k\psi_1-\partial_t^k\psi_2)^2dx. \tag{3.309}$$

最后, 利用 Cauchy-Schwarz 不等式, (3.293), (3.294) 和引理 3.40, 可以直接估计 (3.308), 经冗长但直接的计算可得估计 (3.302) 和 (3.303). □

引理 3.43 假设定理 3.39 中的条件成立, 则对 $\forall t\in[0,T]$ 和 $k=0,1$ 成立如下的微分等式

$$\frac{d}{dt}I_2^{(k)}(t)+\int_0^1\sum_{i=1}^{2}(n_i^{-1}+\theta_i)(\partial_t^k\psi_{it})^2dx=J_2^{(k)}(t), \tag{3.310}$$

其中 $I_2^{(k)}(t)$ 和 $J_2^{(k)}(t)$ 的表达式见 (3.318). 更进一步, 如果 $0 < N(T)+\delta \ll 1$, 则有估计

$$|I_2^{(k)}(t)| \leqslant C\left(A_k^2(t)+\sum_{i=1}^{2}\|\partial_t^k\chi_i(t)\|^2\right), \tag{3.311}$$

$$\begin{aligned}|J_2^{(k)}(t)| \leqslant &(C_\mu(N(T)+\delta)+\mu)A_k^2(t)\\ &+C_\mu(N(T)+\delta)\sum_{i=1}^{2}\|\chi_{it}(t)\|_k^2+C_\mu\sum_{i=1}^{2}\|\partial_t^k\chi_i(t)\|_1^2,\end{aligned} \tag{3.312}$$

其中 C,μ 和 C_μ 是与 T 无关的正常数, 且 μ 待定.

证明　由 (3.261), 可得

$$\partial_t^k\psi_{it}(t,0)=\partial_t^k\psi_{it}(t,1)=0,\quad \forall t\in[0,T],\quad i=1,2,\quad k=0,1. \tag{3.313}$$

再由 $\int_0^1 (3.288)\times\partial_t^k\psi_{it}dx$, 有

$$\frac{d}{dt}I_{i2}^{(k)}(t)+\int_0^1(-1)^{i+1}(\partial_t^k\psi_1-\partial_t^k\psi_2)\partial_t^k\psi_{it}dx+\int_0^1(n_i^{-1}+\theta_i)(\partial_t^k\psi_{it})^2dx=J_{i2}^{(k)}(t), \tag{3.314}$$

其中

$$\begin{aligned}I_{i2}^{(k)}(t):=\int_0^1&\Big(\frac{1}{2}n_i^{-1}(\partial_t^k\psi_{it})^2+\frac{1}{2}(\theta_i n_i^{-1}-j_i^2n_i^{-3})(\partial_t^k\psi_{ix})^2\\ &+\frac{3}{2}n_i\partial_t^k\chi_i\partial_t^k\eta_{ix}\Big)dx,\end{aligned} \tag{3.315}$$

$$\begin{aligned}J_{i2}^{(k)}(t):=\int_0^1&\Big(((2n_i)^{-1})_t(\partial_t^k\psi_{it})^2\\ &+\frac{1}{2}(\theta_i n_i^{-1}-j_i^2n_i^{-3})_t(\partial_t^k\psi_{ix})^2+\frac{3}{2}\psi_{it}\partial_t^k\chi_i\partial_t^k\eta_{ix}+(j_in_i^{-2})_x(\partial_t^k\psi_{it})^2\\ &-j_i\theta_in_i^{-1}\partial_t^k\psi_{ix}\partial_t^k\psi_{it}-\frac{3}{2}(\partial_t^kG_i+L_{ik})\partial_t^k\psi_{it}-\frac{3}{2}(n_i\partial_t^k\chi_i)_x\partial_t^k\eta_{it}\\ &+(\partial_t^kF_i+K_{ik})\partial_t^k\psi_{it}\Big)dx.\end{aligned} \tag{3.316}$$

为了得到 (3.310), 对 (3.314) 关于 $i=1,2$ 求和, 且所得结果左端的第一个积分项可进一步整理如下

$$\begin{aligned}&\sum_{i=1}^{2}\int_0^1(-1)^{i+1}(\partial_t^k\psi_1-\partial_t^k\psi_2)\partial_t^k\psi_{it}dx\\ =&\int_0^1\Big((\partial_t^k\psi_1-\partial_t^k\psi_2)\partial_t^k\psi_{1t}-(\partial_t^k\psi_1-\partial_t^k\psi_2)\partial_t^k\psi_{2t}\Big)dx\end{aligned}$$

$$
\begin{aligned}
&=\int_0^1 \Big(\partial_t^k\psi_1(\partial_t^k\psi_1)_t-((\partial_t^k\psi_1)_t\partial_t^k\psi_2+\partial_t^k\psi_1(\partial_t^k\psi_2)_t)+\partial_t^k\psi_2(\partial_t^k\psi_2)_t\Big)dx\\
&=\int_0^1 \Big(\frac{1}{2}((\partial_t^k\psi_1)^2)_t-(\partial_t^k\psi_1\partial_t^k\psi_2)_t+\frac{1}{2}((\partial_t^k\psi_2)^2)_t\Big)dx\\
&=\frac{d}{dt}\int_0^1 \frac{1}{2}(\partial_t^k\psi_1-\partial_t^k\psi_2)^2dx. \qquad (3.317)
\end{aligned}
$$

定义

$$
I_2^{(k)}(t):=\int_0^1\frac{1}{2}(\partial_t^k\psi_1-\partial_t^k\psi_2)^2dx+\sum_{i=1}^2 I_{i2}^{(k)}(t),\quad J_2^{(k)}(t):=\sum_{i=1}^2 J_{i2}^{(k)}(t). \qquad (3.318)
$$

再将 (3.317) 和 (3.318) 代入到和式 $\sum_{i=1}^2(3.314)$, 即得 (3.310).

最后, 类似于引理 3.42 的证明, 由估计 (3.295) 和 (3.296), 易得 (3.311) 和 (3.312). □

引理 3.44 假设定理 3.39 中的条件成立, 则对 $\forall t\in[0,T]$ 成立如下的微分等式

$$
\frac{d}{dt}I_3(t)+\int_0^1\sum_{i=1}^2 n_i\chi_{it}^2dx=J_3(t), \qquad (3.319)
$$

其中 $I_3(t)$ 和 $J_3(t)$ 定义为

$$
\begin{aligned}
I_3(t)&:=\sum_{i=1}^2\int_0^1\Big(\frac{1}{3}\chi_{ix}^2+\frac{2}{3}\theta_i\eta_{ix}\chi_i\Big)dx,\\
J_3(t)&:=\sum_{i=1}^2\int_0^1\left(\frac{2}{3}\chi_{it}\eta_{ix}\chi_i\quad \frac{2}{3}(\theta_i\chi_i)_x\eta_{it}+\left(\frac{2}{3}j_i\theta_i n_i^{-1}\psi_{ix}+G_i\right)\chi_{it}\right)dx. \qquad (3.320)
\end{aligned}
$$

更进一步, 如果 $0<N(T)+\delta\ll 1$, 那么有如下估计

$$
|I_3(t)|\leqslant CA_0^2(t), \qquad (3.321)
$$

$$
\begin{aligned}
|J_3(t)|\leqslant&(C_\mu(N(T)+\delta)+\mu)A_0^2(t)\\
&+(C(N(T)+\delta)+\mu)\sum_{i=1}^2\|\chi_{it}(t)\|^2+C_\mu\sum_{i=1}^2\|\chi_i(t)\|_1^2, \qquad (3.322)
\end{aligned}
$$

其中 C,μ 和 C_μ 是与 T 无关的正常数, 且 μ 待定.

证明 直接由 $\int_0^1(3.291)|_{k=0}\times\chi_{it}dx$, 易证本引理. 事实上, 此处对扰动温度 χ_i 的高阶估计具有与单极情形[100] 相同的数学结构. □

引理 3.45 假设定理 3.39 中的条件成立, 则对 $\forall t \in [0,T]$ 成立如下的微分等式

$$\frac{d}{dt}I_4(t) + \int_0^1 \sum_{i=1}^2 \frac{2}{3}\chi_{ixt}^2 dx = J_4(t), \tag{3.323}$$

其中 $I_4(t)$ 和 $J_4(t)$ 定义为

$$I_4(t) := \sum_{i=1}^2 \int_0^1 \frac{1}{2} n_i \chi_{it}^2 dx, \tag{3.324a}$$

$$\begin{aligned} J_4(t) := &\sum_{i=1}^2 \int_0^1 \Big(\frac{1}{2}\psi_{it}\chi_{it}^2 + \frac{2}{3}(\theta_i\chi_{it})_x \eta_{it} \\ &- \frac{2}{3}(j_i\theta_i n_i^{-1}\chi_{it})_x \psi_{it} + (G_{it} + L_{i1})\chi_{it} \Big) dx. \end{aligned} \tag{3.324b}$$

更进一步, 如果 $0 < N(T) + \delta \ll 1$, 那么有估计

$$|I_4(t)| \leqslant C \sum_{i=1}^2 \|\chi_{it}(t)\|^2, \tag{3.325}$$

$$|J_4(t)| \leqslant C_\mu \left(\sum_{i=1}^2 \|\chi_{it}(t)\|^2 + A_0^2(t) \right) + (C(N(T)+\delta)+\mu) \sum_{i=1}^2 \|\chi_{ixt}(t)\|^2, \tag{3.326}$$

其中 C, μ 和 C_μ 是与 T 无关的正常数, 且 μ 待定.

证明 直接由 $\int_0^1 (3.291)|_{k=1} \times \chi_{it} dx$, 即可完成本引理的证明. 基于与引理 3.44 的证明中相同的理由, 我们略去证明, 细节可参见文献 [100]. □

衰减估计 由基本估计和高阶估计, 来建立期望的衰减估计(3.264).

定理 3.39 的证明 由

$$\begin{aligned} &(3.271) + \beta\Big((3.310)|_{k=0} + (3.319)\Big) + \alpha\beta(3.301)|_{k=0} \\ &+ \beta^2(3.323) + \beta^3(3.310)|_{k=1} + \alpha\beta^3(3.301)|_{k=1}, \end{aligned} \tag{3.327}$$

其中 α 和 β 是待定的小性正常数, 得到最终的微分等式

$$\frac{d}{dt}\tilde{E}(t) + \tilde{F}(t) = 0, \quad \forall t \in [0,T], \tag{3.328}$$

其中最终的能量定义为

$$\begin{aligned} \tilde{E}(t) := &\int_0^1 \mathcal{E}(t,x)dx + \beta\Big(I_2^{(0)}(t) + I_3(t)\Big) \\ &+ \alpha\beta I_1^{(0)}(t) + \beta^2 I_4(t) + \beta^3 I_2^{(1)}(t) + \alpha\beta^3 I_1^{(1)}(t), \end{aligned} \tag{3.329}$$

最终的耗散率定义为

$$
\begin{aligned}
\tilde{F}(t):=&\int_0^1\sum_{i=1}^2\Big(\frac{\eta_i^2}{\tilde{n}_i}+\frac{3n_i}{2\theta_i}\chi_i^2+\frac{\chi_{ix}^2}{\theta_i}\Big)dx-\int_0^1(R_2+R_4)dx\\
&+\beta\int_0^1\sum_{i=1}^2(n_i^{-1}+\theta_i)\psi_{it}^2dx-\beta J_2^{(0)}(t)+\beta\int_0^1\sum_{i=1}^2 n_i\chi_{it}^2dx-\beta J_3(t)\\
&+\alpha\beta\int_0^1\left\{\sum_{i=1}^2\left(\theta_i n_i^{-1}\psi_{ix}^2-n_i^{-1}\psi_{it}^2\right)+(\psi_1-\psi_2)^2\right\}dx-\alpha\beta J_1^{(0)}(t)\\
&+\beta^2\int_0^1\sum_{i=1}^2\frac{2}{3}\chi_{ixt}^2dx-\beta^2J_4(t)+\beta^3\int_0^1\sum_{i=1}^2(n_i^{-1}+\theta_i)(\psi_{itt})^2dx-\beta^3J_2^{(1)}(t)\\
&+\alpha\beta^3\int_0^1\left\{\sum_{i=1}^2\left(\theta_i n_i^{-1}\psi_{ixt}^2-n_i^{-1}\psi_{itt}^2\right)+(\psi_{1t}-\psi_{2t})^2\right\}dx\\
&-\alpha\beta^3J_1^{(1)}(t).
\end{aligned}\tag{3.330}
$$

按如下顺序 $0<N(T)+\delta\ll\beta^3\ll\beta^2\ll\beta\ll\mu\ll\alpha\ll1$ 取 $\alpha,\ \mu,\ \beta$ 和 $N(T)+\delta$ 足够小. 由估计 (3.273), (3.302), (3.311), (3.321) 和 (3.325), 容易证明 $\tilde{E}(t)$ 与 $A_1^2(t)+\|(\chi_{1t},\chi_{2t})(t)\|^2$ 等价.

同理, 由估计 (3.272), (3.303), (3.312), (3.322) 和 (3.326), 可以证明 $\tilde{F}(t)$ 能够被 $A_1^2(t)+\|(\chi_{1t},\chi_{2t})(t)\|^2$ 从下方控制住. 事实上, 为了从高阶估计 $(3.301)|_{k=0}$ 中补偿基本估计中的零阶耗散率损失 (注解 3.2), 在估计最终的耗散率 $\tilde{F}(t)$ 的下界估计时, 利用 Poincaré 不等式, 我们使用了如下计算过程: 高阶估计 $(3.301)|_{k=0}$ 左端的第一个积分项被处理如下

$$
\begin{aligned}
\int_0^1\sum_{i=1}^2\theta_i n_i^{-1}\psi_{ix}^2dx\geqslant& C_{11}\int_0^1(\psi_{1x}^2+\psi_{2x}^2)dx\\
=&\frac{C_{11}}{2}\int_0^1(\psi_{1x}^2+\psi_{2x}^2)dx+\frac{C_{11}}{2}\int_0^1(\psi_{1x}^2+\psi_{2x}^2)dx\\
\geqslant&\frac{C_{12}}{2}\int_0^1(\psi_1^2+\psi_2^2)dx+\frac{C_{11}}{2}\int_0^1(\psi_{1x}^2+\psi_{2x}^2)dx\\
\geqslant& C_{13}\int_0^1\sum_{i=1}^2(\psi_i^2+\psi_{ix}^2)dx,
\end{aligned}\tag{3.331}
$$

其中 C_{11}, C_{12} 和 C_{13} 是与 T 无关的正常数.

由上述估计, 可见 $\tilde{F}(t)$ 亦可被 $\tilde{E}(t)$ 从下方控制住. 即, 存在正常数 γ 使得

$$
\frac{d}{dt}\tilde{E}(t)+\gamma\tilde{E}(t)\leqslant0,\quad\forall t\in[0,T],\tag{3.332}
$$

由 (3.300), 可知 $\tilde{E}(t)$ 还与 $\sum_{i=1}^{2}\|(\psi_i,\eta_i,\chi_i)(t)\|_2^2$ 等价. 于是, 应用 Gronwall 不等式于 (3.332), 得

$$C_{14}\sum_{i=1}^{2}\|(\psi_i,\eta_i,\chi_i)(t)\|_2^2\leqslant \tilde{E}(t)\leqslant \tilde{E}(0)\mathrm{e}^{-\gamma t}\leqslant C_{15}\sum_{i=1}^{2}\|(\psi_i,\eta_i,\chi_i)(0)\|_2^2\mathrm{e}^{-\gamma t}, \tag{3.333}$$

其中 C_{14} 和 C_{15} 是与 T 无关的正常数. 不等式 (3.333) 和椭圆估计(3.298) 蕴涵一致估计 (3.264). □

最后, 我们来完成定理 3.38 的证明.

定理 3.38 的证明 对扰动初边值问题 (3.258), (3.260) 和 (3.261) 而言, 在标准的连续性论证框架下, 结合推论 3.37(局部存在性) 和定理 3.39(一致估计) 可知小初值蕴涵整体解 $(\psi_1,\eta_1,\chi_1,\psi_2,\eta_2,\chi_2,\sigma)$ 的存在唯一性. 再注意到定理 3.33 中稳态解的正则性, 令

$$\begin{aligned}
&n_i(t,x):=\psi_i(t,x)+\tilde{n}_i(x),\quad j_i(t,x):=\eta_i(t,x)+\tilde{j}_i,\\
&\theta_i(t,x):=\chi_i(t,x)+\tilde{\theta}_i(x),\quad \phi(t,x):=\sigma(t,x)+\tilde{\phi}(x),
\end{aligned}$$

则 $(n_1,j_1,\theta_1,n_2,j_2,\theta_2,\phi)$ 即是原始初边值问题 (3.5),(3.198) 和 (3.199) 的整体解, 并且估计 (3.264) 直接蕴涵相应稳态解的指数稳定性估计 (3.262), 这就证明了定理 3.38. □

3.2.2 FHD 模型的 IVP: 重组–增生现象

在本节中, 将在整个实直线 $\mathbb{R}$ 上考虑带重组-增生率的半导体 FHD 模型的 Cauchy 问题[55](也称为初值问题, Initial Value Problem, IVP):

$$\begin{cases}
n_{it}+j_{ix}=-R(n_1,n_2), & (3.334\mathrm{a})\\
j_{it}+\left(j_i^2n_i^{-1}+n_i\theta_i\right)_x=(-1)^{i-1}n_iE-j_i, & (3.334\mathrm{b})\\
n_i\theta_{it}+j_i\theta_{ix}+\dfrac{2}{3}\left(j_in_i^{-1}\right)_x n_i\theta_i-\dfrac{2}{3}\theta_{ixx}=\dfrac{1}{3}j_i^2n_i^{-1}-n_i\left(\theta_i-\bar{\theta}\right), & (3.334\mathrm{c})\\
E_x=n_1-n_2-D(x),\quad i=1,2,\quad \forall (t,x)\in(0,+\infty)\times\mathbb{R}. & (3.334\mathrm{d})
\end{cases}$$

初值条件

$$(n_i,j_i,\theta_i)(0,x)=(n_{i0},j_{i0},\theta_{i0})(x),\quad \forall x\in\mathbb{R},\quad i=1,2, \tag{3.335}$$

其中 E 表示电场而非静电位势. 对一维初值问题, 使用电场 E 作为未知函数更方便. 注意到, 连续性方程 (3.334a) 已经过重组-增生修正. 相应的重组-增生率 R 由 (3.7) 给出, 不妨假定载流子的本征密度 $\bar{n}=1$, 为方便重写如下

$$R=R(n_1,n_2):=Q(n_1n_2-1),\quad Q>0\ \text{是给定的常数}, \tag{3.336}$$

它是载流子密度 n_1 和 n_2 的非线性函数. 刻画重组-增生现象的半导体模型只能是双极模型, 因此两种载流子之间的双极耦合效应会使对该模型的分析变得困难.

我们感兴趣的仍是该模型在亚音速物理状态空间中的可解性, 即所寻找的解应满足条件

$$\inf_{x\in\mathbb{R}} S[n_i, j_i, \theta_i] > 0, \quad \inf_{x\in\mathbb{R}} n_i > 0, \quad \inf_{x\in\mathbb{R}} \theta_i > 0, \tag{3.337}$$

其中 $S[n_i, j_i, \theta_i] := \theta_i - j_i^2/n_i^2$. 从数学结构上看, 模型 (3.334) 是一个拟线性双曲-抛物-椭圆耦合型的方程组, 并且由于重组-增生率的出现质量方程不再守恒. 于是, 在本节展开的研究中, 除仍需克服双极耦合效应产生的困难之外还需要克服重组-增生率导致的质量方程不守恒所产生的新困难.

3.2.2.1 稳态解的存在唯一性

在本节中, 建立稳态解的存在唯一性. 假设 $(\tilde{n}_1, \tilde{j}_1, \tilde{\theta}_1, \tilde{n}_2, \tilde{j}_2, \tilde{\theta}_2, \tilde{E}) \in \left(\mathcal{B}^3(\mathbb{R})\right)^7$ 是模型 (3.334) 的一个不依赖时间 t 的稳态解, 则其满足方程组

$$\begin{cases} \tilde{j}_{ix} = -R(\tilde{n}_1, \tilde{n}_2), & \text{(3.338a)} \\ \left(\tilde{j}_i^2 \tilde{n}_i^{-1} + \tilde{n}_i \tilde{\theta}_i\right)_x = (-1)^{i-1} \tilde{n}_i \tilde{E} - \tilde{j}_i, & \text{(3.338b)} \\ \tilde{j}_i \tilde{\theta}_{ix} + \dfrac{2}{3}\left(\tilde{j}_i \tilde{n}_i^{-1}\right)_x \tilde{n}_i \tilde{\theta}_i - \dfrac{2}{3}\tilde{\theta}_{ixx} = \dfrac{1}{3}\tilde{j}_i^2 \tilde{n}_i^{-1} - \tilde{n}_i\left(\tilde{\theta}_i - \bar{\theta}\right), & \text{(3.338c)} \\ \tilde{E}_x = \tilde{n}_1 - \tilde{n}_2 - D(x), \quad i = 1, 2, \quad \forall x \in \mathbb{R}. & \text{(3.338d)} \end{cases}$$

从稳态质量方程 (3.338a) 容易发现重组-增生率的出现将直接导致相应的稳态电子电流密度 $\tilde{j}_1(x)$ 和稳态空穴电流密度 $\tilde{j}_2(x)$ 不再取常值. 但是, 由 $(3.338\text{a})|_{i=1} - (3.338\text{a})|_{i=2}$ 可知, 两种载流子的稳态电流密度的差仍保持为常值, 即

$$\tilde{j} := \tilde{j}_1(x) - \tilde{j}_2(x) \equiv \text{常数}. \tag{3.339}$$

称 $\tilde{j}$ 为稳态总电流密度.

接下来, 采用正则扰动的思想方法来构造稳态解. 为此, 定义重要的强度参数如下

$$\delta := \left|\tilde{j}\right| + |D|_2. \tag{3.340}$$

现在, 本节的主要结论可陈述如下.

定理 3.46 (稳态解的存在唯一性) 假设 $Q, \bar{\theta}$ 是任意给定的正常数, $D \in \mathcal{B}^2(\mathbb{R})$. 如果 $\delta \ll 1$, 则相应于给定的掺杂分布 $D(x)$ 和给定的稳态总电流密度 $\tilde{j}$, 稳态方程组 (3.338) 有唯一的有界解 $(\tilde{n}_1, \tilde{j}_1, \tilde{\theta}_1, \tilde{n}_2, \tilde{j}_2, \tilde{\theta}_2, \tilde{E}) \in \left(\mathcal{B}^3(\mathbb{R})\right)^7$ 满足亚音速和密度的正性条件 (3.337), 并成立如下估计

$$\sum_{i=1}^{2} \left|\tilde{n}_i - 1, \tilde{j}_i, \tilde{\theta}_i - \bar{\theta}\right|_3 + \left|\tilde{E}\right|_3 \leqslant C\delta, \tag{3.341}$$

其中 $C = C(Q,\bar{\theta})$ 是只依赖于 Q 和 $\bar{\theta}$ 的正常数.

证明　首先观察到, 当 $\delta = 0$ 蕴涵 $\tilde{j} = 0$ 且 $D(x) \equiv 0$, 此时的稳态方程组 (3.338) 有唯一的常值热平衡态 $(1,0,\bar{\theta},1,0,\bar{\theta},0)$. 由正则扰动的思想, 可以将 $0 < \delta \ll 1$ 所对应的一般情形的稳态方程组 (3.338) 视作 $\delta = 0$ 时的特殊情形的稳态方程组 (3.338) 的一个正则扰动. 于是, 在一般情形下可以在热平衡态 $(1,0,\bar{\theta},1,0,\bar{\theta},0)$ 附近找到唯一的非平凡亚音速解. 为此, 我们引入稳态正则扰动变量如下

$$\begin{aligned} & n_i^\delta(x) := \tilde{n}_i(x) - 1, \quad \tilde{j}_i^\delta(x) := \tilde{j}_i(x) - 0 = \tilde{j}_i(x), \\ & \theta_i^\delta(x) := \tilde{\theta}_i(x) - \bar{\theta}, \quad E^\delta(x) := \tilde{E}(x) - 0 = \tilde{E}(x). \end{aligned} \tag{3.342}$$

将 (3.342) 代入 (3.338) 并将所得结果在常值亚音速状态 $(1,0,\bar{\theta},1,0,\bar{\theta},0)$ 附近线性化, 即得到等价的稳态正则扰动变量 (3.342) 满足的半线性方程组如下

$$\begin{cases} \tilde{j}_{2x} = -Qn_1^\delta - Qn_2^\delta + f_1, & \text{(3.343a)} \\ n_{ix}^\delta = -\bar{A}_{i1}\tilde{j}_2 - \bar{A}_{i2}\theta_{ix}^\delta + (-1)^{i-1}\bar{A}_{i1}\tilde{E} + f_{i+1}, & \text{(3.343b)} \\ \theta_{ixx}^\delta = -Q\bar{B}_{i1}n_1^\delta - Q\bar{B}_{i1}n_2^\delta + \bar{B}_{i2}\theta_i^\delta + f_{i+3}, & \text{(3.343c)} \\ \tilde{E}_x = n_1^\delta - n_2^\delta - D(x), \qquad i = 1,2, \quad \forall x \in \mathbb{R}, & \text{(3.343d)} \end{cases}$$

其中

$$\begin{aligned} & A_{i1} = A_{i1}\left(\tilde{n}_i, \tilde{j}_2, \tilde{\theta}_i\right) := \left(\tilde{\theta}_i - \tilde{j}_i^2\tilde{n}_i^{-2}\right)^{-1} = \left(S[\tilde{n}_i, \tilde{j}_i, \tilde{\theta}_i]\right)^{-1} = \tilde{S}_i^{-1}, \\ & A_{i2} = A_{i2}\left(\tilde{n}_i, \tilde{j}_2, \tilde{\theta}_i\right) := \tilde{n}_i A_{i1} = \left(\tilde{\theta}_i\tilde{n}_i^{-1} - \tilde{j}_i^2\tilde{n}_i^{-3}\right)^{-1}, \\ & B_{i1} = B_{i1}\left(\tilde{n}_i, \tilde{j}_2, \tilde{\theta}_i\right) := \tilde{\theta}_i, \quad B_{i2} = B_{i2}\left(\tilde{n}_i, \tilde{j}_2, \tilde{\theta}_i\right) := \frac{3}{2}\tilde{n}_i, \\ & \bar{A}_{11} := A_{11}(1,0,\bar{\theta}) = \left(\bar{\theta} - \tilde{j}^2\right)^{-1}, \quad \bar{A}_{21} := A_{21}(1,0,\bar{\theta}) = \bar{\theta}^{-1}, \\ & \bar{A}_{12} := A_{12}(1,0,\bar{\theta}) = \bar{A}_{11}, \quad \bar{A}_{22} := A_{22}(1,0,\bar{\theta}) = \bar{A}_{21}, \\ & \bar{B}_{i1} := B_{i1}(1,0,\bar{\theta}) = \bar{\theta}, \quad \bar{B}_{i2} := B_{i2}(1,0,\bar{\theta}) = \frac{3}{2}, \qquad i = 1,2. \qquad (3.344) \\ & f_1 := -Qn_1^\delta n_2^\delta, \\ & f_2 := A_{11}\left[n_1^\delta\tilde{E} - \tilde{j} + 2Q\tilde{n}_1^{-1}\left(\tilde{j}_2 + \tilde{j}\right)\left(n_1^\delta + n_2^\delta + n_1^\delta n_2^\delta\right)\right] \\ & \qquad - \left(A_{11} - \bar{A}_{11}\right)\tilde{j}_2 - \left(A_{12} - \bar{A}_{12}\right)\theta_{1x}^\delta + \left(A_{11} - \bar{A}_{11}\right)\tilde{E}, \\ & f_3 := A_{21}\left[-n_2^\delta\tilde{E} + 2Q\tilde{n}_2^{-1}\tilde{j}_2\left(n_1^\delta + n_2^\delta + n_1^\delta n_2^\delta\right)\right] \\ & \qquad - \left(A_{21} - \bar{A}_{21}\right)\tilde{j}_2 - \left(A_{22} - \bar{A}_{22}\right)\theta_{2x}^\delta - \left(A_{21} - \bar{A}_{21}\right)\tilde{E}, \\ & f_4 := \frac{3}{2}\left(\tilde{j}_2 + \tilde{j}\right)\theta_{1x}^\delta - Q\tilde{\theta}_1 n_1^\delta n_2^\delta - \frac{1}{2}\tilde{n}_1^{-1}\left(\tilde{j}_2 + \tilde{j}\right)^2 - \tilde{\theta}_1\tilde{n}_1^{-1}\left(\tilde{j}_2 + \tilde{j}\right)A_{11}\Big[-\tilde{j}_2 \\ & \qquad -\tilde{n}_1\theta_{1x}^\delta + \tilde{n}_1\tilde{E} - \tilde{j} + 2Q\tilde{n}_1^{-1}\left(\tilde{j}_2 + \tilde{j}\right)\left(n_1^\delta + n_2^\delta + n_1^\delta n_2^\delta\right)\Big] \end{aligned}$$

$$
\begin{aligned}
&-Q\left(B_{11}-\bar{B}_{11}\right) n_{1}^{\delta}-Q\left(B_{11}-\bar{B}_{11}\right) n_{2}^{\delta}+\left(B_{12}-\bar{B}_{12}\right) \theta_{1}^{\delta}, \\
f_{5}:=&\ \frac{3}{2} \tilde{j}_{2} \theta_{2 x}^{\delta}-Q \tilde{\theta}_{2} n_{1}^{\delta} n_{2}^{\delta}-\frac{1}{2} \tilde{n}_{2}^{-1} \tilde{j}_{2}^{2} \\
&-\tilde{\theta}_{2} \tilde{n}_{2}^{-1} \tilde{j}_{2} A_{21}\left[-\tilde{j}_{2}-\tilde{n}_{2} \theta_{2 x}^{\delta}-\tilde{n}_{2} \tilde{E}+2 Q \tilde{n}_{2}^{-1} \tilde{j}_{2}\left(n_{1}^{\delta}+n_{2}^{\delta}+n_{1}^{\delta} n_{2}^{\delta}\right)\right] \\
&-Q\left(B_{21}-\bar{B}_{21}\right) n_{1}^{\delta}-Q\left(B_{21}-\bar{B}_{21}\right) n_{2}^{\delta}+\left(B_{22}-\bar{B}_{22}\right) \theta_{2}^{\delta} .
\end{aligned} \tag{3.345}
$$

注意到 $\tilde{j}_1=\tilde{j}_2+\tilde{j}$, 故一旦求解出 $\tilde{j}_2$, 则 $\tilde{j}_1$ 可被唯一确定.

接下来, 为讨论方便, 拟采用矩阵语言重写上述计算结果. 为此, 引入向量值未知函数如下

$$
U:=\left(\tilde{j}_{2}, n_{1}^{\delta}, \theta_{1}^{\delta}, \theta_{1 x}^{\delta}, n_{2}^{\delta}, \theta_{2}^{\delta}, \theta_{2 x}^{\delta}, \tilde{E}\right)^{\mathrm{T}} \in \mathbb{R}^{8}. \tag{3.346}
$$

进而, 再通过降阶处理, 可将常微分方程组 (3.343) 等价地重写为 U 所满足的一阶常微分方程组如下

$$
\frac{dU(x)}{dx}=AU(x)+F(U(x)), \quad \forall x \in \mathbb{R}, \tag{3.347}
$$

其中系数矩阵 A 定义为

$$
A:=\begin{pmatrix}
0 & -Q & 0 & 0 & -Q & 0 & 0 & 0 \\
-\bar{A}_{11} & 0 & 0 & -\bar{A}_{12} & 0 & 0 & 0 & \bar{A}_{11} \\
0 & 0 & 0 & 1 & 0 & 0 & 0 & 0 \\
0 & -Q\bar{B}_{11} & \bar{B}_{12} & 0 & -Q\bar{B}_{11} & 0 & 0 & 0 \\
-\bar{A}_{21} & 0 & 0 & 0 & 0 & 0 & -\bar{A}_{22} & -\bar{A}_{21} \\
0 & 0 & 0 & 0 & 0 & 0 & 1 & 0 \\
0 & -Q\bar{B}_{21} & 0 & 0 & -Q\bar{B}_{21} & \bar{B}_{22} & 0 & 0 \\
0 & 1 & 0 & 0 & -1 & 0 & 0 & 0
\end{pmatrix}_{8\times 8}, \tag{3.348}
$$

平方非线性项和给定的非齐次项统一记作 $F(U)$, 其定义为

$$
F(U):=\Big(f_1(U), f_2(U), 0, f_4(U), f_3(U), 0, f_5(U), -D(x)\Big)^{\mathrm{T}}. \tag{3.349}
$$

接下来, 将在整个实直线 $\mathbb{R}$ 上求解常微分方程组 (3.347). 为了应用经典的常微分方程组的存在性理论于 (3.347), 必须分析清楚系数矩阵 A 的全体特征值在复平面上的分布情况. 为此, 首先要计算出矩阵 A 的特征多项式 $\det(\lambda I-A)$. 虽然矩阵 A 的阶数较高, 但注意到 A 是一个稀疏阵, 所以其特征多项式的计算并没有预想的那么困难. 事实上, 由于矩阵 A 是 8×8 的, 即使计算出其特征多项式的精确表达式, 也不可能给出解析的求根公式. 但在计算特征多项式 $\det(\lambda I-A)$ 的过程中, 我们发现其具有很好的数学结构, 即

$$
\det(\lambda I-A)=\lambda^8+a_1\lambda^6+a_2\lambda^4+\underbrace{\frac{3}{2}\bar{A}_{11}Q\bar{\theta}}_{>0\ \text{如果}\ |\tilde{j}|\ll 1}\ \lambda^3+a_3\lambda^2+\underbrace{9Q\bar{A}_{11}\bar{A}_{21}}_{=\det(A)>0\ \text{如果}\ |\tilde{j}|\ll 1}, \tag{3.350}
$$

其中 $a_m = a_m(Q, \bar{\theta}, \tilde{j}) \in \mathbb{R}, m = 1, 2, 3$. 令 $\lambda_l \in \mathbb{C}, l = 1, 2, \cdots, 8$ 表示矩阵 A 的全体特征值, 我们断言如下事实

$$\text{如果 } |\tilde{j}| \ll 1, \text{ 则 } \mathrm{Re}\lambda_l \neq 0, \quad \forall l = 1, 2, \cdots, 8 \tag{3.351}$$

成立. 事实上, 基于 (3.350) 中特征多项式 $\det(\lambda I - A)$ 的结构, 利用反证法易于验证上述事实.

记 π_+ 表示相应于矩阵 A 在右半复平面中的特征值的投影算子, 再令 $\pi_- := I - \pi_+$, 由 (3.351) 和 Henry[52] 关于常微分方程组的存在性理论可知, 存在常数

$$M = M(Q, \bar{\theta}) > 0, \quad \alpha = \alpha(Q, \bar{\theta}) > 0, \tag{3.352}$$

使得

$$\begin{cases} \left|\mathrm{e}^{Ax}\pi_+\right| \leqslant M\mathrm{e}^{\alpha x}, \quad x \leqslant 0, & (3.353\text{a}) \\ \left|\mathrm{e}^{Ax}\pi_-\right| \leqslant M\mathrm{e}^{-\alpha x}, \quad x \geqslant 0 & (3.353\text{b}) \end{cases}$$

其中 $|\cdot|$ 仅在 (3.353) 中表示算子范数. 并且, 对任意的有界可测 $\mathbb{R}^8$-向量值函数 $F(x)$, 一阶线性常微分方程组

$$\frac{dU(x)}{dx} = AU(x) + F(x), \quad \forall x \in \mathbb{R} \tag{3.354}$$

在整个实直线上存在唯一的有界解 $U \in (\mathcal{B}(\mathbb{R}))^8$, 可表示为

$$U(x) = \int_{+\infty}^{x} \mathrm{e}^{A(x-y)}\pi_+ F(y)dy + \int_{-\infty}^{x} \mathrm{e}^{A(x-y)}\pi_- F(y)dy, \quad \forall x \in \mathbb{R}. \tag{3.355}$$

利用上述线性理论, 即可定义所需的不动点映射. 具体地, 首先引入适当的解空间

$$\mathbb{W}[N] := \left\{ V \in (\mathcal{B}(\mathbb{R}))^8 \,\middle|\, |V|_0 \leqslant N\delta \right\}, \tag{3.356}$$

其中 $N > 0$ 是待定常数. 易见, 对任意给定的正常数 N, 空间 $\mathbb{W}[N]$ 是一个完备的度量空间. 其次, 注意到

$$F(V) \in (\mathcal{B}(\mathbb{R}))^8, \quad \forall V \in \mathbb{W}[N], \tag{3.357}$$

再由 (3.354) 的线性存在性理论和解的显示公式 (3.355), 所需的不动点映射可定义如下

$$\begin{aligned} U(x) = (TV)(x) := &\int_{+\infty}^{x} \mathrm{e}^{A(x-y)}\pi_+ F(V(y))dy + \int_{-\infty}^{x} \mathrm{e}^{A(x-y)}\pi_- F(V(y))dy, \\ &\forall x \in \mathbb{R}, \quad \forall V \in \mathbb{W}[N], \end{aligned} \tag{3.358}$$

即 $U \in \left(\mathcal{B}^1(\mathbb{R})\right)^8$ 是一阶线性常微分方程组

$$\frac{dU(x)}{dx} = AU(x) + F(V(x)), \quad \forall x \in \mathbb{R}$$

在整个实直线上的唯一有界解. 显然, 映射 T 的不动点即是原始半线性方程组 (3.347) 在整个实直线上的有界解. 下面, 分三步往证映射 T 在适当的空间 $\mathbb{W}[N]$ 中存在唯一的不动点且不动点具有足够的正则性. 具体如下.

第一步: T **映** $\mathbb{W}[N]$ **到其自身**. 由 (3.349), (3.353) 和 (3.358) 易得估计

$$|TV|_0 \leqslant \frac{2M}{\alpha}|F(V)|_0, \quad \forall V \in \mathbb{W}[N]. \tag{3.359}$$

由 (3.345) 中定义的非线性项的结构, 直接计算可知, 存在常数 $M_1 = M_1(Q, \bar{\theta})$ 使得如下估计

$$|F(V)|_0 \leqslant M_1 \left(|\tilde{j}| + |D|_0 + |V|_0^2 + |V|_0^3\right), \quad \forall V \in \mathbb{W}[N] \tag{3.360}$$

成立. 将 (3.360) 代入 (3.359), 得

$$\begin{aligned} |TV|_0 &\leqslant \frac{2M}{\alpha}|F(V)|_0 \\ &\leqslant \frac{2M}{\alpha}M_1 \left(|\tilde{j}| + |D|_0 + |V|_0^2 + |V|_0^3\right) \\ &\leqslant M_2 \left(1 + N^2\delta + N^3\delta^2\right)\delta, \end{aligned} \tag{3.361}$$

其中 $M_2 = M_2(Q, \bar{\theta}) := 2MM_1/\alpha$ 是正常数.

令

$$N := 2M_2 > 0. \tag{3.362}$$

如果令 $0 < \delta \leqslant 1/\left(4M_2^2 + 8M_2^3\right)$, 则

$$TV \in \mathbb{W}[N], \quad \forall V \in \mathbb{W}[N]. \tag{3.363}$$

这就证明了 T 映 $\mathbb{W}[N]$ 到其自身.

第二步: T **是压缩的**. 设常数 $N > 0$ 由 (3.362) 给定, 接下来往证映射 $T : \mathbb{W}[N] \mapsto \mathbb{W}[N]$ 是压缩的. 为此, 对任意的 $U, V \in \mathbb{W}[N]$, 类似于 (3.359), 有

$$|TU - TV|_0 \leqslant \frac{2M}{\alpha}|F(U) - F(V)|_0. \tag{3.364}$$

由 (3.345), 直接计算可知, 存在常数 $M_3 = M_3(Q, \bar{\theta})$ 使得如下估计

$$|F(U) - F(V)|_0 \leqslant M_3\delta|U - V|_0 \tag{3.365}$$

成立. 将 (3.365) 代入 (3.364), 有

$$\begin{aligned}|TU-TV|_0 &\leqslant \frac{2M}{\alpha}M_3\delta|U-V|_0\\ &\leqslant M_4\delta|U-V|_0,\end{aligned}\tag{3.366}$$

其中 $M_4=M_4(Q,\bar{\theta}):=2MM_3/\alpha$ 是正常数. 如果我们进一步令 $0<\delta\leqslant 1/(2M_4)$, 则映射 T 显然是完备度量空间 $\mathbb{W}[N]$ 中的一个压缩映射. 由 Banach 不动点定理可知 T 存在唯一的不动点 $U\in\mathbb{W}[N]$ 倘若

$$N:=2M_2>0,\quad 0<\delta\leqslant\min\left\{\frac{1}{4M_2^2+8M_2^3},\frac{1}{2M_4}\right\}.\tag{3.367}$$

第三步: 正则性提升. 由映射 T 的定义已知, 其不动点 $U\in\mathbb{W}[N]$ 是半线性方程组 (3.347) 的唯一有界解且自动具有正则性和小性估计如下

$$U\in\left(\mathcal{B}^1(\mathbb{R})\right)^8\quad 和\quad |U|_0\leqslant 2M_2\delta.\tag{3.368}$$

更进一步, 利用方程组 (3.347) 和估计 (3.368) 易于计算出一阶导数估计如下

$$|U_x|_0\leqslant C\delta,\tag{3.369}$$

其中 $C=C(Q,\bar{\theta})>0$ 是常数.

接下来, 对方程组 (3.347) 关于 x 微分一次, 得

$$U_{xx}=A^2U+AF(U)+(F(U))_x,$$

类似于 (3.369) 可得

$$|U_{xx}|_0\leqslant C\delta.\tag{3.370}$$

重复使用上述手续, 得

$$|U_{xxx}|_0\leqslant C\delta.\tag{3.371}$$

上述正则性提升的手续将由掺杂分布 $D(x)$ 的正则性的上限来终止, 也就是说 D 的正则性越高, 相应解的正则性也将随之提高. 最后, 注意到 $D\in\mathcal{B}^2(\mathbb{R})$, 有

$$U\in\left(\mathcal{B}^3(\mathbb{R})\right)^8\quad 和\quad |U|_3\leqslant C\delta,\tag{3.372}$$

其中 $C=C(Q,\bar{\theta})>0$ 是常数.

综合上述结论, 由 (3.342), (3.346) 和 $\tilde{j}_1=\tilde{j}_2+\tilde{j}$ 可知当给定数据 $\tilde{j}$ 与 $D(x)$ 满足条件 $\delta\ll 1$ 时, 定理 3.46 得证. □

为了在 3.8 节研究校正函数的性质, 还需要研究定理 3.46 中给出的亚音速稳态解的 L^2-正则性. 很自然地, 需要进一步对掺杂分布施加一定的限制. 事实上, 只要适当修正 Zhu 和 Hattori[130, 131] 发展出的方法, 即可直接证明如下引理, 证明从略.

引理 3.47 设 $D\in W^{2,1}(\mathbb{R})\cap\mathcal{B}^2(\mathbb{R})$, 则定理 3.46 中的亚音速稳态解 $(\tilde{n}_1,\tilde{j}_1,\tilde{\theta}_1,\tilde{n}_2,\tilde{j}_2,\tilde{\theta}_2,\tilde{E})(x)$ 进一步满足 L^2- 估计如下

$$\sum_{i=1}^{2}\left(\|\tilde{n}_i-1\|_3+\|\tilde{j}_{ix},\tilde{\theta}_{ix}\|_2\right)+\|\tilde{R}\|_2\leqslant C\delta^{1/2}, \tag{3.373}$$

其中 $C=C(Q,\bar{\theta})$ 是一个正常数.

注解 3.3 在 3.3 节中我们将会看到, 校正函数的构造是要基于定理 3.46 中的稳态解. 构造校正函数的动机在于弱化对初值条件的要求, 从而扩大使整体解存在的初值类. 然而, 这不是必须的, 即在较强的初值假设下无须引入校正函数, 从而无须建立引理 3.47.

3.2.2.2 问题的重置与局部存在性

为了在 3.2.2.3 节中建立 Cauchy 问题 (3.334)–(3.335) 的整体光滑解的存在性和稳态解的渐近稳定性, 在本节中需要引入适当的扰动变量并将原始 Cauchy 问题 (3.334)–(3.335) 重置为等价的扰动形式, 并对重置后的扰动问题建立局部存在性结果.

为了对尽可能多的初值都能存在整体解, 所引入的扰动变量要进行一定的校正, 即

$$\begin{aligned}
\psi_i(t,x)&:=n_i(t,x)-\hat{n}_i(t,x)-\tilde{n}_i(x),\\
\eta_i(t,x)&:=j_i(t,x)-\hat{j}_i(t,x)-\tilde{j}_i(x),\\
\chi_i(t,x)&:=\theta_i(t,x)-\hat{\theta}_i(t,x)-\tilde{\theta}_i(x),\\
\mathcal{E}(t,x)&:=E(t,x)-\hat{E}(t,x)-\tilde{E}(x),
\end{aligned}\tag{3.374}$$

其中 $\hat{n}_i,\hat{j}_i,\hat{\theta}_i,\hat{E}$ 称为校正函数. 具体地, 要求校正函数 $\hat{n}_i,\hat{j}_i,\hat{\theta}_i,\hat{E}$ 满足方程组

$$\begin{cases}
\hat{n}_{it}+\hat{j}_{ix}=-Q\left(\tilde{n}_2\hat{n}_1+\tilde{n}_1\hat{n}_2\right), & (3.375\text{a})\\
\hat{j}_{it}=(-1)^{i-1}\tilde{n}_i\hat{E}-\hat{j}_i, & (3.375\text{b})\\
\hat{\theta}_{it}+\hat{\theta}_i=\dfrac{\hat{j}_i(\hat{j}_i+2\tilde{j}_i)}{3\tilde{n}_i^2}, & (3.375\text{c})\\
\hat{E}_x=\hat{n}_1-\hat{n}_2,\quad i=1,2 & (3.375\text{d})
\end{cases}$$

和初值条件

$$\begin{cases} \hat{n}_i(0,x) = n_{i0}(x) - \tilde{n}_i(x), & (3.376\text{a}) \\ \hat{j}_i(0,x) = 0, & (3.376\text{b}) \\ \hat{\theta}_i(0,x) = 0, \quad i = 1,2, & (3.376\text{c}) \\ \hat{E}(0,x) = \displaystyle\int_{-\infty}^{x} (n_{10} - n_{20} - \tilde{n}_1 + \tilde{n}_2)(y)dy, & (3.376\text{d}) \\ \hat{E}_t(0,x) = 0. & (3.376\text{e}) \end{cases}$$

由 (3.375) 得

$$\hat{E}_{xt} = -\left(\hat{j}_1 - \hat{j}_2\right)_x,$$

我们先验地选择

$$\hat{E}_t = -\left(\hat{j}_1 - \hat{j}_2\right). \tag{3.377}$$

由 (3.377) 易见 $\hat{E}$ 满足关于 t 的二阶常微分方程式

$$\hat{E}_{tt} + \hat{E}_t + (\tilde{n}_1 + \tilde{n}_2)\hat{E} = 0. \tag{3.378}$$

利用初值条件 (3.376d) 和 (3.376e), 可以显式地求解 (3.378) 如下

$$\hat{E}(t,x) = \int_{-\infty}^{x} (n_{10} - n_{20} - \tilde{n}_1 + \tilde{n}_2)(y)dy\ \mathrm{e}^{-t/2}\left[\cos(\sigma t) + \frac{1}{2\sigma}\sin(\sigma t)\right], \tag{3.379a}$$

倘若 $\delta \ll 1$, 其中 $\sigma = \dfrac{1}{2}\sqrt{4(\tilde{n}_1 + \tilde{n}_2) - 1}$. 事实上, 一旦 $\hat{E}$ 被求解出来, 则其余的校正函数 $\hat{j}_i, \hat{\theta}_i, \hat{n}_i$ 可以按次序逐一地被显式求解出来, 即

$$\hat{j}_i(t,x) = \int_0^t \mathrm{e}^{-(t-\tau)}(-1)^{i-1}\tilde{n}_i(x)\hat{E}(\tau,x)d\tau, \tag{3.379b}$$

$$\hat{\theta}_i(t,x) = \int_0^t \mathrm{e}^{-(t-\tau)}\frac{\hat{j}_i(\tau,x)[\hat{j}_i(\tau,x) + 2\tilde{j}_i(x)]}{3\tilde{n}_i^2(x)}d\tau, \tag{3.379c}$$

$$\begin{aligned} \hat{n}_i(t,x) = &(n_{i0} - \tilde{n}_i)(x)\mathrm{e}^{-Q(\tilde{n}_1+\tilde{n}_2)(x)t} + \int_0^t \mathrm{e}^{-Q(\tilde{n}_1+\tilde{n}_2)(x)(t-\tau)} \\ &\left[-\hat{j}_{ix}(\tau,x) + (-1)^{i-1}Q\tilde{n}_i(x)\hat{E}_x(\tau,x)\right]d\tau. \end{aligned} \tag{3.379d}$$

基于校正函数的显式表达式 (3.379), 并综合利用定理 3.46、引理 3.47 和实分析的基本知识易得引理 3.48, 证明从略. 为了方便下面的使用, 关于初值数据 $n_{i0}, j_{i0}, \theta_{i0}$ 引入常用记号

$$\varPhi_1 := \sum_{i=1}^{2}\|n_{i0} - \tilde{n}_i\|_2 + \left|\int_{-\infty}^{x}(n_{10} - n_{20} - \tilde{n}_1 + \tilde{n}_2)(y)dy\right|_0,$$

$$\varPhi_2 := \sum_{i=1}^{2}\left\|j_{i0} - \tilde{j}_i, \theta_{i0} - \tilde{\theta}_i\right\|_2,$$

$$\varPhi_0 := \varPhi_1 + \varPhi_2. \tag{3.380}$$

现在, 刻画校正函数性质的引理 3.48 可陈述如下.

引理 3.48 假设引理 3.47 的条件成立. 如果 $\delta \ll 1$, 则对 $\forall t \geqslant 0$ 和 $l = 0,1$ 在 (3.379) 中定义的校正函数 $\hat{n}_i, \hat{j}_i, \hat{\theta}_i, \hat{E}, i = 1,2$ 满足如下性质:

(1) $\partial_t^l \hat{n}_i(t,\cdot) \in \mathcal{B}^1(\mathbb{R}), \partial_t^l \hat{j}_i(t,\cdot),\ \partial_t^l \hat{\theta}_i(t,\cdot),\ \partial_t^l \hat{E}(t,\cdot) \in \mathcal{B}^2(\mathbb{R})$;

(2) $\partial_t^l \hat{n}_i(t,\cdot),\ \partial_t^l \hat{j}_{ix}(t,\cdot),\ \partial_t^l \hat{\theta}_{ix}(t,\cdot),\ \partial_t^l \hat{E}_x(t,\cdot) \in H^2(\mathbb{R})$;

(3) 成立估计

$$\begin{aligned}&\sum_{i=1}^{2}\left(\|\partial_t^l(\hat{n}_i, \hat{j}_{ix}, \hat{\theta}_{ix})(t)\|_2 + |\partial_t^l \hat{n}_i(t)|_1 + |\partial_t^l(\hat{j}_i, \hat{\theta}_i)(t)|_2\right)\\&+\|\partial_t^l \hat{E}_x(t)\|_2 + |\partial_t^l \hat{E}(t)|_2 \leqslant C\Phi_1 \mathrm{e}^{-\gamma_0 t},\end{aligned} \tag{3.381}$$

其中 $C = C(Q,\bar{\theta}) > 0$ 和 $\gamma_0 := \min\left\{\dfrac{1}{8}, \dfrac{Q}{4}\right\} > 0$ 是两个常数.

注解 3.4 在建立整体光滑解的存在性过程中, 对初值条件的假设通常为

$$\begin{aligned}\Psi_0 := &\sum_{i=1}^{2}\left\|n_{i0} - \tilde{n}_i, j_{i0} - \tilde{j}_i, \theta_{i0} - \tilde{\theta}_i\right\|_2\\&+\left\|\int_{-\infty}^{x}(n_{10} - n_{20} - \tilde{n}_1 + \tilde{n}_2)(y)dy\right\| \ll 1,\end{aligned} \tag{3.382}$$

在此条件下无须引入校正函数 (3.379) 就可证明整体光滑解的存在性和相应稳态解的渐近稳定性. 但假设 (3.382) 意味着初值数据必须满足如下限制

$$\begin{aligned}&\int_{-\infty}^{+\infty}(n_{10} - n_{20} - \tilde{n}_1 + \tilde{n}_2)(x)dx = 0,\\&\left\|\int_{-\infty}^{x}(n_{10} - n_{20} - \tilde{n}_1 + \tilde{n}_2)(y)dy\right\| \ll 1.\end{aligned} \tag{3.383}$$

我们希望能够弱化初值数据的限制 (3.383) 到

$$\left|\int_{-\infty}^{x}(n_{10} - n_{20} - \tilde{n}_1 + \tilde{n}_2)(y)dy\right|_0 \ll 1. \tag{3.384}$$

从而, 使得对尽可能多的初值都能得到整体存在性和稳态解的渐近稳定性结果. 这就是引入校正函数的动机.

接下来, 我们开始将原始 Cauchy 问题 (3.334)–(3.335) 重置为等价的扰动形式. 具体地, 由 (3.334c)$/n_i$, 得

$$\begin{cases} n_{it} + j_{ix} = -R(n_1, n_2), & \text{(3.385a)}\\ j_{it} + \left(j_i^2 n_i^{-1} + n_i\theta_i\right)_x = (-1)^{i-1} n_i E - j_i, & \text{(3.385b)}\\ \theta_{it} + (\theta_i - \bar{\theta}) = \dfrac{2}{3} n_i^{-1}\theta_{ixx} - j_i n_i^{-1}\theta_{ix} - \dfrac{2}{3}\left(j_i n_i^{-1}\right)_x \theta_i + \dfrac{1}{3} j_i^2 n_i^{-2}, & \text{(3.385c)}\\ E_x = n_1 - n_2 - D(x), \quad i = 1,2, \quad \forall (t,x) \in (0,+\infty)\times\mathbb{R}. & \text{(3.385d)}\end{cases}$$

类似地, 有

$$\begin{cases} \tilde{j}_{ix} = -R(\tilde{n}_1, \tilde{n}_2), & (3.386\text{a}) \\ \left(\tilde{j}_i^2\tilde{n}_i^{-1} + \tilde{n}_i\tilde{\theta}_i\right)_x = (-1)^{i-1}\tilde{n}_i\tilde{E} - \tilde{j}_i, & (3.386\text{b}) \\ \left(\tilde{\theta}_i - \bar{\theta}\right) = \dfrac{2}{3}\tilde{n}_i^{-1}\tilde{\theta}_{ixx} - \tilde{j}_i\tilde{n}_i^{-1}\tilde{\theta}_{ix} - \dfrac{2}{3}\left(\tilde{j}_i\tilde{n}_i^{-1}\right)_x\tilde{\theta}_i + \dfrac{1}{3}\tilde{j}_i^2\tilde{n}_i^{-2}, & (3.386\text{c}) \\ \tilde{E}_x = \tilde{n}_1 - \tilde{n}_2 - D(x), \quad i = 1, 2, \quad \forall x \in \mathbb{R}. & (3.386\text{d}) \end{cases}$$

从 (3.385) 中减去 (3.386), 再由 (3.374) 和 (3.375), 即得扰动变量 $\psi_i, \eta_i, \chi_i, \mathcal{E}$ 满足的方程组

$$\begin{cases} \psi_{it} + \eta_{ix} = G, & (3.387\text{a}) \\ \eta_{it} + \eta_i = H_i, & (3.387\text{b}) \\ \chi_{it} + \chi_i = Z_i, & (3.387\text{c}) \\ \mathcal{E}_x = \psi_1 - \psi_2, \quad i = 1, 2, \quad \forall (t, x) \in (0, +\infty) \times \mathbb{R}, & (3.387\text{d}) \end{cases}$$

其中

$$G := -Q\Big(\psi_1\psi_2 + \hat{n}_2\psi_1 + \tilde{n}_2\psi_1 + \hat{n}_1\psi_2 + \tilde{n}_1\psi_2 + \hat{n}_1\hat{n}_2\Big), \tag{3.388}$$

$$\begin{aligned} H_i :=& -\left(j_i^2 n_i^{-1} - \tilde{j}_i^2\tilde{n}_i^{-1}\right)_x - \left(n_i\theta_i - \tilde{n}_i\tilde{\theta}_i\right)_x \\ &+ (-1)^{i-1}\Big[n_i E - \tilde{n}_i(\hat{E} + \tilde{E})\Big] \qquad (3.389\text{a}) \\ =& -\left[\left(\eta_i + \hat{j}_i + \tilde{j}_i\right)^2 (\psi_i + \hat{n}_i + \tilde{n}_i)^{-1} - \tilde{j}_i^2\tilde{n}_i^{-1}\right]_x \\ & -\Big[(\psi_i + \hat{n}_i + \tilde{n}_i)(\chi_i + \hat{\theta}_i + \tilde{\theta}_i) - \tilde{n}_i\tilde{\theta}_i\Big]_x \\ & + (-1)^{i-1}\Big[(\psi_i + \hat{n}_i + \tilde{n}_i)(\mathcal{E} + \hat{E} + \tilde{E}) - \tilde{n}_i(\hat{E} + \tilde{E})\Big], \qquad (3.389\text{b}) \end{aligned}$$

$$\begin{aligned} Z_i :=& \frac{2}{3}\left(n_i^{-1}\theta_{ixx} - \tilde{n}_i^{-1}\tilde{\theta}_{ixx}\right) - \left(j_i n_i^{-1}\theta_{ix} - \tilde{j}_i\tilde{n}_i^{-1}\tilde{\theta}_{ix}\right) \\ & -\frac{2}{3}\left[\left(j_i n_i^{-1}\right)_x\theta_i - \left(\tilde{j}_i\tilde{n}_i^{-1}\right)_x\tilde{\theta}_i\right] + \frac{1}{3}\left[j_i^2 n_i^{-2} - \left(\hat{j}_i + \tilde{j}_i\right)^2\tilde{n}_i^{-2}\right] \qquad (3.390\text{a}) \\ =& \frac{2}{3}\left[(\psi_i + \hat{n}_i + \tilde{n}_i)^{-1}\left(\chi_{ixx} + \hat{\theta}_{ixx} + \tilde{\theta}_{ixx}\right) - \tilde{n}_i^{-1}\tilde{\theta}_{ixx}\right] \\ & - \left[\left(\eta_i + \hat{j}_i + \tilde{j}_i\right)(\psi_i + \hat{n}_i + \tilde{n}_i)^{-1}\left(\chi_{ix} + \hat{\theta}_{ix} + \tilde{\theta}_{ix}\right) - \tilde{j}_i\tilde{n}_i^{-1}\tilde{\theta}_{ix}\right] \\ & -\frac{2}{3}\left\{\left[\left(\eta_i + \hat{j}_i + \tilde{j}_i\right)(\psi_i + \hat{n}_i + \tilde{n}_i)^{-1}\right]_x\left(\chi_i + \hat{\theta}_i + \tilde{\theta}_i\right) - \left(\tilde{j}_i\tilde{n}_i^{-1}\right)_x\tilde{\theta}_i\right\} \\ & +\frac{1}{3}\left[\left(\eta_i + \hat{j}_i + \tilde{j}_i\right)^2(\psi_i + \hat{n}_i + \tilde{n}_i)^{-2} - \left(\hat{j}_i + \tilde{j}_i\right)^2\tilde{n}_i^{-2}\right]. \qquad (3.390\text{b}) \end{aligned}$$

扰动变量的初值条件为

$$
\begin{cases}
\psi_i(0,x)=\psi_{i0}(x):=0, & (3.391a)\\
\eta_i(0,x)=\eta_{i0}(x):=j_{i0}(x)-\tilde{j}_i(x), & (3.391b)\\
\chi_i(0,x)=\chi_{i0}(x):=\theta_{i0}(x)-\tilde{\theta}_i(x), & (3.391c)\\
\mathcal{E}(0,x)=\mathcal{E}_0(x):=0,\quad i=1,2. & (3.391d)
\end{cases}
$$

从定理 3.46 中稳态解的正则性和引理 3.48 中校正函数的正则性可知, 在空间 $X(0,+\infty)$ 中建立 Cauchy 问题 (3.334)–(3.335) 的整体解的存在唯一性等价于在相同的函数空间中建立扰动 Cauchy 问题 (3.387) 和 (3.391) 的整体解的存在唯一性.

再由 (3.387d), (3.387a) 和反导数法, 得

$$
\mathcal{E}_t=-\eta:=-(\eta_1-\eta_2). \tag{3.392}
$$

由 $(3.387\text{b})|_{i=1}-(3.387\text{b})|_{i=2}$, 得

$$
\mathcal{E}_{tt}+\mathcal{E}_t=H, \tag{3.393}
$$

其中

$$
H:=-(H_1-H_2). \tag{3.394}
$$

最后, 由 $(3.387\text{a})|_{i=1}-(3.387\text{a})|_{i=2}$, 得

$$
\psi_t+\eta_x=0, \tag{3.395}
$$

其中 $\psi:=\psi_1-\psi_2$. 综合上述计算结果, Cauchy 问题 (3.387) 和 (3.391) 等价转化为

$$
\begin{cases}
\psi_{1t}+\eta_{1x}=G, & (3.396a)\\
\eta_{1t}+\eta_1=H_1, & (3.396b)\\
\mathcal{E}_t+\eta=0, & (3.396c)\\
\psi_t+\eta_x=0, & (3.396d)\\
\eta_t+\eta=-H, & (3.396e)\\
\chi_{1t}+\chi_1=Z_1, & (3.396f)\\
\chi_{2t}+\chi_2=Z_2, & (3.396g)
\end{cases}
$$

满足初值条件

$$
\begin{aligned}
&(\psi_1,\eta_1,\mathcal{E},\psi,\eta,\chi_1,\chi_2)(0,x)\\
&=\left(0,j_{10}-\tilde{j}_1,0,0,j_{10}-\tilde{j}_1-(j_{20}-\tilde{j}_2),\theta_{10}-\tilde{\theta}_1,\theta_{20}-\tilde{\theta}_2\right)(x).
\end{aligned} \tag{3.397}
$$

直接使用 Zhu 和 Hattori[130, 131] 的方法, 可以将扰动方程组 (3.396) 写成对称双曲-抛物耦合型方程组. 从而, 标准的局部存在性理论[83, 95] 直接蕴涵 Cauchy 问题 (3.396)–(3.397) 的局部存在性结果.

引理 3.49 (局部存在性)　假设 $\varPhi_0$ 有限, 则存在常数 $T_0>0$ 使得 Cauchy 问题 (3.396)–(3.397) 在函数空间 $X(0,T_0)$ 中有唯一解.

3.2.2.3　整体存在性与稳态解的渐近稳定性

在本节中, 考虑整体解的存在唯一性和稳态解的渐近稳定性.

定理 3.50　设 $D\in W^{2,1}(\mathbb{R})\cap\mathcal{B}^2(\mathbb{R})$, 令 $(\tilde{n}_1,\tilde{j}_1,\tilde{\theta}_1,\tilde{n}_2,\tilde{j}_2,\tilde{\theta}_2,\tilde{E})(x)$ 是定理 3.46 中的亚音速稳态解. 如果初值 n_{i0}, j_{i0}, θ_{i0} 和给定数据 $\tilde{j}$, D 满足 $\varPhi_0+\delta\ll 1$, 则 Cauchy 问题 (3.334)–(3.335) 有唯一整体解 $(n_1,j_1,\theta_1,n_2,j_2,\theta_2,E)(t,x)$ 满足

$$\begin{aligned}&\Big(n_1-\hat{n}_1-\tilde{n}_1,n_2-\hat{n}_2-\tilde{n}_2,j_1-\hat{j}_1-\tilde{j}_1,j_2-\hat{j}_2-\tilde{j}_2,\\&\theta_1-\hat{\theta}_1-\tilde{\theta}_1,\theta_2-\hat{\theta}_2-\tilde{\theta}_2,E-\hat{E}-\tilde{E}\Big)\in X(0,+\infty).\end{aligned}\tag{3.398}$$

更进一步, 该整体解满足亚音速和密度的正性条件 (3.337), 以及衰减估计

$$\begin{aligned}&\sum_{i=1}^{2}\left\|\left(n_i-\hat{n}_i-\tilde{n}_i,j_i-\hat{j}_i-\tilde{j}_i,\theta_i-\hat{\theta}_i-\tilde{\theta}_i\right)(t)\right\|_2+\left\|(E-\hat{E}-\tilde{E})(t)\right\|_3\\&\leqslant C\varPhi_0^{1/2}\mathrm{e}^{-\gamma t},\quad \forall t\in[0,+\infty),\end{aligned}\tag{3.399}$$

其中 $C=C(Q,\bar{\theta})$ 和 $\gamma=\gamma(Q,\bar{\theta})$ 是两个正常数.

推论 3.51 (L^∞-稳定性)　假设 3.50 中的条件成立, 则进一步成立 L^∞-衰减估计

$$\sum_{i=1}^{2}\left|\left(n_i-\tilde{n}_i,j_i-\tilde{j}_i,\theta_i-\tilde{\theta}_i\right)(t)\right|_1+\left|(E-\tilde{E})(t)\right|_2\leqslant C\varPhi_0^{1/2}\mathrm{e}^{-\gamma t},\quad \forall t\in[0,+\infty),\tag{3.400}$$

其中 $C=C(Q,\bar{\theta})$ 和 $\gamma=\gamma(Q,\bar{\theta})$ 是两个正常数.

由 3.2.2.2 节中对问题的等价重置过程和局部存在性引理 3.49 可知, 欲证明定理 3.50, 关键在于建立扰动变量满足的一致先验估计. 为方便, 先引入记号

$$N(T):=\sup_{t\in[0,T]}\left(\sum_{i=1}^{2}\|(\psi_i,\eta_i,\chi_i)(t)\|_2+\|\mathcal{E}_t(t)\|_2+\|\mathcal{E}(t)\|_3\right).\tag{3.401}$$

接下来, 本节的余下部分主要用来建立如下的一致先验估计.

引理 3.52(一致先验估计) 假设 $(\psi_1,\eta_1,\chi_1,\psi_2,\eta_2,\chi_2,\mathcal{E})(t,x)$ 是 Cauchy 问题 (3.387) 和 (3.391) 在空间 $X(0,T)$ 中的一个局部解, 则存在与 T,Φ_0 和 δ 无关的正常数 ε_0, C 和 $\beta(\leqslant\gamma_0/2)$, 使得只要 $N(T)+\Phi_1+\delta\leqslant\varepsilon_0$, 那么成立估计

$$\sum_{i=1}^{2}\|(\psi_i,\eta_i,\chi_i)(t)\|_2^2+\|\mathcal{E}_t(t)\|_2^2+\|\mathcal{E}(t)\|_3^2\leqslant C\Phi_0\mathrm{e}^{-\beta t},\quad \forall t\in[0,T]. \tag{3.402}$$

为了证明引理 3.52, 还需引入辅助变量 $\chi:=\chi_1-\chi_2$ 及其满足的方程

$$\chi_t+\chi=Z, \tag{3.403}$$

其中 $Z:=Z_1-Z_2$. 于是, 利用工作方程 (3.387a), (3.387b), (3.387c), (3.393) 和 (3.403), 通过能量方法可以给出引理 3.52 的证明.

证明 第一步: 令 $\varLambda_1\gg 1$, 由

$$\varLambda_1\left(\int(3.393)\mathcal{E}_t dx+\int(3.403)\frac{3n_1\tilde{n}_2}{2\tilde{\theta}_1}\chi dx\right)+\int(3.393)\mathcal{E}dx, \tag{3.404}$$

得存在与 T,Φ_0 和 δ 无关的常数 C,C_1,C_{1l},C_{1r} 使得对任意的 $t\in[0,T]$ 成立估计

$$\begin{aligned}&\frac{d}{dt}E_1(t)+C_1\|(\mathcal{E},\mathcal{E}_x,\mathcal{E}_t,\chi,\chi_x)(t)\|^2\\&\leqslant C\Phi_1\mathrm{e}^{-\gamma_0 t}+C(N(T)+\Phi_1+\delta)\\&\quad\cdot\sum_{i=1}^{2}\|(\psi_i,\psi_{ix},\eta_i,\eta_{ix},\chi_i,\chi_{ix},\chi_{ixx},\mathcal{E}_{tx})(t)\|^2,\end{aligned} \tag{3.405a}$$

倘若 $N(T)+\Phi_1+\delta\ll 1$, 其中

$$E_1(t):=\int\frac{1}{2}\left\{\varLambda_1\left[(\tilde{n}_1+\tilde{n}_2)\mathcal{E}^2+\tilde{\theta}_1\mathcal{E}_x^2+\mathcal{E}_t^2+\frac{3n_1\tilde{n}_2}{2\tilde{\theta}_1}\chi^2\right]+(\mathcal{E}^2+2\mathcal{E}_t\mathcal{E})\right\}dx, \tag{3.405b}$$

且

$$C_{1l}\|(\mathcal{E},\mathcal{E}_x,\mathcal{E}_t,\chi)(t)\|^2\leqslant E_1(t)\leqslant C_{1r}\|(\mathcal{E},\mathcal{E}_x,\mathcal{E}_t,\chi)(t)\|^2. \tag{3.405c}$$

事实上, 估计 (3.405) 可证明如下: 用 $\mathcal{E}_t$ 乘 (3.393) 并关于 x 积分, 得

$$\begin{aligned}&\frac{d}{dt}\int\frac{1}{2}\mathcal{E}_t^2dx+\|\mathcal{E}_t\|^2\\&=\int\sum_{i=1}^{2}(-1)^{i-1}\left(j_i^2n_i^{-1}-\tilde{j}_i^2\tilde{n}_i^{-1}\right)_x\mathcal{E}_tdx+\int\sum_{i=1}^{2}(-1)^{i-1}\left(n_i\theta_i-\tilde{n}_i\tilde{\theta}_i\right)_x\mathcal{E}_tdx\\&\quad-\int\left[(n_1+n_2)E-(\tilde{n}_1+\tilde{n}_2)(\hat{E}+\tilde{E})\right]\mathcal{E}_tdx\\&=I_1+I_2+I_3.\end{aligned} \tag{3.406}$$

基于 (3.341), (3.373) 和 (3.381), 必要时使用 Cauchy-Schwarz 不等式和分部积分, 可分别估计 I_1, I_2, I_3 如下.

$$
\begin{aligned}
I_1 =& \int \sum_{i=1}^{2}(-1)^{i-1}\left(j_i^2 n_i^{-1} - \tilde{j}_i^2 \tilde{n}_i^{-1}\right)_x \mathcal{E}_t dx \\
=& -\int \sum_{i=1}^{2}(-1)^{i-1}\left(j_i^2 n_i^{-1} - \tilde{j}_i^2 \tilde{n}_i^{-1}\right)\mathcal{E}_{tx} dx \\
=& -\int \sum_{i=1}^{2}(-1)^{i-1}\left[\tilde{n}_i(\eta_i + \hat{j}_i + \tilde{j}_i)^2 - (\psi_i + \hat{n}_i + \tilde{n}_i)\tilde{j}_i^2\right](\tilde{n}_i n_i)^{-1}\mathcal{E}_{tx} dx \\
=& -\int \sum_{i=1}^{2}(-1)^{i-1}\Big[(\tilde{n}_i\eta_i + 2\tilde{n}_i\hat{j}_i + 2\tilde{n}_i\tilde{j}_i)\eta_i - \tilde{j}_i^2\psi_i \\
& -\tilde{j}_i^2\hat{n}_i + \tilde{n}_i\hat{j}_i^2 + 2\tilde{n}_i\hat{j}_i\tilde{j}_i\Big](\tilde{n}_i n_i)^{-1}\mathcal{E}_{tx} dx \\
\leqslant& C(N(T) + \Phi_1 + \delta)\sum_{i=1}^{2}\|\eta_i, \psi_i, \mathcal{E}_{tx}\|^2 + C\delta\sum_{i=1}^{2}\|\hat{n}_i, \mathcal{E}_{tx}\|^2 \\
& + \int \sum_{i=1}^{2}(-1)^{i-1}\left[(\hat{j}_i^2 + 2\hat{j}_i\tilde{j}_i)n_i^{-1}\right]_x \mathcal{E}_t dx \\
\leqslant& C(N(T) + \Phi_1 + \delta)\sum_{i=1}^{2}\|\psi_i, \psi_{ix}, \eta_i, \mathcal{E}_t, \mathcal{E}_{tx}\|^2 + C\Phi_1 \mathrm{e}^{-\gamma_0 t}.
\end{aligned} \tag{3.407}
$$

对 I_2, 利用 $|\tilde{n}_1 - \tilde{n}_2, \tilde{\theta}_1 - \tilde{\theta}_2| \leqslant C\delta$ 和 (3.387d), 得

$$
\begin{aligned}
I_2 =& \int \sum_{i=1}^{2}(-1)^{i-1}\left(n_i\theta_i - \tilde{n}_i\tilde{\theta}_i\right)_x \mathcal{E}_t dx \\
=& \int \sum_{i=1}^{2}(-1)^{i-1}\left[(\psi_i + \hat{n}_i + \tilde{n}_i)\chi_i + (\psi_i + \hat{n}_i)\hat{\theta}_i + \psi_i\tilde{\theta}_i + \tilde{n}_i\hat{\theta}_i + \hat{n}_i\tilde{\theta}_i\right]_x \mathcal{E}_t dx \\
=& -\int \sum_{i=1}^{2}(-1)^{i-1}(\tilde{n}_i\chi_i + \psi_i\tilde{\theta}_i)\mathcal{E}_{tx} dx - \int \sum_{i=1}^{2}(-1)^{i-1}(\psi_i + \hat{n}_i)(\chi_i + \hat{\theta}_i)\mathcal{E}_{tx} dx \\
& + \int \sum_{i=1}^{2}(-1)^{i-1}\left(\tilde{n}_i\hat{\theta}_i + \hat{n}_i\tilde{\theta}_i\right)_x \mathcal{E}_t dx \\
\leqslant& -\frac{d}{dt}\int \frac{1}{2}\tilde{\theta}_1\mathcal{E}_x^2 dx - \int \tilde{n}_2\chi\mathcal{E}_{tx} dx + C(N(T) + \Phi_1 + \delta)\sum_{i=1}^{2}\|\psi_i, \chi_i, \mathcal{E}_t, \mathcal{E}_{tx}\|^2 \\
& + \mu\|\mathcal{E}_t\|^2 + C_\mu\Phi_1 \mathrm{e}^{-\gamma_0 t},
\end{aligned} \tag{3.408}
$$

$$
\begin{aligned}
I_3 =& -\int \Big[(n_1+n_2)E-(\tilde{n}_1+\tilde{n}_2)(\hat{E}+\tilde{E})\Big]\mathcal{E}_t dx \\
=& -\int \Big[(\psi_1+\psi_2)(\mathcal{E}+\hat{E}+\tilde{E})+(\hat{n}_1+\hat{n}_2)(\mathcal{E}+\hat{E}+\tilde{E})+(\tilde{n}_1+\tilde{n}_2)\mathcal{E}\Big]\mathcal{E}_t dx \\
\leqslant& -\int (\tilde{n}_1+\tilde{n}_2)\mathcal{E}\mathcal{E}_t dx + C(N(T)+\varPhi_1+\delta)\sum_{i=1}^{2}\|\psi_i,\hat{n}_i,\mathcal{E}_t\|^2 \\
\leqslant& -\frac{d}{dt}\int \frac{1}{2}(\tilde{n}_1+\tilde{n}_2)\mathcal{E}^2 dx \\
&+C(N(T)+\varPhi_1+\delta)\sum_{i=1}^{2}\|\psi_i,\mathcal{E}_t\|^2 + C\varPhi_1 \mathrm{e}^{-\gamma_0 t}.
\end{aligned}
\tag{3.409}
$$

由上述估计和 $\mu \ll 1, N(T)+\varPhi_1+\delta \ll 1$, 有

$$
\begin{aligned}
&\frac{d}{dt}\int \frac{1}{2}\Big[(\tilde{n}_1+\tilde{n}_2)\mathcal{E}^2+\tilde{\theta}_1\mathcal{E}_x^2+\mathcal{E}_t^2\Big]dx + C_1\|\mathcal{E}_t\|^2 \\
\leqslant& -\int \tilde{n}_2\chi\mathcal{E}_{tx}dx + C\varPhi_1\mathrm{e}^{-\gamma_0 t} + C(N(T)+\varPhi_1+\delta) \\
&\cdot\sum_{i=1}^{2}\|\psi_i,\psi_{ix},\eta_i,\chi_i,\mathcal{E}_{tx}\|^2.
\end{aligned}
\tag{3.410}
$$

再用 $\dfrac{3n_1\tilde{n}_2}{2\tilde{\theta}_1}\chi$ 乘 (3.403) 并关于 x 积分, 得

$$
\underbrace{\int \frac{3n_1\tilde{n}_2}{2\tilde{\theta}_1}\chi\chi_t dx}_{I_4} + \underbrace{\int \frac{3n_1\tilde{n}_2}{2\tilde{\theta}_1}\chi^2 dx}_{I_5} = \int Z\frac{3n_1\tilde{n}_2}{2\tilde{\theta}_1}\chi dx. \tag{3.411}
$$

对 I_4, 由 $|n_{1t}| \leqslant C(N(T)+\varPhi_1)$ 和方程 (3.387a), 得下界估计

$$
I_4 \geqslant \frac{d}{dt}\int \frac{1}{2}\frac{3n_1\tilde{n}_2}{2\tilde{\theta}_1}\chi^2 dx - C(N(T)+\varPhi_1)\|\chi\|^2. \tag{3.412}
$$

对 I_5, 有

$$
I_5 \geqslant C_1\|\chi\|^2. \tag{3.413}
$$

接着,

$$
\begin{aligned}
&\int Z\frac{3n_1\tilde{n}_2}{2\tilde{\theta}_1}\chi dx \\
=&\int \frac{2}{3}\sum_{i=1}^{2}(-1)^{i-1}\left(n_i^{-1}\theta_{ixx}-\tilde{n}_i^{-1}\tilde{\theta}_{ixx}\right)\frac{3n_1\tilde{n}_2}{2\tilde{\theta}_1}\chi dx \\
&-\int \sum_{i=1}^{2}(-1)^{i-1}\left(j_i n_i^{-1}\theta_{ix}-\tilde{j}_i\tilde{n}_i^{-1}\tilde{\theta}_{ix}\right)\frac{3n_1\tilde{n}_2}{2\tilde{\theta}_1}\chi dx
\end{aligned}
$$

$$
\begin{aligned}
&-\int \frac{2}{3}\sum_{i=1}^{2}(-1)^{i-1}\left[\left(j_i n_i^{-1}\right)_x \theta_i-\left(\tilde{j}_i \tilde{n}_i^{-1}\right)_x \tilde{\theta}_i\right]\frac{3n_1\tilde{n}_2}{2\tilde{\theta}_1}\chi dx\\
&+\int \frac{1}{3}\sum_{i=1}^{2}(-1)^{i-1}\left[j_i^2 n_i^{-2}-(\hat{j}_i+\tilde{j}_i)^2\tilde{n}_i^{-2}\right]\frac{3n_1\tilde{n}_2}{2\tilde{\theta}_1}\chi dx\\
=&I_6+I_7+I_8+I_9.
\end{aligned}
\tag{3.414}
$$

基于 (3.341), (3.373) 和 (3.381), 必要时使用 Cauchy-Schwarz 不等式和分部积分, 可分别估计 I_6, I_7, I_8, I_9 如下.

对 I_6, 利用 $|\tilde{n}_1-\tilde{n}_2|\leqslant C\delta$, 有

$$
\begin{aligned}
I_6=&\int \frac{2}{3}\sum_{i=1}^{2}(-1)^{i-1}\left(n_i^{-1}\theta_{ixx}-\tilde{n}_i^{-1}\tilde{\theta}_{ixx}\right)\frac{3n_1\tilde{n}_2}{2\tilde{\theta}_1}\chi dx\\
=&\int \sum_{i=1}^{2}(-1)^{i-1}\left[n_i^{-1}\chi_{ixx}+n_i^{-1}\hat{\theta}_{ixx}-(\psi_i+\hat{n}_i)(\tilde{n}_i n_i)^{-1}\tilde{\theta}_{ixx}\right]\frac{n_1\tilde{n}_2}{\tilde{\theta}_1}\chi dx\\
\leqslant&\int \sum_{i=1}^{2}(-1)^{i-1}n_i^{-1}\chi_{ixx}\frac{n_1\tilde{n}_2}{\tilde{\theta}_1}\chi dx\\
&+\mu\|\chi\|^2+C_\mu\sum_{i=1}^{2}\|\hat{\theta}_{ixx}\|^2+C\delta\sum_{i=1}^{2}\|\psi_i,\hat{n}_i,\chi\|^2\\
\leqslant&\int \frac{n_1\tilde{n}_2}{n_2\tilde{\theta}_1}\chi\chi_{xx}dx+C(N(T)+\varPhi_1+\delta)\|\chi_{1xx},\chi\|^2\\
&+\mu\|\chi\|^2+C_\mu\varPhi_1\mathrm{e}^{-\gamma_0 t}+C\delta\sum_{i=1}^{2}\|\psi_i,\chi\|^2\\
\leqslant&-\int \frac{n_1\tilde{n}_2}{n_2\tilde{\theta}_1}\chi_x^2dx+C(N(T)+\varPhi_1+\delta)\|\chi,\chi_x\|^2\\
&+C(N(T)+\varPhi_1+\delta)\sum_{i=1}^{2}\|\psi_i,\chi_{ixx},\chi\|^2+\mu\|\chi\|^2+C_\mu\varPhi_1\mathrm{e}^{-\gamma_0 t}\\
\leqslant&-\int \frac{n_1\tilde{n}_2}{n_2\tilde{\theta}_1}\chi_x^2dx+C(N(T)+\varPhi_1+\delta)\sum_{i=1}^{2}\|\psi_i,\chi_{ixx},\chi,\chi_x\|^2\\
&+\mu\|\chi\|^2+C_\mu\varPhi_1\mathrm{e}^{-\gamma_0 t},
\end{aligned}
\tag{3.415}
$$

$$
\begin{aligned}
I_7=&-\int \sum_{i=1}^{2}(-1)^{i-1}\left(j_i n_i^{-1}\theta_{ix}-\tilde{j}_i\tilde{n}_i^{-1}\tilde{\theta}_{ix}\right)\frac{3n_1\tilde{n}_2}{2\tilde{\theta}_1}\chi dx\\
=&-\int \sum_{i=1}^{2}(-1)^{i-1}\left[j_i n_i^{-1}(\chi_{ix}+\hat{\theta}_{ix})+(j_i n_i^{-1}-\tilde{j}_i\tilde{n}_i^{-1})\tilde{\theta}_{ix}\right]\frac{3n_1\tilde{n}_2}{2\tilde{\theta}_1}\chi dx
\end{aligned}
$$

$$
\begin{aligned}
&= -\int \sum_{i=1}^{2}(-1)^{i-1}\Big[(\eta_i+\hat{j}_i+\tilde{j}_i)n_i^{-1}(\chi_{ix}+\hat{\theta}_{ix}) \\
&\quad +\Big(\tilde{n}_i\eta_i+\tilde{n}_i\hat{j}_i-\psi_i\tilde{j}_i-\hat{n}_i\tilde{j}_i\Big)(\tilde{n}_i n_i)^{-1}\tilde{\theta}_{ix}\Big]\frac{3n_1\tilde{n}_2}{2\tilde{\theta}_1}\chi dx \\
&\leqslant C(N(T)+\Phi_1+\delta)\sum_{i=1}^{2}\|\psi_i,\eta_i,\chi_{ix},\chi\|^2+C\Phi_1\mathrm{e}^{-\gamma_0 t}.
\end{aligned}
\tag{3.416}
$$

对 I_8, 由 $|\tilde{n}_1-\tilde{n}_2,\tilde{\theta}_1-\tilde{\theta}_2|\leqslant C\delta$ 和方程 $\partial_x(3.392)$, 得

$$
\begin{aligned}
I_8 &= -\int \frac{2}{3}\sum_{i=1}^{2}(-1)^{i-1}\Big[\Big(j_i n_i^{-1}\Big)_x\theta_i-\Big(\tilde{j}_i\tilde{n}_i^{-1}\Big)_x\tilde{\theta}_i\Big]\frac{3n_1\tilde{n}_2}{2\tilde{\theta}_1}\chi dx \\
&= -\int \sum_{i=1}^{2}(-1)^{i-1}\Big[\Big(j_i n_i^{-1}\Big)_x(\chi_i+\hat{\theta}_i)+\Big(j_i n_i^{-1}-\tilde{j}_i\tilde{n}_i^{-1}\Big)_x\tilde{\theta}_i\Big]\frac{n_1\tilde{n}_2}{\tilde{\theta}_1}\chi dx \\
&= -\int \sum_{i=1}^{2}(-1)^{i-1}\Big(j_{ix}n_i^{-1}-j_i n_i^{-2}n_{ix}\Big)\chi_i\frac{n_1\tilde{n}_2}{\tilde{\theta}_1}\chi dx \\
&\quad -\int \sum_{i=1}^{2}(-1)^{i-1}\Big[(\eta_{ix}+\hat{j}_{ix}+\tilde{j}_{ix})n_i^{-1} \\
&\quad -j_i n_i^{-2}(\psi_{ix}+\hat{n}_{ix}+\tilde{n}_{ix})\Big]\hat{\theta}_i\frac{n_1\tilde{n}_2}{\tilde{\theta}_1}\chi dx \\
&\quad -\int \sum_{i=1}^{2}(-1)^{i-1}\Big[\Big(\tilde{n}_i\eta_i+\tilde{n}_i\hat{j}_i-\psi_i\tilde{j}_i-\hat{n}_i\tilde{j}_i\Big)(\tilde{n}_i n_i)^{-1}\Big]_x\tilde{\theta}_i\frac{n_1\tilde{n}_2}{\tilde{\theta}_1}\chi dx \\
&\leqslant C(N(T)+\Phi_1+\delta)\sum_{i=1}^{2}\|\chi_i,\chi\|^2 \\
&\quad +C\Phi_1\mathrm{e}^{-\gamma_0 t}\sum_{i=1}^{2}\|\eta_{ix},\hat{j}_{ix},\tilde{j}_{ix},\psi_{ix},\hat{n}_{ix},\tilde{n}_{ix},\chi\|^2 \\
&\quad -\int \sum_{i=1}^{2}(-1)^{i-1}\Big(\eta_i n_i^{-1}\Big)_x\tilde{\theta}_i\frac{n_1\tilde{n}_2}{\tilde{\theta}_1}\chi dx \\
&\quad -\int \sum_{i=1}^{2}(-1)^{i-1}\Big[\Big(\tilde{n}_i\hat{j}_i-\psi_i\tilde{j}_i-\hat{n}_i\tilde{j}_i\Big)(\tilde{n}_i n_i)^{-1}\Big]_x\tilde{\theta}_i\frac{n_1\tilde{n}_2}{\tilde{\theta}_1}\chi dx \\
&\leqslant C(N(T)+\Phi_1+\delta)\sum_{i=1}^{2}\|\psi_{ix},\eta_{ix},\chi_i,\chi\|^2+C\Phi_1\mathrm{e}^{-\gamma_0 t} \\
&\quad -\int \sum_{i=1}^{2}(-1)^{i-1}\Big(\eta_{ix}n_i^{-1}-\eta_i n_i^{-2}n_{ix}\Big)\tilde{\theta}_i\frac{n_1\tilde{n}_2}{\tilde{\theta}_1}\chi dx
\end{aligned}
$$

$$
\begin{aligned}
&+\mu\|\chi\|^2+C_\mu\sum_{i=1}^{2}\|\hat{j}_{ix}\|^2+C\Phi_1\mathrm{e}^{-\gamma_0 t}\sum_{i=1}^{2}\|\psi_{ix},\hat{n}_{ix},\tilde{n}_{ix},\chi\|^2\\
&+C\delta\sum_{i=1}^{2}\|\psi_{ix},\hat{n}_{ix},\psi_i,\hat{n}_i,\chi\|^2\\
\leqslant&-\int\sum_{i=1}^{2}(-1)^{i-1}\eta_{ix}n_i^{-1}\tilde{\theta}_i\frac{n_1\tilde{n}_2}{\tilde{\theta}_1}\chi dx\\
&+C(N(T)+\Phi_1+\delta)\sum_{i=1}^{2}\|\psi_i,\psi_{ix},\eta_i,\eta_{ix},\chi_i,\chi\|^2+\mu\|\chi\|^2+C_\mu\Phi_1\mathrm{e}^{-\gamma_0 t}\\
\leqslant&\int\tilde{n}_2\chi\mathcal{E}_{tx}dx+C(N(T)+\Phi_1+\delta)\|\eta_{2x},\chi\|^2\\
&+C(N(T)+\Phi_1+\delta)\sum_{i=1}^{2}\|\psi_i,\psi_{ix},\eta_i,\eta_{ix},\chi_i,\chi\|^2+\mu\|\chi\|^2+C_\mu\Phi_1\mathrm{e}^{-\gamma_0 t}\\
\leqslant&\int\tilde{n}_2\chi\mathcal{E}_{tx}dx+C(N(T)+\Phi_1+\delta)\sum_{i=1}^{2}\|\psi_i,\psi_{ix},\eta_i,\eta_{ix},\chi_i,\chi\|^2\\
&+\mu\|\chi\|^2+C_\mu\Phi_1\mathrm{e}^{-\gamma_0 t},
\end{aligned}
\tag{3.417}
$$

$$
\begin{aligned}
I_9=&\int\frac{1}{3}\sum_{i=1}^{2}(-1)^{i-1}\left[j_i^2n_i^{-2}-(\hat{j}_i+\tilde{j}_i)^2\tilde{n}_i^{-2}\right]\frac{3n_1\tilde{n}_2}{2\tilde{\theta}_1}\chi dx\\
=&\int\sum_{i=1}^{2}(-1)^{i-1}\left[\tilde{n}_i^2(\eta_i+\hat{j}_i+\tilde{j}_i)^2-n_i^2(\hat{j}_i+\tilde{j}_i)^2\right](\tilde{n}_in_i)^{-2}\frac{n_1\tilde{n}_2}{2\tilde{\theta}_1}\chi dx\\
=&\int\sum_{i=1}^{2}(-1)^{i-1}\Big[\tilde{n}_i^2(\eta_i+2\hat{j}_i+2\tilde{j}_i)\eta_i\\
&-(\psi_i+\hat{n}_i+2\tilde{n}_i)(\psi_i+\hat{n}_i)(\hat{j}_i+\tilde{j}_i)^2\Big](\tilde{n}_in_i)^{-2}\frac{n_1\tilde{n}_2}{2\tilde{\theta}_1}\chi dx\\
\leqslant&\, C\Phi_1\mathrm{e}^{-\gamma_0 t}+C(N(T)+\Phi_1+\delta)\sum_{i=1}^{2}\|\psi_i,\eta_i,\chi\|^2.
\end{aligned}
\tag{3.418}
$$

将估计 (3.412)–(3.418) 代入到方程 (3.411) 中, 并注意到 $\dfrac{n_1\tilde{n}_2}{n_2\tilde{\theta}_1}\geqslant C_1>0,\mu\ll 1$ 和 $N(T)+\Phi_1+\delta\ll 1$, 有

$$
\begin{aligned}
&\frac{d}{dt}\int\frac{1}{2}\frac{3n_1\tilde{n}_2}{2\tilde{\theta}_1}\chi^2dx+C_1\|\chi,\chi_x\|^2\\
\leqslant&\int\tilde{n}_2\chi\mathcal{E}_{tx}dx+C\Phi_1\mathrm{e}^{-\gamma_0 t}+C(N(T)+\Phi_1+\delta)\\
&\cdot\sum_{i=1}^{2}\|\psi_i,\psi_{ix},\eta_i,\eta_{ix},\chi_i,\chi_{ix},\chi_{ixx}\|^2.
\end{aligned}
\tag{3.419}
$$

用 $\mathcal{E}$ 乘方程 (3.393) 并关于 x 积分, 得

$$\begin{aligned}
&\frac{d}{dt}\int\frac{1}{2}(\mathcal{E}^2+2\mathcal{E}_t\mathcal{E})dx-\|\mathcal{E}_t\|^2\\
=&\int\sum_{i=1}^{2}(-1)^{i-1}\left(j_i^2n_i^{-1}-\tilde{j}_i^2\tilde{n}_i^{-1}\right)_x\mathcal{E}dx+\int\sum_{i=1}^{2}(-1)^{i-1}\left(n_i\theta_i-\tilde{n}_i\tilde{\theta}_i\right)_x\mathcal{E}dx\\
&-\int\left[(n_1+n_2)E-(\tilde{n}_1+\tilde{n}_2)(\hat{E}+\tilde{E})\right]\mathcal{E}dx\\
=&I_{10}+I_{11}+I_{12}.
\end{aligned}\tag{3.420}$$

用估计 I_1 的方法亦可估计 I_{10}, 因此有

$$\begin{aligned}
I_{10}=&\int\sum_{i=1}^{2}(-1)^{i-1}\left(j_i^2n_i^{-1}-\tilde{j}_i^2\tilde{n}_i^{-1}\right)_x\mathcal{E}dx\\
\leqslant&C(N(T)+\varPhi_1+\delta)\sum_{i=1}^{2}\|\psi_i,\psi_{ix},\eta_i,\mathcal{E},\mathcal{E}_x\|^2+C\varPhi_1\mathrm{e}^{-\gamma_0 t}.
\end{aligned}\tag{3.421}$$

适当修正估计 I_2 时所用的方法即可用来估计 I_{11}, 再由方程 (3.387d), 得

$$\begin{aligned}
I_{11}=&\int\sum_{i=1}^{2}(-1)^{i-1}\left(n_i\theta_i-\tilde{n}_i\tilde{\theta}_i\right)_x\mathcal{E}dx\\
=&\int\sum_{i=1}^{2}(-1)^{i-1}\left[\psi_i\theta_i+\hat{n}_i(\chi_i+\hat{\theta}_i+\tilde{\theta}_i)+\tilde{n}_i(\chi_i+\hat{\theta}_i)\right]_x\mathcal{E}dx\\
=&-\int\sum_{i=1}^{2}(-1)^{i-1}(\psi_i\theta_i+\tilde{n}_i\chi_i)\mathcal{E}_xdx\\
&-\int\sum_{i=1}^{2}(-1)^{i-1}\hat{n}_i(\chi_i+\hat{\theta}_i+\tilde{\theta}_i)\mathcal{E}_xdx+\int\sum_{i=1}^{2}(-1)^{i-1}(\tilde{n}_i\hat{\theta}_i)_x\mathcal{E}dx\\
\leqslant&-\int\theta_1\mathcal{E}_x^2dx+C(N(T)+\varPhi_1+\delta)\|\psi_2,\chi_1,\mathcal{E},\mathcal{E}_x\|^2\\
&+\mu\|\mathcal{E},\mathcal{E}_x\|^2+C_\mu\|\chi\|^2+C_\mu\varPhi_1\mathrm{e}^{-\gamma_0 t},
\end{aligned}\tag{3.422}$$

$$\begin{aligned}
I_{12}=&-\int\left[(n_1+n_2)E-(\tilde{n}_1+\tilde{n}_2)(\hat{E}+\tilde{E})\right]\mathcal{E}dx\\
=&-\int(n_1+n_2)\mathcal{E}^2dx-\int(\psi_1+\psi_2+\hat{n}_1+\hat{n}_2)(\hat{E}+\tilde{E})\mathcal{E}dx\\
\leqslant&-\int(n_1+n_2)\mathcal{E}^2dx+C\varPhi_1\mathrm{e}^{-\gamma_0 t}+C(\varPhi_1+\delta)\sum_{i=1}^{2}\|\psi_i,\mathcal{E}\|^2.
\end{aligned}\tag{3.423}$$

综合估计 (3.420)–(3.423), 再注意到 $\theta_1,n_1+n_2\geqslant C_1>0$, $\mu\ll1$ 和 $N(T)+\varPhi_1+\delta\ll1$, 有

$$\frac{d}{dt}\int\frac{1}{2}(\mathcal{E}^2+2\mathcal{E}_t\mathcal{E})dx+C_1\|\mathcal{E},\mathcal{E}_x\|^2$$
$$\leqslant C\|\mathcal{E}_t,\chi\|^2+C\Phi_1\mathrm{e}^{-\gamma_0 t}+C(N(T)+\Phi_1+\delta)\sum_{i=1}^{2}\|\psi_i,\psi_{ix},\eta_i,\chi_i\|^2. \quad (3.424)$$

最后, 由

$$\Lambda_1\big[(3.410)+(3.419)\big]+(3.424), \quad (3.425)$$

取足够大的数 $\Lambda_1\gg 1$, 即得估计 (3.405). 计算中, (3.410) 中坏项 "$-\int\tilde{n}_2\chi\mathcal{E}_{tx}dx$" 和 (3.419) 中坏项 "$\int\tilde{n}_2\chi\mathcal{E}_{tx}dx$" 恰好彼此抵消.

第二步: 由

$$\sum_{i=1}^{2}\int(3.387\mathrm{b})\frac{\tilde{n}_{\mathrm{e}}}{\tilde{\theta}_i}\eta_i dx+\sum_{i=1}^{2}\int(3.387\mathrm{c})\frac{3n_i\tilde{n}_i\tilde{n}_{\mathrm{e}}}{2\tilde{\theta}_i^2}\chi_i dx, \quad (3.426)$$

在先验假设 $N(T)+\Phi_1+\delta\ll 1$ 之下, 对任意的 $t\in[0,T]$ 可以建立如下估计

$$\frac{d}{dt}E_2(t)+C_2\sum_{i=1}^{2}\|(\eta_i,\chi_i,\chi_{ix})(t)\|^2$$
$$\leqslant -Q\int(\tilde{n}_2\psi_1+\tilde{n}_1\psi_2)^2dx+C\Phi_1\mathrm{e}^{-\gamma_0 t}+C\|\mathcal{E}(t)\|^2$$
$$+C(N(T)+\Phi_1+\delta)\sum_{i=1}^{2}\|(\psi_i,\psi_{ix},\eta_{ix})(t)\|^2, \quad (3.427\mathrm{a})$$

其中

$$E_2(t):=\int\frac{1}{2}\sum_{i=1}^{2}\left(\tilde{n}_{\mathrm{e}}\psi_i^2+\frac{\tilde{n}_{\mathrm{e}}}{\tilde{\theta}_i}\eta_i^2+\frac{3n_i\tilde{n}_i\tilde{n}_{\mathrm{e}}}{2\tilde{\theta}_i^2}\chi_i^2\right)dx, \quad (3.427\mathrm{b})$$

满足等价关系

$$C_{2l}\sum_{i=1}^{2}\|(\psi_i,\eta_i,\chi_i)(t)\|^2\leqslant E_2(t)\leqslant C_{2r}\sum_{i=1}^{2}\|(\psi_i,\eta_i,\chi_i)(t)\|^2, \quad (3.427\mathrm{c})$$

其中 C,C_2,C_{2l},C_{2r} 是与 T, Φ_0 和 δ 无关的正常数.

具体地, 由 $\sum_{i=1}^2\int(3.387\mathrm{b})\frac{\tilde{n}_{\mathrm{e}}}{\tilde{\theta}_i}\eta_i dx$, 得

$$\frac{d}{dt}\int\frac{1}{2}\sum_{i=1}^{2}\frac{\tilde{n}_{\mathrm{e}}}{\tilde{\theta}_i}\eta_i^2dx+\sum_{i=1}^{2}\int\frac{\tilde{n}_{\mathrm{e}}}{\tilde{\theta}_i}\eta_i^2dx$$
$$=-\sum_{i=1}^{2}\int\left(j_i^2n_i^{-1}-\tilde{j}_i^2\tilde{n}_i^{-1}\right)_x\frac{\tilde{n}_{\mathrm{e}}}{\tilde{\theta}_i}\eta_i dx-\sum_{i=1}^{2}\int\left(n_i\theta_i-\tilde{n}_i\tilde{\theta}_i\right)_x\frac{\tilde{n}_{\mathrm{e}}}{\tilde{\theta}_i}\eta_i dx$$

$$
\begin{aligned}
&+\sum_{i=1}^{2}\int(-1)^{i-1}\Big[n_iE-\tilde{n}_i(\hat{E}+\tilde{E})\Big]\frac{\tilde{n}_{\rm e}}{\tilde{\theta}_i}\eta_i dx\\
=&II_1+II_2+II_3. \qquad (3.428)
\end{aligned}
$$

基于 (3.341), (3.373) 和 (3.381), 必要时使用 Cauchy-Schwarz 不等式和分部积分, 可分别估计 II_1, II_2, II_3. 类似于对积分 I_1 的估计, 对积分 II_1, 有

$$
\begin{aligned}
II_1=&-\sum_{i=1}^{2}\int\left(j_i^2n_i^{-1}-\tilde{j}_i^2\tilde{n}_i^{-1}\right)_x\frac{\tilde{n}_{\rm e}}{\tilde{\theta}_i}\eta_i dx\\
=&\sum_{i=1}^{2}\int\Big[\tilde{n}_i(\eta_i+2\hat{j}_i+2\tilde{j}_i)\eta_i-\tilde{j}_i^2\psi_i-\tilde{j}_i^2\hat{n}_i\\
&+\tilde{n}_i(\hat{j}_i^2+2\hat{j}_i\tilde{j}_i)\Big](\tilde{n}_in_i)^{-1}\Big[\Big(\frac{\tilde{n}_{\rm e}}{\tilde{\theta}_i}\Big)_x\eta_i+\frac{\tilde{n}_{\rm e}}{\tilde{\theta}_i}\eta_{ix}\Big]dx\\
\leqslant& C\Phi_1{\rm e}^{-\gamma_0t}+C(N(T)+\Phi_1+\delta)\sum_{i=1}^{2}\|\psi_i,\eta_i,\eta_{ix}\|^2\\
&+\sum_{i=1}^{2}\int(\hat{j}_i^2+2\hat{j}_i\tilde{j}_i)n_i^{-1}\frac{\tilde{n}_{\rm e}}{\tilde{\theta}_i}\eta_{ix}dx\\
=&C\Phi_1{\rm e}^{-\gamma_0t}+C(N(T)+\Phi_1+\delta)\sum_{i=1}^{2}\|\psi_i,\eta_i,\eta_{ix}\|^2\\
&-\sum_{i=1}^{2}\int\Big[(\hat{j}_i^2+2\hat{j}_i\tilde{j}_i)n_i^{-1}\frac{\tilde{n}_{\rm e}}{\tilde{\theta}_i}\Big]_x\eta_i dx\\
\leqslant& C\Phi_1{\rm e}^{-\gamma_0t}+C(N(T)+\Phi_1+\delta)\sum_{i=1}^{2}\|\psi_i,\psi_{ix},\eta_i,\eta_{ix}\|^2. \qquad (3.429)
\end{aligned}
$$

对 II_2, 利用方程 (3.387a) 和类似于估计 I_2 时所用的方法, 得

$$
\begin{aligned}
II_2=&-\sum_{i=1}^{2}\int\left(n_i\theta_i-\tilde{n}_i\tilde{\theta}_i\right)_x\frac{\tilde{n}_{\rm e}}{\tilde{\theta}_i}\eta_i dx\\
=&-\sum_{i=1}^{2}\int\Big[\tilde{n}_i\chi_i+\psi_i\tilde{\theta}_i+(\psi_i+\hat{n}_i)(\chi_i+\hat{\theta}_i)+(\tilde{n}_i\hat{\theta}_i+\hat{n}_i\tilde{\theta}_i)\Big]_x\frac{\tilde{n}_{\rm e}}{\tilde{\theta}_i}\eta_i dx\\
=&\sum_{i=1}^{2}\int\Big[\tilde{n}_i\chi_i+\psi_i\tilde{\theta}_i+(\psi_i+\hat{n}_i)(\chi_i+\hat{\theta}_i)\Big]\Big(\frac{\tilde{n}_{\rm e}}{\tilde{\theta}_i}\eta_i\Big)_x dx\\
&-\sum_{i=1}^{2}\int\left(\tilde{n}_i\hat{\theta}_i+\hat{n}_i\tilde{\theta}_i\right)_x\frac{\tilde{n}_{\rm e}}{\tilde{\theta}_i}\eta_i dx
\end{aligned}
$$

$$
\begin{aligned}
&\leqslant \sum_{i=1}^{2}\int\Big[\tilde{n}_i\chi_i+\psi_i\tilde{\theta}_i+(\psi_i+\hat{n}_i)(\chi_i+\hat{\theta}_i)\Big]\Big[\frac{\tilde{n}_{\mathrm{e}}}{\tilde{\theta}_i}\eta_{ix}+\Big(\frac{\tilde{n}_{\mathrm{e}}}{\tilde{\theta}_i}\Big)_x\eta_i\Big]dx\\
&\quad +C(\varPhi_1+\delta)\sum_{i=1}^{2}\|\eta_i\|^2+\mu\sum_{i=1}^{2}\|\eta_i\|^2+C_\mu\varPhi_1\mathrm{e}^{-\gamma_0 t}\\
&\leqslant \sum_{i=1}^{2}\int\frac{\tilde{n}_i\tilde{n}_{\mathrm{e}}}{\tilde{\theta}_i}\chi_i\eta_{ix}dx+\sum_{i=1}^{2}\int\tilde{n}_{\mathrm{e}}\psi_i\eta_{ix}dx\\
&\quad +C(N(T)+\varPhi_1+\delta)\sum_{i=1}^{2}\|\psi_i,\eta_i,\eta_{ix},\chi_i\|^2+\mu\sum_{i=1}^{2}\|\eta_i\|^2+C_\mu\varPhi_1\mathrm{e}^{-\gamma_0 t}\\
&= \sum_{i=1}^{2}\int\frac{\tilde{n}_i\tilde{n}_{\mathrm{e}}}{\tilde{\theta}_i}\chi_i\eta_{ix}dx\\
&\quad -\sum_{i=1}^{2}\int\tilde{n}_{\mathrm{e}}\psi_i\Big[\psi_{it}+Q\Big(\psi_1\psi_2+\hat{n}_2\psi_1+\tilde{n}_2\psi_1+\hat{n}_1\psi_2+\tilde{n}_1\psi_2+\hat{n}_1\hat{n}_2\Big)\Big]dx\\
&\quad +C(N(T)+\varPhi_1+\delta)\sum_{i=1}^{2}\|\psi_i,\eta_i,\eta_{ix},\chi_i\|^2+\mu\sum_{i=1}^{2}\|\eta_i\|^2+C_\mu\varPhi_1\mathrm{e}^{-\gamma_0 t}\\
&\leqslant -\frac{d}{dt}\int\frac{1}{2}\sum_{i=1}^{2}\tilde{n}_{\mathrm{e}}\psi_i^2dx+\sum_{i=1}^{2}\int\frac{\tilde{n}_i\tilde{n}_{\mathrm{e}}}{\tilde{\theta}_i}\chi_i\eta_{ix}dx-Q\int(\tilde{n}_2\psi_1+\tilde{n}_1\psi_2)^2dx\\
&\quad +C(N(T)+\varPhi_1+\delta)\sum_{i=1}^{2}\|\psi_i,\eta_i,\eta_{ix},\chi_i\|^2\\
&\quad +\mu\sum_{i=1}^{2}\|\eta_i\|^2+C_\mu\varPhi_1\mathrm{e}^{-\gamma_0 t},
\end{aligned}\tag{3.430}
$$

$$
\begin{aligned}
II_3 &= \sum_{i=1}^{2}\int(-1)^{i-1}\Big[n_iE-\tilde{n}_i(\hat{E}+\tilde{E})\Big]\frac{\tilde{n}_{\mathrm{e}}}{\tilde{\theta}_i}\eta_i dx\\
&\leqslant C\varPhi_1\mathrm{e}^{-\gamma_0 t}+C(\varPhi_1+\delta)\sum_{i=1}^{2}\|\psi_i,\eta_i\|^2+\mu\sum_{i=1}^{2}\|\eta_i\|^2+C_\mu\|\mathcal{E}\|^2.
\end{aligned}\tag{3.431}
$$

综合估计 (3.428)–(3.431) 并注意到 $\dfrac{\tilde{n}_{\mathrm{e}}}{\tilde{\theta}_i}\geqslant C_2>0$, $\mu\ll 1$ 和 $N(T)+\varPhi_1+\delta\ll 1$, 得

$$
\begin{aligned}
&\frac{d}{dt}\int\frac{1}{2}\sum_{i=1}^{2}\Big(\tilde{n}_{\mathrm{e}}\psi_i^2+\frac{\tilde{n}_{\mathrm{e}}}{\tilde{\theta}_i}\eta_i^2\Big)dx+C_2\sum_{i=1}^{2}\|\eta_i\|^2\\
&\leqslant \sum_{i=1}^{2}\int\frac{\tilde{n}_i\tilde{n}_{\mathrm{e}}}{\tilde{\theta}_i}\chi_i\eta_{ix}dx-Q\int(\tilde{n}_2\psi_1+\tilde{n}_1\psi_2)^2dx+C\|\mathcal{E}\|^2\\
&\quad +C\varPhi_1\mathrm{e}^{-\gamma_0 t}+C(N(T)+\varPhi_1+\delta)\sum_{i=1}^{2}\|\psi_i,\psi_{ix},\eta_{ix},\chi_i\|^2.
\end{aligned}\tag{3.432}
$$

再由 $\sum_{i=1}^{2}\int(3.387\text{c})\frac{3n_i\tilde{n}_i\tilde{n}_{\rm e}}{2\tilde{\theta}_i^2}\chi_i dx$, 有

$$\underbrace{\sum_{i=1}^{2}\int\frac{3n_i\tilde{n}_i\tilde{n}_{\rm e}}{2\tilde{\theta}_i^2}\chi_i\chi_{it}dx}_{II_4}+\underbrace{\sum_{i=1}^{2}\int\frac{3n_i\tilde{n}_i\tilde{n}_{\rm e}}{2\tilde{\theta}_i^2}\chi_i^2dx}_{II_5}=\sum_{i=1}^{2}\int Z_i\frac{3n_i\tilde{n}_i\tilde{n}_{\rm e}}{2\tilde{\theta}_i^2}\chi_i dx. \tag{3.433}$$

类似于积分 $I_{4,5}$ 的估计, 有

$$II_4\geqslant\frac{d}{dt}\int\frac{1}{2}\sum_{i=1}^{2}\frac{3n_i\tilde{n}_i\tilde{n}_{\rm e}}{2\tilde{\theta}_i^2}\chi_i^2dx-C(N(T)+\varPhi_1)\sum_{i=1}^{2}\|\chi_i\|^2 \tag{3.434}$$

和

$$II_5\geqslant C_2\sum_{i=1}^{2}\|\chi_i\|^2. \tag{3.435}$$

接着,

$$\begin{aligned}&\sum_{i=1}^{2}\int Z_i\frac{3n_i\tilde{n}_i\tilde{n}_{\rm e}}{2\tilde{\theta}_i^2}\chi_i dx\\=&\sum_{i=1}^{2}\int\frac{2}{3}\left(n_i^{-1}\theta_{ixx}-\tilde{n}_i^{-1}\tilde{\theta}_{ixx}\right)\frac{3n_i\tilde{n}_i\tilde{n}_{\rm e}}{2\tilde{\theta}_i^2}\chi_i dx\\&-\sum_{i=1}^{2}\int\left(j_in_i^{-1}\theta_{ix}-\tilde{j}_i\tilde{n}_i^{-1}\tilde{\theta}_{ix}\right)\frac{3n_i\tilde{n}_i\tilde{n}_{\rm e}}{2\tilde{\theta}_i^2}\chi_i dx\\&-\sum_{i=1}^{2}\int\frac{2}{3}\left[\left(j_in_i^{-1}\right)_x\theta_i-\left(\tilde{j}_i\tilde{n}_i^{-1}\right)_x\tilde{\theta}_i\right]\frac{3n_i\tilde{n}_i\tilde{n}_{\rm e}}{2\tilde{\theta}_i^2}\chi_i dx\\&+\sum_{i=1}^{2}\int\frac{1}{3}\left[j_i^2n_i^{-2}-(\hat{j}_i+\tilde{j}_i)^2\tilde{n}_i^{-2}\right]\frac{3n_i\tilde{n}_i\tilde{n}_{\rm e}}{2\tilde{\theta}_i^2}\chi_i dx\\=&II_6+II_7+II_8+II_9.\end{aligned} \tag{3.436}$$

对积分 $II_6\sim II_9$ 的估计分别类似于对积分 I_6–I_9 的处理, 有

$$\begin{aligned}II_6=&\sum_{i=1}^{2}\int\frac{2}{3}\left(n_i^{-1}\theta_{ixx}-\tilde{n}_i^{-1}\tilde{\theta}_{ixx}\right)\frac{3n_i\tilde{n}_i\tilde{n}_{\rm e}}{2\tilde{\theta}_i^2}\chi_i dx\\\leqslant&-\sum_{i=1}^{2}\int\frac{\tilde{n}_i\tilde{n}_{\rm e}}{\tilde{\theta}_i^2}\chi_{ix}^2dx+C\delta\sum_{i=1}^{2}\|\psi_i,\chi_i,\chi_{ix}\|^2\\&+\mu\sum_{i=1}^{2}\|\chi_i\|^2+C_\mu\varPhi_1{\rm e}^{-\gamma_0t},\end{aligned} \tag{3.437}$$

$$
\begin{aligned}
II_7 =& -\sum_{i=1}^{2}\int\left(j_i n_i^{-1}\theta_{ix}-\tilde{j}_i\tilde{n}_i^{-1}\tilde{\theta}_{ix}\right)\frac{3n_i\tilde{n}_i\tilde{n}_{\mathrm{e}}}{2\tilde{\theta}_i^2}\chi_i dx \\
&\leqslant C\varPhi_1\mathrm{e}^{-\gamma_0 t}+C(N(T)+\varPhi_1+\delta)\sum_{i=1}^{2}\|\psi_i,\eta_i,\chi_i,\chi_{ix}\|^2,
\end{aligned}
\tag{3.438}
$$

$$
\begin{aligned}
II_8 =& -\sum_{i=1}^{2}\int\frac{2}{3}\left[\left(j_i n_i^{-1}\right)_x\theta_i-\left(\tilde{j}_i\tilde{n}_i^{-1}\right)_x\tilde{\theta}_i\right]\frac{3n_i\tilde{n}_i\tilde{n}_{\mathrm{e}}}{2\tilde{\theta}_i^2}\chi_i dx \\
&\leqslant -\sum_{i=1}^{2}\int\frac{\tilde{n}_i\tilde{n}_{\mathrm{e}}}{\tilde{\theta}_i}\chi_i\eta_{ix}dx+C_\mu\varPhi_1\mathrm{e}^{-\gamma_0 t}+\mu\sum_{i=1}^{2}\|\chi_i\|^2 \\
&\quad +C(N(T)+\varPhi_1+\delta)\sum_{i=1}^{2}\|\psi_i,\psi_{ix},\eta_i,\eta_{ix},\chi_i\|^2,
\end{aligned}
\tag{3.439}
$$

$$
\begin{aligned}
II_9 =& \sum_{i=1}^{2}\int\frac{1}{3}\left[j_i^2 n_i^{-2}-(\hat{j}_i+\tilde{j}_i)^2\tilde{n}_i^{-2}\right]\frac{3n_i\tilde{n}_i\tilde{n}_{\mathrm{e}}}{2\tilde{\theta}_i^2}\chi_i dx \\
&\leqslant C\varPhi_1\mathrm{e}^{-\gamma_0 t}+C(N(T)+\varPhi_1+\delta)\sum_{i=1}^{2}\|\psi_i,\eta_i,\chi_i\|^2.
\end{aligned}
\tag{3.440}
$$

将估计 (3.434)–(3.440) 代入方程 (3.433), 并注意到 $\dfrac{\tilde{n}_i\tilde{n}_{\mathrm{e}}}{\tilde{\theta}_i^2}\geqslant C_2>0$, $\mu\ll 1$ 和 $N(T)+\varPhi_1+\delta\ll 1$, 得

$$
\begin{aligned}
&\frac{d}{dt}\int\frac{1}{2}\sum_{i=1}^{2}\frac{3n_i\tilde{n}_i\tilde{n}_{\mathrm{e}}}{2\tilde{\theta}_i^2}\chi_i^2 dx+C_2\sum_{i=1}^{2}\|\chi_i,\chi_{ix}\|^2 \\
\leqslant& -\sum_{i=1}^{2}\int\frac{\tilde{n}_i\tilde{n}_{\mathrm{e}}}{\tilde{\theta}_i}\chi_i\eta_{ix}dx+C\varPhi_1\mathrm{e}^{-\gamma_0 t}+C(N(T)+\varPhi_1+\delta) \\
&\sum_{i=1}^{2}\|\psi_i,\psi_{ix},\eta_i,\eta_{ix}\|^2.
\end{aligned}
\tag{3.441}
$$

最后, 由

$$
(3.432)+(3.441),
\tag{3.442}
$$

即可证得估计 (3.427). 只需注意, (3.432) 中的坏项 "$\displaystyle\sum_{i=1}^{2}\int\frac{\tilde{n}_i\tilde{n}_{\mathrm{e}}}{\tilde{\theta}_i}\chi_i\eta_{ix}dx$" 和 (3.441) 中的坏项 "$\displaystyle-\sum_{i=1}^{2}\int\frac{\tilde{n}_i\tilde{n}_{\mathrm{e}}}{\tilde{\theta}_i}\chi_i\eta_{ix}dx$" 在计算中恰好彼此抵消.

第三步: 基本估计. 令 $\varLambda_2 \gg 1$, 由

$$\varLambda_2(3.405\text{a}) + (3.427\text{a}), \tag{3.443}$$

可知对任意的 $t \in [0,T]$ 成立基本估计

$$\begin{aligned}&\frac{d}{dt}E_3(t) + C_3\left(\sum_{i=1}^{2}\|(\psi_i,\eta_i,\chi_i,\chi_{ix})(t)\|^2 + \|(\mathcal{E},\mathcal{E}_x,\mathcal{E}_t,\chi,\chi_x)(t)\|^2\right)\\ \leqslant & C\varPhi_1\mathrm{e}^{-\gamma_0 t} + C(N(T)+\varPhi_1+\delta)\sum_{i=1}^{2}\|(\psi_{ix},\eta_{ix},\chi_{ixx},\mathcal{E}_{tx})(t)\|^2.\end{aligned} \tag{3.444a}$$

倘若 $N(T)+\varPhi_1+\delta \ll 1$, 其中

$$E_3(t) := \varLambda_2 E_1(t) + E_2(t), \tag{3.444b}$$

且满足等价关系

$$\begin{aligned}&C_{3l}\left(\sum_{i=1}^{2}\|(\psi_i,\eta_i,\chi_i)(t)\|^2 + \|(\mathcal{E},\mathcal{E}_x,\mathcal{E}_t,\chi)(t)\|^2\right)\\ \leqslant & E_3(t) \leqslant C_{3r}\left(\sum_{i=1}^{2}\|(\psi_i,\eta_i,\chi_i)(t)\|^2 + \|(\mathcal{E},\mathcal{E}_x,\mathcal{E}_t,\chi)(t)\|^2\right),\end{aligned} \tag{3.444c}$$

其中 C, C_3, C_{3l}, C_{3r} 是与 $T, \varPhi_0$ 和 δ 无关的正常数.

此处, 建立基本估计(3.444a) 的要点在于如何从双极结构中生成耗散率 $\|\psi_i(t)\|^2$, 而稳态重组-增生率 $\tilde{R} := R(\tilde{n}_1,\tilde{n}_2)$ 所满足的小性估计 $|\tilde{R}| \leqslant C\delta \ll 1$ 在生成耗散率的计算中将起到至关重要的作用. 更具体地, 因为 $\varLambda_2$ 可取得充分大, 使得我们能够从估计 (3.405a) 中提取出部分耗散率 $Q\|\mathcal{E}_x(t)\|^2$ 同时保证常数 $\varLambda_2 C_1 - Q > 0$. 于是, 综合整理估计 (3.427a) 中的 $Q\|\mathcal{E}_x(t)\|^2$ 和双极效应项 "$-Q\displaystyle\int(\tilde{n}_2\psi_1+\tilde{n}_1\psi_2)^2dx$", 有

$$\begin{aligned}&Q\|\mathcal{E}_x\|^2 + Q\int(\tilde{n}_2\psi_1+\tilde{n}_1\psi_2)^2dx\\ =&Q\int(\psi_1-\psi_2)^2dx + Q\int(\tilde{n}_2\psi_1+\tilde{n}_1\psi_2)^2dx\\ =&Q\int\Big[(\tilde{n}_2^2+1)\psi_1^2+(\tilde{n}_1^2+1)\psi_2^2+2(\tilde{n}_1\tilde{n}_2-1)\psi_1\psi_2\Big]dx\\ \geqslant&C_3\sum_{i=1}^{2}\|\psi_i\|^2 + 2\int\tilde{R}\psi_1\psi_2dx\\ \geqslant&C_3\sum_{i=1}^{2}\|\psi_i\|^2 - C\delta\sum_{i=1}^{2}\|\psi_i\|^2\end{aligned}$$

$$\geqslant C_3 \sum_{i=1}^{2} \|\psi_i\|^2, \tag{3.445}$$

其中在式 (3.445) 第一个等式时已使用了方程 (3.387d). 基本估计 (3.444) 的余下部分容易验证, 此处从略.

第四步: 令 $\Lambda_3 \gg 1$, 由

$$\Lambda_3 \left(\int (3.393)_x \mathcal{E}_{tx} dx + \int (3.403)_x \frac{3n_1\tilde{n}_2}{2\tilde{\theta}_1} \chi_x dx \right) + \int (3.393)_x \mathcal{E}_x dx, \tag{3.446}$$

在先验假设 $N(T) + \Phi_1 + \delta \ll 1$ 之下, 对任意的 $t \in [0, T]$ 成立估计

$$\frac{d}{dt} E_4(t) + C_4 \|(\mathcal{E}_x, \mathcal{E}_{xx}, \mathcal{E}_{tx}, \chi_x, \chi_{xx})(t)\|^2 \leqslant C\Phi_1 \mathrm{e}^{-\gamma_0 t}$$
$$+ C(N(T) + \Phi_1 + \delta) \sum_{i=1}^{2} \|(\psi_i, \psi_{ix}, \eta_i, \eta_{ix}, \eta_{ixx}, \chi_i, \chi_{ix}, \chi_{ixx}, \mathcal{E}, \mathcal{E}_{txx})(t)\|^2, \tag{3.447a}$$

其中

$$E_4(t) := \int \frac{1}{2} \left\{ \Lambda_3 \left[(\tilde{n}_1 + \tilde{n}_2) \mathcal{E}_x^2 + \tilde{\theta}_1 \mathcal{E}_{xx}^2 + \mathcal{E}_{tx}^2 + \frac{3n_1\tilde{n}_2}{2\tilde{\theta}_1} \chi_x^2 \right] + (\mathcal{E}_x^2 + 2\mathcal{E}_{tx}\mathcal{E}_x) \right\} dx, \tag{3.447b}$$

且满足等价关系

$$C_{4l} \|(\mathcal{E}_x, \mathcal{E}_{xx}, \mathcal{E}_{tx}, \chi_x)(t)\|^2 \leqslant E_4(t) \leqslant C_{4r} \|(\mathcal{E}_x, \mathcal{E}_{xx}, \mathcal{E}_{tx}, \chi_x)(t)\|^2, \tag{3.447c}$$

其中 C, C_4, C_{4l}, C_{4r} 是与 T, Φ_0 和 δ 无关的正常数.

事实上, 类似于第一步中的方法, 经更复杂的计算可以验证 (3.447). 鉴于计算上的复杂, 为了论证清楚能量估计的结构, 只对估计的主要环节进行验证. 具体地, 由 $\int (3.393)_x \mathcal{E}_{tx} dx$, 可得

$$\frac{d}{dt} \int \frac{1}{2} \left[(\tilde{n}_1 + \tilde{n}_2) \mathcal{E}_x^2 + \tilde{\theta}_1 \mathcal{E}_{xx}^2 + \mathcal{E}_{tx}^2 \right] dx + C_4 \|\mathcal{E}_{tx}\|^2$$
$$\leqslant - \int \tilde{n}_2 \chi_x \mathcal{E}_{txx} dx$$
$$+ C\Phi_1 \mathrm{e}^{-\gamma_0 t} + C(N(T) + \Phi_1 + \delta)$$
$$\sum_{i=1}^{2} \|(\psi_i, \psi_{ix}, \eta_i, \eta_{ix}, \chi_i, \chi_{ix}, \mathcal{E}, \mathcal{E}_{txx}\|^2. \tag{3.448}$$

由 $\int (3.403)_x \frac{3n_1\tilde{n}_2}{2\tilde{\theta}_1} \chi_x dx$, 得

$$
\begin{aligned}
&\frac{d}{dt}\int\frac{1}{2}\frac{3n_1\tilde{n}_2}{2\tilde{\theta}_1}\chi_x^2dx+C_4\|\chi_x,\chi_{xx}\|^2\\
\leqslant&\int\tilde{n}_2\chi_x\mathcal{E}_{txx}dx+C\varPhi_1\mathrm{e}^{-\gamma_0 t}\\
&+C(N(T)+\varPhi_1+\delta)\sum_{i=1}^{2}\|(\psi_i,\psi_{ix},\eta_i,\eta_{ix},\eta_{ixx},\chi_i,\chi_{ix},\chi_{ixx})\|^2. \quad (3.449)
\end{aligned}
$$

再由 $\int(3.393)_x\mathcal{E}_xdx$, 得

$$
\begin{aligned}
&\frac{d}{dt}\int\frac{1}{2}\left(\mathcal{E}_x^2+2\mathcal{E}_{tx}\mathcal{E}_x\right)dx+C_4\|\mathcal{E}_x,\mathcal{E}_{xx}\|^2\\
\leqslant&C\varPhi_1\mathrm{e}^{-\gamma_0 t}+C\|\mathcal{E}_{tx},\chi_x\|^2\\
&+C(N(T)+\varPhi_1+\delta)\sum_{i=1}^{2}\|(\psi_i,\psi_{ix},\eta_i,\eta_{ix},\chi_i,\chi_{ix},\mathcal{E})\|^2. \quad (3.450)
\end{aligned}
$$

通过 $\varLambda_3\big((3.448)+(3.449)\big)+(3.450)$, 以及 $\varLambda_3\gg 1$, 便得估计 (3.447).

与单极情形 [96] 相比, 此处双极问题的高阶估计的主要不同在于我们不再能够由手续

$$
\varLambda\left(\int(3.393)_{xx}\mathcal{E}_{txx}dx+\int(3.403)_{xx}\frac{3n_1\tilde{n}_2}{2\tilde{\theta}_1}\chi_{xx}dx\right)+\int(3.393)_{xx}\mathcal{E}_{xx}dx,
$$

令 $\varLambda\gg 1$ 来得到期望的高阶估计. 原因在于, 在实施上述计算时, 将遇到无法控制的积分项 “$\int O(N(T))\eta_{1xxx}\mathcal{E}_{txx}dx$”. 为了克服这一困难, 将首先估计 η_{ixx},χ_{ixx} 和 ψ_{ixx}, 其次利用方程 (3.392) 和 (3.387d) 进一步估计 $\mathcal{E}_{txx}$ 和 $\mathcal{E}_{xxx}$. 这一想法将在接下来的步骤中具体执行.

第五步: 由

$$
\sum_{k=1}^{2}\left(\sum_{i=1}^{2}\int\partial_x^k(3.387\mathrm{b})\frac{\tilde{n}_{\mathrm{e}}}{\tilde{\theta}_i}\partial_x^k\eta_idx+\sum_{i=1}^{2}\int\partial_x^k(3.387\mathrm{c})\frac{3n_i\tilde{n}_i\tilde{n}_{\mathrm{e}}}{2\tilde{\theta}_i^2}\partial_x^k\chi_idx\right), \quad (3.451)
$$

在先验假设 $N(T)+\varPhi_1+\delta\ll 1$ 之下, 对任意的 $t\in[0,T]$ 成立估计

$$
\begin{aligned}
&\frac{d}{dt}E_5(t)+C_5\sum_{i=1}^{2}\|(\eta_{ix},\eta_{ixx},\chi_{ix},\chi_{ixx},\chi_{ixxx})(t)\|^2\\
\leqslant&-Q\int(\tilde{n}_2\psi_{1x}+\tilde{n}_1\psi_{2x})^2dx-Q\int(\tilde{n}_2\psi_{1xx}+\tilde{n}_1\psi_{2xx})^2dx\\
&+C_\mu\varPhi_1\mathrm{e}^{-\gamma_0 t}+\mu\sum_{i=1}^{2}\|\psi_{ixx}(t)\|^2+C\|(\mathcal{E}_x,\mathcal{E}_{xx})(t)\|^2
\end{aligned}
$$

$$+C(N(T)+\Phi_1+\delta)\sum_{i=1}^{2}\|(\psi_i,\psi_{ix},\psi_{ixx},\eta_i,\chi_i,\mathcal{E})(t)\|^2, \tag{3.452a}$$

其中

$$E_5(t):=\int\frac{1}{2}\sum_{i=1}^{2}\left\{\tilde{n}_{\mathrm{e}}\psi_{ix}^2+\left[\theta_i-\left(\frac{j_i^2}{n_i^2}+\tilde{j}_i^2-\frac{\tilde{j}_i^2}{\tilde{n}_in_i}\right)\right]\frac{\tilde{n}_{\mathrm{e}}}{\tilde{\theta}_i}(\psi_{ixx}^2+2\hat{n}_{ixx}\psi_{ixx})\right.$$
$$\left.+\frac{\tilde{n}_{\mathrm{e}}}{\tilde{\theta}_i}(\eta_{ix}^2+\eta_{ixx}^2)+\frac{3n_i\tilde{n}_i\tilde{n}_{\mathrm{e}}}{2\tilde{\theta}_i^2}(\chi_{ix}^2+\chi_{ixx}^2)\right\}dx, \tag{3.452b}$$

且满足等价关系

$$C_{5l}\sum_{i=1}^{2}\|(\psi_{ix},\eta_{ix},\chi_{ix})(t)\|_1^2-C\Phi_1\mathrm{e}^{-\gamma_0t}\leqslant E_5(t)$$
$$\leqslant C_{5r}\sum_{i=1}^{2}\|(\psi_{ix},\eta_{ix},\chi_{ix})(t)\|_1^2+C\Phi_1\mathrm{e}^{-\gamma_0t}, \tag{3.452c}$$

其中 $\mu\ll1$ 是一个待定的正常数, C,C_5,C_{5l},C_{5r} 是与 T, Φ_0 和 δ 无关的正常数.

下面, 具体验证估计 (3.452). 由 $\sum_{i=1}^{2}\int\partial_x^k(3.387\mathrm{b})\frac{\tilde{n}_{\mathrm{e}}}{\tilde{\theta}_i}\partial_x^k\eta_idx$, $k=1,2$, 得

$$\frac{d}{dt}\int\frac{1}{2}\sum_{i=1}^{2}\frac{\tilde{n}_{\mathrm{e}}}{\tilde{\theta}_i}(\partial_x^k\eta_i)^2dx+\sum_{i=1}^{2}\int\frac{\tilde{n}_{\mathrm{e}}}{\tilde{\theta}_i}(\partial_x^k\eta_i)^2dx$$
$$=\ -\sum_{i=1}^{2}\int\partial_x^k\left(j_i^2n_i^{-1}-\tilde{j}_i^2\tilde{n}_i^{-1}\right)_x\frac{\tilde{n}_{\mathrm{e}}}{\tilde{\theta}_i}\partial_x^k\eta_idx-\sum_{i=1}^{2}\int\partial_x^k\left(n_i\theta_i-\tilde{n}_i\tilde{\theta}_i\right)_x\frac{\tilde{n}_{\mathrm{e}}}{\tilde{\theta}_i}\partial_x^k\eta_idx$$
$$+\sum_{i=1}^{2}\int(-1)^{i-1}\partial_x^k\left[n_iE-\tilde{n}_i(\hat{E}+\tilde{E})\right]\frac{\tilde{n}_{\mathrm{e}}}{\tilde{\theta}_i}\partial_x^k\eta_idx$$
$$=V_1^{(k)}+V_2^{(k)}+V_3^{(k)}. \tag{3.453}$$

接着, $V_1^{(k)},V_2^{(k)},V_3^{(k)}$ 可被估计如下

$$V_1^{(1)}\leqslant C\Phi_1\mathrm{e}^{-\gamma_0t}+C(N(T)+\Phi_1+\delta)\sum_{i=1}^{2}\|\psi_i,\psi_{ix},\eta_i,\eta_{ix},\eta_{ixx}\|^2, \tag{3.454a}$$

$$V_1^{(2)}\leqslant\frac{d}{dt}\int\frac{1}{2}\sum_{i=1}^{2}\left(\frac{j_i^2}{n_i^2}+\tilde{j}_i^2-\frac{\tilde{j}_i^2}{\tilde{n}_in_i}\right)\frac{\tilde{n}_{\mathrm{e}}}{\tilde{\theta}_i}(\psi_{ixx}^2+2\hat{n}_{ixx}\psi_{ixx})dx$$
$$+C\Phi_1\mathrm{e}^{-\gamma_0t}+C(N(T)+\Phi_1+\delta)\sum_{i=1}^{2}\|\psi_i,\eta_i\|_2^2, \tag{3.454b}$$

$$V_2^{(1)} \leqslant -\frac{d}{dt}\int \frac{1}{2}\sum_{i=1}^{2}\tilde{n}_{\mathrm{e}}\psi_{ix}^2 dx + \sum_{i=1}^{2}\int \frac{\tilde{n}_i\tilde{n}_{\mathrm{e}}}{\tilde{\theta}_i}\chi_{ix}\eta_{ixx}dx$$
$$-Q\int(\tilde{n}_2\psi_{1x}+\tilde{n}_1\psi_{2x})^2dx + C_\mu\varPhi_1\mathrm{e}^{-\gamma_0 t} + \mu\sum_{i=1}^{2}\|\eta_{ix}\|^2$$
$$+C(N(T)+\varPhi_1+\delta)\sum_{i=1}^{2}\|\psi_i,\psi_{ix},\eta_{ix},\eta_{ixx},\chi_i,\chi_{ix}\|^2, \tag{3.455a}$$

$$V_2^{(2)} \leqslant -\frac{d}{dt}\int \frac{1}{2}\sum_{i=1}^{2}\frac{\theta_i\tilde{n}_{\mathrm{e}}}{\tilde{\theta}_i}(\psi_{ixx}^2 + 2\hat{n}_{ixx}\psi_{ixx})dx + \sum_{i=1}^{2}\int \frac{\tilde{n}_i\tilde{n}_{\mathrm{e}}}{\tilde{\theta}_i}\chi_{ixx}\eta_{ixxx}dx$$
$$-Q\int(\tilde{n}_2\psi_{1xx}+\tilde{n}_1\psi_{2xx})^2dx + C_\mu\varPhi_1\mathrm{e}^{-\gamma_0 t} + \mu\sum_{i=1}^{2}\|\psi_{ixx},\eta_{ixx}\|^2$$
$$+C(N(T)+\varPhi_1+\delta)\sum_{i=1}^{2}\left(\|\psi_i\|_2^2 + \|\eta_{ixx}\|^2 + \|\chi_i\|_3^2\right) \tag{3.455b}$$

和 $k=1,2$,

$$V_3^{(k)} \leqslant \mu\sum_{i=1}^{2}\|\partial_x^k\eta_i\|^2 + C_\mu\|\partial_x^k\mathcal{E}\|^2 + C\varPhi_1\mathrm{e}^{-\gamma_0 t}$$
$$+C(N(T)+\varPhi_1+\delta)\sum_{i=1}^{2}\left(\|\psi_i\|_k^2 + \|\partial_x^k\eta_i\|^2 + \|\mathcal{E}\|_{k-1}^2\right). \tag{3.456}$$

下面, 由 $\sum_{i=1}^{2}\int \partial_x^k(3.387\mathrm{c})\frac{3n_i\tilde{n}_i\tilde{n}_{\mathrm{e}}}{2\tilde{\theta}_i^2}\partial_x^k\chi_i dx, k=1,2,$ 有

$$\underbrace{\sum_{i=1}^{2}\int \frac{3n_i\tilde{n}_i\tilde{n}_{\mathrm{e}}}{2\tilde{\theta}_i^2}\partial_x^k\chi_i\partial_x^k\chi_{it}dx}_{V_4^{(k)}} + \underbrace{\sum_{i=1}^{2}\int \frac{3n_i\tilde{n}_i\tilde{n}_{\mathrm{e}}}{2\tilde{\theta}_i^2}(\partial_x^k\chi_i)^2dx}_{V_5^{(k)}}$$
$$=\sum_{i=1}^{2}\int \partial_x^k Z_i\frac{3n_i\tilde{n}_i\tilde{n}_{\mathrm{e}}}{2\tilde{\theta}_i^2}\partial_x^k\chi_i dx. \tag{3.457}$$

积分 $V_{4,5}^{(k)}$ 可被估计如下

$$V_4^{(k)} \geqslant \frac{d}{dt}\int \frac{1}{2}\sum_{i=1}^{2}\frac{3n_i\tilde{n}_i\tilde{n}_{\mathrm{e}}}{2\tilde{\theta}_i^2}(\partial_x^k\chi_i)^2dx - C(N(T)+\varPhi_1)\sum_{i=1}^{2}\|\partial_x^k\chi_i\|^2 \tag{3.458}$$

和

$$V_5^{(k)} \geqslant C_5 \sum_{i=1}^{2} \|\partial_x^k \chi_i\|^2. \tag{3.459}$$

接着,

$$\begin{aligned}
&\sum_{i=1}^{2} \int \partial_x^k Z_i \frac{3n_i\tilde{n}_i\tilde{n}_e}{2\tilde{\theta}_i^2} \partial_x^k \chi_i dx \\
=&\sum_{i=1}^{2} \int \frac{2}{3} \partial_x^k \left(n_i^{-1}\theta_{ixx} - \tilde{n}_i^{-1}\tilde{\theta}_{ixx}\right) \frac{3n_i\tilde{n}_i\tilde{n}_e}{2\tilde{\theta}_i^2} \partial_x^k \chi_i dx \\
&-\sum_{i=1}^{2} \int \partial_x^k \left(j_i n_i^{-1}\theta_{ix} - \tilde{j}_i\tilde{n}_i^{-1}\tilde{\theta}_{ix}\right) \frac{3n_i\tilde{n}_i\tilde{n}_e}{2\tilde{\theta}_i^2} \partial_x^k \chi_i dx \\
&-\sum_{i=1}^{2} \int \frac{2}{3} \partial_x^k \left[\left(j_i n_i^{-1}\right)_x \theta_i - \left(\tilde{j}_i\tilde{n}_i^{-1}\right)_x \tilde{\theta}_i\right] \frac{3n_i\tilde{n}_i\tilde{n}_e}{2\tilde{\theta}_i^2} \partial_x^k \chi_i dx \\
&+\sum_{i=1}^{2} \int \frac{1}{3} \partial_x^k \left[j_i^2 n_i^{-2} - (\hat{j}_i + \tilde{j}_i)^2 \tilde{n}_i^{-2}\right] \frac{3n_i\tilde{n}_i\tilde{n}_e}{2\tilde{\theta}_i^2} \partial_x^k \chi_i dx \\
=&V_6^{(k)} + V_7^{(k)} + V_8^{(k)} + V_9^{(k)}.
\end{aligned} \tag{3.460}$$

积分 $V_6^{(k)}$–$V_9^{(k)}$ 可被估计如下

$$\begin{aligned}
V_6^{(k)} \leqslant& -\sum_{i=1}^{2} \int \frac{\tilde{n}_i\tilde{n}_e}{\tilde{\theta}_i^2} (\partial_x^{k+1}\chi_i)^2 dx + C_\mu \Phi_1 \mathrm{e}^{-\gamma_0 t} + \mu \sum_{i=1}^{2} \|\partial_x^{k+1}\chi_i\|^2 \\
&+C(N(T)+\Phi_1+\delta) \sum_{i=1}^{2} \left(\|\psi_i\|_k^2 + \|\partial_x^k\chi_i, \partial_x^{k+1}\chi_i\|^2\right),
\end{aligned} \tag{3.461}$$

$$V_7^{(k)} \leqslant C\Phi_1 \mathrm{e}^{-\gamma_0 t} + C(N(T)+\Phi_1+\delta) \sum_{i=1}^{2} \left(\|\psi_i, \eta_i\|_{k-1}^2 + \|\chi_{ix}\|_k^2\right), \tag{3.462}$$

$$\begin{aligned}
V_8^{(k)} \leqslant& -\sum_{i=1}^{2} \int \frac{\tilde{n}_i\tilde{n}_e}{\tilde{\theta}_i} \partial_x^k \chi_i \partial_x^{k+1}\eta_i dx + C_\mu \Phi_1 \mathrm{e}^{-\gamma_0 t} + \mu \sum_{i=1}^{2} \|\partial_x^k\chi_i, \partial_x^{k+1}\chi_i\|^2 \\
&+C(N(T)+\Phi_1+\delta) \sum_{i=1}^{2} \left(\|\psi_i, \eta_i\|_k^2 + \|\chi_i\|_{k+1}^2\right),
\end{aligned} \tag{3.463}$$

$$\begin{aligned}
V_9^{(k)} \leqslant& C(N(T)+\Phi_1+\delta) \sum_{i=1}^{2} \left(\|\psi_i, \eta_i\|_{k-1}^2 + \|\partial_x^k\chi_i, \partial_x^{k+1}\chi_i\|^2\right) + C\Phi_1 \mathrm{e}^{-\gamma_0 t}, \\
&k = 1, 2.
\end{aligned} \tag{3.464}$$

最后, 注意到 $\dfrac{\tilde{n}_e}{\tilde{\theta}_i}, \dfrac{\tilde{n}_i\tilde{n}_e}{\tilde{\theta}_i^2} \geqslant C_5 > 0$, $\mu \ll 1$ 和 $N(T)+\Phi_1+\delta \ll 1$, 再综合估计 (3.454)–(3.456) 和 (3.458)–(3.464), 由 $\sum_{k=1}^{2}\left((3.453)+(3.457)\right)$ 即可得证估计 (3.452). 只需

指出在估计 (3.455) 中的积分

$$\sum_{i=1}^{2}\int\frac{\tilde{n}_i\tilde{n}_\mathrm{e}}{\tilde{\theta}_i}\chi_{ix}\eta_{ixx}dx,\quad \sum_{i=1}^{2}\int\frac{\tilde{n}_i\tilde{n}_\mathrm{e}}{\tilde{\theta}_i}\chi_{ixx}\eta_{ixxx}dx$$

与在估计 (3.463) 中的积分

$$-\sum_{i=1}^{2}\int\frac{\tilde{n}_i\tilde{n}_\mathrm{e}}{\tilde{\theta}_i}\partial_x^k\chi_i\partial_x^{k+1}\eta_i dx,\quad k=1,2$$

在上述求和计算过程中恰好彼此抵消.

第六步: 高阶估计. 令 $\varLambda_4\gg 1$, 由

$$\varLambda_4(3.447\text{a})+(3.452\text{a})\tag{3.465}$$

对任意的 $t\in[0,T]$ 成立高阶估计

$$\begin{aligned}&\frac{d}{dt}E_6(t)+C_6\Bigg(\sum_{i=1}^{2}\|(\psi_{ix},\eta_{ix},\eta_{ixx},\chi_{ix},\chi_{ixx},\chi_{ixxx})(t)\|^2\\&+\|(\mathcal{E}_x,\mathcal{E}_{xx},\mathcal{E}_{tx},\chi_x,\chi_{xx})(t)\|^2\Bigg)\\ \leqslant&-Q\int(\tilde{n}_2\psi_{1xx}+\tilde{n}_1\psi_{2xx})^2dx+C_\mu\varPhi_1\mathrm{e}^{-\gamma_0 t}\\&+\mu\sum_{i=1}^{2}\|\psi_{ixx}(t)\|^2+C(N(T)+\varPhi_1+\delta)\sum_{i=1}^{2}\|(\psi_i,\psi_{ixx},\eta_i,\chi_i,\mathcal{E})(t)\|^2.\end{aligned}\tag{3.466a}$$

倘若 $N(T)+\varPhi_1+\delta\ll 1$, 其中

$$E_6(t):=\varLambda_4E_4(t)+E_5(t),\tag{3.466b}$$

且满足等价关系

$$\begin{aligned}&C_{6l}\left(\sum_{i=1}^{2}\|(\psi_{ix},\eta_{ix},\chi_{ix})(t)\|_1^2+\|(\mathcal{E}_x,\mathcal{E}_{xx},\mathcal{E}_{tx},\chi_x)(t)\|^2\right)-C\varPhi_1\mathrm{e}^{-\gamma_0 t}\\ \leqslant& E_6(t)\leqslant C_{6r}\left(\sum_{i=1}^{2}\|(\psi_{ix},\eta_{ix},\chi_{ix})(t)\|_1^2+\|(\mathcal{E}_x,\mathcal{E}_{xx},\mathcal{E}_{tx},\chi_x)(t)\|^2\right)\\&+C\varPhi_1\mathrm{e}^{-\gamma_0 t},\end{aligned}\tag{3.466c}$$

其中 $\mu\ll 1$ 是待定正常数, C,C_6,C_{6l},C_{6r} 是与 $T,\varPhi_0$ 和 δ 无关的正常数.

值得一提, 在建立高阶估计 (3.466a) 时, 再次使用了 (3.445) 中的技术来生成 (3.466a) 左端的耗散率 $\sum_{i=1}^{2}\|\psi_{ix}(t)\|^2$. 然而, 这一技术却不再能够帮助我们生成所需的高阶耗散率 $\sum_{i=1}^{2}\|\psi_{ixx}(t)\|^2$. 原因见 (3.450) 下方的解释说明. 为了封闭我们期望得到的一致估计, 只需想办法补偿高阶耗散率 $\sum_{i=1}^{2}\|\psi_{ixx}(t)\|^2$, 这直接导致了下一步的计算.

第七步: 由

$$\sum_{i=1}^{2}\int(3.387\text{b})_x\psi_{ixx}dx, \tag{3.467}$$

在先验假设 $N(T)+\varPhi_1+\delta\ll 1$ 之下, 有

$$\begin{aligned}&C_7\sum_{i=1}^{2}\|\psi_{ixx}(t)\|^2-\frac{d}{dt}\int\sum_{i=1}^{2}\psi_{ix}\eta_{ixx}dx\\ \leqslant{}&C\varPhi_1\mathrm{e}^{-\gamma_0 t}+C\sum_{i=1}^{2}\|(\psi_{ix},\eta_{ix},\eta_{ixx},\chi_{ixx},\mathcal{E}_x)(t)\|^2\\ &+C(N(T)+\varPhi_1+\delta)\sum_{i=1}^{2}\|(\psi_i,\eta_i,\chi_i,\chi_{ix},\mathcal{E})(t)\|^2,\end{aligned} \tag{3.468}$$

其中 C,C_7 是与 $T,\varPhi_0$ 和 δ 无关的正常数. 具体地执行 (3.467), 得

$$\begin{aligned}&\underbrace{\sum_{i=1}^{2}\int\Big(n_i\theta_i-\tilde{n}_i\tilde{\theta}_i\Big)_{xx}\psi_{ixx}dx}_{VII_1}\\ ={}&-\sum_{i=1}^{2}\int\eta_{ixt}\psi_{ixx}dx-\sum_{i=1}^{2}\int\eta_{ix}\psi_{ixx}dx-\sum_{i=1}^{2}\int\Big(j_i^2n_i^{-1}-\tilde{j}_i^2\tilde{n}_i^{-1}\Big)_{xx}\psi_{ixx}dx\\ &+\sum_{i=1}^{2}\int(-1)^{i-1}\Big[n_iE-\tilde{n}_i(\hat{E}+\tilde{E})\Big]_x\psi_{ixx}dx\\ ={}&VII_2+VII_3+VII_4+VII_5.\end{aligned} \tag{3.469}$$

接着, 积分 $VII_{1,2,3,4,5}$ 可被估计如下

$$\begin{aligned}VII_1\geqslant{}&C_7\sum_{i=1}^{2}\|\psi_{ixx}\|^2-C\varPhi_1\mathrm{e}^{-\gamma_0 t}-C\sum_{i=1}^{2}\|\chi_{ixx}\|^2\\ &-C(N(T)+\varPhi_1+\delta)\sum_{i=1}^{2}\|\psi_i,\psi_{ix},\chi_i,\chi_{ix}\|^2,\end{aligned} \tag{3.470}$$

$$VII_2 \leqslant \frac{d}{dt}\int\sum_{i=1}^{2}\psi_{ix}\eta_{ixx}dx + C\varPhi_1 \mathrm{e}^{-\gamma_0 t} + C\sum_{i=1}^{2}\|\psi_{ix},\eta_{ixx}\|^2$$
$$+C(N(T)+\varPhi_1+\delta)\sum_{i=1}^{2}\|\psi_i\|^2, \tag{3.471}$$

$$VII_3 \leqslant \mu\sum_{i=1}^{2}\|\psi_{ixx}\|^2 + C_\mu\sum_{i=1}^{2}\|\eta_{ix}\|^2, \tag{3.472}$$

$$VII_4 \leqslant C\varPhi_1 \mathrm{e}^{-\gamma_0 t} + C(N(T)+\varPhi_1+\delta)\sum_{i=1}^{2}\|\psi_i,\eta_i\|_2^2, \tag{3.473}$$

$$VII_5 \leqslant C\varPhi_1 \mathrm{e}^{-\gamma_0 t} + C_\mu\|\mathcal{E}_x\|^2 + \mu\sum_{i=1}^{2}\|\psi_{ixx}\|^2$$
$$+C(N(T)+\varPhi_1+\delta)\sum_{i=1}^{2}\|\psi_i,\psi_{ix},\psi_{ixx},\mathcal{E}\|^2. \tag{3.474}$$

综合估计 (3.469)–(3.474), 即可验证估计 (3.468).

第八步: 衰减估计. 最后, 基于已经建立好的基本估计和高阶估计, 令 $\varLambda_5 \gg 1$, 由

$$\varLambda_5\Big((3.444\mathrm{a}) + (3.466\mathrm{a})\Big) + (3.468), \tag{3.475}$$

即得

$$\frac{d}{dt}E(t) + C_8F_1(t) \leqslant C\varPhi_1 \mathrm{e}^{-\gamma_0 t}, \tag{3.476a}$$

倘若 $N(T)+\varPhi_1+\delta \ll 1$, 其中

$$E(t) := \varLambda_5\Big(E_3(t)+E_6(t)\Big) - \int\sum_{i=1}^{2}\psi_{ix}\eta_{ixx}dx, \tag{3.476b}$$

$$F_1(t) := \sum_{i=1}^{2}\Big(\|(\psi_i,\eta_i)(t)\|_2^2 + \|\chi_i(t)\|_3^2\Big) + \|\mathcal{E}_t(t)\|_1^2 + \|(\mathcal{E},\chi)(t)\|_2^2, \tag{3.476c}$$

并且满足等价关系

$$C_{8l}F(t) - C\varPhi_1 \mathrm{e}^{-\gamma_0 t}$$
$$\leqslant E(t) \leqslant C_{8r}F(t) + C\varPhi_1 \mathrm{e}^{-\gamma_0 t}, \tag{3.476d}$$

其中

$$F(t) := \sum_{i=1}^{2} \|(\psi_i, \eta_i, \chi_i)(t)\|_2^2 + \|(\mathcal{E}_t, \chi)(t)\|_1^2 + \|\mathcal{E}(t)\|_2^2, \tag{3.476e}$$

以及 C, C_8, C_{8l}, C_{8r} 是与 T, Φ_0 和 δ 无关的正常数.

接下来, 令

$$\beta := \min\left\{\frac{C_8}{C_{8r}}, \frac{\gamma_0}{2}\right\} > 0, \tag{3.477}$$

用 β 乘 (3.476d), 得

$$\frac{d}{dt}E(t) + \beta E(t) \leqslant C\Phi_1 \mathrm{e}^{-\gamma_0 t}. \tag{3.478}$$

注意到 $\beta \leqslant \gamma_0/2$, 故有

$$\gamma_0 - \beta \geqslant \beta. \tag{3.479}$$

从而, 用 $\mathrm{e}^{\beta t}$ 乘 (3.478) 并对所得结果在 $[0, t]$ 上积分, 有

$$E(t) \leqslant C\Phi_0 \mathrm{e}^{-\beta t}. \tag{3.480}$$

综合 (3.480) 与 (3.476d), 得

$$F(t) \leqslant C\Phi_0 \mathrm{e}^{-\beta t}, \quad \forall t \in [0, T]. \tag{3.481}$$

再由方程 (3.392) 和 (3.387d), 易得

$$\|\mathcal{E}_{xxx}(t)\|^2 \leqslant 2\sum_{i=1}^{2} \|\psi_{ixx}(t)\|^2,$$
$$\|\mathcal{E}_{txx}(t)\|^2 \leqslant 2\sum_{i=1}^{2} \|\eta_{ixx}(t)\|^2. \tag{3.482}$$

最后易见, 估计 (3.481) 和 (3.482) 立刻蕴涵指数衰减估计 (3.402). □

定理 3.50 的证明　基于引理 3.52 中的一致估计 (3.402) 和局部存在性引理 3.49, 由标准的连续性论证[82] 可知初始扰动 Φ_0 的小性蕴涵整体解的存在唯一性. 同时, 估计 (3.402) 对整体解也成立. □

推论 3.51 的证明　基于定理 3.50 中的 L^2-衰减估计和引理 3.48 中校正函数的性质, 再根据 Sobolev 嵌入定理, 易得 L^∞-衰减估计 (3.400). □

3.3 一些问题

尽管半导体流体动力学模型 (包括 HD 和 FHD 模型) 的数学理论研究已经取得了一些较为深入的结果, 但是对更为一般性的结果来讲, 模型面临的困难依然具有挑战性, 一些有助于更深刻理解半导体电学性质的数学问题尚待解决.

问题 1 考虑双极 FHD 模型的欧姆接触型初边值问题:

$$
\begin{cases}
n_{it}+j_{ix}=0, & (3.483\text{a})\\
j_{it}+\left(\dfrac{j_i^2}{n_i}+n_i\theta_i\right)_x=(-1)^{i-1}n_i\phi_x-j_i, & (3.483\text{b})\\
n_i\theta_{it}+j_i\theta_{ix}+\dfrac{2}{3}\left(\dfrac{j_i}{n_i}\right)_x n_i\theta_i-\dfrac{2}{3}\theta_{ixx}=\dfrac{1}{3}\dfrac{j_i^2}{n_i}-n_i(\theta_i-\bar{\theta}), & (3.483\text{c})\\
\phi_{xx}=n_1-n_2-D(x), \qquad i=1,2, \qquad \forall(t,x)\in\mathbb{R}_+\times(0,1), & (3.483\text{d})\\
(n_i,j_i,\theta_i)(0,x)=(n_{i0},j_{i0},\theta_{i0})(x), & (3.483\text{e})\\
n_i(t,0)=n_{il}>0, \quad n_i(t,1)=n_{ir}>0, & (3.483\text{f})\\
\theta_i(t,0)=\theta_{il}>0, \quad \theta_i(t,1)=\theta_{ir}>0, & (3.483\text{g})\\
\phi(t,0)=0, \quad \phi(t,1)=\phi_r>0, & (3.483\text{h})
\end{cases}
$$

其中只假设 $D\in\mathcal{B}([0,1])$ 和边界扰动强度 $\delta:=\sum_{i=1}^{2}|n_{il}-n_{ir}|+|\phi_r|\ll 1$, 希望建立类似于 3.2.1 节中的亚音速稳态解的存在唯一性和渐近稳定性.

问题 1 的研究动机和难点分析: 注意到, 尽管我们在 3.2.1 节中成功建立了带有非常值掺杂分布函数的双极 FHD 模型初边值问题的非平凡亚音速稳态解的存在唯一性和指数渐近稳定性. 但无论从半导体物理实际应用的角度还是从数学分析的角度来看, 为了建立亚音速稳态解的存在唯一性而要求边值数据扰动强度小是自然的假设, 但对模型中的掺杂分布函数的限制应当尽可能少. 对双极模型而言, 最理想的数学结果是只要求掺杂分布函数在有界区间上连续即可得到类似 3.2.1 节中解的存在性和稳定性结果. 然而, 在考虑双极模型稳态解时, 相应椭圆型方程组没有极值原理可用, 进而导致我们很难建立两种载流子稳态密度的正下界估计. 同时, 凭借经验我们可以预见到一般的掺杂分布函数将使得相应稳态解 (如果存在) 的空间导数不会再具有小性, 进而在考虑时间整体解的大时间行为时, 由于双极模型在动量方程的电场项位置有着极强的耦合作用, 这将使我们很难分析清楚系统的耗散机制. 综上所述, 将 3.2.1 节中的数学结果改进到一般掺杂分布函数的情况会是一个极有价值但非常困难的问题. 鉴于问题的难度, 可以先只考虑双极 HD 模型的欧姆接触型初边值问题.

问题 2 考虑三维全空间 $\mathbb{R}^3$ 上带重组-增生率的 FHD 模型的 Cauchy 问题:

$$
\begin{cases}
n_{it} + \operatorname{div}(n_i \boldsymbol{u}_i) = -R(n_1, n_2), & (3.484\text{a}) \\
(n_i \boldsymbol{u}_i)_t + \operatorname{div}(n_i \boldsymbol{u}_i \otimes \boldsymbol{u}_i) + \nabla(n_i \theta_i) = (-1)^{i-1} n_i \nabla\phi - n_i \boldsymbol{u}_i, & (3.484\text{b}) \\
\quad n_i \theta_{it} + n_i u_i \nabla\theta_i + \dfrac{2}{3} n_i \theta_i \operatorname{div}\boldsymbol{u}_i - \dfrac{2}{3}\kappa_i \Delta\theta_i & \\
= \dfrac{1}{3} n_i |\boldsymbol{u}_i|^2 - n_i(\theta_i - \bar{\theta}), & (3.484\text{c}) \\
\Delta\phi = n_1 - n_2 - D(\boldsymbol{x}), \quad i = 1, 2, \quad \forall t > 0, \boldsymbol{x} = (x_1, x_2, x_3) \in \mathbb{R}^3, & (3.484\text{d}) \\
(n_i, \boldsymbol{u}_i, \theta_i)(0, \boldsymbol{x}) = (n_{i0}, \boldsymbol{u}_{i0}, \theta_{i0})(\boldsymbol{x}) \to \Big(n_\pm, (u_\pm, 0, 0)^{\mathrm{T}}, \theta_\pm\Big), & (3.484\text{e}) \\
\qquad\qquad x_1 \to \pm\infty, & \\
\nabla\phi(t, \boldsymbol{x}) \to (E_-, 0, 0)^{\mathrm{T}}, \quad x_1 \to -\infty. & (3.484\text{f})
\end{cases}
$$

令 $D(\boldsymbol{x}) = D(x_1)$ 为 3.2.2 节中的空间一维掺杂分布函数, 利用 3.2.2 节中已建立的一维情形的结果定义三维 “平面稳态波”(见下面的分析), 并讨论该平面稳态波的渐近稳定性.

问题 2 的研究动机和难点分析: 在 3.2.2 节中, 已经在一维全空间 $\mathbb{R}$ 上建立了带非常值掺杂分布函数和重组–增生率 $R(n_1, n_2)$ 的非平凡亚音速稳态解的存在唯一性和指数渐近稳定性. 接下来, 很自然的问题是三维全空间 $\mathbb{R}^3$ 上相应模型是否有类似的结果. 事实上, 在一维情形稳态解的构造是通过将稳态模型方程组转化为一个一阶 ODE 方程组, 然后使用动力系统中的标准理论求解出所要的解. 在高维情形, 显然不能在使用 ODE 的办法, 因此相应非平凡稳态解的构造将会非常困难, 但仍可选取所谓的平面稳态波 $\big(\tilde{n}_1(\boldsymbol{x}), \tilde{\boldsymbol{u}}_1(\boldsymbol{x}), \tilde{\theta}_1(\boldsymbol{x}), \tilde{n}_2(\boldsymbol{x}), \tilde{\boldsymbol{u}}_2(\boldsymbol{x}), \tilde{\theta}_2(\boldsymbol{x}), \tilde{\boldsymbol{E}}(\boldsymbol{x})\big), \boldsymbol{x} \in \mathbb{R}^3$ 来作为三维问题的解的大时间渐近轮廓来研究 Cauchy 问题 (3.484) 的耗散机制. 具体地, 由于我们在 3.2.2 节中已经得到一维时的稳态解 $\big(\tilde{n}_1(x), \tilde{j}_1(x), \tilde{\theta}_1(x), \tilde{n}_2(x), \tilde{j}_2(x), \tilde{\theta}_2(x), \tilde{E}(x)\big), x \in \mathbb{R}$, 于是对高维情形 $\boldsymbol{x} = (x_1, x_2, x_3) \in \mathbb{R}^3$, 我们可以定义平面稳态波 $\tilde{n}_i(\boldsymbol{x}) := \tilde{n}_i(x_1)$, $\tilde{\theta}_i(\boldsymbol{x}) := \tilde{\theta}_i(x_1)$, $\tilde{\boldsymbol{u}}_i(\boldsymbol{x}) := \big(\tilde{j}_i(x_1)/\tilde{n}_i(x_1), 0, 0\big)^{\mathrm{T}}$, $i = 1, 2$ 和 $\tilde{\boldsymbol{E}}(\boldsymbol{x}) := \big(\tilde{E}(x_1), 0, 0\big)^{\mathrm{T}}$. 此时, 我们必须假设掺杂分布函数满足 $D(\boldsymbol{x}) = D(x_1)$, 其中 $D(x_1)$ 即是 3.2.2 节中所使用的空间一维掺杂分布函数. 类似于一维情形的论证, 在三维情形建立平面稳态波的渐近稳定性时, 也要充分利用一维重组-增生率 $R(n_1(x_1, t), n_2(x_1, t))$ 和 $R(\tilde{n}_1(x_1), \tilde{n}_2(x_1))$ 的小性来建立所需的先验估计. 此外, 由于所考虑的问题是高度非线性的, 可以预见三维情形先验估计的建立将更加复杂. 具体策略可参考文献 [96], 我们不再详细介绍. 同样地, 鉴于问题的复杂性, 可以先从相应的 HD 模型着手研究平面稳态波的渐近稳定性.

问题 3　在有界区间 $(0, 1)$ 上考虑带重组-增生率的 HD 模型的初边值问题. 注意到, 重组-增生现象是为双极半导体模型所特有. 因此, 我们不可避免地要克服双极强耦合效应产生的困难. 鉴于问题过于复杂, 不妨从等温情形的稳态问题开始着手研究. 即考虑

$$\begin{cases} \tilde{j}_{ix} = -R(\tilde{n}_1, \tilde{n}_2), \\ \left(\tilde{j}_i^2 \tilde{n}_i^{-1} + \tilde{n}_i\right)_x = (-1)^{i-1} \tilde{n}_i \tilde{\phi}_x - \tilde{j}_i, \\ \tilde{\phi}_{xx} = \tilde{n}_1 - \tilde{n}_2 - D(x), \quad i = 1, 2, \quad \forall x \in (0,1), \\ \tilde{n}_1(0) = \tilde{n}_1(1) = \bar{n}_1 > 0, \\ \tilde{n}_2(0) = \tilde{n}_2(1) = \bar{n}_2 > 0, \\ \tilde{\phi}(0) = 0, \quad \tilde{\phi}(1) = \phi_r > 0, \end{cases}$$

其中重组-增生率 $R(\tilde{n}_1, \tilde{n}_2) := Q(\tilde{n}_1 \tilde{n}_2 - 1)$, 以及边值数据要进一步满足热平衡条件 $\bar{n}_1 \bar{n}_2 = 1$. 除双极效应外, 问题的难点还在于 $\tilde{j}_i$ 不再是常数.

问题 4 在半线 $\mathbb{R}_+$ 上考察带边界效应的单极 HD 模型的初边值问题. 作为后续研究, 我们还可进一步研究相应的单极 FHD 模型和双极模型等. 难点在于如何选择有物理意义的近场 ($x = 0$) 边值条件和远场 ($x = +\infty$) 渐近边值条件使得问题适定.

问题 5 在三维有界光滑区域上考虑单极 HD 模型的无旋稳态解的渐近稳定性.

问题 5 的研究动机和难点分析: 目前的结果表明三维常值稳态解或者热平衡解 (速度 $\tilde{\boldsymbol{u}} = 0$ 的稳态解) 的稳定性已经研究得比较清楚, 但是对三维非平凡稳态解的稳定性的研究结果很少, 特别是有旋稳态解的稳定性, 人们并不清楚. 首先, Degond 和 Markowich 在文献 [33] 中研究了三维有界光滑区域上建立了单极 HD 模型的无旋稳态解的存在唯一性. 其次, Guo 和 Strauss 在文献 [49] 中证明了在完全绝缘边值条件下热平衡解的指数渐近稳定性. 因此, 结合文献 [33],[49] 中的结果, 可以进一步研究上述无旋稳态解的渐近稳定性. 文献 [49] 中的方法只适用于稳态速度场充分靠近零的情形 (即 $|\tilde{\boldsymbol{u}}| \ll 1$), 而文献 [33] 中的有旋稳态解的速度场并不具备这样强的性质, 因此如何充分利用单极 HD 模型的耗散机制来建立相应的稳态解的渐近稳定性是很困难的问题.

问题 6 在三维有界光滑区域上考虑单极 FHD 模型的无旋稳态解的存在性及渐近稳定性.

问题 6 的研究动机和难点分析: 注意到与问题 5 中的 HD 模型相比, FHD 模型进一步考虑了半导体中的热交换, 这更接近于真实的物理情况, 而温度满足的能量守恒方程是一个抛物型的方程, 因此在问题 5 的研究基础上, 可以期望对 FHD 模型可以建立类似的结果, 当然会遇到一些新困难.

第 4 章　半导体 QHD 模型的数学理论

随着半导体器件微型化趋势的日益发展，半导体电子传输现象中的量子力学效应势在必行. 为此, 人们对经典的半导体 FHD 模型 (3.2) 进行量子修正建立了既考虑热交换效应, 又考虑量子力学效应的完整的量子流体动力学 (Full Quantum Hydrodynamic, FQHD) 模型. 具体地, 经量子修正后的双极模型方程组读作

$$
\begin{cases}
n_{it} + \mathrm{div}(n_i u_i) = 0, & (4.1\mathrm{a}) \\
\quad (n_i u_i)_t + \mathrm{div}(n_i u_i \otimes u_i) + \nabla(n_i\theta_i) - \varepsilon^2 n_i \nabla\left(\dfrac{\Delta\sqrt{n_i}}{\sqrt{n_i}}\right) & \\
= (-1)^{i-1} n_i \nabla\phi - \dfrac{n_i u_i}{\tau_{\mathrm{im}}}, & (4.1\mathrm{b}) \\
\quad n_i\theta_{it} + n_i u_i \nabla\theta_i + \dfrac{2}{3} n_i\theta_i \mathrm{div} u_i - \dfrac{2}{3}\kappa_i\Delta\theta_i + \dfrac{\varepsilon^2}{3}\mathrm{div}(n_i\Delta u_i) & \\
= \dfrac{2\tau_{\mathrm{ie}} - \tau_{\mathrm{im}}}{3\tau_{\mathrm{ie}}\tau_{\mathrm{im}}} n_i |u_i|^2 - \dfrac{n_i(\theta_i - \bar{\theta})}{\tau_{\mathrm{ie}}}, & (4.1\mathrm{c}) \\
\lambda^2\Delta\phi = n_1 - n_2 - D(x), \quad i = 1, 2, \quad \forall t > 0, x \in \Omega, & (4.1\mathrm{d})
\end{cases}
$$

其中无量纲参数 ε 表示 Planck 常数. 在动量方程 (4.1b) 的量子修正项中出现的表达式

$$\varepsilon^2 \frac{\Delta\sqrt{n_i}}{\sqrt{n_i}}$$

称为量子 Bohm 位势. 在能量方程 (4.1c) 的量子修正项中出现的表达式

$$\frac{\varepsilon^2}{3} n_i \Delta u_i$$

称为量子热流. 半导体双极 FQHD 模型 (4.1) 中的其余无量纲参数和未知函数的物理意义与第 3 章的半导体双极 FHD 模型 (3.2) 相同, 这里不再敷述.

从偏微分方程方法的数学观点来看, 上述 FQHD 模型的量子修正项属三阶色散项. 这些高阶导数项不但提高了模型方程组的阶数而且增加了其非线性程度, 这使得对上述 FQHD 模型展开数学分析的难度变得极为困难且极具挑战性. 注意到 Planck 常数 ε 一般非常小, 在适当的半导体物理假定下可以近似忽略掉能量方程中的量子热流导致的修正项 (但动量方程中的量子修正项对解释半导体电子传输过程中的量子力学效应是必不可少的). 鉴于 FQHD 模型的高度复杂性, 即使对上述近似 FQHD 模型而言, 据我们所知相应的数学理论尚属空白.

目前研究比较多的量子流体动力学模型是用压力密度函数 $p_i = p_i(n_i)$ 来代替能量方程而得的简化模型：等熵量子流体动力学模型. 习惯上, 等熵量子流体动力学模型就记作 QHD 模型. 双极 QHD 模型的具体形式如下

$$
\begin{cases}
n_{it} + \operatorname{div}(n_i u_i) = 0, & (4.2a) \\
(n_i u_i)_t + \operatorname{div}(n_i u_i \otimes u_i) + \nabla p_i(n_i) - \varepsilon^2 n_i \nabla \left(\dfrac{\Delta\sqrt{n_i}}{\sqrt{n_i}} \right) & \\
= (-1)^{i-1} n_i \nabla\phi - \dfrac{n_i u_i}{\tau_{\mathrm{im}}}, & (4.2b) \\
\lambda^2 \Delta\phi = n_1 - n_2 - D(x), \quad i = 1, 2, \quad \forall t > 0, x \in \Omega. & (4.2c)
\end{cases}
$$

相应的单极 FQHD 模型、单极 QHD 模型和一维模型，读者可参考第 3 章自行写出或部分地参考本章各节所介绍的具体问题, 这里不再敷述. 值得一提的是, 类似于第 3 章的讨论, 对双极量子流体动力学模型也可以考虑其重组-增生现象.

尽管与半导体 HD 模型相比半导体 QHD 模型的数学分析要更加困难, 但近二十多年仍取得了较丰富的成果. 单双极模型比较而言, 双极模型的数学分析难度较大, 相应数学理论尚待进一步深入. 本章我们主要以稳态解的适定性和稳定性为主线, 先简要介绍单极 (双极) QHD 模型的研究历史及现状. 然后, 挑选作者本人和一些相关合作者有代表性的工作展开详细介绍. 最后, 在本章结束时列举一些有挑战性的前沿热点问题.

一维单极 QHD 模型的研究历史及现状. Jüngel 和 Li[64, 65] 首次在有界区间 $\Omega := (0,1)$ 上采用线性边值条件

$$
n(t,0) = n_l > 0, \quad n(t,1) = n_r > 0, \quad n_x(t,0) = n_x(t,1) = 0,
$$
$$
\phi(t,0) = 0, \quad \phi(t,1) = \phi_r > 0
$$

建立了 QHD 模型的亚音速稳态解的存在性和指数渐近稳定性. 上述结果是在一般的压力密度函数 $p(n)$ (可能非凸或非单调) 以及平坦的掺杂分布情形下得到的. 建立稳态解的存在性的关键思想是通过未知函数的指数变换 $\tilde{n} =: \mathrm{e}^u$ 将动量方程转化为等价的四阶椭圆型方程. 在证明稳定性结果时, 需引入有理化变换 $w := \sqrt{n}$ 和 $\tilde{w} := \sqrt{\tilde{n}}$.

Nishibata 和 Suzuki[99] 在等温情形下重新考虑了上述 QHD 模型, 但采用的却是非线性边值条件

$$
n(t,0) = n_l > 0, \quad n(t,1) = n_r > 0, \quad \phi(t,0) = 0, \quad \phi(t,1) = \phi_r > 0,
$$
$$
\left(\sqrt{n}\right)_{xx}(t,0) = \left(\sqrt{n}\right)_{xx}(t,1) = 0.
$$

借助非线性边值条件和电流-电压关系, 原动量方程可以等价转化为一个参数依赖的二阶椭圆型方程. 使用 Stampacchia 截断法可以证明亚音速稳态解的存在性. 同

时, 采用精细的能量方法建立了该稳态解的渐近稳定性和半经典极限, 以及整体解的半经典极限. 上述所有结果都是在非平坦的掺杂分布假定下完成的.

Huang, Li 和 Matsumura[56] 首次在整个实直线 $\mathbb{R}$ 上考虑了 QHD 模型的 Cauchy 问题. 在 switch-off 和平坦掺杂分布的假定下, 建立了量子修正亚音速稳态解的存在唯一性和指数渐近稳定性, 其中稳态电流密度 $\tilde{j}$ 是事先给定的.

三维单极 QHD 模型的研究历史及现状. Jüngel[62] 在无旋情形, 考虑了带 Dirichlet 边值条件的稳态 QHD 模型. 证明了相应亚音速稳态解的存在性. 掺杂分布 $D \in L^\infty(\Omega)$ 是非平坦的. 证明是基于截断方法和 Leray-Schauder 不动点定理. 难点在于有理化稳态密度 $\tilde{w} := \sqrt{\tilde{n}}$ 的一致下界估计. 唯一性只在 Planck 常数 $\varepsilon > 0$ 充分大时成立.

Li 和 Marcati[76] 对正常值掺杂分布, 在环面 $\mathbb{T}^d, d = 2, 3$ 上考虑了空间周期 QHD 模型的初值问题. 在无旋假设下, 建立了时变解的局部和整体存在性理论以及常值热平衡态 $(\sqrt{D}, 0, 0)$ 的指数渐近稳定性.

三维双极 QHD 模型的研究历史及现状. Liang 和 Zhang[80] 将前述 Jüngel 的单极稳态 QHD 模型的无旋结果推广到了双极模型且保持了掺杂分布的非平坦性.

G. Zhang 和 K. Zhang[129] 在全空间 $\mathbb{R}^3$ 上考虑了稳态 QHD 模型, 对平坦的掺杂分布建立了热平衡态的存在性、半经典极限和组合 Planck-Debye 长度极限.

Li, G. Zhang 和 K. Zhang [78, 128] 对常值掺杂分布在全空间 $\mathbb{R}^3$ 上考虑了 QHD 模型的 Cauchy 问题. 证明了常值热平衡态的代数渐近稳定性、整体解的半经典极限和松弛极限.

4.1 一 维 模 型

4.1.1 单极稳态 QHD 模型的边值问题

本节详细介绍 B. Zhang 和 Jerome 在文献 [127] 中的工作. B. Zhang 和 Jerome 在一维有界区间 $\Omega := (0, 1)$ 上考虑了如下单极 QHD 模型

$$\begin{cases} n_t + j_x = 0, & (4.3\text{a}) \\ j_t + \left(j^2 n^{-1} + p(n)\right)_x - \varepsilon^2 n \left[\left(\sqrt{n}\right)_{xx} / \sqrt{n}\right]_x = -n\phi_x - \dfrac{j}{\tau}, & (4.3\text{b}) \\ \phi_{xx} = D(x) - n, \quad \forall (t, x) \in (0, +\infty) \times \Omega & (4.3\text{c}) \end{cases}$$

的稳态情形

$$\begin{cases} \tilde{j} \equiv \text{const}, & (4.4\text{a}) \\ \left(\tilde{j}^2 \tilde{n}^{-1} + p(\tilde{n})\right)_x - \varepsilon^2 \tilde{n} \left[\left(\sqrt{\tilde{n}}\right)_{xx} \Big/ \sqrt{\tilde{n}}\right]_x = -\tilde{n}\tilde{\phi}_x - \dfrac{\tilde{j}}{\tau}, & (4.4\text{b}) \\ \tilde{\phi}_{xx} = D(x) - \tilde{n}, \quad \forall x \in \Omega, & (4.4\text{c}) \end{cases}$$

其中压力密度函数满足

$$p(\tilde{n}) = k\tilde{n}^{\gamma}, \quad \gamma > 1, k > 0, \tag{4.5}$$

动量松弛时间满足

$$\tau = \tau(\tilde{n}, \tilde{j}) \geqslant \tau_0 > 0, \tag{4.6}$$

掺杂分布满足

$$D(x) \in L^{\infty}, \quad D(x) \neq 0. \tag{4.7}$$

假设 $\tilde{j}$ 是给定的正常数. 根据方程 (4.4b) 和 (4.4c) 的阶数, 给定如下边值条件:

$$\tilde{n}(0) = n_l > 0, \quad \tilde{n}(1) = n_r > 0, \quad n_l\tilde{n}_{xx}(0) - \frac{1}{2}(\tilde{n}_x)^2(0) = \bar{n} > 0, \tag{4.8a}$$

$$\tilde{\phi}(0) = \phi_l, \quad \tilde{\phi}(1) = \phi_r. \tag{4.8b}$$

主要定理如下.

定理 4.1 假设

$$\phi_r \geqslant \phi_l + \frac{1}{2}\|D\|_{L^\infty}, \quad \bar{n} \geqslant \frac{2}{\varepsilon^2}\left(\frac{\tilde{j}^2}{2} + \frac{k\gamma}{\gamma-1}n_l^{\gamma+1}\right), \quad \left\|\frac{\partial\tau}{\partial\tilde{n}}\right\|_{L^\infty} \leqslant M,$$

则对任意 $\tilde{j} > 0$. *存在* (4.4) *和* (4.8) *的一个古典解* $(\tilde{n}, \tilde{\phi})$ *满足* $\tilde{n} \in C_{\mathrm{B}}^3(\Omega)$ *和* $1/N \leqslant \sqrt{\tilde{n}} \leqslant N$, *其中* $N > 0$ *是常数.*

为了证明定理 4.1, 首先使用 Green 函数来求解 Poisson 方程 (4.4c), 并将方程组 (4.4) 转化为积分-微分方程. 易见原始方程组的光滑解的存在性等价于该积分-微分方程的光滑解的存在性.

由 (4.4c) 和 (4.8b), 得

$$\tilde{\phi} = \int_0^1 G(x,z)(D(z) - \tilde{n})dz + x(\phi_r - \phi_l) + \phi_l. \tag{4.9}$$

通过积分将方程 (4.4b) 转化为二阶 ODE. 事实上, 由 (4.4b)/$\tilde{n}$, 得

$$\varepsilon^2\left(\frac{(\sqrt{\tilde{n}})_{xx}}{\sqrt{\tilde{n}}}\right)_x = \left(\frac{\tilde{j}^2}{2\tilde{n}^2} + \frac{k\gamma}{\gamma-1}\tilde{n}^{\gamma-1} + \tilde{\phi}\right)_x + \frac{\tilde{j}}{\tilde{n}\tau}. \tag{4.10}$$

由 $\int_0^x (4.10)dy$ 和边值条件 (4.8a), 得

$$\begin{aligned}\varepsilon\left(\frac{(\sqrt{\tilde{n}})_{xx}}{\sqrt{\tilde{n}}}\right)_x = &\frac{\tilde{j}^2}{2\tilde{n}^2} + \frac{k\gamma}{\gamma-1}\tilde{n}^{\gamma-1} + \tilde{j}\int_0^x \frac{dy}{\tilde{n}\tau} + \tilde{\phi} \\ &+ \frac{\varepsilon^2}{2}\frac{\bar{n}}{n_l^2} - \frac{\tilde{j}^2}{2n_l^2} - \frac{k\gamma}{\gamma-1}n_l^{\gamma-1} - \phi_l.\end{aligned} \tag{4.11}$$

令 $\tilde{w}=\sqrt{\bar{n}}$. 将 (4.9) 代入 (4.11), 原始问题 (4.4) 和 (4.8) 转化为带 Dirichlet 边值条件的积分-微分方程:

$$
\begin{cases}
\varepsilon^2\tilde{w}_{xx}=\dfrac{\tilde{j}^2}{2\tilde{w}^3}+\dfrac{k\gamma}{\gamma-1}\tilde{w}^{2\gamma-1}+\tilde{j}\tilde{w}\displaystyle\int_0^x\frac{dy}{\tilde{w}^2\tau} \\
\qquad\qquad +\tilde{w}\left(\displaystyle\int_0^1 G(x,z)(D-\tilde{w}^2)dz+x(\phi_r-\phi_l)+b\right), & (4.12\text{a}) \\
\tilde{w}(0)=w_l,\quad \tilde{w}(1)=w_r, & (4.12\text{b})
\end{cases}
$$

其中

$$
b=\frac{\varepsilon^2}{2}\frac{\bar{n}}{n_l^2}-\frac{\tilde{j}^2}{2n_l^2}-\frac{k\gamma}{\gamma-1}\nLeftarrow_l^{\gamma-1},\quad w_l=\sqrt{n_l},\quad w_r=\sqrt{n_r}.
$$

如果 $\tilde{w}$ 是 (4.12) 的光滑解, 则

$$
2w_l^2\tilde{w}_{xx}(0)=\bar{n}.
$$

接下来, 研究等价问题 (4.12). 首先, 如下引理说明 (4.12) 的任意一个解都是非负的.

引理 4.2　*假设边值条件和给定的函数满足*

$$
\phi_r\geqslant\phi_l+\frac{1}{2}\|D\|_{L^\infty},\quad \bar{n}\geqslant\frac{2}{\varepsilon^2}\left(\frac{\tilde{j}^2}{2}+\frac{k\gamma}{\gamma-1}n_l^{\gamma+1}\right), \tag{4.13}
$$

则 (4.12) 的任意一个解 $\tilde{w}$ 都是非负的.

证明　令 $\eta(x)=\max\{-\tilde{w}(x),0\}$, 则 $\eta\in H_0^1(\Omega)$ 并且在集合 $A(0)=\{x\in\Omega:-\tilde{w}(x)\geqslant 0\}$ 上 $\eta_x=-\tilde{w}_x$, 在其他点处 $\eta_x=0$.

由 $\int_0^1(4.12\text{a})\times\eta dx$, 得

$$
\begin{aligned}
\varepsilon^2\int_0^1\eta_x^2dx=&\int_0^1\tilde{w}\eta\left(\int_0^1 G(x,z)D(z)dz+x(\phi_r-\phi_l)+b\right)dx \\
&+\int_0^1\tilde{w}\eta\left(\frac{\tilde{j}^2}{2\tilde{w}^4}+\frac{k\gamma\tilde{w}^{2(\gamma-1)}}{\gamma-1}+\int_0^x\frac{\tilde{j}}{\tilde{w}^2\tau}dy\right)dx \\
&-\int_0^1\tilde{w}\eta\left(\int_0^1 G\tilde{w}^2dz\right)dx.
\end{aligned} \tag{4.14}
$$

由 (4.13) 中的第一个条件, 得

$$
\int_0^1 G(x,z)D(z)dz+x(\phi_r-\phi_l)\geqslant 0.
$$

注意到

$$-G(x,z)>0,\quad (x,z)\in\Omega\times\Omega.$$

因此,

$$\int_0^1 -G(x,z)\tilde{w}^2dz\geqslant 0.$$

更进一步, 由 (4.13) 中的第二个条件, 得 $b\geqslant 0$. 从而 (4.14) 蕴涵 $\eta=0$, 即 $\tilde{w}\geqslant 0$.□

下面的引理中建立了解的一个先验上界估计.

引理 4.3 假设 (4.6), (4.7) 和 (4.13) 成立, 则存在依赖于边值条件的正常数 C, 使得

$$\tilde{w}(x)\leqslant C,\quad \text{a.e. } x\in[0,1]. \tag{4.15}$$

证明 对 $l\geqslant l_0=\{w_l,w_r\}$, 定义 $\eta(x)=\max\{\tilde{w}(x)-l,0\}$, 则 $\eta\geqslant 0\in H_0^1(\Omega)$ 并且在集合 $A(l)=\{x\in\Omega:\tilde{w}(x)\geqslant l\}$ 上 $\eta_x=-\tilde{w}_x$, 在其他点处 $\eta_x=0$.

由 $\displaystyle\int_0^1$ (4.12a) $\times\eta dx$, 得

$$\begin{aligned}
&\varepsilon^2\int_0^1\eta_x^2dx+\frac{k\gamma}{\gamma-1}\int_0^1\tilde{w}^{2\gamma-1}\eta dx\\
&+\int_0^1\left(\frac{\tilde{j}^2}{2\tilde{w}^3}+\tilde{w}\int_0^x\frac{\tilde{j}}{\tilde{w}^2\tau}dy-\tilde{w}\int_0^1G(x,z)\tilde{w}^2dz\right)\eta dx\\
\leqslant&\int_0^1\left(\int_0^1|G(x,z)D(z)|dz+x(\phi_r-\phi_l)+b\right)\tilde{w}\eta dx\\
\leqslant&C_1\int_0^1\tilde{w}\eta dx\\
\leqslant&C_1\left(\int_0^1\tilde{w}^{2\gamma-1}\eta dx\right)^{1/(2\gamma-1)}\left(\int_0^1\eta dx\right)^{(2\gamma-2)/(2\gamma-1)}\\
\leqslant&\frac{k\gamma}{2(\gamma-1)}\int_0^1\tilde{w}^{2\gamma-1}\eta dx+C_2\int_0^1\eta dx,
\end{aligned}$$

其中

$$\begin{aligned}
C_1&=\frac{1}{8}\|D\|_{L^\infty}+\phi_r-\phi_l+b,\\
C_2&=\frac{2(\gamma-1)}{2\gamma-1}\left(\frac{2(\gamma-1)}{k\gamma(2\gamma-1)}\right)^{1/(2\gamma-1)}C_1^{(2\gamma-1)/2(\gamma-1)}.
\end{aligned}$$

于是, 由 Hölder 和 Poincaré 不等式, 得

$$\begin{aligned}\int_0^1 \eta_x^2 dx &\leqslant \varepsilon^2 C_2 \int_0^1 \eta dx \\ &\leqslant \varepsilon^2 C_2 \int_{A(l)} \eta dx \\ &\leqslant \varepsilon^2 C_2 (\text{meas}A(l))^{1/2} \left(\int_0^1 \eta^2 dx \right)^{1/2} \\ &\leqslant \frac{1}{2} \int_0^1 \eta_x^2 dx + \frac{C_2^2}{2\varepsilon^4} (\text{meas}A(l)).\end{aligned}$$

因此, 令 $C_3 = C_2^2$,

$$\|\eta\|_{H_0^1(\Omega)}^2 \leqslant \frac{C_3}{\varepsilon^4} (\text{meas}A(l)).$$

由该不等式和 Sobolev 不等式, 存在常数 $\bar{C}_n$ 和 $C_4 = \bar{C}_n C_3$, 使得对 $n \geqslant 1$,

$$\begin{aligned}\left(\int_{A(l)} (\tilde{w} - l)^n dx \right)^{2/n} &= \left(\int_0^1 \eta^n dx \right)^{2/n} \\ &\leqslant \bar{C}_n \|\eta\|_{H_0^1(\Omega)}^2 \leqslant \frac{C_4}{\varepsilon^4} (\text{meas}A(l)).\end{aligned}$$

如果 $l_0 \leqslant l_1 \leqslant l_2$, 则 $A(l_2) \subset A(l_1)$ 使得

$$\begin{aligned}(l_2 - l_1)^2 (\text{meas}A(l_2))^{2/n} &\leqslant \left(\int_{A(l_2)} (\tilde{w} - l_1)^n dx \right)^{2/n} \\ &\leqslant \left(\int_{A(l_1)} (\tilde{w} - l_1)^n dx \right)^{2/n}.\end{aligned}$$

于是

$$(l_2 - l_1)^2 (\text{meas}A(l_2))^{2/n} \leqslant \frac{C_4}{\varepsilon^4} (\text{meas}A(l_1)).$$

即

$$\text{meas}A(l_2) \leqslant \left(\frac{\sqrt{C_4}}{(l_2 - l_1)\varepsilon^2} \right)^n (\text{meas}A(l_1))^{n/2}.$$

取 $n > 2$ 并应用 Stampacchia 不等式, 得

$$\text{meas}A(C) = 0,$$

其中

$$C = \frac{\sqrt{C_4} 2^{n/(n-2)}}{\varepsilon^2} + l_0.$$

这蕴涵着 $\tilde{w}(x) \leqslant C$ a.e. $x \in [0,1]$. □

接下来, 证明解的一个先验下界估计.

引理 4.4 假设引理 4.3 中的条件成立, 则存在与解 $\tilde{w}$ 无关的常数 c_0 使得

$$\tilde{w}(x) \geqslant c_0 > 0, \quad x \in [0,1]. \tag{4.16}$$

证明 假设不存在正常数 c_0 使得 $\tilde{w}(x) \geqslant c_0 > 0, \forall x \in [0,1]$, 则存在 (4.12) 的一个解序列 $\{\tilde{w}_n\}$ 和点列 $\{x_n\} \subset (0,1)$ 使得 $\tilde{w}_n(x_n) \to 0$ 当 $n \to 0$.

由条件 (4.13), 解 $\tilde{w}_n$ 满足如下不等式

$$\lambda_1(\tilde{w}_n)\tilde{w}_n \leqslant (\tilde{w}_n)_{xx}, \tag{4.17}$$

其中

$$\lambda_1(\tilde{w}_n) = \frac{\tilde{j}^2}{2\varepsilon^2(\tilde{w}_n)^4}.$$

考虑如下线性化问题

$$\begin{cases} \tilde{w}_x x = \lambda(\bar{w})\tilde{w}, \\ \tilde{w}(0) = w_l, \quad \tilde{w}(1) = w_r, \end{cases}$$

其中常数满足 $0 < \bar{w} \leqslant C$. 于是, 上述问题的解为

$$\tilde{w}(x) = \frac{(1 - \mathrm{e}^{-2(1-x)\sqrt{\lambda_1(\bar{w})}})w_l}{\mathrm{e}^{x\sqrt{\lambda_1(\bar{w})}} - \mathrm{e}^{-(2-x)\sqrt{\lambda_1(\bar{w})}}} + \frac{(1 - \mathrm{e}^{-2x\sqrt{\lambda_1(\bar{w})}})w_r}{\mathrm{e}^{(1-x)\sqrt{\lambda_1(\bar{w})}} - \mathrm{e}^{-(1+x)\sqrt{\lambda_1(\bar{w})}}}, \tag{4.18}$$

满足不等式

$$\tilde{w}(x) \leqslant \frac{w_l}{\mathrm{e}^{x\sqrt{\lambda_1(\bar{w})}} - \mathrm{e}^{-(2-x)\sqrt{\lambda_1(\bar{w})}}} + \frac{w_r}{\mathrm{e}^{(1-x)\sqrt{\lambda_1(\bar{w})}} - \mathrm{e}^{-(1+x)\sqrt{\lambda_1(\bar{w})}}},$$

令 $\bar{w} = \tilde{w}_n(x_n)$, 则有 (4.18) 给出的解当 $n \to 0$ 时指数衰减到零. 由 (4.17) 和极值原理, $\{\tilde{w}_n(x_n)\}$ 也指数衰减到零.

由 Green 函数, 得问题 (4.12) 的解 $\tilde{w}_n$ 的一个隐式表达式:

$$\begin{aligned} \varepsilon^2\tilde{w}_n(x) =& \frac{\tilde{j}^2}{2}\int_0^1 \frac{G(x,z)}{(\tilde{n}_n(z))^3}dz + \int_0^1 G\tilde{n}_n(z)\left(\int_0^z \frac{\tilde{j}}{\tilde{w}_n^2\tau}\right)dz \\ &+ \int_0^1 G\tilde{w}_n(z)\left(\int_0^1 G(z,y)(D(y) - \tilde{w}_n^2)dy + z(\phi_r - \phi_l) + b\right)dz \\ &+ \int_0^1 G\frac{k\gamma\tilde{w}_n^{2\gamma-1}}{\gamma - 1}dz + x(w_r - w_l) + w_l. \end{aligned}$$

由引理 4.3 和 $G(x,z) < 0$, 得

$$\tilde{w}_n(x_n) \leqslant \frac{\tilde{j}^2}{2\varepsilon^2}\int_0^1 \frac{G(x_n,z)}{(\tilde{w}_n(z))^3}dz + \tilde{C}(C). \tag{4.19}$$

因为 $G(x_n,z)$ 是逐点线性函数并且 $\{1/\tilde{w}_n(x_n)\}$ 指数收敛到 ∞, (4.19) 中的反常积分发散到 ∞. 因此, 由 (4.19), 存在正整数 N 使得当 $n\geqslant N$ 时 $\tilde{w}_n(x_n)<0$. 由引理 4.2 知这是不可能的. □

最后, 建立解 $\tilde{w}$ 的四阶导数的 L^2 估计.

引理 4.5 假设引理 4.3 中的条件成立, 并且松弛时间 τ 满足

$$\left\|\frac{\partial\tau}{\partial\tilde{n}}\right\|_{L^\infty}\leqslant M,$$

则存在常数 $\bar{C}=\bar{C}(c_0,C)$ 使得

$$\int_0^1\tilde{w}_{xxxx}^2dx\leqslant\frac{\bar{C}}{\varepsilon^4}.$$

证明 由 $\int_0^1\big[(4.12\text{a})\big]^2dx$, 得

$$\varepsilon^4\int_0^1\tilde{w}_{xx}^2dx=\int_0^1g^2(\tilde{w})dx,$$

其中

$$\begin{aligned}g(\tilde{w})=&\frac{\tilde{j}^2}{2\tilde{w}^3}+\frac{k\gamma}{\gamma-1}\tilde{w}^{2\gamma-1}+\tilde{w}\int_0^x\frac{\tilde{j}}{\tilde{w}^2\tau}dy\\&+\tilde{w}\left(\int_0^1G(x,z)(D(z)-\tilde{w}^2)dz+x(\phi_r-\phi_l)+b\right).\end{aligned}\tag{4.20}$$

由引理 4.3 和引理 4.4,

$$\int_0^1\tilde{w}_{xx}^2dx\leqslant\frac{C_1}{\varepsilon^4},\tag{4.21}$$

其中 $C_1=C_1(c_0,C)$ 与 $\tilde{w}$ 无关.

由 $\int_0^1\partial_x^2(4.12\text{a})\times\tilde{w}_{xxxx}dx$, 得

$$\varepsilon^2\int_0^1\tilde{w}_{xxxx}^2dx=I_1+I_2+I_3+I_4,$$

其中

$$\begin{aligned}I_1=&\int_0^1\left(-\frac{3\tilde{j}}{2\tilde{w}^4}+\frac{k\gamma(2\gamma-1)}{\gamma-1}\tilde{w}^{2(\gamma-1)}+x(\phi_r-\phi_l)+b\right)\tilde{w}_{xx}\tilde{w}_{xxxx}dx\\&+\int_0^1\left(\int_0^x\frac{\tilde{j}}{\tilde{w}^2\tau}dy+\int_0^1G(D-\tilde{w}^2)dz\right)\tilde{w}_{xx}\tilde{w}_{xxxx}dx,\end{aligned}$$

$$I_2 = \int_0^1 \left(\frac{6\tilde{j}^2}{\tilde{w}^5} + 2k\gamma(2\gamma - 1)w^{2\gamma-3} \right) \tilde{w}_x^2 \tilde{w}_{xxxx} dx,$$

$$I_3 = 2\int_0^1 \left(\phi_r - \phi_l - \frac{\tilde{j}\tau'}{\tau^2} + \int_0^1 G_x(D - \tilde{w}^2)dz \right) \tilde{w}_x \tilde{w}_{xxxx} dx,$$

$$I_4 = \int_0^1 (D - \tilde{w}^2)\tilde{w}\tilde{w}_{xxxx} dx.$$

由 (4.6), (4.15), (4.16) 和 (4.21), 得

$$\begin{aligned} |I_1| + |I_3| + |I_4| &\leqslant \frac{\varepsilon^2}{4} \int_0^1 \tilde{w}_{xxxx}^2 dx + C_2(c_0, C) \int_0^1 (\tilde{w}_{xx}^2 + \tilde{w}_x^2 + \tilde{w}^2) dx \\ &\leqslant \frac{\varepsilon^2}{4} \int_0^1 \tilde{w}_{xxxx}^2 dx + \frac{C_3(c_0, C)}{\varepsilon^4}. \end{aligned}$$

由插值不等式

$$\tilde{w}_x^2 \leqslant \nu \int_0^1 \tilde{w}_{xx}^2 dx + C_\nu \int_0^1 \tilde{w}^2 dx.$$

再由 (4.21), 得

$$|I_2| \leqslant \frac{\varepsilon^2}{4} \int_0^1 \tilde{w}_{xxxx}^2 dx + \frac{C_4(c_0, C)}{\varepsilon^2}.$$

于是,

$$\int_0^1 \tilde{w}_{xxxx}^2 dx \leqslant \frac{\bar{C}(c_0, C)}{\varepsilon^2},$$

其中 $\bar{C}$ 与 $\tilde{w}$ 无关. □

由引理 4.5, 可知 $\tilde{w} \in H^4(\Omega)$ 且满足一系列先验估计. 因此, 由 Sobolev 嵌入定理, $\tilde{w} \in C_{\mathrm{B}}^3(\Omega)$ 且亦满足相应的先验估计. 更进一步, 由引理 4.3 和引理 4.4, 存在仅依赖于边值条件的常数 N 使得

$$\frac{1}{N} \leqslant \tilde{w} \leqslant N, \quad x \in [0, 1]. \tag{4.22}$$

现在来完成解的存在性论证, 采用 Leray-Schauder 不动点定理.

引理 4.6 假设定理 4.1 中的条件成立, 则 (4.12)存在一个解.

证明 为了应用 Leray-Schauder 不动点定理, 对取定的常数 $\alpha > 0$ 通过求解线性化问题:

$$\begin{cases} \tilde{w}_{xx} = \dfrac{1}{\varepsilon^2} g_\alpha(v), \\ \tilde{w}(0) = w_l, \quad \tilde{w}(1) = w_r, \end{cases} \tag{4.23}$$

其中

$$g_\alpha(v) = \begin{cases} g(v), & v > \alpha, \\ g(\alpha), & v \leqslant \alpha \end{cases}$$

来构造解算子 $T_\alpha : C^{0,1}[0,1] \mapsto C^{0,1}[0,1]$.

线性方程 (4.23) 是一致椭圆的, 因此对函数 $v \in C^{0,1}[0,1]$, 存在唯一解 $\tilde{w} = T_\alpha(v)$ 满足

$$\|\tilde{w}\|_{C^{1,1}[0,1]} \leqslant M(\alpha, N_1), \quad \|v\|_{C^{0,1}[0,1]} \leqslant N_1.$$

即 T_α 映 $C^{0,1}[0,1]$ 中的有界集为 $C^{1,1}[0,1]$ 中的有界集. 由 Arzela-Ascoli 定理, T_α 在 $C^{0,1}[0,1]$ 中是紧的; 由标准论证可得 T_α 的连续性.

对 $0 \leqslant \sigma \leqslant 1$, 如果 $\tilde{w}$ 满足

$$\begin{cases} \tilde{w}_{xx} = \dfrac{\sigma}{\varepsilon^2} g_\alpha(\tilde{w}), \\ \tilde{w}(0) = \sigma w_l, \quad \tilde{w}(1) = \sigma w_r, \end{cases}$$

即 $\tilde{w}$ 是方程 $\tilde{w} = \sigma T_\alpha(\tilde{w})$ 在 $C^{0,1}[0,1]$ 中的解. 由前述引理可得 $0 \leqslant \tilde{w} \leqslant N$ 且 $\|\tilde{w}\|_{C^{0,1}[0,1]} \leqslant N_1$. 由 Leray-Schauder 不动点定理, 算子 T_α 存在一个不动点, 即存在一个 $\tilde{w}$ 使得

$$\begin{cases} \tilde{w}_{xx} = \dfrac{1}{\varepsilon^2} g_\alpha(\tilde{w}), \\ \tilde{w}(0) = w_l, \quad \tilde{w}(1) = w_r, \end{cases}$$

由 (4.22), $\tilde{w}$ 满足

$$\frac{1}{N} \leqslant \tilde{w} \leqslant N, \quad x \in [0,1].$$

特别地, 在 (4.23) 中取 $\alpha < 1/N$ 使得 $g_\alpha(\tilde{w}) = g(\tilde{w})$, $1/N \leqslant \tilde{w} \leqslant N$. 从而, 这样的 $\tilde{w}$ 求解 (4.12). □

定理 4.1 的证明 作为引理 4.6 的推论, 定理 4.1 得证. □

4.1.2 双极 QHD 模型的 IBVP: 量子消失型边界

本书作者最近在文献 [1] 中考虑了一维双极 QHD 模型带量子消失型边界的初边值问题. 在非常数掺杂分布假定下, 建立了非平凡亚音速稳态解的适定性和渐近稳定性. 具体地, 在一维有界区间 $\Omega := (0,1)$ 上考虑如下双极等温 QHD 模型

$$\begin{cases} n_{it} + j_{ix} = 0, & (4.24\text{a}) \\ j_{it} + \left(j_i^2 n_i^{-1} + K_i n_i\right)_x - \varepsilon^2 n_i \left[\left(\sqrt{n_i}\right)_{xx} / \sqrt{n_i}\right]_x = (-1)^{i-1} n_i \phi_x - j_i, & (4.24\text{b}) \\ \phi_{xx} = n_1 - n_2 - D(x), \quad i = 1,2, \quad \forall (t,x) \in (0,+\infty) \times \Omega, & (4.24\text{c}) \end{cases}$$

满足初值条件

$$(n_i, j_i)(0,x) = (n_{i0}, j_{i0})(x) \tag{4.25}$$

和边值条件

$$n_i(t,0) = n_{il} > 0, \qquad n_i(t,1) = n_{ir} > 0, \tag{4.26a}$$

$$\left(\sqrt{n_i}\right)_{xx}(t,0) = \left(\sqrt{n_i}\right)_{xx}(t,1) = 0, \tag{4.26b}$$

$$\phi(t,0) = 0, \qquad \phi(t,1) = \phi_r > 0, \tag{4.26c}$$

其中非线性边值条件 (4.26b) 表示量子效应在边界上消失. 由于寻找的是古典解, 所以上述初边值还要进一步满足相容性条件

$$n_{i0}(0)=n_{il},\quad n_{i0}(1)=n_{ir},\quad j_{i0x}(0)=j_{i0x}(1)=\left(\sqrt{n_{i0}}\right)_{xx}(0)=\left(\sqrt{n_{i0}}\right)_{xx}(1)=0. \tag{4.27}$$

我们研究该模型在经典的亚音速物理状态空间中的可解性, 即所寻找的解应满足条件:

$$\inf_{x\in\Omega} S_i[n_i,j_i]>0,\quad S_i[n_i,j_i]:=K_i-j_i^2n_i^{-2}, \tag{4.28a}$$

$$\inf_{x\in\Omega} n_i>0, \tag{4.28b}$$

其中条件 (4.28a) 称为亚音速条件, 条件 (4.28b) 称为密度的正性条件. 从数学结构上看, 模型 (4.24) 是一个带有三阶色散项 (即, 量子项) 的双曲-椭圆耦合型方程组.

根据问题结构的复杂性, 起重要作用的强度参数定义为

$$\delta:=\sum_{i=1}^{2}|n_{il}-n_{ir}|+|\phi_r|+\|D-\bar{d}\|_2, \tag{4.29}$$

其中常数 $\bar{d}:=n_{1l}-n_{2l}$.

4.1.2.1 稳态解的存在唯一性

首先, 考虑相应于初边值问题 (4.24)–(4.26) 的稳态问题

$$\begin{cases}\tilde{j}_{ix}=0, & (4.30\text{a})\\ S_i[\tilde{n}_i,\tilde{j}_i]\tilde{n}_{ix}-\varepsilon^2\tilde{n}_i\left[\left(\sqrt{\tilde{n}_i}\right)_{xx}\Big/\sqrt{\tilde{n}_i}\right]_x=(-1)^{i-1}\tilde{n}_i\tilde{\phi}_x-\tilde{j}_i, & (4.30\text{b})\\ \tilde{\phi}_{xx}=\tilde{n}_1-\tilde{n}_2-D(x),\quad i=1,2,\quad \forall x\in\Omega, & (4.30\text{c})\end{cases}$$

边值条件为

$$\tilde{n}_i(0)=n_{il}>0,\qquad \tilde{n}_i(1)=n_{ir}>0, \tag{4.31a}$$

$$\left(\sqrt{\tilde{n}_i}\right)_{xx}(0)=\left(\sqrt{\tilde{n}_i}\right)_{xx}(1)=0, \tag{4.31b}$$

$$\tilde{\phi}(0)=0,\qquad \tilde{\phi}(1)=\phi_r>0. \tag{4.31c}$$

关于稳态边值问题 (4.30)–(4.31), 有如下主要结果.

定理 4.7 (稳态解的存在唯一性) 假设 $D\in\mathcal{H}$, 对任意给定的常数 $n_{il},K_i>0$, 存在两个常数 $\delta_3,C>0$ 使得如果 $\delta\leqslant\delta_3$, 则对任意的 $0<\varepsilon\leqslant1$ 稳态问题 (4.30)–(4.31) 有唯一的解 $\left(\tilde{n}_1^\varepsilon,\tilde{j}_1^\varepsilon,\tilde{n}_2^\varepsilon,\tilde{j}_2^\varepsilon,\tilde{\phi}^\varepsilon\right)\in\left[(\mathcal{B}^4)^4\times\mathcal{B}^3\right](\overline{\Omega})$ 满足亚音速条件和密度的

正性条件 (4.28) 及如下估计

$$0 < \frac{1}{4}n_{il} \leqslant \tilde{n}_i^\varepsilon(x) \leqslant 4n_{il}, \quad i = 1, 2, \tag{4.32a}$$

$$\sum_{i=1}^{2}\left(\varepsilon^2\|\partial_x^4\tilde{n}_i^\varepsilon\| + \varepsilon\|\partial_x^3\tilde{n}_i^\varepsilon\| + \|\tilde{n}_i^\varepsilon - n_{il}\|_2 + |\tilde{j}_i^\varepsilon|\right) + \|\tilde{\phi}^\varepsilon\|_3 \leqslant C\delta. \tag{4.32b}$$

由于 QHD 模型的复杂性, 为了证明定理 4.7, 我们需要做适当处理. 首先, 为了简化符号, 在本节中将稳态解 $(\tilde{n}_1^\varepsilon, \tilde{j}_1^\varepsilon, \tilde{n}_2^\varepsilon, \tilde{j}_2^\varepsilon, \tilde{\phi}^\varepsilon)$ 记作 $(\tilde{n}_1, \tilde{j}_1, \tilde{n}_2, \tilde{j}_2, \tilde{\phi})$. 其次, 注意到动量方程 (4.30b) 中量子项的形式, 为了简化问题的讨论, 还需要进一步引入有理化变量:

$$\tilde{w}_i := \sqrt{\tilde{n}_i}, \quad i = 1, 2. \tag{4.33}$$

于是, 亚音速和正性条件 (4.28) 变为

$$\inf_{x\in\Omega} S_i[\tilde{w}_i^2, \tilde{j}_i] > 0, \quad \inf_{x\in\Omega} \tilde{w}_i > 0, \tag{4.34}$$

并且上述原始稳态问题 (4.30)–(4.31) 在古典解的意义下可被等价地写为

$$\begin{cases} \tilde{j}_{ix} = 0, & (4.35\text{a}) \\ 2S_i[\tilde{w}_i^2, \tilde{j}_i]\tilde{w}_i\tilde{w}_{ix} - \varepsilon^2\tilde{w}_i^2\left(\tilde{w}_{ixx}/\tilde{w}_i\right)_x = (-1)^{i-1}\tilde{w}_i^2\tilde{\phi}_x - \tilde{j}_i, & (4.35\text{b}) \\ \tilde{\phi}_{xx} = \tilde{w}_1^2 - \tilde{w}_2^2 - D(x), \quad i = 1, 2, \quad \forall x \in \Omega, & (4.35\text{c}) \end{cases}$$

满足边值条件

$$\tilde{w}_i(0) = w_{il} := \sqrt{n_{il}} > 0, \quad \tilde{w}_i(1) = w_{ir} := \sqrt{n_{ir}} > 0, \tag{4.36a}$$

$$\tilde{w}_{ixx}(0) = \tilde{w}_{ixx}(1) = 0, \tag{4.36b}$$

$$\tilde{\phi}(0) = 0, \quad \tilde{\phi}(1) = \phi_r > 0. \tag{4.36c}$$

为了进一步处理动量方程 (4.35b) 中的三阶色散项的需要, 利用量子消失边值条件 (4.36b) 和如下手续

$$\int_0^x (4.35\text{b})/\tilde{w}_i^2\,dy, \tag{4.37}$$

可得方程

$$\varepsilon^2\frac{\tilde{w}_{ixx}}{\tilde{w}_i} = F_i(\tilde{w}_i^2, \tilde{j}_i) - F_i(n_{il}, \tilde{j}_i) + (-1)^i\tilde{\phi} + \tilde{j}_i\int_0^x \tilde{w}_i^{-2}(y)\,dy, \tag{4.38a}$$

其中

$$F_i(a, b) := \frac{b^2}{2a^2} + K_i\ln a. \tag{4.38b}$$

在方程 (4.38a) 中, 令 $x=1$, 并再次利用边值条件 (4.36b), 可推得对稳态问题而言至关重要的电流-电压关系:

$$(-1)^{i-1}\phi_r = F_i(n_{ir},\tilde{j}_i) - F_i(n_{il},\tilde{j}_i) + \tilde{j}_i\int_0^1 \tilde{w}_i^{-2}\,dx, \quad i=1,2. \tag{4.39}$$

基于亚音速和正性条件 (4.34) 与强度参数的小性假设 $\delta \ll 1$, 从方程 (4.39) 中可以唯一地求解出稳态电流密度的显式表达式

$$\tilde{j}_i = J_i[\tilde{w}_i^2] := 2B_{ib}\left(\int_0^1 \tilde{w}_i^{-2}\,dx + \sqrt{\left(\int_0^1 \tilde{w}_i^{-2}\,dx\right)^2 + 2B_{ib}\left(n_{ir}^{-2} - n_{il}^{-2}\right)}\right)^{-1}, \tag{4.40a}$$

其中

$$B_{ib} := (-1)^{i-1}\phi_r - K_i(\ln n_{ir} - \ln n_{il}). \tag{4.40b}$$

容易看出 $\tilde{j}_i \gtreqless 0$ 当且仅当 $B_{ib} \gtreqless 0$. 最后, 用 $\tilde{w}_i$ 同乘方程 (4.38a) 两边, 我们实则已将原始稳态问题降阶转化为 (在古典解意义下) 等价的边值问题

$$\begin{cases} \varepsilon^2 \tilde{w}_{ixx} = \tilde{w}_i\Big(F_i(\tilde{w}_i^2,\tilde{j}_i) - F_i(n_{il},\tilde{j}_i) + (-1)^i\tilde{\phi} + \tilde{j}_i\displaystyle\int_0^x \tilde{w}_i^{-2}(y)\,dy\Big), & (4.41a)\\ \tilde{\phi}_{xx} = \tilde{w}_1^2 - \tilde{w}_2^2 - D(x), \quad i=1,2, \quad \forall x\in\Omega, & (4.41b)\end{cases}$$

边值条件为

$$\tilde{w}_i(0) = w_{il} > 0, \quad \tilde{w}_i(1) = w_{ir} > 0, \tag{4.41c}$$

$$\tilde{\phi}(0) = 0, \quad \tilde{\phi}(1) = \phi_r > 0, \tag{4.41d}$$

其中方程 (4.41a) 中的 $\tilde{j}_i = J_i[\tilde{w}_i^2]$ 由显式表达式 (4.40a) 唯一给定.

由上述等价转化的过程不难发现, 一旦我们唯一地求解出边值问题 (4.41) 的解 $(\tilde{w}_1,\tilde{j}_1,\tilde{w}_2,\tilde{j}_2,\tilde{\phi})$, 则经过变换 $\tilde{n}_i = \tilde{w}_i^2$ 和显式表达式 (4.40a) 立刻可得原始稳态问题 (4.30)–(4.31) 的唯一的亚音速正解, 这就证明了定理 4.7. 所以, 在本节余下的部分, 将集中精力建立边值问题 (4.41) 的存在性理论, 相应结果总结如下.

引理 4.8 假设 $D\in\mathcal{H}$, 对任意给定的常数 $n_{il}, K_i > 0$, 存在两个常数 $\delta_3, C > 0$ 使得如果 $\delta \leqslant \delta_3$, 则对任意的 $\varepsilon > 0$ 边值问题 (4.41) 有唯一解 $(\tilde{w}_1,\tilde{j}_1,\tilde{w}_2,\tilde{j}_2,\tilde{\phi}) \in \left[(\mathcal{B}^4)^4\times\mathcal{B}^3\right](\overline{\Omega})$ 满足亚音速条件和密度的正性条件 (4.34) 以及如下估计

$$0 < \frac{1}{2}w_{il} \leqslant \tilde{w}_i(x) \leqslant 2w_{il}, \quad \forall x\in\overline{\Omega}, \quad i=1,2, \tag{4.42a}$$

$$\sum_{i=1}^{2}\left(\varepsilon^2\|\partial_x^4\tilde{w}_i\| + \varepsilon\|\partial_x^3\tilde{w}_i\| + \|\tilde{w}_i - w_{il}\|_2 + |\tilde{j}_i|\right) + \|\tilde{\phi}\|_3 \leqslant C\delta. \tag{4.42b}$$

证明　**第一步: 正则扰动 + 线性化.** 首先, 经直接观察易知强度参数 $\delta=0$ 时所对应的边值问题 (4.41) 存在唯一的常值亚音速正解 $\big(w_{1l},0,w_{2l},0,0\big)$. 因此, 基于第 2 章中介绍的正则扰动的思想方法, 我们很自然地可以将 $\delta>0$ 时所对应的边值问题 (4.41) 的解视作上述常值状态 $\big(w_{1l},0,w_{2l},0,0\big)$ 附近的一个正则扰动, 正如我们在定义强度参数时所做的那样, 已经将掺杂分布 $D(x)$ 视作常数 $\bar{d}$ 的一个扰动. 具体地, 引入稳态正则扰动变量

$$
\begin{aligned}
\tilde{w}_i^\delta(x):=\tilde{w}_i(x)-w_{il},\quad \tilde{j}_i^\delta:=\tilde{j}_i-0=\tilde{j}_i,\\
\tilde{\phi}^\delta(x):=\tilde{\phi}(x)-0=\tilde{\phi}(x).
\end{aligned}
\tag{4.43}
$$

将 (4.43) 代入到边值问题 (4.41) 并将所得结果在上述常值状态附近线性化，且记以矩阵语言, 可得如下等价的扰动边值问题

$$
\begin{cases}
-(A_\varepsilon U_x)_x+BU=F(U)+G(x),\quad x\in\Omega, & (4.44\text{a})\\
U|_{\partial\Omega}=H(x), & (4.44\text{b})
\end{cases}
$$

其中向量值未知函数为

$$
U:=\left(\tilde{w}_1^\delta,\tilde{w}_2^\delta,\tilde{\phi}\right)^{\mathrm{T}},\tag{4.45}
$$

系数矩阵定义为

$$
A_\varepsilon:=\begin{pmatrix}\varepsilon^2&0&0\\0&\varepsilon^2&0\\0&0&1/2\end{pmatrix},\quad B:=\begin{pmatrix}2K_1&0&-w_{1l}\\0&2K_2&w_{2l}\\w_{1l}&-w_{2l}&0\end{pmatrix},\tag{4.46}
$$

平方非线性项和好的非局部项统一记作

$$
F(U):=\Big(f_1(U),f_2(U),f_3(U)\Big)^{\mathrm{T}},\tag{4.47}
$$

$$
\begin{aligned}
f_i(U):=&-\tilde{w}_i\left(\tilde{j}_i^2/(2\tilde{w}_i^4)-\tilde{j}_i^2/(2n_{il}^2)+\tilde{j}_i\int_0^x\tilde{w}_i^{-2}(y)\,dy\right)\\
&-2K_i\tilde{w}_i\Big(\ln\tilde{w}_i-\ln w_{il}-\tilde{w}_i^\delta/w_{il}\Big)-2K_i(\tilde{w}_i^\delta)^2/w_{il}+(-1)^{i-1}\tilde{w}_i^\delta\tilde{\phi},
\end{aligned}
\tag{4.48a}
$$

$$
f_3(U):=-(\tilde{w}_1^\delta)^2/2+(\tilde{w}_2^\delta)^2/2,\tag{4.48b}
$$

其中非局部项的表达式中含有 $\tilde{j}_i=J_i[(\tilde{w}_i^\delta+w_{il})^2]$. 非齐次项为

$$
G(x):=\Big(0,0,(D(x)-\bar{d})/2\Big)^{\mathrm{T}},\tag{4.49}
$$

以及边界数据的 $H^4(\Omega)$-延拓定义为

$$
H(x):=\Big(h_1(x),h_2(x),h_3(x)\Big)^{\mathrm{T}},\tag{4.50a}
$$

$$
h_i(x):=(w_{ir}-w_{il})x,\quad h_3(x):=\phi_r x.\tag{4.50b}
$$

对任意给定的 Plarck 常数 $\varepsilon>0$, 我们注意到

$$\lambda_\varepsilon := \min\left\{\varepsilon^2, 1/2\right\} > 0. \tag{4.51}$$

这意味着线性微分算子 $L_\varepsilon U := -(A_\varepsilon U_x)_x + BU$ 是一个参数依赖二阶强椭圆算子. 至此, 在正则扰动框架下, 已将边值问题 (4.41) 等价转化为一个半线性二阶强椭圆组的 Dirichlet 边值问题 (4.44).

第二步: 精细的椭圆估计. 为了在下一步中定义不动点映射并进行压缩映射论证的需要, 必须建立如下线性二阶参数依赖强椭圆组非齐次 Dirichlet 边值问题

$$\begin{cases} -(A_\varepsilon U_x)_x + BU = M(x), \quad x\in\Omega, & (4.52\text{a})\\ U|_{\partial\Omega} = H(x) & (4.52\text{b})\end{cases}$$

的强解的存在唯一性. 同时, 要在假设条件

$$H\in H^4(\Omega), \quad \partial_x^k H\equiv 0, \quad k=2,3,4, \tag{4.53a}$$

$$M\in H^2(\Omega), \quad M(0)=BH(0)=0, \quad M(1)=BH(1) \tag{4.53b}$$

之下, 细化其强解应满足的椭圆估计.

事实上, 对任意取定的 Planck 常数 $\varepsilon>0$, 对线性边值问题 (4.52) 应用强椭圆组的 Fredholm 二择一定理 (唯一性蕴涵存在性) 和解的 L^2-正则性理论可知, 当条件 (4.53) 成立时, 存在唯一的强解 U 满足

$$U\in H^4(\Omega), \quad U_{xx}(0)=U_{xx}(1)=0. \tag{4.54}$$

上述论证的关键在于验证解的唯一性, 为此考察相应地齐次边值问题

$$\begin{cases} -(A_\varepsilon U_x)_x + BU = 0, \quad x\in\Omega, & (4.55\text{a})\\ U|_{\partial\Omega} = 0. & (4.55\text{b})\end{cases}$$

由 $\displaystyle\int_0^1 (4.55\text{a})\cdot U\,dx$ 和分部积分, 易得 $U(x)\equiv 0$.

接下来, 在假设条件 (4.53) 之下, 进一步利用强解的边值信息 (4.54), 我们来细化其所满足的椭圆估计. 具体如下.

首先, 为了记号上的方便, 仅在这一步中记

$$U := \left(u^{(1)}, u^{(2)}, u^{(3)}\right)^{\mathrm{T}}, \tag{4.56a}$$

$$U_H := U - H = \left(u_H^{(1)}, u_H^{(2)}, u_H^{(3)}\right)^{\mathrm{T}}. \tag{4.56b}$$

其次, 将 U_H 代入到线性边值问题 (4.52) 中, 得

$$\begin{cases} -A_\varepsilon(U_H)_{xx} + BU_H = M(x) - BH(x), \quad x \in \Omega, & (4.57\text{a}) \\ U_H(0) = U_H(1) = 0, & (4.57\text{b}) \\ (U_H)_{xx}(0) = (U_H)_{xx}(1) = 0. & (4.57\text{c}) \end{cases}$$

由

$$\left(\sum_{l=0}^{2} \int_0^1 \partial_x^l (4.57\text{a}) \cdot \partial_x^l U_H \, dx \right)^{1/2}, \tag{4.58}$$

经分部积分和 Young 不等式处理, 可得如下估计

$$\sum_{i=1}^{2} \left(\varepsilon \|\partial_x^3 u_H^{(i)}\| + \|u_H^{(i)}\|_2 \right) + \|u_H^{(3)}\|_3 \leqslant C\Big(\|M\|_2 + \|H\|_1 \Big), \quad \forall \varepsilon > 0, \tag{4.59}$$

接着, 从方程组 $\partial_x^2(4.57\text{a})$ 中求解出 $A_\varepsilon \partial_x^4 U_H$, 得

$$A_\varepsilon \partial_x^4 U_H = B\partial_x^2 U_H - \partial_x^2 M(x). \tag{4.60}$$

直接在 (4.60) 两边同取 L^2-范数, 即得估计

$$\sum_{i=1}^{2} \varepsilon^2 \|\partial_x^4 u_H^{(i)}\| + \|\partial_x^4 u_H^{(3)}\| \leqslant C\Big(\|M\|_2 + \|H\|_1 \Big), \quad \forall \varepsilon > 0. \tag{4.61}$$

最后, 综合估计 (4.59) 和 (4.61), 可得如下精细的椭圆估计

$$\sum_{i=1}^{2} \Big(\varepsilon^2 \|\partial_x^4 u^{(i)}\| + \varepsilon \|\partial_x^3 u^{(i)}\| + \|u^{(i)}\|_2 \Big) + \|u^{(3)}\|_4 \leqslant C\Big(\|M\|_2 + \|H\|_1 \Big), \quad \forall \varepsilon > 0, \tag{4.62}$$

其中通用常数 $C > 0$ 与 Planck 常数 $\varepsilon > 0$ 无关.

第三步: 定义不动点映射 + 压缩映射论证. 经过对非线性项 (4.48) 的结构和椭圆估计 (4.62) 的形式的分析, 引入度量空间如下

$$\mathbb{U}[N] := \Big\{ U \in H^2(\Omega) \;\Big|\; \|U\|_2 \leqslant N\delta, U|_{\partial\Omega} = H \Big\} \tag{4.63}$$

赋以由范数 $\|\cdot\|_2$ 诱导的度量, 其中常数 $N > 0$ 待定. 事实上, 由迹定理可知, 对任意取定的 $N > 0$ 和 $\delta \geqslant 0$, 有 $\mathbb{U}[N]$ 是 Hilbert 空间 $H^2(\Omega)$ 的一个闭子集, 从而按照继承度量成为一个完备的度量空间.

接下来, 对任意的 $V = \left(\tilde{v}_1^\delta, \tilde{v}_2^\delta, \tilde{\varphi} \right)^{\mathrm{T}} \in \mathbb{U}[N]$, 令 $\tilde{k}_i := J_i[(\tilde{v}_i^\delta + w_{il})^2]$, 由 (4.47) 和 (4.48) 可知 $F(V) \in H^2(\Omega)$. 设 G 和 H 分别由 (4.49) 和 (4.50) 给定, 令 $M := F(V) + G$, 如果 $D \in \mathcal{H}$, 则 M, H 满足条件 (4.53). 于是, 通过求解相应的线性化问题 (4.52) 即可定义所需的不动点映射 $S : \mathbb{U}[N] \to H^4(\Omega)$, $V \mapsto U =: SV$.

现在, 类似于第 2 章的证明, 我们可以断言: 存在适当的常数 $N>0$, 当强度参数 $\delta \ll 1$ 时, 映射 S 是完备度量空间 $\mathbb{U}[N]$ 中的一个压缩映射. 事实上, 这一断言可由如下的压缩映射论证来验证.

S **映** $\mathbb{U}[N]$ **到其自身**. 由 $D \in \mathcal{H}$ 与精细的椭圆估计 (4.62), 对 $\forall V \in \mathbb{U}[N]$, 有

$$\begin{aligned}\|SV\|_2 = \|U\|_2 &\leqslant C\Big(\|F(V)+G\|_2 + \|H\|_1\Big)\\ &\leqslant C\Big(\|F(V)\|_2 + \underbrace{\|G\|_2 + \|H\|_1}_{O(1)\delta}\Big)\\ &\leqslant C\Big(\|F(V)\|_2 + \delta\Big).\end{aligned} \tag{4.64}$$

接下来, 只需估计 $\|F(V)\|_2$. 为此, 先建立 $F(V)$ 中的 $\tilde{k}_i := J_i[(\tilde{v}_i^\delta + w_{il})^2]$ 的估计. 由 (4.40a) 和先验假设 $N\delta \ll 1$, 可得

$$|\tilde{k}_i| \leqslant C\delta, \quad V \in \mathbb{U}[N]. \tag{4.65}$$

基于 (4.65) 可知 $F(V)$ 中的非局部项易于控制. 此外, 借助 Sobolev 嵌入定理可以很好地估计 $F(V)$ 中的平方非线性项. 经冗长计算可得

$$\|F(V)\|_2 \leqslant C\Big((N^2+N)\delta + 1\Big)\delta. \tag{4.66}$$

将 (4.66) 代入到 (4.64) 中, 可得

$$\|SV\|_2 \leqslant \Big(C_1(N^2+N)\delta + C_2\Big)\delta. \tag{4.67}$$

取定

$$N := 2C_2 > 0. \tag{4.68}$$

如果

$$\delta \leqslant C_2/\big(4C_1C_2^2 + 2C_1C_2\big), \tag{4.69}$$

则

$$\|SV\|_2 \leqslant 2C_2\delta = N\delta. \tag{4.70}$$

S **是压缩的**. 对 $\forall V_1, V_2 \in \mathbb{U}[N]$, 需估计 $U := SV_1 - SV_2$. 为此, 令 $M := F(V_1) - F(V_2)$, 再由不动点映射 S 的定义可知 U 满足如下边值问题

$$\begin{cases} -(A_\varepsilon U_x)_x + BU = M, \quad x \in \Omega, & (4.71\text{a})\\ U|_{\partial\Omega} = 0. & (4.71\text{b})\end{cases}$$

从而, 易见精细的椭圆估计 (4.62) 适用于 $U = SV_1 - SV_2$, 故有

$$\|SV_1 - SV_2\|_2 \leqslant C\|F(V_1) - F(V_2)\|_2. \tag{4.72}$$

为了进一步估计 $\|F(V_1)-F(V_2)\|_2$, 由微分中值定理、显式公式 (4.40a) 和小性假设 $N\delta \ll 1$ (此处常数 $N>0$ 已由 (4.68) 给定), 有

$$|\tilde{k}_{i1}-\tilde{k}_{i2}| \leqslant C\delta\|\tilde{v}_{i1}^{\delta}-\tilde{v}_{i2}^{\delta}\| \leqslant C\delta\|V_1-V_2\|, \quad i=1,2. \tag{4.73}$$

凭借 (4.73), 经过冗长但直接的计算得

$$\|F(V_1)-F(V_2)\|_2 \leqslant C\delta\|V_1-V_2\|_2. \tag{4.74}$$

将 (4.74) 代入到 (4.72) 中, 即得

$$\|SV_1-SV_2\|_2 \leqslant C_3\delta\|V_1-V_2\|_2, \quad \forall V_1,V_2 \in \mathbb{U}[N]. \tag{4.75}$$

若

$$\delta \leqslant 1/\big(2C_3\big) > 0, \tag{4.76}$$

则 S 是压缩的.

根据 Banach 不动点定理和不动点映射 S 的定义, 得到 S 的唯一不动点 $U=\big(\tilde{w}_1^{\delta},\tilde{w}_2^{\delta},\tilde{\phi}\big)^{\mathrm{T}} \in \mathbb{U}[N]\cap H^4(\varOmega)$. 显然, 该不动点 U 就是扰动边值问题 (4.44) 的唯一解, 且自动满足精细的椭圆估计

$$\sum_{i=1}^{2}\Big(\varepsilon^2\|\partial_x^4\tilde{w}_i^{\delta}\|+\varepsilon\|\partial_x^3\tilde{w}_i^{\delta}\|+\|\tilde{w}_i^{\delta}\|_2\Big)+\|\tilde{\phi}\|_4 \leqslant C\delta, \quad \forall\varepsilon>0. \tag{4.77}$$

定义 $\tilde{w}_i := \tilde{w}_i^{\delta}+w_{il}$ 和 $\tilde{j}_i := J_i[(\tilde{w}_i^{\delta}+w_{il})^2]$, 则 $\big(\tilde{w}_1,\tilde{j}_1,\tilde{w}_2,\tilde{j}_2,\tilde{\phi}\big)$ 即是边值问题 (4.41) 的解, 且由估计 (5.63) 和类似于 (4.65) 的估计 $|\tilde{j}_i| \leqslant C\delta$ 可得证估计 (4.42).

第四步: 正则性提升. 由 (4.49), (4.48a), 椭圆组 (4.44a) 中的前两个方程和 Sobolev 嵌入定理可知 $f_i(U)\in H^4(\varOmega)$, 从而强解 U 满足额外的正则性 $U=\big(\tilde{w}_1^{\delta},\tilde{w}_2^{\delta},\tilde{\phi}\big)^{\mathrm{T}} \in \big(H^6\times H^6\times H^4\big)(\varOmega)$, 进而 $U\in\big(\mathcal{B}^5\times\mathcal{B}^5\times\mathcal{B}^3\big)(\overline{\varOmega})$, 这就证明了解 $\big(\tilde{w}_1,\tilde{j}_1,\tilde{w}_2,\tilde{j}_2,\tilde{\phi}\big)$ 在引理 4.8 中的正则性. □

注解 4.1　从上述证明过程中可知对掺杂分布 $D(x)$ 的边值信息的限制, 是为了得到精细的椭圆估计, 而这将对我们稍后研究该稳态解的渐近稳定性和半经典极限起到至关重要的作用. 所谓“精细”是指椭圆估计中的不等式常数 $C>0$ 不但与强度参数 δ 无关而且与 Planck 常数 ε 亦无关. 鉴于我们所考察的强椭圆组是参数依赖的, 所以为了得到更精细的估计, 上述对掺杂分布的限制是很自然的.

4.1.2.2　问题的重置与局部存在性

为了记号上的方便, 在本节和 4.2 节中, 将初边值问题 (4.24)–(4.26) 的解 $\big(n_1^{\varepsilon},j_1^{\varepsilon},n_2^{\varepsilon},j_2^{\varepsilon},\phi^{\varepsilon}\big)$ 记作 (n_1,j_1,n_2,j_2,ϕ).

同理于稳态问题的讨论, 对于初边值问题 (4.24)–(4.26), 也要引入如下的有理化变换

$$w_i := \sqrt{n_i}, \quad i = 1, 2. \tag{4.78}$$

于是, 亚音速和正性条件 (4.28) 变为

$$\inf_{x\in\Omega} S_i[w_i^2, j_i] > 0, \quad \inf_{x\in\Omega} w_i > 0, \tag{4.79}$$

以及原始的初边值问题 (4.24)–(4.26) 可等价地变为

$$\begin{cases} 2w_i w_{it} + j_{ix} = 0, & (4.80\text{a}) \\ \quad j_{it} + 2S_i[w_i^2, j_i] w_i w_{ix} + 2j_i w_i^{-2} j_{ix} - \varepsilon^2 w_i^2 \left(w_{ixx}/w_i\right)_x & \\ = (-1)^{i-1} w_i^2 \phi_x - j_i, & (4.80\text{b}) \\ \phi_{xx} = w_1^2 - w_2^2 - D(x), \quad i = 1, 2, \quad \forall (t, x) \in (0, +\infty) \times \Omega, & (4.80\text{c}) \end{cases}$$

初值条件为

$$(w_i, j_i)(0, x) = (w_{i0}, j_{i0})(x) := (\sqrt{n_{i0}}, j_{i0})(x), \tag{4.81}$$

边值条件为

$$w_i(t, 0) = w_{il} > 0, \qquad w_i(t, 1) = w_{ir} > 0, \tag{4.82a}$$

$$w_{ixx}(t, 0) = w_{ixx}(t, 1) = 0, \tag{4.82b}$$

$$\phi(t, 0) = 0, \qquad \phi(t, 1) = \phi_r > 0. \tag{4.82c}$$

初边值满足的相容性条件 (4.27) 变为

$$w_{i0}(0) = w_{il}, \quad w_{i0}(1) = w_{ir}, \quad j_{i0x}(0) = j_{i0x}(1) = w_{i0xx}(0) = w_{i0xx}(1) = 0. \tag{4.83}$$

设 $(\tilde{w}_1, \tilde{j}_1, \tilde{w}_2, \tilde{j}_2, \tilde{\phi})(x)$ 为引理 4.8 中的边值问题 (4.35)–(4.36) 的稳态解. 为了研究整体解的存在性和稳态解的渐近稳定性的需要, 引入时间依赖扰动变量:

$$\begin{aligned} \psi_i(t, x) := w_i(t, x) - \tilde{w}_i(x), \quad \eta_i(t, x) := j_i(t, x) - \tilde{j}_i, \\ \sigma(t, x) := \phi(t, x) - \tilde{\phi}(x). \end{aligned} \tag{4.84}$$

并将有理化后的初边值问题 (4.80)–(4.82) 等价地重置为相应的扰动形式. 具体地, 由

$$(4.80\text{a}) - (4.35\text{a}), \quad (4.80\text{b})/w_i^2 - (4.35\text{b})/\tilde{w}_i^2, \quad (4.80\text{c}) - (4.35\text{c}), \tag{4.85a}$$

$$(4.82) - (4.36), \tag{4.85b}$$

可以推得扰动初边值问题

$$
\begin{cases}
2\big(\psi_i+\tilde{w}_i\big)\psi_{it}+\eta_{ix}=0, & \text{(4.86a)}\\
\Big[\big(\eta_i+\tilde{j}_i\big)/\big(\psi_i+\tilde{w}_i\big)^2\Big]_t+\dfrac{1}{2}\bigg\{\Big[\big(\eta_i+\tilde{j}_i\big)/\big(\psi_i+\tilde{w}_i\big)^2\Big]^2-\big(\tilde{j}_i/\tilde{w}_i^2\big)^2\bigg\}_x & \\
+K_i\Big[\ln\big(\psi_i+\tilde{w}_i\big)^2-\ln\tilde{w}_i^2\Big]_x-\varepsilon^2\Big[\big(\psi_i+\tilde{w}_i\big)_{xx}/\big(\psi_i+\tilde{w}_i\big)-\tilde{w}_{ixx}/\tilde{w}_i\Big]_x & \\
+(-1)^i\sigma_x+\big(\eta_i+\tilde{j}_i\big)/\big(\psi_i+\tilde{w}_i\big)^2-\tilde{j}_i/\tilde{w}_i^2=0, & \text{(4.86b)}\\
\sigma_{xx}=\big(\psi_1+2\tilde{w}_1\big)\psi_1-\big(\psi_2+2\tilde{w}_2\big)\psi_2,\quad i=1,2, & \text{(4.86c)}
\end{cases}
$$

初值条件为

$$(\psi_i,\eta_i)(0,x)=(\psi_{i0},\eta_{i0})(x):=(w_{i0}-\tilde{w}_i,j_{i0}-\tilde{j}_i)(x), \tag{4.87}$$

边值条件为

$$\psi_i(t,0)=\psi_i(t,1)=0,\quad \psi_{ixx}(t,0)=\psi_{ixx}(t,1)=0,\quad \sigma(t,0)=\sigma(t,1)=0. \tag{4.88}$$

现在, 我们还需建立扰动初边值问题 (4.86)–(4.88) 在亚音速区域中的局部强解的存在性. 单极情形下的局部存在性理论[99, 65]：迭代方法和紧性论证, 可直接适用于双极情形. 值得一提, 与辅助问题 (等温 HD 模型) 不同, 此处由于量子项 (三阶色散项) 的出现, 建立局部解的过程中相应的线性化问题无法使用对称双曲组的经典理论, 而是要转化成一个抽象的四阶波方程来求解.

引理 4.9 (局部存在性) 设扰动初值 $(\psi_{i0},\eta_{i0})\in(H^4\times H^3)(\Omega)$, 并且 $(\psi_{i0}+\tilde{w}_i,\eta_{i0}+\tilde{j}_i)$ 满足亚音速和正性条件 (4.79) 以及初边值的相容性条件 (4.83), 则存在常数 $T_*>0$ 使得扰动初边值问题 (4.86)–(4.88) 有唯一的解 $(\psi_1,\eta_1,\psi_2,\eta_2,\sigma)\in\big[(\bar{\mathfrak{X}}_4\times\bar{\mathfrak{X}}_3)^2\times\bar{\mathfrak{X}}_4^2\big]([0,T_*])$ 且 $(\psi_i+\tilde{w}_i,\eta_i+\tilde{j}_i)$ 也满足条件 (4.79).

4.1.2.3 整体存在性与稳态解的渐近稳定性

在本节中, 考虑整体解的存在性和稳态解的渐近稳定性. 主要定理如下.

定理 4.10 设 $D\in\mathcal{H}$, 初值 $(n_{i0},j_{i0})\in(H^4\times H^3)(\Omega)$ 满足亚音速和正性条件 (4.28) 以及与边值相容的条件 (4.27). 对任意给定的常数 $n_{il},K_i>0$, 存在三个常数 $\delta_4,\gamma_2,C>0$ 使得如果 $\delta+\sum_{i=1}^{2}\big(\|(n_{i0}-\tilde{n}_i^\varepsilon,j_{i0}-\tilde{j}_i^\varepsilon)\|_2+\|(\varepsilon\partial_x^3(n_{i0}-\tilde{n}_i^\varepsilon),\varepsilon\partial_x^3(j_{i0}-\tilde{j}_i^\varepsilon),\varepsilon^2\partial_x^4(n_{i0}-\tilde{n}_i^\varepsilon))\|\big)\leqslant\delta_4$, 则对任意的 $0<\varepsilon\leqslant1$ 初边值问题 (4.24)–(4.26) 有唯一的整体解 $(n_1^\varepsilon,j_1^\varepsilon,n_2^\varepsilon,j_2^\varepsilon,\phi^\varepsilon)\in\big[(\bar{\mathfrak{X}}_4\times\bar{\mathfrak{X}}_3)^2\times\mathfrak{Z}\big]([0,+\infty))$ 满足亚音速和正性条件 (4.28), 额外的正则性 $\phi^\varepsilon-\tilde{\phi}^\varepsilon\in\bar{\mathfrak{X}}_4^2([0,+\infty))$ 和衰减估计

$$
\begin{aligned}
&\sum_{i=1}^{2}\Big(\|(n_i^\varepsilon-\tilde{n}_i^\varepsilon,j_i^\varepsilon-\tilde{j}_i^\varepsilon)(t)\|_2\\
&+\|(\varepsilon\partial_x^3(n_i^\varepsilon-\tilde{n}_i^\varepsilon),\varepsilon\partial_x^3(j_i^\varepsilon-\tilde{j}_i^\varepsilon),\varepsilon^2\partial_x^4(n_i^\varepsilon-\tilde{n}_i^\varepsilon))(t)\|\Big)+\|(\phi^\varepsilon-\tilde{\phi}^\varepsilon)(t)\|_4
\end{aligned}
$$

$$\leqslant C\sum_{i=1}^{2}\Big(\|(n_{i0}-\tilde{n}_i^\varepsilon, j_{i0}-\tilde{j}_i^\varepsilon)\|_2+\|(\varepsilon\partial_x^3(n_{i0}-\tilde{n}_i^\varepsilon),\varepsilon\partial_x^3(j_{i0}-\tilde{j}_i^\varepsilon),$$
$$\varepsilon^2\partial_x^4(n_{i0}-\tilde{n}_i^\varepsilon))\|\Big)\,\mathrm{e}^{-\gamma_2 t},\quad \forall t\in[0,+\infty). \tag{4.89}$$

由 4.1.2.2 节的讨论可知, 在有理化变换 $\tilde{n}_i=\tilde{w}_i^2$, $n_i=w_i^2$ 和 $0<\varepsilon\leqslant 1$ 的限制下, 定理 4.10 的证明等价于扰动初边值问题整体解存在性的证明. 再由引理 4.9 和连续性论证可知, 问题的关键在于建立扰动初边值问题局部解的一致先验估计. 为简化记号, 引入带参范数如下

$$n_\varepsilon(t):=\sum_{i=1}^{2}\Big(\|(\psi_i,\eta_i)(t)\|_2+\|(\varepsilon\partial_x^3\psi_i,\varepsilon\partial_x^3\eta_i,\varepsilon^2\partial_x^4\psi_i)(t)\|\Big),\quad \forall t\in[0,T], \tag{4.90a}$$

$$N_\varepsilon(T):=\sup_{t\in[0,T]} n_\varepsilon(t). \tag{4.90b}$$

结合 Sobolev 嵌入定理和 (4.90), 对任意的 $0<\varepsilon\leqslant 1$, 有

$$\sum_{i=1}^{2}\Big(|(\psi_i,\eta_i)(t)|_1+|(\varepsilon\psi_{ixx},\varepsilon\eta_{ixx},\varepsilon^2\partial_x^3\psi_i)(t)|_0\Big)\leqslant CN_\varepsilon(T),\quad \forall t\in[0,T]. \tag{4.91}$$

所需建立的一致先验估计如下.

定理 4.11 (一致先验估计) *设 $(\psi_1,\eta_1,\psi_2,\eta_2,\sigma)\in\big[(\bar{\mathfrak{X}}_4\times\bar{\mathfrak{X}}_3)^2\times\bar{\mathfrak{X}}_4^2\big]([0,T])$ 是扰动初边值问题 (4.86)–(4.88) 的一个局部解. 对任意给定的常数 $n_{il},K_i>0$, 存在三个常数 $\delta_4,\gamma_2,C>0$ 使得如果 $N_\varepsilon(T)+\delta\leqslant\delta_4$, 则对任意的 $0<\varepsilon\leqslant 1$ 成立如下的指数衰减估计*

$$n_\varepsilon(t)\leqslant Cn_\varepsilon(0)\,\mathrm{e}^{-\gamma_2 t},\quad t\in[0,T]. \tag{4.92}$$

定理 4.11 的证明是困难且复杂的, 原因在于有理化变量的引入会使得双极效应变得更加不易处理. 所以, 在证明过程中我们更关心的是如何处理双极效应项. 鉴于证明过程的复杂性, 将在下面三个小节中, 通过一系列引理来完成定理 4.11 的证明. 在证明过程中还需反复使用稳态解的如下估计

$$\sum_{i=1}^{2}\Big(|\tilde{w}_i-w_{il}|_1+|(\varepsilon\tilde{w}_{ixx},\varepsilon^2\partial_x^3\tilde{w}_i)|_0\Big)\leqslant C\delta,\quad \forall\, 0<\varepsilon\leqslant 1. \tag{4.93}$$

基本估计. 为建立基本估计, 引入能量型 $\mathcal{E}$ 如下

$$\mathcal{E}(t,x):=\frac{1}{2}(\sigma_x)^2+\sum_{i=1}^{2}\left(\frac{1}{2}\eta_i^2 w_i^{-2}+\varPsi_i\big(w_i^2,\tilde{w}_i^2\big)+\varepsilon^2(\psi_{ix})^2\right), \tag{4.94}$$

其中

$$\varPsi_i\big(w_i^2,\tilde{w}_i^2\big):=K_i\int_{\tilde{w}_i^2}^{w_i^2}\big(\ln\xi-\ln\tilde{w}_i^2\big)\,d\xi. \tag{4.95}$$

易见 $\Psi_i(w_i^2, \tilde{w}_i^2)$ 与 ψ_i^2 等价如果 $N_\varepsilon(T) + \delta \ll 1$.

引理 4.12　在定理 4.11 的假设下, 成立估计

$$\|\partial_t^l \sigma(t)\|_2 \leqslant C\Big(\|(\partial_t^l \psi_1, \partial_t^l \psi_2)(t)\| + \frac{l(l-1)}{2} N_\varepsilon(T)\|(\psi_{1t}, \psi_{2t})(t)\|\Big), \quad l = 0, 1, 2, \tag{4.96}$$

$$\|\sigma_{xt}(t)\| \leqslant C\|(\eta_1, \eta_2)(t)\|, \tag{4.97}$$

$$\sum_{i=1}^{2} |(\psi_{it}, \eta_{it})(t)|_0 \leqslant C N_\varepsilon(T), \quad t \in [0, T], \quad 0 < \varepsilon \leqslant 1. \tag{4.98}$$

证明　同理于引理 3.40 的证明, 此处省略. □

引理 4.13 (基本估计)　在定理 4.11 的假设下, 对任意的时间 $t \in [0, T]$ 和 Planck 常数 $0 < \varepsilon \leqslant 1$, 成立如下微分等式

$$\frac{d}{dt}\int_0^1 \mathcal{E}(t, x)\, dx + \int_0^1 \sum_{i=1}^{2} \eta_i^2 \tilde{w}_i^{-2}\, dx = \int_0^1 R_2\, dx, \tag{4.99a}$$

并且存在正常数 C, C_{1l}, C_{1r} 成立如下估计

$$\left|\int_0^1 R_2\, dx\right| \leqslant C(N_\varepsilon(T) + \delta) \sum_{i=1}^{2} \|(\psi_i, \eta_i)(t)\|_1^2, \tag{4.99b}$$

$$C_{1l} \sum_{i=1}^{2} \|(\psi_i, \eta_i, \varepsilon\psi_{ix})(t)\|^2 \leqslant \int_0^1 \mathcal{E}(t, x)\, dx \leqslant C_{1r} \sum_{i=1}^{2} \|(\psi_i, \eta_i, \varepsilon\psi_{ix})(t)\|^2, \tag{4.99c}$$

倘若 $N_\varepsilon(T) + \delta \ll 1$.

证明　由

$$\sum_{i=1}^{2} (4.86\text{b})\eta_i, \tag{4.100}$$

得

$$\begin{aligned}
&\overbrace{\sum_{i=1}^{2} \left(j_i w_i^{-2}\right)_t \eta_i}^{IV_1} + \overbrace{\sum_{i=1}^{2} \frac{1}{2}\left(j_i^2 w_i^{-4} - \tilde{j}_i^2 \tilde{w}_i^{-4}\right)_x \eta_i}^{IV_2} + \overbrace{\sum_{i=1}^{2} K_i \left(\ln w_i^2 - \ln \tilde{w}_i^2\right)_x \eta_i}^{IV_3} \\
&\underbrace{-\sum_{i=1}^{2} \varepsilon^2 \left(w_{ixx} w_i^{-1} - \tilde{w}_{ixx} \tilde{w}_i^{-1}\right)_x \eta_i}_{IV_4:\ \text{量子效应}} + \underbrace{\sum_{i=1}^{2} (-1)^i \sigma_x \eta_i}_{IV_5:\ \text{双极效应}} + \underbrace{\sum_{i=1}^{2} \left(j_i w_i^{-2} - \tilde{j}_i \tilde{w}_i^{-2}\right) \eta_i}_{IV_6} = 0.
\end{aligned} \tag{4.101}$$

由 Leibniz 公式和方程 (4.86a), 得

$$IV_1 = \left(\sum_{i=1}^{2} \frac{1}{2}\eta_i^2 w_i^{-2}\right)_t - \sum_{i=1}^{2}\left(\frac{1}{2}\eta_i w_i^{-4} - j_i w_i^{-4}\right)\eta_i\eta_{ix}, \tag{4.102}$$

IV_2 保持不变, (4.103)

$$IV_3 = \left(\sum_{i=1}^{2} \Psi_i\left(w_i^2, \tilde{w}_i^2\right)\right)_t + \left(\sum_{i=1}^{2} K_i\left(\ln w_i^2 - \ln \tilde{w}_i^2\right)\eta_i\right)_x, \tag{4.104}$$

$$IV_6 = \sum_{i=1}^{2}\eta_i^2\tilde{w}_i^{-2} - \sum_{i=1}^{2} j_i\left(\tilde{w}_i + w_i\right)\left(\tilde{w}_i w_i\right)^{-2}\psi_i\eta_i. \tag{4.105}$$

因为我们关注的是量子效应和双极效应, 所以利用 Leibniz 公式, (4.86a) 与 (4.86c) 给出 IV_4 和 IV_5 的细节计算如下

$$\begin{aligned}
IV_4 =& -\sum_{i=1}^{2}\varepsilon^2\left\{\overbrace{\left[\left(w_{ixx}w_i^{-1} - \tilde{w}_{ixx}\tilde{w}_i^{-1}\right)\eta_i\right]_x}^{IV_{4,1}} - \left(w_{ixx}w_i^{-1} - \tilde{w}_{ixx}\tilde{w}_i^{-1}\right)\eta_{ix}\right\}\\
=& -\sum_{i=1}^{2}\varepsilon^2\left\{IV_{4,1} + \left(w_{ixx}w_i^{-1} - \tilde{w}_{ixx}\tilde{w}_i^{-1}\right)(w_i^2)_t\right\}\\
=& -\sum_{i=1}^{2}\varepsilon^2\left\{IV_{4,1} + \left(\psi_{ixx}\tilde{w}_i - \tilde{w}_{ixx}\psi_i\right)\left(\tilde{w}_i w_i\right)^{-1}(w_i^2)_t\right\}\\
=& -\sum_{i=1}^{2}\varepsilon^2\left\{IV_{4,1} + 2\psi_{ixx}\psi_{it} + \underbrace{\tilde{w}_{ixx}(\tilde{w}_i w_i)^{-1}\psi_i\eta_{ix}}_{IV_4^{(2)}}\right\}\\
=& -\sum_{i=1}^{2}\varepsilon^2\left\{IV_{4,1} + (2\psi_{ix}\psi_{it})_x - [(\psi_{ix})^2]_t + IV_{4,2}\right\}\\
=& \left[\sum_{i=1}^{2}\varepsilon^2(\psi_{ix})^2\right]_t - \sum_{i=1}^{2}\varepsilon^2\tilde{w}_{ixx}(\tilde{w}_i w_i)^{-1}\psi_i\eta_{ix}\\
&-\left\{\sum_{i=1}^{2}\varepsilon^2\left[(w_{ixx}w_i^{-1} - \tilde{w}_{ixx}\tilde{w}_i^{-1})\eta_i + 2\psi_{ix}\psi_{it}\right]\right\}_x,
\end{aligned} \tag{4.106}$$

$$\begin{aligned}
IV_5 =& \sum_{i=1}^{2}(-1)^i\left[(\sigma\eta_i)_x - \sigma\eta_{ix}\right] = \overbrace{-\left[\sigma(\eta_1 - \eta_2)\right]_x}^{IV_{5,1}} + \sigma(\eta_{1x} - \eta_{2x})\\
=& IV_{5,1} - \sigma(w_1^2 - w_2^2)_t = IV_{5,1} - \sigma\sigma_{xxt} = IV_{5,1} - \left[(\sigma\sigma_{xt})_x - \sigma_x\sigma_{xt}\right]\\
=& -\left[\sigma(\eta_1 - \eta_2) + \sigma\sigma_{xt}\right]_x + \left[\frac{1}{2}(\sigma_x)^2\right]_t.
\end{aligned} \tag{4.107}$$

将 (4.102)–(4.107) 代入 (4.101), 得

$$\mathcal{E}_t + \sum_{i=1}^{2} \eta_i^2 \tilde{w}_i^{-2} = R_{1x} + R_2, \tag{4.108a}$$

其中

$$\begin{aligned} R_1 :=& \sigma(\eta_1 - \eta_2) + \sigma\sigma_{xt} - \sum_{i=1}^{2} \Big\{ K_i \left(\ln w_i^2 - \ln \tilde{w}_i^2 \right) \eta_i \\ & - \varepsilon^2 \Big[(w_{ixx} w_i^{-1} - \tilde{w}_{ixx} \tilde{w}_i^{-1}) \eta_i + 2\psi_{ix}\psi_{it} \Big] \Big\}, \end{aligned} \tag{4.108b}$$

$$\begin{aligned} R_2 :=& \sum_{i=1}^{2} \Bigg[\left(\frac{1}{2}\eta_i w_i^{-4} - j_i w_i^{-4} \right) \eta_i \eta_{ix} - \frac{1}{2} \left(j_i^2 w_i^{-4} - \tilde{j}_i^2 \tilde{w}_i^{-4} \right)_x \eta_i \\ & + j_i \left(\tilde{w}_i + w_i \right) \left(\tilde{w}_i w_i \right)^{-2} \psi_i \eta_i + \varepsilon^2 \tilde{w}_{ixx} (\tilde{w}_i w_i)^{-1} \psi_i \eta_{ix} \Bigg]. \end{aligned} \tag{4.108c}$$

应用边值条件 (4.36), (4.82) 和 (4.88), 得 $\int_0^1 R_{1x}\, dx = 0$. 于是, 在 Ω 上积分方程 (4.108a) 即得 (4.99a). 将不等式 (4.42), (4.93), (4.91) 和 Cauchy-Schwarz 不等式与 (4.108c) 结合使用, 可得估计

$$|R_2(t,x)| \leqslant C(N_\varepsilon(T) + \delta) \sum_{i=1}^{2} |(\psi_i, \psi_{ix}, \eta_i, \eta_{ix})(t,x)|^2, \quad 0 < \varepsilon \leqslant 1, \tag{4.109}$$

倘若 $N_\varepsilon(T) + \delta \ll 1$. 在 Ω 上积分 (4.109) 即得估计 (4.99b). 再由 $l = 0$ 时的椭圆估计 (4.96) 和 (4.95) 的等价关系, 易得等价关系 (4.99c). □

高阶估计 接下来, 我们建立高阶估计. 在陈述主要结果前, 我们指出在建立高阶估计的若干步骤中计算是形式上的, 因为所构造的局部强解没有足够的正则性. 然而, 可以通过对时间变量 t 光滑化的标准技术来严格验证相应的高阶估计对我们的局部强解也是成立的.

注意到齐次边值条件 (4.88), 故只有手续 ∂_t^k 是合理的. 为方便, 引入记号

$$A_{-1}^2(t) := \sum_{i=1}^{2} \|(\psi_i, \eta_i)(t)\|^2, \tag{4.110a}$$

$$A_k^2(t) := A_{-1}^2(t) + \sum_{l=0}^{k} \sum_{i=1}^{2} \|(\partial_t^l \psi_{it}, \partial_t^l \psi_{ix}, \varepsilon \partial_t^l \psi_{ixx})(t)\|^2, \quad k = 0, 1. \tag{4.110b}$$

接下来, 推导工作方程. 由

$$-\partial_t^k \Big[\partial_x (4.80\text{b}) / w_i - \partial_x (4.35\text{b}) / \tilde{w}_i \Big], \quad i = 1, 2, \quad k = 0, 1, \tag{4.111}$$

结合 (4.80a) 与 (4.35a), 得

$$
\begin{aligned}
&2\partial_t^k\psi_{itt}-2K_i\partial_t^k\psi_{ixx}+\varepsilon^2\partial_x^4\partial_t^k\psi_i+2\partial_t^k\psi_{it}\\
=&2j_iw_i^{-3}\partial_t^k\eta_{ixx}-2j_i^2w_i^{-4}\partial_t^k\psi_{ixx}+\varepsilon^2\left[(k+1)\psi_{ixx}+2\tilde{w}_{ixx}\right]w_i^{-1}\partial_t^k\psi_{ixx}\\
&\underbrace{+(-1)^i\partial_t^k(\sigma_{xx}w_i)}_{\text{双极效应}}+\partial_t^kF_i+G_{ik},\quad i=1,2,\quad k=0,1,
\end{aligned}
\tag{4.112a}
$$

其中

$$
\begin{aligned}
F_i:=&2(\eta_{ix})^2w_i^{-3}-2(\psi_{it})^2w_i^{-1}\\
&+2K_i(w_{ix})^2(w_i^{-1}-\tilde{w}_i^{-1})+2K_i(w_{ix}+\tilde{w}_{ix})\tilde{w}_i^{-1}\psi_{ix}\\
&-8j_i\eta_{ix}w_i^{-4}w_{ix}+6(w_{ix}+\tilde{w}_{ix})j_i^2w_i^{-5}\psi_{ix}\\
&+6(\tilde{w}_{ix})^2(j_i+\tilde{j}_i)w_i^{-5}\eta_i+6(\tilde{w}_{ix})^2\tilde{j}_i^2(w_i^{-5}-\tilde{w}_i^{-5})\\
&+\varepsilon^2(\tilde{w}_{ixx})^2(w_i^{-1}-\tilde{w}_i^{-1})+(-1)^i(\tilde{\phi}_{xx}\psi_i+2w_{ix}\sigma_x+2\tilde{\phi}_x\psi_{ix})\\
&-2\tilde{w}_{ixx}(j_i+\tilde{j}_i)w_i^{-4}\eta_i-2\tilde{w}_{ixx}\tilde{j}_i^2(w_i^{-4}-\tilde{w}_i^{-4}),
\end{aligned}
\tag{4.112b}
$$

$$
G_{i0}:=0,\quad G_{i1}:=2(j_iw_i^{-3})_t\eta_{ixx}-2(j_i^2w_i^{-4})_t\psi_{ixx}-\varepsilon^2(w_{ixx}+\tilde{w}_{ixx})w_i^{-2}\psi_{it}\psi_{ixx}.
\tag{4.112c}
$$

为了处理 $\partial_t^kF_i$ 和 G_{ik}, 需使用不等式 (4.42), (4.91), (4.93), (4.96), (4.97) 以及微分中值定理. 经冗长但直接的计算, 得估计

$$
\|\partial_t^kF_i\|\leqslant C(N_\varepsilon(T)+\delta)\|\partial_t^k(\psi_1,\psi_2,\psi_{ix},\psi_{it},\eta_i,\eta_{ix})\|,
\tag{4.113a}
$$

$$
\|G_{i1}\|\leqslant C(N_\varepsilon(T)+\delta)\|(\psi_{ixx},\eta_{ixx})\|,\quad 0<\varepsilon\leqslant 1.
\tag{4.113b}
$$

此外, 基于估计 (4.42), (4.91), (4.93), (4.98) 和方程 (4.86a), (4.86b),(4.112a)$|_{k=0}$, 类似于单极问题 [99] 的证明, 有

$$
\partial_t^k\eta_{ixx}=-2w_i\partial_t^k\psi_{ixt}+H_{ik},\quad i=1,2,\quad k=0,1,
\tag{4.114a}
$$

$$
H_{i0}:=-2w_{ix}\psi_{it},\quad H_{i1}:=-4\psi_{it}\psi_{ixt}-2w_{ix}\psi_{itt},
\tag{4.114b}
$$

$$
\|H_{ik}\|\leqslant CA_k(t),
\tag{4.114c}
$$

$$
\|\eta_{it}(t)\|_1\leqslant CA_1(t)
\tag{4.114d}
$$

和

$$
C_{2l}A_1(t)\leqslant n_\varepsilon(t)\leqslant C_{2r}A_1(t),\quad \forall 0<\varepsilon\leqslant 1,
\tag{4.115}
$$

如果 $N_\varepsilon(T)+\delta\ll 1$.

引理 4.14 (高阶估计) 在定理 4.11 的假设下, 对任意的时间 $t\in[0,T]$ 和普朗克常数 $0<\varepsilon\leqslant 1$, 成立如下微分等式

$$
\frac{d}{dt}III^k(t)+VII^k(t)=XII^k(t),\quad k=0,1,
\tag{4.116a}
$$

其中 $III^k(t), VII^k(t)$ 和 $XII^k(t)$ 分别由 (4.132b), (4.132c) 和 (4.132d) 给出. 更进一步, 存在正常数 C 成立估计

$$\left|III^k(t)\right| \leqslant CA_k^2(t), \quad \left|XII^k(t)\right| \leqslant C(N_\varepsilon(T)+\delta)A_k^2(t), \quad k=0,1, \tag{4.116b}$$

倘若 $N_\varepsilon(T)+\delta \ll 1$.

证明　事实上, 基于齐次边值条件

$$(\psi_i, \partial_t^k\psi_{it}, \partial_t^k\psi_{ixx})(t,0) = (\psi_i, \partial_t^k\psi_{it}, \partial_t^k\psi_{ixx})(t,1) = 0, \quad i=1,2, \quad k=0,1, \tag{4.117}$$

引理 4.14 的证明可由如下手续来完成.

$$\sum_{i=1}^{2}\int_0^1 (4.112\text{a})(\partial_t^k\psi_i + 2\partial_t^k\psi_{it})\,dx, \quad k=0,1. \tag{4.118}$$

然而, 由于过程过于复杂, 将其拆分成如下若干步骤.

第一步: 由

$$\sum_{i=1}^{2}\int_0^1 (4.112\text{a})\partial_t^k\psi_i\,dx, \quad k=0,1, \tag{4.119}$$

得

$$\begin{aligned}
&\underbrace{\sum_{i=1}^{2}\int_0^1 2\partial_t^k\psi_{itt}\partial_t^k\psi_i\,dx}_{I_1^k} \underbrace{-\sum_{i=1}^{2}\int_0^1 2K_i\partial_t^k\psi_{ixx}\partial_t^k\psi_i\,dx}_{I_2^k} \\
&\underbrace{+\sum_{i=1}^{2}\int_0^1 \varepsilon^2\partial_x^4\partial_t^k\psi_i\partial_t^k\psi_i\,dx}_{I_3^k} \underbrace{+\sum_{i=1}^{2}\int_0^1 2\partial_t^k\psi_{it}\partial_t^k\psi_i\,dx}_{I_4^k} \\
=&\underbrace{\sum_{i=1}^{2}\int_0^1 2j_iw_i^{-3}\partial_t^k\eta_{ixx}\partial_t^k\psi_i\,dx}_{I_5^k} \underbrace{-\sum_{i=1}^{2}\int_0^1 2j_i^2w_i^{-4}\partial_t^k\psi_{ixx}\partial_t^k\psi_i\,dx}_{I_6^k} \\
&\underbrace{+\sum_{i=1}^{2}\int_0^1 \varepsilon^2\left[(k+1)\psi_{ixx}+2\tilde{w}_{ixx}\right]w_i^{-1}\partial_t^k\psi_{ixx}\partial_t^k\psi_i\,dx}_{I_7^k} \\
&\underbrace{+\sum_{i=1}^{2}\int_0^1 (-1)^i\partial_t^k(\sigma_{xx}w_i)\partial_t^k\psi_i\,dx}_{I_8^k\text{ : 双极效应}} \\
&\underbrace{+\sum_{i=1}^{2}\int_0^1 (\partial_t^kF_i+G_{ik})\partial_t^k\psi_i\,dx}_{I_9^k},
\end{aligned} \tag{4.120}$$

经分部积分, 得

$$I_1^k=\frac{d}{dt}\int_0^1\sum_{i=1}^2 2\partial_t^k\psi_{it}\partial_t^k\psi_i\,dx-\int_0^1\sum_{i=1}^2 2(\partial_t^k\psi_{it})^2\,dx, \tag{4.121a}$$

$$I_2^k=\int_0^1\sum_{i=1}^2 2K_i(\partial_t^k\psi_{ix})^2\,dx, \tag{4.121b}$$

$$I_3^k=\int_0^1\sum_{i=1}^2(\varepsilon\partial_t^k\psi_{ixx})^2\,dx, \tag{4.121c}$$

$$I_4^k=\frac{d}{dt}\int_0^1\sum_{i=1}^2(\partial_t^k\psi_i)^2\,dx, \tag{4.121d}$$

$$I_5^k=-\int_0^1\sum_{i=1}^2 2(j_iw_i^{-3}\partial_t^k\psi_i)_x\partial_t^k\eta_{ix}\,dx, \tag{4.121e}$$

$$I_6^k=\int_0^1\sum_{i=1}^2 2(j_i^2w_i^{-4}\partial_t^k\psi_i)_x\partial_t^k\psi_{ix}\,dx. \tag{4.121f}$$

令 I_7^k 和 I_9^k 保持不变. 因为主要困难来自于双极效应, 需额外关注 I_8^k,

$$\text{双极效应: } I_8^k=\int_0^1\sum_{i=1}^2(-1)^i\partial_t^k(\sigma_{xx}w_i)\partial_t^k\psi_i\,dx$$
$$=-\int_0^1\left[\partial_t^k(\sigma_{xx}w_1)\partial_t^k\psi_1-\partial_t^k(\sigma_{xx}w_2)\partial_t^k\psi_2\right]dx,\quad k=0,1. \tag{4.122a}$$

由方程 (4.86c), 得

$$\sigma_{xx}=(w_1+\tilde{w}_1)\psi_1-(w_2+\tilde{w}_2)\psi_2, \tag{4.122b}$$

$$\sigma_{xxt}=2w_1\psi_{1t}-2w_2\psi_{2t}. \tag{4.122c}$$

接下来分别处理 (4.122a) 中的 I_8^0 和 I_8^1.

$$\begin{aligned}I_8^0&=-\int_0^1\big(\sigma_{xx}w_1\psi_1-\sigma_{xx}w_2\psi_2\big)\,dx=-\int_0^1\sigma_{xx}\big(w_1\psi_1-w_2\psi_2\big)\,dx\\&=-\int_0^1\big[(w_1+\tilde{w}_1)\psi_1-(w_2+\tilde{w}_2)\psi_2\big]\big(w_1\psi_1-w_2\psi_2\big)\,dx\\&=-\int_0^1\big[(w_1\psi_1-w_2\psi_2)+(\tilde{w}_1\psi_1-\tilde{w}_2\psi_2)\big]\big(w_1\psi_1-w_2\psi_2\big)\,dx\\&=-\int_0^1\Big[\underbrace{(w_1\psi_1-w_2\psi_2)^2}_{I_{8,1}^0}+(\tilde{w}_1\psi_1-\tilde{w}_2\psi_2)(w_1\psi_1-w_2\psi_2)\Big]\,dx\end{aligned}$$

$$= -\int_0^1 \left\{ I_{8,1}^0 + (\tilde{w}_1\psi_1 - \tilde{w}_2\psi_2)\big[(\psi_1+\tilde{w}_1)\psi_1 - (\psi_2+\tilde{w}_2)\psi_2\big] \right\} dx$$

$$= -\int_0^1 \left\{ I_{8,1}^0 + (\tilde{w}_1\psi_1 - \tilde{w}_2\psi_2)\big[(\tilde{w}_1\psi_1 - \tilde{w}_2\psi_2) + (\psi_1^2 - \psi_2^2)\big] \right\} dx$$

$$= -\int_0^1 \Big[\underbrace{(w_1\psi_1 - w_2\psi_2)^2 + (\tilde{w}_1\psi_1 - \tilde{w}_2\psi_2)^2}_{\text{非负}}$$

$$\underbrace{+(\tilde{w}_1\psi_1 - \tilde{w}_2\psi_2)(\psi_1^2 - \psi_2^2)}_{I_{8,2}^0\text{：立方非线性}} \Big] dx, \tag{4.122d}$$

$$I_8^1 = -\int_0^1 \big[(\sigma_{xx}w_1)_t\psi_{1t} - (\sigma_{xx}w_2)_t\psi_{2t}\big]\, dx$$

$$= -\int_0^1 \big[(\sigma_{xxt}w_1 + \sigma_{xx}\psi_{1t})\psi_{1t} - (\sigma_{xxt}w_2 + \sigma_{xx}\psi_{2t})\psi_{2t}\big]\, dx$$

$$= -\int_0^1 \left\{ \sigma_{xxt}(w_1\psi_{1t} - w_2\psi_{2t}) + \sigma_{xx}\big[(\psi_{1t})^2 - (\psi_{2t})^2\big] \right\} dx$$

$$= -\int_0^1 \Big\{ \underbrace{2(w_1\psi_{1t} - w_2\psi_{2t})^2}_{\text{非负}}$$

$$\underbrace{+\big[(w_1+\tilde{w}_1)\psi_1 - (w_2+\tilde{w}_2)\psi_2\big]\big[(\psi_{1t})^2 - (\psi_{2t})^2\big]}_{I_{8,1}^1\text{: 立方非线性}} \Big\}\, dx. \tag{4.122e}$$

在 (4.122a) 中的双极效应只影响最终耗散率 $\tilde{F}(t)$. 将 (4.121) 和 (4.122) 代入 (4.120), 得

$$\frac{d}{dt}I^k(t) + V^k(t) = X^k(t), \quad k = 0, 1, \tag{4.123a}$$

其中

$$I^k(t) := \int_0^1 \sum_{i=1}^2 \Big[2\partial_t^k\psi_{it}\partial_t^k\psi_i + (\partial_t^k\psi_i)^2\Big]\, dx, \tag{4.123b}$$

$$V^k(t) := \int_0^1 \sum_{i=1}^2 \Big[2K_i(\partial_t^k\psi_{ix})^2 + (\varepsilon\partial_t^k\psi_{ixx})^2 - 2(\partial_t^k\psi_{it})^2\Big]\, dx - I_8^k(t), \tag{4.123c}$$

$$\begin{aligned} X^k(t) := &-\int_0^1 \sum_{i=1}^2 2(j_iw_i^{-3}\partial_t^k\psi_i)_x\partial_t^k\eta_{ix}\, dx \\ &+\int_0^1 \sum_{i=1}^2 2(j_i^2w_i^{-4}\partial_t^k\psi_i)_x\partial_t^k\psi_{ix}\, dx \\ &+I_7^k(t) + I_9^k(t), \end{aligned} \tag{4.123d}$$

利用估计 (4.42), (4.91), (4.93), (4.98) 和 (4.113), 再结合 Cauchy-Schwarz 不等式与 (4.114), 对任意的 $0<\varepsilon\leqslant 1$, 得估计

$$\left|\int_0^1 I_{8,2}^0(t,x)\,dx\right|\leqslant CN_\varepsilon(T)\|(\psi_1,\psi_2)(t)\|^2, \tag{4.124a}$$

$$\left|\int_0^1 I_{8,1}^1(t,x)\,dx\right|\leqslant CN_\varepsilon(T)\|(\psi_{1t},\psi_{2t})(t)\|^2, \tag{4.124b}$$

$$\left|I^k(t)\right|\leqslant CA_k^2(t),\quad \left|X^k(t)\right|\leqslant C(N_\varepsilon(T)+\delta)A_k^2(t),\quad k=0,1, \tag{4.124c}$$

倘若 $N_\varepsilon(T)+\delta\ll 1$.

第二步: 由

$$\sum_{i=1}^2\int_0^1 (4.112\text{a})\partial_t^k\psi_{it}\,dx,\quad k=0,1, \tag{4.125}$$

得

$$\begin{aligned}
&\underbrace{\sum_{i=1}^2\int_0^1 2\partial_t^k\psi_{itt}\partial_t^k\psi_{it}\,dx}_{II_1^k}\underbrace{-\sum_{i=1}^2\int_0^1 2K_i\partial_t^k\psi_{ixx}\partial_t^k\psi_{it}\,dx}_{II_2^k}\\
&\underbrace{+\sum_{i=1}^2\int_0^1 \varepsilon^2\partial_x^4\partial_t^k\psi_i\partial_t^k\psi_{it}\,dx}_{II_3^k}\underbrace{+\sum_{i=1}^2\int_0^1 2(\partial_t^k\psi_{it})^2\,dx}_{II_4^k}\\
=&\underbrace{\sum_{i=1}^2\int_0^1 2j_iw_i^{-3}\partial_t^k\eta_{ixx}\partial_t^k\psi_{it}\,dx}_{II_5^k}\underbrace{-\sum_{i=1}^2\int_0^1 2j_i^2w_i^{-4}\partial_t^k\psi_{ixx}\partial_t^k\psi_{it}\,dx}_{II_6^k}\\
&\underbrace{+\sum_{i=1}^2\int_0^1 \varepsilon^2\big[(k+1)\psi_{ixx}+2\tilde{w}_{ixx}\big]w_i^{-1}\partial_t^k\psi_{ixx}\partial_t^k\psi_{it}\,dx}_{II_7^k}\\
&\underbrace{+\sum_{i=1}^2\int_0^1 (-1)^i\partial_t^k(\sigma_{xx}w_i)\partial_t^k\psi_{it}\,dx}_{II_8^k\text{: 双极效应}}\\
&\underbrace{+\sum_{i=1}^2\int_0^1 (\partial_t^kF_i+G_{ik})\partial_t^k\psi_{it}\,dx}_{II_9^k},
\end{aligned} \tag{4.126}$$

由分部积分与 (4.114a), 易得

$$II_1^k = \frac{d}{dt}\int_0^1 \sum_{i=1}^2 (\partial_t^k \psi_{it})^2 \, dx, \tag{4.127a}$$

$$II_2^k = \frac{d}{dt}\int_0^1 \sum_{i=1}^2 K_i(\partial_t^k \psi_{ix})^2 \, dx, \tag{4.127b}$$

$$II_3^k = \frac{d}{dt}\int_0^1 \sum_{i=1}^2 \frac{1}{2}(\varepsilon\partial_t^k \psi_{ixx})^2 \, dx, \tag{4.127c}$$

$$II_4^k = \int_0^1 \sum_{i=1}^2 2(\partial_t^k \psi_{it})^2 \, dx, \tag{4.127d}$$

$$II_5^k = \int_0^1 \sum_{i=1}^2 2(j_i w_i^{-2})_x(\partial_t^k \psi_{it})^2 \, dx + \int_0^1 \sum_{i=1}^2 2 j_i w_i^{-3} H_{ik}\partial_t^k \psi_{it} \, dx, \tag{4.127e}$$

$$\begin{aligned} II_6^k = & \frac{d}{dt}\int_0^1 \sum_{i=1}^2 j_i^2 w_i^{-4}(\partial_t^k \psi_{ix})^2 \, dx \\ & + \int_0^1 \sum_{i=1}^2 2(j_i^2 w_i^{-4})_x \partial_t^k \psi_{it}\partial_t^k \psi_{ix} \, dx - \int_0^1 \sum_{i=1}^2 (j_i^2 w_i^{-4})_t(\partial_t^k \psi_{ix})^2 \, dx. \end{aligned} \tag{4.127f}$$

令 II_7^k 和 II_9^k 保持不动. 要点在于处理双极效应 II_8^k,

$$\text{双极效应: } II_8^k = \int_0^1 \sum_{i=1}^2 (-1)^i \partial_t^k(\sigma_{xx} w_i)\partial_t^k \psi_{it} \, dx, \quad k = 0, 1. \tag{4.128a}$$

接下来, 分别处理 (4.128a) 中的 II_8^0 和 II_8^1 如下

$$\begin{aligned} II_8^0 = & \int_0^1 \sum_{i=1}^2 (-1)^i (\sigma_{xx} w_i)\psi_{it} \, dx \\ = & \int_0^1 \sum_{i=1}^2 (-1)^i \big[(\sigma_{xx} w_i \psi_i)_t - (\sigma_{xx} w_i)_t \psi_i\big] \, dx \\ = & \underbrace{\frac{d}{dt}\int_0^1 \sum_{i=1}^2 (-1)^i \sigma_{xx} w_i \psi_i \, dx}_{II_{8,1}^0} - \int_0^1 \sum_{i=1}^2 (-1)^i (\sigma_{xx} w_i)_t \psi_i \, dx \\ = & II_{8,1}^0 - \int_0^1 \sum_{i=1}^2 (-1)^i (\sigma_{xxt} w_i + \sigma_{xx}\psi_{it})\psi_i \, dx \\ = & II_{8,1}^0 - \int_0^1 \sum_{i=1}^2 (-1)^i \sigma_{xxt} w_i \psi_i \, dx \underbrace{- \int_0^1 \sum_{i=1}^2 (-1)^i \sigma_{xx}\psi_{it}\psi_i \, dx}_{II_{8,2}^0} \end{aligned}$$

$$
\begin{aligned}
&= II^0_{8,1} + \int_0^1 \sigma_{xxt}(w_1\psi_1 - w_2\psi_2)\,dx + II^0_{8,2}\\
&= II^0_{8,1} + \int_0^1 2(w_1\psi_{1t} - w_2\psi_{2t})(w_1\psi_1 - w_2\psi_2)\,dx + II^0_{8,2}\\
&= II^0_{8,1} + \int_0^1 2\big[(w_1\psi_1 - w_2\psi_2)_t - (\psi_{1t}\psi_1 - \psi_{2t}\psi_2)\big](w_1\psi_1 - w_2\psi_2)\,dx + II^0_{8,2}\\
&= II^0_{8,1} + \frac{d}{dt}\int_0^1 (w_1\psi_1 - w_2\psi_2)^2\,dx\\
&\quad - \int_0^1 2(w_1\psi_1 - w_2\psi_2)(\psi_{1t}\psi_1 - \psi_{2t}\psi_2)\,dx + II^0_{8,2}\\
&= \underbrace{\frac{d}{dt}\int_0^1 \sum_{i=1}^2 (-1)^i \sigma_{xx} w_i\psi_i\,dx}_{=I^0_8;(4.122\text{d})}\\
&\quad + \frac{d}{dt}\int_0^1 (w_1\psi_1 - w_2\psi_2)^2\,dx - \int_0^1 2(w_1\psi_1 - w_2\psi_2)(\psi_{1t}\psi_1 - \psi_{2t}\psi_2)\,dx\\
&\quad - \int_0^1 \sum_{i=1}^2 (-1)^i \sigma_{xx}\psi_{it}\psi_i\,dx\\
&= -\frac{d}{dt}\int_0^1 \Big[(\tilde{w}_1\psi_1 - \tilde{w}_2\psi_2)^2 + (\tilde{w}_1\psi_1 - \tilde{w}_2\psi_2)(\psi_1^2 - \psi_2^2)\Big]\,dx\\
&\quad - \int_0^1 \big[2(w_1\psi_1 - w_2\psi_2) - \sigma_{xx}\big](\psi_{1t}\psi_1 - \psi_{2t}\psi_2)\,dx\\
&= -\frac{d}{dt}\int_0^1 \Big[(\tilde{w}_1\psi_1 - \tilde{w}_2\psi_2)^2 + (\tilde{w}_1\psi_1 - \tilde{w}_2\psi_2)(\psi_1^2 - \psi_2^2)\Big]\,dx\\
&\quad - \int_0^1 (\psi_1^2 - \psi_2^2)(\psi_{1t}\psi_1 - \psi_{2t}\psi_2)\,dx\\
&= -\frac{d}{dt}\int_0^1 \Bigg[\underbrace{\frac{1}{4}(\psi_1^2 - \psi_2^2)^2 + (\tilde{w}_1\psi_1 - \tilde{w}_2\psi_2)^2}_{\text{非负}}\\
&\quad \underbrace{+(\tilde{w}_1\psi_1 - \tilde{w}_2\psi_2)(\psi_1^2 - \psi_2^2)}_{=I^0_{8,2}\text{: 立方非线性; (4.124a)}}\Bigg]\,dx,
\end{aligned}
\tag{4.128b}
$$

$$
\begin{aligned}
II^1_8 &= \int_0^1 \sum_{i=1}^2 (-1)^i (\sigma_{xx} w_i)_t \psi_{itt}\,dx\\
&= \int_0^1 \sum_{i=1}^2 (-1)^i (\sigma_{xxt} w_i + \sigma_{xx}\psi_{it})\psi_{itt}\,dx
\end{aligned}
$$

$$
\begin{aligned}
&= \underbrace{\int_0^1 \sum_{i=1}^{2} (-1)^i \sigma_{xxt} w_i \psi_{itt}\, dx}_{II_{8,1}^1} + \int_0^1 \sum_{i=1}^{2} (-1)^i \sigma_{xx} \psi_{it} \psi_{itt}\, dx \\
&= II_{8,1}^1 - \int_0^1 \sigma_{xx} (\psi_{1t}\psi_{1tt} - \psi_{2t}\psi_{2tt})\, dx \\
&= II_{8,1}^1 - \underbrace{\int_0^1 \big[(w_1 + \tilde{w}_1)\psi_1 - (w_2 + \tilde{w}_2)\psi_2\big](\psi_{1t}\psi_{1tt} - \psi_{2t}\psi_{2tt})\, dx}_{II_{8,2}^1\text{：立方非线性}} \\
&= \int_0^1 \sum_{i=1}^{2} (-1)^i \sigma_{xxt} w_i \psi_{itt}\, dx - II_{8,2}^1 \\
&= -\int_0^1 \sigma_{xxt} (w_1\psi_{1tt} - w_2\psi_{2tt})\, dx - II_{8,2}^1 \\
&= -\int_0^1 \sigma_{xxt} (w_1\psi_{1t} - w_2\psi_{2t})_t\, dx + \int_0^1 \sigma_{xxt} \big[(\psi_{1t})^2 - (\psi_{2t})^2\big]\, dx - II_{8,2}^1 \\
&= -\frac{d}{dt}\int_0^1 (w_1\psi_{1t} - w_2\psi_{2t})^2\, dx \\
&\quad + \underbrace{\int_0^1 2(w_1\psi_{1t} - w_2\psi_{2t})\big[(\psi_{1t})^2 - (\psi_{2t})^2\big]\, dx}_{II_{8,3}^1\text{: 立方非线性}} - II_{8,2}^1 \\
&= -\frac{d}{dt}\int_0^1 \underbrace{(w_1\psi_{1t} - w_2\psi_{2t})^2}_{\text{非负}}\, dx \underbrace{+ II_{8,3}^1 - II_{8,2}^1}_{\text{立方非线性}}.
\end{aligned}
\tag{4.128c}
$$

由 (4.128b) 和 (4.128c), 我们发现 (4.128a) 中的双极效应不但会影响最终的耗散率 $\tilde{F}(t)$ 同时也会影响最终的能量 $\tilde{E}(t)$. 然而, 由于在 (4.122d), (4.122e), (4.128b) 和 (4.128c) 中对双极效应项的结构上的分析, 幸运地发现 (4.122a) 中的双极效应 I_8^k 与 (4.128a) 中的双极效应 II_8^k 均可整理为好估计的结构: 双极效应项 = 非负项 + 立方非线性项, 进而可以被很好地控制住.

将 (4.127) 和 (4.128) 代入 (4.126), 得

$$
\frac{d}{dt} II^k(t) + VI^k(t) = XI^k(t), \quad k = 0, 1, \tag{4.129a}
$$

其中

$$
II_{10}^k(t) := \int_0^1 \sum_{i=1}^{2} \left[(\partial_t^k \psi_{it})^2 + \overbrace{(K_i - j_i^2 w_i^{-4})}^{=S_i[w_i^2, j_i]} (\partial_t^k \psi_{ix})^2 + \frac{1}{2}(\varepsilon \partial_t^k \psi_{ixx})^2 \right] dx, \tag{4.129b}
$$

$$II^0(t) := II_{10}^0(t) + \underbrace{\int_0^1 \left[\frac{1}{4}(\psi_1^2-\psi_2^2)^2 + (\tilde{w}_1\psi_1 - \tilde{w}_2\psi_2)^2 + (\tilde{w}_1\psi_1 - \tilde{w}_2\psi_2)(\psi_1^2-\psi_2^2)\right] dx}_{II_b^0(t)\text{: 双极效应}}, \tag{4.129c}$$

$$II^1(t) := II_{10}^1(t) + \overbrace{\int_0^1 (w_1\psi_{1t} - w_2\psi_{2t})^2\, dx}^{II_b^1(t)\text{: 双极效应}}, \tag{4.129d}$$

$$VI^k(t) := \int_0^1 \sum_{i=1}^2 2(\partial_t^k\psi_{it})^2\, dx, \tag{4.129e}$$

$$\begin{aligned} XI^k(t) :=& \int_0^1 \sum_{i=1}^2 2(j_i w_i^{-2})_x(\partial_t^k\psi_{it})^2\, dx + \int_0^1 \sum_{i=1}^2 2j_i w_i^{-3} H_{ik}\partial_t^k\psi_{it}\, dx \\ &+ \int_0^1 \sum_{i=1}^2 2(j_i^2 w_i^{-4})_x \partial_t^k\psi_{it}\partial_t^k\psi_{ix}\, dx - \int_0^1 \sum_{i=1}^2 (j_i^2 w_i^{-4})_t(\partial_t^k\psi_{ix})^2\, dx \\ &+ II_7^k + II_9^k + k\Big(II_{8,3}^1 - II_{8,2}^1\Big), \end{aligned} \tag{4.129f}$$

利用估计 (4.42), (4.91), (4.93), (4.98), (4.113) 和 (4.124a), 再结合 Cauchy-Schwarz 不等式与 (4.114), 对任意的 $0 < \varepsilon \leqslant 1$, 可得

$$\big|II^k(t)\big| \leqslant CA_k^2(t), \quad \big|XI^k(t)\big| \leqslant C(N_\varepsilon(T)+\delta)A_k^2(t), \quad k = 0,1, \tag{4.130}$$

如果 $N_\varepsilon(T)+\delta \ll 1$.

第三步: 由

$$(4.123\text{a}) + 2(4.129\text{a}), \tag{4.131}$$

即 (4.118), 得

$$\frac{d}{dt}III^k(t) + VII^k(t) = XII^k(t), \quad k = 0,1, \tag{4.132a}$$

其中

$$\begin{aligned} III^k(t) :=& I^k(t) + 2II^k(t) \\ =& I^k(t) + 2\Big(II_{10}^k(t) + II_b^k(t)\Big) \\ =& \Big(I^k(t) + 2II_{10}^k(t)\Big) + 2II_b^k(t) \\ =& \int_0^1 \sum_{i=1}^2 \Big[\underbrace{(\partial_t^k\psi_i + \partial_t^k\psi_{it})^2}_{\text{非负}} + (\partial_t^k\psi_{it})^2 \\ &+ \underbrace{2S_i[w_i^2, j_i]}_{\geqslant K_i > 0}(\partial_t^k\psi_{ix})^2 + (\varepsilon\partial_t^k\psi_{ixx})^2\Big]\, dx + 2II_b^k(t), \end{aligned} \tag{4.132b}$$

$$
\begin{aligned}
VII^k(t) &:= V^k(t) + 2VI^k(t) \\
&= \int_0^1 \sum_{i=1}^2 \left[2K_i(\partial_t^k \psi_{ix})^2 + (\varepsilon \partial_t^k \psi_{ixx})^2 + 2(\partial_t^k \psi_{it})^2 \right] dx - I_8^k(t),
\end{aligned} \tag{4.132c}
$$

$$
XII^k(t) := X^k(t) + 2XI^k(t). \tag{4.132d}
$$

注意到 (4.132a) 就是 (4.116a). 根据 (4.124) 和 (4.130), 易得估计 (4.116b).

衰减估计 综合上述已建立的基本估计 (引理 4.13) 和高阶估计 (引理 4.14), 我们来完成定理 4.11 的证明.

定理 4.11 的证明 由

$$
(4.99\text{a}) + \sum_{k=0}^{1} (4.116\text{a}), \tag{4.133}
$$

推得最终的能量微分等式

$$
\frac{d}{dt}\tilde{E}(t) + \tilde{F}(t) = 0, \tag{4.134a}
$$

其中

$$
\tilde{E}(t) := \int_0^1 \mathcal{E}(t,x)\, dx + III^0(t) + III^1(t), \tag{4.134b}
$$

$$
\begin{aligned}
\tilde{F}(t) := &\int_0^1 \sum_{i=1}^2 \eta_i^2 \tilde{w}_i^{-2}\, dx + VII^0(t) + VII^1(t) \\
&- \int_0^1 R_2\, dx - XII^0(t) - XII^1(t).
\end{aligned} \tag{4.134c}
$$

现在我们声明成立如下等价关系: 存在四个正常数 $C_{3l}, C_{3r}, C_{4l}, C_{4r}$ 使得对任意的 $0 < \varepsilon \leqslant 1$, 如果 $N_\varepsilon(T) + \delta \ll 1$, 则

$$
C_{3l} A_1^2(t) \leqslant \tilde{E}(t) \leqslant C_{3r} A_1^2(t), \tag{4.135a}
$$

$$
C_{4l} A_1^2(t) \leqslant \tilde{F}(t) \leqslant C_{4r} A_1^2(t), \quad \forall t \in [0,T]. \tag{4.135b}
$$

上面的等价关系对于揭示双极问题的耗散机制将起到至关重要的作用. 事实上, 由 $0 < \varepsilon \leqslant 1$ 和之前的估计 (4.99b), (4.99c), (4.116b), 在先验假设 $N_\varepsilon(T) + \delta \ll 1$ 之下易证得 (4.135) 中的上界估计. 难点在于如何建立 (4.135) 中的下界估计. 为此, 首先回顾最优 Poincaré 不等式

$$
\|f\|^2 \leqslant \frac{1}{4}\|f_x\|^2, \quad \forall f \in H_0^1(\Omega). \tag{4.136}
$$

这在建立最终耗散率 $\tilde{F}(t)$ 的下界估计时很重要. 更精确地, 借助于 Poincaré 不等式 (4.136), 能够从高阶估计 $VII^0(t)$ 中再造出基本估计中由双极强耦合效应的副作用而损失的零阶耗散率 $\|(\psi_1, \psi_2)(t)\|^2$.

根据 (4.122) 中的双极效应项 I_8^k 和 (4.128) 中的双极效应项 II_8^k 的结构分析, 即

$$\text{双极效应项} = \text{非负项} + \text{立方非线性项}, \tag{4.137}$$

在下界估计过程中, 可以放心地舍弃 $\tilde{E}(t)$ 和 $\tilde{F}(t)$ 中的一些无用的非负项. 具体细节如下

$$\begin{aligned}
\tilde{E}(t) =& \int_0^1 \mathcal{E}(t,x)\,dx + III^0(t) + III^1(t) \\
\geqslant & C_{1l}\sum_{i=1}^2 \|(\psi_i, \eta_i, \underbrace{\varepsilon\psi_{ix}}_{\geqslant 0})(t)\|^2 \\
& + \sum_{k=0}^1 \int_0^1 \sum_{i=1}^2 \Big[\underbrace{(\partial_t^k \psi_i + \partial_t^k \psi_{it})^2}_{\geqslant 0} + (\partial_t^k \psi_{it})^2 \\
& + 2S_i[w_i^2, j_i](\partial_t^k \psi_{ix})^2 + (\varepsilon \partial_t^k \psi_{ixx})^2\Big]\,dx + \sum_{k=0}^1 2II_b^k(t) \\
\geqslant & C_{1l}\sum_{i=1}^2 \|(\psi_i, \eta_i)(t)\|^2 + \sum_{k=0}^1 \int_0^1 \sum_{i=1}^2 \Big[(\partial_t^k \psi_{it})^2 + K_i(\partial_t^k \psi_{ix})^2 + (\varepsilon \partial_t^k \psi_{ixx})^2\Big]\,dx \\
& + \int_0^1 \Big[\underbrace{\frac{1}{4}(\psi_1^2 - \psi_2^2)^2 + (\tilde{w}_1\psi_1 - \tilde{w}_2\psi_2)^2}_{\geqslant 0} + (\tilde{w}_1\psi_1 - \tilde{w}_2\psi_2)(\psi_1^2 - \psi_2^2)\Big]\,dx \\
& + \int_0^1 \underbrace{(w_1\psi_{1t} - w_2\psi_{2t})^2}_{\geqslant 0}\,dx \\
\geqslant & C_{1l}\sum_{i=1}^2 \|(\psi_i, \eta_i)(t)\|^2 + \sum_{k=0}^1 \int_0^1 \sum_{i=1}^2 \Big[(\partial_t^k \psi_{it})^2 + K_i(\partial_t^k \psi_{ix})^2 + (\varepsilon \partial_t^k \psi_{ixx})^2\Big]\,dx \\
& - CN_\varepsilon(T)\sum_{i=1}^2 \|\psi_i(t)\|^2 \\
\geqslant & C_{3l} A_1^2(t),
\end{aligned} \tag{4.138a}$$

$$\begin{aligned}
\tilde{F}(t) =& \int_0^1 \sum_{i=1}^2 \eta_i^2 \tilde{w}_i^{-2}\,dx + \sum_{k=0}^1 VII^k(t) - \int_0^1 R_2\,dx - \sum_{k=0}^1 XII^k(t) \\
\geqslant & C\sum_{i=1}^2 \|\eta_i(t)\|^2 \\
& + \sum_{k=0}^1 \Big\{ \int_0^1 \sum_{i=1}^2 \Big[2K_i(\partial_t^k \psi_{ix})^2 + (\varepsilon \partial_t^k \psi_{ixx})^2 + 2(\partial_t^k \psi_{it})^2\Big]\,dx - I_8^k(t) \Big\}
\end{aligned}$$

$$
\begin{aligned}
&-\left|\int_0^1 R_2\,dx\right|-\sum_{k=0}^{1}\left|XII^k(t)\right| \\
\geqslant{}& C\sum_{i=1}^{2}\|\eta_i(t)\|^2+\sum_{i=1}^{2}\sum_{k=0}^{1}\left[2K_i\|\partial_t^k\psi_{ix}(t)\|^2+\|\varepsilon\partial_t^k\psi_{ixx}(t)\|^2+2\|\partial_t^k\psi_{it}(t)\|^2\right] \\
&-\sum_{k=0}^{1}I_8^k(t)-C(N_\varepsilon(T)+\delta)\sum_{i=1}^{2}\|(\psi_i,\eta_i)(t)\|_1^2-C(N_\varepsilon(T)+\delta)\sum_{k=0}^{1}A_k^2(t) \\
\geqslant{}& \sum_{i=1}^{2}\big(K_i\underbrace{\|\psi_{ix}(t)\|^2}_{(4.136)}+K_i\|\psi_{ix}(t)\|^2\big) \\
&+\sum_{i=1}^{2}\left[C\|\eta_i(t)\|^2+2K_i\|\partial_t^1\psi_{ix}(t)\|^2+\sum_{k=0}^{1}\big(\|\varepsilon\partial_t^k\psi_{ixx}(t)\|^2+2\|\partial_t^k\psi_{it}(t)\|^2\big)\right] \\
&-C(N_\varepsilon(T)+\delta)\sum_{i=1}^{2}\|(\psi_i,\eta_i)(t)\|_1^2-C(N_\varepsilon(T)+\delta)\sum_{k=0}^{1}A_k^2(t) \\
&+\int_0^1\Big[\underbrace{(w_1\psi_1-w_2\psi_2)^2+(\tilde w_1\psi_1-\tilde w_2\psi_2)^2}_{\geqslant 0}+(\tilde w_1\psi_1-\tilde w_2\psi_2)(\psi_1^2-\psi_2^2)\Big]\,dx \\
&+\int_0^1\Big\{\underbrace{2(w_1\psi_{1t}-w_2\psi_{2t})^2}_{\geqslant 0} \\
&+\big[(w_1+\tilde w_1)\psi_1-(w_2+\tilde w_2)\psi_2\big]\big[(\psi_{1t})^2-(\psi_{2t})^2\big]\Big\}\,dx \\
\geqslant{}& \sum_{i=1}^{2}\big(4K_i\|\psi_i(t)\|^2+K_i\|\psi_{ix}(t)\|^2+C\|\eta_i(t)\|^2+2K_i\|\partial_t^1\psi_{ix}(t)\|^2\big) \\
&+\sum_{i=1}^{2}\sum_{k=0}^{1}\big(\|\varepsilon\partial_t^k\psi_{ixx}(t)\|^2+2\|\partial_t^k\psi_{it}(t)\|^2\big) \\
&-C(N_\varepsilon(T)+\delta)\sum_{i=1}^{2}\|(\psi_i,\eta_i)(t)\|_1^2-C(N_\varepsilon(T)+\delta)\sum_{k=0}^{1}A_k^2(t) \\
&-CN_\varepsilon(T)\sum_{i=1}^{2}\|\psi_i(t)\|^2-CN_\varepsilon(T)\sum_{i=1}^{2}\|\psi_{it}(t)\|^2 \\
\geqslant{}& C_{4l}A_1^2(t).
\end{aligned}
\tag{4.138b}
$$

由 (4.135) 可知 $\tilde{E}(t)$ 与 $\tilde{F}(t)$ 亦彼此等价. 从而, 存在正常数 C_5 使得

$$
C_5\tilde{E}(t)\leqslant\tilde{F}(t),\quad \forall t\in[0,T]. \tag{4.139}
$$

将 (4.139) 代入 (4.134a), 得常微分不等式

$$
\frac{d}{dt}\tilde{E}(t)+C_5\tilde{E}(t)\leqslant 0,\quad \forall t\in[0,T]. \tag{4.140}
$$

由 Gronwall 不等式论证, 得

$$\tilde{E}(t) \leqslant \tilde{E}(0)\,\mathrm{e}^{-C_5 t}, \quad \forall t \in [0,T]. \tag{4.141}$$

由 (4.115), (4.135a) 和 (4.141), 存在一个正常数 C 使得

$$n_\varepsilon^2(t) \leqslant C n_\varepsilon^2(0)\,\mathrm{e}^{-C_5 t}, \quad \forall t \in [0,T]. \tag{4.142}$$

令 $\gamma_2 := C_5/2$, 对 (4.142) 开算数平方根, 即得 (4.92). □

4.2 高维模型

本节详细介绍我们在文献 [78] 中的工作. 在文献 [78] 中考虑高维双极 QHD 模型

$$\begin{cases} n_{it} + \operatorname{div}(n_i u_i) = 0, & (4.143\text{a}) \\ (n_i u_i)_t + \operatorname{div}(n_i u_i \otimes u_i) + \nabla p_i(n_i) & \\ = (-1)^{i-1} n_i E + \dfrac{\varepsilon^2}{2} n_i \nabla\left(\dfrac{\Delta\sqrt{n_i}}{\sqrt{n_i}}\right) - \dfrac{n_i u_i}{\tau_i}, & (4.143\text{b}) \\ \lambda^2 \nabla\cdot E = n_1 - n_2 - D(x), \quad \nabla\times E = 0,\ E(x,t)\to 0, |x|\to+\infty, & (4.143\text{c}) \\ (n_i, u_i)(x,0) = (n_{i0}, u_{i0})(x), \quad n_{i0}(x)\to n_i^*, u_{i0}(x)\to 0,\ |x|\to+\infty. & (4.143\text{d}) \end{cases}$$

整体解的大时间行为, 即时间衰减率问题. 双极模型中两种粒子的耦合使得在能量估计中看不到期望的指数衰减结构, 只能寻求代数衰减结果. 本节用能量估计结合谱分析方法证明了, 与半导体单极 QHD 模型不同, 一般地在全空间情形对双极 QHD 模型我们不能得到指数衰减.

先给出一些准备引理.

引理 4.15 设 $f \in H^s(\mathbb{R}^3), s \geqslant \dfrac{3}{2}$, 则下面散度方程存在唯一解 $u \in (\mathcal{H}^{s+1})^3$,

$$\nabla\cdot u = f, \quad \nabla\times u = 0, \quad u(x)\to 0, \quad |x|\to+\infty,$$

满足

$$\|u\|_{L^6} \leqslant C\|f\|, \quad \|Du\|_s \leqslant C\|f\|_s.$$

引理 4.16 设 $f \in (H^s(\mathbb{R}^3))^3, s \geqslant \dfrac{3}{2}$ 且 $\nabla\cdot f = 0$, 则下面旋度方程存在唯一解 $u \in (\mathcal{H}^{s+1})^3$,

$$\nabla\times u = f, \quad \nabla\cdot u = 0, \quad u(x)\to 0, \quad |x|\to+\infty,$$

满足

$$\|u\|_{L^6} \leqslant C\|f\|, \quad \|Du\|_s \leqslant C\|f\|_s.$$

引理 4.17　设 $f,g\in H^s(\mathbb{R}^3)\cap L^\infty(\mathbb{R}^3)$, 则

$$D^\alpha(fg)\|\leqslant C\|g\|_{L^\infty}\|D^\alpha f\|+C\|f\|_{L^\infty}\|D^\alpha g\|,$$

其中 $1\leqslant|\alpha|\leqslant s, s\geqslant\dfrac{3}{2}$ 是整数.

引理 4.18　设 $f\in H^s(\mathbb{R}^3), s\geqslant\dfrac{3}{2}$ 是整数, 函数 $F(\cdot)$ 充分光滑且 $F(0)=0$, 则 $F(f)\in H^s$ 且

$$\|F(f)\|_s\leqslant C\|f\|_s.$$

下面是本节主要结果.

定理 4.19　设 ε,τ,λ 固定且 $p_i(\cdot)\in C^5(0,+\infty)$, $D(x)=c^*$ 是常数, 正常数 n_i^* 满足

$$n_1^*-n_2^*-c^*=0,\quad p_i'(n_i^*)>0.$$

假设存在 $\Lambda_1>0$ 使得 $\Lambda_0:=\|(n_{i0}-n_i^*,u_{i0})\|_{H^6\times\mathcal{H}^5(\mathbb{R}^3)}\leqslant\Lambda_1$, 则 Cauchy 问题 (4.143) 存在唯一整体解 (n_1,n_2,u_1,u_2,E) 满足 $n_i>0$ 且

$$\begin{aligned}&(n_i-n_i^*,E)\in C^k(0,T;H^{6-2k}(\mathbb{R}^3)\times\mathcal{H}^{6-2k}(\mathbb{R}^3)),\\&u_i\in C^k(0,T;\mathcal{H}^{5-2k}(\mathbb{R}^3)),\quad k=0,1,2,\end{aligned}\tag{4.144}$$

并且当 $t\to+\infty$ 时 (n_i,u_i,E) 以代数衰减率收敛到平衡态解 $(n_i^*,0,0)$

$$(1+t)^k\|D^k(n_i-n_i^*)(t)\|^2+(1+t)^5\|\varepsilon D^6(n_i-n_i^*)(t)\|^2\leqslant C\Lambda_0,\quad 0\leqslant k\leqslant 5,\tag{4.145}$$

$$(1+t)^k\|D^k(u_i,j_i)(t)\|^2+(1+t)^k\|D^kE(t)\|^2+(1+t)^6\|D^6E(t)\|^2\leqslant C\Lambda_0,\quad 1\leqslant k\leqslant 5,\tag{4.146}$$

其中 $j_i=n_iu_i$, 常数 $C>0$ 不依赖 ε.

由 (4.145)–(4.146) 及 Nirenberg 不等式

$$\|u\|_{L^\infty(\mathbb{R}^3)}\leqslant C\|D^2u\|^{1/2}\|u\|_{L^6}^{1/2}\leqslant C\|D^2u\|^{1/2}\|Du\|^{1/2},\tag{4.147}$$

可得 L^∞ 模的时间衰减率

$$\|(n_i-n_i^*,u_i,E)(t)\|_{L^\infty(\mathbb{R}^3)}\leqslant C(1+t)^{-3/4}.\tag{4.148}$$

与单极 QHD 模型不同, 我们不能得到指数衰减率, 这反映了两种耦合的粒子有某种相互抵消作用.

实际上, 可将 (4.143a)–(4.143c) 对变量

$$(W_i, j_i, E) = (n_i - n_i^*, n_i u_i, E), \quad i = 1, 2$$

在平衡态附近线性化, 得

$$\begin{cases} W_{it} + \nabla \cdot j_i = 0, & (4.149\text{a}) \\ j_{it} + p_i'(n_i^*)\nabla W_i - \dfrac{\varepsilon^2}{4}\nabla\Delta W_i + j_i - (-1)^{i-1} n_i^* E = 0, & (4.149\text{b}) \\ \nabla \cdot E = W_1 - W_2, \quad \nabla \times E = 0, \quad E \to 0, \quad |x| \to \infty, & (4.149\text{c}) \end{cases}$$

初值为

$$(W_i, j_i)(x, 0) = (W_{i0}, j_{i0})(x), \tag{4.150}$$

其中取 $\tau = 1, \lambda = 1$. 由 Poisson 方程 (4.149c), 可将 E 写为

$$E = \nabla\Delta^{-1}(W_1 - W_2). \tag{4.151}$$

假设初值 (4.150) 满足

$$j_{i0} \in H^5, \quad W_{i0} \in H^6 \cap L^1, \tag{4.152}$$

从而 E_0 满足

$$E_0 = \nabla\Delta^{-1}(W_{10} - W_{20}) \in H^5. \tag{4.153}$$

这里 $\|D^k E\|(k > 0)$ 可对 Poisson 方程用引理 4.15 得到. $\|E\|$ 是用 $\mathbb{R}^3$ 中的 Riesz 位势理论得到, 即 $\|E\| \leqslant C\|W_1 - W_2\|_{L^{6/5}}$. 不失一般性, 考虑 (4.149)–(4.150) 如下情形

$$\frac{\varepsilon^2}{4} = 1, \quad n_i^* = 2, \quad n_2^* = 1, \quad c^* = 1, \quad p_1'(2) = p_2'(1) = 1. \tag{4.154}$$

我们有下面的关于 (4.149)–(4.150) 的代数衰减估计.

定理 4.20 假设 (4.152)–(4.154) 成立, 且初值 W_{i0} 的 Fourier 变换 $\hat{W}_{i0}$ 满足

$$\inf_{\xi \in B(0,r)} |(\hat{W_{10}} + 2\hat{W_{20}})(\xi)| \geqslant m_0 > 0, \quad r > 0, \tag{4.155}$$

并且假设

$$\nabla \cdot (j_{10} + 2i_{20}) = 0, \tag{4.156}$$

则 (4.149)–(4.150) 存在唯一整体解满足

$$W_i \in C([0, +\infty), H^6), \quad j_i \in C([0, +\infty), H^5),$$
$$E \in C([0, +\infty), H^5),$$

且有估计

$$C_1(1+t)^{-\frac{k}{2}-\frac{3}{4}} \leqslant \|\partial_x^k W_i(t)\| \leqslant C_2(1+t)^{-\frac{k}{2}}, \quad 0 \leqslant k \leqslant 6, \tag{4.157}$$

$$C_1(1+t)^{-\frac{k}{2}-\frac{5}{4}} \leqslant \|\partial_x^k j_i(t)\| \leqslant C_2(1+t)^{-\frac{k}{2}}, \quad 0 \leqslant k \leqslant 5, \quad i=1,2, \tag{4.158}$$

其中正常数 C_1, C_2 依赖 $m_0, \|U_0\|_{H^6\times H^5}$ 及 $\|W_{i0}\|_{L^1}$.

定理 4.20 说明, 上面线性双极 QHD 模型同时具有上界和下界的代数衰减率.

定理 4.19 的证明　第一步. 方程的转化. 取 $\lambda=1, \tau=1$, 引进变量 $w_i=\sqrt{n_i}$, $\psi_i = w_i - \sqrt{n_i^*}$, $v_i = \nabla\times u_i$ 以得到关于 (ψ_i, v_i, E) 的方程

$$\psi_{1tt} + \psi_{1t} + \frac{\varepsilon^2\Delta^2\psi_1}{4} + \frac{1}{2}(\psi_1 + \sqrt{n_1^*})\nabla\cdot E - p_1'(\sqrt{n_1^*})\Delta\psi_1 = f_{11}, \tag{4.159}$$

$$\psi_{2tt} + \psi_{2t} + \frac{\varepsilon^2\Delta^2\psi_2}{4} - \frac{1}{2}(\psi_2 + \sqrt{n_2^*})\nabla\cdot E - p_2'(\sqrt{n_2^*})\Delta\psi_2 = f_{21}, \tag{4.160}$$

$$v_{1t} + v_1 = f_{12}, \tag{4.161}$$

$$v_{2t} + v_2 = f_{22}, \tag{4.162}$$

以及

$$\nabla\cdot E = \psi_1^2 - \psi_2^2 + 2\sqrt{n_1^*}\psi_1 - 2\sqrt{n_2^*}\psi_2, \quad \nabla\times E = 0, \tag{4.163}$$

其初值为

$$\psi_i(x,0) = \psi_{i0}(x) := w_{i0} - \sqrt{n_i^*}, \quad v_i(x,0) = v_{i0}(x) := \nabla\times u_{i0}(x), \tag{4.164}$$

$$\psi_{it}(x,0) = \psi_{i1}(x) := \Big(-u_{i0}\cdot\nabla\psi_{i0} - \frac{1}{2}(\psi_{i0} + \sqrt{n_i^*})\nabla\cdot u_{i0}\Big), \tag{4.165}$$

这里

$$\begin{aligned} f_{i1}(x,t) :=& \frac{-\psi_{it}^2}{\psi_i + \sqrt{n_i^*}} - (-1)^{i-1}\nabla\psi_i E + (p_i'((\psi_i + \sqrt{n_i^*})^2) - p_i'(n_i^*))\Delta\psi_i \\ &+2(\psi_i + \sqrt{n_i^*})p_i''((\psi_i + \sqrt{n_i^*})^2)|\nabla\psi_i|^2 + p_i'((\psi_i + \sqrt{n_i^*})^2)\frac{|\nabla\psi_i|^2}{\psi_i + \sqrt{n_i^*}} \\ &+\frac{\varepsilon^2(\Delta\psi_i)^2}{4(\psi_i + \sqrt{n_i^*})} + \frac{\nabla^2((\psi_i + \sqrt{n_i^*})^2 u_i\otimes u_i)}{2(\psi_i + \sqrt{n_i^*})}, \end{aligned} \tag{4.166}$$

$$f_{i2}(x,t) := (v_i\cdot\nabla)u_i - (u_i\cdot\nabla)v_i - v_i\nabla\cdot u_i, \quad i=1,2. \tag{4.167}$$

我们将用下面的关系

$$2\psi_{it} + 2u_i\cdot\nabla\psi_i + (\psi_i + \sqrt{n_i^*})\nabla\cdot u_i = 0. \tag{4.168}$$

第二步: 先验估计. 假设解 ψ_i, u_i, E 满足

$$\delta_T := \max_{0\leqslant t\leqslant T}\left\{\sum_{k=0}^{5}(1+t)^k\|D^k\psi_i\|^2+\sum_{k=1}^{5}(1+t)^k\|D^ku_i\|^2+\sum_{k=0}^{3}(1+t)^{k+2}\|D^k\psi_{it}\|^2\right.$$
$$+\sum_{k=1}^{3}(1+t)^{k+2}\|D^ku_{it}\|^2+(1+t)^5\|D^4\psi_{it}\|^2$$
$$\left.+\sum_{k=1}^{5}(1+t)^k\|D^kE\|^2+\sum_{k=0}^{2}(1+t)^{k+3}\|D^k\psi_{itt}\|^2\right\}\ll 1. \tag{4.169}$$

若 δ_T 充分小, 则可以保证 w_i 是正的. 对 (4.169) 由 Nirenberg 不等式得

$$\sum_{k=0}^{3}(1+t)^{k+1}\|D^k\psi_i\|_{L^\infty}^2+\sum_{k=0}^{2}(1+t)^{k+3}\|D^k\psi_{it}\|_{L^\infty}^2$$
$$+(1+t)^4\|\psi_{itt}\|_{L^\infty}^2\leqslant C\delta_T, \tag{4.170}$$

$$\sum_{k=0}^{3}(1+t)^{k+1}\|D^ku_i\|_{L^\infty}^2+\sum_{k=0}^{1}(1+t)^{k+3}\|D^ku_{it}\|_{L^\infty}^2$$
$$+\sum_{k=0}^{3}(1+t)^{k+1}\|D^kE\|_{L^\infty}^2\leqslant C\delta_T. \tag{4.171}$$

首先建立先验估计.

引理 4.21 假设 δ_T 充分小, 则对局部解 (ψ_i, u_i, E), 在 $t\in[0,T]$ 中有

$$\sum_{k=0}^{5}(1+t)^k\|D^k\psi_i\|^2+(1+t)^5\|\varepsilon D^6\psi_i\|^2+\sum_{k=0}^{3}(1+t)^{k+2}\|D^k\psi_{it}\|^2$$
$$+(1+t)^5\|D^4\psi_{it}\|^2+\sum_{k=0}^{2}(1+t)^{k+3}\|D^k\psi_{itt}\|^2\leqslant C\Lambda_0, \tag{4.172}$$

$$\sum_{k=1}^{5}(1+t)^k\|D^ku_i\|^2+\sum_{k=1}^{3}(1+t)^{k+2}\|D^ku_{it}\|^2\leqslant C\Lambda_0, \tag{4.173}$$

$$\sum_{k=1}^{5}(1+t)^k\|D^kE\|^2+\int_0^t\sum_{k=1}^{5}(1+s)^{k-1}\|D^kE\|^2ds\leqslant C\Lambda_0, \tag{4.174}$$

$$\int_0^t\left\{\sum_{k=1}^{5}(1+s)^{k-1}\|D^k\psi_i\|^2+\sum_{k=0}^{4}(1+s)^{k+1}\|D^k\psi_{it}\|^2\right\}ds\leqslant C\Lambda_0, \tag{4.175}$$

$$\int_0^t\left\{\sum_{k=1}^{5}(1+s)^{k}\|D^ku_i\|^2+\sum_{k=1}^{3}(1+s)^{k+2}\|D^ku_{it}\|^2\right\}ds\leqslant C\Lambda_0. \tag{4.176}$$

证明 第一步: 基本估计. 由 $\int_{\mathbb{R}^3}\{(4.159)\times(\psi_1+2\psi_{1t})+(4.160)\times(\psi_2+2\psi_{2t})\}dx$, 可得

$$\begin{aligned}&\frac{d}{dt}\int\Big\{\sum_{i=1}^{2}\Big\{\psi_{it}^2+\psi_i\psi_{it}+\frac{\psi_i^2}{2}+p_i'(n_i^*)|\nabla\psi_i|^2+\frac{\varepsilon^2}{4}|\Delta\psi_i|^2\Big\}+\frac{1}{4}|\nabla\cdot E|^2\Big\}dx\\&+\int\Big\{\sum_{i=1}^{2}\Big\{\psi_{it}^2+p_i'(n_i^*)|\nabla\psi_i|^2+\frac{\varepsilon^2}{4}|\Delta\psi_i|^2\Big\}+\frac{1}{4}|\nabla\cdot E|^2\Big\}dx\\=&\int\nabla(\psi_1^2-\psi_2^2)\cdot Edx+\int\sum_{i=1}^{2}f_{i1}(\psi_i+2\psi_{it})dx,\end{aligned}\tag{4.177}$$

由假设 (4.169), 用 Sobolev 嵌入定理、Hölder 不等式、Young 不等式及分部积分估计 (4.177) 的右端, 其中用到 $\|Du_i\|^2\leqslant C(\|\nabla\cdot u_i\|^2+\|\nabla\times u_i\|^2)$, 并由 $\|\nabla\psi_i\|^2,\|\psi_{it}\|^2$ 通过 (4.168) 来估计 $\nabla\cdot u_i$, 可得

$$\begin{aligned}&\frac{d}{dt}\int\left\{\sum_{i=1}^{2}\left\{\psi_{it}^2+\psi_i\psi_{it}+\frac{\psi_i^2}{2}+p_i'(n_i^*)|\nabla\psi_i|^2+\frac{\varepsilon^2}{4}|\Delta\psi_i|^2\right.\right.\\&\left.\left.+[p_i'((\psi_i+\sqrt{n_i^*})^2)-p_i'(n_i^*)]|\nabla\psi_i|^2+(u_i\cdot\nabla\psi_i)^2\right\}+\frac{1}{4}|\nabla\cdot E|^2\right\}dx\\&+\int\left\{\sum_{i=1}^{2}\left\{\psi_{it}^2+p_i'(n_i^*)|\nabla\psi_i|^2+\frac{\varepsilon^2}{4}|\Delta\psi_i|^2\right\}+\frac{1}{4}|\nabla\cdot E|^2\right\}dx\\\leqslant& C\delta_T\sum_{i=1}^{2}\|(\nabla\psi_i,\psi_{it},\nabla\cdot E,v_i)(t)\|^2,\end{aligned}\tag{4.178}$$

由 $\int_{\mathbb{R}^3}\{(4.161)\times 2v_1+(4.162)\times 2v_2\}dx$, 经简单分析并由式 (4.169) 可得

$$\frac{d}{dt}\int\sum_{i=1}^{2}|\tilde{v}_i|^2dx+2\int\sum_{i=1}^{2}|\tilde{v}_i|^2dx\leqslant C\delta_T\sum_{i=1}^{2}\|(v_i,\nabla\psi_i,\psi_{it})(t)\|^2.\tag{4.179}$$

再由 $\int_0^t\{(4.178)+(4.179)\}ds$, 并由

$$p_i'(n_i^*)>0,\quad \frac{1}{6}(x^2+y^2)\leqslant x^2+xy+\frac{y^2}{2}\leqslant 2(x^2+y^2),$$

可得

$$\begin{aligned}&\sum_{i=1}^{2}\left\{\|\psi_i\|_1^2+\|\varepsilon D^2\psi_i\|^2+\|(\psi_{it},v_i)\|^2\right\}+\|DE\|^2\\&+\int_0^t\Big\{\sum_{i=1}^{2}\|(\nabla\psi_i,\varepsilon D^2\psi_i,\psi_{it},v_i)\|^2+\|DE\|^2\Big\}ds\leqslant C\Lambda_0.\end{aligned}\tag{4.180}$$

取 $\int\{(4.159)\times 2(1+t)\psi_{1t}+(4.160)\times 2(1+t)\psi_{2t}\}dx$ 以及 $(4.179)\times(1+t)$, 可得

$$
\begin{aligned}
&\frac{d}{dt}\left\{(1+t)\int\left\{\sum_{i=1}^{2}\left\{\psi_{it}^2+p_i'(n_i^*)|\nabla\psi_i|^2+\frac{\varepsilon^2}{4}|\Delta\psi_i|^2+|v_i|^2\right.\right.\right.\\
&\left.\left.\left.+[p_i'((\psi_i+\sqrt{n_i^*})^2)-p_i'(n_i^*)]|\nabla\psi_i|^2+(u_i\cdot\nabla\psi_i)^2\right\}+\frac{1}{4}|\nabla\cdot E|^2\right\}dx\right\}\\
&+2(1+t)\sum_{i=1}^{2}\|(\psi_{it},v_i)\|^2\\
\leqslant{}&(1+t)\sum_{i=1}^{2}\|(\psi_{it},v_i)\|^2+C\delta_T\sum_{i=1}^{2}\|(\nabla\psi_i,\varepsilon D^2\psi_i,v_i,DE)(t)\|^2,
\end{aligned}
\tag{4.181}
$$

其中用到了先验假设 (4.169)、Hölder 不等式、Young 不等式. 在 $[0,t]$ 积分 (4.181) 并用 (4.180), 可得

$$
\begin{aligned}
&(1+t)\sum_{i=1}^{2}\|(\nabla\psi_i,\varepsilon D^2\psi_i,\psi_{it},v_i)\|^2+\|DE\|^2\\
&+\int_0^t(1+s)\sum_{i=1}^{2}\|(\psi_{it},v_i)\|^2ds\leqslant C\Lambda_0.
\end{aligned}
\tag{4.182}
$$

合并 (4.180) 和 (4.182) 可得引理 4.21 的基本估计

$$
\|\psi_i\|^2+(1+t)\|D\psi_i\|^2+(1+t)\|DE\|^2+(1+t)\|Du_i\|^2\leqslant C\Lambda_0,\tag{4.183}
$$

$$
\int_0^t\|(\nabla\psi_i,DE)\|^2ds+\int_0^t(1+s)(\|Du_i\|^2+\|\psi_{it}\|^2)ds\leqslant C\Lambda_0.\tag{4.184}
$$

第二步: 高阶估计. 令 $\tilde{\psi}_i:=D^\alpha\psi_i$, $\tilde{v}_i:=D^\alpha v_i$ 及 $\tilde{E}:=D^\alpha E(1\leqslant|\alpha|\leqslant 4)$ 关于空间变量微分 (4.159)–(4.160), 可得 $\tilde{\psi}_i,\tilde{v}_i,\tilde{E}$ 的方程

$$
\begin{aligned}
&\tilde{\psi}_{itt}+\tilde{\psi}_{it}+\frac{\varepsilon^2}{4}\Delta^2\tilde{\psi}_i+\frac{(-1)^{i-1}}{2}(\psi_i+\sqrt{n_i^*})\nabla\cdot\tilde{E}-p_i'(\sqrt{n_i^*})\Delta\tilde{\psi}_i\\
={}&D^\alpha f_{i1}-D^\alpha\left(\frac{(-1)^{i-1}}{2}(\psi_i+\sqrt{n_i^*})\nabla\cdot E\right)+\frac{(-1)^{i-1}}{2}(\psi_i+\sqrt{n_i^*})\nabla\cdot\tilde{E},
\end{aligned}
\tag{4.185}
$$

$$
\tilde{v}_{it}+\tilde{v}_i=D^\alpha f_{i2},\quad i=1,2,\tag{4.186}
$$

$$
\nabla\cdot\tilde{E}=D^\alpha\Big(\psi_1^2-\psi_2^2+2\sqrt{n_1^*}\psi_1-2\sqrt{n_2^*}\psi_2\Big),\tag{4.187}
$$

合并

$$
\int_0^t\int\sum_{i=1}^{2}\sum_{l=0}^{|\alpha|}(4.185)\times(1+s)^l(D^\alpha\psi_i+2D^\alpha\psi_{it})dxds,
$$

$$\int_0^t\int\sum_{i=1}^2\sum_{l=0}^{|\alpha|}\Big\{(4.186)\times 2(1+s)^l D^\alpha v_i\Big\}dxds$$

及

$$\int_0^t\int\sum_{i=1}^2(4.185)\times 2(1+s)^{|\alpha|+1}D^\alpha\psi_{it}dxds,$$

$$\int_0^t\int\sum_{i=1}^2(4.186)\times 2(1+s)^{|\alpha|+1}D^\alpha v_i dxds,$$

对 $|\alpha|=k, k=1,2,3,4$, 可得

$$\begin{aligned}&(1+t)^{k+1}\|(D^{k+1}\psi_i,\varepsilon D^{k+2}\psi_i,D^k\psi_{it},D^k v_i,D^{k+1}E)\|^2\\&+\int_0^t(1+s)^k\|(D^{k+1}\psi_i,\varepsilon D^{k+2}\psi_i,D^{k+1}E)\|^2ds\\&+\int_0^t(1+s)^{k+1}\|(D^k\psi_{it},D^k v_i)\|^2ds\leqslant C\Lambda_0,\quad i=1,2.\end{aligned}\tag{4.188}$$

由 (4.188), 可得引理 4.21 的部分结果

$$(1+t)^k\|D^k\psi_i\|^2+(1+t)^5\|\varepsilon D^6\psi_i\|^2\leqslant C\Lambda_0,\quad 0\leqslant k\leqslant 5,\tag{4.189}$$

$$(1+t)^k\|D^k u_i\|^2+(1+t)^k\|D^k E\|^2\leqslant C\Lambda_0,\quad 1\leqslant k\leqslant 5,\tag{4.190}$$

$$\int_0^t\Big\{(1+s)^{k-1}\|(D^k\psi_i,D^kE)\|^2+(1+s)^k\|D^k u_i\|^2\Big\}ds\leqslant C\Lambda_0,\quad 1\leqslant k\leqslant 5,\tag{4.191}$$

以及

$$(1+t)^{k+1}\|D^k\psi_{it}\|^2+\int_0^t(1+s)^{k+1}\|D^k\psi_{it}\|^2ds\leqslant C\Lambda_0,\quad 1\leqslant k\leqslant 4.\tag{4.192}$$

$(1+t)^6\|D^6E\|^2\leqslant C\Lambda_0$ 可由 Poisson 方程 (4.163) 及引理 4.15 得到.

我们还需要对 (ψ_i,u_i) 关于时间 t 的微分项做估计. 令 $\bar\psi_i:=D^\alpha\psi_{it},\bar v_i:=D^\alpha v_{it}$, $\bar E:=D^\alpha E_t(0\leqslant|\alpha|\leqslant 2)$, 则 $\bar\psi_i,\bar v_i,\bar E$ 的方程为

$$\begin{aligned}&\bar\psi_{itt}+\bar\psi_{it}+\frac{\varepsilon^2}{4}\Delta^2\bar\psi_i+\frac{(-1)^{i-1}}{2}(\psi_i+\sqrt{n_i^*})\nabla\cdot\bar E-p_i'(\sqrt{n_i^*})\Delta\bar\psi_i\\&=D^\alpha f_{i1t}-D^\alpha\left(\frac{(-1)^{i-1}}{2}(\psi_i+\sqrt{n_i^*})\nabla\cdot E\right)_t+\frac{(-1)^{i-1}}{2}(\psi_i+\sqrt{n_i^*})\nabla\cdot\bar E,\end{aligned}\tag{4.193}$$

$$\bar v_{it}+\bar v_i=D^\alpha f_{i2t},\quad i=1,2,\tag{4.194}$$

$$\nabla\cdot\bar E=D^\alpha\Big(\psi_1^2-\psi_2^2+2\sqrt{n_1^*}\psi_1-2\sqrt{n_2^*}\psi_2\Big)_t,\tag{4.195}$$

以 (4.189)–(4.192) 为基础, 从 (4.193)–(4.195) 可得关于 $\bar{\psi}_i, \bar{v}_i, \bar{E}$ 更快的衰减. 合并

$$\int_0^t \int \sum_{i=1}^{2} \sum_{l=0}^{|\alpha|+2} (4.193) \times (1+s)^l (D^\alpha \psi_{it} + 2D^\alpha \psi_{itt}) dxds,$$

$$\int_0^t \int \sum_{i=1}^{2} \sum_{l=0}^{|\alpha|+2} \left\{ (4.194) \times 2(1+s)^l D^\alpha v_{it} \right\} dxds$$

及

$$\int_0^t \int \sum_{i=1}^{2} \left\{ (4.193) \times 2(1+s)^{|\alpha|+3} D^\alpha \psi_{itt} + (4.194) \times 2(1+s)^{|\alpha|+3} D^\alpha v_{it} \right\} dxds$$

对 $|\alpha| = 0, 1, 2$, 并由 (4.189)–(4.192), 最后可得

$$(1+t)^{k+2} \|D^k \psi_{it}\|^2 + \int_0^t (1+s)^{k+1} \|D^k \psi_{it}\|^2 ds \leqslant C\Lambda_0, \quad 0 \leqslant k \leqslant 3, \tag{4.196}$$

$$(1+t)^{k+3} \|D^k \psi_{itt}\|^2 + \int_0^t (1+s)^{k+3} \|D^k \psi_{itt}\|^2 ds \leqslant C\Lambda_0, \quad 0 \leqslant k \leqslant 2, \tag{4.197}$$

$$(1+t)^{k+3} \|D^k v_{it}\|^2 + \int_0^t (1+s)^{k+3} \|D^k v_{it}\|^2 ds \leqslant C\Lambda_0, \quad 0 \leqslant k \leqslant 2, \tag{4.198}$$

$$(1+t)^{k+2} \|D^k E_t\|^2 + \int_0^t (1+s)^{k+1} \|D^k E_t\|^2 ds \leqslant C\Lambda_0, \quad 1 \leqslant k \leqslant 3. \tag{4.199}$$

这里指出, 与前面相同有 $\|Du_t\|^2 \leqslant C(\|\nabla \cdot u_t\|^2 + \|\nabla \times u_t\|^2)$. 故得到

$$(1+t)^{k+2} \|D^k u_{it}\|^2 + \int_0^t (1+s)^{k+2} \|D^k u_{it}\|^2 ds \leqslant C\Lambda_0, \quad 1 \leqslant k \leqslant 3. \tag{4.200}$$

由 (4.196)–(4.200),(4.189)–(4.192) 及 (4.183)–(4.184) 可得引理 4.21. □

第三步: 证明定理 4.19. 由引理 4.21 我们知道对充分小的 Λ_0 整体解存在, 并对 $t > 0$ 有估计 (4.172)–(4.176)

$$(1+t)^k \|D^k \psi_i\|^2 + (1+t)^5 \|\varepsilon D^6 \psi_i\|^2 \leqslant C\Lambda_0, \quad 0 \leqslant k \leqslant 5, \tag{4.201}$$

$$(1+t)^{k+2} \|D^k \psi_{it}\|^2 + (1+t)^5 \|D^4 \psi_{it}\|^2 \leqslant C\Lambda_0, \quad 0 \leqslant k \leqslant 3, \tag{4.202}$$

$$(1+t)^k \|D^k u_i\|^2 + (1+t)^k \|D^k E\|^2 \leqslant C\Lambda_0, \quad 1 \leqslant k \leqslant 5, \tag{4.203}$$

$$(1+t)^{k+2} \|D^k u_{it}\|^2 \leqslant C\Lambda_0, \quad 1 \leqslant k \leqslant 3, \tag{4.204}$$

其中常数 C 不依赖 ε 和时间 t. 由 $n_i = (\psi_i + \sqrt{n_i^*})^2$, 可得定理 4.19 的结论

$$(1+t)^k \|D^k (n_i - n_i^*)\|^2 + (1+t)^5 \|\varepsilon D^6 (n_i - n_i^*)\|^2 \leqslant C\Lambda_0, \quad 0 \leqslant k \leqslant 5, \tag{4.205}$$

$$(1+t)^k\|D^k u_i\|^2+(1+t)^k\|D^k E\|^2 \leqslant C\Lambda_0, \quad 1\leqslant k\leqslant 5, \tag{4.206}$$

由 (4.205)–(4.206), 用 Nirenberg 不等式可得

$$\|(n_i-n_i^*, u_i, E)(t)\|_{L^\infty(\mathbb{R}^3)} \leqslant C(1+t)^{-\frac{3}{4}}. \tag{4.207}$$

□

定理 4.20 的证明　**第一步**: 做 Fourier 变换. 由 (4.154), $U=(W_1, j_1, W_2, j_2)$ 的方程 (4.149) 可写为

$$\begin{cases} W_1+\nabla\cdot j_1=0, & (4.208\text{a})\\ j_{1t}+\nabla W_1-\nabla\Delta W_1+j_1-2\nabla\Delta^{-1}(W_1-W_2)=0, & (4.208\text{b})\\ W_2+\nabla\cdot j_2=0, & (4.208\text{c})\\ j_{2t}+\nabla W_2-\nabla\Delta W_2+j_2+\nabla\Delta^{-1}(W_1-W_2)=0, & (4.208\text{d}) \end{cases}$$

其初值

$$U(x,0)=U_0(x):=(W_{10}, j_{10}, W_{20}, j_{20})(x). \tag{4.209}$$

形式上将 (4.208)–(4.209) 写为

$$U=\mathrm{e}^{At}U_0, \tag{4.210}$$

其中 U 是其 Fourier 变换 $\hat{U}=(\hat{W}_1, \hat{j}_1, \hat{W}_2, \hat{j}_2)$ 的逆变换. 由 (4.208) 知

$$\begin{cases} \hat{U}_t=\hat{A}\hat{U}, & (4.211\text{a})\\ \hat{U}(\xi,0)=(\hat{W}_{10}, \hat{j}_{10}, \hat{W}_{20}, \hat{j}_{20})(\xi), & (4.211\text{b}) \end{cases}$$

$$\hat{A}=\begin{pmatrix} 0 & -\mathrm{i}\xi^t & 0 & 0\\ -\mathrm{i}\xi b_1 & -I_3 & \mathrm{i}\xi d_1 & 0\\ 0 & 0 & 0 & -\mathrm{i}\xi^t\\ \mathrm{i}\xi d_2 & 0 & -\mathrm{i}\xi b_2 & -I_3 \end{pmatrix},$$

其中

$$b_1=1+|\xi|^2+\frac{2}{|\xi|^2},\quad d_1=\frac{2}{|\xi|^2},\quad b_2=1+|\xi|^2+\frac{1}{|\xi|^2},\quad d_2=\frac{1}{|\xi|^2},\quad I_3=\mathrm{diag}(1,1,1),$$

这里 i 是虚数单位, 并且 $\hat{j}_1=(\hat{j}_1^{(1)}, \hat{j}_1^{(2)}, \hat{j}_1^{(3)})$, $\hat{j}_2=(\hat{j}_2^{(1)}, \hat{j}_2^{(2)}, \hat{j}_2^{(3)})$.

由线性代数理论解常微分方程组 (4.211)

$$\hat{U}\mathrm{e}^{\hat{A}t}\hat{U}_0, \tag{4.212}$$

得 $\hat{U}=(\hat{W}_1, \hat{j}_1, \hat{W}_2, \hat{j}_2)$, 其中

$$\begin{aligned} \hat{W}_1(\xi,t)=&\frac{1}{6}\hat{W}_{10}[F_1+2F_2+e_1^-+e_1^++2(e_2^-+e_2^+)]\\ &+\frac{1}{3}\hat{W}_{20}[F_1-F_2+e_1^-+e_1^+-(e_2^-+e_2^+)] \end{aligned}$$

$$
\begin{aligned}
&-\frac{\mathrm{i}}{3}(\hat{j}_{10}\cdot\xi)(F_1+2F_2)-\frac{\mathrm{i}}{3}(\hat{j}_{20}\cdot\xi)(2F_1-2F_2), \qquad (4.213)\\
\hat{W}_2(\xi,t)=&\frac{1}{6}\hat{W}_{20}[2F_1+F_2+2(e_1^-+e_1^+)+(e_2^-+e_2^+)]\\
&+\frac{1}{6}\hat{W}_{10}[F_1-F_2+e_1^-+e_1^+-(e_2^-+e_2^+)]\\
&-\frac{\mathrm{i}}{3}(\hat{j}_{20}\cdot\xi)(2F_1+F_2)-\frac{\mathrm{i}}{3}(\hat{j}_{10}\cdot\xi)(F_1-F_2), \qquad (4.214)
\end{aligned}
$$

且对 $k=1,2,3$,

$$
\begin{aligned}
\hat{j}_1(k)(\xi,t)=&\frac{\hat{j}_{10}^{(k)}}{|\xi|^2}(|\xi|^2-\xi_k^2)\mathrm{e}^{-t}-\frac{\xi_k}{|\xi|^2}\left(\sum_{l=1,l\neq k}^{3}\xi_l\hat{j}_{10}^{(l)}\right)\mathrm{e}^{-t}\\
&-\frac{\xi_k}{6|\xi|^2}(\xi\cdot\hat{j}_{10})[2F_2+F_1-2(e_2^-+e_2^+)-(e_1^++e_1^-)]\\
&+\frac{\xi_k}{3|\xi|^2}(\xi\cdot\hat{j}_{20})[F_2-F_1+e_1^-+e_1^+-e_2^--e_2^+]\\
&-2(\hat{W}_{10}-\hat{W}_{20})\frac{\mathrm{i}\xi_k}{|\xi|^2}F_2-\frac{\mathrm{i}}{3}\hat{W}_{10}\xi_k(1+|\xi|^2)(2F_2+F_1)\\
&-\frac{2\mathrm{i}}{3}\hat{W}_{20}\xi_k(1+|\xi|^2)(F_1-F_2), \qquad (4.215)\\
\hat{j}_2(k)(\xi,t)=&\frac{\hat{j}_{20}^{(k)}}{|\xi|^2}(|\xi|^2-\xi_k^2)\mathrm{e}^{-t}-\frac{\xi_k}{|\xi|^2}\left(\sum_{l=1,l\neq k}^{3}\xi_l\hat{j}_{20}^{(l)}\right)\mathrm{e}^{-t}\\
&-\frac{\xi_k}{6|\xi|^2}(\xi\cdot\hat{j}_{20})[F_2+2F_1-(e_2^-+e_2^+)-2(e_1^++e_1^-)]\\
&+\frac{\xi_k}{6|\xi|^2}(\xi\cdot\hat{j}_{10})[F_2-F_1+e_1^-+e_1^+-e_2^--e_2^+]\\
&+(\hat{W}_{10}-\hat{W}_{20})\frac{\mathrm{i}\xi_k}{|\xi|^2}F_2-\frac{\mathrm{i}}{3}\hat{W}_{20}\xi_k(1+|\xi|^2)(F_2+2F_1)\\
&-\frac{\mathrm{i}}{3}\hat{W}_{10}\xi_k(1+|\xi|^2)(F_1-F_2), \qquad (4.216)
\end{aligned}
$$

这里

$$
e_1^-=\mathrm{e}^{-\frac{t}{2}(1-I_1)},\quad e_1^+=\mathrm{e}^{-\frac{t}{2}(1+I_1)},\quad e_2^-=\mathrm{e}^{-\frac{t}{2}(1-I_2)},\quad e_2^+=\mathrm{e}^{-\frac{t}{2}(1+I_2)}, \qquad (4.217)
$$

$$
I_1=\sqrt{1-4|\xi|^2(1+|\xi|^2)},\quad I_2=\sqrt{1-4(3+|\xi|^2(1+|\xi|^2))}, \qquad (4.218)
$$

以及

$$
F_1=\frac{e_1^--e_1^+}{I_1},\quad F_2=\frac{e_2^--e_2^+}{I_2}. \qquad (4.219)
$$

这里我们知道 $E_0=\nabla\Delta^{-1}(W_{10}-W_{20})\in L^2$, 从而在 (4.215)–(4.216) 中 $(\hat{W}_{10}-$

$\hat{W}_{20})\dfrac{\mathrm{i}\xi_k}{\|\xi\|^2} \in L^2$. 这说明 $\hat{U}$ 的逆存在, 从而 (4.208)–(4.209) 可解.

第二步: 证明定理 4.20. 首先看 (4.157)–(4.158) 中的低阶估计. 想法是利用 Plancherel 定理考察 U 的 Fourier 变换. 由 (4.217)–(4.219), 将对 (4.213)–(4.216) 中给出的 W_1, j_1, W_2, j_2 的项进行分析. 我们可有下面的估计

$$|e_1^+| + |e_2^-| + |e_2^+| + |F_2| + |\xi|^2|F_2| < C\mathrm{e}^{-ct}, \quad \xi \in \mathbb{R}^3, \tag{4.220}$$

$$|e_1^-| \leqslant \mathrm{e}^{-\frac{t}{2}}, \quad |F_1| \leqslant \frac{t}{2}\mathrm{e}^{-\frac{t}{2}}, \quad |\xi|^2|F_1| < C\frac{t}{2}\mathrm{e}^{-\frac{t}{2}}, \quad |\xi|^2 \geqslant \frac{\sqrt{2}-1}{2}, \tag{4.221}$$

$$e_1^- \geqslant \mathrm{e}^{-c|\xi|^2 t}, \quad |\xi|^2 \leqslant \frac{\sqrt{2}-1}{2}. \tag{4.222}$$

由 (4.220)–(4.222) 可以计算 $\hat{W}_1, \hat{W}_2, \hat{j}_1$ 与 $\hat{j}_2$ 的衰减. 以 $\hat{W}_1, \hat{j}_1$ 为例. 令

$$\hat{W}_1 = T_1 + R_1, \quad \hat{j}_1^{(k)} = T_2^{(k)} + R_2^{(k)}, \quad k = 1, 2, 3,$$

其中

$$T_1 = \frac{1}{6}(\hat{W}_{10} + 2\hat{W}_{20})(F_1 + e_1^-), \tag{4.223}$$

$$R_1 = \hat{W}_1 - T_1, \tag{4.224}$$

$$T_2^{(k)} = -\frac{\mathrm{i}}{3}(\hat{W}_{10} + 2\hat{W}_{20})\xi_k(1 + |\xi|^2)F_1, \tag{4.225}$$

$$R_2^{(k)} = \hat{j}_1^{(k)} - T_2^{(k)}. \tag{4.226}$$

由 (4.220)–(4.222) 可知

$$\|\hat{W}_1(t)\|^2 \geqslant C(1+t)^{-\frac{3}{2}} - C(1+t)\mathrm{e}^{-ct}, \tag{4.227}$$

其中用到了定理 4.20 中的假设. 在 $B(0,r)$ 中 $|(\hat{W}_{10} + 2\hat{W}_{20})| > m_0 > 0$ 及 $F_1 > 0$ 对 $|\xi|^2 < \dfrac{\sqrt{2}-1}{2}$ 成立. 我们还用到 $(|\xi|^n\hat{W}_{10}, |\xi|^n\hat{W}_{20}, |\xi|^l\hat{j}_{10}, |\xi|^l\hat{j}_{20}) \in L^2(0 \leqslant n \leqslant 6, 0 \leqslant l \leqslant 5)$ 及 (4.156) 以得到 $\displaystyle\int |R_1|^2 d\xi < C\mathrm{e}^{-ct}$.

由 Plancherel 定理和不等式 (4.227) 知, 对 $t > 1$

$$\|W_1(t)\| = \|\hat{W}_1(t)\| \geqslant C_1(1+t)^{-\frac{3}{4}}. \tag{4.228}$$

类似地, 由 (4.220)–(4.222), 可得

$$\|\mathrm{i}\xi_k\hat{W}_1(t)\|^2 \geqslant C_1(1+t)^{-\frac{5}{2}} - C(1+t)\mathrm{e}^{-ct}, \tag{4.229}$$

因此

$$\|\partial_{x_k} W_1(t)\| = \|\mathrm{i}\xi_k \hat{W}_1(t)\| \geqslant C_1(1+t)^{-\frac{5}{4}}. \tag{4.230}$$

重复以上手续, 可得高阶估计 $\|\mathrm{i}^{|\alpha|}\xi^\alpha \hat{W}_1(t)\|^2(|\alpha| \leqslant 6)$.

从而由 Plancherel 定理可得

$$\|\partial_x^l W_1(t)\| \geqslant C(1+t)^{-\frac{l}{2}-\frac{3}{4}}, \quad 0 \leqslant l \leqslant 6. \tag{4.231}$$

用相同的方法可以建立 $\hat{j}_1$ 的低阶和高阶衰减估计

$$\|j_1(t)\| = \|\hat{j}_1\| \geqslant C(1+t)^{-\frac{5}{4}}, \tag{4.232}$$

$$\|\partial_x^l j_1(t)\| \geqslant C(1+t)^{-\frac{l}{2}-\frac{5}{4}}, \quad 1 \leqslant l \leqslant 5. \tag{4.233}$$

由对称性知以上估计对 $W_2, j_2^{(k)}(k=1,2,3)$ 也成立. 这样定理 4.20 中的下界估计就得到了. 解的上界估计同样可由 Fourier 变换的方法得到, 也可同前面由能量估计得到. □

4.3 一些问题

与 HD 模型和 DD 模型相比, QHD 模型的研究结果还远不够深入, 仍有许多富有挑战性的问题尚待研究. 这里仅挑选若干问题给出简要阐述.

问题 1 类似于 3.3 节中的问题 1, 仅在掺杂分布函数连续的假定下, 建立类似于 4.1.2 节中一维有界区间上双极 QHD 模型的结果. 可以预见, 三阶量子项提高了模型方程组的非线性程度, 该推广将比 3.3 节中的问题 1 的处理还要困难得多.

问题 2 在有界区间 $\Omega=(0,1)$ 上考虑带热交换的双极 QHD 模型的初边值问题:

$$\begin{cases}
n_{it} + j_{ix} = 0, & \text{(4.234a)}\\
j_{it} + \left(j_i^2 n_i^{-1} + n_i\theta_i\right)_x - \varepsilon^2 n_i\left[(\sqrt{n_i})_{xx}/\sqrt{n_i}\right]_x = (-1)^{i-1}n_i\phi_x - j_i, & \text{(4.234b)}\\
n_i\theta_{it} + j_i\theta_{ix} + \dfrac{2}{3}\left(\dfrac{j_i}{n_i}\right)_x n_i\theta_i - \dfrac{2}{3}\theta_{ixx} = \dfrac{1}{3}\dfrac{j_i^2}{n_i} - n_i(\theta_i - \bar{\theta}), & \text{(4.234c)}\\
\phi_{xx} = n_1 - n_2 - D(x), \quad i=1,2, \quad \forall (t,x) \in (0,+\infty)\times\Omega, & \text{(4.234d)}\\
(n_i, j_i, \theta_i)(0,x) = (n_{i0}, j_{i0}, \theta_{i0})(x), & \text{(4.234e)}\\
n_i(t,0) = n_{il} > 0, \quad n_i(t,1) = n_{ir} > 0, & \text{(4.234f)}\\
\theta_i(t,0) = \theta_{il} > 0, \quad \theta_i(t,1) = \theta_{ir} > 0, & \text{(4.234g)}\\
(\sqrt{n_i})_{xx}(t,0) = (\sqrt{n_i})_{xx}(t,1) = 0, & \text{(4.234h)}\\
\phi(t,0) = 0, \quad \phi(t,1) = \phi_r > 0. & \text{(4.234i)}
\end{cases}$$

讨论对非常值的掺杂分布函数 D, 何时能够建立类似于 4.1.2 节中等温 QHD 模型的结论: 即非平凡稳态解的存在性和渐近稳定性.

问题 2 的研究动机和难点分析: 首先, 考虑热交换的 QHD 模型更接近物理实际. 同时, 温度满足的能量守恒方程是一抛物型方程, 由于正则性的提高会导致能量估计变得更加复杂和困难. 事实上, 为了降低问题的难度, 在方程 (4.234c) 中我们已忽略在热交换过程中产生的量子效应$\left(\text{即量子热流扩散 } \dfrac{\varepsilon^2}{3}\left(n_i\left(\dfrac{j_i}{n_i}\right)_x x\right)_x\right)$. 在研究清楚问题 (4.234) 的数学结构的基础上, 再进一步分析在热交换过程中引入量子热流扩散会得到怎样的数学结果.

问题 3 类似于 3.3 节问题 5, 在三维有界光滑区域上也可以考虑单极 QHD 模型的非平凡稳态解的存在性和渐近稳定性.

问题 3 的研究动机和难点分析: 由于动量守恒方程中引进了三阶色散项——Bohm 位势, 这使得对该模型数学理论的建立变得更加困难. 在带有物理意义的边值条件的非平凡稳态解地研究尚属空白, 同时对 QHD 模型的深入研究能够帮助人们更好地理解现代半导体物理器件中出现的量子效应. 鉴于问题的复杂性, 可以先考虑速度场恒为零的或者有旋的非平凡平衡态解的存在性, 然后可进一步使用能量方法研究其渐近稳定性.

问题 4 在问题 3 的研究基础上, 还可进一步讨论带有热交换的 FQHD 模型的相应数学理论.

问题 5 在 4.2 节中, 在三维全空间 $\mathbb{R}^3$ 上建立了带有常值掺杂分布函数的双极 QHD 模型的常值平衡态解的代数衰减率, 并且利用 Fourier 分析的方法在特殊情况下举例论证了双极 QHD 模型的 Cauchy 问题不可能得到整体解的指数衰减率. 但是 4.2 节中所得到的代数衰减率是否是最优的还有待进一步讨论验证, 难点在于对相应的线性化问题的 Green 函数的性质很难研究清楚. 同时, 在 4.2 节中的结果对初始扰动的正则性的要求是较高的, 一个自然的问题是能否在适当降低对初始扰动的正则性的条件下仍可建立类似的数学结果.

问题 6 在 4.2 节中只研究了全空间上常值平衡态解的渐近稳定性, 具有挑战性问题是研究相应的非平凡稳态解的渐近稳定性. 难点在于对非平凡稳态解情形, 对原始方程在稳态解附近线性化之后得到的是一个变系数的发展方程组, 此时需要更加细致的分析才能得到线性化方程的精确性质, 技术上会比较困难. 相应的非平凡稳态解的存在性结果可参见文献 [129].

第 5 章　半导体模型方程的渐近极限

在本章中, 介绍半导体宏观数学模型之间的渐近极限问题. 例如, HD 模型的零松弛极限、拟中性极限以及 QHD 模型的半经典极限等.

另外, 我们指出, 当半导体宏观流体动力学模型中取零掺杂分布 (即, $D \equiv 0$) 时, 相应的模型方程组还可以用来刻画非磁化等离子体中电子和离子的运动规律. 类似于半导体宏观模型, 对非磁化等离子体模型, 人们同样可以研究相应宏观模型间的渐近极限问题. 例如, 零松弛极限、拟中性极限以及零电子质量极限. 在这一方向上, Jüngel 和 Peng 在文献 [8], [47], [67]—[70] 的工作中得到系统的研究成果. 在文献 [67], [69] 中, Jüngel 和 Peng 采用 Euler 方程组的高能估计法和紧性论证在一维全空间上建立了非磁化等离子体绝热 HD 模型初值问题整体弱熵解的松弛极限. 在文献 [70] 中, Jüngel 和 Peng 在有界区域上进一步考虑了前述非磁化等离子体绝热 HD 模型松弛极限的极限模型: 非磁化等离子体绝热 DD 模型. 采用熵泛函方法和补偿列紧法, 分别针对弱电离等离子体情况和非弱电离等离子体情况, 建立了相应弱解的拟中性极限. 关于零电子质量极限可参考 Jüngel, Peng 及其合作者的工作[8, 47, 68].

5.1　零松弛极限

5.1.1　单极 HD 模型的 IBVP: 绝缘型边界

本节详细介绍 Chen, Jerome 和 B. Zhang 在文献 [23] 中的工作. B. Zhang 等在一维有界区间 $\Omega = (0,1)$ 上考虑单极绝热 HD 模型:

$$
\begin{cases}
n_t + (nu)_x = 0, & (5.1\text{a}) \\
(nu)_t + (nu^2 + p(n))_x = n\phi_x - nu/\tau, & (5.1\text{b}) \\
\phi_{xx} = n - D(x), \quad \forall (t,x) \in (0,+\infty) \times \Omega, & (5.1\text{c})
\end{cases}
$$

其中 τ 表示动量松弛时间, 压力密度函数 $p(n)$ 取为 γ-律:

$$p(n) = Kn^{\gamma}, \quad \gamma > 1, \quad K > 0,$$

其中 γ 和 K 是常数. 这里 $\gamma > 1$ 代表绝热情形. 如果 $\gamma = 1$, 则是等温情形.

对方程组 (5.1), 考虑如下的初值和无渗透绝缘边值条件:

$$(n,u)(0,x) = (n_0,u_0)(x), \quad x \in \Omega, \tag{5.2}$$

$$(u,\phi)(t,0)=(u,\phi)(t,1)=0,\quad t\geqslant 0. \tag{5.3}$$

对初边值问题 (5.1)—(5.3), 采用能量方法研究其整体光滑解的存在唯一性、渐近衰减性和 $\tau\to 0^+$ 时的松弛极限. 同时, 将上述结果推广到 FHD 模型, 会得到相应的整体光滑解的存在唯一性, 以及动量松弛时间 τ_{m} 和能量松弛时间 τ_{e} 均趋于零时的松弛极限结果.

5.1.1.1　整体存在唯一性与渐近衰减性

在本节中, 建立初边值问题 (5.1)—(5.3) 的光滑解的整体存在唯一性与渐近衰减性. 不失一般性, 可假设 $\int_0^1 n_0(x)dx=1$.

定理 5.1 设 $D\in H^2(\Omega)$, 初值 $n_0,u_0\in H^2(\Omega)$ 且满足条件 $0<\delta_0\leqslant n_0(x)\leqslant M, u_0(0)=u_0(1)=0$ 和 $\tau+\|(n_0-1,u_0,D-1)\|_2\ll 1$, 则初边值问题 (5.1)—(5.3) 存在唯一的整体光滑解满足时间渐近衰减:

$$|(n-1,n_x,n_t,u,u_x,u_t)(t)|_0\to 0,\quad t\to+\infty.$$

证明　由文献 [24] 中所使用的 Lagrangian 坐标 $y(t,x)=\int_0^x n(t,\xi)d\xi$, 方程组 (5.1) 可变换为

$$\begin{cases}(1/n)_t-(u)_y=0, & (5.4\text{a})\\ u_t+p(n)_y=n\phi_y-u/\tau, & (5.4\text{b})\\ (n\phi_y)_y=1-\tilde{D}/n,\quad \forall(t,y)\in(0,+\infty)\times\Omega, & (5.4\text{c})\end{cases}$$

满足初边值条件:

$$(n,u)(0,y)=(n_0(x(0,y)),u_0(x(0,y))),\quad 0\leqslant y\leqslant 1, \tag{5.5}$$

$$(u,\phi)(t,0)=(u,\phi)(t,1)=0,\quad t\geqslant 0, \tag{5.6}$$

其中 $\tilde{D}(t,y)=D(x(t,y))$.

令

$$w_t=u,\quad w_y=1/n-1. \tag{5.7}$$

于是, 问题 (5.4)—(5.6) 可转化为如下形式:

$$w_{tt}-\frac{K\gamma w_{yy}}{(1+w_y)^{\gamma+1}}+\frac{w_t}{\tau}+w-\int_0^1 wdy=\int_0^1(w_y+1)\left(\int_\eta^y(1-\tilde{D})(1+w_y)d\xi\right)d\eta, \tag{5.8a}$$

$$w(0,y)=\int_0^y\left(\frac{1}{n_0(x(0,\eta))}-1\right)d\eta,\quad w_t(0,y)=u_0(x(0,y)), \tag{5.8b}$$

$$w(t,0)=w(t,1)=0. \tag{5.8c}$$

初边值问题 (5.8) 的局部光滑解 $w(t,x)\in C^3([0,1]\times[0,t_0)), t_0>0$ 的存在性已在文献 [125] 中得到. 为了进一步得到整体光滑解, 只需建立能将局部解延拓到整体解的先验估计.

对适当的 $\varepsilon\leqslant 1/2$, 假设

$$\|(w,w_y)\|_{C^1([0,1]\times[0,t_0))}\leqslant\varepsilon, \tag{5.9}$$

这蕴涵

$$1/2\leqslant|w_y+1|\leqslant 3/2 \Longleftrightarrow 2/3\leqslant n(t,x)\leqslant 2.$$

于是, 证明存在依赖于 ε 的常数 $\varepsilon_0>0$ 使得如果

$$\|(n_0-1,u_0,D-1)\|_2+\tau\leqslant\varepsilon_0,$$

则估计 (5.9) 可达.

结合这一先验论证, $A=K\gamma/(1+w_y)^{\gamma+1}$ 是 w_y 的 C^∞ 函数使得, 当 $|w_y|\leqslant\varepsilon\leqslant 1/2$,

$$(2/3)^{\gamma+1}K\gamma\leqslant A\leqslant 2^{\gamma+1}K\gamma.$$

重写方程 (5.8a) 为

$$w_{tt}+\frac{w_t}{\tau}+w-\int_0^1 wdy-Aw_{yy}=f, \tag{5.10}$$

或

$$w_{tt}+\frac{w_t}{\tau}+w=Aw_{yy}+f+\int_0^1 wdy, \tag{5.11}$$

其中

$$f(t,y)=\int_0^1(w_y+1)\left(\int_\eta^y(1-\tilde{D})(1+w_y)d\xi\right)d\eta. \tag{5.12}$$

于是, 由 (5.11),

$$\left(Aw_{yy}+f+\int_0^1 wdy\right)(t,0)=\left(Aw_{yy}+f+\int_0^1 wdy\right)(t,1)=0. \tag{5.13}$$

现在可分步建立能量估计. 首先依次执行如下计算: (5.10) $\times$ (τLw), (5.10) $\times$ (Lw_t), (5.10) $\times$ $(-\tau w_{yy})$, $(5.10)_t\times(\tau^2Lw_{tt})$, $(5.10)_y\times(Lw_{yt})$, $(5.10)_{tt}\times(\tau^4w_{ttt})$, $(5.10)_{yt}\times(\tau^2w_{ytt})$, $(5.10)_{yy}\times\left(\tau\left(Aw_{yy}+f+\int_0^1 wdy\right)\right)$ 和 $(5.10)_{yy}\times\Big(Aw_{yy}+$

$\left.f+\int_0^1 wdy\right)_t$, 再在 $[0,t]\times[0,1]$ 上积分, 其中 $L=L(\gamma,K)\geqslant 1$ 待定. 由分部积分、边值条件 (5.8c) 和 (5.13), 以及一些初等不等式

$$ab\leqslant \mu a^2+\frac{b^2}{4\mu},\quad |w|\leqslant\int_0^1|w_y|dy\leqslant\left(\int_0^1 w_y^2dy\right)^{1/2} \tag{5.14}$$

来估计上述积分, 并通过相加来重组所得到的这些不等式, 其中用到 $\tau\leqslant 1/2$, 得

$$\begin{aligned}
&\int_0^1\Bigg[Lw^2+((A+1)L+1)w_y^2+(1+\tau^2)Lw_t^2+A(L+2)w_{yy}^2+((1+\tau^2A)L+\tau^2)w_{yt}^2\\
&+\tau^2Lw_{tt}^2+(Aw_{yy}+f)_y^2+\tau^2Aw_{yyt}^2+\tau^2(1+\tau^2A)w_{yt}^2+\tau^4w_{ttt}^2+A\left(\left(w_{yy}+\frac{f+\int_0^1 wdy}{A}\right)_t\right)^2\Bigg]dy\\
&+\int_0^t\int_0^1\Bigg[\tau ALw_y^2+(1-\tau^2)L\frac{w_t^2}{\tau}+\tau Aw_{yy}^2+(L-\tau^2)\frac{w_{yt}^2}{\tau}+\tau Lw_{tt}^2\\
&+\tau(Aw_{yy}+f)_y^2\Bigg]dyds+A(1-\tau^2)\frac{w_{yyt}^2}{\tau}+\tau w_{ytt}^2+\tau^3w_{ttt}^2\\
\leqslant&\int_0^1\Bigg[2Lw_0^2+2\tau Lw_0w_{0t}+((A_0+1)L+1)w_{0y}^2+(1+\tau^2)Lw_{0t}^2+A_0(L+2)w_{0yy}^2\\
&+((1+\tau^2A_0)L+\tau^2)w_{0yt}^2+\tau^2(L+\tau^2)w_{0tt}^2+(A_0w_{0yy}+f_0)_y^2+\tau^2A_0w_{0yyt}^2\\
&+\tau^2(1+\tau^2A_0)w_{0ytt}^2+\tau^4w_{0ttt}^2+A_0\left(w_{0yy}+\frac{f_0}{A_0}\right)_t^2-\tau w_{0t}w_{0yy}+2\tau^2A_{0t}w_{0yy}w_{0yyt}\\
&+2\tau^2f_{0t}w_{0yyt}+2\tau w_{0yyt}\left(A_0w_{0yy}+f_0+\int_0^1 w_0dy\right)\\
&+2\frac{A_{0t}}{A_0^2}\left(A_0w_{0yy}+f_0+\int_0^1 w_0dy\right)\left(A_0w_{0yyt}+f_{0t}+\int_0^1 w_{0t}dy-\frac{A_{0t}}{A_0}\left(f_0+\int_0^1 w_0dy\right)\right)\Bigg]dy\\
&+C\int_0^1\left[\tau^2Lw_t^2+\tau^2w_{yt}^2+\tau^2w_{yy}^2w_{yt}^2+\tau^2f_t^2+\tau^2w_{yyt}^2+\tau|w_{yyt}f|+w_{yt}^2\left(Aw_{yy}+f+\int_0^1 wdy\right)^2\right]dy\\
&+C\int_0^t\int_0^1\Bigg[L(\tau w_{yy}^4+\tau w^2w_{yy}^2+w_y^2|w_{yt}|+\tau w_yw_{yy}^2+\tau^2|w_{yt}|^3+\tau^3w_{yt}^2w_{tt}^2+\tau^2w_t^2+\tau f^2\\
&+|fw_{yyt}|)+\tau w^2+\frac{1}{\tau}w_t^2+\tau w_{tt}^2+\tau w_{yt}^2+\frac{1}{\tau}(1+\tau^4L)w_{yy}^2w_{yt}^2+\tau f_{tt}^2+\tau^3f_{yt}^2\\
&+\frac{1}{\tau}(1+\tau^4L)f_t^2+w_{yyt}^2+|f_tw_{yy}|+\tau^4w_{yy}^2w_{ytt}^2+\tau^5w_{yy}^2w_{yt}^4+\tau w_{yt}^2w_{yyt}^2+\tau^3w_{yyt}^2w_{yy}^2\\
&+|w_{yt}|\left(w_{yy}^2+\tau^4w_{ytt}^2+w_{yyt}^2+w_{yt}^2w_{yy}^2+f_t^2+\int_0^1|w_t|^2dy\right)
\end{aligned}$$

$$
\begin{aligned}
&+|w_{yyt}|\int_0^1|w|dy+|w_{yy}|\int_0^1|w_t|dy+\left(f+\int_0^1 wdy\right)^2\left(\tau w_{yt}^4+\tau w_{ytt}^2+\frac{1}{\tau}w_{yt}^2\right)\\
&+\left|f+\int_0^1 wdy\right|\left(\tau w_{ytt}^2+\tau w_{yt}^4+\frac{1}{\tau}\left(w_{yyt}^2+w_{yt}^2w_{yy}^2+f_t^2+\int_0^1 w_t^2dy\right)\right)\\
&+\frac{1}{\tau}|w_{yy}|\left(w_{yyt}^2+w_{yt}^2w_{yy}^2+\tau w_{ytt}^2+\tau w_{yt}^4+f_t^2+\int_0^1 w_t^2dy\right)\Bigg]dyds,
\end{aligned}\tag{5.15}
$$

其中 $C>0$ 是与 τ 和 t 无关的通用常数.

由不等式 (5.14), 取 $L\geqslant L_0(C,\gamma)$ 和 $\tau\leqslant\tau_0(C,\gamma,L)$, 其中 $K_0\geqslant 1$ 充分大且 $\tau_0\leqslant 1/2$ 充分小, 再经冗长的计算, 由 (5.15) 得

$$
\begin{aligned}
&\int_0^1\Bigg[L(w^2+w_t^2+w_y^2+\tau^2w_{tt}+w_{yt}^2+w_{yy}^2)+\tau^4w_{ttt}^2+\tau^2w_{ytt}^2+(Aw_{yy}+f)_y^2\\
&+\left(w_{yy}+\frac{f+\int_0^1 wdy}{A}\right)_t^2\Bigg]dy\\
&+\int_0^t\int_0^1\Bigg[L\left(\tau w^2+\tau w_y^2+\frac{w_t^2}{\tau}+\tau w_{tt}^2+\frac{w_{yt}^2}{\tau}\right)+\tau w_{yy}^2+\tau^3w_{ttt}^2+\tau w_{ytt}^2\\
&+\frac{1}{\tau}w_{yyt}^2+\tau(Aw_{yy}+f)_y^2\Bigg]dyds\\
\leqslant{}&C(L\|w_0\|_2^2+\|(n_0-1,u_0,D-1)\|_2^2)\\
&+C\int_0^1\left[w_{yy}^2w_{yt}^2+\tau f^2+\tau^2f_t^2+w_{yt}^2\left(f+\int_0^1 wdy\right)^2\right]dy\\
&+C\int_0^t\int_0^1\Bigg[L(\tau w^2w_{yy}^2+w_y^2|w_{yt}|+\tau w_y^2w_{yy}^2+\tau w_{yy}^4+\tau^2|w_{yt}|^3+\tau^3w_{yt}^2w_{tt}^2+\tau f^2)\\
&+w_{yt}^2(\tau w_{yyt}^2+|w_{yt}|w_{yy}^2)+|w_{yt}|(f_t^2+w_{yyt}^2+\tau^4w_{ytt}^2)\\
&+w_{yy}^2\left(\frac{1}{\tau}w_{yt}^2+\tau^3w_{yyt}^2+\tau^5w_{ytt}^2+\tau^5w_{yt}^4\right)+|w_{yy}|(|w_{yt}w_{yy}|+\tau w_{ytt}^2+\tau w_{yt}^4)\\
&+\frac{1}{\tau}|w_{yy}|\left(w_{yyt}^2+w_{yt}^2w_{yy}^2+f_t^2+\int_0^1 w_t^2dy\right)\Bigg]dyds,
\end{aligned}\tag{5.16}
$$

其中已使用如下等式:

$$
\tilde{D}_t=-w_tD_x,\quad \tilde{D}_y=D_x/n,\quad \tilde{D}_{tt}=-w_t^2D_{xx}-w_{tt}D_x
$$

和如下不等式:

$$|f_y| \leqslant |1-\tilde{D}| + |(\tilde{D}-1)w_y|, \qquad |f_{yt}| \leqslant |w_{yt}(\tilde{D}-1)| + |(w_y+1)w_t D_x|,$$

$$|f_t| \leqslant \int_0^1 |f_{yt}|dy + \int_0^1 |w_{yt}|dy \int_0^1 |f_y|dy + \int_0^1 |w_y+1|dy \int_0^1 |f_{yt}|dy,$$

$$|f_{tt}| \leqslant \left(1+\int_0^1 |w_y+1|dy\right)\int_0^1 \Big|(w_y+1)w_t^2\tilde{D}_x x - (2w_{yt}w_t + (w_y+1)w_{tt})\tilde{D}_x$$

$$+(\tilde{D}-1)w_{ytt}\Big|d\eta + \int_0^1 |w_{ytt}|dy \int_0^1 |f_y|dy + 2\int_0^1 |w_{yt}|dy \int_0^1 |f_{yt}|dy.$$

结合假设 (5.9), 如果 ε 和 τ 充分小, 则

$$E(t) + \int_0^t \int_0^1 \left(\tau w^2 + \tau w_y^2 + \frac{1}{\tau}w_t^2 + \tau w_{yy}^2 + \tau w_{tt}^2 + \frac{1}{\tau}w_{yt}^2 + \tau^3 w_{ttt}^2 + \tau w_{ytt}^2\right.$$

$$\left. + \frac{1}{\tau}w_{yyt}^2 + \tau w_{yyy}^2\right) dyds \leqslant C\|(n_0-1, u_0, D-1)\|_2^2, \tag{5.17}$$

其中

$$E(t) := \int_0^1 \left(w^2 + w_t^2 + w_y^2 + \tau^2 w_{tt}^2 + w_{yt}^2 + w_{yy}^2 + \tau^4 w_{ttt}^2 + \tau^2 w_{ytt}^2 + w_{yyy}^2 + w_{yyt}^2\right)(t,y)dy.$$

由局部存在唯一性定理, 存在时间区间 $[0, t_0]$ 使得式 (5.8c) 有唯一光滑解. 由 Sobolev 不等式得

$$\|(w, w_y)\|_{C^1([0,1]\times[0,t_0])} \leqslant \Gamma \sup_{0\leqslant t\leqslant t_0} \sqrt{E(t)},$$

其中 Γ 是一个正常数. 因此, 如果

$$\|(n_0-1, u_0, D-1)\|_2 \leqslant \frac{\varepsilon}{\Gamma\sqrt{C}}, \tag{5.18}$$

则 (5.9) 在 $0 \leqslant t \leqslant t_0, 0 \leqslant y \leqslant 1$ 上成立. 由先验估计 (5.17), 可得 $E(t_0) \leqslant \varepsilon/\Gamma$. 于是, 再次应用上述先验论证, 由先验估计 (5.17) 可将局部解延拓到整体解于时间区间 $[0, \infty)$.

由上述过程构造的解满足先验估计 (5.17), 所以由 Sobolev 不等式得

$$\sup_{(t,y)\in[0,\infty)\times[0,1]} |w_y(t,y)| \leqslant \Gamma\sqrt{C}\|(n_0-1, u_0, D-1)\|_2 \leqslant \varepsilon.$$

因此,

$$A = \frac{K\gamma}{(1+w_y)^{\gamma+1}} \geqslant \left(\frac{3}{2}\right)^{\gamma+1} K\gamma,$$

倘若 (5.15) 成立. 至此, 已证明满足

$$w \in L^2([0,\infty); H^3(\Omega)); \qquad |w(t)|_2 \to 0, \quad \text{当 } t \to \infty$$

的整体光滑解的存在性. 由 (5.7), 得

$$|(n-1, n_x, n_t, u, u_x, u_t)(t)|_0 \to 0, \quad \text{当 } t \to \infty.$$

□

5.1.1.2 整体解的松弛极限

令

$$n^\tau(s,x)=n\left(\frac{s}{\tau},x\right),\quad u^\tau(s,x)=\frac{1}{\tau}u\left(\frac{s}{\tau},x\right),\quad \phi^\tau(s,x)=\phi\left(\frac{s}{\tau},x\right).$$

于是, 方程组 (5.1) 转化为

$$\begin{cases} n_s^\tau+(n^\tau u^\tau)_x=0, & (5.19\text{a})\\ \tau^2(u^\tau)_s+\tau^2u^\tau u_x^\tau+\dfrac{1}{n^\tau}(p(n^\tau))_x+u^\tau=\phi_x^\tau, & (5.19\text{b})\\ \phi_{xx}^\tau=n^\tau-D(x),\quad \forall(t,x)\in(0,+\infty)\times\Omega. & (5.19\text{c})\end{cases}$$

具有初边值条件:

$$(u^\tau,\phi^\tau)(s,0)=(u^\tau,\phi^\tau)(s,1)=0,\quad s\geqslant 0, \tag{5.20}$$

$$(n^\tau,u^\tau)(0,x)=(n_0(x),u_0(x)/\tau). \tag{5.21}$$

假定初值 $(n_0(x),u_0(x))$ 与 τ 无关.

定理 5.2 设定理 5.1 中的条件成立, (n^τ,u^τ,ϕ^tau) 是初边值问题 (5.19)—(5.21) 的解序列, 则存在 $N(s,x)$ 使得

$$(n^\tau,\phi_x^\tau)\to\left(N,\int_0^1\int_\eta^x(N(s,\xi)-D(\xi))d\xi d\eta\right)\quad \text{a.e. 当 }\tau\to 0.$$

极限函数 N 按分布意义满足漂移扩散方程

$$N_s+\left(N\int_0^1\int_\eta^x(N(s,\xi)-D(\xi))d\xi d\eta-p(N)_x\right)_x=0.$$

证明 为证明子序列 $\{n^\tau,\phi_x^\tau\}$ 的收敛性, 需要与 τ 无关的一致估计. 注意到如下尺度化序列与 w 的关系:

$$n^\tau(s,x)=\frac{1}{w_y(\frac{s}{\tau},y(\frac{s}{\tau},x))+1},\qquad u^\tau(s,x)=\frac{1}{\tau}w_t\left(\frac{s}{\tau},y\left(\frac{s}{\tau},x\right)\right),$$

$$n_x^\tau(s,x)=-(n^\tau)^2w_{yy}\left(\frac{s}{\tau},y\left(\frac{s}{\tau},x\right)\right),\qquad u_x^\tau(s,x)=\frac{1}{\tau}n^\tau w_{yt}\left(\frac{s}{\tau},y\left(\frac{s}{\tau},x\right)\right),$$

$$n_{xx}^\tau(s,x)=-(n^\tau)^3w_{yyy}\left(\frac{s}{\tau},y\left(\frac{s}{\tau},x\right)\right)+2(n^\tau)^3\left(w_{yy}\left(\frac{s}{\tau},y\left(\frac{s}{\tau},x\right)\right)\right)^2,$$

$$\phi_x^\tau(s,x)=\int_0^1(w_y+1)\left(\int_\eta^{y(\frac{s}{\tau},x)}\left(1-(w_y+1)\tilde{D}\right)\left(\frac{s}{\tau},\xi\right)d\xi\right)d\eta,$$

$$\phi_{xx}^\tau(s,x)=n^\tau(s,x)-D(x),$$

$$\phi_{xs}^{\tau}(s,x)=-(n^{\tau}-D)u^{\tau}(s,x)-\int_0^1\frac{w_{yt}}{\tau}\left(\int_0^y\left(1-(w_y+1)\tilde{D}\right)\left(\frac{s}{\tau},\eta\right)d\eta\right)dy$$
$$-\int_0^1(w_y+1)\left(\int_\eta^y\frac{1}{\tau}\left(w_{yt}\tilde{D}-\tilde{D}_x(w_y+1)w_t\right)\left(\frac{s}{\tau},\xi\right)d\xi\right)d\eta.$$

因此,

$$\|(n^{\tau},\phi^{\tau},\phi_x^{\tau})\|_{L^\infty}+\int_0^\infty\int_0^1[(u^{\tau})^2+(n_s^{\tau})^2+(n_x^{\tau})^2+(\phi_{xx}^{\tau})^2+(\phi_{xs}^{\tau})^2]dyds\leqslant C,$$

其中 $C>0$ 与 τ 无关.

于是, 存在 $N(s,x)$ 使得

$$(n^{\tau},\phi_x^{\tau})\to(N,\varPhi_x)\quad \text{a.e. 当 } \tau\to 0,$$

其中 $\varPhi_x(s,x)=\displaystyle\int_0^1\int_\eta^x(N(s,\xi)-D(\xi))d\xi d\eta$.

由 (5.19a) 和 (5.19b), 对任意的 $\psi\in C_0^\infty(\mathbb{R}_+\times\Omega)$,

$$\iint(n^{\tau}\psi_s+n^{\tau}u^{\tau}\psi_x)dxds=0,$$

$$\tau^2\iint(n^{\tau}u^{\tau}\psi_{xs}+n^{\tau}(u^{\tau})^2\psi_{xx})dxds+K\iint(n^{\tau})^{\gamma}\psi_{xx}dxds=\iint(n^{\tau}u^{\tau}-n^{\tau}\phi_x^{\tau})\psi_x dxds.$$

即, 对任意的试验函数 $\psi\in C_0^\infty(\mathbb{R}_+\times\Omega)$,

$$\iint(n^{\tau}\psi_s+n^{\tau}\phi_x^{\tau}\psi_x+K(n^{\tau})^{\gamma}\psi_{xx})dxds=-\iint(\tau^2n^{\tau}u^{\tau}\psi_{xs}+\tau^2n^{\tau}(u^{\tau})^2\psi_{xx})dxds.$$

令 $\tau\to 0$. 因为

$$\|n^{\tau}\|_{L^\infty(\mathbb{R}_+\times\Omega)}+\|u^{\tau}\|_{L^2(\mathbb{R}_+\times\Omega)}\leqslant C,$$

其中 $C>0$ 与 τ 和 t 无关, 所以

$$\iint(N\psi_s+N\varPhi_x\psi_x+KN^{\gamma}\psi_{xx})dxds=0.$$

□

5.1.1.3　推广到 FHD 模型

现在, 讨论无黏性带能量的 HD 模型:

$$\begin{cases} n_t+(nu)_x=0, & (5.22\text{a})\\ (\bar{m}nu)_t+(\bar{m}nu^2+n\theta)_x=\bar{e}n\phi_x-\bar{m}nu/\tau_{\mathrm{m}}, & (5.22\text{b})\\ E_t+(uE+un\theta)_x-(\kappa\theta_x)_x=\bar{e}nu\phi_x-\left(E-\dfrac{3}{2}n\bar{\theta}\right)/\tau_{\mathrm{e}}, & (5.22\text{c})\\ \phi_{xx}=\bar{e}(n-D(x)),\quad i=1,2,\quad \forall(t,x)\in(0,+\infty)\times\Omega, & (5.22\text{d})\end{cases}$$

其中 $\kappa > 0, D(x) \leqslant D_0 > 0, \bar{e} > 0, \bar{\theta}$ 和 $\bar{m}$ 分别表示热传导系数、掺杂分布函数、电荷、环境温度和有效电子质量. 抛物能带的能量密度 E 可表示为

$$E = \frac{3}{2}n\theta + \frac{1}{2}\bar{m}nu^2.$$

碰撞项已由动量松弛时间 $\tau_{\rm m} > 0$ 和能量松弛时间 $\tau_{\rm e} > 0$ 所处理.

考虑如下初边值条件:

$$(n, u, \theta)(0, x) = (n_0(x), \tau_{\rm m}u_0(x), \bar{\theta} + \tau_{\rm e}(\theta_0(x) - \bar{\theta})), \quad x \in \Omega, \tag{5.23a}$$

$$(u, \theta_x, \phi)(t, 0) = (u, \theta_x, \phi)(t, 1) = (0, 0, 0), \quad t \geqslant 0, \tag{5.23b}$$

上述初值条件对漂移扩散极限是自然的 (见 5.2 节). 对于存在性问题, 该初值条件可通过修改能量估计而被放宽.

采用 5.1.1.1 节和 5.1.1.2 节中的能量方法, 可以建立初边值问题 (5.22) 和 (5.23) 的解的整体存在唯一性和渐近衰减性. 这里仅简要介绍相关结果, 证明细节见 [25].

类似于前面关于 HD 模型的论证, Lagrangian 坐标变换可将 FHD 模型转化为

$$\begin{cases} (1/n)_t - (u)_y = 0, & (5.24a)\\ u_t + \dfrac{1}{\bar{m}}(n\theta)_y = \dfrac{\bar{\rm e}}{\bar{m}}n\phi_y - u/\tau_{\rm m}, & (5.24b)\\ \theta_t - \dfrac{2}{3}(\kappa n\theta_y)_y + \dfrac{2}{3}n\theta u_y = \dfrac{\bar{m}(2\tau_{\rm e} - \tau_{\rm m})}{3\tau_{\rm m}\tau_{\rm e}}u^2 - \dfrac{\theta - \bar{\theta}}{\tau_{\rm e}}, & (5.24c)\\ (n\phi_y)_y = \bar{\rm e}(1 - \tilde{D}/n), \quad \forall (t, y) \in (0, +\infty) \times \Omega. & (5.24d) \end{cases}$$

满足初边值条件:

$$(n, u, \theta)(0, y) = (n_0(x(0, y)), \tau_{\rm m}u_0(x(0, y)), \bar{\theta} + \tau_{\rm e}(\theta_0(x(0, y)) - \bar{\theta})), \quad 0 \leqslant y \leqslant 1, \tag{5.25a}$$

$$(u, \theta_y, \phi)(t, 0) = (u, \theta_y, \phi)(t, 1) = (0, 0, 0), \quad t \geqslant 0, \tag{5.25b}$$

其中 $\tilde{D}(t, y) = D(x(t, y))$ 并假设 $\displaystyle\int_0^1 n_0(\xi)d\xi = 1$.

令

$$w_t = u, \quad w_y = 1/n - 1, \quad \chi = \theta - \bar{\theta}. \tag{5.26}$$

于是, 初边值问题 (5.24) 和 (5.25) 可转化为如下形式:

$$\begin{aligned} &w_{tt} - \frac{\chi + \bar{\theta}}{\bar{m}(1 + w_y)^2}w_{yy} + \frac{1}{\bar{m}(1 + w_y)}\chi_y + \frac{w_t}{\tau_{\rm m}} + \left(w - \int_0^1 w dy\right)\\ &= \int_0^1 (w_y + 1)\left(\int_\eta^y (1 - \tilde{D})(1 + w_y)d\xi\right)d\eta, \end{aligned} \tag{5.27a}$$

$$\chi_t - \frac{2\kappa}{3(1+w_y)}\chi_{yy} + \frac{2\kappa\chi_y}{3(1+w_y)^2}w_{yy} + \frac{2(\chi+\bar{\theta})}{3(1+w_y)}w_{yt} + \frac{\chi}{\tau_{\rm e}} - \frac{\bar{m}(2\tau_{\rm e}-\tau_{\rm m})w_t^2}{3\tau_{\rm m}\tau_{\rm e}} = 0, \tag{5.27b}$$

$$(w, w_t, \chi)(0, y) = \left(\int_0^y \left(\frac{1}{n_0(x(0,\eta))} - 1\right)d\eta, \tau_{\rm m}u_0(x(0,y)), \tau_{\rm e}(\theta_0(x(0,y)) - \bar{\theta})\right), \tag{5.27c}$$

$$(w, \chi_y)(t, 0) = (w, \chi_y)(t, 1) = 0. \tag{5.27d}$$

类似于 HD 模型的处理, 首先可由压缩映射定理来建立初边值问题 (5.27) 的局部光滑解 $(n(t,x), u(t,x), \theta(t,x)), t < t_*$, 再通过建立先验估计将局部解延拓到整体光滑解 (见文献 [25]). 具体地, 得到如下定理.

定理 5.3 *设 $D \in H^2(\Omega)$, 初值 $n_0, u_0 \in H^2(\Omega)$, $\chi_0 \in H^3(\Omega)$ 且满足条件 $0 < \delta_0 \leqslant n_0(x) \leqslant M, (u_0, \chi_0)(0) = (u_0, \chi_0)(1) = (0,0)$, $|2\tau_{\rm e} - \tau_{\rm m}| \leqslant M\sqrt{\tau_{\rm m}\tau_{\rm e}}$ 和 $\tau_{\rm m} + \tau_{\rm e} + \|(n_0 - 1, u_0, D-1)\|_2 + \|\chi_0\|_3 \ll 1$, 则初边值问题 (5.22) 和 (5.23) 存在唯一的整体光滑解 $(n(t,x), u(t,x), \theta(t,x))$ 满足时间渐近衰减:*

$$|(n-1, n_x, n_t, u, u_x, u_t, \theta - \bar{\theta}, \theta_x, \theta_t)(t)|_0 \to 0, \quad \text{当 } t \to +\infty.$$

最后, 还可以进一步在松弛时间假设:

$$0 \leqslant 2\tau_{\rm e} - \tau_{\rm m} \leqslant M\sqrt{\tau_{\rm m}\tau_{\rm e}}$$

之下考虑上述 FHD 模型 (5.22) 的整体解的奇异极限. 类似于 HD 模型的松弛极限的讨论, 先尺度化变量 (n, u, θ, ϕ), 再证明当 $\tau_{\rm m}, \tau_{\rm e} \to 0$ 时极限函数满足漂移扩散方程. 具体结果及其证明可详见文献 [25].

5.1.2 双极 HD 模型的 IBVP: 欧姆接触型边界

本节详细介绍关于带有非常值掺杂分布的双极 HD 模型初边值问题整体解的松弛极限的最新研究成果. 具体地, 在一维有界区间 $\Omega = (0,1)$ 上考虑双极等温 HD 模型:

$$\begin{cases} n_{it} + j_{ix} = 0, & (5.28\text{a}) \\ j_{it} + \left(j_i^2/n_i + K_i n_i\right)_x = (-1)^{i-1}n_i\phi_x - j_i/\tau, & (5.28\text{b}) \\ \phi_{xx} = n_1 - n_2 - D(x), \quad i = 1, 2, \quad \forall (t,x) \in (0, +\infty) \times \Omega. & (5.28\text{c}) \end{cases}$$

我们感兴趣的是当动量松弛时间 $\tau \to 0^+$ 时, 双极模型 (5.28) 的解的行为. 为此, 引入标准的尺度变换[101]:

$$t \mapsto \tau t, \quad x \mapsto x, \quad j_i \mapsto \tau j_i^\tau, \tag{5.29}$$

其中

$$n_i^\tau(t,x)=n_i(\tau t,x),\quad j_i^\tau(t,x)=\frac{j_(\tau t,x)}{\tau},\quad \phi^\tau(t,x)=\phi(\tau t,x),\quad \forall(t,x)\in[0,+\infty)\times\Omega.$$

将上述尺度变换代入原始模型 (5.28), 在慢时间坐标 t 之下的尺度化 HD 模型:

$$\begin{cases} n_{it}^\tau+j_{ix}^\tau=0, & (5.30\text{a})\\ \tau^2 j_{it}^\tau+\left(\tau^2(j_i^\tau)^2/n_i^\tau+K_i n_i^\tau\right)_x=(-1)^{i-1}n_i^\tau\phi_x^\tau-j_i^\tau, & (5.30\text{b})\\ \phi_{xx}^\tau=n_1^\tau-n_2^\tau-D(x),\quad i=1,2,\quad \forall(t,x)\in(0,+\infty)\times\Omega. & (5.30\text{c})\end{cases}$$

因为从现在起, 我们只关心尺度化之后的模型, 所以不妨仍称尺度化 HD 模型 (5.30) 为 HD 模型.

与 5.1.1 节中的单极情形不同, 在本节中考虑的是带有更具物理应用价值的欧姆接触型边值的初边值问题. 具体的初值和边值条件如下

$$(n_i^\tau,j_i^\tau)(0,x)=(n_{i0},j_{i0})(x),\tag{5.31}$$

$$n_i^\tau(t,0)=n_{il}>0,\qquad n_i^\tau(t,1)=n_{ir}>0,\tag{5.32a}$$

$$\phi^\tau(t,0)=0,\qquad \phi^\tau(t,1)=\phi_r>0,\tag{5.32b}$$

其中 n_{il},n_{ir},ϕ_r 都是给定的正常数. 因为考虑的是初边值问题 (5.30)—(5.32) 的古典解, 为此还需进一步假设初值和边值满足如下的相容性条件:

$$n_{i0}(0)=n_{il},\quad n_{i0}(1)=n_{ir},\quad j_{i0x}(0)=j_{i0x}(1)=0.\tag{5.33}$$

接下来, 先形式上地考虑零松弛极限, 即在 HD 模型 (5.30) 中令 $\tau=0$, 有

$$\begin{cases} n_{it}^0+j_{ix}^0=0, & (5.34\text{a})\\ j_i^0=(-1)^{i-1}n_i^0\phi_x^0-K_i n_{ix}^0, & (5.34\text{b})\\ \phi_{xx}^0=n_1^0-n_2^0-D(x),\quad i=1,2,\quad \forall(t,x)\in(0,+\infty)\times\Omega. & (5.34\text{c})\end{cases}$$

模型方程组 (5.34) 在半导体物理领域被称为漂移扩散 (DD) 模型. 在本节中, 也将考虑 DD 模型的初边值问题. 具体地, 其初值和边值条件如下

$$n_i^0(0,x)=n_{i0}(x),\tag{5.35}$$

$$n_i^0(t,0)=n_{il}>0,\qquad n_i^0(t,1)=n_{ir}>0,\tag{5.36a}$$

$$\phi^0(t,0)=0,\qquad \phi^0(t,1)=\phi_r>0,\tag{5.36b}$$

其中初边值数据 $n_{i0},n_{il},n_{ir},\phi_r$ 与 (5.31),(5.32) 中的相同.

本节的主要目标就是要从数学上严格论证上述 HD 模型到 DD 模型的层级关系 —— 零松弛极限. 该极限过程作为一种奇异极限, 当 HD 模型的电流密度初值 j_{i0} 不满足 "动量平衡" 条件 (即, $j_{i0} \neq j_i^0(t=0)$) 时, 将会有初始层现象发生.

因为关心的是零松弛极限 $\tau \to 0^+$, 所以下面中不妨假设 $0 \leqslant \tau \leqslant 1$. 当 $\tau = 0$ 时对应的是 DD 模型 (5.34), 而当 $0 < \tau \leqslant 1$ 时对应的是 HD 模型 (5.30).

5.1.2.1 亚音速稳态解的存在唯一性

我们在参数 $\tau \in [0,1]$ 的范围内, 经统一论证可以建立相应稳态边值问题的亚音速解的存在性定理. 为陈述相应定理, 先作如下说明.

经观察, 发现稳态 HD 模型的边值问题和稳态 DD 模型的边值问题可统一写为

$$\begin{cases} \tilde{j}_{ix}^{\tau} = 0, & (5.37\text{a}) \\ S_i[\tilde{n}_i^{\tau}, \tilde{j}_i^{\tau}]\tilde{n}_{ix}^{\tau} = (-1)^{i-1}\tilde{n}_i^{\tau}\tilde{\phi}_x^{\tau} - \tilde{j}_i^{\tau}, & (5.37\text{b}) \\ \tilde{\phi}_{xx}^{\tau} = \tilde{n}_1^{\tau} - \tilde{n}_2^{\tau} - D(x), \quad i = 1,2, \quad \forall x \in \Omega, & (5.37\text{c}) \end{cases}$$

$$\tilde{n}_i^{\tau}(0) = n_{il} > 0, \qquad \tilde{n}_i^{\tau}(1) = n_{ir} > 0, \tag{5.38a}$$

$$\tilde{\phi}^{\tau}(0) = 0, \qquad \tilde{\phi}^{\tau}(1) = \phi_r > 0, \tag{5.38b}$$

其中

$$\tilde{S}_i^{\tau} = S_i[\tilde{n}_i^{\tau}, \tilde{j}_i^{\tau}] := K_i - \frac{(\tau \tilde{j}_i^{\tau})^2}{(\tilde{n}_i^{\tau})^2}, \quad \forall \tau \in [0,1].$$

我们关心的是满足如下密度正性条件和亚音速条件的正则解:

$$\inf_{x\in\Omega} \tilde{n}_i^{\tau} > 0, \quad \inf_{x\in\Omega} \tilde{S}_i^{\tau} > 0, \quad \forall \tau \in [0,1]. \tag{5.39}$$

接着, 引入如下强度参数

$$\delta := \sum_{i=1}^{2} |n_{il} - n_{ir}| + \phi_r + \|D - \bar{d}\|_1, \quad 其中\ \bar{d} = n_{1l} - n_{2l}. \tag{5.40}$$

参数 δ 用以衡量边界数据和掺杂分布函数的正则扰动强度, 在本节的论述中将经常出现且起到重要作用.

现在可以给出如下存在性定理.

定理 5.4 (稳态解的存在唯一性) *设 $D \in H^1(\Omega)$, 对任意给定的常数 $n_{il}, K_i > 0$, 存在两个常数 $\delta_0, C > 0$ 使得如果 $\delta \leqslant \delta_0$, 则对任意的 $0 \leqslant \tau \leqslant 1$ 稳态问题 (5.37)*

和 (5.38) 有唯一的解 $\left(\tilde{n}_1^\tau, \tilde{j}_1^\tau, \tilde{n}_2^\tau, \tilde{j}_2^\tau, \tilde{\phi}^\tau\right) \in \left[(\mathcal{B}^2)(\overline{\Omega})\right]^5$ 满足亚音速和正性条件 (5.39) 及如下估计

$$0 < \frac{1}{2} n_{il} \leqslant \tilde{n}_i^\tau(x) \leqslant 2n_{il}, \quad \forall x \in \overline{\Omega}, \quad i = 1, 2, \tag{5.41a}$$

$$\sum_{i=1}^{2} \left(|\tilde{n}_i^\tau - n_{il}|_2 + |\tilde{j}_i^\tau| \right) + |\tilde{\phi}^\tau|_2 \leqslant C\delta, \tag{5.41b}$$

其中常数 $C > 0$ 与参数 δ 和 $\tau \in [0, 1]$ 均无关.

注解 5.1 在定理 5.4 中, 当 $\tau = 0$ 时对应的是 DD 模型的亚音速稳态解; 当 $0 < \tau \leqslant 1$ 时对应的是 HD 模型的亚音速稳态解.

证明 第一步: 正则扰动 + 线性化. 首先, 记边值问题 (5.37) 和 (5.38) 的解为

$$U(x) = \left(\tilde{n}_1^\tau, \tilde{j}_1^\tau, \tilde{n}_2^\tau, \tilde{j}_2^\tau, \tilde{\phi}^\tau\right)^{\mathrm{T}}(x). \tag{5.42}$$

当正则扰动参数 $\delta = 0$ 时易知, 此时的边值问题 (5.37) 和 (5.38) 存在唯一的常值解

$$U(x) \equiv \overline{U} = \left(n_{1l}, 0, n_{2l}, 0, 0\right)^{\mathrm{T}}, \quad \forall \tau \in [0, 1]. \tag{5.43}$$

当 $\delta > 0$ 时, 为了采用正则扰动的思想方法来求解相应的边值问题 (5.37) 和 (5.38), 引入稳态扰动变量如下

$$U_\delta(x) := U(x) - \bar{U}, \quad \forall \tau \in [0, 1], \tag{5.44}$$

其中 U_δ 可记为

$$U_\delta = \left(n_1^\delta, \tilde{j}_1^\tau, n_1^\delta, \tilde{j}_1^\tau, \tilde{\phi}^\tau\right)^{\mathrm{T}}, \quad n_i^\delta := \tilde{n}_i^\tau - n_{il}.$$

在推导稳态扰动变量满足的方程之前, 可以先验地建立 $\tilde{j}_i^\tau$ 和 $\tilde{\phi}^\tau$ 的显示公式如下

$$\tilde{j}_i^\tau = J_i[\tilde{n}_i^\tau] := 2B_{ib} \left(\int_0^1 (\tilde{n}_i^\tau)^{-1} dx + \sqrt{\left(\int_0^1 (\tilde{n}_i^\tau)^{-1} dx \right)^2 + 2\tau^2 B_{ib} \left(n_{ir}^{-2} - n_{il}^{-2}\right)} \right)^{-1}, \tag{5.45a}$$

其中

$$B_{ib} := (-1)^{i-1} \phi_r - K_i (\ln n_{ir} - \ln n_{il}), \quad i = 1, 2 \tag{5.45b}$$

和

$$\begin{aligned} \tilde{\phi}^\tau(x) &= \varPhi[\tilde{n}_1^\tau, \tilde{n}_2^\tau](x) \\ &:= \int_0^x \int_0^y (\tilde{n}_1^\tau - \tilde{n}_2^\tau - D)(z) dz dy + \left(\phi_r - \int_0^1 \int_0^y (\tilde{n}_1^\tau - \tilde{n}_2^\tau - D)(z) dz dy \right) x. \end{aligned} \tag{5.46}$$

事实上, 由 $\int_0^1 (5.37\text{b})/\tilde{n}_i^\tau dx$ 和亚音速条件, 对充分小的 δ 即得 (5.45). 直接求解边值问题 (5.37c) 和 (5.38b) 即得公式 (5.46).

由显示公式 (5.45) 和 (5.46) 可知, 只需推导出稳态扰动密度所满足的方程和边值条件. 为此, 先记

$$W_\delta(x) = \left(n_1^\delta, n_2^\delta\right)^{\mathrm{T}}(x).$$

接下来, 由 $\partial_x\left((5.37\text{b})/\tilde{n}_i^\tau\right)$ 并结合方程 (5.37c) 可得 $(\tilde{n}_1^\tau, \tilde{n}_2^\tau)$ 所满足的方程, 再对该方程组在常值状态 (n_{1l}, n_{2l}) 附近线性化并结合边值条件 (5.38a), 得

$$\begin{cases} AW_{\delta xx} + BW_\delta = F(W_\delta) + G(x), \quad x \in \Omega, & (5.47\text{a}) \\ W_\delta|_{\partial\Omega} = H(x), & (5.47\text{b}) \end{cases}$$

其中

$$A := \begin{pmatrix} \dfrac{K_1}{n_{1l}} & 0 \\ 0 & \dfrac{K_2}{n_{2l}} \end{pmatrix}, \quad B := \begin{pmatrix} -1 & 1 \\ 1 & -1 \end{pmatrix}, \tag{5.48}$$

$$F(W_\delta) := (f_1(W_\delta), f_2(W_\delta))^{\mathrm{T}}, \quad G(x) = (-(D(x) - \bar{d}), D(x) - \bar{d})^{\mathrm{T}}, \tag{5.49}$$

$$H(x) = (h_1, h_2)^{\mathrm{T}}(x), \quad h_i(x) = (n_{ir} - n_{il})x, \tag{5.50}$$

$$\begin{aligned} f_i(W_\delta) = & \tilde{j}_i^\tau n_{ix}^\delta (\tilde{n}_i^\tau)^{-2} - \left[K_i\left((\tilde{n}_i^\tau)^{-1} - n_{il}^{-1}\right) - \tau^2 (\tilde{j}_i^\tau)^2 (\tilde{n}_i^\tau)^{-3}\right] n_{ixx}^\delta \\ & - \left[2\tau^2 (\tilde{j}_i^\tau)^2 (\tilde{n}_i^\tau)^{-4} - \tilde{S}_i^\tau (\tilde{n}_i^\tau)^{-2}\right] (n_{ix}^\delta)^2, \quad i = 1, 2. \end{aligned} \tag{5.51}$$

值得一提的是非线性项 $f_i(W_\delta)$ 中的常值稳态电流密度 $\tilde{j}_i^\tau$ 由公式 (5.45) 给出, 即

$$\tilde{j}_i^\tau = J_i[n_i^\delta + n_{il}], \quad i = 1, 2, \tag{5.52}$$

其作为 n_i^δ 的非局部项出现在方程组 (5.47a) 中, 在证明的下一步中将会看到, 基于其显示表达式 (5.52), 上述非局部项都是可控的.

令 $\lambda := \min\{K_1/n_{1l}, K_2/n_{2l}\} > 0$, 则对任意的 $\xi \in \mathbb{R}$, 有

$$\xi^{\mathrm{T}} A \xi \geqslant \lambda |\xi|^2. \tag{5.53}$$

这意味着线性微分算子 $LW := AW_{xx} + BW$ 是一个二阶强椭圆算子. 至此, 在正则扰动框架下, 已将边值问题 (5.37) 和 (5.38) 等价转化为一个半线性二阶强椭圆组的 Dirichlet 边值问题 (5.47). 值得一提的是参数 $\tau \in [0, 1]$ 只出现在 (5.47a) 右端的非线性项 $F(W_\delta)$ 中, 线性主部与 τ 无关, 这使得我们可以对取值于 $[0, 1]$ 内的动量松弛时间 τ 给出统一的论证.

第二步: 定义不动点映射 + 压缩映射论证. 为求解边值问题 (5.47), 拟采用二阶线性强椭圆组的 L^2-理论结合 Banach 不动点论证的方法. 为此, 先考虑线性问题

$$\begin{cases} AW_{xx} + BW = R(x), \quad x \in \Omega, & (5.54a) \\ W|_{\partial\Omega} = H(x), & (5.54b) \end{cases}$$

易证其对应的齐次问题只有零解, 于是由 Fredholm 二择一性和解的 L^2- 估计可知: 如果 $R \in H^1(\Omega), H \in H^3(\Omega)$, 则线性问题 (5.54) 有唯一解 $W \in H^3(\Omega)$ 且满足椭圆估计

$$\|W\|_3 \leqslant C(\|R\|_1 + \|H\|_3), \tag{5.55}$$

其中椭圆估计常数 $C > 0$ 只依赖于强椭圆算子 L 的系数, 从而与参数 τ 无关.

经过对非线性项 (5.51) 的结构和椭圆估计 (5.55) 的分析, 引入度量空间

$$\mathbb{W}[N] := \left\{ W \in H^3(\Omega) \mid \|W\|_3 \leqslant N\delta, W|_{\partial\Omega} = H \right\} \tag{5.56}$$

赋以由范数 $\|\cdot\|_3$ 诱导的度量, 其中常数 $N > 0$ 待定. 事实上, 由迹定理可知, 对任意取定的 $N > 0$ 和 $\delta \geqslant 0$, 有 $\mathbb{W}[N]$ 是 Hilbert 空间 $H^2(\Omega)$ 的一个闭子集, 从而按照继承度量成为一个完备的度量空间.

接下来, 对任意的 $V = \left(m_1^\delta, m_2^\delta\right)^{\mathrm{T}} \in \mathbb{W}[N]$, 令 $\tilde{k}_i^\tau := J_i[m_i^\delta + n_{il}]$, 由 (5.49) 可知 $F(V) \in H^1(\Omega)$. 设 G 和 H 分别由 (5.51) 和 (5.50) 给定, 令 $R := F(V) + G$, 如果 $D \in H^1(\Omega)$, 则通过求解线性化问题

$$\begin{cases} AW_{xx} + BW = F(V) + G, \quad x \in \Omega, & (5.57a) \\ W|_{\partial\Omega} = H(x), \quad \forall V \in \mathbb{W}[N] & (5.57b) \end{cases}$$

可以定义所需的不动点映射 $S : \mathbb{W}[N] \to H^3(\Omega),\ V \mapsto W =: SV$.

现在, 类似于第 4 章的证明, 可以断言: 存在适当的常数 $N > 0$, 当强度参数 $\delta \ll 1$ 时, 映射 S 是完备度量空间 $\mathbb{W}[N]$ 中的一个压缩映射. 事实上, 这一断言可由如下的压缩映射论证来验证.

S 映 $\mathbb{W}[N]$ 到其自身. 由解映射 S 的定义和椭圆估计 (5.55), 有

$$\begin{aligned} \|SV\|_3 &\leqslant C(\|F(V) + G\|_1 + \|H\|_3) \\ &\leqslant (C_1(N)\delta + C_2)\delta, \end{aligned} \tag{5.58}$$

其中用到了先验假设 $N\delta \ll 1$ 和估计

$$|\tilde{k}_i^\tau| = |J_i[m_i^\delta + n_{il}]| \leqslant C\delta, \quad V = (m_1^\delta, m_2^\delta) \in \mathbb{W}[N].$$

取定

$$N := 2C_2 > 0, \tag{5.59}$$

如果

$$\delta \leqslant C_2/(C_1(2C_2)),$$

则

$$\|SV\|_3 \leqslant 2C_2\delta = N\delta. \tag{5.60}$$

于是, S 映完备的度量空间 $\mathbb{W}[2C_2]$ 到自身.

S **是压缩的**. 对任意的 $V_1, V_2 \in \mathbb{W}[2C_2]$, 需估计 $W := SV_1 - SV_2$. 为此, 令 $R := F(V_1) - F(V_2)$, 再由不动点映射 S 的定义可知 W 满足如下边值问题

$$\begin{cases} AW_{xx} + BW = R, \quad x \in \varOmega, & (5.61\text{a}) \\ W|_{\partial\varOmega} = 0. & (5.61\text{b}) \end{cases}$$

由椭圆估计 (5.55) 及类似于第 4 章的方法可得

$$\begin{aligned} \|SV_1 - SV_2\|_3 &\leqslant C\|F(V_1) - F(V_2)\|_1 \\ &\leqslant C_3\delta\|V_1 - V_2\|_3 \\ &\leqslant \frac{1}{2}\|V_1 - V_2\|_3, \quad \forall V_1, V_2 \in \mathbb{W}[2C_2], \end{aligned} \tag{5.62}$$

其中已使用估计

$$|\tilde{k}_{i1}^\tau - \tilde{k}_{i2}^\tau| = |J_i[m_{i1}^\delta + n_{il}] - J_i[m_{i2}^\delta + n_{il}]| \leqslant C\delta\|m_{i1}^\delta - m_{i2}^\delta\|_1,$$

$$\forall V_1 = (m_{11}^\delta, m_{21}^\delta)^{\mathrm{T}}, \quad V_2 = (m_{12}^\delta, m_{22}^\delta)^{\mathrm{T}} \in \mathbb{W}[2C_2]$$

和假设条件

$$\delta \leqslant 1/(2C_3).$$

于是, S 是 $\mathbb{W}[2C_2]$ 中的压缩映射.

根据 Banach 不动点定理, 得到 S 的唯一不动点 $W = \left(n_1^\delta, n_2^\delta\right)^{\mathrm{T}} \in \mathbb{W}[2C_2]$. 再由 S 的定义, 该不动点 W 就是边值问题 (5.47) 在 $\mathbb{W}[2C_2]$ 中的唯一解, 因此满足估计

$$\sum_{i=1}^{2} \|n_i^\delta\|_3 \leqslant C\delta, \quad \forall \tau \in [0,1], \tag{5.63}$$

其中 $C > 0$ 与 δ 和 τ 无关.

显然, $\tilde{n}_i^\tau := n_i^\delta + n_{nil}$, $\tilde{j}_i^\tau := J_i[\tilde{n}_i^\tau]$ 和 $\tilde{\phi}^\tau := \varPhi[\tilde{n}_1^\tau, \tilde{n}_2^\tau]$ 即是原问题 (5.37) 和 (5.38) 的唯一解且满足亚音速条件 (5.39) 和估计 (5.41). □

5.1.2.2 稳态解的渐近稳定性

现在, 考虑定理 5.4 给出的亚音速稳态解 $(\tilde{n}_1^\tau, \tilde{j}_1^\tau, \tilde{n}_2^\tau, \tilde{j}_2^\tau, \tilde{\phi}^\tau)$ 的时间渐近稳定性, 进而在其附近建立相应的亚音速整体解的存在性定理.

注意到 $\tau=0$ 对应的 DD 模型 (5.34) 属于抛物-椭圆耦合型方程组, 而 $0<\tau\leqslant 1$ 对应的 HD 模型 (5.30) 属于双曲-椭圆耦合型方程组. 鉴于方程组所属类型的不同, 我们不得不分别加以研究. 同时, 两种模型问题的解空间也不同. 为叙述定理方便, 先引入一些记号和条件:

DD 模型初边值问题 (5.34)—(5.36) 的解空间记为

$$\mathfrak{Y}([0,T]) := \Big\{(n_1^0, j_1^0, n_2^0, j_2^0, \phi^0)(t,x) \ \Big|\ (n_i^0, j_i^0, \phi^0) \in C([0,T];(H^2\times H^1\times H^2)(\Omega))$$
$$n_{it}^0 \in C([0,T];H^1(\Omega))\cap L^2(0,T;H^1(\Omega))\cap L^2_{\rm loc}(0,T;H^2(\Omega)),\ i=1,2\Big\}.$$

HD 模型初边值问题 (5.30)—(5.32) 的解空间记为

$$\mathfrak{X}_l^m([0,T]) := \bigcap_{k=0}^{l} C^k([0,T];H^{m+l-k}(\Omega)), \quad \mathfrak{X}_l([0,T]) := \mathfrak{X}_l^0([0,T]), \quad l,m=0,1,2.$$

同构造稳态解时一样, 我们关心的仍是满足如下密度的正性条件和亚音速条件的时变解

$$\inf_{x\in\Omega} n_i^\tau > 0, \quad \inf_{x\in\Omega} S_i[n_i^\tau, j_i^\tau] > 0, \quad \forall \tau\in[0,1], \tag{5.64}$$

其中

$$S_i[n_i^\tau, j_i^\tau] := K_i - \frac{(\tau j_i^\tau)^2}{(n_i^\tau)^2}, \quad \forall\tau\in[0,1].$$

首先, 考虑 DD 模型的初边值问题 (5.34)—(5.36). 主要结果可陈述如下.

定理 5.5 (DD 模型稳态解的渐近稳定性) 设 $D\in H^1(\Omega)$, 初值 $n_{i0}\in H^2(\Omega)$ 满足正性条件和相容性条件. 对任意给定的正常数 n_{il}, K_i, 存在三个正常数 δ_1, C, γ_1 使得如果 $\sum_{i=1}^2 \|n_{i0}-\tilde{n}_i^0\|_2 + \delta \leqslant \delta_1$, 则初边值问题 (5.34)—(5.36) 有唯一整体解 $(n_1^0, j_1^0, n_2^0, j_2^0, \phi^0) \in \mathfrak{Y}([0,+\infty))$ 且满足额外的正则性 $\phi^0-\tilde{\phi}^0 \in C([0,+\infty);H^4(\Omega))$ 和估计

$$0 < \frac{1}{4} n_{il} \leqslant n_i^0(t,x) \leqslant 4 n_{il}, \quad i=1,2, \tag{5.65a}$$

$$\sum_{i=1}^2 \Big(\|(n_i^0-\tilde{n}_i^0)(t)\|_2 + \|(j_i^0-\tilde{j}_i^0)(t)\|_1\Big) + \|(\phi^0-\tilde{\phi}^0)(t)\|_4 \leqslant C\sum_{i=1}^2 \|n_{i0}-\tilde{n}_i^0\|_2\, \mathrm{e}^{-\gamma_1 t}, \tag{5.65b}$$

$$\int_0^t s\sum_{i=1}^2 \|(n_{itt}^0, n_{ixxt}^0)(s)\|^2 ds \leqslant C\sum_{i=1}^2 \|n_{i0}-\tilde{n}_i^0\|_2^2 (1+t), \quad \forall t\in[0,+\infty). \tag{5.65c}$$

证明　首先, 由标准的迭代格式和能量方法, 易证初边值问题 (5.34)—(5.36) 在 $\mathfrak{Y}([0,T_0])$ 中存在唯一时间局部解 $(n_1^0,j_1^0,n_2^0,j_2^0,\phi^0)$.

接着, 为了构造整体解, 引入扰动变量

$$\psi_i^0:=n_i^0-\tilde{n}_i^0,\quad \eta_i^0:=j_i^0-\tilde{j}_i^0,\quad \sigma^0:=\phi^0-\tilde{\phi}^0. \tag{5.66}$$

于是, 原问题 (5.34)—(5.36) 等价于扰动问题

$$\begin{cases}\psi_{it}^0-K_i\psi_{ixx}^0+(-1)^{i-1}(n_i^0\phi_x^0-\tilde{n}_i^0\tilde{\phi}_x^0)_x=0, & \text{(5.67a)}\\ \eta_i^0=(-1)^{i-1}(n_i^0\phi_x^0-\tilde{n}_i^0\tilde{\phi}_x^0)-K\psi_{ix}^0, & \text{(5.67b)}\\ \sigma_{xx}^0=\psi_1^0-\psi_2^0, & \text{(5.67c)}\end{cases}$$

$$\psi_i^0(0,x)=\psi_{i0}^0(x):=n_{i0}(x)-\tilde{n}_i^0(x), \tag{5.68}$$

$$\psi_i^0(t,0)=\psi_i^0(t,1)=0,\quad \sigma^0(t,0)=\sigma^0(t,1)=0,\quad i=1,2. \tag{5.69}$$

由稳态解的正则性和局部存在性结果可知该扰动问题在 $\mathfrak{Y}([0,T_0])$ 中也存在唯一时间局部解 $(\psi_1^0,\eta_1^0,\psi_2^0,\eta_2^0,\sigma^0)$.

最后, 由标准的延拓原理, 只需在先验假设

$$N_0(T):=\sup_{t\in[0,T]}\sum_{i=1}^2\|\psi_i^0(t)\|_2\ll 1 \tag{5.70}$$

之下对局部解 $(\psi_1^0,\eta_1^0,\psi_2^0,\eta_2^0,\sigma^0)$ 建立如下的先验估计

$$\sum_{i=1}^2\Big(\|\psi_i^0(t)\|_2+\|\eta_i^0(t)\|_1\Big)+\|\sigma^0(t)\|_4\leqslant C\sum_{i=1}^2\|\psi_{i0}^0\|_2\,\mathrm{e}^{-\gamma_1 t},\quad \forall t\in[0,T]. \tag{5.71}$$

事实上, 由 (5.67b), (5.67c),(5.69), 稳态解的性质以及先验假设 (5.70), 有

$$\sum_{i=1}^2\|\eta_i^0(t)\|_1+\|\sigma^0(t)\|_4\leqslant C\sum_{i=1}^2\|\psi_i^0(t)\|_2. \tag{5.72}$$

再由 Sobolev 嵌入定理可得

$$\sum_{i=1}^2\Big(|\psi_i^0(t)|_1+|\eta_i^0(t)|_0\Big)+|\sigma^0(t)|_3\leqslant CN_0(T). \tag{5.73}$$

由 (5.41), 先验假设 (5.70) 和方程 (5.67a), 得

$$\|\psi_{it}^0(t)\|^2\leqslant C\sum_{i=1}^2\|\psi_i^0(t)\|_2^2,\quad i=1,2. \tag{5.74}$$

再由 (5.67a)/$\tilde{n}_i^0$, 得工作方程

$$\frac{1}{\tilde{n}_i^0}\psi_{it}^0-\frac{K_i}{\tilde{n}_i^0}\psi_{ixx}^0+(-1)^{i-1}\sigma_{xx}^0+\frac{(-1)^{i-1}}{\tilde{n}_i^0}(\phi_{xx}^0\psi_i^0+\phi_x^0\psi_{ix}^0+\tilde{n}_{ix}^0\phi_x^0)=0. \tag{5.75}$$

事实上, 由

$$\int_0^1\sum_{i=1}^2(5.75)\times(\psi_i^0-\psi_{ixx}^0-\psi_{ixxt}^0)dx, \tag{5.76}$$

并使用假设 $N_0(T)+\delta\ll 1$, 即可证明一致估计 (5.71).

首先, 由

$$\int_0^1\sum_{i=1}^2(5.75)\times\psi_i^0dx,$$

可得

$$\int_0^1\sum_{i=1}^2(\tilde{n}_i^0)^{-1}\psi_{it}^0\psi_i^0dx-\int_0^1\sum_{i=1}^2K_i(\tilde{n}_i^0)^{-1}\psi_{ixx}^0\psi_i^0dx+\int_0^1\sum_{i=1}^2(-1)^{i-1}\sigma_{xx}^0\psi_i^0dx$$
$$+\int_0^1\sum_{i=1}^2(-1)^{i-1}(\tilde{n}_i^0)^{-1}(\phi_{xx}^0\psi_i^0+\phi_x^0\psi_{ix}^0+\tilde{n}_{ix}^0\phi_x^0)\psi_i^0dx=0, \tag{5.77}$$

经分部积分, 并使用 (5.41),(5.73) 及 Poincaré 不等式对所得结果进行估计可得, 如果 $N_0(T)+\delta\ll 1$, 则有

$$\frac{d}{dt}\int_0^1\sum_{i=1}^2\frac{(\psi_i^0)^2}{2\tilde{n}_i^0}dx+C_1\sum_{i=1}^2\|\psi_i^0\|_1^2\leqslant 0, \tag{5.78}$$

其中已使用 (5.77) 左端第三项 (双极效应项) 的如下估计

$$\int_0^1\sum_{i=1}^2(-1)^{i-1}\sigma_{xx}^0\psi_i^0dx=\int_0^1(\psi_1^0-\psi_2^0)^2dx\geqslant 0. \tag{5.79}$$

其次, 由

$$\int_0^1\sum_{i=1}^2(5.75)\times(-\psi_{ixx}^0)dx,$$

得

$$-\int_0^1\sum_{i=1}^2(\tilde{n}_i^0)^{-1}\psi_{it}^0\psi_{ixx}^0dx+\int_0^1\sum_{i=1}^2K_i(\tilde{n}_i^0)^{-1}(\psi_{ixx}^0)^2dx+\int_0^1\sum_{i=1}^2(-1)^i\sigma_{xx}^0\psi_{ixx}^0dx$$
$$+\int_0^1\sum_{i=1}^2(-1)^i(\tilde{n}_i^0)^{-1}(\phi_{xx}^0\psi_i^0+\phi_x^0\psi_{ix}^0+\tilde{n}_{ix}^0\phi_x^0)\psi_{ixx}^0dx=0, \tag{5.80}$$

类似地, 经分部积分, 如果 $N_0(T)+\delta\ll 1$, 则有

$$\frac{d}{dt}\int_0^1\sum_{i=1}^2\frac{(\psi_{ix}^0)^2}{2\tilde{n}_i^0}dx+C_2\sum_{i=1}^2\|\psi_{ixx}^0\|^2\leqslant C(N_0(T)+\delta)\sum_{i=1}^2\|\psi_i^0\|_2^2, \tag{5.81}$$

其中 (5.80) 左端中的双极效应项已处理如下

$$\int_0^1\sum_{i=1}^2(-1)^i\sigma_{xx}^0\psi_{ixx}^0dx=\int_0^1(\psi_{1x}^0-\psi_{2x}^0)^2dx\geqslant 0. \tag{5.82}$$

再次, 由

$$\int_0^1\sum_{i=1}^2(5.75)\times(-\psi_{ixxt}^0)dx,$$

得

$$-\int_0^1\sum_{i=1}^2(\tilde{n}_i^0)^{-1}\psi_{it}^0\psi_{ixxt}^0dx+\int_0^1\sum_{i=1}^2K_i(\tilde{n}_i^0)^{-1}\psi_{ixx}^0\psi_{ixxt}^0dx+\int_0^1\sum_{i=1}^2(-1)^i\sigma_{xx}^0\psi_{ixxt}^0dx$$
$$+\int_0^1\sum_{i=1}^2(-1)^i(\tilde{n}_i^0)^{-1}(\phi_{xx}^0\psi_i^0+\phi_x^0\psi_{ix}^0+\tilde{n}_{ix}^0\phi_x^0)\psi_{ixxt}^0dx=0, \tag{5.83}$$

类似地, 经分部积分, 如果 $N_0(T)+\delta\ll 1$, 则有

$$\frac{d}{dt}\int_0^1\sum_{i=1}^2\left\{\left[\frac{K_i}{2\tilde{n}_i^0}(\psi_{ixx}^0)^2+\frac{(-1)^i}{\tilde{n}_i^0}(\phi_{xx}^0\psi_i^0+\phi_x^0\psi_{ix}^0+\tilde{n}_{ix}^0\sigma_x^0)\psi_{ixx}^0\right]+\frac{1}{2}(\psi_{1x}^0-\psi_{2x}^0)^2\right\}dx$$
$$+C_3\sum_{i=1}^2\|\psi_{ixt}^0\|^2\leqslant C(N_0(T)+\delta)\sum_{i=1}^2\|\psi_i^0\|_2^2, \tag{5.84}$$

其中双极效应项处理如下

$$\int_0^1\sum_{i=1}^2(-1)^i\sigma_{xx}^0\psi_{ixxt}^0dx=\frac{d}{dt}\int_0^1\frac{1}{2}(\psi_{1x}^0-\psi_{2x}^0)^2dx. \tag{5.85}$$

最后, 由

$$(5.78)+(5.81)+(5.84),$$

得

$$\frac{d}{dt}E^0(t)+C_4\sum_{i=1}^2\|\psi_i^0(t)\|_2^2+C_3\sum_{i=1}^2\|\psi_{ixt}^0(t)\|^2\leqslant 0,\quad \forall t\in[0,T], \tag{5.86}$$

其中

$$E^0(t):=\int_0^1\left\{\sum_{i=1}^2\left[\frac{1}{2\tilde{n}_i^0}\Big((\psi_i^0)^2+(\psi_{ix}^0)^2+K_i(\psi_{ixx}^0)^2\Big)\right.\right.$$

$$+\frac{(-1)^i}{\tilde{n}_i^0}(\phi_{xx}^0\psi_i^0+\phi_x^0\psi_{ix}^0+\tilde{n}_{ix}^0\sigma_x^0)\psi_{ixx}^0\Big]+\frac{1}{2}(\psi_{1x}^0-\psi_{2x}^0)^2\Big\}dx. \quad (5.87)$$

由于 $C_3\sum_{i=1}^2\|\psi_{ixt}^0\|^2\geqslant 0$ 和 (5.86), 进一步得

$$\frac{d}{dt}E^0(t)+C_4\sum_{i=1}^2\|\psi_i^0(t)\|_2^2\leqslant 0,\quad \forall t\in[0,T]. \quad (5.88)$$

再由 $E^0(t)$ 的定义式 (5.87) 可知, 如果 $N_0(T)+\delta\ll 1$, 则存在常数 $C_{5l},C_{5r}>0$ 使得

$$C_{5l}\sum_{i=1}^2\|\psi_i^0(t)\|_2^2\leqslant E^0(t)\leqslant C_{5r}\sum_{i=1}^2\|\psi_i^0(t)\|_2^2,\quad \forall t\in[0,T]. \quad (5.89)$$

令

$$\gamma_1:=\frac{C_4}{2C_{5r}}>0.$$

于是, 由 (5.88) 和 (5.89) 得

$$\frac{d}{dt}E^0(t)+2\gamma_1E^0(t)\leqslant 0,\quad \forall t\in[0,T]. \quad (5.90)$$

对 (5.90) 应用 Gronwall 不等式并再次使用 (5.89) 即得

$$\sum_{i=1}^2\|\psi_i^0(t)\|_2\leqslant C_6\sum_{i=1}^2\|\psi_{i0}^0\|_2\,\mathrm{e}^{-\gamma_1 t},\quad \forall t\in[0,T]. \quad (5.91)$$

再由 (5.72) 即证得 (5.71).

注意到, 对整体解, 上面所有的估计仍成立. 于是, 由

$$\int_0^t(5.86)ds,\quad \forall t\in[0,+\infty),$$

得

$$\sum_{i=1}^2\|\psi_i^0(t)\|_2^2+\int_0^t\sum_{i=1}^2\|\psi_{ixt}^0(s)\|^2ds\leqslant C\sum_{i=1}^2\|\psi_{i0}^0\|_2^2,\quad \forall t\in[0,+\infty). \quad (5.92)$$

现在, 由

$$\int_0^t\int_0^1\sum_{i=1}^2\partial_t(5.67\mathrm{a})\times s(\psi_{itt}^0-\psi_{ixxt}^0)dxds,$$

经直接计算并使用 (5.91) 和 (5.92), 得

$$\int_0^t s\sum_{i=1}^2\|(\psi_{itt}^0,\psi_{ixxt}^0)(s)\|^2ds\leqslant C\sum_{i=1}^2\|\psi_{i0}^0\|_2^2(1+t),\quad \forall t\in[0,+\infty). \quad (5.93)$$

□

接下来, 考虑 HD 模型的初边值问题 (5.30)—(5.32). 为了建立整体解的松弛极限, 需要建立解在参数依赖范数意义下关于参数 $\tau\in(0,1]$ 的整体一致估计. 主要结果可陈述如下.

定理 5.6 (HD 模型稳态解的渐近稳定性)　*设 $D\in H^1(\Omega)$, 初值 $n_{i0},j_{i0}\in H^2(\Omega)$ 满足条件 (5.33) 和 (5.64). 对任意给定的正常数 $n_{il},K_i>0$, 存在三个正常数 δ_2,C,γ_2 使得对任意的 $\tau\in(0,1]$ 如果 $\sum_{i=1}^2\big(\|n_{i0}-\tilde n_i^\tau\|_2+\|j_{i0}-\tilde j_i^\tau\|_1+\|\tau j_{i0xx}\|\big)+\delta\leqslant\delta_2$, 则初边值问题 (5.30)—(5.32) 有唯一整体解 $(n_1^\tau,j_1^\tau,n_2^\tau,j_2^\tau,\phi^\tau)\in\mathfrak{X}_2([0,+\infty))$ 且满足条件 (5.64), 额外的正则性 $\phi^\tau-\tilde\phi^\tau\in\mathfrak{X}_2^2([0,+\infty))$ 和一致估计*

$$0<\frac14 n_{il}\leqslant n_i^\tau(t,x)\leqslant 4n_{il},\quad i=1,2, \tag{5.94a}$$

$$\begin{aligned}&\sum_{i=1}^2\Big(\|(n_i^\tau-\tilde n_i^\tau)(t)\|_2+\|(j_i^\tau-\tilde j_i^\tau)(t)\|_1+\|\tau j_{ixx}^\tau(t)\|\Big)+\|(\phi^\tau-\tilde\phi^\tau)(t)\|_4\\ \leqslant{}& C\sum_{i=1}^2\Big(\|n_{i0}-\tilde n_i^\tau\|_2+\|j_{i0}-\tilde j_i^\tau\|_1+\|\tau j_{i0xx}\|\Big)\mathrm{e}^{-\gamma_2 t},\quad \forall t\in[0,+\infty).\end{aligned} \tag{5.94b}$$

证明　*第一步: 问题的重置与局部存在性.* 首先, 引入扰动变量

$$\psi_i^\tau:=n_i^\tau-\tilde n_i^\tau,\quad \eta_i^\tau:=j_i^\tau-\tilde j_i^\tau,\quad \sigma^\tau:=\phi^\tau-\tilde\phi^\tau,\quad \forall\tau\in(0,1]. \tag{5.95}$$

由

$$(5.30\mathrm{a})-(5.37\mathrm{a}),\quad (5.30\mathrm{b})/n_i^\tau-(5.37\mathrm{b})/\tilde n_i^\tau,\quad (5.30\mathrm{c})-(5.37\mathrm{c}),$$

以及相应的初边值条件 (5.31), (5.32) 和 (5.38), 原初边值问题可重置为如下扰动初边值问题:

$$\begin{cases}\psi_{it}^\tau+\eta_{ix}^\tau=0, & (5.96\mathrm{a})\\ \tau^2\left(\dfrac{\eta_i^\tau+\tilde j_i^\tau}{\psi_i^\tau+\tilde n_i^\tau}\right)_t+\dfrac{\tau^2}{2}\left[\dfrac{(\eta_i^\tau+\tilde j_i^\tau)^2}{(\psi_i^\tau+\tilde n_i^\tau)^2}-\dfrac{(\tilde j_i^\tau)^2}{(\tilde n_i^\tau)^2}\right]_x & \\ +K_i\Big[\ln(\psi_i^\tau+\tilde n_i^\tau)-\ln\tilde n_i^\tau\Big]_x+(-1)^i\sigma_x+\dfrac{\eta_i^\tau+\tilde j_i^\tau}{\psi_i^\tau+\tilde n_i^\tau}-\dfrac{\tilde j_i^\tau}{\tilde n_i^\tau}=0, & (5.96\mathrm{b})\\ \sigma_{xx}^\tau=\psi_1^\tau-\psi_2^\tau,\quad i=1,2, & (5.96\mathrm{c})\end{cases}$$

$$(\psi_i^\tau,\eta_i^\tau)(0,x)=(\psi_{i0}^\tau,\eta_{i0}^\tau)(x):=(n_{i0}-\tilde n_i^\tau,j_{i0}-\tilde j_i^\tau)(x), \tag{5.97}$$

$$\psi_i^\tau(t,0)=\psi_i^\tau(t,1)=0,\quad \sigma^\tau(t,0)=\sigma^\tau(t,1)=0. \tag{5.98}$$

由标准的迭代格式和能量方法即可建立扰动初边值问题 (5.96)—(5.98) 的局部存在性定理: 如果初值 $\psi_{i0}^\tau,\eta_{i0}^\tau\in H^2(\Omega)$ 且 $\psi_{i0}^\tau+\tilde n_i^\tau,\eta_{i0}^\tau+\tilde j_i^\tau$ 满足条件 (5.33) 和 (5.64),

则对任意取定的 $\tau\in(0,1]$ 存在正常数 $T_\tau>0$ 使得扰动初边值问题 (5.96)—(5.98) 有唯一解 $(\psi_i^\tau,\eta_i^\tau,\sigma^\tau)\in\big(\mathfrak{X}_2\times\mathfrak{X}_2\times\mathfrak{X}_2^2\big)([0,T_\tau])$ 且 $\psi_i^\tau+\tilde{n}_i^\tau,\eta_i^\tau+\tilde{j}_i^\tau$ 也满足条件 (5.64).

为将局部解延拓为整体解, 由标准的延拓原理可知, 只需建立相应的一致估计. 值得一提的是, 为了后续研究整体解松弛极限的需要, 所需建立的一致估计不仅要关于时间一致还要关于参数 $\tau\in(0,1]$ 一致. 具体地, 分下面三步来建立所需的一致估计 (5.94b).

为此, 对任意取定的 $\tau\in(0,1]$ 引入先验假设

$$N_\tau(T):=\sup_{t\in[0,T]}n_\tau(t)\ll 1, \tag{5.99}$$

其中参数 τ-依赖范数 $n_\tau(t)$ 定义如下

$$n_\tau(t):=\sum_{i=1}^{2}\Big(\|\psi_i^\tau(t)\|_2+\|\eta_i^\tau(t)\|_1+\|\tau\eta_{ixx}^\tau(t)\|\Big). \tag{5.100}$$

由 (5.96c) 和 (5.98) 得椭圆估计

$$\|\sigma^\tau(t)\|_4\leqslant C\sum_{i=1}^{2}\|\psi_i^\tau(t)\|_2, \tag{5.101}$$

由 (5.96a) 得

$$\|\eta_{ixx}^\tau(t)\|=\|\psi_{ixt}^\tau(t)\|,\quad \|\partial_t^k\eta_{ix}^\tau(t)\|=\|\partial_t^k\psi_{it}^\tau(t)\|,\quad k=0,1, \tag{5.102}$$

由 (5.96b), (5.101), 先验假设 (5.99) 和 Sobolev 不等式得

$$\sum_{i=1}^{2}|(\psi_i^\tau,\eta_i^\tau,\tau\psi_{it}^\tau,\tau\eta_{ix}^\tau,\tau^2\eta_{it}^\tau)(t)|_0+|\sigma^\tau(t)|_3\leqslant CN_\tau(T), \tag{5.103}$$

$$\|\tau^2\eta_{it}^\tau(t)\|\leqslant C\sum_{i=1}^{2}\Big(\|\psi_i^\tau(t)\|_1+\|\eta_i^\tau(t)\|\Big)+C(N_\tau(T)+\delta)\|\tau^2\psi_{it}^\tau(t)\|,\quad \forall t\in[0,T]. \tag{5.104}$$

第二步: 基本估计. 由

$$\int_0^1\sum_{i=1}^{2}(5.96\text{b})\times\eta_i^\tau dx$$

可得所需的基本估计. 具体计算如下, 先由 $\sum_{i=1}^{2}(5.96\text{b})\times\eta_i^\tau$ 得

$$\mathcal{E}_t+\sum_{i=1}^{2}\frac{(\eta_i^\tau)^2}{\tilde{n}_i^\tau}=R_{1x}+R_2, \tag{5.105}$$

其中

$$\mathcal{E}(t,x) := \frac{1}{2}(\sigma_x^\tau)^2 + \sum_{i=1}^{2}\left(\frac{\tau^2}{2n_i^\tau}(\eta_i^\tau)^2 + K_i n_i^\tau \Psi\left(\frac{\tilde{n}_i^\tau}{n_i^\tau}\right)\right), \quad \Psi(s) := s - 1 - \ln s,$$

$$R_1 := \sigma^\tau \sigma_{xt}^\tau + \sigma^\tau(\eta_1^\tau - \eta_2^\tau) - \sum_{i=1}^{2} K_i(\ln n_i^\tau - \ln \tilde{n}_i^\tau)\eta_i^\tau,$$

$$R_2 := -\sum_{i=1}^{2}\left[\frac{\tau^2(\eta_i^\tau + 2\tilde{j}_i^\tau)}{2(n_i^\tau)^2}\eta_{ix}^\tau \eta_i^\tau + \frac{\tau^2}{2}\left(\frac{(j_i^\tau)^2}{(n_i^\tau)^2} - \frac{(\tilde{j}_i^\tau)^2}{(\tilde{n}_i^\tau)^2}\right)_x \eta_i^\tau + j_i^\tau\left(\frac{1}{n_i^\tau} - \frac{1}{\tilde{n}_i^\tau}\right)\eta_i^\tau\right].$$

接着, 由

$$\int_0^1 (5.105)dx$$

和 $\int_0^1 R_{1x}dx = 0$ 可得

$$\frac{d}{dt}\int_0^1 \mathcal{E}(t,x)dx + \int_0^1 \sum_{i=1}^{2}\frac{(\eta_i^\tau)^2}{\tilde{n}_i^\tau}dx = \int_0^1 R_2 dx, \tag{5.106}$$

更进一步, 如果 $N_\tau(T) + \delta \ll 1$, 则成立估计

$$\left|\int_0^1 R_2 dx\right| \leqslant C(N_\tau(T) + \delta)\sum_{i=1}^{2}\|(\psi_i^\tau, \eta_i^\tau)(t)\|_1^2, \tag{5.107}$$

$$C_{7l}\sum_{i=1}^{2}\|(\psi_i^\tau, \tau\eta_i^\tau)(t)\|^2 \leqslant \int_0^1 \mathcal{E}(t,x)dx \leqslant C_{7r}\sum_{i=1}^{2}\|(\psi_i^\tau, \tau\eta_i^\tau)(t)\|^2. \tag{5.108}$$

第三步: 高阶估计. 由

$$-\partial_t^k\Big[\partial_x(5.30\mathrm{b})/n_i^\tau - \partial_x(5.37\mathrm{b})/\tilde{n}_i^\tau\Big], \quad k = 0, 1,$$

即得建立高阶估计所需的工作方程如下

$$(n_i^\tau)^{-1}\tau^2\partial_t^k\psi_{itt}^\tau - \Big[\Big(K_i(n_i^\tau)^{-1} - \tau^2(j_i^\tau)^2(n_i^\tau)^{-3}\Big)\partial_t^k\psi_{ix}^\tau\Big]_x + (-1)^{i+1}\partial_t^k(\psi_1^\tau - \psi_2^\tau)$$
$$+ (n_i^\tau)^{-1}\partial_t^k\psi_{it}^\tau = -\tau^2 2j_i^\tau(n_i^\tau)^{-2}\partial_t^k\psi_{ixt}^\tau + \partial_t^k F_i + L_{ik}, \tag{5.109}$$

其中

$$F_i := \tau^2\Big[2(\psi_{it}^\tau)^2(n_i^\tau)^{-2} + 4j_i^\tau(n_i^\tau)^{-3}n_{ix}^\tau\psi_{it}^\tau + 2(j_i^\tau)^2(n_i^\tau)^{-4}(2\tilde{n}_{ix}^\tau + \psi_{ix}^\tau)\psi_{ix}^\tau$$
$$+2(2\tilde{j}_i^\tau + \eta_i^\tau)(n_i^\tau)^{-4}\tilde{n}_{ix}^\tau\eta_i^\tau + 2(\tilde{j}_i^\tau)^2(\tilde{n}_{ix}^\tau)^2((n_i^\tau)^{-4} - (\tilde{n}_i^\tau)^{-4})$$

$$+((j_i^\tau)^2(n_i^\tau)^{-3})_x\psi_{ix}^\tau - (2\tilde{j}_i^\tau + \eta_i^\tau)(n_i^\tau)^{-3}\tilde{n}_{ixx}^\tau\eta_i^\tau - (\tilde{j}_i^\tau)^2\tilde{n}_{ixx}^\tau((n_i^\tau)^{-3} - (\tilde{n}_i^\tau)^{-3})\Big]$$
$$+K_i(n_i^\tau)^{-2}n_{ix}^\tau\psi_{ix}^\tau - K_i\tilde{n}_{ixx}^\tau(\tilde{n}_i^\tau n_i^\tau)^{-1}\psi_i^\tau$$
$$+(-1)^{i+1}\Big[\tilde{\phi}_x^\tau\tilde{n}_{ix}^\tau(\tilde{n}_i^\tau n_i^\tau)^{-1}\psi_i^\tau - \tilde{n}_{ix}^\tau(n_i^\tau)^{-1}\sigma_x^\tau - \phi_x^\tau(n_i^\tau)^{-1}\psi_{ix}^\tau\Big], \tag{5.110a}$$

$$L_{i0} := 0,$$
$$L_{i1} := \tau^2(n_i^\tau)^{-2}\psi_{it}^\tau\psi_{itt}^\tau + \Big[\Big(K_i(n_i^\tau)^{-1} - \tau^2(j_i^\tau)^2(n_i^\tau)^{-3}\Big)_t\psi_{ix}^\tau\Big]_x$$
$$+(n_i^\tau)^{-2}(\psi_{it}^\tau)^2 - \tau^2\Big(2j_i^\tau(n_i^\tau)^{-2}\Big)_t\psi_{ixt}^\tau, \qquad i = 1, 2. \tag{5.110b}$$

由 (5.101)—(5.104), 得

$$\|F_i\| \leqslant C(N_\tau(T) + \delta)\sum_{i=1}^{2}\|(\psi_i^\tau, \psi_{ix}^\tau, \tau\psi_{it}^\tau, \tau^2\eta_i^\tau)\|, \tag{5.111a}$$

$$\|F_{it}\| + \|L_{i1}\| \leqslant C(N_\tau(T) + \delta)\sum_{i=1}^{2}\|(\tau\psi_{itt}^\tau, \psi_{ixt}^\tau, \psi_{it}^\tau, \psi_{ix}^\tau, \psi_i^\tau, \eta_i^\tau)\|, \quad \forall\tau \in (0, 1]. \tag{5.111b}$$

在建立高阶估计的过程中, 分部积分时要用到齐次边值条件 (5.98). 为此, 需要用扰动密度 ψ_i^τ 的时间导数来控制空间导数. 也就是说, 如果 $N_\tau(T) + \delta \ll 1$, 则有

$$C_{8l}A(t) \leqslant n_\tau^2(t) \leqslant C_{8r}A(t), \quad \forall t \in [0, T], \tag{5.112}$$

其中

$$A(t) := \sum_{i=1}^{2}\|(\tau^2\psi_{itt}^\tau, \tau\psi_{ixt}^\tau, \psi_{it}^\tau, \psi_{ix}^\tau, \psi_i^\tau, \eta_i^\tau)(t)\|^2. \tag{5.113}$$

注意到, 由 $k = 0$ 时的方程 (5.109) 可得估计

$$\|\psi_{ixx}^\tau\| \leqslant C\sum_{i=1}^{2}\|(\psi_i^\tau, \psi_{ix}^\tau, \psi_{it}^\tau, \tau^2\psi_{itt}^\tau, \tau^2\psi_{ixt}^\tau, \tau^2\eta_i^\tau)\|, \tag{5.114a}$$

$$\|\tau^2\psi_{itt}^\tau\| \leqslant C\sum_{i=1}^{2}\|(\psi_i^\tau, \psi_{ix}^\tau, \psi_{it}^\tau, \psi_{ixx}^\tau, \tau^2\psi_{ixt}^\tau, \tau^2\eta_i^\tau)\|, \tag{5.114b}$$

进而可证得等价关系 (5.112).

事实上, 由

$$\int_0^1\sum_{i=1}^{2}(5.109) \times \left(\partial_t^k\psi_i^\tau + 2\tau^{2k}\partial_t^k\psi_{it}^\tau\right)dx, \quad k = 0, 1, \tag{5.115}$$

即得所需的高阶估计. 鉴于计算的复杂性, 分步计算如下.

首先, 由

$$\int_0^1 \sum_{i=1}^2 (5.109) \times \partial_t^k \psi_i^\tau dx, \quad k=0,1,$$

经分部积分可得

$$\begin{aligned}&\frac{d}{dt} I_1^{(k)}(t) + \int_0^1 \left\{ \sum_{i=1}^2 \left[K_i (n_i^\tau)^{-1} (\partial_t^k \psi_{ix}^\tau)^2 - \tau^2 (n_i^\tau)^{-1} (\partial_t^k \psi_{it}^\tau)^2 \right] \right. \\ &\left. + (\partial_t^k \psi_1^\tau - \partial_t^k \psi_2^\tau)^2 \right\} dx = J_1^{(k)}(t),\end{aligned} \tag{5.116}$$

其中

$$I_1^{(k)}(t) := \int_0^1 \sum_{i=1}^2 \left[\tau^2 (n_i^\tau)^{-1} \partial_t^k \psi_{it}^\tau \partial_t^k \psi_i^\tau + (2n_i^\tau)^{-1} (\partial_t^k \psi_i^\tau)^2 \right] dx, \tag{5.117a}$$

$$\begin{aligned}J_1^{(k)}(t) :=& -\int_0^1 \sum_{i=1}^2 \tau^2 (n_i^\tau)^{-1} \psi_{it}^\tau \partial_t^k \psi_{it}^\tau \partial_t^k \psi_i^\tau dx \\ &+ \int_0^1 \sum_{i=1}^2 \tau^2 \left[2\eta_{ix}^\tau (n_i^\tau)^{-2} \partial_t^k \psi_i^\tau - 4 j_i^\tau (n_i^\tau)^{-3} n_{ix}^\tau \partial_t^k \psi_i^\tau + 2 j_i^\tau (n_i^\tau)^{-2} \partial_t^k \psi_{ix}^\tau \right] \partial_t^k \psi_{it}^\tau dx \\ &+ \int_0^1 \sum_{i=1}^2 \tau^2 (j_i^\tau)^2 (n_i^\tau)^{-3} (\partial_t^k \psi_{ix}^\tau)^2 dx - \int_0^1 \sum_{i=1}^2 \frac{1}{2} (n_i^\tau)^{-2} \psi_{it}^\tau (\partial_t^k \psi_i^\tau)^2 dx \\ &+ \int_0^1 \sum_{i=1}^2 (\partial_t^k F_i + L_{ik}) \partial_t^k \psi_i^\tau dx.\end{aligned} \tag{5.117b}$$

更进一步, 由 (5.41), (5.101)—(5.104), (5.111) 和 Young 不等式可得

$$|J_1^{(0)}| \leqslant \mu \sum_{i=1}^2 \|\psi_i^\tau\|^2 + C_\mu (N_\tau(T) + \delta) \sum_{i=1}^2 \|(\psi_{it}^\tau, \psi_{ix}^\tau, \eta_i^\tau)\|^2, \tag{5.118a}$$

$$|J_1^{(1)}| \leqslant \mu \sum_{i=1}^2 \|\psi_{it}^\tau\|^2 + C_\mu (N_\tau(T) + \delta) \sum_{i=1}^2 \|(\tau \psi_{itt}^\tau, \psi_{ixt}^\tau, \psi_{ix}^\tau, \psi_i^\tau, \eta_i^\tau)\|^2, \tag{5.118b}$$

其中 $0 < \mu \ll 1$ 待定.

其次, 由

$$\int_0^1 \sum_{i=1}^2 (5.109) \times \tau^{2k} \partial_t^k \psi_{it}^\tau dx, \quad k=0,1,$$

经分部积分可得

$$\frac{d}{dt}I_2^{(k)}(t)+\int_0^1\sum_{i=1}^{2}\tau^{2k}(n_i^\tau)^{-1}(\partial_t^k\psi_{it}^\tau)^2dx=J_2^{(k)}(t), \tag{5.119}$$

其中

$$\begin{aligned}I_2^{(k)}(t):=&\int_0^1\sum_{i=1}^{2}\left[\frac{\tau^{2+2k}}{2}(n_i^\tau)^{-1}(\partial_t^k\psi_{it}^\tau)^2+\frac{\tau^{2k}}{2}\Big(K_i(n_i^\tau)^{-1}-\tau^2(j_i^\tau)^2(n_i^\tau)^{-3}\Big)(\partial_t^k\psi_{ix}^\tau)^2\right.\\&\left.+\frac{\tau^{2k}}{2}(\partial_t^k\psi_1^\tau-\partial_t^k\psi_2^\tau)^2\right]dx,\end{aligned} \tag{5.120a}$$

$$\begin{aligned}J_2^{(k)}(t):=&-\int_0^1\sum_{i=1}^{2}\frac{\tau^{2+2k}}{2}(n_i^\tau)^{-2}\psi_{it}^\tau(\partial_t^k\psi_{it}^\tau)^2dx\\&-\int_0^1\sum_{i=1}^{2}\frac{\tau^{2k}}{2}K_i(n_i^\tau)^{-2}\psi_{it}^\tau(\partial_t^k\psi_{ix}^\tau)^2dx\\&-\int_0^1\sum_{i=1}^{2}\frac{\tau^{2+2k}}{2}\Big(2j_i^\tau\eta_{it}^\tau(n_i^\tau)^{-3}-3(j_i^\tau)^2(n_i^\tau)^{-4}\psi_{it}^\tau\Big)(\partial_t^k\psi_{ix}^\tau)^2dx\\&+\int_0^1\sum_{i=1}^{2}\tau^{2+2k}\Big(\eta_{ix}^\tau(n_i^\tau)^{-2}-2j_i^\tau(n_i^\tau)^{-3}n_{ix}^\tau\Big)(\partial_t^k\psi_{it}^\tau)^2dx\\&+\int_0^1\sum_{i=1}^{2}(\partial_t^kF_i+L_{ik})\tau^{2k}\partial_t^k\psi_{it}^\tau dx.\end{aligned} \tag{5.120b}$$

更进一步, 由 (5.41), (5.101)—(5.104), (5.111) 和 Young 不等式可得

$$|J_2^{(0)}|\leqslant\mu\sum_{i=1}^{2}\|\psi_{it}^\tau\|^2+C_\mu(N_\tau(T)+\delta)\sum_{i=1}^{2}\|(\psi_{ix}^\tau,\psi_i^\tau,\eta_i^\tau)\|^2, \tag{5.121a}$$

$$|J_2^{(1)}|\leqslant\mu\sum_{i=1}^{2}\|\tau\psi_{itt}^\tau\|^2+C_\mu(N_\tau(T)+\delta)\sum_{i=1}^{2}\|(\sqrt{\tau}\psi_{ixt}^\tau,\psi_{it}^\tau,\psi_{ix}^\tau,\psi_i^\tau,\eta_i^\tau)\|^2, \tag{5.121b}$$

其中 $0<\mu\ll 1$ 待定.

最后, 由

$$(5.116)+2\times(5.119),\quad k=0,1,$$

得高阶估计

$$\frac{d}{dt}I^{(k)}(t)+\int_0^1\left\{\sum_{i=1}^{2}\left[K_i(n_i^\tau)^{-1}(\partial_t^k\psi_{ix}^\tau)^2-\tau^2(n_i^\tau)^{-1}(\partial_t^k\psi_{it}^\tau)^2\right]\right.$$

$$+ (\partial_t^k\psi_1^\tau - \partial_t^k\psi_2^\tau)^2 + \sum_{i=1}^{2} 2\tau^{2k}(n_i^\tau)^{-1}(\partial_t^k\psi_{it}^\tau)^2 \Big\} dx = J^{(k)}(t), \quad (5.122)$$

其中

$$I^{(k)}(t) := I_1^{(k)}(t) + 2I_2^{(k)}(t), \quad J^{(k)}(t) := J_1^{(k)}(t) + 2J_2^{(k)}(t). \quad (5.123)$$

第四步: 衰减估计. 从 (5.108) 可见在基本估计的能量中仅得到 $\|\tau\eta_i^\tau\|^2$, 这不足以封闭一致估计. 为此, 必须对基本估计的能量补充上 $\|\eta_i^\tau\|^2$. 具体地, 由 (5.30b) – (5.37b) 得

$$\eta_i^\tau + \tau^2\eta_{it}^\tau + \left[\tau^2\Big((j_i^\tau)^2(n_i^\tau)^{-1} - (\tilde{j}_i^\tau)^2(\tilde{n}_i^\tau)^{-1}\Big) + K_i\psi_i^\tau\right]_x + (-1)^i(n_i^\tau\phi_x^\tau - \tilde{n}_i^\tau\tilde{\phi}_x^\tau) = 0. \quad (5.124)$$

再由

$$\int_0^1 \sum_{i=1}^{2} (5.124) \times \eta_{it}^\tau dx, \quad (5.125)$$

得

$$\frac{d}{dt}I_3(t) + \int_0^1 \sum_{i=1}^{2} \frac{\tau^2}{2}(\eta_{it}^\tau)^2 dx \leqslant C_9 \sum_{i=1}^{2} \|(\psi_{ixt}^\tau, \psi_{it}^\tau, \psi_{ix}^\tau, \psi_i^\tau, \eta_i^\tau)\|^2, \quad (5.126)$$

其中

$$I_3(t) := \int_0^1 \sum_{i=1}^{2} \left[\frac{1}{2}(\eta_i^\tau)^2 + K_i\psi_{ix}^\tau\eta_i^\tau + (-1)^i(n_i^\tau\sigma_x^\tau + \tilde{\phi}_x^\tau\psi_i^\tau)\eta_i^\tau\right] dx. \quad (5.127)$$

现在, 可以建立指数衰减估计. 为此, 由

$$\left[(5.106) + \sum_{k=0}^{1}(5.122)\right] + \mu_1(5.126), \quad \text{其中 } 0 < \mu_1 \ll 1 \text{ 待定},$$

得

$$\frac{d}{dt}E^\tau(t) + F^\tau(t) \leqslant 0, \quad \forall t \in [0, T], \quad \tau \in (0, 1], \quad (5.128)$$

其中

$$E^\tau(t) := \int_0^1 \mathcal{E}(t, x)dx + \sum_{k=0}^{1} I^{(k)} + \mu_1 I_3(t), \quad (5.129\text{a})$$

$$F^\tau(t) := \int_0^1 \sum_{i=1}^{2} \frac{(\eta_i^\tau)^2}{\tilde{n}_i^\tau} dx - \int_0^1 R_2 dx$$
$$+ \sum_{k=0}^{1} \Bigg\{ \int_0^1 \Bigg\{ \sum_{i=1}^{2} \left[K_i(n_i^\tau)^{-1}(\partial_t^k\psi_{ix}^\tau)^2 - \tau^2(n_i^\tau)^{-1}(\partial_t^k\psi_{it}^\tau)^2\right] + (\partial_t^k\psi_1^\tau - \partial_t^k\psi_2^\tau)^2$$

$$+\sum_{i=1}^{2}2\tau^{2k}(n_i^\tau)^{-1}(\partial_t^k\psi_{it}^\tau)^2\Big\}dx-J^{(k)}(t)\Big\}$$
$$-C_9\mu_1\sum_{i=1}^{2}\|(\psi_{ixt}^\tau,\psi_{it}^\tau,\psi_{ix}^\tau,\psi_i^\tau,\eta_i^\tau)\|^2. \tag{5.129b}$$

由 (5.107),(5.108),(5.118),(5.121) 和 Poincaré 不等式, 并在能量 $E^\tau(t)$ 和耗散率 $F^\tau(t)$ 的表达式中令 $N_\tau(T)+\delta\ll\mu,\mu_1\ll1$, 可得如下估计: 存在常数 $C_{10l},C_{10r},C_{11}>0$, 对任意的 $t\in[0,T],\tau\in(0,1]$ 有

$$C_{10l}A(t)\leqslant E^\tau(t)\leqslant C_{10r}A(t), \tag{5.130}$$

$$C_{11}A(t)\leqslant F^\tau(t). \tag{5.131}$$

再由 Gronwall 不等式论证和等价关系 (5.112), 得

$$n_\tau(t)\leqslant Cn_\tau(0)\mathrm{e}^{2\gamma_2 t},\quad \forall t\in[0,T],\tau\in(0,1]. \tag{5.132}$$

最后, 由标准的延拓原理可知, 整体解存在唯一且指数衰减估计 (5.132) 对 $t\in[0,+\infty)$ 也成立. □

5.1.2.3 稳态解的松弛极限

因为我们是在稳态解附近构造的整体解, 所以为得到整体解松弛极限的结果, 得先来研究稳态解的松弛极限. 主要结果可陈述如下.

定理 5.7 (稳态解的松弛极限) 设定理 5.4 中的条件成立, $(\tilde n_i^\tau,\tilde j_i^\tau,\tilde\phi^\tau)$ 是 HD 模型的稳态解, $(\tilde n_i^0,\tilde j_i^0,\tilde\phi^0)$ 是 DD 模型的稳态解, 对任意常数 $n_{il},K_i>0$ 存在两个正常数 δ_3,C. 如果 $\delta\leqslant\delta_3$, 则有

$$\sum_{i=1}^{2}\left(\|\tilde n_i^\tau-\tilde n_i^0\|_2+|\tilde j_i^\tau-\tilde j_i^0|\right)+\|\tilde\phi^\tau-\tilde\phi^0\|_4\leqslant C\delta^2\tau^2,\quad \forall\tau\in(0,1], \tag{5.133}$$

其中常数 $C>0$ 与 δ 和 τ 无关.

证明 首先, 引入误差变量

$$\tilde{\mathcal N}_i^\tau:=\tilde n_i^\tau-\tilde n_i^0,\quad \tilde{\mathcal J}_i^\tau:=\tilde j_i^\tau-\tilde j_i^0,\quad \tilde\Phi^\tau:=\tilde\phi^\tau-\tilde\phi^0.$$

注意到, $\tilde j_i^\tau$ 和 $\tilde j_i^0$ 均满足显示表达式 (5.45). 再由中值定理和稳态解的估计 (5.41) 可得

$$|\tilde j_i^\tau-\tilde j_i^0|\leqslant C\delta(\|\tilde{\mathcal N}_i^\tau\|+\delta\tau^2). \tag{5.134}$$

由

$$\frac{(5.37\text{b})}{\tilde n_i^\tau}-\frac{(5.37\text{b})|_{\tau=0}}{\tilde n_i^0},\quad (5.37\text{c})-(5.37\text{c})|_{\tau=0},$$

得工作方程

$$K_i\Big[(\tilde{n}_i^\tau)^{-1}\tilde{n}_{ix}^\tau-(\tilde{n}_i^0)^{-1}\tilde{n}_{ix}^0\Big]-\tau^2(\tilde{j}_i^\tau)^2(\tilde{n}_i^\tau)^{-3}\tilde{n}_{ix}^\tau+(-1)^i\tilde{\Phi}_x^\tau=-\Big[\tilde{j}_i^\tau(\tilde{n}_i^\tau)^{-1}-\tilde{j}_i^0(\tilde{n}_i^0)^{-1}\Big],\tag{5.135}$$

$$\tilde{\Phi}_{xx}^\tau=\tilde{\mathcal{N}}_1^\tau-\tilde{\mathcal{N}}_2^\tau,\tag{5.136}$$

且 $\tilde{\mathcal{N}}_i^\tau$ 和 $\tilde{\Phi}^\tau$ 满足齐次边值条件

$$\tilde{\mathcal{N}}_i^\tau(0)=\tilde{\mathcal{N}}_i^\tau(1)=0,\quad \tilde{\Phi}^\tau(0)=\tilde{\Phi}^\tau(1)=0.\tag{5.137}$$

由

$$\int_0^1\sum_{i=1}^2(5.135)\tilde{\mathcal{N}}_{ix}^\tau dx,$$

得

$$\begin{aligned}&\underbrace{\int_0^1\sum_{i=1}^2K_i\Big[(\tilde{n}_i^\tau)^{-1}\tilde{n}_{ix}^\tau-(\tilde{n}_i^0)^{-1}\tilde{n}_{ix}^0\Big]\tilde{\mathcal{N}}_{ix}^\tau dx}_{\Theta_1}+\underbrace{\int_0^1\sum_{i=1}^2(-1)^i\tilde{\Phi}_x^\tau\tilde{\mathcal{N}}_{ix}^\tau dx}_{\Theta_2}\\&=\underbrace{\int_0^1\sum_{i=1}^2\tau^2(\tilde{j}_i^\tau)^2(\tilde{n}_i^\tau)^{-3}\tilde{n}_{ix}^\tau\tilde{\mathcal{N}}_{ix}^\tau dx}_{\Theta_3}-\underbrace{\int_0^1\sum_{i=1}^2\Big[\tilde{j}_i^\tau(\tilde{n}_i^\tau)^{-1}-\tilde{j}_i^0(\tilde{n}_i^0)^{-1}\Big]\tilde{\mathcal{N}}_{ix}^\tau dx}_{\Theta_4}.\end{aligned}\tag{5.138}$$

由稳态解的估计 (5.41)、Poincaré 不等式、估计 (5.134) 以及 $\delta\ll1$, 必要时经分部积分, 可对 $\Theta_l, l=1,2,3,4$ 估计如下

$$\begin{aligned}\Theta_1&=\int_0^1\sum_{i=1}^2K_i\Big\{\Big[(\tilde{n}_i^\tau)^{-1}-(\tilde{n}_i^0)^{-1}\Big]\tilde{n}_{ix}^\tau+(\tilde{n}_i^0)^{-1}\tilde{\mathcal{N}}_{ix}^\tau\Big\}\tilde{\mathcal{N}}_{ix}^\tau dx\\&\geqslant C_{11}\sum_{i=1}^2\|\tilde{\mathcal{N}}_{ix}^\tau\|^2-C\delta\sum_{i=1}^2\|\tilde{\mathcal{N}}_i^\tau\|_1^2\\&\geqslant C_{11}\sum_{i=1}^2\|\tilde{\mathcal{N}}_i^\tau\|_1^2,\end{aligned}\tag{5.139}$$

$$\begin{aligned}\Theta_2&=\int_0^1\sum_{i=1}^2(-1)^{i-1}\tilde{\Phi}_{xx}^\tau\tilde{\mathcal{N}}_i^\tau dx\\&=\int_0^1\tilde{\Phi}_{xx}(\tilde{\mathcal{N}}_1^\tau-\tilde{\mathcal{N}}_2^\tau)dx\end{aligned}$$

$$=\int_0^1(\tilde{\mathcal{N}}_1^\tau-\tilde{\mathcal{N}}_2^\tau)^2dx\geqslant 0, \tag{5.140}$$

$$\begin{aligned}\Theta_3&=\int_0^1\sum_{i=1}^2\tau^2(\tilde{j}_i^\tau)^2(\tilde{n}_i^\tau)^{-3}\tilde{n}_{ix}^\tau\tilde{\mathcal{N}}_{ix}^\tau dx\\&\leqslant\int_0^1\sum_{i=1}^2\tau^2\delta^3\tilde{\mathcal{N}}_{ix}^\tau dx\\&\leqslant\mu\sum_{i=1}^2\|\tilde{\mathcal{N}}_{ix}^\tau\|^2+C_\mu\delta^6\tau^4,\end{aligned} \tag{5.141}$$

$$\begin{aligned}\Theta_4&=-\int_0^1\sum_{i=1}^2\left[\tilde{\mathcal{J}}_i^\tau(\tilde{n}_i^\tau)^{-1}+\tilde{j}_i^0(\tilde{n}_i^\tau\tilde{n}_i^0)^{-1}\tilde{\mathcal{N}}_i^\tau\right]\tilde{\mathcal{N}}_{ix}^\tau dx\\&\leqslant C\int_0^1\sum_{i=1}^2\Big(|\tilde{\mathcal{J}}_i^\tau\tilde{\mathcal{N}}_{ix}^\tau|+\delta|\tilde{\mathcal{N}}_i^\tau\tilde{\mathcal{N}}_{ix}^\tau|\Big)dx\\&\leqslant\mu\sum_{i=1}^2\|\tilde{\mathcal{N}}_{ix}^\tau\|^2+C_\mu\sum_{i=1}^2|\tilde{\mathcal{J}}_i^\tau|^2+C\delta\sum_{i=1}^2\|\tilde{\mathcal{N}}_i^\tau\|_1^2\\&\leqslant(\mu+C\delta)\sum_{i=1}^2\|\tilde{\mathcal{N}}_i^\tau\|_1^2+C_\mu\delta^2\sum_{i=1}^2\|\tilde{\mathcal{N}}_i^\tau\|^2+C_\mu\delta^4\tau^4\\&\leqslant(\mu+C\delta+C_\mu\delta^2)\sum_{i-1}^2\|\tilde{\mathcal{N}}_i^\tau\|_1^2+C_\mu\delta^4\tau^4.\end{aligned} \tag{5.142}$$

将 (5.139)—(5.142) 代入到 (5.138) 中得

$$\sum_{i=1}^2\|\tilde{\mathcal{N}}_i^\tau\|_1\leqslant C\delta^2\tau^2. \tag{5.143}$$

再将 (5.143) 代入到 (5.134), 有

$$\sum_{i=1}^2|\tilde{\mathcal{J}}_i^\tau|\leqslant C\delta^2\tau^2. \tag{5.144}$$

接着, 从 $\partial_x(5.135)$ 中求解出 $\tilde{\mathcal{N}}_{ixx}^\tau$, 并取 L^2-范数, 再结合式 (5.143) 和 (5.144), 得

$$\sum_{i=1}^2\|\tilde{\mathcal{N}}_{ixx}^\tau\|\leqslant C\delta^2\tau^2. \tag{5.145}$$

综合 (5.143) 和 (5.145), 有

$$\sum_{i=1}^{2}\|\tilde{\mathcal{N}}_i^\tau\|_2 \leqslant C\delta^2\tau^2. \tag{5.146}$$

最后, 由 (5.136) 和 (5.137) 可得椭圆估计

$$\|\tilde{\Phi}^\tau\|_4 \leqslant C\sum_{i=1}^{2}\|\tilde{\mathcal{N}}_i^\tau\|_2. \tag{5.147}$$

于是, 由 (5.144), (5.146) 和 (5.147) 即得 (5.133). □

5.1.2.4 整体解的松弛极限

基于前述已建立的稳态解的存在唯一性、指数渐近稳定性和松弛极限结果, 现在我们可以研究整体解的松弛极限. 至此, 双极效应不会再产生新困难. 类似于单极情形的计算[101], 可以得到双极模型整体解的松弛极限结论. 主要结果可陈述如下.

定理 5.8 (整体解的松弛极限) 设定理 5.5 和定理 5.6 中的条件成立, 对任意的常数 $n_{il}, K_i > 0$ 存在三个正常数 δ_4, γ_3, C. 如果

$$\tau+\delta+\sum_{i=1}^{2}\left(\|n_{i0}-\tilde{n}_i^\tau\|_2+\|j_{i0}-\tilde{j}_i^\tau\|_1+\|\tau j_{i0xx}\|\right) \leqslant \delta_4, \tag{5.148}$$

则 HD 模型的整体解 $(n_i^\tau, j_i^\tau, \phi^\tau)$ 和 DD 模型的整体解 (n_i^0, j_i^0, ϕ^0) 同时存在且对任意的 $t\in(0,+\infty)$ 成立如下收敛估计

$$\sum_{i=1}^{2}\|(n_i^\tau-n_i^0)(t)\|_1^2+\|(\phi^\tau-\phi^0)(t)\|_3^2 \leqslant C\tau^{\gamma_3}, \tag{5.149a}$$

$$\|(j_i^\tau-j_i^0)(t)\|^2 \leqslant \|j_{i0}-j_i^0(0,\cdot)\|^2\mathrm{e}^{-t/\tau^2}+C\tau^{\gamma_3}, \quad i=1,2, \tag{5.149b}$$

$$\sum_{i=1}^{2}\|((n_i^\tau-n_i^0)_{xx},(j_i^\tau-j_i^0)_x)(t)\|^2+\|\partial_x^4(\phi^\tau-\phi^0)(t)\|^2 \leqslant C(1+t^{-1})\tau^{\gamma_3}. \tag{5.149c}$$

证明 首先, 由稳态解的松弛极限结果 (5.133) 易知, 条件

$$\tau+\delta+\sum_{i=1}^{2}\left(\|n_{i0}-\tilde{n}_i^\tau\|_2+\|j_{i0}-\tilde{j}_i^\tau\|_1+\|\tau j_{i0xx}\|\right) \ll 1$$

蕴涵条件

$$\sum_{i=1}^{2}\|n_{i0}-\tilde{n}_i^0\|_2+\delta \ll 1.$$

于是, 定理 5.5 和定理 5.6 中的条件同时成立, 进而 HD 模型的整体解 $(n_i^\tau, j_i^\tau, \phi^\tau)$ 和 DD 模型的整体解 (n_i^0, j_i^0, ϕ^0) 同时存在.

其次, 为建立整体解的收敛估计, 引入误差变量

$$\mathcal{N}_i^\tau := n_i^\tau - n_i^0, \quad \mathcal{J}_i^\tau := j_i^\tau - j_i^0, \quad \tilde{\Phi}^\tau := \phi^\tau - \phi^0.$$

由 (5.30) – (5.34), 得

$$\mathcal{N}_{it}^\tau + \mathcal{J}_{ix}^\tau = 0, \tag{5.150a}$$

$$\tau^2 j_{it}^\tau + \tau^2\Big[(j_i^\tau)^2(n_i^\tau)^{-1}\Big]_x + K_i\mathcal{N}_{ix}^\tau + (-1)^i\Big(\mathcal{N}_i^\tau\phi_x^\tau + n_i^0\tilde{\Phi}_x^\tau\Big) + \mathcal{J}_i^\tau = 0, \tag{5.150b}$$

$$\tilde{\Phi}_{xx} = \mathcal{N}_1^\tau - \mathcal{N}_2^\tau, \tag{5.150c}$$

再由初边值条件 (5.31) 和 (5.32), (5.35), (5.36) 可得

$$\mathcal{N}_i^\tau(0,x) = 0, \tag{5.151}$$

$$\mathcal{N}_i^\tau(t,0) = \mathcal{N}_i^\tau(t,1) = 0, \quad \tilde{\Phi}^\tau(t,0) = \tilde{\Phi}^\tau(t,1) = 0. \tag{5.152}$$

由 $(-1)\times\partial_x(5.150\text{b})$, 得

$$\tau^2 n_{itt}^\tau - \tau^2\Big[(j_i^\tau)^2(n_i^\tau)^{-1}\Big]_{xx} - K_i\mathcal{N}_{ixx}^\tau + (-1)^{i+1}\Big(\mathcal{N}_i^\tau\phi_x^\tau + n_i^0\tilde{\Phi}_x^\tau\Big)_x + \mathcal{N}_{it}^\tau = 0. \tag{5.153}$$

最后, 分别由 (5.65) 和 (5.94) 易知, 存在与 t, δ 和 τ 无关的常数 $C_{12}, C > 0$ 使得如下估计成立.

$$\inf_{x\in\Omega} n_i^0 \geqslant C_{12}, \tag{5.154a}$$

$$\sum_{i=1}^2\Big(\|n_i^0(t)\|_2 + \|j_i^0(t)\|_1\Big) + |\phi^0(t)|_2 \leqslant C, \tag{5.154b}$$

$$\int_0^t s\sum_{i=1}^2\|(n_{itt}^0, n_{ixxt}^0)(s)\|^2 ds \leqslant C(1+t), \quad \forall t\in[0,+\infty) \tag{5.154c}$$

和

$$\inf_{x\in\Omega} n_i^\tau, \quad \inf_{x\in\Omega}\left[K_i - \frac{\tau^2(j_i^\tau)^2}{(n_i^\tau)^2}\right] \geqslant C_{12}, \tag{5.155a}$$

$$\sum_{i=1}^2\Big(\|n_i^\tau(t)\|_2 + \|j_i^\tau(t)\|_1 + \|\tau j_{ixx}^\tau(t)\| + \|\tau^2 n_{itt}^\tau(t)\|\Big) + |\phi^\tau(t)|_2 + |\tau^2 j_{it}^\tau(t)|_0 \leqslant C, \tag{5.155b}$$

$$\int_0^t\sum_{i=1}^2\|(\tau j_{it}^\tau, j_{ixx}^\tau, \tau n_{itt}^\tau)(s)\|^2 ds \leqslant C, \quad \forall t\in[0,+\infty). \tag{5.155c}$$

基于上述估计, 现在可以建立整体解的收敛估计. 至此, 我们已经克服了双极效应所产生的所有困难, 也就是说, 在接下来建立整体解收敛估计的过程中双极效应不再产生新困难. 因此, 除了计算上的复杂性, 本质上类似于单极情形的计算 (见文献 [101]). 具体地, 分如下几步.

第一步: 由

$$\int_0^t\int_0^1\sum_{i=1}^2(5.153)\times\mathcal{N}_{it}^\tau dxds$$

得

$$\begin{aligned}&-\int_0^t\int_0^1\sum_{i=1}^2 K_i\mathcal{N}_{ixx}^\tau\mathcal{N}_{it}^\tau dxds+\int_0^t\int_0^1\sum_{i=1}^2(\mathcal{N}_{it}^\tau)^2dxds\\=&-\int_0^t\int_0^1\sum_{i=1}^2\left\{\tau^2n_{itt}^\tau-\tau^2\Big[(j_i^\tau)^2(n_i^\tau)^{-1}\Big]_{xx}+(-1)^{i+1}\Big(\mathcal{N}_i^\tau\phi_x^\tau+n_i^0\varPhi_x^\tau\Big)_x\right\}\mathcal{N}_{it}^\tau dxds,\end{aligned}$$

经分部积分, 再结合 (5.151), (5.154) 和 (5.155), 得

$$\sum_{i=1}^2\|\mathcal{N}_{ix}^\tau(t)\|^2+\int_0^t\sum_{i=1}^2\|\mathcal{N}_{it}^\tau(s)\|^2ds\leqslant C\left(\tau^2(1+t)+\int_0^t\sum_{i=1}^2\|\mathcal{N}_i^\tau(s)\|_1^2ds\right).\tag{5.156}$$

再由齐次边值条件 (5.152) 和 Poincaré 不等式, 有

$$\sum_{i=1}^2\|\mathcal{N}_i^\tau(t)\|_1^2+\int_0^t\sum_{i=1}^2\|\mathcal{N}_{it}^\tau(s)\|^2ds\leqslant C\left(\tau^2(1+t)+\int_0^t\sum_{i=1}^2\|\mathcal{N}_i^\tau(s)\|_1^2ds\right).\tag{5.157}$$

由 Gronwall 不等式, 存在与 t,δ 和 τ 无关的常数 $C,\alpha>0$ 使得

$$\int_0^t\sum_{i=1}^2\|\mathcal{N}_i^\tau(s)\|_1^2ds\leqslant C\tau^2\mathrm{e}^{\alpha t}.\tag{5.158}$$

于是

$$\sum_{i=1}^2\|\mathcal{N}_i^\tau(t)\|_1^2+\int_0^t\sum_{i=1}^2\|\mathcal{N}_{it}^\tau(s)\|^2ds\leqslant C\tau^2\mathrm{e}^{\alpha t},\quad\forall t\in[0,+\infty).\tag{5.159}$$

第二步: 由于初值 j_{i0} 不满足 "动量平衡" 条件 (即, $\mathcal{J}_i^\tau(0,x)\neq0$), 为处理初始层, 需要使用时间加权能量方法. 具体如下, 由

$$\int_0^t\int_0^1(5.150\mathrm{b})\times(\mathrm{e}^{s/\tau^2}\mathcal{J}_i^\tau)dxds,\quad i=1,2,$$

得

$$\tau^2\mathrm{e}^{t/\tau^2}\int_0^1\frac12(\mathcal{J}_i^\tau)^2dx+\frac12\int_0^t\int_0^1\mathrm{e}^{s/\tau^2}(\mathcal{J}_i^\tau)^2dxds$$

$$
\begin{aligned}
&= \tau^2 \int_0^1 \frac{1}{2}(\mathcal{J}_i^\tau)^2(0)dx \\
&\underbrace{-\int_0^t\int_0^1 e^{s/\tau^2}\left\{\tau^2 j_{it}^0+\tau^2\left[(j_i^\tau)^2(n_i^\tau)^{-1}\right]_x+K_i\mathcal{N}_{ix}^\tau+(-1)^i\left(\mathcal{N}_i^\tau\phi_x^\tau+n_i^0\Phi_x^\tau\right)\right\}\mathcal{J}_i^\tau dxds}_{II(t)}. \quad (5.160)
\end{aligned}
$$

注意到, 由

$$\int_0^t e^{s/\tau^2}(5.86)ds$$

可得估计

$$\int_0^t e^{s/\tau^2}\|n_{ixt}^0(s)\|^2 ds \leqslant Ce^{t/\tau^2}, \quad \forall t\in[0,+\infty), \quad i=1,2. \tag{5.161}$$

再由 ∂_t(5.34b), (5.154), (5.159) 和 Young 不等式, 并结合 (5.161), 可估计 (5.160) 右端中的 $II(t)$ 如下

$$II(t)\leqslant \frac{1}{4}\int_0^t\int_0^1 e^{s/\tau^2}(\mathcal{J}_i^\tau)^2dxds + C\tau^4e^{t/\tau^2}e^{\alpha t}. \tag{5.162}$$

将 (5.162) 代入 (5.160), 并对所得结果两端同除以 $\frac{1}{2}\tau^2e^{t/\tau^2}$, 得

$$\|\mathcal{J}_i^\tau(t)\|^2\leqslant \|\mathcal{J}_i^\tau(0)\|^2e^{-t/\tau^2}+C\tau^2e^{\alpha t}, \quad \forall t\in[0,+\infty), \quad i=1,2. \tag{5.163}$$

第三步: 由

$$\int_0^t\int_0^1\sum_{i=1}^2(5.153)\times(-s\mathcal{N}_{ixxt}^\tau)dxds,$$

经分部积分, 结合使用 (5.153), (5.154c), (5.155), (5.158), 直接计算可得

$$\sum_{i=1}^2\|(\mathcal{N}_{ixx}^\tau,\tau j_{ixx}^\tau)(t)\|^2\leqslant C\tau e^{\alpha t}t^{-1}, \quad \forall t\in(0,+\infty). \tag{5.164}$$

再由

$$\int_0^t\int_0^1\sum_{i=1}^2(5.153)\times(se^{s/\tau^2}\mathcal{J}_{ix}^\tau)dxds,$$

类似于 (5.163) 的计算, 并结合使用 (5.154c), (5.158) 和 (5.164), 得

$$\sum_{i=1}^2\|\mathcal{J}_{ix}^\tau(t)\|^2\leqslant C\tau e^{\alpha t}t^{-1}, \quad \forall t\in(0,+\infty). \tag{5.165}$$

第四步: 任意取定满足条件 (5.148) 的 τ, 易知 $0<\tau<1$. 令

$$T^\tau := -\frac{\ln\tau}{2\alpha}>0. \tag{5.166}$$

于是, 当 $0 < t \leqslant T^\tau$ 时, 由 (5.159), (5.163), (5.164) 和 (5.165), 得

$$\sum_{i=1}^{2} \|\mathcal{N}_i^\tau(t)\|_1^2 \leqslant C\tau^{3/2}, \tag{5.167a}$$

$$\|\mathcal{J}_i^\tau(t)\|^2 \leqslant \|\mathcal{J}_i^\tau(0)\|^2 \mathrm{e}^{-t/\tau^2} + C\tau^{3/2}, \quad i = 1, 2, \tag{5.167b}$$

$$\sum_{i=1}^{2} \|(\mathcal{N}_{ixx}^\tau, \mathcal{J}_{ix}^\tau)(t)\|^2 \leqslant C\tau^{1/2} t^{-1}. \tag{5.167c}$$

当 $t \geqslant T^\tau$ 时, 由 (5.65b), (5.94b) 和 (5.133) 得

$$\begin{aligned}
\sum_{i=1}^{2} \Big(\|\mathcal{N}_i^\tau(t)\|_2^2 + \|\mathcal{J}_i^\tau(t)\|_1^2 \Big) \leqslant & \, C \sum_{i=1}^{2} \Big(\|(n_i^\tau - \tilde{n}_i^\tau)(t)\|_2^2 + \|(j_i^\tau - \tilde{j}_i^\tau)(t)\|_1^2 \\
& + \|\tilde{n}_i^\tau - \tilde{n}_i^0\|_2^2 + \|\tilde{j}_i^\tau - \tilde{j}_i^0\|_1^2 \\
& + \|(n_i^0 - \tilde{n}_i^0)(t)\|_2^2 + \|(j_i^0 - \tilde{j}_i^0)(t)\|_1^2 \Big) \\
\leqslant & \, C \Big(\mathrm{e}^{-2\gamma_2 t} + \tau^4 + \mathrm{e}^{-2\gamma_1 t} \Big) \\
\leqslant & \, C \Big(\tau^{\gamma_2/\alpha} + \tau^4 + \tau^{\gamma_1/\alpha} \Big) \\
\leqslant & \, C\tau^{\gamma_3},
\end{aligned} \tag{5.168}$$

其中正常数 γ_3 定义如下

$$\gamma_3 := \min\left\{ \frac{\gamma_2}{\alpha}, \frac{\gamma_1}{\alpha}, \frac{1}{2} \right\} > 0. \tag{5.169}$$

最后, 综合 (5.167), (5.168) 和椭圆估计 $\|\Phi^\tau(t)\|_4^2 \leqslant C\|(\mathcal{N}_1^\tau, \mathcal{N}_2^\tau)(t)\|_2^2$, 即得整体解的收敛估计 (5.149). □

5.2 拟中性极限

本节详细介绍 Wang 在文献 [122] 中的工作. Wang 在环面 $\mathbb{T}^d, d \geqslant 1$ 上研究不带松弛项的单极 HD 模型的初值问题的拟中性极限. 具体地, 在周期区域上考虑如下初值问题:

$$\begin{cases}
n_t^\lambda + \operatorname{div}(n^\lambda u^\lambda) = 0, & (5.170\text{a}) \\
u_t^\lambda + u^\lambda \cdot \nabla u^\lambda + \nabla h(n^\lambda) = \nabla \phi^\lambda, & (5.170\text{b}) \\
\lambda^2 \Delta \phi^\lambda = n^\lambda - 1, \quad x \in \mathbb{T}^d, \quad t > 0, & (5.170\text{c}) \\
n^\lambda(t=0) = n_0^\lambda, \quad u^\lambda(t=0) = u_0^\lambda, \quad x \in \mathbb{T}^d, & (5.170\text{d})
\end{cases}$$

其中 λ 是尺度化 Debye 长度. 熵函数 $h(s)$ 满足 $h'(s)=(1/s)p'(s)$, 而 $p(s)$ 是压力-密度函数满足 $s^2p'(s)$ 在 $s\in[0,\infty)$ 上严格递增. 本节假设

$$p(s)=a^2s^\gamma, \quad s>0, a\neq 0, \quad \gamma\geqslant 1.$$

系统 (5.170) 是刻画等离子体的动力学行为的一个简化等熵模型. 等离子物理中通常考虑相对 Debye 长度而言较大的尺度结构. 对这样的尺度而言, 等离子体是电中性的, 即没有电离或电场. 在这种情况下 ($\lambda\to 0$), 形式极限系统是理想流体的不可压 Euler 方程组:

$$\begin{cases} \mathrm{div} u^0=0, & (5.171\text{a})\\ u_t^0+u^0\cdot\nabla u^0=\nabla p^0, \quad x\in\mathbb{T}^d, t>0, & (5.171\text{b})\\ u^0(t=0)=u_0^0, \quad x\in\mathbb{T}^d, & (5.171\text{c})\end{cases}$$

其中 (u^0,p^0) 是未知函数.

接下来, 对充分光滑解在短时间和长时间范围内严格验证上述形式极限 —— 拟中性极限 ($\lambda\to 0$). 处理拟中性极限的主要困难在于电场的振荡行为. 一般地, 很难得到电场 $\nabla\phi^\lambda$ 关于 Debye 长度 λ 的一致估计. 为了克服这一困难, 导出一些技术性的计算. 使用关于 λ 加权的能量范数以及经典能量方法和迭代技术的直接推广, 可以证明光滑解关于 λ 一致的时间局部存在性, 思想方法受启发于 Klainerman 和 Majda[72, 73]. 值得一提的是本节中的拟中性极限结果只考虑匹配初值条件的情况, 对于一般的初值条件, 需要额外的技术.

记号与 Moser 不等式

$H^s(\mathbb{T}^d)$ 是环面 $\mathbb{T}^d$ 上标准的 Sobolev 空间, 由 Fourier 级数定义, 即 $f\in H^s(\mathbb{T}^d)$ 当且仅当

$$\|f\|_s^2=(2\pi)^d\sum_{k\in\mathbb{Z}^d}(1+|k|^2)^s|(Ff)(k)|^2<+\infty,$$

其中 $(Ff)(k)=\displaystyle\int_{\mathbb{T}^d}f(x)\mathrm{e}^{-\mathrm{i}kx}dx$. 注意到, 如果 $\displaystyle\int_{\mathbb{T}^d}f(x)dx=0$, 则 $\|f\|_{L^2(\mathbb{T}^d)}\leqslant\|\nabla_x f\|_{L^2(\mathbb{T}^d)}$. $\alpha=(\alpha_1,\cdots,\alpha_d),\beta$ 等表示多重指标.

Moser 不等式: 如果 $f,g,v\in H^s$, 则对任意 $\alpha,|\alpha|\leqslant s$,

(i) $\|D_x^\alpha(fg)\|_{L^2}\leqslant C_s(|f|_\infty\|D_x^s g\|_{L^2}+|g|_\infty\|D_x^s f\|_{L^2}), s\geqslant 0$;

(ii) $\|D_x^\alpha(fg)-fD_x^\alpha g\|_{L^2}\leqslant C_s(|D_xf|_\infty\|D_x^{s-1}g\|_{L^2}+|g|_\infty\|D_x^sf\|_{L^2}), s\geqslant 1$;

(iii) $\|D_x^sA(v)\|_{L^2}\leqslant C_s\sum_{j=1}^s|D_v^jA(v)|_\infty(1+|\nabla v|_\infty)^{s-1}\|D_x^sv\|_{L^2}, s\geqslant 1$.

主要结果

首先, 回顾关于不可压 Euler 方程组充分正则解的存在性的经典结果[71].

定理 5.9 [71]　设 u_0^0 满足 $u_0^0 \in H^s, s > d/2+2, \mathrm{div} u_0^0 = 0$, 则存在最大存在时间 $0 < T_* \leqslant \infty$(如果 $d=2, T_*=\infty$), 不可压 Euler 方程组的初值问题 (5.171) 在 $[0, T_*)$ 上存在唯一光滑解 (u^0, p^0), 且对任意的 $0 < T_0 < T_*$ 满足

$$\sup_{0 \leqslant t \leqslant T_0} (\|u^0\|_{H^s} + \|u_t^0\|_{H^{s-1}} + \|\nabla p^0\|_{H^s} + \|\nabla p_t^0\|_{H^{s-1}}) \leqslant C(T_0). \tag{5.172}$$

对可压 Euler-Poisson 方程组的初值问题 (5.170), 主要结果如下.

定理 5.10 (局部收敛)　假设 $(n_0^\lambda, u_0^\lambda) = (1, u_0^0)$ 满足 $u_0^0 \in H^s, s > d/2+3, \mathrm{div} u_0^0 = 0$, 则存在仅依赖于初值而不依赖于 λ 的时间 $T > 0$ 和仅依赖于初值的常数 λ_0, 使得初值问题 (5.170) 在时间区间 $[0, T]$ 上存在唯一光滑解 $(n^\lambda, u^\lambda, \phi^\lambda)$ 满足

$$\|(n^\lambda - 1, u^\lambda, \lambda \nabla \phi^\lambda)(t)\|_{H^s(\mathbb{T}^d)} + \|(n_t^\lambda, u_t^\lambda, \lambda \nabla \phi_t^\lambda)(t)\|_{H^{s-1}(\mathbb{T}^d)} \leqslant 2M_0, \tag{5.173}$$

$0 < \lambda \leqslant \lambda_0$ 和 $0 \leqslant t \leqslant T$, 其中 $M_0 = \|u_0^0\|_{H^s} + \|u^0 \cdot \nabla u^0\|_{H^{s-1}}$. 特别地, 当 $\lambda \to 0$ 时, 有

$$\begin{aligned}
& n^\lambda \to 1 \quad 在 L^\infty([0,T], H^{s-1}) \cap C([0,T], H^{s-\varepsilon}) 中强收敛, \quad \forall \varepsilon > 0, \\
& n_t^\lambda \to 0 \quad 在 L^\infty([0,T], H^{s-2}) 中强收敛, \\
& u^\lambda \rightharpoonup u^0 \quad 在 L^\infty([0,T], H^s) 中弱*收敛, \\
& \mathrm{div} u^\lambda \to 0 \quad 在 L^\infty([0,T], H^{s-2}) 中强收敛, \\
& u_t^\lambda \rightharpoonup u_t^0 \quad 在 L^\infty([0,T], H^{s-1}) 中弱*收敛, \\
& u^\lambda \to u^0 \quad 在 C([0,T], H^{s-\varepsilon}) 中一致收敛, \quad \forall \varepsilon > 0, \\
& \nabla \phi^\lambda \rightharpoonup \nabla p^0 \quad 在 L^\infty([0,T], H^{s-1}) 中弱*收敛.
\end{aligned} \tag{5.174}$$

更进一步, $u^0 \in C^1([0,T] \times \mathbb{T}^d)$ 是不可压 Euler 方程组 (5.171) 带有压力 p^0 且满足初值 u_0^0 的光滑解.

定理 5.11 (整体收敛)　假设 $n_0^\lambda = 1, u_0^\lambda = u_0^0 + \lambda \tilde{u}_0^\lambda$ 满足 $\mathrm{div} u_0^0 = 0, u_0^0, \tilde{u}_0^\lambda \in H^{s+1}, s > d/2+2, \|\tilde{u}_0^\lambda\|_{s+1} \leqslant M_1$. 令 $0 < T_* \leqslant \infty (d=2, T_*=\infty)$ 是 (5.171) 的光滑解 (u^0, p^0) 的最大存在时间, 则对任意的 $0 < T_0 < T_*$, 存在仅依赖于 T_0 和初值的常数 λ_0 和 M, 使得 (5.170) 在 $[0, T_0]$ 上存在唯一光滑解 $(n^\lambda, u^\lambda, \phi^\lambda)$ 满足

$$\|(n^\lambda - 1, u^\lambda - u^0, \lambda \nabla(\phi^\lambda - p^0))(t)\|_{H^s(\mathbb{T}^d)} \leqslant M\lambda, \quad \forall 0 < \lambda \leqslant \lambda_0, 0 \leqslant t \leqslant T_0. \tag{5.175}$$

定理 5.10 和定理 5.11 证明的要点在于如何处理由 Poisson 方程产生的电场项积分的高阶 Sobolev 能量估计.

电场的预备估计

首先, 给出如下对建立电场的能量估计至关重要的引理.

引理 5.12 如果 $y^\lambda=(y_0^\lambda,y_*^\lambda)^{\mathrm T}\in(H^{s_1})^{d+1}, s_1>d/2+2, \rho\in H^{s_1-1}, a\in(H^{s_1-1})^d, \rho_t,\nabla\rho,\nabla a\in L^\infty, \nabla p^0\in(H^{s_1+1})^d, \nabla p_t^0\in(H^{s_1})^d$ 以及 $f_0\in H^{s_1-1}$. 设 $(y^\lambda,\tilde\phi^\lambda)$ 满足

$$\begin{cases} y_{0t}^\lambda+a\cdot\nabla y_0^\lambda+(1+\rho)\mathrm{div}y_*^\lambda=f_0, & (5.176\mathrm{a})\\ \lambda^2\Delta\tilde\phi^\lambda=\tau\lambda\Delta p^0+y_0^\lambda,\quad \displaystyle\int_{\mathbb T^d}\tilde\phi^\lambda dx=0, & (5.176\mathrm{b})\end{cases}$$

则有如下估计

$$\begin{aligned}(GD_x^\alpha\nabla\tilde\phi^\lambda,D_x^\alpha y_*^\lambda)\leqslant&-\frac{\lambda^2}{2}\frac{d}{dt}((GD_x^\beta\Delta\tilde\phi^\lambda,D_x^\beta\Delta\tilde\phi^\lambda)+(G\nabla\tilde\phi^\lambda,\nabla\tilde\phi^\lambda))\\&+\frac{\lambda^2}{2}C_sC_g(1+|\rho_t|_\infty+|\nabla\rho|_\infty\|a\|_{s_1-1}+\|a\|_{s_1-1})\|\nabla\tilde\phi^\lambda\|_{s_1}^2\\&+\frac{1}{\lambda^2}C_sC_g^2(\|\rho\|_{s_1-1}^2+|\nabla\rho|_\infty^2(1+\|\rho\|_{s_1-1}^2+\|a\|_{s_1-1}^2))\|y^\lambda\|_{s_1}^2\\&+\tau^2C_sC_g^2\|a\|_{s_1-1}^2\|\nabla p^0\|_{s_1}^2+\tau^2C_sC_g^2(1+|\nabla\rho|_\infty^2)\|\nabla p_t^0\|_{s_1}^2\\&+\frac{1}{\lambda^2}C_sC_g^2(1+|\nabla\rho|_\infty^2)\|f_0\|_{s_1-1}^2,\end{aligned}\tag{5.177}$$

其中 $\alpha(\beta)\leqslant s_1(s_1-1)$ 是多重指标, $C_g=\max\{|G|_\infty,|G'|_\infty\}$, $G=G(\rho)$ 是任意给定的有界 $C^1([0,+\infty))$ 函数. C_s 是仅依赖于 Sobolev 常数的正常数.

证明 首先, 重写 (5.176a) 如下

$$\begin{aligned}\mathrm{div}y_*^\lambda&=-y_{0t}^\lambda-\rho\mathrm{div}y_*^\lambda+f_0\\&=-\lambda^2\Delta\tilde\phi_t^\lambda+\lambda\tau\Delta p_t^0-\lambda^2a\cdot\nabla\Delta\phi^\lambda+\lambda\tau a\cdot\nabla\Delta p^0-\rho\mathrm{div}y_*^\lambda+f_0.\end{aligned}\tag{5.178}$$

由分部积分和 (5.178), 得

$$\begin{aligned}(G(\rho)\nabla\tilde\phi^\lambda,y_*^\lambda)&=-(G(\rho)\tilde\phi^\lambda,\mathrm{div}y_*^\lambda)-(\nabla G(\rho)\tilde\phi^\lambda,y_*^\lambda)\\&=\lambda^2(G(\rho)\tilde\phi^\lambda,\Delta\tilde\phi_t^\lambda)-\lambda\tau(G(\rho)\tilde\phi^\lambda,\Delta p_t^0)\\&\quad+\lambda^2(G(\rho)\tilde\phi^\lambda,a\cdot\nabla\Delta\tilde\phi^\lambda)-\lambda\tau(G(\rho)\tilde\phi^\lambda,a\cdot\nabla\Delta p^0)\\&\quad+(G(\rho)\tilde\phi^\lambda,\rho\mathrm{div}y_*^\lambda)-(G(\rho)\phi^\lambda,f_0)-(\nabla G(\rho)\tilde\phi^\lambda,y_*^\lambda)\\&=\sum_{j=1}^7I_j.\end{aligned}\tag{5.179}$$

(5.179) 中的每一项 $I_j, j=1,\cdots,7$ 可估计如下

$$I_1\leqslant-\frac{\lambda^2}{2}\frac{d}{dt}(G\nabla\tilde\phi^\lambda,\nabla\tilde\phi^\lambda)+\frac{\lambda^2}{2}(1+|G'|_\infty|\rho_t|_\infty)(\nabla\tilde\phi^\lambda,\nabla\tilde\phi^\lambda)$$

$$+\lambda^2|G'|_\infty^2|\nabla\rho|_\infty^2(\nabla\tilde{\phi}_t^\lambda,\nabla\tilde{\phi}_t^\lambda). \tag{5.180}$$

再由 (5.176), 得

$$\lambda^2\|\nabla\tilde{\phi}_t^\lambda\|_{L^2}^2\leqslant 3\tau^2\|\nabla p_t^0\|_{L^2}^2+\frac{3}{\lambda^2}((|a|_\infty^2+|1+\rho|_\infty^2)\|\nabla y^\lambda\|_{L^2}^2+\|f_0\|_{L^2}^2). \tag{5.181}$$

综合 (5.180) 和 (5.181), 得

$$\begin{aligned}I_1\leqslant&-\frac{\lambda^2}{2}\frac{d}{dt}(G\nabla\tilde{\phi}^\lambda,\nabla\tilde{\phi}^\lambda)+\frac{\lambda^2}{2}(1+|G'|_\infty|\rho_t|_\infty)(\nabla\tilde{\phi}^\lambda,\nabla\tilde{\phi}^\lambda)\\&+3|G'|_\infty^2|\nabla\rho|_\infty^2\tau^2\|\nabla p_t^0\|_{L^2}^2\\&+\frac{3|G'|_\infty^2|\nabla\rho|_\infty^2}{\lambda^2}((|a|_\infty^2+|1+\rho|_\infty^2)\|\nabla y^\lambda\|_{L^2}^2+\|f_0\|_{L^2}^2).\end{aligned}$$

I_2 可估计如下

$$I_2\leqslant\lambda^2(\nabla\tilde{\phi}^\lambda,\nabla\tilde{\phi}^\lambda)+\tau^2|G|_\infty^2\|\nabla p_t^0\|_1^2.$$

其余各项可类似的估计, 从而得

$$\begin{aligned}(G\nabla\tilde{\phi}^\lambda,y_*^\lambda)\leqslant&-\frac{\lambda^2}{2}\frac{d}{dt}(G\nabla\tilde{\phi}^\lambda,\nabla\tilde{\phi}^\lambda)+\frac{\lambda^2}{2}C_sC_g(1+|\rho_t|_\infty)(\nabla\tilde{\phi}^\lambda,\nabla\tilde{\phi}^\lambda)\\&+\frac{1}{\lambda^2}C_sC_g(|\nabla\rho|_\infty^2(2+|a|_\infty^2+|\rho|_\infty^2)+|\rho|_\infty^2)\|y^\lambda\|_1^2\\&+\tau^2C_g^2|a|_\infty^2\|\nabla p^0\|_2^2+\tau^2C_sC_g(1+|\nabla\rho|_\infty^2)\|\nabla p_t^0\|_1^2\\&+\frac{1}{\lambda^2}C_sC_g(1+|\nabla\rho|_\infty^2)\|f_0\|_{L^2}^2+\lambda^2|G|_\infty|a|_\infty\|\nabla\tilde{\phi}^\lambda\|_2^2.\end{aligned} \tag{5.182}$$

接下来, 建立关于电场的高阶能量估计. 具体地, 计算 $(GD_x^\alpha\nabla\tilde{\phi}^\lambda,D_x^\alpha y_*^\lambda),1\leqslant|\alpha|\leqslant s_1$ 如下: 首先, 经两次分部积分, 得

$$\begin{aligned}(GD_x^\alpha\nabla\tilde{\phi}^\lambda,D_x^\alpha y_*^\lambda)=&(GD_x^\beta\Delta\tilde{\phi}^\lambda,D_x^\beta\mathrm{div}y_*^\lambda)\\&+(\nabla GD_x^\beta\Delta\tilde{\phi}^\lambda-\nabla G\cdot D_x^\beta\nabla(\nabla\tilde{\phi}^\lambda),D_x^\beta y_*^\lambda)\\=&J_1+J_2.\end{aligned} \tag{5.183}$$

类似于低阶估计, 积分项 J_2 可估计如下

$$J_2\leqslant\lambda^2\|\nabla\tilde{\phi}^\lambda\|_{s_1}^2+\frac{|G'|_\infty^2|\nabla\rho|_\infty^2}{\lambda^2}\|y^\lambda\|_{s_1}^2. \tag{5.184}$$

现在计算积分项 J_1,

$$\begin{aligned}J_1=&-\lambda^2(GD_x^\beta\Delta\tilde{\phi}^\lambda,D_x^\beta\Delta\tilde{\phi}_t^\lambda)+\lambda\tau(GD_x^\beta\Delta\tilde{\phi}^\lambda,D_x^\beta\Delta p_t^0)\\&-\lambda^2(GD_x^\beta\Delta\tilde{\phi}^\lambda,D_x^\beta(a\cdot\nabla\Delta\tilde{\phi}^\lambda))+\lambda\tau(GD_x^\beta\Delta\tilde{\phi}^\lambda,D_x^\beta(a\cdot\nabla\Delta p^0))\end{aligned}$$

$$-(GD_x^\beta\Delta\tilde{\phi}^\lambda, D_x^\beta(\rho\mathrm{div}y_*^\lambda)) + (GD_x^\beta\Delta\tilde{\phi}^\lambda, D_x^\beta f_0)$$
$$=\sum_{j=1}^{6} J_{1j}, \tag{5.185}$$

$$J_{11} \leqslant -\frac{\lambda^2}{2}\frac{d}{dt}(GD_x^\beta\Delta\tilde{\phi}^\lambda, D_x^\beta\Delta\tilde{\phi}^\lambda) + \frac{1}{2}\lambda^2|G'|_\infty|\rho_t|_\infty(D_x^\beta\Delta\tilde{\phi}^\lambda, D_x^\beta\Delta\tilde{\phi}^\lambda), \tag{5.186}$$

$$J_{12} \leqslant \lambda^2(D_x^\beta\Delta\tilde{\phi}^\lambda, D_x^\beta\Delta\tilde{\phi}^\lambda) + \tau^2|G|_\infty^2\|\nabla p_t^0\|_{s_1}^2, \tag{5.187}$$

$$J_{13} \leqslant \frac{\lambda^2}{2}|\nabla(Ga)|_\infty\|D_x^\beta\Delta\tilde{\phi}^\lambda\|_{L^2}^2 + \lambda^2|G|_\infty\|D_x^\beta\Delta\tilde{\phi}^\lambda\|_{L^2}\|H_\alpha^(1)\|_{L^2}, \tag{5.188}$$

其中交换子定义为

$$H_\alpha^{(1)} = D_x^\beta(a\cdot\nabla\Delta\tilde{\phi}^\lambda) - a\cdot\nabla D_x^\beta\Delta\tilde{\phi}^\lambda, \tag{5.189}$$

当 $s_1 > d/2+2$ 时, 上述交换子可估计为

$$\|H_\alpha^{(1)}\|_{L^2} \leqslant C_s(|Da|_\infty + \|a\|_{s_1-1})\|\nabla\tilde{\phi}^\lambda\|_{s_1}. \tag{5.190}$$

综合 (5.188) 和 (5.190), 得

$$\begin{aligned} J_{13} \leqslant &\frac{\lambda^2}{2}(|G'|_\infty|\nabla\rho|_\infty|a|_\infty + |G|_\infty|\nabla a|_\infty)\|D_x^\beta\Delta\tilde{\phi}^\lambda\|_{L^2}^2 \\ &+\lambda^2C_s(|Da|_\infty + \|a\|_{s_1-1})|G|_\infty\|\nabla\tilde{\phi}^\lambda\|_{s_1}^2. \end{aligned} \tag{5.191}$$

由 Moser 不等式, 得

$$J_{14} \leqslant \lambda^2\|D_x^\beta\Delta\tilde{\phi}^\lambda\|_{L^2}^2 + \tau^2|G|_\infty^2C_s(|a|_\infty^2 + \|a\|_{s_1-1}^2)\|\nabla p^0\|_{s_1}^2, \tag{5.192}$$

$$J_{15} \leqslant \lambda^2\|D_x^\beta\Delta\tilde{\phi}^\lambda\|_{L^2}^2 + \frac{|G|_\infty^2}{\lambda^2}C_s(|\rho|_\infty^2 + \|\rho\|_{s_1-1}^2)\|y^\lambda\|_{s_1}^2, \tag{5.193}$$

$$J_{16} \leqslant \lambda^2\|\nabla\tilde{\phi}^\lambda\|_{s_1}^2 + \frac{|G|_\infty^2}{\lambda^2}\|f_0\|_{s_1-1}^2. \tag{5.194}$$

综合 (5.185),(5.187) 和 (5.191)—(5.194), 得

$$\begin{aligned} J_1 \leqslant &-\frac{\lambda^2}{2}\frac{d}{dt}(GD_x^\beta\Delta\tilde{\phi}^\lambda, D_x^\beta\Delta\tilde{\phi}^\lambda) \\ &+\frac{\lambda^2}{2}C_s(1 + |G'|_\infty|\rho_t|_\infty + |G'|_\infty|\nabla\rho|_\infty|a|_\infty + |G|_\infty(|\nabla a|_\infty + \|a\|_{s_1-1}))\|\nabla\tilde{\phi}^\lambda\|_{s_1}^2 \\ &+\tau^2|G|_\infty^2\|\nabla p_t^0\|_{s_1}^2 + \tau^2|G|_\infty^2C_s(|a|_\infty^2 + \|a\|_{s_1-1}^2)\|\nabla p^0\|_{s_1}^2 \\ &+\frac{|G|_\infty^2}{\lambda^2}C_s(|\rho|_\infty^2 + \|\rho\|_{s_1-1}^2)\|y^\lambda\|_{s_1}^2 + \frac{|G|_\infty^2}{\lambda^2}\|f_0\|_{s_1-1}^2. \end{aligned} \tag{5.195}$$

于是, (5.183), 结合 (5.184) 和 (5.195), 得

$$\begin{aligned}(GD_x^\alpha\nabla\tilde{\phi}^\lambda, D_x^\alpha y_*^\lambda) \leqslant & -\frac{\lambda^2}{2}\frac{d}{dt}(GD_x^\beta\Delta\tilde{\phi}^\lambda, D_x^\beta\Delta\tilde{\phi}^\lambda)\\ & +\frac{\lambda^2}{2}C_sC_g(1+|\rho_t|_\infty+|\nabla\rho|_\infty\|a\|_\infty+|\nabla a|_\infty+\|a\|_{s_1-1})\|\nabla\tilde{\phi}^\lambda\|_{s_1}^2\\ & +\tau^2C_g^2\|\nabla p_t^0\|_{s_1}^2+\tau^2C_sC_g^2(|a|_\infty^2+\|a\|_{s_1-1}^2)\|\nabla p^0\|_{s_1}^2\\ & +\frac{1}{\lambda^2}C_sC_g^2((|\rho|_\infty^2+\|\rho\|_{s_1-1}^2)+|\nabla\rho|_\infty^2)\|y^\lambda\|_{s_1}^2\\ & +\frac{|G|_\infty^2}{\lambda^2}\|f_0\|_{s_1-1}^2,\end{aligned}\tag{5.196}$$

综合 (5.182) 和 (5.196), 对 $s_1>d/2+2$ 使用 Sobolev 引理, 引理 5.12 得证. □

定理 5.10 的证明　本节采用引理 5.12, 精细的能量方法和标准的紧性论证给出定理 5.10 的证明. 证明依赖于模型 (5.170) 的 Euler 主部的对称型、λ- 加权高阶 Sobolev 范数以及电场和密度之间的特殊的空间依赖关系.

首先, 令 $n_1^\lambda=n^\lambda-1$, 则 $(n_1^\lambda,u^\lambda,\phi^\lambda)$ 满足

$$\begin{cases} n_{1t}^\lambda+\mathrm{div}u^\lambda+\mathrm{div}(n_1^\lambda u^\lambda)=0, & (5.197\text{a})\\ u_t^\lambda+u^\lambda\cdot\nabla u^\lambda+\nabla h(1+n_1^\lambda)=\nabla\phi^\lambda, & (5.197\text{b})\\ \lambda^2\Delta\phi^\lambda=n_1^\lambda,\quad \displaystyle\int_{\mathbb{T}^d}\phi^\lambda dx=0, & (5.197\text{c})\\ (n_1^\lambda,u^\lambda)(t=0)=(0,u_0^0),\quad \mathrm{div}u_0^0=0. & (5.197\text{d})\end{cases}$$

令 $v^\lambda=(n_1^\lambda,u^\lambda)^{\mathrm{T}}$, (5.197) 可写为矩阵形式

$$\begin{cases} v_t^\lambda+\displaystyle\sum_{j=1}^d A_j(v^\lambda)\partial_jv^\lambda=\widehat{\nabla\phi^\lambda}, & (5.198\text{a})\\ \lambda^2\Delta\phi^\lambda=n_1^\lambda,\quad \displaystyle\int_{\mathbb{T}^d}\phi^\lambda dx=0, & (5.198\text{b})\\ v^\lambda(t=0)=v_0^\lambda=(0,u_0^0)^{\mathrm{T}}, & (5.198\text{c})\end{cases}$$

其中 $\hat{q}$ 表示 $(0,q)^{\mathrm{T}}, q\in\mathbb{R}^d$, $e_j^{\mathrm{T}}=(\delta_{1j},\cdots,\delta_{dj}), j=1,\cdots,d$,

$$A_j(v^\lambda)=\begin{pmatrix} u_j^\lambda & (1+n_1^\lambda)e_j^{\mathrm{T}}\\ h'(1+n_1^\lambda)e_j & u_j^\lambda I_d\end{pmatrix},$$

可被如下正对称阵 S 对称化

$$S(n_1^\lambda)=\begin{pmatrix}1 & 0^{\mathrm{T}}\\ 0 & G(n_1^\lambda)I_d\end{pmatrix},\quad G(n_1^\lambda)=\frac{1+n_1^\lambda}{h'(1+n_1^\lambda)}>0,\quad |n_1^\lambda|_\infty\leqslant 1/2.$$

即

$$SA_j=B_j(v^\lambda)=\begin{pmatrix} u_j^\lambda & (1+n_1^\lambda)e_j^{\mathrm{T}}\\ (1+n_1^\lambda)e_j & G(n_1^\lambda)u_j^\lambda I_d\end{pmatrix}.$$

引入 λ-加权高阶 Sobolev 范数. 对 $v^\lambda \in L^\infty([0,T];H^s) \cap C^{0,1}([0,T];H^{s-1}), s > d/2+3$, 定义

$$|||v^\lambda|||_{\lambda,T} = \sup_{0\leqslant t\leqslant T} |||v^\lambda|||_\lambda,$$

$$|||v^\lambda|||_\lambda = \|v^\lambda\|_s + \|v_t^\lambda\|_{s-1} + \lambda(\|\nabla\phi^\lambda\|_s + \|\nabla\phi_t^\lambda\|_{s-1}),$$

其中 $\lambda^2\Delta\phi^\lambda = n_1^\lambda$, $\int_{\mathbb{T}^d}\phi^\lambda dx = 0$, 可求解如下

$$\nabla\phi^\lambda = \frac{1}{\lambda^2}\nabla(-\Delta)^{-1}(n_1^\lambda), \quad \forall(x,t)\in\mathbb{T}^d\times[0,T].$$

由 Poisson 方程, 得

$$\left\|\frac{n_1^\lambda}{\lambda}\right\|_{s-1} \leqslant \|\lambda\nabla\phi^\lambda\|_s, \quad \left\|\frac{n_{1t}^\lambda}{\lambda}\right\|_{s-2} \leqslant \|\lambda\nabla\phi_t^\lambda\|_{s-1}. \tag{5.199}$$

考虑迭代格式

$$(v^{\lambda,0},\phi^{\lambda,0}) = (v_0^\lambda, 0) = (0, u_0^0, 0), \tag{5.200a}$$

$$(v^{\lambda,p+1},\phi^{\lambda,p+1}) = \varPhi((v^{\lambda,p},\phi^{\lambda,p})), \tag{5.200b}$$

其中生成子 $\varPhi$ 映 $(v^\lambda,\phi^\lambda) = (n_1^\lambda, u^\lambda, \phi^\lambda)$ 为如下线性化问题:

$$\begin{cases} \tilde{v}_t^\lambda + \displaystyle\sum_{j=1}^d A_j(v^\lambda)\partial_j\tilde{v}^\lambda = \widehat{\nabla\tilde{\phi}^\lambda}, & (5.201\text{a})\\ \lambda^2\Delta\tilde{\phi}^\lambda = \tilde{n}_1^\lambda, \quad \displaystyle\int_{\mathbb{T}^d}\tilde{\phi}^\lambda dx = 0, & (5.201\text{b})\\ \tilde{v}^\lambda(t=0) = v_0^\lambda = (0,u_0^0)^{\mathrm{T}}, \quad \mathrm{div}u_0^0 = 0 & (5.201\text{c}) \end{cases}$$

的解 $(\tilde{v}^\lambda,\tilde{\phi}^\lambda) = (\tilde{n}_1^\lambda, \tilde{u}^\lambda, \tilde{\phi}^\lambda)$. 由逼近序列 $\{(v^{\lambda,p},\phi^{\lambda,p})\}_{p=0}^\infty$ 在 λ-加权高阶 Sobolev 范数下的一致有界性可以证明该序列的收敛性. 为此, 建立线性化问题 (5.201) 的解的先验估计.

引理 5.13 假设 $v_0^\lambda \in H^s, s > d/2+3, \mathrm{div}u_0^0 = 0$, 则存在仅依赖于初值和 Sobolev 常数的正常数 $\varTheta = \varTheta(C_s, M_0)$ 使得如果

$$|||v^\lambda|||_{\lambda,T} \leqslant 2M_0, \quad \mathrm{e}^{\varTheta T} = 4h'(1)\min\{1,c_0\}, \quad 0<\lambda\leqslant\lambda_0, \tag{5.202}$$

其中 $\lambda_0 = 1/4C_s^*M_0\min\{1,c_0/c_1\}$, $0 < c_0 = \inf_{|s|\leqslant 1/2}G(s)$, $c_1 = \sup_{|s|\leqslant 1/2}|G'(s)|$, C_s^* 是 Sobolev 常数, 则 (5.201) 的解 $(\tilde{v}^\lambda,\tilde{\phi}^\lambda)$ 满足

$$|||\tilde{v}^\lambda|||_{\lambda,T} \leqslant 2M_0, \quad \mathrm{e}^{\varTheta T} = 4h'(1)\min\{1,c_0\}, \quad 0<\lambda\leqslant\lambda_0. \tag{5.203}$$

证明 第一步: 能量微分不等式. 引入能量范数 $\|\cdot\|_E^2=(S\cdot,\cdot)_{L^2}$, 期望建立关于 $\|\cdot\|_E^2$ 的如下能量微分不等式:

$$\frac{d}{dt}Q(\tilde{v}^\lambda)\leqslant \tilde{C}|||\tilde{v}^\lambda|||_\lambda^2,\quad 0<t\leqslant T, \tag{5.204}$$

其中

$$Q(\tilde{v}^\lambda)=\left\|\left(D_x^\alpha\tilde{v}^\lambda,\lambda D_x^\beta\widehat{\Delta\tilde{\phi}^\lambda},\lambda\widehat{\nabla\tilde{\phi}^\lambda},D_x^\beta\tilde{v}_t^\lambda,\lambda D_x^\gamma\widehat{\Delta\tilde{\phi}_t^\lambda},\lambda\widehat{\nabla\tilde{\phi}_t^\lambda}\right)\right\|_E^2, \tag{5.205}$$

$$\begin{aligned}\tilde{C}=&\tilde{C}\left(C_s,C_g,|S|_\infty,|S'|_\infty,|D_vB|_\infty,\sum_{k=0}^{s}|D_v^kA|_\infty,|||v^\lambda|||_\lambda\right)\\=&C_s\left(1+|S'|_\infty+|D_vB|_\infty+|S|_\infty\sum_{k=0}^{s}|D_v^kA|_\infty(1+|||v^\lambda|||_\lambda)^{s-1}\right)|||v^\lambda|||_\lambda\\&+C_sC_g\left(1+|||v^\lambda|||_\lambda+|||v^\lambda|||_\lambda^2+C_g|||v^\lambda|||_\lambda^2(1+|||v^\lambda|||_\lambda^2)\right)\\&+C_s|S|_\infty^2\sum_{k=0}^{s-1}|D_v^k(D_vA(v^\lambda))|_\infty^2(1+|||v^\lambda|||_\lambda^{2(s-2)})|||v^\lambda|||_\lambda^2,\end{aligned} \tag{5.206}$$

并且 α,β,γ 分别表示阶数 $\leqslant s,s-1,s-2$ 的多重指标.

由 $B_j=SA_j$ 的对称性和分部积分, 得基本能量等式

$$\frac{d}{dt}\|\tilde{v}^\lambda\|_E^2=\big((\mathrm{div}B(v^\lambda))\tilde{v}^\lambda,\tilde{v}^\lambda\big)+\big(S(n_1^\lambda)\widehat{\nabla\tilde{\phi}^\lambda},\tilde{v}^\lambda\big), \tag{5.207}$$

其中 $\mathrm{div}B(v^\lambda)=\partial_tS(n_1^\lambda)+\sum_{j=1}^d\partial_jB_j(v^\lambda)$.

因为

$$|\mathrm{div}B(v^\lambda)|_{L^\infty}\leqslant C_s\left(|S'|_\infty+\sum_{j=1}^{d}|D_vB|_\infty\right)|||v^\lambda|||_\lambda,$$

所以

$$\left|\big((\mathrm{div}B(v^\lambda))\tilde{v}^\lambda,\tilde{v}^\lambda\big)\right|\leqslant C_s\left(|S'|_\infty+\sum_{j=1}^{d}|D_vB|_\infty\right)|||v^\lambda|||_\lambda\|\tilde{v}^\lambda\|_{L^2}^2. \tag{5.208}$$

通过将 (5.198a)—(5.198b) 与 (5.176a)—(5.176b) 作比较, 并使用引理 5.12, 取 $a=u^\lambda,\rho=n_1^\lambda,y^\lambda=\tilde{v}^\lambda,\tau=0,f_0=0$, 由 (5.177) 和 (5.199), 得

$$\begin{aligned}2\left(S(n_1^\lambda)\widehat{\nabla\tilde{\phi}^\lambda},\tilde{v}^\lambda\right)=&2\left(G(n_1^\lambda)\nabla\tilde{\phi}^\lambda,\tilde{u}^\lambda\right)\\\leqslant&-\lambda^2\frac{d}{dt}(G\nabla\tilde{\phi}^\lambda,\nabla\tilde{\phi}^\lambda)+\lambda^2C_sC_g(1+|||v^\lambda|||_\lambda)\|\nabla\tilde{\phi}^\lambda\|_2^2\end{aligned}$$

$$+C_sC_g^2(1+|||v^\lambda|||_\lambda^2)|||v^\lambda|||_\lambda^2\|\tilde{v}^\lambda\|_1^2. \tag{5.209}$$

将 (5.208) 和 (5.209) 代入 (5.207) 中, 得

$$\begin{aligned}\frac{d}{dt}\|(\tilde{v}^\lambda,\lambda\nabla\tilde{\phi}^\lambda)\|_E^2\leqslant &C_s\left(|S'|_\infty+\sum_{j=1}^d|D_vB|_\infty\right)|||v^\lambda|||_\lambda\|\tilde{v}^\lambda\|_{L^2}^2\\&+\lambda^2C_sC_g(1+|||v^\lambda|||_\lambda)\|\nabla\tilde{\phi}^\lambda\|_2^2\\&+C_sC_g^2(1+|||v^\lambda|||_\lambda^2)|||v^\lambda|||_\lambda^2\|\tilde{v}^\lambda\|_1^2.\end{aligned}\tag{5.210}$$

接下来, 建立高阶能量不等式. 同理于 (5.207), 得基本能量等式

$$\frac{d}{dt}\|D_x^\alpha\tilde{v}^\lambda\|_E^2=\left((\mathrm{div}B(v^\lambda))D_x^\alpha\tilde{v}^\lambda,D_x^\alpha\tilde{v}^\lambda\right)+2(SH_\alpha^{(2)},D_x^\alpha\tilde{v}^\lambda)+2(S(n_1^\lambda)D_x^\alpha\widehat{\nabla\tilde{\phi}^\lambda},D_x^\alpha\tilde{v}^\lambda),\tag{5.211}$$

其中交换子 $H_\alpha^{(2)}$ 定义为

$$H_\alpha^{(2)}=-\sum_{j=1}^d(D_x^\alpha(A_j(v^\lambda)\partial_j\tilde{v}^\lambda)-A_j(v^\lambda)\partial_jD_x^\alpha\tilde{v}^\lambda).$$

类似于零阶估计, 使用标准的交换子技术, 并且在引理 5.12 中取 $a=u^\lambda,\rho=n_1^\lambda,y^\lambda=\tilde{v}^\lambda,\tau=0,f_0=0,s_1=s$, 得

$$\begin{aligned}&\frac{d}{dt}\left\|\left(D_x^\alpha\tilde{v}^\lambda,\lambda D_x^\beta\widehat{\Delta\tilde{\phi}^\lambda},\lambda\widehat{\nabla\tilde{\phi}^\lambda}\right)\right\|_E^2\\\leqslant&C_s\left(|S'|_\infty+\sum_{j=1}^d|D_vB|_\infty\right)|||v^\lambda|||_\lambda\|\tilde{v}^\lambda\|_s^2\\&+C_s|S|_\infty\sum_{k=0}^s|D_v^kA|_\infty(1+|||v^\lambda|||_\lambda)^{s-1}|||v^\lambda|||_\lambda\|\tilde{v}^\lambda\|_s^2\\&+C_sC_g(1+|||v^\lambda|||_\lambda+|||v^\lambda|||_\lambda^2)\|\lambda\nabla\tilde{\phi}^\lambda\|_s^2\\&+C_sC_g^2|||v^\lambda|||_\lambda^2(1+|||v^\lambda|||_\lambda^2)\|\tilde{v}^\lambda\|_s^2.\end{aligned}\tag{5.212}$$

为得到 (5.204), 还需建立一阶时间导数的估计. 由 $\partial_t(5.201)$, 记 $\overline{v^\lambda}=(\overline{n_1^\lambda},\overline{u^\lambda})^{\mathrm{T}}=\tilde{v}_t^\lambda,\overline{\phi^\lambda}=\partial_t\tilde{\phi}^\lambda$, 得

$$\begin{cases}\overline{v_t^\lambda}+\displaystyle\sum_{j=1}^dA_j(v^\lambda)\partial_j\overline{v^\lambda}=f+\widehat{\nabla\overline{\phi^\lambda}}, & (5.213\text{a})\\ \lambda^2\Delta\overline{\phi^\lambda}=\overline{n_1^\lambda},\quad \displaystyle\int_{\mathbb{T}^d}\overline{\phi^\lambda}dx=0, & (5.213\text{b})\\ \overline{v^\lambda}(t=0)=\tilde{v}_t^\lambda(t=0)=\left(-\displaystyle\sum_{j=1}^dA_j(v^\lambda)\partial_j\tilde{v}^\lambda+\widehat{\nabla\tilde{\phi}^\lambda}\right)(t=0)\in H^{s-1}, & (5.213\text{c})\end{cases}$$

其中 $f=-\sum_{j=1}^{d}A_j(v^\lambda)_t\partial_j\tilde{v}^\lambda$ 且

$$\overline{A_j}(n_1^\lambda,v_t^\lambda):=A_j(v^\lambda)_t=\begin{pmatrix} u_{jt}^\lambda & n_{1t}^\lambda e_j^{\mathrm{T}} \\ h''(1+n_1^\lambda)n_{1t}^\lambda e_j & u_{jt}^\lambda I_d \end{pmatrix}.$$

注意到, 除了非齐次源项 f 外 (事实上, 这将导致奇异项的出现), 系统 (5.213) 具有与系统 (5.201) 相同的结构. 因此, 类似于 (5.212) 的推导, 对 $|\beta|\leqslant s-1$, 得

$$\begin{aligned}\frac{d}{dt}\|D_x^\beta\overline{v^\lambda}\|_E^2\leqslant{}& C_s\left(|S'|_\infty+\sum_{j=1}^{d}|D_vB_j|_\infty\right)|||v^\lambda|||_\lambda\|\overline{v^\lambda}\|_{s-1}^2\\ &+C_s|S|_\infty\sum_{k=0}^{s}|D_v^kA|_\infty(1+|||v^\lambda|||_\lambda)^{s-1}|||v^\lambda|||_\lambda\|\overline{v^\lambda}\|_{s-1}^2\\ &+\|\overline{v^\lambda}\|_{s-1}^2+4|S|_\infty^2\|D_x^\beta f\|_{L^2}^2+2\big(S(n_1^\lambda)D_x^\beta\nabla\widehat{\overline{\phi^\lambda}},D_x^\beta\overline{v^\lambda}\big).\end{aligned}\tag{5.214}$$

只需给出(5.214)中最后两项的估计. 由 f 的定义, 使用 Moser 不等式和Sobolev 引理, 得

$$\|D_x^\beta f\|_{L^2}^2\leqslant C_s\sum_{k=0}^{s-1}|D_v^k(D_vA_j(v^\lambda))|_\infty^2(1+|||v^\lambda|||_\lambda^{2(s-2)})|||v^\lambda|||_\lambda^2\|\tilde{v}^\lambda\|_s^2.\tag{5.215}$$

再由引理 5.12, 取 $s_1=s-1>d/2+2$, 得

$$\begin{aligned}&2\big(S(n_1^\lambda)D_x^\beta\nabla\widehat{\overline{\phi^\lambda}},D_x^\beta\overline{v^\lambda}\big)\\ \leqslant{}&-\lambda^2\frac{d}{dt}((GD_x^\gamma\Delta\overline{\phi^\lambda},D_x^\gamma\Delta\overline{\phi^\lambda})+(G\nabla\overline{\phi^\lambda},\nabla\overline{\phi^\lambda}))\\ &+\lambda^2C_sC_g(1+|||v^\lambda|||_\lambda+|||v^\lambda|||_\lambda^2)\|\nabla\overline{\phi^\lambda}\|_{s-1}^2\\ &+C_sC_g^2(1+|||v^\lambda|||_\lambda^2)|||v^\lambda|||_\lambda^2\|\overline{v^\lambda}\|_{s-1}^2\\ &+C_sC_g^2(1+|||v^\lambda|||_\lambda^2)|||v^\lambda|||_\lambda^2(\|\tilde{v}^\lambda\|_s^2+\|\lambda\nabla\tilde{\phi}^\lambda\|_s^2).\end{aligned}\tag{5.216}$$

将 (5.215) 和 (5.216) 代入 (5.214), 得

$$\begin{aligned}&\frac{d}{dt}\left\|\left(D_x^\beta\overline{v^\lambda},\lambda D_x^\gamma\widehat{\Delta\overline{\phi^\lambda}},\lambda\widehat{\nabla\overline{\phi^\lambda}}\right)\right\|_E^2\\ \leqslant{}&C_s\left(1+|S'|_\infty+\sum_{j=1}^{d}|D_vB_j|_\infty\right)|||v^\lambda|||_\lambda\|\overline{v^\lambda}\|_{s-1}^2\\ &+C_s|S|_\infty\sum_{k=0}^{s}|D_v^kA|_\infty(1+|||v^\lambda|||_\lambda)^{s-1}|||v^\lambda|||_\lambda\|\overline{v^\lambda}\|_{s-1}^2\\ &+C_s|S|_\infty^2\sum_{k=0}^{s-1}|D_v^k(D_vA_j(v^\lambda))|_\infty^2(1+|||v^\lambda|||_\lambda^{2(s-2)})|||v^\lambda|||_\lambda^2\|\tilde{v}^\lambda\|_s^2\end{aligned}$$

$$+C_sC_g(1+|||v^\lambda|||_\lambda+|||v^\lambda|||_\lambda^2)\|\lambda\nabla\overline{\phi^\lambda}\|_{s-1}^2$$
$$+C_sC_g^2(1+|||v^\lambda|||_\lambda^2)|||v^\lambda|||_\lambda^2\|\overline{v^\lambda}\|_{s-1}^2$$
$$+C_sC_g^2(1+|||v^\lambda|||_\lambda^2)|||v^\lambda|||_\lambda^2(\|\tilde{v}^\lambda\|_s^2+\|\lambda\nabla\tilde{\phi}^\lambda\|_s^2). \tag{5.217}$$

综合 (5.212) 和 (5.217), 即得 (5.204), 易见 $\tilde{C}$ 由 (5.206) 精确给出.

第二步: 范数 $Q(\tilde{v}^\lambda)$ 与 $|||\tilde{v}^\lambda|||_\lambda^2$ 的等价性. 选取适当的 λ_0, 当 $0<\lambda\leqslant\lambda_0$ 时, 范数 $Q(\tilde{v}^\lambda)$ 与 $|||\tilde{v}^\lambda|||_\lambda^2$ 彼此等价. 事实上, 由 $|||\cdot|||_{\lambda,T}$ 的定义, Sobolev 引理和 (5.199), 如果 $|||v^\lambda|||_{\lambda,T}\leqslant 2M_0$, 则有

$$|n_1^\lambda|_\infty\leqslant C_s^*\|n_1^\lambda\|_{s-1}\leqslant\lambda C_s^*\|\lambda\nabla\phi^\lambda\|_s\leqslant 2M_0\lambda C_s^*\leqslant\frac{1}{2}, \tag{5.218}$$

其中最后一个不等式是为了保证对称化子 $S(n_1^\lambda)$ 是正定的. 于是, 由 (5.218) 可知 $\|\cdot\|_E^2$ 与 $\|\cdot\|_{L^2}^2$ 等价.

同时, 因为

$$(GD_x^\beta\Delta\cdot,D_x^\beta\Delta\cdot)=(GD_x^\alpha\nabla\cdot,D_x^\alpha\nabla\cdot)=(\nabla G(D_x^\beta\nabla^2\cdot-D_x^\beta\Delta\cdot),D_x^\beta\nabla\cdot), \tag{5.219}$$

以及

$$|\nabla G|_\infty\leqslant|G'|_\infty|\nabla n_1^\lambda|_\infty\leqslant c_1C_s^*2M_0\lambda\leqslant\frac{c_0}{2}, \tag{5.220}$$

其中最后一个不等式是为了保证范数 $(GD_x^\beta\Delta\cdot,D_x^\beta\Delta\cdot)$ 与范数 $(GD_x^\alpha\nabla\cdot,D_x^\alpha\nabla\cdot)$ 的等价性.

于是, 由 (5.218) 和 (5.220) 中对 λ 的要求, 可选取 $\lambda_0=1/4M_0\min\{1,c_0/c_1\}$. 进而, 范数 $Q(\tilde{v}^\lambda)$ 与 $|||\tilde{v}^\lambda|||_\lambda^2$ 彼此等价. 因此, 有

$$\frac{d}{dt}Q(\tilde{v}^\lambda)\leqslant\tilde{C}Q(\tilde{v}^\lambda). \tag{5.221}$$

第三步: 系数 $\tilde{C}$ 的一致估计. 经直接计算, 得

$$Q(t=0)=\frac{1}{h'(1)}|||v^\lambda(t=0)|||_\lambda^2=\frac{1}{h'(1)}M_0^2. \tag{5.222}$$

由矩阵 G,S,A,B 的定义, 存在仅依赖于 M_0 的常数 c_2,c_3, 使得如果 $|||v^\lambda|||_{\lambda,T}\leqslant 2M_0$, 则对任意的 $0<\lambda\leqslant\lambda_0$ 和 $0<t\leqslant T$ 有

$$0<c_0\leqslant G(n_1^\lambda)\leqslant c_2,\quad |(S,S',G')|_\infty\leqslant c_3, \tag{5.223a}$$

$$|D_vB|_\infty\leqslant\sup_{\|v^\lambda\|_s\leqslant 2M_0}|D_vB(v^\lambda)|_\infty,\quad \sum_{k=0}^s|D_v^kA|_\infty\leqslant\sup_{\|v^\lambda\|_s\leqslant 2M_0}\left|\sum_{k=0}^s D_v^kA\right|_\infty, \tag{5.223b}$$

于是, 如果 $|||v^\lambda|||_{\lambda,T}\leqslant 2M_0$, 则存在仅依赖于 M_0 而与 λ 无关的常数 Θ, 使得

$$\tilde{C}\leqslant \Theta. \tag{5.224}$$

由 (5.221),(5.222) 和 (5.224), Gronwall 不等式蕴涵

$$\min\{1,c_0\}|||\tilde{v}^\lambda|||_\lambda^2\leqslant Q\leqslant \frac{1}{h'(1)}M_0^2\mathrm{e}^{\Theta(M_0)T},\quad 0<t\leqslant T. \tag{5.225}$$

取 T 使得 $\mathrm{e}^{\Theta(M_0)T}=4h'(1)\min\{1,c_0\}$, 即完成引理 5.13 的证明. □

在引理 5.13 的证明中, 由系数 $\tilde{C}$ 的精确表达式可知, $\tilde{C},\Theta,T$ 均仅依赖于 v^λ 的界而与 v^λ 的选取无关. 因此, 易得如下引理, 证明从略.

引理 5.14　*存在仅依赖于初值的 $T>0$ 和 λ_0, 使得对任意的 $0<\lambda\leqslant\lambda_0$ 和 $p=0,1,\cdots$, 有*

$$|||v^{\lambda,p}|||_{\lambda,T}\leqslant 2M_0,$$

其中 $M_0=\|v_0^\lambda\|_s+\|v_t^\lambda(t=0)\|_{s-1}$.

由引理 5.14 可知逼近序列 $\{(v^{\lambda,p},\phi^{\lambda,p})\}$ 满足 $(v^{\lambda,p},\nabla\phi^{\lambda,p})\in L^\infty([0,T];H^s)\cap C^{0,1}([0,T];H^{s-1})$ 以及一致估计

$$|||v^{\lambda,p}|||_{\lambda,T}\leqslant 2M_0,\quad 0<\lambda\leqslant\lambda_0,\quad p=0,1,\cdots. \tag{5.226}$$

由 Arzela-Ascoli 定理, 存在

$$(v^\lambda,\nabla\phi^\lambda)\in L^\infty([0,T];H^s)\cap C^{0,1}([0,T];H^{s-1}) \tag{5.227}$$

使得

$$(v^{\lambda,p},\nabla\phi^{\lambda,p})\to(v^\lambda,\nabla\phi^\lambda)\ \text{在}\ L^\infty([0,T];H^{s-1})\ \text{中强收敛},\quad \text{当}\ p\to\infty, \tag{5.228}$$

并且 (v^λ,ϕ^λ) 满足 (5.198) 和估计

$$|||v^\lambda|||_{\lambda,T}\leqslant 2M_0,\quad 0<\lambda\leqslant\lambda_0, \tag{5.229}$$

故 (5.173) 成立.

更进一步, 由标准的 Sobolev 插值不等式, 对任意的 $\varepsilon>0$, 得

$$(v^{\lambda,p},\nabla\phi^{\lambda,p})\to(v^\lambda,\nabla\phi^\lambda)\ \text{在}\ C([0,T];H^{s-\varepsilon})\ \text{中一致收敛},\ \text{当}\ p\to\infty. \tag{5.230}$$

取 ε 使得 $s-\varepsilon>d/2+1$, 得

$$\sum_{j=1}^{d} A_j(v^{\lambda,p})\partial_j v^{\lambda,p+1}+\widehat{\nabla\phi^{\lambda,p+1}} \to \sum_{j=1}^{d} A_j(v^{\lambda})\partial_j v^{\lambda}+\widehat{\nabla\phi^{\lambda}}$$

在 $C([0,T];H^{s-\varepsilon-1})$ 中一致收敛, 当 $p\to\infty$.

因此, $v_t^\lambda \in C([0,T];\ H^{s-\varepsilon-1})$. 由 Sobolev 引理可知 $C([0,T];\ H^{s-\varepsilon})\cap C^1([0,T];\ H^{s-\varepsilon-1})\subset C^1([0,T]\times\mathbb{T}^d)$, 故所构造的解 (v^λ,ϕ^λ) 是古典解, 这就证明了定理 5.10 的第一部分.

现在来证明原始 HD 模型到不可压 Euler 方程的收敛性, 即拟中性极限. 由 (5.173) 和 Poisson 方程, 得

$$n^\lambda \to 1 \text{ 在 } L^\infty([0,T];H^{s-1})\cap C([0,T];H^{s-1-\varepsilon}) \text{ 中强收敛}, \tag{5.231a}$$

$$n_t^\lambda \to 0 \text{ 在 } L^\infty([0,T];H^{s-2}) \text{ 中强收敛}, \quad \text{当 } \lambda\to 0. \tag{5.231b}$$

更进一步, 对 $0<\lambda\leqslant\lambda_0$, 有 $\|u^\lambda\|_s+\|u_t^\lambda\|_{s-1}\leqslant 2M_0$, 由 Lions-Aubin 引理可知任意子序列 u^λ 有收敛子序列 (仍记作 u^λ) 具有极限 $u^0\in L^\infty([0,T];H^s)\cap C([0,T];H^{s-\varepsilon})$, $u_t^0\in L^\infty([0,T];H^s)$ 满足

$$u^\lambda \rightharpoonup u^0 \text{ 在 } L^\infty([0,T];H^s) \text{ 中弱}*\text{收敛}, \tag{5.232a}$$

$$u_t^\lambda \rightharpoonup u_t^0 \text{ 在 } L^\infty([0,T];H^{s-1}) \text{ 中弱}*\text{收敛}, \tag{5.232b}$$

$$u^\lambda \to u^0 \text{ 在 } C([0,T];H^{s-\varepsilon}) \text{ 中一致收敛}. \tag{5.232c}$$

令 $\eta(x,t)\in C_0^\infty([0,T]\times\mathbb{T}^d)$ 满足 $\mathrm{div}\eta=0$, 则

$$\begin{aligned}\int_0^T\int_{\mathbb{T}^d}\eta(u_t^\lambda+u^\lambda\cdot\nabla u^\lambda)dxdt &= \int_0^T\int_{\mathbb{T}^d}\eta\nabla(\phi^\lambda-h(n^\lambda))dxdt\\ &= -\int_0^T\int_{\mathbb{T}^d}\mathrm{div}\eta(\phi^\lambda-h(n^\lambda))dxdt=0.\end{aligned} \tag{5.233}$$

更进一步, 由 (5.170a),(5.173),(5.231a) 和 (5.231b), 得

$$\mathrm{div}u^\lambda = -(n_t^\lambda+(n^\lambda-1)\mathrm{div}u^\lambda+u^\lambda\cdot\nabla n^\lambda)\to 0 \tag{5.234}$$

在 $L^\infty([0,T];H^{s-2})$ 中强收敛, 当 $\lambda\to 0$ 时. 于是, 由 (5.232a)—(5.234) 可知 $u^0\in C([0,T];H^{s-\varepsilon})$ 满足带有压力函数 p^0 的不可压 Euler 方程组 (5.171).

现在, 讨论压力的收敛性. 由 (5.170b) 和 (5.232), 得

$$\nabla(\phi^\lambda-h(n^\lambda)) = u_t^\lambda+u^\lambda\cdot\nabla u^\lambda \rightharpoonup u_t^0+u^0\cdot\nabla u^0=\nabla p^0 \tag{5.235}$$

在 $L^\infty([0,T];H^{s-1})$ 中弱$*$收敛, 当 $\lambda\to 0$ 时. 由 (5.231a) 和 (5.235), 立即得

$$\nabla\phi^\lambda \rightharpoonup \nabla p^0 \text{ 在 } L^\infty([0,T];H^{s-1}) \text{ 中弱}*\text{收敛}, \text{ 当 } \lambda\to 0 \text{ 时}. \tag{5.236}$$

综合 (5.231a)—(5.232c),(5.234) 和 (5.236), 得 (5.174).

最后, 引入修整的能量函数来证明 $u^0 \in C^1([0,T]\times\mathbb{T}^d)$. 假设 $\bar{u}$ 是带有压力函数 $\bar{p}, \int_{\mathbb{T}^d}\bar{p}dx = 0$ 的不可压 Euler 方程组 (5.171) 的任意古典解, 将会证明 $u^0 = \bar{u}$. 为此, 引入如下修整能量函数

$$H_{\bar{u}}^{\lambda}(t) = \int_{\mathbb{T}^d}\left(\frac{1}{2}n^{\lambda}|u^{\lambda}-\bar{u}|^2 + \frac{\lambda^2}{2}|\nabla\phi^{\lambda}|^2 + \frac{a^2}{\gamma-1}((n^{\lambda})^{\gamma} - \gamma n^{\lambda} + \gamma - 1)\right)dx.$$

由 (5.170a)—(5.170c), 得能量守恒律

$$\frac{d}{dt}\int_{\mathbb{T}^d}\left(\frac{1}{2}n^{\lambda}|u^{\lambda}|^2 + \frac{\lambda^2}{2}|\nabla\phi^{\lambda}|^2 + \frac{a^2}{\gamma-1}(n^{\lambda})^{\gamma}\right)dx = 0. \tag{5.237}$$

由 (5.170a)—(5.170c), (5.237), $\bar{u}$ 的方程以及 Sobolev 引理, 经直接计算, 得

$$\begin{cases} \dfrac{d}{dt}H_{\bar{u}}^{\lambda}(t) \leqslant |D\bar{u}|_{\infty}H_{\bar{u}}^{\lambda}(t) + C_0(\bar{u},\bar{p})\lambda, & (5.238\text{a}) \\ H_{\bar{u}}^{\lambda}(t=0) = 0. & (5.238\text{b}) \end{cases}$$

由 (5.238) 和 Gronwall 不等式, 得

$$\lim_{\lambda\to 0} H_{\bar{u}}^{\lambda}(t) = 0, \quad 当\ \lambda \to 0. \tag{5.239}$$

由 (5.231a), (5.232c) 和 (5.239), 得

$$\frac{1}{2}\int_{\mathbb{T}^d}|u^0-\bar{u}|^2dx = \lim_{\lambda\to 0}\int_{\mathbb{T}^d}\frac{1}{2}n^{\lambda}|u^{\lambda}-\bar{u}|^2dx \leqslant \lim_{\lambda\to 0}H_{\bar{u}}^{\lambda}(t) = 0, \quad 当\ \lambda\to 0.$$

因此, $u^0 = \bar{u}$. 因为 $\bar{u}$ 是古典解, 所以 u^0 是古典解. □

定理 5.11 的证明 本节采用奇异摄动的渐近展开和精细的能量方法来完成定理 5.11 的证明.

首先, 由奇异摄动的渐近展开推导 "误差" 方程, 令 $n^{\lambda} = 1 + \lambda n_2^{\lambda}$, $u^{\lambda} = u^0 + \lambda u_1^{\lambda}$ 和 $\phi^{\lambda} = p^0 + \lambda\phi_1^{\lambda}$, 则一阶误差变量 $(v_1^{\lambda}, \phi^{\lambda}) := ((n_2^{\lambda}, u_1^{\lambda}), \phi_1^{\lambda})$ 满足

$$\begin{cases} v_{1t}^{\lambda} + \displaystyle\sum_{j=1}^{d}\tilde{A}_j(\lambda, u^0, v_1^{\lambda})\partial_j v_1^{\lambda} + \widehat{u_1^{\lambda}\cdot\nabla u^0} = \widehat{\nabla\phi_1^{\lambda}}, & (5.240\text{a}) \\ \lambda^2\Delta\phi_1^{\lambda} = \lambda\Delta p^0 + n_2^{\lambda}, \quad \displaystyle\int_{\mathbb{T}^d}\phi_1^{\lambda}dx = 0, & (5.240\text{b}) \\ v_1^{\lambda}(t=0) = v_{10}^{\lambda} = (0, \tilde{u}_0^{\lambda})^{\mathrm{T}}, \quad x\in\mathbb{T}^d, t>0, & (5.240\text{c}) \end{cases}$$

其中 $\tilde{A}_j(\lambda, u^0, v_1^{\lambda}) = \tilde{A}_j(u^0) + \lambda\tilde{A}_j(\lambda, v_1^{\lambda})$,

$$\tilde{A}_j(u^0) = \begin{pmatrix} u_j^0 & e_j^{\mathrm{T}} \\ h'(1)e_j & u_j^0 I_d \end{pmatrix}, \quad \tilde{A}_j(\lambda, v_1^{\lambda}) = \begin{pmatrix} u_{1j}^{\lambda} & n_2^{\lambda}e_j^{\mathrm{T}} \\ \dfrac{h'(1+\lambda n_2^{\lambda}) - h'(1)}{\lambda}e_j & u_{1j}^{\lambda}I_d \end{pmatrix},$$

$\tilde{A}_j(\lambda, u^0, v_1^\lambda)$ 可由对称化子

$$\tilde{S}(n_1^\lambda) = \begin{pmatrix} 1 & 0^{\mathrm{T}} \\ 0 & G(\lambda n_2^\lambda) I_d \end{pmatrix},$$

由于 $|s| \leqslant 1/2$, 有

$$G(s) = \frac{1+s}{h'(1+s)} > 0,$$

故 $\tilde{S}$ 是对称正定的.

注意到 "误差" 方程 (5.240) 中的系数阵 $\tilde{A}_j(\lambda, u^0, v_1^\lambda)$ 被分解为零阶 $O(\lambda^0)$ 和一阶 $O(\lambda)$ 两部分, 因此很自然地考虑如下线性双曲组耦合上 Poisson 方程:

$$\begin{cases} \overline{v_{1t}^\lambda} + \sum_{j=1}^{d} \tilde{A}_j(u^0)\overline{v_1^\lambda} + \widehat{\overline{u_1^\lambda} \cdot \nabla u^0} = \nabla \widehat{\overline{\phi_1^\lambda}}, & (5.241\text{a}) \\ \lambda^2 \Delta \overline{\phi_1^\lambda} = \lambda \Delta p^0 + \overline{n_2^\lambda}, \quad \int_{\mathbb{T}^d} \overline{\phi_1^\lambda} dx = 0, & (5.241\text{b}) \\ \overline{v_1^\lambda}(t=0) = v_{10}^\lambda = (0, \tilde{u}_0^\lambda)^{\mathrm{T}}, & (5.241\text{c}) \end{cases}$$

其中 $\overline{v_1^\lambda} = (\overline{n_2^\lambda}, \overline{u_1^\lambda})$. 初值问题 (5.241) 的整体存在性理论可由压缩映射论证建立, 具体参见 Makino 和 Ukai[87], 并且类似于引理 5.13 的证明可得如下引理, 证明从略.

引理 5.15 *假设 $\tilde{u}_0^\lambda \in H^{s+1}, s > d/2+2$ 且关于 λ 满足一致有界性 $\|\tilde{u}_0^\lambda\|_{s+1} \leqslant M_1$, 则对任意时间 $T_0 \leqslant T_*$, 存在与 λ 无关的常数 $C_1(T_0)$ 使得 (5.241) 的光滑解 $(\overline{v_1^\lambda}, \overline{\phi_1^\lambda})$ 满足*

$$\|\overline{v_1^\lambda}\|_{s+1} + \|\lambda \nabla \overline{\phi_1^\lambda}\|_{s+1} \leqslant C_1(T_0), \quad \|\overline{n_{2t}^\lambda}\|_s \leqslant C_1(T_0), \quad 0 \leqslant t \leqslant T_0. \tag{5.242}$$

值得一提的是, 在引理 5.15 中需要使用匹配的初值条件 $\overline{n_{20}^\lambda} = n_2^\lambda(t=0) = 0$ 来保证 $\|\lambda \nabla \overline{\phi_1^\lambda}(t=0)\|_{s+1}$ 关于 λ 的一致有界性.

引入集合

$$S^\lambda = \Big\{ (v_1^\lambda, \nabla \phi_1^\lambda) \in L^\infty([0,T]; H^s) \cap C^{0,1}([0,T]; H^{s-1}) \,\Big|\, s > d/2+2, v_1^\lambda(t=0) = v_0^\lambda, \\ \|v_1^\lambda - \overline{v_1^\lambda}\|_s + \|\lambda \nabla(\phi_1^\lambda - \overline{\phi_1^\lambda})\|_s \leqslant \tilde{M}(T_0)\lambda, \quad \|(n_2^\lambda - \overline{n_2^\lambda})_t\|_{s-1} \leqslant \tilde{M}(T_0) \Big\},$$

其中常数 $\tilde{M}(T_0) > 0$ 待定. 事实上, 期望选取适当的 $\tilde{M}(T_0)$ 和 λ_0 使得对 $0 < \lambda \leqslant \lambda_0$, (5.240) 在 S^λ 中存在一个光滑解. 这就给出了定理 5.11 中期望的收敛阶估计 (5.175). 同样地, 易见常数 $\tilde{M}(T_0)$ 和 λ_0 是在建立估计的过程中确定的. 为此, 令

$w^{\lambda}=(w_0^{\lambda},w_*^{\lambda}):=v_1^{\lambda}-\overline{v_1^{\lambda}}$ 和 $Z^{\lambda}:=\phi_1^{\lambda}-\overline{\phi_1^{\lambda}}$, 满足

$$\begin{cases} w_t^{\lambda}+\sum_{j=1}^{d}\tilde{A}_j(\lambda,u^0,w^{\lambda}+\overline{v_1^{\lambda}})\partial_j w^{\lambda} \\ +\widehat{w_*^{\lambda}\cdot\nabla u^0}=\widehat{\nabla Z^{\lambda}}+\lambda g(w^{\lambda}+\overline{v_1^{\lambda}},\overline{v_1^{\lambda}}), & (5.243\text{a}) \\ \lambda^2\Delta Z^{\lambda}=w_0^{\lambda},\quad \int_{\mathbb{T}^d}Z^{\lambda}dx=0, & (5.243\text{b}) \\ w^{\lambda}(t=0)=0, & (5.243\text{c}) \end{cases}$$

其中 $g(v_1^{\lambda},\overline{v_1^{\lambda}})=-\tilde{A}_j(\lambda,\widehat{v_1^{\lambda}})\partial_j\overline{v_1^{\lambda}}$.

现在, 考虑如下迭代格式来构造逼近序列:

$$(w^{\lambda,0},Z^{\lambda,0})=0, \tag{5.244a}$$

$$(w^{\lambda,p+1},Z^{\lambda,p+1})=\varPhi((w^{\lambda,p},Z^{\lambda,p})), \tag{5.244b}$$

其中生成子 $\varPhi$ 映 $(w^{\lambda},Z^{\lambda})=((w_0^{\lambda},w_*^{\lambda}),Z^{\lambda})$ 为如下线性化问题的解 $(\tilde{w}^{\lambda},\tilde{Z}^{\lambda})=((\tilde{w}_0^{\lambda},\tilde{w}_*^{\lambda}),\tilde{Z}^{\lambda})$,

$$\begin{cases} \tilde{w}_t^{\lambda}+\sum_{j=1}^{d}\tilde{A}_j(\lambda,u^0,w^{\lambda}+\overline{v_1^{\lambda}})\partial_j\tilde{w}^{\lambda}+\widehat{\tilde{w}^{\lambda}\cdot\nabla u^0}=\widehat{\nabla\tilde{Z}^{\lambda}}+\lambda g(w^{\lambda}+\overline{v_1^{\lambda}},\overline{v_1^{\lambda}}), & (5.245\text{a}) \\ \lambda^2\Delta\tilde{Z}^{\lambda}=\tilde{w}_0^{\lambda},\quad \int_{\mathbb{T}^d}\tilde{Z}^{\lambda}dx=0, & (5.245\text{b}) \\ \tilde{w}^{\lambda}(t=0)=0. & (5.245\text{c}) \end{cases}$$

类似于定理 5.10 的证明, 将证明逼近序列 $\{(w^{\lambda,p},Z^{\lambda,p})\}_{p=0}^{\infty}$ 的收敛性. 为此, 需要对该序列建立如下的估计, 由于证明所使用的技术与定理 5.10 的证明类似, 故证明从略.

引理 5.16　对任意的 $0<T_0<T_*$, 存在常数 $\widetilde{M}_0(T_0)>0$ 和 $\lambda_0(T_0)>0$ 使得对 $0<\lambda\leqslant\lambda_0$ 和 $p=0,1,\cdots$, 有

$$\|w^{\lambda,p}\|_s+\|\lambda\nabla Z^{\lambda,p}\|_s\leqslant\widetilde{M}(T_0)\lambda,\quad \|w_t^{\lambda,p}\|_{s-1}\leqslant\widetilde{M}(T_0). \tag{5.246}$$

最后, 同理于定理 5.10 的证明, 由引理 5.16 可知存在极限 $(w^{\lambda},Z^{\lambda})$ 满足 $w^{\lambda}\in C([0,T];H^{s-\varepsilon})\cap C^1([0,T];H^{s-\varepsilon-1})$, $\nabla Z^{\lambda}\in C([0,T];H^{s-\varepsilon})$, 使得子序列 (仍记作) $\{(w^{\lambda,p},\nabla Z^{\lambda,p})\}_{p=0}^{\infty}$ 在 $L^{\infty}([0,T];H^{s-1})$ 中强收敛到 $(w^{\lambda},\nabla Z^{\lambda})$, 且极限 $(w^{\lambda},Z^{\lambda})$ 求解问题 (5.243), 满足估计

$$\|(w^{\lambda},\lambda\nabla Z^{\lambda})\|_s\leqslant\widetilde{M}(T_0)\lambda.$$

返回到原始变量 $(n^{\lambda},u^{\lambda},\phi^{\lambda})$, 即完成了定理 5.11 的证明.

5.3 半经典极限

5.3.1 一维双极 QHD 模型的 IBVP

在 4.1.2 节中关于一维双极等温 QHD 模型初边值问题的稳态解的适定性和稳定性结果基础上, 进一步介绍我们在文献 [1] 中得到的关于稳态解和整体解半经典极限的结果.

5.3.1.1 辅助问题

为研究相应的半经典极限问题, 还要考虑如下等温双极 HD 模型的初边值问题

$$\begin{cases} n_{it}^0 + j_{ix}^0 = 0, & (5.247\text{a}) \\ j_{it}^0 + \left[\left(j_i^0\right)^2 \left(n_i^0\right)^{-1} + K_i n_i^0\right]_x = (-1)^{i-1} n_i^0 \phi_x^0 - j_i^0, & (5.247\text{b}) \\ \phi_{xx}^0 = n_1^0 - n_2^0 - D(x), \quad i = 1, 2, \quad \forall (t, x) \in (0, +\infty) \times \Omega, & (5.247\text{c}) \end{cases}$$

初边值条件为

$$(n_i^0, j_i^0)(0, x) = (n_{i0}, j_{i0})(x), \tag{5.247d}$$

$$n_i^0(t, 0) = n_{il} > 0, \quad n_i^0(t, 1) = n_{ir} > 0, \tag{5.247e}$$

$$\phi^0(t, 0) = 0, \quad \phi^0(t, 1) = \phi_r > 0. \tag{5.247f}$$

相应的 HD 稳态问题如下

$$\begin{cases} \tilde{j}_{ix}^0 = 0, & (5.248\text{a}) \\ S_i[\tilde{n}_i^0, \tilde{j}_i^0] \tilde{n}_{ix}^0 = (-1)^{i-1} \tilde{n}_i^0 \tilde{\phi}_x^0 - \tilde{j}_i^0, & (5.248\text{b}) \\ \tilde{\phi}_{xx}^0 = \tilde{n}_1^0 - \tilde{n}_2^0 - D(x), \quad i = 1, 2, \quad \forall x \in \Omega, & (5.248\text{c}) \end{cases}$$

边值条件为

$$\tilde{n}_i^0(t, 0) = n_{il} > 0, \tilde{n}_i^0(t, 1) = n_{ir} > 0, \tag{5.248d}$$

$$\tilde{\phi}^0(t, 0) = 0, \tilde{\phi}^0(t, 1) = \phi_r > 0. \tag{5.248e}$$

事实上, 对上述两个辅助问题, 直接使用在 5.1.2 小节中建立的定理 5.5 和定理 5.6 的结论, 其中取动量松弛时间 $\tau = 1$ 即得如下两个辅助引理.

引理 5.17 假设 $D \in \mathcal{H}$, 对任意给定的常数 $n_{il}, K_i > 0$, 存在两个常数 $\delta_1, C > 0$ 使得如果 $\delta \leqslant \delta_1$, 则稳态问题 (5.248) 有唯一的解 $(\tilde{n}_1^0, \tilde{j}_1^0, \tilde{n}_2^0, \tilde{j}_2^0, \tilde{\phi}^0) \in \left[\mathcal{B}^2(\overline{\Omega})\right]^5$ 满足亚音速和正性条件 (4.28), 且有如下估计

$$0 < \frac{1}{4} n_{il} \leqslant \tilde{n}_i^0(x) \leqslant 4 n_{il}, \quad \forall x \in \overline{\Omega}, \quad i = 1, 2, \tag{5.249a}$$

$$\sum_{i=1}^{2}\left(|\tilde{n}_i^0 - n_{il}|_2 + |\tilde{j}_i^0|\right) + |\tilde{\phi}^0|_2 \leqslant C\delta. \tag{5.249b}$$

引理 5.18　假设 $D \in \mathcal{H}$, 初值 $n_{i0}, j_{i0} \in H^2(\Omega)$ 满足 (4.28) 且与边值相容. 对任意给定的常数 $n_{il}, K_i > 0$, 存在三个常数 $\delta_2, \gamma_1, C > 0$ 使得如果 $\delta + \sum_{i=1}^2 \|(n_{i0} - \tilde{n}_i^0, j_{i0} - \tilde{j}_i^0)\|_2 \leqslant \delta_2$, 则初边值问题 (5.247) 有唯一的整体解 $\left(n_1^0, j_1^0, n_2^0, j_2^0, \phi^0\right) \in \left[(\mathfrak{X}_2)^4 \times \mathfrak{Y}\right]([0,+\infty))$ 满足亚音速和正性条件 (4.28), 额外的正则性 $\phi^0 - \tilde{\phi}^0 \in \mathfrak{X}_2^2([0,+\infty))$ 及指数衰减估计

$$\begin{aligned}&\sum_{i=1}^{2}\|(n_i^0 - \tilde{n}_i^0, j_i^0 - \tilde{j}_i^0)(t)\|_2 + \|(\phi^0 - \tilde{\phi}^0)(t)\|_4 \\ \leqslant{}& C\sum_{i=1}^{2}\|(n_{i0} - \tilde{n}_i^0, j_{i0} - \tilde{j}_i^0)\|_2 \, \mathrm{e}^{-\gamma_1 t}, \quad \forall t \in [0,+\infty).\end{aligned} \tag{5.250}$$

5.3.1.2　稳态解的半经典极限

我们首先研究稳态解的半经典极限问题. 设 $(\tilde{n}_1^\varepsilon, \tilde{j}_1^\varepsilon, \tilde{n}_2^\varepsilon, \tilde{j}_2^\varepsilon, \tilde{\phi}^\varepsilon)(x)$ 表示定理 4.7 中稳态 QHD 问题 (4.30)—(4.31) 的解, $(\tilde{n}_1^0, \tilde{j}_1^0, \tilde{n}_2^0, \tilde{j}_2^0, \tilde{\phi}^0)(x)$ 表示引理 5.17 中稳态 HD 问题 (5.248) 的解. 本节主要结果如下.

定理 5.19 (稳态解的半经典极限)　假设引理 5.17 和定理 4.7 中的条件成立. 对任意给定的常数 $n_{il}, K_i > 0$, 存在两个常数 $\delta_5, C > 0$ 使得如果 $\delta \leqslant \delta_5$, 则对任意的 $0 < \varepsilon \leqslant 1$ 有如下的收敛估计

$$\sum_{i=1}^{2}\left(\|\tilde{n}_i^\varepsilon - \tilde{n}_i^0\|_1 + |\tilde{j}_i^\varepsilon - \tilde{j}_i^0|\right) + \|\tilde{\phi}^\varepsilon - \tilde{\phi}^0\|_3 \leqslant C\varepsilon, \tag{5.251a}$$

并且存在 $\varepsilon > 0$ 的一个子序列 $\{\varepsilon_k > 0\}$ 使得

$$\sum_{i=1}^{2}\left(\|\partial_x^2(\tilde{n}_i^{\varepsilon_k} - \tilde{n}_i^0)\| + \varepsilon_k\|\partial_x^3 \tilde{n}_i^{\varepsilon_k}\| + \varepsilon_k^2\|\partial_x^4 \tilde{n}_i^{\varepsilon_k}\|\right) + \|\partial_x^4(\tilde{\phi}^{\varepsilon_k} - \tilde{\phi}^0)\| \to 0, \quad \varepsilon_k \to 0^+. \tag{5.251b}$$

注解 5.2　与单极情形[99] 不同, 指数变换方法对于双极问题不再适用, 只能利用原始变量的误差来考察相应的半经典极限问题. 难点仍在于发掘双极问题的本质结构.

证明　首先, 引入 QHD 稳态解与 HD 稳态解之间的误差变量

$$\tilde{\mathcal{N}}_i^\varepsilon := \tilde{n}_i^\varepsilon - \tilde{n}_i^0, \quad \tilde{\mathcal{J}}_i^\varepsilon := \tilde{j}_i^\varepsilon - \tilde{j}_i^0, \quad \tilde{\Phi}^\varepsilon = \tilde{\phi}^\varepsilon - \tilde{\phi}^0, \quad i = 1, 2. \tag{5.252}$$

由

$$(5.248\text{b})/\tilde{n}_i^0, \quad (4.30\text{b})/\tilde{n}_i^\varepsilon, \quad (4.30\text{b})/\tilde{n}_i^\varepsilon - (5.248\text{b})/\tilde{n}_i^0, \quad (4.30\text{c}) - (5.248\text{c}), \quad i=1,2, \tag{5.253}$$

得

$$\tilde{S}_i^0(\tilde{n}_i^0)^{-1}\tilde{n}_{ix}^0 + (-1)^i\tilde{\phi}_x^0 = -\tilde{j}_i^0(\tilde{n}_i^0)^{-1}, \tag{5.254a}$$

$$\tilde{S}_i^\varepsilon(\tilde{n}_i^\varepsilon)^{-1}\tilde{n}_{ix}^\varepsilon - \varepsilon^2\left[\left(\sqrt{\tilde{n}_i^\varepsilon}\right)_{xx}\Big/\sqrt{\tilde{n}_i^\varepsilon}\right]_x + (-1)^i\tilde{\phi}_x^\varepsilon = -\tilde{j}_i^\varepsilon(\tilde{n}_i^\varepsilon)^{-1}, \tag{5.254b}$$

$$\begin{aligned}&\tilde{S}_i^\varepsilon(\tilde{n}_i^\varepsilon)^{-1}\tilde{n}_{ix}^\varepsilon - \tilde{S}_i^0(\tilde{n}_i^0)^{-1}\tilde{n}_{ix}^0 + (-1)^i\tilde{\Phi}_x^\varepsilon - \varepsilon^2\left[\left(\sqrt{\tilde{n}_i^\varepsilon}\right)_{xx}\Big/\sqrt{\tilde{n}_i^\varepsilon}\right]_x\\ &= -\left[\tilde{j}_i^\varepsilon(\tilde{n}_i^\varepsilon)^{-1} - \tilde{j}_i^0(\tilde{n}_i^0)^{-1}\right],\end{aligned} \tag{5.254c}$$

$$\tilde{\Phi}_{xx}^\varepsilon = \tilde{\mathcal{N}}_1^\varepsilon - \tilde{\mathcal{N}}_2^\varepsilon, \quad i=1,2, \quad \forall x\in\Omega, \tag{5.254d}$$

其中 $\tilde{S}_i^\varepsilon := S_i[\tilde{n}_i^\varepsilon, \tilde{j}_i^\varepsilon]$ 和 $\tilde{S}_i^0 := S_i[\tilde{n}_i^0, \tilde{j}_i^0]$. 再由

$$\sum_{i=1}^2\int_0^1 (5.254\text{c})\tilde{\mathcal{N}}_{ix}^\varepsilon\, dx, \tag{5.255}$$

得

$$\begin{aligned}&\overbrace{\sum_{i=1}^2\int_0^1\left[\tilde{S}_i^\varepsilon(\tilde{n}_i^\varepsilon)^{-1}\tilde{n}_{ix}^\varepsilon - \tilde{S}_i^0(\tilde{n}_i^0)^{-1}\tilde{n}_{ix}^0\right]\tilde{\mathcal{N}}_{ix}^\varepsilon\, dx}^{\Theta_1} + \overbrace{\sum_{i=1}^2\int_0^1(-1)^i\tilde{\Phi}_x^\varepsilon\tilde{\mathcal{N}}_{ix}^\varepsilon\, dx}^{\Theta_2:\ \text{双极效应}}\\ &= \underbrace{\varepsilon^2\sum_{i=1}^2\int_0^1\left[\left(\sqrt{\tilde{n}_i^\varepsilon}\right)_{xx}\Big/\sqrt{\tilde{n}_i^\varepsilon}\right]_x\tilde{\mathcal{N}}_{ix}^\varepsilon dx}_{\Theta_3} - \underbrace{\sum_{i=1}^2\int_0^1\left[\tilde{j}_i^\varepsilon(\tilde{n}_i^\varepsilon)^{-1} - \tilde{j}_i^0(\tilde{n}_i^0)^{-1}\right]\tilde{\mathcal{N}}_{ix}^\varepsilon dx}_{\Theta_4}.\end{aligned} \tag{5.256}$$

其次, 已知 $\tilde{j}_i^0 = J_i[\tilde{n}_i^0]$ 其中 $J_i[\cdot]$ 由显式公式 (4.40a) 给出. 于是, 利用显示公式 (4.40a) 的一个标准计算给出如下估计

$$|\mathcal{J}_i^{\varepsilon_k}| = |J_i[\tilde{n}_i^\varepsilon] - J_i[\tilde{n}_i^0]| \leqslant C\delta\|\tilde{\mathcal{N}}_i^\varepsilon\|. \tag{5.257}$$

更进一步, 由边值条件 (4.31a) 和 (5.247e) 易知

$$\tilde{\mathcal{N}}_i^\varepsilon \in H_0^1(\Omega). \tag{5.258}$$

从而, 亦可使用 Poincaré 不等式 (4.136) 来估计 $\tilde{\mathcal{N}}_i^\varepsilon$. 即, 利用 (5.249), (4.32), Hölder 不等式以及分部积分, 对任意的 $0<\varepsilon\leqslant 1$, 可得

$$\Theta_1 = \sum_{i=1}^2\int_0^1\left\{\left[\tilde{S}_i^\varepsilon(\tilde{n}_i^\varepsilon)^{-1} - \tilde{S}_i^0(\tilde{n}_i^0)^{-1}\right]\tilde{n}_{ix}^\varepsilon + \tilde{S}_i^0(\tilde{n}_i^0)^{-1}\tilde{\mathcal{N}}_{ix}^\varepsilon\right\}\tilde{\mathcal{N}}_{ix}^\varepsilon\, dx$$

$$
\begin{aligned}
&\geqslant C_6 \sum_{i=1}^{2} \|\tilde{\mathcal{N}}_{ix}^{\varepsilon}\|^2 + \sum_{i=1}^{2} \int_0^1 \left[\tilde{S}_i^{\varepsilon}(\tilde{n}_i^{\varepsilon})^{-1} - \tilde{S}_i^{0}(\tilde{n}_i^{0})^{-1}\right] \tilde{n}_{ix}^{\varepsilon} \tilde{\mathcal{N}}_{ix}^{\varepsilon}\, dx \\
&\geqslant C_6 \sum_{i=1}^{2} \|\tilde{\mathcal{N}}_{ix}^{\varepsilon}\|^2 - C\delta \sum_{i=1}^{2} (\|\tilde{\mathcal{N}}_i^{\varepsilon}\| + |\tilde{\mathcal{J}}_i^{\varepsilon}|) \|\tilde{\mathcal{N}}_{ix}^{\varepsilon}\| \\
&\geqslant C_6 \sum_{i=1}^{2} \|\tilde{\mathcal{N}}_{ix}^{\varepsilon}\|^2 - C\delta \sum_{i=1}^{2} \|\tilde{\mathcal{N}}_{ix}^{\varepsilon}\|^2 \\
&\geqslant C_6 \sum_{i=1}^{2} \|\tilde{\mathcal{N}}_{ix}^{\varepsilon}\|^2, \qquad (5.259\text{a})
\end{aligned}
$$

$$
\begin{aligned}
\Theta_2 &= \sum_{i=1}^{2} \int_0^1 (-1)^{i-1} \tilde{\Phi}_{xx}^{\varepsilon} \tilde{\mathcal{N}}_i^{\varepsilon}\, dx = \int_0^1 \tilde{\Phi}_{xx}^{\varepsilon} \sum_{i=1}^{2} (-1)^{i-1} \tilde{\mathcal{N}}_i^{\varepsilon}\, dx \\
&= \int_0^1 \tilde{\Phi}_{xx}^{\varepsilon} (\tilde{\mathcal{N}}_1^{\varepsilon} - \tilde{\mathcal{N}}_2^{\varepsilon})\, dx = \int_0^1 (\tilde{\Phi}_{xx}^{\varepsilon})^2\, dx \\
&\geqslant 0, \qquad (5.259\text{b})
\end{aligned}
$$

$$
\begin{aligned}
\Theta_3 &= -\varepsilon^2 \sum_{i=1}^{2} \int_0^1 \left[\left(\sqrt{\tilde{n}_i^{\varepsilon}}\right)_{xx} \Big/ \sqrt{\tilde{n}_i^{\varepsilon}}\right] \tilde{\mathcal{N}}_{ixx}^{\varepsilon}\, dx \\
&= -\varepsilon^2 \sum_{i=1}^{2} \int_0^1 \left(\tilde{w}_{ixx} \tilde{w}_i^{-1}\right) \tilde{\mathcal{N}}_{ixx}^{\varepsilon}\, dx \leqslant \varepsilon^2 \sum_{i=1}^{2} \|\tilde{w}_i^{-1}\|_\infty \|\tilde{w}_{ixx}\| \|\tilde{\mathcal{N}}_{ixx}^{\varepsilon}\| \\
&\leqslant \varepsilon^2 \sum_{i=1}^{2} \|\tilde{w}_i^{-1}\|_\infty \|\tilde{w}_{ixx}\| (\|\tilde{n}_{ixx}^{\varepsilon}\| + \|\tilde{n}_{ixx}^{0}\|) \\
&\leqslant C\varepsilon^2, \qquad (5.259\text{c})
\end{aligned}
$$

类似地, 可得

$$
\Theta_4 \leqslant C\delta \sum_{i=1}^{2} \|\tilde{\mathcal{N}}_{ix}^{\varepsilon}\|^2. \qquad (5.259\text{d})
$$

将估计 (5.259) 代入 (5.256), 有

$$
\sum_{i=1}^{2} \|\tilde{\mathcal{N}}_{ix}^{\varepsilon}\|^2 \leqslant C\varepsilon^2. \qquad (5.260)
$$

综合 (5.260) 与 (5.258), 得

$$
\sum_{i=1}^{2} \|\tilde{\mathcal{N}}_i^{\varepsilon}\|_1 \leqslant C\varepsilon, \quad \forall 0 < \varepsilon \leqslant 1. \qquad (5.261)
$$

综合 (5.261), (5.257) 以及椭圆估计 $\|\tilde{\Phi}^{\varepsilon}\|_3 \leqslant C \sum_{i=1}^{2} \|\tilde{\mathcal{N}}_i^{\varepsilon}\|_1$, 易见收敛估计 (5.251a) 成立.

现在, 我们往证收敛性结果 (5.251b). 由 (4.32b) 和 $\delta < 1$, 得

$$\|\tilde{n}_{ixx}^{\varepsilon}\| \leqslant C\delta \leqslant C, \quad \forall 0 < \varepsilon \leqslant 1, \quad i = 1, 2. \tag{5.262}$$

结合 (5.262) 与 (5.261), 可推得存在 $\{0 < \varepsilon \leqslant 1\}$ 的一个子序列 $\{0 < \varepsilon_k \leqslant 1\}$ 使得

$$\tilde{n}_{ixx}^{\varepsilon_k} \rightharpoonup \tilde{n}_{ixx}^{0} \quad \text{在 } L^2 \text{ 中, 当 } \varepsilon_k \to 0^+, \quad i = 1, 2. \tag{5.263}$$

为了将弱收敛 (5.263) 改进成强收敛, 需在适当的加权 L^2 空间中使用泛函分析论证. 在该论证中, 为了建立必要的估计和极限结果还要用到方程 (5.254a) 和 (5.254b). 具体地, 由

$$\int_0^1 2\partial_x(5.254\text{b})\frac{(\sqrt{\tilde{n}_i^{\varepsilon}})_{xx}}{\sqrt{\tilde{n}_i^{\varepsilon}}}\,dx, \quad i = 1, 2 \tag{5.264}$$

与齐次边值条件 (4.31b), 可得

$$\int_0^1 \alpha_i^{\varepsilon}(\tilde{n}_{ixx}^{\varepsilon})^2\,dx + \underbrace{2\varepsilon^2\int_0^1 \left\{\left[\left(\sqrt{\tilde{n}_i^{\varepsilon}}\right)_{xx}\Big/\sqrt{\tilde{n}_i^{\varepsilon}}\right]_x\right\}^2 dx}_{\geqslant 0} = Q_i^{\varepsilon}, \tag{5.265a}$$

其中

$$\alpha_i^{\varepsilon} := \tilde{S}_i^{\varepsilon}(\tilde{n}_i^{\varepsilon})^{-2}, \tag{5.265b}$$

$$\begin{aligned} Q_i^{\varepsilon} &= Q_i[\tilde{n}_i^{\varepsilon}, \tilde{j}_i^{\varepsilon}, \tilde{\phi}^{\varepsilon}] \\ &:= \int_0^1 \left\{\frac{1}{2}\tilde{S}_i^{\varepsilon}(\tilde{n}_i^{\varepsilon})^{-3}(\tilde{n}_{ix}^{\varepsilon})^2\tilde{n}_{ixx}^{\varepsilon} - 2\Big[\tilde{S}_{ix}^{\varepsilon}(\tilde{n}_i^{\varepsilon})^{-1}\tilde{n}_{ix}^{\varepsilon} - \tilde{S}_i^{\varepsilon}(\tilde{n}_i^{\varepsilon})^{-2}(\tilde{n}_{ix}^{\varepsilon})^2\right. \\ &\qquad \left. +(-1)^i\tilde{\phi}_{xx}^{\varepsilon} + \left(\tilde{j}_i^{\varepsilon}(\tilde{n}_i^{\varepsilon})^{-1}\right)_x\Big]\frac{(\sqrt{\tilde{n}_i^{\varepsilon}})_{xx}}{\sqrt{\tilde{n}_i^{\varepsilon}}}\right\} dx, \quad i = 1, 2. \end{aligned} \tag{5.265c}$$

令

$$\alpha_i^0 := \alpha_i^{\varepsilon}|_{\varepsilon=0} = \tilde{S}_i^0(\tilde{n}_i^0)^{-2}, \tag{5.266a}$$

$$Q_i^0 := Q_i^{\varepsilon}|_{\varepsilon=0}. \tag{5.266b}$$

由

$$\int_0^1 2\partial_x(5.254\text{a})\frac{\left(\sqrt{\tilde{n}_i^0}\right)_{xx}}{\sqrt{\tilde{n}_i^0}}\,dx, \quad i = 1, 2, \tag{5.267}$$

容易验证

$$\int_0^1 \alpha_i^0(\tilde{n}_{ixx}^0)^2\,dx = Q_i^0. \tag{5.268}$$

此外, 对于 (5.263) 中的子序列 $\{\varepsilon_k\}$ 数列极限

$$\lim_{\varepsilon_k\to 0^+} Q_i^{\varepsilon_k} = Q_i^0, \quad i=1,2 \tag{5.269}$$

成立. 事实上, 基于前面已建立好的估计可以证明

$$\begin{aligned}
\left|Q_i^{\varepsilon_k} - Q_i^0\right| \leqslant & C\sum_{i=1}^{2}\|\tilde{\mathcal{N}}_i^{\varepsilon_k}\|_1 + \left|\int_0^1 \overbrace{\frac{1}{2}\tilde{S}_i^0(\tilde{n}_i^0)^{-3}(\tilde{n}_{ix}^0)^2}^{\in L^2}\,(\tilde{n}_{ixx}^{\varepsilon_k} - \tilde{n}_{ixx}^0)\,dx\right| \\
& + \left|\int_0^1 \underbrace{A_i^0(\tilde{n}_i^0)^{-1}}_{\in L^2}\,(\tilde{n}_{ixx}^{\varepsilon_k} - \tilde{n}_{ixx}^0)\,dx\right| \\
& \to 0, \quad 当\ \varepsilon_k \to 0^+,
\end{aligned} \tag{5.270a}$$

其中

$$A_i^0 := \tilde{S}_{ix}^0(\tilde{n}_i^0)^{-1}\tilde{n}_{ix}^0 - \tilde{S}_i^0(\tilde{n}_i^0)^{-2}(\tilde{n}_{ix}^0)^2 + (-1)^i\tilde{\phi}_{xx}^0 + \left(\tilde{j}_i^0(\tilde{n}_i^0)^{-1}\right)_x, \quad i=1,2. \tag{5.270b}$$

类似地, 由 (5.261), (5.249) 和 (4.32), 可得

$$\lim_{\varepsilon\to 0^+}\int_0^1 (\alpha_i^\varepsilon - \alpha_i^0)(\tilde{n}_{ixx}^\varepsilon)^2\,dx = 0, \quad i=1,2. \tag{5.271}$$

事实上, 对任意的 $0<\varepsilon\leqslant 1$, 有

$$\begin{aligned}
&\left|\int_0^1 (\alpha_i^\varepsilon - \alpha_i^0)(\tilde{n}_{ixx}^\varepsilon)^2\,dx\right| \\
=&\left|\int_0^1 \left\{(\tilde{S}_i^\varepsilon - \tilde{S}_i^0)(\tilde{n}_i^\varepsilon)^{-2} + \tilde{S}_i^0\left[(\tilde{n}_i^\varepsilon)^{-2} - (\tilde{n}_i^0)^{-2}\right]\right\}(\tilde{n}_{ixx}^\varepsilon)^2\,dx\right| \\
\leqslant& C(|\tilde{\mathcal{J}}_i^\varepsilon| + |\tilde{\mathcal{N}}_i^\varepsilon|_0)\|\tilde{n}_{ixx}^\varepsilon\|^2 \\
\leqslant& C\delta\|\tilde{\mathcal{N}}_i^\varepsilon\|_1 \\
\leqslant& C\varepsilon \to 0^+.
\end{aligned} \tag{5.272}$$

再利用 (5.265a), (5.268), (5.269), (5.271) 和数列上极限的运算性质, 我们实际上已经证明

$$\limsup_{\varepsilon_k\to 0^+}\int_0^1 \alpha_i^0(\tilde{n}_{ixx}^{\varepsilon_k})^2\,dx = \limsup_{\varepsilon_k\to 0^+}\int_0^1 \alpha_i^{\varepsilon_k}(\tilde{n}_{ixx}^{\varepsilon_k})^2\,dx \leqslant \int_0^1 \alpha_i^0(\tilde{n}_{ixx}^0)^2\,dx, \quad i=1,2. \tag{5.273}$$

由引理 5.17 可知定义在 (5.266a) 中的函数 $\alpha_i^0 = \alpha_i^0(x)$ 是在区间 $\overline{\Omega} = [0,1]$ 上严格正且连续的函数. 于是, 选择 α_i^0 作为权来引入加权的 L^2 空间

$$L^2_{\alpha_i^0}(\Omega) := \left\{f:\Omega\to\mathbb{R}\ 可测\ \middle|\ \int_0^1 \alpha_i^0|f|^2\,dx < +\infty\right\}, \tag{5.274a}$$

配以内积

$$(f,g)_{L^2_{\alpha_i^0}} := \int_0^1 \alpha_i^0 fg\, dx \tag{5.274b}$$

和由内积诱导的范数

$$\|f\|_{L^2_{\alpha_i^0}} := \left(\int_0^1 \alpha_i^0 |f|^2\, dx\right)^{1/2}, \quad i=1,2. \tag{5.274c}$$

显然, 空间 $L^2_{\alpha_i^0}(\Omega)$ 是一个 Hilbert 空间.

更进一步, (5.273) 意味着

$$\limsup_{\varepsilon_k\to 0^+} \|\tilde{n}_{ixx}^{\varepsilon_k}\|_{L^2_{\alpha_i^0}} \leqslant \|\tilde{n}_{ixx}^0\|_{L^2_{\alpha_i^0}}, \quad i=1,2, \tag{5.275a}$$

并且 (5.263) 蕴涵弱收敛

$$\tilde{n}_{ixx}^{\varepsilon_k} \rightharpoonup \tilde{n}_{ixx}^0 \quad \text{在 } L^2_{\alpha_i^0} \text{ 中, 当 } \varepsilon_k\to 0^+, \quad i=1,2. \tag{5.275b}$$

由 (5.275) 可得强收敛

$$\tilde{n}_{ixx}^{\varepsilon_k} \to \tilde{n}_{ixx}^0 \quad \text{在 } L^2_{\alpha_i^0} \text{ 中, 当 } \varepsilon_k\to 0^+, \tag{5.276}$$

进而有

$$\lim_{\varepsilon_k\to 0^+} \|\tilde{\mathcal{N}}_{ixx}^{\varepsilon_k}\| = 0, \quad i=1,2. \tag{5.277}$$

接下来, 由 (5.271), (5.276) 和方程 (5.265a), 得

$$\varepsilon_k \left\|\left[\left(\sqrt{\tilde{n}_i^{\varepsilon_k}}\right)_{xx} \Big/ \sqrt{\tilde{n}_i^{\varepsilon_k}}\right]_x\right\| \to 0, \quad \text{当 } \varepsilon_k\to 0^+, \quad i=1,2. \tag{5.278}$$

再结合 (4.32) 可推得

$$\begin{aligned}\varepsilon_k\|\partial_x^3\tilde{n}_i^{\varepsilon_k}\| &= \varepsilon_k\left\|2\tilde{n}_i^{\varepsilon_k}\left[\left(\sqrt{\tilde{n}_i^{\varepsilon_k}}\right)_{xx}\Big/\sqrt{\tilde{n}_i^{\varepsilon_k}}\right]_x + 2(\tilde{n}_i^{\varepsilon_k})^{-1}\tilde{n}_{ix}^{\varepsilon_k}\tilde{n}_{ixx}^{\varepsilon_k} - (\tilde{n}_i^{\varepsilon_k})^{-2}(\tilde{n}_{ix}^{\varepsilon_k})^3\right\| \\ &\leqslant C\left(\varepsilon_k\left\|\left[\left(\sqrt{\tilde{n}_i^{\varepsilon_k}}\right)_{xx}\Big/\sqrt{\tilde{n}_i^{\varepsilon_k}}\right]_x\right\| + \varepsilon_k\right)\to 0, \\ &\quad \text{当 } \varepsilon_k\to 0^+, \quad i=1,2.\end{aligned} \tag{5.279}$$

最后, 由 $\|\partial_x(5.254\text{b})|_{\varepsilon_k}\|$, 得

$$\varepsilon_k^2\left\|\left[\left(\sqrt{\tilde{n}_i^{\varepsilon_k}}\right)_{xx}\Big/\sqrt{\tilde{n}_i^{\varepsilon_k}}\right]_{xx}\right\| = \hat{n}_i^{\varepsilon_k}, \quad i=1,2, \tag{5.280a}$$

其中

$$\hat{n}_i^{\varepsilon_k} = \hat{n}_i[\tilde{n}_i^{\varepsilon_k}, \tilde{j}_i^{\varepsilon_k}, \tilde{\phi}^{\varepsilon_k}] := \left\| \left[\tilde{S}_i^{\varepsilon_k} (\tilde{n}_i^{\varepsilon_k})^{-1} \tilde{n}_{ix}^{\varepsilon_k} \right]_x + (-1)^i \tilde{\phi}_{xx}^{\varepsilon_k} + \left(\tilde{j}_i^{\varepsilon_k} (\tilde{n}_i^{\varepsilon_k})^{-1} \right)_x \right\|. \tag{5.280b}$$

此外, 令 $\hat{n}_i^0 := \hat{n}_i^{\varepsilon_k}|_{\varepsilon_k=0}$. 由 $\|\partial_x(5.254\text{a})\|$, 可严格地证明 $\hat{n}_i^0 = 0$, $i = 1, 2$. 类似于 (5.269) 中的分析可得

$$\lim_{\varepsilon_k \to 0^+} \hat{n}_i^{\varepsilon_k} = \hat{n}_i^0 = 0, \quad i = 1, 2. \tag{5.281}$$

综合 (5.280a) 与 (5.281), 有

$$\lim_{\varepsilon_k \to 0^+} \varepsilon_k^2 \left\| \left[\left(\sqrt{\tilde{n}_i^{\varepsilon_k}} \right)_{xx} \Big/ \sqrt{\tilde{n}_i^{\varepsilon_k}} \right]_{xx} \right\| = 0, \quad i = 1, 2. \tag{5.282}$$

使用与 (5.279) 中相同的方法可得

$$\varepsilon_k^2 \|\partial_x^4 \tilde{n}_i^{\varepsilon_k}\| \leqslant C \left(\varepsilon_k^2 \left\| \left[\left(\sqrt{\tilde{n}_i^{\varepsilon_k}} \right)_{xx} \Big/ \sqrt{\tilde{n}_i^{\varepsilon_k}} \right]_{xx} \right\| + \varepsilon_k^2 \|\partial_x^3 \tilde{n}_i^{\varepsilon_k}\| + \varepsilon_k^2 \right) \to 0, \quad \text{当 } \varepsilon_k \to 0^+. \tag{5.283}$$

结合 (5.277), (5.279) 和 (5.283), 并使用椭圆估计 $\|\partial_x^4 \Phi^\varepsilon\| \leqslant \sum_{i=1}^2 \|\tilde{\mathcal{N}}_{ixx}^\varepsilon\|$, 即证明收敛结果 (5.251b) 成立. □

5.3.1.3 整体解的半经典极限

接下来, 研究整体解的半经典极限问题. 设 $(n_1^\varepsilon, j_1^\varepsilon, n_2^\varepsilon, j_2^\varepsilon, \phi^\varepsilon)(t, x)$ 表示定理 4.10 中 QHD 初边值问题 (4.24)—(4.26) 的整体解, 以及 $(n_1^0, j_1^0, n_2^0, j_2^0, \phi^0)(t, x)$ 表示引理 5.18 中 HD 初边值问题 (5.247) 的整体解. 主要结果如下.

定理 5.20 (整体解的半经典极限) *假设引理 5.18 和定理 4.10 中的条件成立. 对任意给定的常数 $n_{il}, K_i > 0$, 存在四个常数 $\delta_6, \gamma_3, \gamma_4, C > 0$ 使得如果*

$$\varepsilon_k + \delta + \sum_{i=1}^2 \Big(\|(n_{i0} - \tilde{n}_i^{\varepsilon_k}, j_{i0} - \tilde{j}_i^{\varepsilon_k})\|_2 + \|(\varepsilon_k \partial_x^3 (n_{i0} - \tilde{n}_i^{\varepsilon_k}), \varepsilon_k \partial_x^3 (j_{i0} - \tilde{j}_i^{\varepsilon_k}), \varepsilon_k^2 \partial_x^4 (n_{i0} - \tilde{n}_i^{\varepsilon_k}))\| \Big) \leqslant \delta_6, \tag{5.284}$$

则成立如下的收敛估计

$$\sum_{i=1}^2 \|(n_i^{\varepsilon_k} - n_i^0, j_i^{\varepsilon_k} - j_i^0)(t)\|_1 + \|(\phi^{\varepsilon_k} - \phi^0)(t)\|_3 \leqslant C \mathrm{e}^{\gamma_3 t} \varepsilon_k^{1/2}, \quad \forall t \in [0, +\infty) \tag{5.285}$$

和

$$\sup_{t \in [0, +\infty)} \left(\sum_{i=1}^2 \|(n_i^{\varepsilon_k} - n_i^0, j_i^{\varepsilon_k} - j_i^0)(t)\|_1 + \|(\phi^{\varepsilon_k} - \phi^0)(t)\|_3 \right) \leqslant C \varepsilon_k^{\gamma_4}, \tag{5.286}$$

其中 $\varepsilon_k \to 0^+$ 是定理 5.19 中给出的子序列, 并且 $0 < \gamma_4 \leqslant 1/4$.

定理 5.20 的证明需要综合使用引理 5.18、定理 4.10 和定理 5.19 中的结论. 这解释了我们在定理 5.20 中只能对定理 5.19 中给出的子序列 $\{\varepsilon_k > 0\}$ 进行极限论证的原因.

证明 我们首先需要选择合适的初值 n_{i0}, j_{i0} 使得 QHD 初边值问题 (4.24)–(4.26) 与 HD 初边值问题 (5.247) 的整体解同时存在. 也就是说, 该初值要同时满足定理 4.10 和引理 5.18 中的条件. 为此, 令

$$\delta_0 := \frac{1}{2}\min\{\delta_2,\ \delta_4\} > 0, \tag{5.287}$$

其中 δ_2 在引理 4.10 中给出, δ_4 在定理 4.10 中给出. 由定理 5.19, 对上述 δ_0, 存在正常数 ε_0 使得如果 $\varepsilon_k \leqslant \varepsilon_0$, 则

$$\sum_{i=1}^{2}\left(\|\tilde{n}_i^{\varepsilon_k} - \tilde{n}_i^0\|_1 + |\tilde{j}_i^{\varepsilon_k} - \tilde{j}_i^0|\right) \leqslant \delta_0. \tag{5.288}$$

令

$$\delta_6 := \min\{\delta_5,\ \varepsilon_0,\ \delta_0\} > 0. \tag{5.289}$$

显然, 定理 5.20 中的条件 (5.284) 蕴涵

$$\delta + \sum_{i=1}^{2}\|(n_{i0} - \tilde{n}_i^0, j_{i0} - \tilde{j}_i^0)\|_2 \leqslant 2\delta_0 \leqslant \delta_2. \tag{5.290}$$

以上论证说明, 在条件 (5.284) 之下的确可以使得 QHD 和 HD 问题的整体解均存在, 进而保证了下面研究整体解的半经典极限是有意义的.

接下来, 对任意的 $0 < \varepsilon_k \leqslant \delta_6$, 引入整体解的误差变量

$$\mathcal{N}_i^{\varepsilon_k} := n_i^{\varepsilon_k} - n_i^0, \quad \mathcal{J}_i^{\varepsilon_k} := j_i^{\varepsilon_k} - j_i^0, \quad \Phi^{\varepsilon_k} := \phi^{\varepsilon_k} - \phi^0, \quad \forall (t,x) \in [0,+\infty) \times \Omega. \tag{5.291}$$

由

$$(4.24) - (5.247), \quad (4.26a) - (5.247e), \quad (4.26c) - (5.247f), \tag{5.292}$$

得整体误差变量满足的方程

$$\begin{cases} \mathcal{N}_{it}^{\varepsilon_k} + \mathcal{J}_{ix}^{\varepsilon_k} = 0, & (5.293a) \\ \mathcal{J}_{it}^{\varepsilon_k} + K_i \mathcal{N}_{ix}^{\varepsilon_k} + 2\left[j_i^{\varepsilon_k} j_{ix}^{\varepsilon_k}(n_i^{\varepsilon_k})^{-1} - j_i^0 j_{ix}^0 (n_i^0)^{-1}\right] & \\ -\left[(j_i^{\varepsilon_k})^2 (n_i^{\varepsilon_k})^{-2} n_{ix}^{\varepsilon_k} - (j_i^0)^2 (n_i^0)^{-2} n_{ix}^0\right] & \\ +(-1)^i\left(\mathcal{N}_i^{\varepsilon_k}\phi_x^{\varepsilon_k} + n_i^0 \Phi_x^{\varepsilon_k}\right) + \mathcal{J}_i^{\varepsilon_k} = \varepsilon_k^2 n_i^{\varepsilon_k}\left[\left(\sqrt{n_i^{\varepsilon_k}}\right)_{xx} \Big/ \sqrt{n_i^{\varepsilon_k}}\right]_x, & (5.293b) \\ \Phi_{xx}^{\varepsilon_k} = \mathcal{N}_1^{\varepsilon_k} - \mathcal{N}_2^{\varepsilon_k}, \quad i = 1,2, \quad \forall (t,x) \in [0,+\infty) \times \Omega & (5.293c) \end{cases}$$

和齐次边值条件

$$\mathcal{N}_i^{\varepsilon_k}(t,0)=\mathcal{N}_i^{\varepsilon_k}(t,1)=\mathcal{N}_{it}^{\varepsilon_k}(t,0)=\mathcal{N}_{it}^{\varepsilon_k}(t,1)=\Phi^{\varepsilon_k}(t,0)=\Phi^{\varepsilon_k}(t,1)=0. \tag{5.294}$$

由 $-\partial_x$(5.293b) 及方程 (5.293a), 得

$$\begin{aligned}&\mathcal{N}_{itt}^{\varepsilon_k}-K_i\mathcal{N}_{ixx}^{\varepsilon_k}-2\left[j_i^{\varepsilon_k}j_{ix}^{\varepsilon_k}(n_i^{\varepsilon_k})^{-1}-j_i^0j_{ix}^0(n_i^0)^{-1}\right]_x\\&+\left[(j_i^{\varepsilon_k})^2(n_i^{\varepsilon_k})^{-2}n_{ix}^{\varepsilon_k}-(j_i^0)^2(n_i^0)^{-2}n_{ix}^0\right]_x+(-1)^{i-1}\left(\mathcal{N}_i^{\varepsilon_k}\phi_x^{\varepsilon_k}+n_i^0\Phi_x^{\varepsilon_k}\right)_x+\mathcal{N}_{it}^{\varepsilon_k}\\&=-\varepsilon_k^2\left\{n_i^{\varepsilon_k}\left[\left(\sqrt{n_i^{\varepsilon_k}}\right)_{xx}\Big/\sqrt{n_i^{\varepsilon_k}}\right]_x\right\}_x,\quad i=1,2.\end{aligned} \tag{5.295}$$

重复使用引理 5.17 和引理 5.18 可得估计, 对 $\forall(t,x)\in[0,+\infty)\times\Omega$,

$$n_i^0(t,x),\ S_i^0:=S_i[n_i^0,j_i^0]\geqslant C_7>0,\quad i=1,2, \tag{5.296a}$$

$$\sum_{i=1}^{2}\left(\|(n_i^0-n_{il},j_i^0)(t)\|_2+\|(n_{it}^0,j_{it}^0)(t)\|_1\right)+\|\phi^0(t)\|_2\leqslant C\delta_2\leqslant C,\quad \forall t\in[0,+\infty). \tag{5.296b}$$

类似地, 由定理 4.7 和定理 4.10 可知估计

$$n_i^{\varepsilon_k}(t,x),\ S_i^{\varepsilon_k}:=S_i[n_i^{\varepsilon_k},j_i^{\varepsilon_k}]\geqslant C_8>0,\quad i=1,2,\quad \forall(t,x)\in[0,+\infty)\times\Omega, \tag{5.297a}$$

$$\begin{aligned}&\sum_{i=1}^{2}\Big(\|(n_i^{\varepsilon_k}-n_{il},j_i^{\varepsilon_k})(t)\|_2+\|(n_{it}^{\varepsilon_k},j_{it}^{\varepsilon_k})(t)\|_1\\&\quad+\|(\varepsilon_k\partial_x^3n_i^{\varepsilon_k},\varepsilon_k\partial_x^3j_i^{\varepsilon_k},\varepsilon_k^2\partial_x^4n_i^{\varepsilon_k})(t)\|\Big)+\|\phi^{\varepsilon_k}(t)\|_3\leqslant C\delta_6\leqslant C,\quad \forall t\in[0,+\infty),\end{aligned} \tag{5.297b}$$

对任意的 $0<\varepsilon_k\leqslant\delta_6$ 成立, 其中 C_8,C,δ_6 与 ε_k 无关.

鉴于计算的复杂性, 将证明的余下部分拆成三步来完成. 具体如下.

第一步: 由

$$\sum_{i=1}^{2}\int_0^1(5.293\text{b})\mathcal{J}_i^{\varepsilon_k}\,dx, \tag{5.298}$$

得

$$\begin{aligned}&\frac{d}{dt}\int_0^1\sum_{i=1}^{2}\frac{1}{2}(\mathcal{J}_i^{\varepsilon_k})^2\,dx+\int_0^1\sum_{i=1}^{2}(\mathcal{J}_i^{\varepsilon_k})^2\,dx\\&=-\sum_{i=1}^{2}\int_0^1K_i\mathcal{N}_{ix}^{\varepsilon_k}\mathcal{J}_i^{\varepsilon_k}\,dx-\sum_{i=1}^{2}\int_0^1 2\left[j_i^{\varepsilon_k}j_{ix}^{\varepsilon_k}(n_i^{\varepsilon_k})^{-1}-j_i^0j_{ix}^0(n_i^0)^{-1}\right]\mathcal{J}_i^{\varepsilon_k}\,dx\end{aligned}$$

$$
\begin{aligned}
&+\sum_{i=1}^{2}\int_0^1\left[(j_i^{\varepsilon_k})^2(n_i^{\varepsilon_k})^{-2}n_{ix}^{\varepsilon_k}-(j_i^0)^2(n_i^0)^{-2}n_{ix}^0\right]\mathcal{J}_i^{\varepsilon_k}\,dx\\
&+\sum_{i=1}^{2}\int_0^1(-1)^{i-1}\left(\mathcal{N}_i^{\varepsilon_k}\Phi_x^{\varepsilon_k}+n_i^0\Phi_x^{\varepsilon_k}\right)\mathcal{J}_i^{\varepsilon_k}\,dx\\
&+\varepsilon_k^2\sum_{i=1}^{2}\int_0^1 n_i^{\varepsilon_k}\left[\left(\sqrt{n_i^{\varepsilon_k}}\right)_{xx}\Big/\sqrt{n_i^{\varepsilon_k}}\right]_x\mathcal{J}_i^{\varepsilon_k}\,dx\\
=&\,\Gamma_1+\Gamma_2+\Gamma_3+\Gamma_4+\Gamma_5,
\end{aligned}
\tag{5.299}
$$

利用 (5.296) 和 (5.297), 估计 Γ_1 到 Γ_5 如下

$$
\Gamma_1\leqslant C\sum_{i=1}^{2}\|(\mathcal{N}_{ix}^{\varepsilon_k},\mathcal{J}_i^{\varepsilon_k})(t)\|^2,
\tag{5.300a}
$$

$$
\begin{aligned}
\Gamma_2\leqslant& C\sum_{i=1}^{2}\int_0^1(|\mathcal{J}_i^{\varepsilon_k}|+|\mathcal{J}_{ix}^{\varepsilon_k}|+|\mathcal{N}_i^{\varepsilon_k}|)|\mathcal{J}_i^{\varepsilon_k}|\,dx\\
\leqslant& C\sum_{i=1}^{2}\|(\mathcal{J}_i^{\varepsilon_k},\mathcal{J}_{ix}^{\varepsilon_k},\mathcal{N}_i^{\varepsilon_k})(t)\|^2,
\end{aligned}
\tag{5.300b}
$$

$$
\begin{aligned}
\Gamma_3\leqslant& C\sum_{i=1}^{2}\int_0^1(|\mathcal{J}_i^{\varepsilon_k}|+|\mathcal{N}_i^{\varepsilon_k}|+|\mathcal{N}_{ix}^{\varepsilon_k}|)|\mathcal{J}_i^{\varepsilon_k}|\,dx\\
\leqslant& C\sum_{i=1}^{2}\|(\mathcal{J}_i^{\varepsilon_k},\mathcal{N}_i^{\varepsilon_k},\mathcal{N}_{ix}^{\varepsilon_k})(t)\|^2,
\end{aligned}
\tag{5.300c}
$$

$$
\begin{aligned}
\Gamma_4\leqslant& C\sum_{i=1}^{2}\int_0^1(|\mathcal{N}_i^{\varepsilon_k}|+|\Phi_x^{\varepsilon_k}|)|\mathcal{J}_i^{\varepsilon_k}|\,dx\leqslant C\sum_{i=1}^{2}\|(\mathcal{N}_i^{\varepsilon_k},\Phi_x^{\varepsilon_k},\mathcal{J}_i^{\varepsilon_k})(t)\|^2\\
\leqslant& C\sum_{i=1}^{2}\|(\mathcal{N}_i^{\varepsilon_k},\mathcal{J}_i^{\varepsilon_k})(t)\|^2,
\end{aligned}
\tag{5.300d}
$$

$$
\begin{aligned}
\Gamma_5=&\,\varepsilon_k^2\sum_{i=1}^{2}\int_0^1\left[\left(\sqrt{n_i^{\varepsilon_k}}\right)_{xx}\Big/\sqrt{n_i^{\varepsilon_k}}\right]_x n_i^{\varepsilon_k}\mathcal{J}_i^{\varepsilon_k}\,dx\\
=&-\varepsilon_k^2\sum_{i=1}^{2}\int_0^1\left[\left(\sqrt{n_i^{\varepsilon_k}}\right)_{xx}\Big/\sqrt{n_i^{\varepsilon_k}}\right](n_i^{\varepsilon_k}\mathcal{J}_i^{\varepsilon_k})_x\,dx\\
\leqslant&\,\varepsilon_k^2\sum_{i=1}^{2}\left|1\Big/\sqrt{n_i^{\varepsilon_k}}\right|_0\left\|\left(\sqrt{n_i^{\varepsilon_k}}\right)_{xx}\right\|\left(|n_{ix}^{\varepsilon_k}|_0\|\mathcal{J}_i^{\varepsilon_k}\|+|n_i^{\varepsilon_k}|_0\|\mathcal{J}_{ix}^{\varepsilon_k}\|\right)\\
\leqslant&\,C\varepsilon_k^2\sum_{i=1}^{2}\left\|\left(\sqrt{n_i^{\varepsilon_k}}\right)_{xx}\right\|\|(\mathcal{J}_i^{\varepsilon_k},\mathcal{J}_{ix}^{\varepsilon_k})(t)\|\leqslant C\varepsilon_k^2.
\end{aligned}
\tag{5.300e}
$$

将 (5.300) 代入 (5.299), 可得

$$\frac{d}{dt}\sum_{i=1}^{2}\frac{1}{2}\|\mathcal{J}_i^{\varepsilon_k}(t)\|^2+\sum_{i=1}^{2}\|\mathcal{J}_i^{\varepsilon_k}(t)\|^2\leqslant C\Big(\sum_{i=1}^{2}\|(\mathcal{N}_i^{\varepsilon_k},\mathcal{J}_i^{\varepsilon_k})(t)\|_1^2+\varepsilon_k^2\Big). \tag{5.301}$$

第二步: 由

$$\sum_{i=1}^{2}\int_0^1(5.295)\mathcal{N}_{it}^{\varepsilon_k}\,dx, \tag{5.302}$$

并重复使用 (5.296) 和 (5.297), 得

$$\frac{d}{dt}\int_0^1\frac{1}{2}\sum_{i=1}^{2}\left[(\mathcal{N}_{it}^{\varepsilon_k})^2+S_i^0(\mathcal{N}_{ix}^{\varepsilon_k})^2\right]\,dx+\sum_{i=1}^{2}\|\mathcal{N}_{it}^{\varepsilon_k}(t)\|^2=B(t), \tag{5.303a}$$

其中

$$\begin{aligned}B(t):=&\sum_{i=1}^{2}\int_0^1 2\Big\{\left[j_i^{\varepsilon_k}(n_i^{\varepsilon_k})^{-1}-j_i^0(n_i^0)^{-1}\right]j_{ix}^{\varepsilon_k}\Big\}_x\mathcal{N}_{it}^{\varepsilon_k}\,dx\\&-\sum_{i=1}^{2}\int_0^1\left[j_i^0(n_i^0)^{-1}\right]_x(\mathcal{N}_{it}^{\varepsilon_k})^2\,dx\\&-\sum_{i=1}^{2}\int_0^1\frac{1}{2}\left[(j_i^0)^2(n_i^0)^{-2}\right]_t(\mathcal{N}_{ix}^{\varepsilon_k})^2\,dx\\&-\sum_{i=1}^{2}\int_0^1\Big\{\left[(j_i^{\varepsilon_k})^2(n_i^{\varepsilon_k})^{-2}-(j_i^0)^2(n_i^0)^{-2}\right]n_{ix}^{\varepsilon_k}\Big\}_x\mathcal{N}_{it}^{\varepsilon_k}\,dx\\&+\sum_{i=1}^{2}\int_0^1(-1)^i\left(\mathcal{N}_i^{\varepsilon_k}\phi_x^{\varepsilon_k}+n_i^0\varPhi_x^{\varepsilon_k}\right)_x\mathcal{N}_{it}^{\varepsilon_k}\,dx\\&+\varepsilon_k^2\sum_{i=1}^{2}\int_0^1 n_i^{\varepsilon_k}\left[\left(\sqrt{n_i^{\varepsilon_k}}\right)_{xx}\Big/\sqrt{n_i^{\varepsilon_k}}\right]_x\mathcal{N}_{ixt}^{\varepsilon_k}\,dx \qquad (5.303\text{b})\\ \leqslant& C\left(\sum_{i=1}^{2}\|(\mathcal{N}_i^{\varepsilon_k},\mathcal{J}_i^{\varepsilon_k})(t)\|_1^2+\varepsilon_k\right). \qquad (5.303\text{c})\end{aligned}$$

将 (5.303c) 代入 (5.303a), 得

$$\begin{aligned}&\frac{d}{dt}\int_0^1\frac{1}{2}\sum_{i=1}^{2}\left[(\mathcal{N}_{it}^{\varepsilon_k})^2+S_i^0(\mathcal{N}_{ix}^{\varepsilon_k})^2\right]\,dx+\sum_{i=1}^{2}\|\mathcal{N}_{it}^{\varepsilon_k}(t)\|^2\\ \leqslant& C\left(\sum_{i=1}^{2}\|(\mathcal{N}_i^{\varepsilon_k},\mathcal{J}_i^{\varepsilon_k})(t)\|_1^2+\varepsilon_k\right).\end{aligned} \tag{5.304}$$

第三步: 由

$$(5.301) + (5.304), \tag{5.305}$$

有

$$\frac{d}{dt}E^{\varepsilon_k}(t) + \underbrace{\sum_{i=1}^{2} \|\mathcal{J}_i^{\varepsilon_k}(t)\|_1^2}_{\geqslant 0} \leqslant C\left(\sum_{i=1}^{2} \|(\mathcal{N}_i^{\varepsilon_k}, \mathcal{J}_i^{\varepsilon_k})(t)\|_1^2 + \varepsilon_k\right), \tag{5.306a}$$

其中

$$E^{\varepsilon_k}(t) := \int_0^1 \frac{1}{2}\sum_{i=1}^{2} \left[(\mathcal{J}_i^{\varepsilon_k})^2 + (\mathcal{J}_{ix}^{\varepsilon_k})^2 + S_i^0(\mathcal{N}_{ix}^{\varepsilon_k})^2\right] dx. \tag{5.306b}$$

此处已使用了方程 (5.293a) 和假设 $0 < \varepsilon_k < 1$. 再由 (5.296a) 与 (4.136), 易于验证如下等价关系

$$C_{9l}\sum_{i=1}^{2} \|(\mathcal{N}_i^{\varepsilon_k}, \mathcal{J}_i^{\varepsilon_k})(t)\|_1^2 \leqslant E^{\varepsilon_k}(t) \leqslant C_{9r}\sum_{i=1}^{2} \|(\mathcal{N}_i^{\varepsilon_k}, \mathcal{J}_i^{\varepsilon_k})(t)\|_1^2, \quad \forall t \in [0, +\infty). \tag{5.307}$$

综合 (5.306a) 与 (5.307), 建立了如下常微分不等式

$$\frac{d}{dt}E^{\varepsilon_k}(t) \leqslant C_{10}E^{\varepsilon_k}(t) + C\varepsilon_k, \quad \forall t \in [0, +\infty). \tag{5.308}$$

将 Gronwall 不等式应用于 (5.308) 并注意到 $E^{\varepsilon_k}(0) = 0$, 得

$$E^{\varepsilon_k}(t) \leqslant C\mathrm{e}^{C_{10}t}\varepsilon_k, \quad \forall t \in [0, +\infty). \tag{5.309}$$

将 (5.307) 代入 (5.309), 有

$$\sum_{i=1}^{2} \|(\mathcal{N}_i^{\varepsilon_k}, \mathcal{J}_i^{\varepsilon_k})(t)\|_1 \leqslant C\mathrm{e}^{C_{10}t/2}\varepsilon_k^{1/2}, \quad \forall t \in [0, +\infty). \tag{5.310}$$

令 $\gamma_3 := C_{10}/2 > 0$, 利用椭圆估计 $\|\Phi^{\varepsilon_k}(t)\|_3 \leqslant \sum_{i=1}^{2} \|\mathcal{N}_i^{\varepsilon_k}(t)\|_1$ 与 (5.310) 即可证得 (5.285) 成立.

最后, 我们来证明收敛估计 (5.286). 为此, 取定 $0 < \varepsilon_k < 1$, 定义

$$T_k = T(\varepsilon_k) := -\frac{\ln \varepsilon_k}{4\gamma_3} > 0, \tag{5.311}$$

将 (5.311) 代入 (5.310), 得

$$\sum_{i=1}^{2} \|(\mathcal{N}_i^{\varepsilon_k}, \mathcal{J}_i^{\varepsilon_k})(t)\|_1 \leqslant C\mathrm{e}^{\gamma_3 t}\varepsilon_k^{1/2} \leqslant C\mathrm{e}^{\gamma_3 T_k}\varepsilon_k^{1/2} = C\varepsilon_k^{1/4}, \quad \forall t \in [0, T_k]. \tag{5.312}$$

对 $\forall t \geqslant T_k$, 利用估计 (5.250), (4.89) 和 (5.251a), 有

$$\begin{aligned}
\sum_{i=1}^{2}\|(\mathcal{N}_i^{\varepsilon_k},\mathcal{J}_i^{\varepsilon_k})(t)\|_1 \leqslant & \sum_{i=1}^{2}\Big(\|(n_i^{\varepsilon_k}-\tilde{n}_i^{\varepsilon_k}, j_i^{\varepsilon_k}-\tilde{j}_i^{\varepsilon_k})(t)\|_1 \\
&+\|(\tilde{n}_i^{\varepsilon_k}-\tilde{n}_i^0,\tilde{j}_i^{\varepsilon_k}-\tilde{j}_i^0)(t)\|_1+\|(n_i^0-\tilde{n}_i^0, j_i^0-\tilde{j}_i^0)(t)\|_1\Big) \\
\leqslant & C\delta_4 \mathrm{e}^{-\gamma_2 t}+C\varepsilon_k+C\delta_2\mathrm{e}^{-\gamma_1 t} \\
\leqslant & C\big(\mathrm{e}^{-\gamma_1 T_k}+\mathrm{e}^{-\gamma_2 T_k}+\varepsilon_k\big) \\
= & C\big(\varepsilon_k^{\gamma_1/(4\gamma_3)}+\varepsilon_k^{\gamma_2/(4\gamma_3)}+\varepsilon_k\big) \\
\leqslant & C\varepsilon_k^{\gamma_4},
\end{aligned} \tag{5.313}$$

其中

$$\gamma_4 := \min\left\{\frac{\gamma_1}{4\gamma_3},\frac{\gamma_2}{4\gamma_3},\frac{1}{4}\right\} > 0. \tag{5.314}$$

因为 $\gamma_4 \leqslant 1/4$ 以及 $0<\varepsilon_k<1$, 结合 (5.312) 和 (5.313), 即得

$$\sum_{i=1}^{2}\|(\mathcal{N}_i^{\varepsilon_k},\mathcal{J}_i^{\varepsilon_k})(t)\|_1+\|\varPhi^{\varepsilon_k}(t)\|_3 \leqslant C\varepsilon_k^{\gamma_4}, \quad \forall t\in[0,+\infty). \tag{5.315}$$

这里已再次使用了椭圆估计 $\|\varPhi^{\varepsilon_k}(t)\|_3 \leqslant \sum_{i=1}^2\|\mathcal{N}_i^{\varepsilon_k}(t)\|_1$. 注意到 (5.315) 的右端与时间 $t\in[0,+\infty)$ 无关, 这立刻蕴涵 (5.286). □

5.3.2 高维双极 QHD 模型的 IVP

本节详细介绍我们在文献 [129] 中关于高维双极 QHD 模型初值问题的半经典极限. 具体地, 我们考虑高维双极 QHD 模型 (4.143) 的整体解的存在唯一性, 以及整体解的半经典极限和松弛极限分析.

首先对模型 (4.143) 做形式上的渐近分析. 首先对半经典极限, 即 $\varepsilon\to 0$. 在 (4.143a)—(4.143c) 中令 $\varepsilon\to 0$, 形式上我们得到熟知的双极 HD 模型[9, 40]

$$\begin{cases}
n_{it}+\operatorname{div}(n_iu_i)=0, & (5.316\mathrm{a})\\
(n_iu_i)_t+\operatorname{div}(n_iu_i\otimes u_i)+\nabla p_i(n_i)=(-1)^{i-1}n_iE-\dfrac{n_iu_i}{\tau_i}, & (5.316\mathrm{b})\\
\lambda^2\nabla\cdot E=n_1-n_2-D(x),\quad \nabla\times E=0,\ E(x,t)\to 0, |x|\to+\infty, & (5.316\mathrm{c})
\end{cases}$$

这从某种意义上说明了量子力学与经典的牛顿力学的关系. 然而, 到目前还没有一般情形的半导体 QHD 模型整体解的半经典极限分析结果. 本节在做半导体双极 QHD 模型整体解的同时, 将致力于半经典极限分析.

接下来, 我们看松弛极限, 做变换[88]

$$x\to x,\quad t\to\frac{t}{\tau},\quad (n_i^\tau,u_i^\tau,E^\tau)(x,t)=\left(n_i,\frac{u_i}{\tau},E\right)\left(x,\frac{t}{\tau}\right). \tag{5.317}$$

则 (4.143a)—(4.143c) 写成

$$
\begin{cases}
n_{it}^{\tau}+\operatorname{div}(n_i^{\tau}u_i^{\tau})=0, & (5.318\text{a})\\
\quad\tau^2(n_i^{\tau}u_i^{\tau})_t+\tau^2\operatorname{div}(n_i^{\tau}u_i^{\tau}\otimes u_i^{\tau})+\nabla p_i(n_i^{\tau}) & \\
=(-1)^{i-1}n_i^{\tau}E^{\tau}+\dfrac{\varepsilon^2}{2}n_i^{\tau}\nabla\left(\dfrac{\Delta\sqrt{n_i^{\tau}}}{\sqrt{n_i^{\tau}}}\right)-n_i^{\tau}u_i^{\tau}, & (5.318\text{b})\\
\lambda^2\nabla\cdot E^{\tau}=n_1^{\tau}-n_2^{\tau}-D(x),\ \nabla\times E^{\tau}=0,\ E^{\tau}(x,t)\to 0,\ |x|\to+\infty, & (5.318\text{c})
\end{cases}
$$

形式上令 $\tau\to 0$, 可得如下 QDD 模型

$$
\begin{cases}
n_{it}+\operatorname{div}\left((-1)^{i-1}n_iE-\nabla p_i(n_i)+\dfrac{\varepsilon^2}{2}n_i\nabla\left(\dfrac{\Delta\sqrt{n_i}}{\sqrt{n_i}}\right)\right)=0, & (5.319\text{a})\\
\lambda^2\nabla\cdot E=n_1-n_2-D(x),\quad \nabla\times E=0,\ E(x,t)\to 0,\ |x|\to+\infty, & (5.319\text{b})
\end{cases}
$$

这种极限过程给出了 QHD 模型在松弛时间小时由抛物方程 QDD 模型的一种奇性逼近. 文献 [66] 对 QHD 模型得到了松弛极限的结果, 但是从证明过程中可以看出, 其分析很依赖于三阶非线性耗散项, 也就是说 Planck 常数必须是取定的并不能任意小, 所以有必要对 Planck 常数任意小时做松弛极限分析.

令 $\tau\to 0,\varepsilon\to 0$, 得到下面的 DD 模型

$$
\begin{cases}
n_{it}+\operatorname{div}\left((-1)^{i-1}n_iE-\nabla p_i(n_i)\right)=0, & (5.320\text{a})\\
\lambda^2\nabla\cdot E=n_1-n_2-D(x),\ \nabla\times E=0,\ E(x,t)\to 0,\ |x|\to+\infty, & (5.320\text{b})
\end{cases}
$$

我们有下面的主要结果.

定理 5.21 设 ε,τ,λ 固定且 $p_i(\cdot)\in C^5(0,+\infty)$, $D(x)=c^*$ 是常数, 正常数 n_i^* 满足

$$n_1^*-n_2^*-c^*=0,\quad p_i'(n_i^*)>0. \tag{5.321}$$

假设存在 $\Lambda_1>0$ 使得 $\Lambda_0:=\|(\sqrt{n_{i0}}-\sqrt{n_i^*},u_{i0})\|_{H^6\times\mathcal{H}^5(\mathbb{R}^3)}\leqslant\Lambda_1$, 则 Cauchy 问题 (4.143) 存在唯一整体解 $(n_1^{\varepsilon},n_2^{\varepsilon},u_1^{\varepsilon},u_2^{\varepsilon},E^{\varepsilon})$ 满足 $n_i^{\varepsilon}>0$ 且

$$(n_i^{\varepsilon}-n_i^*,E^{\varepsilon})\in C^k(0,T;(H^{6-2k}(\mathbb{R}^3))^2),\quad u_i^{\varepsilon}\in C^k(0,T;\mathcal{H}^{5-2k}(\mathbb{R}^3)),\quad k=0,1,2,$$

并且当 $t\to+\infty$ 时

$$\|(n_i^{\varepsilon}-n_i^*)(t)\|_{L^\infty(\mathbb{R}^3)}+\|E^{\varepsilon}(t)\|_{L^\infty(\mathbb{R}^3)}+\|u_i^{\varepsilon}(t)\|_{L^\infty(\mathbb{R}^3)}\to 0.$$

定理 5.22 设 τ,λ 固定且 $(n_1^{\varepsilon},n_2^{\varepsilon},u_1^{\varepsilon},u_2^{\varepsilon},E^{\varepsilon})$ 是定理 5.21 中的整体解, 则当 $\varepsilon\to 0$ 时

$$n_i^{\varepsilon}\to n_i \text{ 在 } C(0,T;C_b^3\cap H_{\rm loc}^{5-s}) \text{ 中强收敛;}$$

$$u_i^\varepsilon \to u_i \text{ 在 } C(0,T;C_b^3\cap\mathcal{H}_{\rm loc}^{5-s}) \text{ 中强收敛};$$
$$E^\varepsilon \to E \text{ 在 } C(0,T;C_b^4\cap\mathcal{H}_{\rm loc}^{6-s}) \text{ 中强收敛}, \quad s\in\left(0,\frac{1}{2}\right).$$

这里 $T>0$ 任意, 且 (n_i,u_i,E) 是半导体双极 HD 模型 Cauchy 问题 (5.316) 与 (4.143d) 的整体解.

为了研究松弛极限, 考察方程组 (5.318). 相应的初值取为

$$(n_i^\tau,u_i^\tau)(x,0)=(n_{i0}^\tau,u_{i0}^\tau)(x):=\left(n_{i0},\frac{u_{i0}}{\tau}\right)(x). \tag{5.322}$$

定理 5.23　设 λ 固定且 $(n_i^{(\tau,\varepsilon)},u_i^{(\tau,\varepsilon)},E^{(\tau,\varepsilon)})$ 是双极 QHD 模型 (5.318) 及 (5.322) 的唯一整体经典解, 则存在 (n_i,E) 使得 $\varepsilon\to0$ 及 $\tau\to0$ 时

$$n_i^{(\tau,\varepsilon)} \to n_i \text{ 在 } C(0,T;C_b^2\cap H_{\rm loc}^{4-s}) \text{ 中强收敛};$$
$$E^{\tau,\varepsilon} \to E \text{ 在 } C(0,T;C_b^3\cap\mathcal{H}_{\rm loc}^{5-s}) \text{ 中强收敛};$$
$$\tau^2|u_i^{(\tau,\varepsilon)}|^2 \to 0 \text{ 在 } L^1(0,T;W_{\rm loc}^{3,3}) \text{ 中强收敛}, \quad s\in\left(0,\frac{1}{2}\right),$$

且 (n_i,E) 是双极 DD 模型 (5.320) 满足初值 $(n_1,n_2)=(n_{10},n_{20})$ 的唯一强解.

为了证明定理 5.23, 首先有局部解结果.

引理 5.24　设 $\varepsilon,\tau,\lambda>0$ 固定, 且 $n_1^*-n_2^*-c^*=0$, $D(x)-c^*\in H^5$, 并且 $p_i(\cdot)\in C^5(0,+\infty)$. 假设 $(\sqrt{n_{i0}}-\sqrt{n_i^*},u_{i0})\in H^6\times\mathcal{H}^5$ 满足 $n_{i0}>0$, 则存在 $T^*>0$ 使得在时间 $[0,T^*]$ 内 (4.143) 存在唯一解 (n_i,u_i,E) 满足 $n_i>0$ 且

$$n_i-n_i^*\in C^k([0,T^*];H^{6-2k}), \quad u_i\in C^k([0,T^*];\mathcal{H}^{5-2k}), \quad k=0,1,2,$$
$$E\in C^k([0,T^*];\mathcal{H}^{6-k}), \quad k=0,1,$$

这里 T^* 依赖于初值.

这个引理可以由关于 QHD 模型局部解的证明框架直接得到, 细节见 [57], [76].

接下来我们证明主要定理, 困难在于处理两种粒子通过 Poisson 方程的耦合、Planck 常数 ε 与松弛时间 τ 的任意小性, 以及对速度场的估计.

定理 5.21 的证明　第一步: 方程的转化.

为了考察整体解以及分析解的渐近分析, 可以直接从 (5.318) 及 (5.322) 出发. 为了方便取 $\lambda=1$, 并且省略指标 ε,τ. 从 (5.318) 及 (5.322) 可得关于变量 $w_i=\sqrt{n_i^\tau}$ 和 $u_i=u_i^\tau, i=1,2$ 的方程

$$\tau^2w_{itt}+w_{it}+\frac{\varepsilon^2\Delta^2w_i}{4}+\frac{(-1)^{i-1}}{2w_i}\nabla\cdot(w_i^2E)-\frac{1}{2w_i}\nabla^2(w_i^2u_i\otimes u_i)$$

$$-\frac{1}{2w_i}\Delta p_i(w_i^2)+\frac{w_{it}^2}{w_i}-\frac{\varepsilon^2|\Delta w_i|^2}{4w_i}=0, \tag{5.323}$$

相应初值为

$$w_i(x,0)=w_{i0}(x):=\sqrt{n_{i0}(x)},$$
$$w_{it}(x,0)=w_{i1}(x):=-\frac{1}{2}w_{i0}\nabla\cdot u_{i0}-u_{i0}\cdot\nabla w_{i0}.$$

仍由 (5.318) 及 (5.322) 和 $(u_i\cdot\nabla)u_i=\frac{1}{2}\nabla(|u_i|^2)-u_i\times(\nabla\times u_i)$, 可得

$$\tau^2u_{it}+u_i+\frac{\tau^2}{2}\nabla(|u_i|^2)-\tau^2u_i\times v_i+\frac{\nabla(w_i^2)}{w_i^2}=(-1)^{i-1}E+\frac{\varepsilon^2}{2}\nabla\left(\frac{\Delta w_i}{w_i}\right), \tag{5.324}$$

其中 $v_i=\nabla\times u_i$ 表示 u_i 的旋度. 对 (5.324) 取旋度得

$$\tau^2v_{it}+v_i+\tau^2(u_i\cdot\nabla)v_i+\tau^2v_i\nabla\cdot u_i-\tau^2(v_i\cdot\nabla)u_i=0, \tag{5.325}$$

引入新变量 $\psi_i=w_i-\sqrt{n_i^*}, i=1,2$, 得到关于 (ψ_i,v_i,E) 的方程

$$\tau^2\psi_{1tt}+\psi_{1t}+\frac{\varepsilon^2\Delta^2\psi_1}{4}+\frac{1}{2}(\psi_1+\sqrt{n_1^*})\nabla\cdot E-p_1'(\sqrt{n_1^*})\Delta\psi_1=f_{11}, \tag{5.326}$$

$$\tau^2\psi_{2tt}+\psi_{2t}+\frac{\varepsilon^2\Delta^2\psi_2}{4}-\frac{1}{2}(\psi_2+\sqrt{n_2^*})\nabla\cdot E-p_2'(\sqrt{n_2^*})\Delta\psi_2=f_{21}, \tag{5.327}$$

$$\tau^2v_{1t}+v_1=f_{12}, \tag{5.328}$$

$$\tau^2v_{2t}+v_2=f_{22} \tag{5.329}$$

及

$$\nabla\cdot E=\psi_1^2-\psi_2^2+2\sqrt{n_1^*}\psi_1-2\sqrt{n_2^*}\psi_2,\quad \nabla\times E=0, \tag{5.330}$$

$$\begin{aligned}f_{i1}(x,t):=&\frac{-\tau^2\psi_{it}^2}{\psi_i+\sqrt{n_i^*}}-(-1)^{i-1}\nabla\psi_iE+(p_i'((\psi_i+\sqrt{n_i^*})^2)-p_i'(n_i^*))\Delta\psi_i\\&+2(\psi_i+\sqrt{n_i^*})p_i''((\psi_i+\sqrt{n_i^*})^2)|\nabla\psi_i|^2+p_i'((\psi_i+\sqrt{n_i^*})^2)\frac{|\nabla\psi_i|^2}{\psi_i+\sqrt{n_i^*}}\\&+\frac{\varepsilon^2(\Delta\psi_i)^2}{4(\psi_i+\sqrt{n_i^*})}+\frac{\tau^2\nabla^2((\psi_i+\sqrt{n_i^*})^2u_i\otimes u_i)}{2(\psi_i+\sqrt{n_i^*})},\end{aligned} \tag{5.331}$$

$$f_{i2}(x,t):=\tau^2((v_i\cdot\nabla)u_i-(u_i\cdot\nabla)v_i-v_i\nabla\cdot u_i),\quad i=1,2. \tag{5.332}$$

由 (5.318a), (5.331) 的最后一项可写为

$$\frac{\tau^2\nabla^2((\psi_i+\sqrt{n_i^*})^2u_i\otimes u_i)}{2(\psi_i+\sqrt{n_i^*})}$$

$$=\tau^2\Big\{-\psi_{it}\nabla\cdot u_i-2u_i\cdot\nabla\psi_{it}-\frac{\psi_{it}u_i\cdot\nabla\psi_i}{2(\psi_i+\sqrt{n_i^*})}+\nabla\psi_i\cdot((u_i\cdot\nabla)u_i)$$
$$+\frac{(\psi_i+\sqrt{n_i^*})}{2}\sum_{k,l=1}^{3}|\partial_k u_i^l|^2-\frac{(\psi_i+\sqrt{n_i^*})}{2}|v_i|^2-u_i\cdot\nabla(u_i\cdot\nabla\psi_i)$$
$$+\frac{1}{2(\psi_i+\sqrt{n_i^*})}(\psi_{it}+u_i\cdot\nabla\psi_i)(u_i\cdot\nabla\psi_i)\Big\},\quad i=1,2. \tag{5.333}$$

相应的初值条件为

$$\psi_i(x,0)=\psi_{i0}(x):=w_{i0}-\sqrt{n_i^*},\quad v_i(x,0)=v_{i0}(x):=\frac{1}{\tau}\nabla\times u_{i0},$$
$$\psi_{it}(x,0)=\psi_{i1}(x):=\frac{1}{\tau}\left(-u_{i0}\cdot\nabla\psi_{i0}-\frac{1}{2}(\psi_{i0}+\sqrt{n_i^*})\nabla\cdot u_{i0}\right),\quad i=1,2.$$

我们还将用到 $\nabla\cdot u_i$ 与 $\nabla\psi_i,\psi_{it}$ 的关系

$$2\psi_{it}+2u_i\cdot\nabla\psi_i+(\psi_i+\sqrt{n_i^*})\nabla\cdot u_i=0,\quad i=1,2. \tag{5.334}$$

第二步: 先验估计.

将考察方程 (5.326)—(5.330), 从而得到关于 (ψ_i,v_i,E) 的先验估计, 再由 $\nabla\cdot u_i$ 与 $\nabla\psi_i,\psi_{it}$ 的关系得到 u_i 的估计.

取工作空间

$$X(T)=\Big\{(\psi_i,u_i)\in L^\infty([0,T];H^6\times\mathcal{H}^5)\Big\},$$

并假设

$$\delta_T=\max_{0\leqslant t\leqslant T}\Big\{\|(\psi_1,\psi_2)(t)\|_4^2+\|\tau(\psi_{1t},\psi_{2t})(t)\|_3^2+\|\tau(u_1,u_2)(t)\|_{\mathcal{H}^4}^2\Big\}$$
$$+\int_0^T\Big\{\|(u_1,u_2)(t)\|_{\mathcal{H}^3}^2+\|(\psi_1,\psi_2)(t)\|_5^2+\|E(t)\|_{\mathcal{H}^2}^2\Big\}dt \tag{5.335}$$

较小. 从而由 Sobolev 嵌入定理知, δ_T 充分小可以确保 $w_i>0$, 并且

$$\|(D^\alpha\psi_i,\tau D^\beta\psi_{it})(t)\|_{L^\infty(\mathbb{R}^3\times[0,T])}\leqslant c\delta_T,\quad |\alpha|\leqslant 2,|\beta|\leqslant 1. \tag{5.336}$$
$$\|\tau D^\alpha u_i(t)\|_{L^\infty(\mathbb{R}^3\times[0,T])}\leqslant c\delta_T,\quad |\alpha|\leqslant 2, \tag{5.337}$$
$$\int_0^T\|(D^\alpha u_i,\tau^2u_{it})(t)\|_{L^\infty(\mathbb{R}^3)}^2dt\leqslant c\delta_T,\quad |\alpha|\leqslant 1. \tag{5.338}$$

由引理 4.15 及 Poisson 方程 (5.330) 知

$$\|E\|_{L^\infty([0,T];\mathcal{H}^5(\mathbb{R}^3))}\leqslant c\delta_T,\quad \|D^\alpha E\|_{L^\infty(\mathbb{R}^3\times[0,T])}\leqslant c\delta_T,\quad |\alpha|\leqslant 3. \tag{5.339}$$

接下来, 对局部解建立先验估计进而将局部解延拓成整体解.

我们有下面的先验估计引理.

引理 5.25 假设 (ψ_i, u_i, E) 是方程 (5.324),(5.326),(5.327),(5.330) 满足相应初值的局部解, 且 $\delta_T \ll 1$, 则对 $t \in (0,T)$

$$E_1(t) + \int_0^t E_2(s)ds \leqslant C\Lambda_0, \tag{5.340}$$

其中常数 $C > 0$ 不依赖于 ε 及 τ. 这里

$$\begin{aligned}E_1(t) :=& \Big\{\sum_{i=1}^2 \Big\{\|\psi_i(t)\|_4^2 + (\tau+\varepsilon^2)\|D^5\psi_i(t)\|^2 + \tau\varepsilon^2\|D^6\psi_i(t)\|^2 + \tau^2\|\psi_{it}(t)\|_3^2 \\ &+\tau^3\|D^4\psi_{it}(t)\|^2 + \tau^2\|u_i(t)\|_{\mathcal{H}^4}^2 + \tau^3\|D^5u_i(t)\|^2\Big\} + \|E(t)\|_{\mathcal{H}^5}^2\Big\},\\ E_2(t) :=& \Big\{\sum_{i=1}^2 \Big\{\nabla\psi_i(t)\|_4^2 + \varepsilon^2\|D^6\psi_i(t)\|^2 + \|\psi_{it}(t)\|_3^2 + \tau\|D^4\psi_{it}(t)\|^2 \\ &+\|u_i(t)\|_{\mathcal{H}^4}^2 + \tau\|D^5u_i(t)\|^2\Big\} + \|E(t)\|_{\mathcal{H}^5}^2\Big\}.\end{aligned}$$

证明 第一步: 估计 ψ_1, ψ_2.

(i) 基本估计. 不妨设 $\tau < 1$, 由 $\int_{\mathbb{R}^3}(5.326)\times(\psi_1+2\psi_{1t}+(5.327)\times(\psi_2+2\psi_{2t})dx$, 经运算得

$$\begin{aligned}&\frac{d}{dt}\int\Big\{\sum_{i=1}^2\Big\{\tau^2\psi_{it}^2 + \tau^2\psi_i\psi_{it} + \frac{\psi_i^2}{2} + p_i'(n_i^*)|\nabla\psi_i|^2 + \frac{\varepsilon^2}{4}|\Delta\psi_i|^2\Big\} + \frac{1}{4}|\nabla\cdot E|^2\Big\}dx \\ &+\int\Big\{\sum_{i=1}^2\Big\{(2-\tau^2)\psi_{it}^2 + p_i'(n_i^*)|\nabla\psi_i|^2 + \frac{\varepsilon^2}{4}|\Delta\psi_i|^2\Big\} + \frac{1}{4}|\nabla\cdot E|^2\Big\}dx \\ =& \frac{1}{2}\int(\psi_1\nabla\psi_1 - \psi_2\nabla\psi_2)\cdot Edx + \int\sum_{i=1}^2 f_{i1}(\psi_i + 2\psi_{it})dx,\end{aligned} \tag{5.341}$$

再由分部积分、Hölder 不等式、Young 不等式及 Moser 引理 4.17、引理 4.18 来估计 (5.341) 的右端得

$$\begin{aligned}&\frac{d}{dt}\int\Big\{\sum_{i=1}^2\Big\{\tau^2\psi_{it}^2 + \tau^2\psi_i\psi_{it} + \frac{\psi_i^2}{2} + p_i'(n_i^*)|\nabla\psi_i|^2 + \frac{\varepsilon^2}{4}|\Delta\psi_i|^2\Big\} + \frac{1}{4}|\nabla\cdot E|^2\Big\}dx \\ &+\int\Big\{\sum_{i=1}^2\Big\{(2-\tau^2)\psi_{it}^2 + p_i'(n_i^*)|\nabla\psi_i|^2 + \frac{\varepsilon^2}{4}|\Delta\psi_i|^2\Big\} + \frac{1}{4}|\nabla\cdot E|^2\Big\}dx \\ \leqslant& C(\delta_T)^{1/2}\sum_{i=1}^2\Big\{\|(\nabla\psi_i, \psi_{it}, \nabla\cdot E, v_i)(t)\|^2 + \|\Delta\psi_i(t)\|^2\Big\},\end{aligned} \tag{5.342}$$

式 (5.342) 右端在最后将被用来完成先验估计.

(ii) ψ_1,ψ_2 的高阶估计. 将 (5.326) 和 (5.327) 对空间变量微分, 则 $\tilde{\psi}_i := D^\alpha\psi_i$ 及 $\tilde{E} := D^\alpha E(1\leqslant|\alpha|\leqslant 3)$ 满足方程

$$\begin{aligned}&\tau^2\tilde{\psi}_{itt}+\tilde{\psi}_{it}+\frac{\varepsilon^2}{4}\Delta^2\tilde{\psi}_i+\frac{(-1)^{i-1}}{2}(\psi_i+\sqrt{n_i^*})\nabla\cdot\tilde{E}-p_i'(\sqrt{n_i^*})\Delta\tilde{\psi}_i\\&=\underbrace{D^\alpha f_{i1}-D^\alpha\Big(\frac{(-1)^{i-1}}{2}(\psi_i+\sqrt{n_i^*})\nabla\cdot E\Big)+\frac{(-1)^{i-1}}{2}(\psi_i+\sqrt{n_i^*})\nabla\cdot\tilde{E}}_{:=F_i(x,t)},\quad i=1,2.\end{aligned}\tag{5.343}$$

由 $\int\sum_{i=1}^2(5.343)\times(\tilde{\psi}_i+2\tilde{\psi}_{it})dx$, 经分部积分直接计算得

$$\begin{aligned}&\frac{d}{dt}\int\Bigg\{\sum_{i=1}^2\Big\{\tau^2\tilde{\psi}_{it}^2+\tau^2\tilde{\psi}_i\tilde{\psi}_{it}+\frac{\tilde{\psi}_i^2}{2}+p_i'(n_i^*)|\nabla\tilde{\psi}_i|^2+\frac{\varepsilon^2}{4}|\Delta\tilde{\psi}_i|^2\Big\}+\frac{1}{4}|\nabla\cdot\tilde{E}|^2\Bigg\}dx\\&+\int\Bigg\{\sum_{i=1}^2\Big\{(2-\tau^2)\tilde{\psi}_i^2+p_i'(n_i^*)|\nabla\tilde{\psi}_i|^2+\frac{\varepsilon^2}{4}|\Delta\tilde{\psi}_i|^2\Big\}+\frac{1}{4}|\nabla\cdot\tilde{E}|^2\Bigg\}dx\\&=\int\sum_{i=1}^2\Big\{F_i(\tilde{\psi}_i+2\tilde{\psi}_{it})\Big\}dx+\frac{1}{4}\int\nabla\cdot\tilde{E}D^\alpha(\psi_1^2-\psi_2^2)dx+\frac{1}{2}\int\nabla\cdot\tilde{E}D^\alpha(\psi_1^2-\psi_2^2)_tdx\\&\quad-\frac{(-1)^{i-1}}{2}\int\psi_i\nabla\cdot\tilde{E}(\tilde{\psi}_i+2\tilde{\psi}_{it})dx,\end{aligned}\tag{5.344}$$

同基本估计相似, 用 Moser 引理 4.17、引理 4.18 及先验假设 (5.335)–(5.339) 以及 Hölder 不等式、Young 不等式估计 (5.344) 的右端, 可得

$$\begin{aligned}&\frac{d}{dt}\int\Bigg\{\sum_{i=1}^2\Big\{\tau^2\tilde{\psi}_{it}^2+\tau^2\tilde{\psi}_i\tilde{\psi}_{it}+\frac{\tilde{\psi}_i^2}{2}+p_i'(n_i^*)|\nabla\tilde{\psi}_i|^2+\frac{\varepsilon^2}{4}|\Delta\tilde{\psi}_i|^2\Big\}+\frac{1}{4}|\nabla\cdot\tilde{E}|^2\Bigg\}dx\\&+\int\Bigg\{\sum_{i=1}^2\Big\{(2-\tau^2)\tilde{\psi}_i^2+p_i'(n_i^*)|\nabla\tilde{\psi}_i|^2+\frac{\varepsilon^2}{4}|\Delta\tilde{\psi}_i|^2\Big\}+\frac{1}{4}|\nabla\cdot\tilde{E}|^2\Bigg\}dx\\&\leqslant C\delta_T^{1/2}\sum_{i=1}^2\Big\{\|(\nabla\psi_i,\psi_{it},v_i,\nabla\cdot E)(t)\|_3^2+\|D^5\psi_i(t)\|^2\Big\},\end{aligned}\tag{5.345}$$

这里指出由上面的估计仍不能处理 (5.345) 的最后一项, 所以还需做高阶估计.

(iii) ψ_1,ψ_2 的最高阶估计. 在方程 (5.343) 中取 $|\alpha|=4$, 这次对 $|\alpha|=4$ 由 $\int\sum_{i=1}^2(5.343)\times(\tilde{\psi}_i+2\tau\tilde{\psi}_{it})$, 与前面一样, 得

$$\frac{d}{dt}\int\Bigg\{\sum_{i=1}^2\Big\{\tau^3\tilde{\psi}_{it}^2+\tau^2\tilde{\psi}_i\tilde{\psi}_{it}+\frac{\tilde{\psi}_i^2}{2}+\tau p_i'(n_i^*)|\nabla\tilde{\psi}_i|^2+\frac{\tau\varepsilon^2}{4}|\Delta\tilde{\psi}_i|^2\Big\}+\frac{\tau}{4}|\nabla\cdot\tilde{E}|^2\Bigg\}dx$$

$$
\begin{aligned}
&+\int\left\{\sum_{i=1}^{2}\left\{(2\tau-\tau^2)\tilde{\psi}_i^2+p_i'(n_i^*)|\nabla\tilde{\psi}_i|^2+\frac{\varepsilon^2}{4}|\Delta\tilde{\psi}_i|^2\right\}+\frac{1}{4}|\nabla\cdot\tilde{E}|^2\right\}dx\\
&=\int\sum_{i=1}^{2}\left\{F_i(\tilde{\psi}_i+2\tau\tilde{\psi}_{it})\right\}dx+\frac{1}{4}\int\nabla\cdot\tilde{E}D^\alpha(\psi_1^2-\psi_2^2)dx+\frac{1}{2}\int\tau\nabla\cdot\tilde{E}D^\alpha(\psi_1^2-\psi_2^2)_t dx\\
&-\frac{(-1)^{i-1}}{2}\int\psi_i\nabla\cdot\tilde{E}(\tilde{\psi}_i+2\tau\tilde{\psi}_{it})dx, \qquad (5.346)
\end{aligned}
$$

微分恒等式 (5.346) 右端被 $2\tau\tilde{\psi}_{it}$ 乘得来的项需要特殊分析. 关键项分析如下

$$
\begin{aligned}
&\int[p_i'((\psi_i+\sqrt{n_i^*})^2)-p_i'(n_i^*)]\Delta\tilde{\psi}_i(2\tau\tilde{\psi}_{it})dx\\
\leqslant&-\frac{d}{dt}\int\tau[p_i'((\psi_i+\sqrt{n_i^*})^2)-p_i'(n_i^*)]|\nabla\tilde{\psi}_i|^2dx+C\delta_T^{1/2}(\|\nabla\tilde{\psi}_i\|^2+\tau\|\tilde{\psi}_{it}\|^2), \qquad (5.347)
\end{aligned}
$$

$$
\int\tau^2u_i\nabla\tilde{\psi}_{it}(2\tau\tilde{\psi}_{it})dx=-\int\tau^3\nabla\cdot u_i|\tilde{\psi}_{it}|^2dx\leqslant C\delta_T^{1/2}\tau\|\tilde{\psi}_{it}\|^2, \qquad (5.348)
$$

以及

$$
\begin{aligned}
&\int\tau^2u_i\nabla(u_i\cdot\nabla\tilde{\psi}_i)(2\tau\tilde{\psi}_{it})dx\\
\leqslant&-\frac{d}{dt}\int\tau(\tau u_i\cdot\nabla\tilde{\psi}_i)^2dx+\int 2\tau^3(u_i\cdot\nabla\tilde{\psi}_i)u_{it}\nabla\tilde{\psi}_idx\\
&+C\delta_T^{1/2}(\|\nabla\tilde{\psi}_i\|^2+\tau\|\tilde{\psi}_{it}\|^2), \qquad (5.349)
\end{aligned}
$$

微分恒等式 (5.346) 右端的其他项可以由 Moser 引理 4.17、引理 4.18 及先验假设 (5.335)—(5.339) 以及 Hölder 不等式、Young 不等式等来估计. 总之, 由这些估计连同 (5.346)—(5.349) 得到

$$
\begin{aligned}
&\frac{d}{dt}\int\left\{\sum_{i=1}^{2}\left\{\tau^3\tilde{\psi}_{it}^2+\tau^2\tilde{\psi}_i\tilde{\psi}_{it}+\frac{\tilde{\psi}_i^2}{2}+\tau p_i'(n_i^*)|\nabla\tilde{\psi}_i|^2+\frac{\tau\varepsilon^2}{4}|\Delta\tilde{\psi}_i|^2\right\}+\frac{\tau}{4}|\nabla\cdot\tilde{E}|^2\right\}dx\\
&+\frac{d}{dt}\int\sum_{i=1}^{2}\tau[p_i'((\psi_i+\sqrt{n_i^*})^2)-p_i'(n_i^*)]|\nabla\tilde{\psi}_i|^2dx+\frac{d}{dt}\int\sum_{i=1}^{2}\tau(\tau u_i\cdot\nabla\tilde{\psi}_i)^2dx\\
&+\int\left\{\sum_{i=1}^{2}\left\{(2\tau-\tau^2)\tilde{\psi}_i^2+p_i'(n_i^*)|\nabla\tilde{\psi}_i|^2+\frac{\varepsilon^2}{4}|\Delta\tilde{\psi}_i|^2-2\tau^3(u_i\cdot\nabla\tilde{\psi}_i)u_{it}\nabla\tilde{\psi}_i\right\}+\frac{1}{4}|\nabla\cdot\tilde{E}|^2\right\}dx\\
&\leqslant C\delta_T^{1/2}\left\{\sum_{i=1}^{2}\left\{\|\nabla\psi_i\|_4^2+\varepsilon^2\|D^6\psi_i\|^2+\tau\|D^4\psi_{it}\|^2+\|v_i\|_4^2\right\}+\|\nabla\cdot E\|_4^2\right\}, \qquad (5.350)
\end{aligned}
$$

微分不等式 (5.342), (5.345) 和 (5.350) 的右端最后由对 v_1, v_2 的估计来完成.

第二步: 对 v_1, v_2 的估计. 微分 (5.328) 和 (5.329) 可得 $\tilde{v}_i := D^\alpha v_i(|\alpha| \leqslant 4)$ 的方程

$$\tau^2 \tilde{v}_{it} + \tilde{v}_i = D^\alpha f_{i2}, \tag{5.351}$$

注意 f_{i2} 在 (5.332) 中给出, 对 $2\tilde{v}_i$ 和 (5.351) 取内积得

$$\tau^2 \frac{d}{dt} \int |\tilde{v}_i|^2 dx + 2 \int |\tilde{v}_i|^2 dx = \int D^\alpha f_{i2}(2\tilde{v}_i) dx, \tag{5.352}$$

式 (5.352) 右端可以用 Moser 引理、Young 不等式及先验假设、不等式 $\|Du\| \leqslant C(\|\nabla \cdot u\| + \|\nabla \times u\|)$ 以及通过方程 (5.334) 由 $\psi_{it}, \nabla \psi_i$ 对 $\nabla \cdot u$ 的表示来完成. 我们得

$$\tau^2 \frac{d}{dt} \int |\tilde{v}_i|^2 dx + 2 \int |\tilde{v}_i|^2 dx \leqslant C\delta_T^{1/2}(\|v_i\|_4^2 + \tau\|\psi_{it}\|_4^2 + \|\nabla \psi_i\|_4^2). \tag{5.353}$$

第三步: 能量估计的完成. 假设 $\delta_T \ll 1$. 合并 (5.342), (5.345)($|\alpha| \leqslant 3$), (5.350) ($|\alpha| = 4$) 以及 (5.353)($|\alpha| \leqslant 4$), 得到

$$\frac{d}{dt} H_1(t) + H_2(t) \leqslant \sum_{i=1}^{2} \tau \|u_i(t)\|_{L^\infty} \|\tau^2 u_{it}(t)\|_{L^\infty} \|D^5 \psi_i\|^2, \tag{5.354}$$

其中 $H_1(t), H_2(t)$ 满足

$$C_1 E_1 < H_1 < C_2 E_1; \quad C_3 E_2 < H_2 < C_4 E_2, \quad t \in [0, T],$$

且 C_1, C_2, C_3, C_4 与 ε, τ 无关. 由 (5.354) 得到

$$\frac{d}{dt} H_1(t) + H_2(t) \leqslant C g(t) H_1(t), \quad t \in [0, T], \tag{5.355}$$

其中

$$g(t) = \sum_{i=1}^{2} \|u_i|_{L^\infty} \|\tau^2 u_{it}\|_{L^\infty}.$$

由先验假设, 对 (5.355) 用 Gronwall 不等式, 得

$$H_1(t) \leqslant C \mathrm{e}^{\int_0^t g(s) ds} H_1(0) \leqslant C \mathrm{e}^{C\delta_T} H_1(0) \leqslant C H_1(0), \quad t \in [0, T]. \tag{5.356}$$

在 $[0, t]$ 上积分 (5.355), 由 (5.356) 可得

$$\int_0^t H_2(s) ds \leqslant H_1(0) + H_1(t) + C\delta_T H_1(0) \leqslant C H_1(0), \tag{5.357}$$

这里常数 C 不依赖于 ε, τ. 再由 H_i 和 E_i 的等价性, 得到了引理 5.25 的结论. □

第四步: 整体解的存在唯一性. 定理 5.21 是局部解定理 5.24 与引理 5.25 的一个直接推论. □

定理 5.22 的证明 从引理 5.25 出发, 用连续性方法知, 若 $\Lambda_1 > 0$ 充分小, 问题 (5.318) 与 (5.322) 的解对任意小的 ε 和 τ 都整体存在. 设 $(n_i^\varepsilon, u_i^\varepsilon, E^\varepsilon) = ((w_i^\varepsilon)^2, u_i^\varepsilon, E^\varepsilon)$ 是这个解. 由引理 5.25 及 Poisson 方程 (5.330), 有对 ε 的一致估计

$$\sum_{i=1}^{2}\sum_{k=0}^{1}(\|\partial_t^k(w_i^\varepsilon - \sqrt{n_i^*})(t)\|_{5-k}^2 + \|\partial_t^k u_i^\varepsilon(t)\|_{\mathcal{H}^{5-2k}}^2) + \|E^\varepsilon(t)\|_{\mathcal{H}^6}^2 \leqslant C\Lambda_0, \tag{5.358}$$

$$\int_0^1 \sum_{i=1}^{2}(\|(w_i^\varepsilon - \sqrt{n_i^*})(s)\|_5^2) + \|w_{it}^\varepsilon(s)\|_4^2)ds \leqslant C\Lambda_0 t, \tag{5.359}$$

$$\int_0^t \sum_{k=0}^{1}\left(\sum_{i=1}^{2}\|\partial_t^k u_i^\varepsilon(s)\|_{\mathcal{H}^{5-2k}}^2 + \|\partial_t^k E^\varepsilon(s)\|_{\mathcal{H}^5}^2\right) ds \leqslant C\Lambda_0, \quad \forall t > 0. \tag{5.360}$$

式 (5.360) 右端不依赖于 ε, 故由 Aubin 引理, 存在子列仍记为 $(w_i^\varepsilon, u_i^\varepsilon, E^\varepsilon)$ 使得

$$w_i^\varepsilon \to w_i \text{ 在 } C(0,t;C_b^3 \cap H_{\mathrm{loc}}^{5-s}) \text{ 中强收敛}, \tag{5.361}$$

$$u_i^\varepsilon \to u_i \text{ 在 } C(0,t;C_b^3 \cap \mathcal{H}_{\mathrm{loc}}^{5-s}) \text{ 中强收敛}, \tag{5.362}$$

$$E^\varepsilon \to E \text{ 在 } C(0,t;C_b^4 \cap \mathcal{H}_{\mathrm{loc}}^{6-s}) \text{ 中强收敛}, \tag{5.363}$$

对 $s \in \left(0, \dfrac{1}{2}\right)$, 当 $\varepsilon \to 0$ 时成立. 当 $\varepsilon \to 0$ 时还有

$$\frac{\varepsilon^2}{2}\nabla\left(\frac{\Delta w_i^\varepsilon}{w_i^\varepsilon}\right) \to 0 \text{ 在 } L^2(0,t;H_{\mathrm{loc}}^3) \text{ 中强收敛},$$

所以 (5.358)—(5.363) 允许 $\varepsilon \to 0$ 且极限满足

$$\begin{gathered} 2w_i w_{it} + \nabla\cdot(w_i^2 u_i) = 0, \\ \tau^2(w_i^2 u_i)_t + \tau^2\nabla(w_i^2 u_i \otimes u_i) + \nabla p_i(w_i^2) + w_i^2 u_i - (-1)^{i-1} w_i^2 E = 0, \\ \lambda^2 \nabla\cdot E = w_1^2 - w_2^2 - c^*, \quad \nabla\times E = 0, \quad i = 1,2. \end{gathered}$$

令 $n_i = w_i^2$, 则易证 (n_i, E) 就是双极 HD 模型 (5.316a)–(5.316c) 的解. □

定理 5.23 的证明 由于引理 5.25 的估计对 ε 和 τ 是一致的, 故可以研究一种 $\varepsilon \to 0, \tau \to 0$ 的混合极限.

设 $((w_i^{\tau,\varepsilon})^2, u_i^{\tau,\varepsilon}, E^{\tau,\varepsilon})$ 是整体解, 由估计 (5.340), 有关于 ε 和 τ 的一致估计

$$\sum_{i=1}^{2}\left(\|(w_i^{\tau,\varepsilon} - \sqrt{n_i^*})(t)\|_4^2 + \|\tau u_i^{\tau,\varepsilon}(t)\|_{\mathcal{H}^4}^2\right) \leqslant C\Lambda_0, \tag{5.364}$$

$$\sum_{i=1}^{2}\|\tau w_{it}^{\tau,\varepsilon}(t)\|_3^2+\|E^{\tau,\varepsilon}(t)\|_{\mathcal{H}^5}^2\leqslant C\Lambda_0 \tag{5.365}$$

及

$$\int_0^t\sum_{i=1}^{2}\Big(\|(w_i^{\tau,\varepsilon}-\sqrt{n_i^*})(s)\|_5^2+\|w_{it}^{\tau,\varepsilon}(s)\|_3^2\Big)ds\leqslant C\Lambda_0 t, \tag{5.366}$$

$$\int_0^t\left(\sum_{i=1}^{2}\|u_i^{\tau,\varepsilon}(s)\|_{\mathcal{H}^4}^2+\|E^{\tau,\varepsilon}(s)\|_{\mathcal{H}^5}^2\right)ds\leqslant C\Lambda_0, \tag{5.367}$$

对 $t>0$ 成立.

仍由 Aubin 引理, 有子列仍记为 $w_i^{\tau,\varepsilon},u_i^{\tau,\varepsilon},E^{\tau,\varepsilon}$ 使得当 $\varepsilon,\tau\to 0$

$$w_i^{\tau,\varepsilon}\to w_i \text{ 在 } C(0,t;C_b^2\cap H_{\mathrm{loc}}^{4-s}) \text{ 中强收敛}, \tag{5.368}$$

$$u_i^{\tau,\varepsilon}\to u_i \text{ 在 } L^2(0,t;\mathcal{H}^4) \text{ 中强收敛}, \tag{5.369}$$

$$E^{\tau,\varepsilon}\to E \text{ 在 } C(0,t;C_b^3\cap \mathcal{H}_{\mathrm{loc}}^{5-s}) \text{ 中强收敛}, \tag{5.370}$$

$t>0,s\in\left(0,\dfrac{1}{2}\right)$.

由 (5.364), (5.365) 可知 w_1,w_2 在 $(0,t)\times\mathbb{R}^3$ 是正的, 且

$$\tau|u_i^{\tau,\varepsilon}|^2\to 0 \text{ 在 } L^1(0,t;W_{\mathrm{loc}}^{3,3}) \text{ 中强收敛},\quad \tau,\varepsilon\to 0. \tag{5.371}$$

因此, 在双极 QHD 模型中取 $\tau,\varepsilon\to 0$ 得双极 DD 模型

$$2w_iw_{it}-\nabla\cdot\Big(\nabla p_i((w_i)^2)-(-1)^{i-1}(w_i)^2E\Big)=0,$$
$$\lambda^2\nabla\cdot E=(w_1)^2-(w_2)^2-c^*,\quad \nabla\times E=0,\quad i=1,2,$$

这与方程 (5.320) 等价. □

5.4 一些问题

在半导体偏微分方程的数学理论中, 一类重要的问题是研究不同尺度下模型间的层级关系 —— 各种奇异极限. 例如, 松弛极限、拟中性极限、半经典极限以及它们的一些组合极限.

问题 1 将 5.1.2 节中一维双极 HD 模型初边值问题的松弛极限的结果推广到相应的双极 FHD 模型.

问题 2 在一维有界区间上考虑带非常值掺杂分布函数的双极 HD 模型初边值问题的拟中性极限问题. 难点在于对一般的初边值条件, 如何刻画边界层以及初始层方程.

问题 3 可以考虑将 5.3.1 节中一维双极等温 QHD 模型初边值问题半经典极限的结果推广到非等熵的情形.

问题 4 5.3.2 节中关于三维双极 QHD 模型 Cauchy 问题半经典极限的结果中仅讨论了常值掺杂分布函数 $D(x) = c^*$ 的情况. 于是, 在 4.3 节的问题 6 的研究取得进展之后, 接下来很重要的问题就是对非常值掺杂分布函数的情况来建立类似 5.3.2 节中关于整体解半经典极限与松弛极限的结果.

参 考 文 献

[1] 胡海丰. 半导体偏微分方程的若干数学结果. 东北师范大学博士学位论文, 2015.

[2] Ben Abdallah N. A hybrid kinetic-quantum model for stationary electron transport in resonant tunneling diodes. J. Statist. Phys., 1998, 90(3-4): 627–662.

[3] Ben Abdallah N, Degond P. On a hierarchy of macroscopic models for semiconductors. J. Math. Phys., 1996, 37(7): 3306–3333.

[4] Ben Abdallah N, Degond P, Gamba I M. Coupling one-dimensional time-dependent classical and quantum transport models. J. Math. Phys., 2002, 43: 1–24.

[5] Ben Abdallah N, Degond P, Génieys S. An energy-transport model for semiconductors derived from the Boltzmann equation. J. Statist. Phys., 1996, 84(1-2): 205–231.

[6] Ben Abdallah N, Degond P, Markowich P A. On a one-dimensional Schrödinger-Poisson scattering model. Z. Angew. Math. Phys., 1997, 48: 135–155.

[7] Ben Abdallah N, Degond P, Mellet A, Poupaud F. Electron transport in semiconductor multiquantum well structures. Quart. Appl. Math., 2003, 61(1): 161–192.

[8] Ali G, Chen L, Jüngel A, Peng Y. The zero-electron-mass limit in the hydrodynamic model for plasmas. Nonlinear Anal., 2010, 72(12): 4415–4427.

[9] Alì G, Jüngel A. Global smooth solutions to the multi-dimensional hydrodynamic model for two-carrier plasmas. J. Differential Equations, 2003, 190: 663–685.

[10] Apanovich Y, Lyumkis E, Polsky B, Shur A, Blakey P. Steady-state and transient analysis of submicron devices using energy balance and simplified hydrodynamic models. LEEE Trans. CAD Integ. Circ. Syst., 1994, 13: 702–711.

[11] Ashcroft N W, Mermin N D. Solid State Physics. Fort Worth: Saunders College Publishing, 1976.

[12] Azoff E M. Generalized energy-momentum conservation equations in the relaxation time approximation. Solid State Electron., 1984, 30: 913–923.

[13] Baccarani G, Wordeman M R. An investigation of steady-state velocity overshoot in silicon. Solid State Electron., 1985, 28: 407–416.

[14] Bardos C, Santos R, Sentis R. Diffusion approximation and computation of the critical size. Trans. Amer. Math. Soc., 1984, 284: 617–649.

[15] Bensoussan A, Lions J L, Papanicolaou G. Asymptotic Analysis for Periodic Structures. North-Holland: Amsterdam, 1978.

[16] Bensoussan A, Lions J L, Papanicolaou G. Boundary layers and homogenization of transport processes. Publ. Res. Inst. Math. Sci. Kyoto Univ., 1979, 15: 53–157.

[17] Blakemore J S. Semiconductor Statistics. Oxford: Pergamon, 1962.

[18] Bloekjær K. Transport equations in two-valley semiconductors. IEEE Trans. Electron. Dev., 1970, 17: 38–47.

[19] Bonilla L L, Galaán J, Cuesta J A, Martínez F C, Molera J M. Dynamics of electric-field domains and oscillations of the photocurrent in a simple superlattice model. Phys. Rev. B, 1994, 50: 8644–8657.

[20] Bringuier E. Kinetic theory of high-field transport in semiconductors. Phys. Rev. B, 1995, 57: 2280–2285.

[21] Butcher P N. Basic electron-transport theory. Report IAEA-SMR-10/4.

[22] Cercignani C. The Boltzmann Equation and Its Applications. New York: Springer, 1998.

[23] Chen G, Jerome J W, Zhang B. Particle hydrodynamic moment models in biology and microelectronics: singular relaxation limits. Proceedings of the second world congress of nonlinear analysts, part 1 (athens, 1996). Nonlinear Anal., 1997, 30(1): 233–244.

[24] Chen G Q. Global solutions to the compressible navier-stokes equations for a reacting mixture. SIAM J. Math. Anal., 1992, 23: 609–634.

[25] Chen G Q, Jerome J W, Zhang B. Existence and the singular relaxation limit for the inviscid hydrodynamic energy model. Numer. Math. Sci. Comput., 1996: 189–215.

[26] Chomette A, Palmier J F. Tenseur de mobilite d'un super-reseau en presence de des-ordre d'interface. Solid State Commun., 1982, 43: 157–161.

[27] Conwell E M. High-field Transport in Semiconductor. Solid State Physics. New York: Academic, 1967.

[28] Dafermos C M, Hrusa W J. Energy methods or quasilinear hyperbolic initial-boundary value problems: application to elastodynamics. Arch. Rational Mech. Anal., 1985, 87: 267–292.

[29] de Groot S R, Mazur P. Non-Equilibrium Thermodynamics. New-York: Dover, 1984.

[30] Degond P. A model of near-wall conductivity and its application to plasma thrusters. SIAM J. Appl. Math., 1998, 58: 1138–1162.

[31] Degond P. Mathematical Modeling of Microelectronics Semiconductor Devices. volume AMS/IP Studies in Advanced Mathematics 15. Providence, RI: AMS Society and International Press, 2000.

[32] Degond P, Markowich P A. On a one-dimensional steady-state hydrodynamic model. Appl. Math. Lett., 1990, 3: 25–29.

[33] Degond P, Markowich P A. A steady state potential flow model for semiconductors. Ann. Mat. Pura Appl., 1993, 165: 87–98.

[34] Degond P, Schmeiser C. Kinetic boundary layers and fluid-kinetic coupling in semiconductors. Transport. Theory Statist. Phys., 1999, 28: 31–55.

[35] Degond P, Zhang K. Diffusion approximation of a scattering matrix model of a semiconductor superlattice. SIAM J. Appl. Math., 2002, 63: 279–298.

[36] Degond P, Zhang K. A scattering matrix model of semiconductor superlattices in multidimensional wave-vector space and its diffusion limit. Chinese Ann. Math. Ser. B, 2003, 24(2): 167–190.

[37] Dmitruk P, Saul A, Reyna L. High electric field approximation to charge transport in semiconductor devices. Appl. Math. Lett., 1992, 5(3): 99–102.

[38] Esaki L, Tsu R. Superlattice and negative differential conductivity in semiconductors. IBM J. Res. Develop., 1970, 14: 61.

[39] Federer H. Geometric Measure Theory. Berlin: Springer, 1969.

[40] Gasser I, Hsiao L, Li H. Large time behavior of solutions of the bipolar hydrodynamical model for semiconductors. J. Differential Equations, 2003, 192: 326–359.

[41] Génieys S. Energy-transport model for a nondegenerate semiconductor: convergence of the hilbert expansion in the linearized case. Asymptot. Anal., 1998, 17(4): 279–308.

[42] Gnudi A, Ventura D, Baccarani G. Modelling impact ionization in a bjt by means of spherical harmonics expansion of the boltzmann transport equation. IEEE Trans. CAD Integ. Circ. Syst., 1993, 12: 1706–1713.

[43] Gnudi A, Ventura D, Baccarani G, Odeh F. Two-dimensional mosfet simulation by means of a multidimensional spherical harmonic expansion of the boltzmann transport equation. Solid State Electron., 1993, 36: 575–581.

[44] Goldsman N, Henrickson L, Frey J. A physics-based analytical-numerical solution to the Boltzmann transport equation for use in device simulation. Solid State Electron., 1991, 34: 389–396.

[45] Goldsman N, Wu Y J, Frey J. Efficient calculation of ionization coefficient in silicon from the energy distribution function. J. Appl. Phys., 1990, 68: 1075–1081.

[46] Golse F, Poupaud F. Limite fluide des equations de Boltzmann des semiconducteurs pour une statistique de fermi-dirac. Asympt. Anal., 1992, 6: 135–160.

[47] Goudon T, Jüngel A, Peng Y. Zero-mass-electrons limits in hydrodynamic models for plasmas. Appl. Math. Lett., 1999, 12(4): 75–79.

[48] Grahn H T. Semiconductor Superlattices. Growth and Electronic Properties. Singapore: World Scientific, 1995.

[49] Guo Y, Strauss W. Stability of semiconductor states with insulating and contact boundary conditions. Arch. Rational Mech. Anal., 2006, 179: 1–30.

[50] Hänsch W, Miura-Mattausch M. The hot-electron problem in small semiconductor devices. J. Appl. Phys., 1986, 60: 650–656.

[51] Haskovec J, Masmoudi N, Schmeiser C, Tayeb M L. The spherical harmonics expansion model coupled to the poisson equation. Kinet. Relat. Models, 2011, 4: 1063–1079.

[52] Henry D. Geometric Theory of Semilinear Parabolic Equations. Lecture Notes in Mathematics, 840. Berlin-New York: Springer-Verlag, 1981.

[53] Hsiao L, Jiang S, Zhang P. Global existence and exponential stability of smooth solutions to a full hydrodynamic model to semiconductors. Monatsh. Math., 2002, 136: 269–285.

[54] Hu H, Zhang K. Analysis on the initial-boundary value problem of a full bipolar hydrodynamic model for semiconductors. Discrete Contin. Dyn. Syst. Ser. B, 2014, 19(6): 1601–1626.

[55] Hu H, Zhang K. Stability of the stationary solution of the cauchy problem to a semiconductor full hydrodynamic model with recombination-generation rate. Kinet. Relat. Models, 2015, 8(1): 117–151.

[56] Huang F, Li H, Matsumura A. Existence and stability of steady-state of one-dimensional quantum hydrodynamic system for semiconductors. J. Differential Equations, 2006, 225: 1–25.

[57] Huang F, Li H, Matsumura A, Odanaka S. Well-posedness and stability of quantum hydrodynamics for semiconductors in $\mathbb{R}^3$, Some problems on nonlinear hyperbolic equations and applications. Ser. Contemp. Appl. Math. CAM, 15. Beijing: Higher education. Press, 2010: 131–160.

[58] Huang F, Mei M, Wang Y, Yu H. Asymptotic convergence to planar stationary waves for multi-dimensional unipolar hydrodynamic model of semiconductors. J. Differential Equations, 2011, 251: 1305–1331.

[59] Huang F, Mei M, Wang Y, Yu H. Asymptotic convergence to stationary waves for unipolar hydrodynamic model of semiconductors. SIAM J. Math. Anal., 2011, 43: 411–429.

[60] Jones W, March N H. Theoretical Solid-State Physics. Vol. 2, Nonequilibrium and disorder. New York: Dover, 1973.

[61] Ju Q. Global smooth solutions to the multidimensional hydrodynamic model for plasmas with insulating boundary conditions. J. Math. Anal. Appl., 2007, 336: 888–904.

[62] Jüngel A. A steady-state quantum euler-poisson system for potential flows. Comm. Math. Phys., 1998, 194: 463–479.

[63] Jüngel A. Transport Equations for Semiconductors. Lecture Notes in Physics, 773. Berlin: Springer-Verlag, 2009.

[64] Jüngel A, Li H. Quantum euler-poisson systems: existence of stationary states. Arch. Math. (Brno), 2004, 40: 435–456.

[65] Jüngel A, Li H. Quantum Euler-Poisson systems: global existence and exponential decay. Quart. Appl. Math., 2004, 62: 569–600.

[66] Jüngel A, Li H, Matsumura A. The relaxation-time limit in the quantum hydrodynamic equations for semiconductors. J. Differential Equations, 2006, 225: 440–464.

[67] Jüngel A, Peng Y. A hierarchy of hydrodynamic models for plasmas: zero-relaxation-time limits. Comm. Partial Differential Equations, 1999, 24(5-6): 1007–1033.

[68] Jüngel A, Peng Y. A hierarchy of hydrodynamic models for plasmas. zero-electron-mass limits in the drift-diffusion equations. Ann. Inst. H. Poincaré Anal. Non Linéaire, 2000, 17(1): 83–118.

[69] Jüngel A, Peng Y. Zero-relaxation-time limits in the hydrodynamic equations for plasmas revisited. Z. Angew. Math. Phys., 2000, 51(3): 385–396.

[70] Jüngel A, Peng Y. A hierarchy of hydrodynamic models for plasmas. quasi-neutral limits in the drift-diffusion equations. Asymptot. Anal., 2001, 28(1): 49–73.

[71] Kato T. Nonstationary flow of viscous and ideal fluids in $\mathbb{R}^3$. J. Funct. Anal., 1972, 9: 296–305.

[72] Klainerman S, Majda A. Singular limits of quasilinear hyperbolic systems with large parameters and the incompressible limit of compressible fluids. Comm. Pure and Appl. Math., 1981, 34(4): 481–524.

[73] Klainerman S, Majda A. Compressible and incompressible fluids. Comm. Pure and Appl. Math., 1982, 35(5): 629–651.

[74] Lapeyre B, Pardoux E, Sentis R. Méthodes de Monte-Carlo pour les Équations de Transport et de Diffusion. Berlin: Springer, 1998.

[75] Li D, Qian S. Solutions for a hydrodynamic model of semiconductors. J. Math. Anal. Appl., 2000, 242: 237–254.

[76] Li H, Marcati P. Existence and asymptotic behavior of multi-dimensional quantum hydrodynamic model for semiconductors. Comm. Math. Phys., 2004, 245: 215–247.

[77] Li H, Markowich P A, Mei M. Asymptotic behaviour of solutions of the hydrodynamic model of semiconductors. Proc. Roy. Soc. Edinburgh Sect. A, 2002, 132: 359–378.

[78] Li H, Zhang G, Zhang K. Algebraic time decay for the bipolar quantum hydrodynamic model. Math. Models Methods Appl. Sci., 2008, 18: 859–881.

[79] Li Y. Global existence and asymptotic behavior of smooth solutions to a bipolar euler-poisson equation in a bound domain. Z. Angew. Math. Phys., 2013, 64: 1125–1144.

[80] Liang B, Zhang K. Steady-state solutions and asymptotic limits on the multi-dimensional semiconductor quantum hydrodynamic model. Math. Models Methods Appl. Sci., 2007, 17: 253–275.

[81] Lin H, Goldsman N, Mayergoyz L D. Device modelling by deterministic self-consistent solution of poisson and boltzmann transport equation. Solid State Electron., 1992, 35: 769–778.

[82] Luo T, Natalini R, Xin Z. Large time behavior of the solutions to a hydrodynamic model for semiconductors. SIAM J. Appl. Math., 1999, 59: 810–830.

[83] Majda A. Compressible Fluid Flow and Systems of Conservation Laws in Several Space Variables. Applied Mathematical Sciences, 53. New York: Springer-Verlag, 1984.

[84] Majorana A. Space homogeneous solutions of the boltzmann equation describing electron-phonon interactions in semiconductors. Transport Theory Statist. Phys., 1991, 20(4): 261–279.

[85] Majorana A. Conservation laws from the boltzmann equation describing electron-phonon interactions in semiconductors. Transport Theory Statist. Phys., 1993, 22: 849–859.

[86] Majorana A. Equilibrium solutions of the nonlinear Boltzmann equation for an electron gas in semiconductor. IL Nuovo Cimento B., 1993, 108(8): 871–877.

[87] Makino T, Ukai S. Sur l'existence des solutions locales de l'équation d'euler-poisson pour l'évolution d'étoiles gazeuses. J. Math. Kyoto Univ., 1987, 27: 387–399.

[88] Marcati P, Natalini R. Weak solutions to a hydrodynamic model for semiconductors and relaxation to the drift-diffusion equation. Arch. Rational Mech. Anal., 1995, 129: 129–145.

[89] Markowich P, Mauser N, Poupaud F. A wigner function approach to (semi)classical limits: Electrons in a periodic potential. J. Math. Phys., 1994, 35: 1066–1094.

[90] Markowich P A, Poupaud F, Schmeiser C. Diffusion approximation for nonlinear electron-phonon collision mechanisms. RAIRO Modél. Math. Anal. Numér., 1995, 29(7): 857–869.

[91] Markowich P A, Ringhofer C, Schmeiser C. Semiconductor Equations. Vienna: Springer, 1990.

[92] Markowich P A, Schmeiser C. Relaxation time approximation for electron-phonon interaction in semiconductors. Math. Models Methods Appl. Sci., 1995, 5: 519–527.

[93] Markowich P A, Schmeiser C. The drift-diffusion limit for electron-phonon interaction in semiconductors. Math. Models Methods Appl. Sci., 1997, 7: 707–729.

[94] Marshack A H, Van-Vliet K M. Electrical current in solids with position dependent band structure. Solid State Electron, 1977, 21: 417–427.

[95] Matsumura A, Nishida T. The initial value problem for the equations of motion of viscous and heat-conductive gases. J. Math. Kyoto Univ., 1980, 20: 67–104.

[96] Mei M, Wang Y. Stability of stationary waves for full euler-poisson system in multi-dimensional space. Commun. Pure Appl. Anal., 2012, 11: 1775–1807.

[97] Messiah A. Quantum Mechanics I and II. New York: Halsted, 1961, 1962.

[98] Nishibata S, Suzuki M. Asymptotic stability of a stationary solution to a hydrodynamic model of semiconductors. Osaka J. Math., 2007, 44: 639–665.

[99] Nishibata S, Suzuki M. Initial boundary value problems for a quantum hydrodynamic model of semiconductors: Asymptotic behaviors and classical limits. J. Differential Equations, 2008, 244: 836–874.

[100] Nishibata S, Suzuki M. Asymptotic stability of a stationary solution to a thermal hydrodynamic model for semiconductors. Arch. Rational Mech. Anal., 2009, 192: 187–215.

[101] Nishibata S, Suzuki M. Relaxation limit and initial layer to hydrodynamic models for semiconductors. J. Differential Equations, 2010, 249: 1385–1409.

[102] Poupaud F. Diffusion approximation of the linear semiconductor equation: analysis of boundary layers. Asympt. Anal., 1991, 4: 293–317.

[103] Reed M, Simon B. Methods of Modern Mathematical Physics, volume Vols. III (Scattering Theory) and IV (Analysis of Operators). New York: Academic Press, 1979.

[104] Reggiani L. Hot Electron Transport in Semiconductors. Berlin: Springer-Verlag, 1985.

[105] Rode D L. Low-Field Electron Transport, Semiconductors and Semimetals. New York: Academic, 1995.

[106] van Roosebroeck W V. Theory of flow of electrons and holes in germanium and other semiconductors. Bell Syst. Tech. J., 1950, 29: 560–607.

[107] Rudan M, Vecchi C, Ventura D. The hydrodynamic model in semiconductors-coefficient calculation for the conduction band of silicon. Pitman Res. Notes, Longman, 1996.

[108] Schroeder D, Ventura D, Gnudi A, Baccarani G. Boundary conditions for spherical expansion of boltzmann equation. Electron. Lett., 1992, 28: 995–996.

[109] Schwabl F. Quantum Mechanics. Berlin: Springer, 1993.

[110] Selberherr S. Analysis and Simulation of Semiconductor Devices. Vienna: Springer, 1984.

[111] Souissi K, Odeh F, Tang H H K, Gnudi A. Comparative studies of hydrodynamic and energy-transport model. Compel, 1994, 13: 39–453.

[112] Stettler M A, Lundstrom M S. Self-consistent scattering matrix calculation of the distribution function in semiconductor devices. Appl. Phys. Lett., 1992, 60: 2908–2910.

[113] Stratton R. The influence of interelectronic collisions on conduction and breakdown in covalent semiconductors. Proc. R. Soc. London, Ser. A, 1957, 242: 355–373.

[114] Stratton R. The influence of interelectron collisions on conduction and breakdown in polar crystals. Proc. R. Soc. London, Ser. A, 1958, 246: 406–422.

[115] Stratton R. Diffusion of hot and cold electrons in semiconductor barriers. Phys. Rev., 1962, 126: 2002–2014.

[116] Stratton R. Semiconductor current flow equations (diffusion and degeneracy). IEEE Trans. Electron. Dev., 1972, 19: 1288–1292.

[117] Thibaudeau L. Théorie et Modélisation de Détecteurs Infrarouge á Puits Quantiques. University Paris 7 PhD thesis, 1995.

[118] Tsuge N. Existence and uniqueness of stationary solutions to a one-dimensional bipolar hydrodynamic model of semiconductors. Nonlinear Anal., 2010, 73: 779–787.

[119] van-Vliet K M, Marshak A M. Conduction current and generalized einstein relations for degenerate semiconductors and metals. Phys. Stat. Solidi B, 1976, 78: 501–517.

[120] Vecchi M C, Reyna L G. Generalized energy transport models for semiconductor device simulation. Solid State Electron., 1994, 37: 1705–1716.

[121] Ventura D, Gnudi A, Baccarani G, Odeh F. Multidimensional spherical harmonics expansion of Boltzmann equation for transport in semiconductors. Appl. Math. Lett., 1992, 5: 85–90.

[122] Wang S. Quasineutral limit of euler-poisson system with and without viscosity. Comm. Partial Differential Equations, 2005, 29: 419–456.

[123] Weisbuch C, Vinter B. Quantum Semiconductor Structures, Fundamentals and Applications. Boston: Academic Press, 1991.

[124] Zhang B. Convergence of the godunov scheme for a simplified one dimensional hydrodynamic model for semiconductor devices. Commun. Math. Phys., 1993, 157: 1–22.

[125] Zhang B. On a local existence theorem for a simplified one-dimensional hydrodynamic model of semiconductor devices. SIAM J. Math. Anal., 1994, 25: 941–947.

[126] Zhang B. Global existence and asymptotic stability to the full 1d hydrodynamic model for semiconductor devices. Indiana Univ. Math. J., 1995, 44: 971–1005.

[127] Zhang B, Jerome J W. On a steady-state quantum hydrodynamic model for semiconductors. Nonlinear Anal., 1996, 26: 845–856.

[128] Zhang G, Li H, Zhang K. Semiclassical and relaxation limits of bipolar quantum hydrodynamic model for semiconductors. J. Differential Equations, 2008, 245: 1433–1453.

[129] Zhang G, Zhang K. On the bipolar multidimensional quantum Euler-Poisson system: The thermal equilibrium solution and semiclassical limit. Nonlinear Anal., 2007, 66: 2218–2229.

[130] Zhu C, Hattori H. Asymptotic behavior of the solution to a nonisentropic hydrodynamic model of semiconductors. J. Differential Equations, 1998, 144: 353–389.

[131] Zhu C, Hattori H. Stability of steady state solutions for an isentropic hydrodynamic model of semiconductors of two species. J. Differential Equations, 2000, 166: 1–32.

索　　引

《现代数学基础丛书》已出版书目

(按出版时间排序)

1 数理逻辑基础(上册) 1981.1 胡世华 陆钟万 著
2 紧黎曼曲面引论 1981.3 伍鸿熙 吕以辇 陈志华 著
3 组合论(上册) 1981.10 柯 召 魏万迪 著
4 数理统计引论 1981.11 陈希孺 著
5 多元统计分析引论 1982.6 张尧庭 方开泰 著
6 概率论基础 1982.8 严士健 王隽骧 刘秀芳 著
7 数理逻辑基础(下册) 1982.8 胡世华 陆钟万 著
8 有限群构造(上册) 1982.11 张远达 著
9 有限群构造(下册) 1982.12 张远达 著
10 环与代数 1983.3 刘绍学 著
11 测度论基础 1983.9 朱成熹 著
12 分析概率论 1984.4 胡迪鹤 著
13 巴拿赫空间引论 1984.8 定光桂 著
14 微分方程定性理论 1985.5 张芷芬 丁同仁 黄文灶 董镇喜 著
15 傅里叶积分算子理论及其应用 1985.9 仇庆久等 编
16 辛几何引论 1986.3 J.柯歇尔 邹异明 著
17 概率论基础和随机过程 1986.6 王寿仁 著
18 算子代数 1986.6 李炳仁 著
19 线性偏微分算子引论(上册) 1986.8 齐民友 著
20 实用微分几何引论 1986.11 苏步青等 著
21 微分动力系统原理 1987.2 张筑生 著
22 线性代数群表示导论(上册) 1987.2 曹锡华等 著
23 模型论基础 1987.8 王世强 著
24 递归论 1987.11 莫绍揆 著
25 有限群导引(上册) 1987.12 徐明曜 著
26 组合论(下册) 1987.12 柯 召 魏万迪 著
27 拟共形映射及其在黎曼曲面论中的应用 1988.1 李 忠 著
28 代数体函数与常微分方程 1988.2 何育赞 著
29 同调代数 1988.2 周伯壎 著

30　近代调和分析方法及其应用　1988.6　韩永生　著
31　带有时滞的动力系统的稳定性　1989.10　秦元勋等　编著
32　代数拓扑与示性类　1989.11　马德森著　吴英青　段海鲍译
33　非线性发展方程　1989.12　李大潜　陈韵梅　著
34　反应扩散方程引论　1990.2　叶其孝等　著
35　仿微分算子引论　1990.2　陈恕行等　编
36　公理集合论导引　1991.1　张锦文　著
37　解析数论基础　1991.2　潘承洞等　著
38　拓扑群引论　1991.3　黎景辉　冯绪宁　著
39　二阶椭圆型方程与椭圆型方程组　1991.4　陈亚浙　吴兰成　著
40　黎曼曲面　1991.4　吕以辇　张学莲　著
41　线性偏微分算子引论(下册)　1992.1　齐民友　许超江　编著
42　复变函数逼近论　1992.3　沈燮昌　著
43　Banach 代数　1992.11　李炳仁　著
44　随机点过程及其应用　1992.12　邓永录等　著
45　丢番图逼近引论　1993.4　朱尧辰等　著
46　线性微分方程的非线性扰动　1994.2　徐登洲　马如云　著
47　广义哈密顿系统理论及其应用　1994.12　李继彬　赵晓华　刘正荣　著
48　线性整数规划的数学基础　1995.2　马仲蕃　著
49　单复变函数论中的几个论题　1995.8　庄圻泰　著
50　复解析动力系统　1995.10　吕以辇　著
51　组合矩阵论　1996.3　柳柏濂　著
52　Banach 空间中的非线性逼近理论　1997.5　徐士英　李　冲　杨文善　著
53　有限典型群子空间轨道生成的格　1997.6　万哲先　霍元极　著
54　实分析导论　1998.2　丁传松等　著
55　对称性分岔理论基础　1998.3　唐　云　著
56　Gel'fond-Baker 方法在丢番图方程中的应用　1998.10　乐茂华　著
57　半群的 S-系理论　1999.2　刘仲奎　著
58　有限群导引(下册)　1999.5　徐明曜等　著
59　随机模型的密度演化方法　1999.6　史定华　著
60　非线性偏微分复方程　1999.6　闻国椿　著
61　复合算子理论　1999.8　徐宪民　著
62　离散鞅及其应用　1999.9　史及民　编著
63　调和分析及其在偏微分方程中的应用　1999.10　苗长兴　著

64　惯性流形与近似惯性流形　2000.1　戴正德　郭柏灵　著
65　数学规划导论　2000.6　徐增堃　著
66　拓扑空间中的反例　2000.6　汪　林　杨富春　编著
67　拓扑空间论　2000.7　高国士　著
68　非经典数理逻辑与近似推理　2000.9　王国俊　著
69　序半群引论　2001.1　谢祥云　著
70　动力系统的定性与分支理论　2001.2　罗定军　张　祥　董梅芳　编著
71　随机分析学基础(第二版)　2001.3　黄志远　著
72　非线性动力系统分析引论　2001.9　盛昭瀚　马军海　著
73　高斯过程的样本轨道性质　2001.11　林正炎　陆传荣　张立新　著
74　数组合地图论　2001.11　刘彦佩　著
75　光滑映射的奇点理论　2002.1　李养成　著
76　动力系统的周期解与分支理论　2002.4　韩茂安　著
77　神经动力学模型方法和应用　2002.4　阮炯　顾凡及　蔡志杰　编著
78　同调论——代数拓扑之一　2002.7　沈信耀　著
79　金兹堡-朗道方程　2002.8　郭柏灵等　著
80　排队论基础　2002.10　孙荣恒　李建平　著
81　算子代数上线性映射引论　2002.12　侯晋川　崔建莲　著
82　微分方法中的变分方法　2003.2　陆文端　著
83　周期小波及其应用　2003.3　彭思龙　李登峰　谌秋辉　著
84　集值分析　2003.8　李　雷　吴从炘　著
85　数理逻辑引论与归结原理　2003.8　王国俊　著
86　强偏差定理与分析方法　2003.8　刘　文　著
87　椭圆与抛物型方程引论　2003.9　伍卓群　尹景学　王春朋　著
88　有限典型群子空间轨道生成的格(第二版)　2003.10　万哲先　霍元极　著
89　调和分析及其在偏微分方程中的应用(第二版)　2004.3　苗长兴　著
90　稳定性和单纯性理论　2004.6　史念东　著
91　发展方程数值计算方法　2004.6　黄明游　编著
92　传染病动力学的数学建模与研究　2004.8　马知恩　周义仓　王稳地　靳　祯　著
93　模李超代数　2004.9　张永正　刘文德　著
94　巴拿赫空间中算子广义逆理论及其应用　2005.1　王玉文　著
95　巴拿赫空间结构和算子理想　2005.3　钟怀杰　著
96　脉冲微分系统引论　2005.3　傅希林　闫宝强　刘衍胜　著
97　代数学中的 Frobenius 结构　2005.7　汪明义　著

98 生存数据统计分析 2005.12 王启华 著
99 数理逻辑引论与归结原理(第二版) 2006.3 王国俊 著
100 数据包络分析 2006.3 魏权龄 著
101 代数群引论 2006.9 黎景辉 陈志杰 赵春来 著
102 矩阵结合方案 2006.9 王仰贤 霍元极 麻常利 著
103 椭圆曲线公钥密码导引 2006.10 祝跃飞 张亚娟 著
104 椭圆与超椭圆曲线公钥密码的理论与实现 2006.12 王学理 裴定一 著
105 散乱数据拟合的模型方法和理论 2007.1 吴宗敏 著
106 非线性演化方程的稳定性与分歧 2007.4 马 天 汪守宏 著
107 正规族理论及其应用 2007.4 顾永兴 庞学诚 方明亮 著
108 组合网络理论 2007.5 徐俊明 著
109 矩阵的半张量积:理论与应用 2007.5 程代展 齐洪胜 著
110 鞅与 Banach 空间几何学 2007.5 刘培德 著
111 非线性常微分方程边值问题 2007.6 葛渭高 著
112 戴维-斯特瓦尔松方程 2007.5 戴正德 蒋慕蓉 李栋龙 著
113 广义哈密顿系统理论及其应用 2007.7 李继彬 赵晓华 刘正荣 著
114 Adams 谱序列和球面稳定同伦群 2007.7 林金坤 著
115 矩阵理论及其应用 2007.8 陈公宁 著
116 集值随机过程引论 2007.8 张文修 李寿梅 汪振鹏 高 勇 著
117 偏微分方程的调和分析方法 2008.1 苗长兴 张 波 著
118 拓扑动力系统概论 2008.1 叶向东 黄 文 邵 松 著
119 线性微分方程的非线性扰动(第二版) 2008.3 徐登洲 马如云 著
120 数组合地图论(第二版) 2008.3 刘彦佩 著
121 半群的 S-系理论(第二版) 2008.3 刘仲奎 乔虎生 著
122 巴拿赫空间引论(第二版) 2008.4 定光桂 著
123 拓扑空间论(第二版) 2008.4 高国士 著
124 非经典数理逻辑与近似推理(第二版) 2008.5 王国俊 著
125 非参数蒙特卡罗检验及其应用 2008.8 朱力行 许王莉 著
126 Camassa-Holm 方程 2008.8 郭柏灵 田立新 杨灵娥 殷朝阳 著
127 环与代数(第二版) 2009.1 刘绍学 郭晋云 朱 彬 韩 阳 著
128 泛函微分方程的相空间理论及应用 2009.4 王 克 范 猛 著
129 概率论基础(第二版) 2009.8 严士健 王隽骧 刘秀芳 著
130 自相似集的结构 2010.1 周作领 瞿成勤 朱智伟 著
131 现代统计研究基础 2010.3 王启华 史宁中 耿 直 主编

132 图的可嵌入性理论(第二版) 2010.3 刘彦佩 著
133 非线性波动方程的现代方法(第二版) 2010.4 苗长兴 著
134 算子代数与非交换 L_p 空间引论 2010.5 许全华 吐尔德别克 陈泽乾 著
135 非线性椭圆型方程 2010.7 王明新 著
136 流形拓扑学 2010.8 马 天 著
137 局部域上的调和分析与分形分析及其应用 2011.6 苏维宜 著
138 Zakharov 方程及其孤立波解 2011.6 郭柏灵 甘在会 张景军 著
139 反应扩散方程引论(第二版) 2011.9 叶其孝 李正元 王明新 吴雅萍 著
140 代数模型论引论 2011.10 史念东 著
141 拓扑动力系统——从拓扑方法到遍历理论方法 2011.12 周作领 尹建东 许绍元 著
142 Littlewood-Paley 理论及其在流体动力学方程中的应用 2012.3 苗长兴 吴家宏 章志飞 著
143 有约束条件的统计推断及其应用 2012.3 王金德 著
144 混沌、Mel'nikov 方法及新发展 2012.6 李继彬 陈凤娟 著
145 现代统计模型 2012.6 薛留根 著
146 金融数学引论 2012.7 严加安 著
147 零过多数据的统计分析及其应用 2013.1 解锋昌 韦博成 林金官 编著
148 分形分析引论 2013.6 胡家信 著
149 索伯列夫空间导论 2013.8 陈国旺 编著
150 广义估计方程估计方法 2013.8 周 勇 著
151 统计质量控制图理论与方法 2013.8 王兆军 邹长亮 李忠华 著
152 有限群初步 2014.1 徐明曜 著
153 拓扑群引论(第二版) 2014.3 黎景辉 冯绪宁 著
154 现代非参数统计 2015.1 薛留根 著
155 三角范畴与导出范畴 2015.5 章 璞 著
156 线性算子的谱分析(第二版) 2015.6 孙 炯 王 忠 王万义 编著
157 双周期弹性断裂理论 2015.6 李 星 路见可 著
158 电磁流体动力学方程与奇异摄动理论 2015.8 王 术 冯跃红 著
159 算法数论(第二版) 2015.9 裴定一 祝跃飞 编著
160 偏微分方程现代理论引论 2016.1 崔尚斌 著
161 有限集上的映射与动态过程——矩阵半张量积方法 2015.11 程代展 齐洪胜 贺风华 著
162 现代测量误差模型 2016.3 李高荣 张 君 冯三营 著
163 偏微分方程引论 2016.3 韩丕功 刘朝霞 著
164 半导体偏微分方程引论 2016.4 张凯军 胡海丰 著